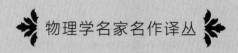

物理学名家名作译丛

〔英〕哈里·科林斯 著　　姬 扬 译

引力的影子／

寻找引力波

Gravity's Shadow

The Search for Gravitational Waves

中国科学技术大学出版社

安徽省版权局著作权合同登记号：第 12242137 号

图书在版编目(CIP)数据

引力的影子:寻找引力波/(英)哈里·科林斯(Harry Collins)著;姬扬译. —合肥:中国科学技术大学出版社,2024.4

（物理学名家名作译丛）

ISBN 978-7-312-05905-6

Ⅰ.引⋯　Ⅱ.① 哈⋯ ② 姬⋯　Ⅲ.引力波—研究　Ⅳ.P142.8

中国国家版本馆 CIP 数据核字(2024)第 047540 号

引力的影子：寻找引力波
YINLI DE YINGZI：XUNZHAO YINLIBO

出版	中国科学技术大学出版社
	安徽省合肥市金寨路 96 号,230026
	http://press. ustc. edu. cn
	https://zgkxjsdxcbs. tmall. com
印刷	安徽国文彩印有限公司
发行	中国科学技术大学出版社
开本	787 mm×1092 mm　1/16
印张	34
字数	860 千
版次	2024 年 4 月第 1 版
印次	2024 年 4 月第 1 次印刷
定价	118.00 元

内 容 简 介

本书讲述引力波探测这个领域的历史,介绍引力波的科学,以引力波作为研究案例,考察科学知识的创造方式。本书内容非常丰富,为非专业人员介绍科学社会学研究的深奥世界,为非科学家介绍物理学的深奥世界。除了导论和附录,主要包括6个部分。

导论介绍了本书的主旨,把寻找引力波这件事看作社会时空里传播的涟漪,研究科学和社会的相互作用。第1部分"寻找失去的波浪"讲述了韦伯的发明和他用室温共振棒进行的早期实验,他宣布的引力波发现以及同行们的关注、争论和检验,最后推翻了他的结论。第2部分"两种新技术"介绍了始于20世纪70年代中期的低温共振棒研究,以及大型干涉仪作为新的引力波探测器的想法。第3部分"共振棒的战争"讲述了韦伯的主张如何奇特地复兴而又再次消亡,干涉测量如何超越了共振技术,以及国际合作对数据处理方式的影响。第4部分"干涉仪和干涉人:从小科学到大科学"讲述了从20世纪90年代中期到2004年,引力波探测如何从小科学发展到大科学,以及转变过程中的科学理念变化、管理体制变化以及由此带来的冲突和问题。第5部分"成为新科学"介绍了大型项目如何汇集数据,怎样开展国际合作,以及"设定观测上限"的科学含义及其对引力波探测领域的重要性。第6部分"科学、科学家和社会学"主要讨论本书的方法论,这项科学社会学研究的主要结论和重要意义,特别是对科学政策的影响,此外还包括专门的一章回忆作者与韦伯的交往和因此受到的影响,"尾声"简述了自本书主要部分完成以来的新进展(2004年3—4月)。

《引力的影子:寻找引力波》原著出版已经快20年了,但是讨论的问题现在并不过时,引力波探测这个具体而微的案例说明了从小科学到大科学的转变,对中国当前科学发展政策仍然有启示作用。本书适合大学生以及任何对科学感兴趣的人,能够让读者更多地了解科学运行的实际情况,更深刻地理解科学工作者的处境。

中文版序

我很高兴《引力的影子：寻找引力波》被翻译成中文。在当今世界，中国的读者是非常重要的，我很高兴我又有一本书跟你们见面了。我曾经对中国进行过一次难忘的访问，当中国的学生和学者想要访问这里时，我们总是很高兴。

我从 1972 年开始研究引力波探测的社会学。本书的英文版于 2004 年出版。那时候，这个领域的未来已经可以预见。尽管共振棒技术仍在苦苦挣扎，但是未来属于大型干涉仪。从此，重要的斗争将发生在干涉仪科学家的团体之间。《引力的影子：寻找引力波》展示了引力波实验探测这个领域如何从乔·韦伯及其实验室助手建造的开创性的室温共振棒开始，发展成为一个价值数十亿美元、拥有绵延几千米的实验装置的大科学。它不仅展示了小科学如何在金钱和设备方面变成了大科学，还揭示了这种转变限制了科学家个人以自认为最优的方式工作的自由。这种转变能不能成功，在当时完全没有保证。这次转变给所有人都带来了伤害，不是每个人都能妥善应对。

最终，他们确实成功了。2015 年，探测器迎来了第一个可识别的引力波，出乎所有人的意料。科学家们随后又花了 5 个月的时间才相信，向全世界宣布这个消息是合适的，这个故事就出现在我的《引力之吻》中。我认为，如果没有《引力的影子：寻找引力波》中提到的乔·韦伯的开创性努力 (尽管韦伯的主张在 1975 年就已经失去了可信度)，我们现在还不会看到引力波。

哈里·科林斯

2024 年 3 月 5 日

前　言

40多年来，科学家们一直在尝试探测引力波。在千禧年之际，他们的搜索设备的成本是几亿美元，由美国、英国、法国、德国、意大利、日本和澳大利亚的团队运营。如果发现了引力波，它将证明爱因斯坦理论的正确性，让我们能够观察黑洞的奥秘，并开辟引力天文学这个新领域。在不久的将来，人们将会同意，已经探测到了引力波。

大约30年前，我开始观察引力波科学家，当这个兴奋时刻到来的时候，我希望我还在观察。但是在某些方面，引力波探测已经有些过于激动了。科学家们肯定希望不要这么大惊小怪。

本书介绍引力波的科学，并考察科学知识的创造方式。这个领域过去的创痛使它成为科学方法研究的出色案例。寻找引力波开始于20世纪60年代末，由乔·韦伯[①]开创。到20世纪70年代初，韦伯相信他探测到了引力波，但他不能把自己的主张变成公认的科学真理。直到今天，引力波科学家一直提出正面的主张，但他们无法说服更广泛的群体；大多数主张(包括韦伯的主张)几乎被遗忘。我试图将这些主张带回现实，这样就可以解释"遗忘"在科学界发挥的作用。自1972年以来，我一直问科学家这些问题，并记录他们的答复。

有一种危险是，科学的社会分析将成为小团体内部的私人谈话。我们对科学性质的理解在20世纪70年代开始发生革命，在社会科学和人文学科中取得了巨大的成功，但是，科学的社会研究必须与自然科学家接触，否则就会作为另一种学术时尚而消失。因此，写本书的时候，我非常重视引力波科学家群体。几乎每个句子都是在某个受访者的监视下写出来的(这是个比喻)。我从来不打算诉诸文字游戏、潜规则或者哲学空想，这些只属于排他性的群体。

本书试图向非专业人员介绍科学社会学研究的深奥世界，也试图向非科学家介绍物理学的深奥世界。然而，这里提出的物理科学模型是"不敬的"。这就是它的

---

① 韦伯于2000年9月30日去世，享年81岁。

运作方式：流行的科学模型 (我们可以称之为规范模型) 通过与现实世界对比来建立科学的概念。科学被认为是神圣的，并以多种方式取代了宗教。但我把科学本身描述为平凡的——这就是不敬之处。对于那些以规范模型作为思维方式的人——包括科学最严厉的批评者 (他们指责科学未能达到模型的期望)，以及它最狂热的支持者 (他们认为规范模型正确地描述了科学)——这种不敬听起来就像亵渎。但本书中几乎没有什么旨在批评的东西，我也不认为书中描述的行为应该采用不同的做法。即使有时候我希望事情有所不同，我对这些问题的看法也是无关痛痒的，正如我指出的那样。

问题不在于科学不符合规范模型，而在于规范模型是错的。人类做的一切都不是神圣的——一切都是平凡的。我们在这里看到的是平淡无奇，但它是人类能做到的最好的例子。还有一个讽刺之处：为了尽一切所能去做平凡的事，就必须表现得我们好像是神圣的。就像在生活中的很多时候一样，事情是如何做的 ("实然")，并不能指导我们应该如何努力做 ("应然")。本书可能会被误读，因为有那么多的科学社会学研究被误读了 (有时候是作者自己)，就好像"应然"由"实然"而来似的；如果这样，它就是一本危险的书。但是我希望，通过为科学能做什么设定更合理的期望，本书可以保护科学免受批评，同时保持我们对科学家如何具体行事的期望。寻找引力波的过程是人类活动的英勇典范，人类应该引以为豪。

引力波研究中常见的缩略语

ACIGA　澳大利亚干涉测量引力天文学联合会 (Australian Consortium for Interferometric Gravitational Astronomy)

AIGO　澳大利亚国际引力天文台 (Australian International Gravitational Observatory)

ARS　澳大利亚研究委员会 (Australian Research Council)

CERN　欧洲核子研究中心 (European Organisation for Nuclear Research)

CNRS　法国国家科学研究中心 (Centre National de la Recherche Scientifique)

EGO　欧洲引力天文台 (European Gravitational Observatory)

GWADW　引力波高级探测器讲习班 (Gravitational Wave Advanced Detector Workshop)

GWDAW　引力波数据分析讲习班 (Gravitational Wave Data Analysis Workshop)

GWIC　引力波国际委员会 (Gravitational-Wave International Committee)

IGEC　国际引力事件合作团队 (International Gravitational Event Collaboration)

INFN　意大利国家核物理研究所 (Istituto Nazionale di Fisica Nucleare)

LIGO　激光干涉引力波天文台 (Laser Interferometer Gravitational-Wave Observatory)

LSC　LIGO 科学合作团队 (LIGO Scientific Collaboration)

NAS　美国国家科学院 (National Academy of Sciences)

NASA　美国国家航空航天局 (National Aeronautics and Space Administration)

NSB　美国国家科学委员会 (National Science Board)

NSF　美国国家科学基金会 (National Science Foundation)

目　　录

第2部分　两种新技术

第3部分 共振棒的战争

第4部分　　干涉仪和干涉人：从小科学到大科学

第5部分　成为新科学

第6部分　科学、科学家和社会学

附　　录

导论 两种时空

总的来说，我们不知道是什么导致了这么大一个峰。可以想象，这可能是巨大的天文事件爆发了非常强烈的引力波，但更有可能是设备故障。

0.1 引 力 波

引力波探测指的是，通过测量从来没测过的最小的变化 (引力波对安放在地球表面的实验装置的影响)，来看有史以来发生的最大的事情 (恒星和黑洞的碰撞、爆炸与振动)。到目前为止，科学家们已经花了大约 40 年的时间来讨论，是否有任何东西要检测，是否已经检测到了。本章开始的引言记录了这些猜测中的第一个，但它代表了几乎所有的猜测。

1993 年诺贝尔物理学奖授予两位天文学家罗素·赫尔斯 (Russel Hulse) 和约瑟夫·泰勒 (Joseph Taylor)，因为他们间接地证实了引力波的存在。[①] 然而，我们这里关注的是直接检测。大多数科学家的观点是，人们一致认为，当上述的 40 年变成 50 年时，一定能直接探测到引力波；换句话说，预期在本世纪的头个十年或其后不久，我们肯定能看到引力波。

根据相对论，我们不断遭遇着引力波，但是对它很不敏感。其他许多看不见的力和实体穿过我们。例如，每小时大约有 1000 万个中微子 (它们产生于太阳的中心) 通过我们的身体，没有留下任何痕迹。直到 1956 年，科学家才成功地探测到这些中微子，但观测它们比引力波容易多了。

要看到引力波，我们必须看它们对物体之间距离的影响。非常粗略地说，我们要测量两个物体之间的距离，并观察这个距离在引力波通过时发生的变化。它不会变化很大。

1991 年 3 月 13 日，美国众议院议员从托尼·泰森 (Tony Tyson, 全名为 J. Anthony Tyson) 博士那里了解到引力波的大小。泰森告诉他们：

> 想象这样的距离：环游世界 1000 亿次 (总共 4000 万亿千米，或者是到海王星距离的一百万倍)。两个点相隔这样的距离。然后，强烈的引力波将短暂地改变这个距离，差别比人的头发还细。我们进行这种测量的时间可能不到十分之一秒。我们不知道这个非常小的事件什么时候到来，是下个月、明年还是三十年以后。[②]

[①] 赫尔斯和泰勒观察到，一对双星的轨道多年以来非常缓慢地缩小，表明它符合爱因斯坦理论所说的引力波发射。有关这件事的引人入胜的、内容丰富的描述，请参阅 Bartusiak(2000)。

[②] 泰森博士于 1991 年 3 月 13 日在美国众议院"科学、空间和技术委员会"的"科学小组委员会"的证词 (第 4 页)。这是在华盛顿特区的一个学术图书馆查阅的结果。

泰森博士希望劝阻国会，不要为一个项目花费大约 2 亿美元，建立两个巨大的新的引力波探测器 (称为"干涉仪")。科学家们想在华盛顿州建造一个，在路易斯安那州建造另一个。泰森及其同事暂时削弱了对该项目的政治支持，但一年后，该项目获得了资助，现在这些设备正在运行。略小一些的干涉仪也在意大利、德国和日本启动。这些巨大而昂贵的探测器只是这项科学研究进入第五个十年以后的最新进展。

我们已经看到，一些科学家认为，使用更早期的、更简单也更便宜的探测器，已经检测到了引力波。我们的主要问题如下：为什么人们不相信这些早期的说法？现代探测器的发现是否更可信？如果是，为什么？在今后的几年里，我们还无法知道第二个问题的答案。

0.2　引力波和对引力波的信念

我们要谈两件事：引力波 (我称之为"引力的影子") 和对引力波的信念 (引力的影子的影子)。让我们从引力波开始。托尼·泰森解释，要看到引力波，我们必须在从地球到最近一颗恒星的距离上，看到大致等于头发粗细的变化。但是，由于我们的测量仪器将在地球上使用，必然是建立在地球而不是天文尺度上的，我们不得不在更小的距离上测量变化。我们观测的距离是几米 (小设备) 到 4 千米 (最大的设备)。最新的探测器在地球上可能是"巨大的"，但是与天文尺度相比，地球这种庞然大物也还是太小了。

在恒星距离上测量头发的粗细，在这种巨大的 / 微小的装置中，意味着观察原子核直径的万分之一乃至更小的变化。很难弄清楚这到底有多小，所以附录 A 专门讨论了这个问题。

我们正在寻找的大事件，一直都在发生。例如，恒星在不断爆炸或碰撞，但它不能成为新闻，因为大多数恒星离我们很远，我们对它们一无所知。1987 年，一颗恒星的爆炸确实成了新闻，但这仅仅是因为地球上看得见——它作为超新星是非常近的，但仍然距离地球 16.9 万光年。能够让人看见的恒星爆炸是非常罕见的；已知的上一次事件发生在几百年以前。

当这些大事件发生的时候，大质量的物质块就会非常快地移动。太阳大小的物质块开始以接近光速的速度动来动去。在两颗星体相撞之前，它们可能会在生命中的最后时刻以每秒数千转的速度相互旋转；当一颗恒星爆炸时，组成它的大部分物质都发射出来，以任何东西可能达到的最快速度。

相对论告诉我们，在这样的极端情况下，现实的物质失去了它们的常性。当物体接近光速时，质量不再保持不变，并开始增大，而时间似乎慢得像是在爬。物质和能量可以相互转化，曾经的一点点质量可以变成巨大的能量，反之亦然。在接近光速的太阳大小的物质块附近，时空的结构发生了振动。这种时空的振动就是引力波，这种振动在宇宙中传播，就像涟漪在池塘的水面上传播一样。

既然它们是由如此巨大的事件产生的，而且如此巨大的质量转化为巨大的能量喷出，那么，引力波为什么很难探测呢？这是因为太空池塘的表面太坚硬了，所以涟漪是微小的——就像声音在坚实的钢片中通过时产生的"涟漪"，但是要小得多。[①]这种振动均匀地向各个方向传播，在空间的巨大距离上变弱，当它们到达我们这里的时候，几乎就感知不到任何东西了。

---

① 正如 Blair 和 McNamara (1997) 解释的那样。

重复一遍，在太空中，无数个恒星欢蹦乱跳并相互碰撞，它们各自放弃了很大比例的质量，将其转化为能量。很大一部分能量变成了引力波——时空中的微小振动。地球沐浴在这些引力波中，但是它们太微弱了，谁也看不到——除了灵敏度前所未有的仪器，但它们也几乎看不到。虽然这个故事讲的是如何建造这些仪器，但更多的还是如何看到这些波。

0.3 "看"的时空

很容易理解什么是建造仪器的故事，但什么叫看到东西的故事呢？"看"这种事情怎么会有历史维度呢？

回想有哪些你确信的关于科学的事情。答案是几乎没有。在这方面，我们都是一样的；我们都几乎一无所知。读者可能是任何人，甚至是引力波科学家，我怎么能如此自信地写这本书呢？这是因为，即使你是世界上最好的、最聪明的科学家，你自己确信的东西也不比我们这些对科学最无知的人更多，因为我们所说的"确信"是指我们的了解达到了科学证明的标准：直接和反复的见证。专业领域就像裂缝：又窄又深。即使是最优秀的、最杰出的科学家，也只在自然世界的很小一部分（他们是那方面的专家），直接见证了真正的证据——而且即使对他们来说，也不太清楚"直接见证"是什么意思，因为"见证"只是一条很长的推理链的结论，这在今天已经越来越明显了。

至于自然世界的其他部分，科学家对事物的了解与我们的方式一样：道听途说。即便你是这本书里描述的科学家（引力波专家），你关于引力波的大部分知识也是来自道听途说；这听起来很奇怪，但是想想吧！你知道的几乎所有的科学都是来自书本和文章、演讲和报告或其他科学家的谈话和行动。即使是你通过"直接见证"所知道的结果，也只是一个小小的软木塞，漂浮在巨大的信任海洋上——信任早期实验的结果，信任一起工作的同事，信任你的仪表和材料，还要信任分析实验的计算机。

我们通常不认为这些事情是信任，因为一个人只在有理由不信任的时候，才需要以一种自觉的方式"信任"。因此，人们不会说孩子"信任"父母，因为我们从来没有意识到需要信任。[①] 但是考虑到父母和孩子的相对力量，立即就可以看到，这种关系之所以成立，只是因为孩子认为这是理所当然的。科学也是如此。科学家没有注意到，他们知道的几乎一切都取决于信任和传闻，即社会学家说的"社会化"，因为很少有机会注意到它。通常，只有当信任被摧毁的时候，我们才会意识到信任的结构。当某个科学家作弊时，我们才突然发现，我们一直遨游在信任的海洋里。想一想，欺骗包括科学家在内的所有人，让他们以为已经发现了引力波，这是多么的容易。可以在每个探测器站点动一些手脚；可以在一两台计算机中设置一个小的子程序；可以贿赂或威胁一些同事和编辑。在体育和金融领域，这些事情经常发生。有时候，也发生在科学界。事实上，引力波科学家很晚才发现，只要大型探测器开始"正常工作"，安全就成了问题。2001 年，美国项目的计算机安装了新的防火墙，防止黑客捣乱。但是，大多数重要的科学家当然都工作在这些防火墙之内——必须信任他们。

---

① 对信任在科学中的作用的扩展分析，见 Shapin(1994)。这已经成为标准的参照；如果说它还有缺陷，那就是没有清楚地理顺信任其他人的主动和被动的方式。

正是因为我们知道的大部分内容都来自可信的道听途说，才会有科学社会学和引力波社会学；这些社会学研究探索我们如何信任某些传闻，而不相信其他的道听途说。本书一大半的内容是关于引力波的道听途说，以及我们是如何相信它的。研究传闻如何让大多数人相信，就是研究这种或那种"社会构建"的意思。

正是因为世界是由道听途说构成的，所以，"看"不仅有历史维度，还有至少两个空间维度。因此，"看"也有自己的时空。

我看到一张桌子、一套杯子和碟子、一棵树以及太阳，我的感官立即理解了它们；我和物体之间没有任何东西。这是简单地看。 ① 在先进的科学里，情况不一样：当科学家看东西的时候，感官和被感知物之间有一条脆弱的由仪器和推论构成的链条。在显微镜下看一滴水，你会看到奇形怪状的东西。是什么告诉你，你通过显微镜看到的是放大的正在运动的生命形态，而不是某种万花筒般的效果呢？这是训导和说服；你信任的老师告诉你，这就是显微镜揭示的东西。总之，这是科学社会化的开始。如果一个人来自科技水平很低的文化背景，当他看显微镜的时候，能够看到微小的生命形式吗？

在大多数现代实验中，推理链比显微镜的情况长得多。当代物理学家或天文学家"看"的通常是计算机生成的一串数字。这些数字必须被"看作"某种实体，还必须承认，在我们和远方传感设备之间的仪器链条里，每一个环节都正常工作。这个链条包含了所有发生在微弱信号通过仪器时的转换，从一种形式变换并放大到另一种形式，最终作为一串数字符号吐出来，这些数字符号本身还要经过统计分析进行转换。被感知的物体越模糊，经历的变换就要越大，才能"看到"它。

对于引力波的情况，该信号比以前测量过的任何信号都要微弱，它们的旅程前所未有的漫长和危险；在这个长而又长的推理链中，每个环节都为理解的真实性提供了怀疑或争论的机会。在引力波探测这样的科学中，"看到"就是在某种程度上同意，不再怀疑推理链——看到就是"同意看到"。

科学家之间的争论放大了"看"的时空，使我们更容易理解。就像相对论一样，在极端情况下，看的时空维度模糊了。在可能困扰科学观察的极端情况中，有微弱的信号、高度的新颖性和采用哪种方式去看的竞争性社会压力。即使在日常生活中，当科学争端进入法庭等地方的时候，我们也会遇到这样的情况。

诀窍是理解这种复杂的、有争议的、"极端风暴天气"的"看"与普通的、日常的、即时感知的、平常天气的、杯子和碟子的"看"的关系。大多数人都没有摆正这些关系。他们认为，杯子和碟子、平常天气的"看"是"看"的基本方式，他们惊叹于科学家的聪明，科学家似乎使极端天气的"看"变得如此的安全和确定。例如，科学哲学家可能试图证明，科学的"看"只是普通的"看"的一种非常精细的形式，无可争辩的检验或稳健的数学和统计分析保护着推理链中的每一步。换句话说，他们的努力旨在表明，虽然在科学的"看"里，推理链很长，但每一个微小的步骤要么是即时的理解，要么是无可争辩的正论。但是，极端天气的"看"是正常的，而平常天气、杯子和碟子的"看"是特殊的情况。平常天气的"看"不会受到怀疑和不确定的困扰，因为我们没有注意到，即使在普通的"看"里，也有推理的链条：当我认为我看到杯子和碟子时，也许我正在经历一种幻觉；当我看到天上的太阳时，也许它是一个梦；当我没有看到一棵树时，也许是因为我患有偏头痛，使得一部分视野消失了；也许我处于虚拟现实的环境中；也许我正在看一

---

① 我把"简单地看"这个词当作常识。我们知道，看并不简单，我将在下面讨论。

种舞台魔术——"用烟雾和镜子完成的"。在普通的"看"里,几乎从没有提出过这种怀疑。①
但正如平静的牛顿世界在爱因斯坦的动荡宇宙中是一个局部和有界的区域,平常天气的"看"是
极端天气的"看"的一个局部和有界的特例。要知道宇宙是如何运作的,必须关注时空中动荡的
区域,而要发现"看"是如何运作的,也是如此。

现在,探测引力波是在极端天气中"看"的一个典范,因为第一,引力波实在是太微弱了,第
二,它诞生于有争议的科学领域;在这里,"看的时空"的隐藏维度是可见的。它有时间维度,因
为一些科学家说,在过去的 30 年里他们一直都看到引力波,尽管其他大多数人不同意;确定每个
人都满意地清晰看到的真正时刻,还有待时日。大多数在这个领域工作的科学家认为,当更强大
的新仪器出现时,答案就会产生。如果它们是正确的,那么观测引力波将需要大约半个世纪的时
间——在物理学中,这么长的观测时间并不是非同寻常。②

"看到引力波"的两个空间维度表现在"社会空间"中的争议:人们对所看到的东西以及
确定的程度有分歧。在社会空间的一个方面,科学家们对是否看到引力波持有不同的意见,态度
不一。不同的科学家群体拥有各自的探测器,可以支持他们各自不同的观点,他们在科学群体里
的位置(他们自己在社会空间中的位置)有时与地理空间中的位置重合。在第 22 章,我们将看到
一群意大利物理学家和一群美国物理学家对待"看"的差别。

社会空间的第二个维度是传闻的链条。所有这些极端天气的"看"(观测)都始于最优秀的
科学家——专家,那些最接近推理证据链开端的少数人。只有当这些少数的专家同意他们的工具
中的科学推理链应该是什么意思之后,传闻才开始传播。如果想把传闻作为一个维度来衡量,我
们就需要"社会距离"的单位:观测者到链条起始端(理论和实验的地点)的距离。我们可以用
图 0.1(我称之为"目标图")表示社会空间的这个维度。

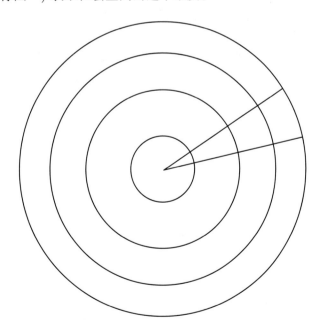

图 0.1   "目标图"显示了科学界的圈子到核心的远近

目标的中心是那些创建和操作实验的科学家(这些实验旨在检测一些微弱的现象),以及计算

---

① 哈罗德·加芬克尔 (Harold Garfinkel) 的"破坏实验"表明 (Harold Garfinkel, 1967),当通常被认为理所当然的现实受到质
疑时,人们会有多么的愤怒。

② 见 *The Golem series* (Collins, Pinch, 1993/1998) 讨论的一些案例。

应该看到的东西的理论工作者 (计算出设备应该如何操作和应该"看到"什么)。这是科学的核心。

当有科学争议时, 这个科学的中心领域被称为核心集合 (the core set)。这个术语反映了如下的事实: 参与这种争议的科学家之间的关系可能是紧张的——他们可能永远不会见面; 因此, 将他们称为一个"群体"意味着他们的关系比现实情况更紧密。我用核心科学家 (core scientists) 这个词指代所有那些在科学中心做出真正贡献的人, 无论他们是否卷入争议。核心群体 (core group) 这个词留给更团结的科学家群体, 他们共同推动一个项目, 并不因科学分歧而分裂。第 19 章将重新讨论这些术语。

图的第二个圈子里是科学界的成员, 他们在不同的领域工作, 因此只有通过他们读到或听到的东西, 才知道发生了什么。我们可以把这个圈子进一步划分为那些相同学科的研究者, 例如, 物理学或天文学的研究者, 而不是生物学的研究者。但是在开始时, 没必要让问题复杂化。第三个圈子由决策者、政治家和资助者组成, 他们通过行政事务与科学接触, 但是自己并不做任何科学研究; 他们对中心发生的事情的了解也是二手甚至三手的知识, 但这些知识过滤的方式可能不同于第二个圈子。(这个圈子和其他圈子之间的划分还是过于简化了, 但是提供了大致的图像。) 在这些圈子之外, 是大众和那些为大众服务的人——记者和广播员, 他们过滤、普及乃至构建让大众了解的科学。当我讲述引力波知识的发展和引力波检测科学中的组织转换的故事的时候, 这个目标图将反复出现。

这里我说的是知识。认识论 (即知识的理论) 是对知识的基础 (理由) 的哲学研究。但我描述的更是知识在时间和空间中的位置。这种更具描述性的工作, 也许可以更贴切地称为"认识地图论", 指的是地图绘制。[①] 图上的每个空间都是社会空间的一个区域, 通过绘制径向辐条可以划分成段。可以认为这些段代表上述社会空间的第一个层面——目标图的同一个"环"内的群体之间的差异, 这些群体位于相同的或不同的地理位置。内环也许包含一些人, 他们相信引力波已经被看到, 另外一些人相信还没有看到。第二个环划分为受中心区不同影响的部分, 等等。这就是社会空间的两个维度: 第一个维度将目标划分为段, 就像橘子瓣一样; 第二个维度将其划分为同心圆环。我的任务是描述这些区段, 以及新闻、确定性和"看"围绕目标的方式——从中心到外围, 也许还会回来。

让我们从描述"看"的第二个社会空间维度的一个奇怪特征开始: 外环的人似乎不会因为他们使用的是二手信息而感到处境不利; 绝对没有。例如, 我看到过月球的背面。我确信, 月球的背面没有建筑物, 到处是灰尘, 坑坑洼洼, 就像我们从地球上看到的正面一样。但我还没有真正看到月球的背面; 我看过一些据说有代表性的照片和电视图片。这里没有什么特别的问题, 因为从月球背面到我的推理链比较短, 除了那些认为月球探索的整个故事是 NASA 在亚利桑那州沙漠里伪造的人以外, 对此没有太多的争议; 这不是一个很有争议的观察案例。因此, 我看到月球背面的感觉与我看到杯子和碟子的感觉并没有太大的不同——但这个比较是有用的, 因为对于月球的情况, 推理链较为明显; 它确实包括火箭、照相机、无线电传输等。

对于月球背面的情况, 我们不会因"看"的二手性质而感到很不利, 这是相当惊人的, 但正如人们可能预料的那样, 关于第二个空间维度的真正奇怪的事情, 当"看"变得困难的时候, 就会显露出来。在争议很大的地方, 远离社会空间的人们往往比那些真正通过仪器观察的人更确定所看到的东西。"看"的社会学有一大部分关注的是, 那些远离观测工具的人如何了解所看到的东西,

———————————————————

① "认识地图论"这个词是科学史学家彼得·蒂尔 (Peter Dear) 为此目的而发明的 (Peter Dear, 2002)。

以及他们形成其强硬观点的方式。①

解释这种奇怪现象的一个要素是，通常来说，当你远离科学核心群体时，信息变得更简单，更直截了当。核心群体中的人意识到每一个论点和每一个疑问的细节，而离得远的人，他们形成的观点来自经过消化的信息源。在事物的本质上，消化过的信息源必须简化。传输媒介的"带宽"太窄，无法囊括核心活动的全部内容。假设其他条件相同，那么，"知识波"(至少是弱的知识波)表现得与引力波相反。引力波随着传播而减弱；知识波却变得更强。②

因为微弱的知识波在传播时会变得更强，所以我们大多数人很难记得，它们在源头是多么的微弱。在现代科学中，通常只有极少数的科学家"仔细看"仪器并处理出现的数字串。"看"的研究是关于这种间接性、这种微弱性以及所有这些分歧如何转化为一种广泛的确定性，它允许我们说："我们看到了月球的背面"，总有一天会让我们充满信心地说："引力波已经直接探测到了。"

如果以上述方式表示"看"的两个空间维度，作为一个具有同心圆环的分段"目标"，可以想象时间维度从页面中出来，将目标图变成扩展的圆柱体，我们称之为"时间圆柱体"。可以想象一系列截面穿过时间圆柱体，每个截面代表科学发展的一个阶段。在这些部分中的每一节上所刻的图案都有些不同；沿着时间圆柱体向上移动时，我们会看到团结、信念和确定性的模式发生了变化。

再总结一下，这就是我们的画面：恒星会产生大量的能量，振动时空。但是，时空太僵硬了，引力的涟漪非常微弱，而且随着它们的扩散，还会进一步减弱。据我们所知，地球是唯一居住着生命的行星，沐浴在引力波中。一群人团结起来，建造可以探测这些微弱得几乎难以形容的引力涟漪的灵敏仪器。想象引力波从恒星传播过来，撞击地球表面、引力波探测器所在的微小区域。在这些仪器内部 (假设它们有反应) 就会展开一系列的事件和过程，增强引力波的影响。这种效应通过物理和电子学手段转化为一串数字，然后由计算机使用统计技术进行分析。它最终达到一种可以被人类感知的形式和规模，再报告给附近的其他人。然后，第二组涟漪开始在社会空间中扩散——以人类互动为媒介的空间。涟漪随着它们的扩散而增强，但就像任何波浪运动一样，它们有相互作用的峰和谷；一些人确信引力的涟漪已经被看到，而另外一些人确信并没有。也许最终，所有的人都同意，引力波已经探测到了。

换句话说，在谈论实验时，从影响到结论有很长的推理链，这个推理链的长度 (尽管它总是存在的) 在寻找微弱效应的现代科学中特别明显。很少提到的是，这个推理链超出了单个科学家"用显微镜看"的范围，并延伸到社会时空，直到我们达成社会共识。由于某种原因，也许是因为它们本身就是其中的一部分，相比于初始的链条，推理链的最后一段更不容易觉察。

《引力的影子：寻找引力波》涉及两组涟漪：通过物理时空传播并到达探测器的涟漪，以及通过社会时空从探测器向外传播的涟漪。美国的大型项目激光干涉引力波天文台 (LIGO) 用一

① 彼得·索尔森 (Peter Saulson) 向我指出，爱因斯坦抱怨说，每个人都相信实验，除了实验工作者本人 (但是没有人相信理论，除了理论工作者本人)。

② 这是一般规则，最初被表述为"距离产生美"，即 distance lends enchantment(Collins, 1985/1992)，这是有例外的。麦肯齐(MacKenzie) 认为 (MacKenzie, 1998)，科学管理者也面临着科学的不确定性，因此在目标中可能会有另一种高度的不确定性。这一点的反面是科学知识的社会学和历史中非常重要的一个原则：核心的活动仍然是私人的。它使人们能够确定一种"实验操纵" (具有私人属性)、一种公开宣布的"结果"和一种"示范"之间的区别，这种"示范"是对既定结果的展示，也许可以使用技术来增强效果——在实验中却可能被视为作弊 (事例见 Gooding(1985)；Shapin, Chaffer(1987) 和 Collins(1988))。显然，科学知识的历史学家和社会学家侵犯了实验室的隐私，并威胁到这些区别。霍尔顿 (Holton) 关于密立根油滴实验的著名研究 (Holton, 1978) 其他许多关于著名实验的历史和社会学分析，都说明了这个问题。这本书可能会引起不适，因为它暴露了科学家们通常的私人想法和对话，他们中的一些人是我的朋友，还不适应与公众打交道。我很抱歉，我的工作有时候仿佛践踏了友谊。

组涟漪作为标志。本书的标志是两组涟漪, 如图 0.2 所示。第一组是浅色的涟漪, 代表一些宇宙灾难 (空心圆环) 发出的引力波, 并穿越时空。这些波击中探测器 (黑色的盘), 然后它们的影响通过社会时空传播, 由一组深色的涟漪表示。

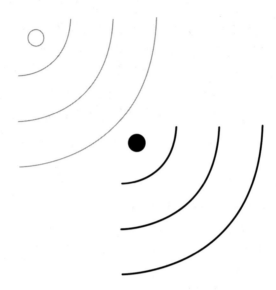

图 0.2　标志：时空和社会时空中的涟漪

0.4　相对主义

这里有一件怪事：我描述了一个因果序列, 从 "欢蹦乱跳" 的恒星开始, 到人们达成共识结束。然而, 我们知道的关于恒星的一切, 仅仅是因为社会时空的涟漪。如果社会时空中没有涟漪, 我们的宇宙中就不会有 "欢蹦乱跳" 的恒星 (没有现代科学知识的宇宙里没有 "欢蹦乱跳" 的恒星, 我们的宇宙里也没有神或女巫)。因此, 人们可以认为因果顺序是相反的, 不是从星星到人类的理解, 而是从人类对星星的共识 (就像我们大多数人认为的神、女巫和最新时尚的影响)。你刚刚读到的关于引力波及其影响的一切, 正如本章开头预期的那样, 都基于信任、传闻和社会化。我所说的牛顿和爱因斯坦、质量和能量, 本身就是社会共识的产物, 现在位于那个叫作现代物理学的社会位置的平静天气里。

就我们的标志而言, 我们对空心圆或它发射的波一无所知, 直到这些波击中地球表面的探测器 (实心的黑色圆盘)——这是没有争议的。但是, 同样地, 我们对实心黑盘一无所知, 直到第二组涟漪在另一个探测器 (科学界) 产生了影响。如果我们在这个标志上叠加一个因果关系箭头, 它通常会从左上到右下运行。但是, 如果接受我们刚才的论证, 它也可以采取另一种方式, 从右下到左上。第一个方向是现实主义者的方式；第二个方向是相对主义者 (或 "社会建构主义者") 的方式。幸运的是, 就像物理宇宙的规律保持不变一样, 无论我们从宇宙大爆炸到现在, 还是从现在到宇宙大塌缩, 看到的规律都是一样的, 无论箭头运行的方式是什么。区别是形而上学的, 或者用一些原教旨主义的说法——是准神学的。

　　我将在最后简短地讨论这一点, 但就本书的大部分内容而言, 这几乎就是关于现实主义与相对主义作为哲学主题的全部讨论。然而, 相对主义将一次又一次地表现为一种方法论原则。对深色涟漪的完全理解, 可能很容易受到偏见的影响, 因为似乎有太多的因果决定起作用, 它们的模式来自左上方。因此, 分析的核心是一种方法论相对主义。这种方法论把因果箭头看作从右下到左上, 并没有对它真正的运行方式提出任何要求, 这是我对科学进行社会分析时使用的方法 (尽管不是在我简单地接受既定共识的地方)。方法论相对主义只不过是科学的处方, 通过保持其他一切不变来调查某个原因。在这种情况下, 当科学有争议时, 我们保持科学不变 (将其视为非因果贡献的变量), 并集中于社会变量。① 这并不是说, 不需要解释科学的论证。即使最坚定的现实主义者, 应该也不会反对《引力的影子: 寻找引力波》, 除非他们认为, 讲述科学的故事, 可以不讨论 (不大量讨论) 社会。

　　对于那些完全确信世界必须永远用现实主义的、从左到右的方向来描述的人来说, 关于自然和社会的另一个方面也许值得指出。让我用现实主义者的身份谈论第一次看到引力波。为了论证起见, 假设第一次观测是由于超新星的爆发, 几毫秒的时间。因此, 在半个世纪的引力波探测历史中, 大自然只在那一刻说话。在半个世纪里, 大自然说话的时间只有大约0.00000000013%, 而人们思考、建造、计算、假设、解释、花钱、写作、组织、领导和说服的时间, 将占 99.99999999987%。请注意, 几乎没有人真正 "看到" 持续数毫秒的事件。所以, 无论你是现实主义者还是相对主义者, 社会学家都有很多事情要做。② 在本书中, 我会时不时地指出, 即使坚持哲学现实主义, 社会学家也要做很多事情。③

　　对现实主义和相对主义的另一种思考方式是, 问问究竟是什么。科学只能支持一个真理吗?还是有多个真理?只需片刻的思考就可以明白, 一门科学可以在相当长的时间内支持一个以上的真理; 科学争论可以很容易地持续 50 年左右, 在这段时间里, 两种或两种以上的世界观得到了立场不同的科学家群体的支持。④ 坚定的现实主义者会说, 只有一种观点在科学上是真正可行的, 只要限制在一种观点存在、其他观点消亡的情况, 就很难证明另一种观点 (哲学不可知论可以反驳这个观点, 因为只有一种观点长期存在并不一定比它的政治或文化稳健性更能证明这个观点, 就像风格不同的艺术一样)。20 世纪 60 年代开始的 "理性辩论" 讨论了这些问题。如果有多种理性, 就可以有多个科学。⑤但是, 无须解决理性争论的问题, 几十年来, 另类科学观点确实同时存在的事实, 也为社会学家提供了广阔的研究领域。本书的中间部分将描述社会机构关于非共识观点的一些处理方式, 说明我们这个历史时代里相互竞争的现实的社会意义。由此可以揭示我们在这个最困难的科学里的 "存在方式"。

---

　　① 进一步的讨论, 见本书第 42 章和第 43 章以及 Labinger, Collins(2001) 的一些章节。
　　② 这个想法源于彼得·拉德金 (Peter Ladkin) 的一个评论。
　　③ 我赞同现实主义是科学家和社会学家的工作态度。因此, 我以 "社会现实主义" 的态度写本书, 也就是说, 我把社会看作是真实的。(用涂尔干 (Durkheim) 的话说, 我 "把社会事实当作真实"。) 困难在于, 为了把科学的社会事实当作真实, 我需要用不同的方式对待自然事实。我相信每个人都应该能够不时地走出自己的世界, 以便理解还有其他方法可以谈论我们认为理所当然的世界。
　　④ 例如, 见 *The Golem* 第 2 章 (Collins, Pinch, 1993/1998)。
　　⑤ 关于理性辩论, 见 Wilson(1970),Winch(1958) 和 Wittgenstein(1953)。关于社会学含义, 见 Bloor(1973), Collins(1985/1992) 和 Kuhn(1962)。

0.5　这个项目和这本书

我描述了这个项目的创意，这本书是项目的一部分。这个社会学项目将不会完成，直到有了广泛的共识，引力波已经直接看到，涟漪已经到达他们在社会时空里的最终目标：引力波被认为是理所当然的现实，确信无疑的常识。只有到那时，我们才能对比看不到引力波的情况和成功的情况。本书设置了比较的场景。我描述了社会时空的几个涟漪中喷出的微沫，这可能表示引力波的第一次直接探测，但没能达到确定无疑的程度。第 1 部分和第 3 部分详细描述了这些故事。

第 2 部分简要地描述了低温棒探测器和干涉仪两种新技术的发展。第 3 部分描述了这两种技术不稳定共存的时期，以及干涉测量法如何战胜共振棒技术。这说明两种文化可以并存，但是如果有一种文化足够强大，共存就不会持续很长时间。

第 4 部分描述了干涉测量的发展，集中在美国项目从小科学到大科学的过渡，与变化有关的压力、应变和戏剧性场面。第 5 部分提出了两个一般主题，即汇集来自相互竞争的国际团体的数据的过程，以及对一种现象的通量设定上限而不是进行正面探测的奇怪过程。这让我们看到了干涉测量的现状，它最近发表了第一个上限声明。

第 6 部分得出结论，最重要的是第 42 章，发展了一个新的主题，专家和非专家的关系，正如这个研究本身揭示的那样。讨论了科学家和大众的关系。

0.6　其 他 主 题

请注意：《引力的影子：寻找引力波》中有很多历史；有些人可能会想，为什么有些部分写得这么长。事实上，我已经给出了第 1 部分的标题"寻找失去的波浪"，尴尬地承认它确实有些长了。但是，就像普鲁斯特 (Proust) 一样，我要尝试重新捕捉已经消失的东西，这比重新捕捉仍然存在的东西更困难。

尽管包含了许多历史背景，但本书并不打算遵循历史学家的选择标准或专业偏好。材料的选择原则是：第一，社会学兴趣；第二，只是朴素的兴趣；第三，对历史的责任感。从引力波探测历史中提取出来的大多数情节都是以超出历史的考虑来描述的。它们包括：确立真相和谬误；一种技术战胜另一种技术；没有完全正当的理由但仍然进行选择的必要性；如果科学要向前发展，就要修剪不断变化的科学和技术的可能性分支；从小科学到大科学的发展；相互冲突的科学风格和文化；两种世界观的紧张关系，一种认为世界是精确的、可计算的、可规划的，只是等着我们做出正确的总结，另一种认为世界是黑暗的、无定形的，通过猜测我们有时候能够理解其中的一部分——如果我们有足够的技巧抛掷理解之网。

0.7 关于第 1 部分的科学分析

关于乔·韦伯探测引力波的工作, 我发表过一些作品。对此有些了解的人, 对本书第 1 部分的主要论点会觉得熟悉。这个部分有 12 章, 而以前我的相关描述不过两三篇学术论文, 显然这不仅仅是重复已发表的工作。我们熟悉的是分析, 但这里包括了工作的细节和顺序, 涉及的人, 以及论证的更多细节。然而, 本书的这个部分没有新的分析思想, 只有更多的数据, 更多的理论, 以及一个新的比喻。

读者如果熟悉这些争论的实质, 可以跳过这个部分, 但是会错过以下内容: 在第 2 章中, 我描述了乔尔·辛斯基 (Joel Sinsky) 的校准实验, 这是我以前没有提到过的。如果仔细考虑一下, 我应当在别的地方讨论这项工作。第 3 章不是韦伯故事的一部分, 但包含了一些引力波的科学, 在书的后面部分将需要它。第 5 章提供了一个新的比喻 (一个被正统的大坝拦截的水库), 用来理解非正统科学生存或者消亡的方式; 这也将在本书的后面提到。第 12 章包含一些新的文献材料。当然, 整个部分包含了更多的历史细节。

第 1 部分

寻找失去的波浪

第 1 章　新科学的开始

我从托尼·泰森在国会提交的证据开始。泰森没能阻止干涉仪项目的资金,甚至没能拖延很长时间,现在已经开始用巨大的干涉仪寻找引力波了。这些干涉仪是本书后面章节的主题。干涉仪之前有两代早期的探测器,还有另一代探测器胎死腹中。第一代探测器的全盛期是从 20 世纪60 年代末到 70 年代中期,它是一种实心的金属圆柱,称为共振棒。长大约 1.5 米,直径大约 0.5米,重大约 1 吨,它们放在真空罐中,尽可能免受任何其他干扰。因为它们是为了响应引力波而振动的,所以称为室温共振棒。自 2000 年以来,最多只有一个室温棒在记录数据,由一个意大利团队经营;另一个室温棒在 2000 年与乔·韦伯同时走到了生命的尽头,韦伯在 20 世纪 60 年代首创了这项技术。

从大约 20 世纪 70 年代中期到 90 年代中期,第二代探测器主导了科学,它们是室温棒的发展,但是冷却到液氦或更低的温度;这些装置称为低温棒。近几年,有多达五个项目一直在运营:一个在美国,一个在澳大利亚,三个由意大利团队管理,其中一个位于日内瓦欧洲核子研究中心(CERN)。胎死腹中的装置可能还会复活,这是低温技术的进一步发展,使用的是球形而不是圆柱体的共振器。它们也会冷却到尽可能低的温度,质量大约是 30 吨,而共振棒是几吨。目前的探测器是干涉仪,自 20 世纪 90 年代中期以来,越来越占主导地位。

本书的这个部分讲的是室温棒,这些装置开辟了引力波检测的科学,当时,这种科学似乎只属于幻想的世界。

1.1　早期岁月

开始寻找引力波的人是约瑟夫·韦伯 (Joseph Weber),也可亲切地称为乔·韦伯 (Joe Weber)。韦伯 (Weber, 发音为 "Webb-er") 在本书中永远指的是他。本书的大部分内容,在讨论韦伯时,首先是用现在时写的;在我的几乎整个职业生涯中,韦伯一直是"现在时",而不是"过去时",改变时态一直很痛苦。从 1948 年到 2000 年 9 月 30 日他于 81 岁去世为止,韦伯一直是活跃的物理学家,在不同时期于华盛顿特区附近的马里兰大学担任电气工程教授、物理学教授,或者同时担任这两种教授。从 1973 年至 1989 年,他还是加州大学尔湾分校的客座教授。他继续在这两所高校任职,直到去世。

1919 年 5 月 17 日,韦伯出生于新泽西州的帕特森,他是立陶宛犹太移民的儿子。在大萧条时期,他每天当高尔夫球童,赚 1 美元,在自学修理收音机后,他的收入增加了 10 倍。他在入学考试中获得了最高分,成为安纳波利斯美国海军学院的学员,他毕业于 1940 年,获得了理学学士学位。在第二次世界大战期间，他在美国海军服役，很快表现出技术专长，成为熟练的雷达操作员和优秀的导航员。他服役的军舰 (列克星敦号航空母舰) 在珊瑚海海战中沉没，但韦伯幸存了下来，成为一艘猎潜艇 (SC-690 号) 的指挥官。正如他所说，对于出身贫寒的犹太男孩来说，这个角色非同寻常。

战后，韦伯继续学习物理学，并于 1951 年在美国天主教大学获得博士学位。他还在新泽西州普林斯顿高等研究院学习物理学，受到罗伯特·奥本海默 (Robert Oppenheimer) 和约翰·惠勒 (John Wheeler) 等人的影响；弗里曼·戴森 (Freeman Dyson) 也给了他热情的鼓励。在 1955—1956 年、1962—1963 年和 1969—1970 年，他在高等研究院待过一段时间。韦伯的一项成就是在 20 世纪 50 年代提出了微波激射 (maser, 受激辐射的微波放大) 的一些想法，它是激光的前身，激光 (laser) 代表着"受激辐射的光放大"，而微波激射原理相同，除了使用微波而不是光。也许他应该因为这项工作而获得诺贝尔奖，至少得到更多的认可；他本人当然这样认为，其他一些人也这样认为。马里兰大学工程大楼的一面墙上有韦伯的照片，里面有表彰他在微波激射领域的开创性成就的证书。

1996 年，当我最后一次见到他时，78 岁的韦伯仍然在马里兰大学物理系的办公室里工作了一整天。此外，他告诉我，为了保持身体健康，他继续在凌晨 4 点跑步 5 千米。1971 年，韦伯的第一任妻子去世，他随后与天文学家弗吉尼娅·特林布尔 (Virginia Trimble) 结婚，她比他小 24 岁，偶尔也和他一起写文章，后来以自己的成就广为人知。他笑着告诉我，当他娶她时，他声名卓著，她却籍籍无名，现在他们的角色颠倒了。

直到他去世，韦伯继续向资助机构申请，不仅有引力波的项目，也有中微子检测和革命性的激光研究项目。直到 20 世纪 90 年代初，一些机构仍然给他小额的资助。

说乔·韦伯有没有名气，就太简单化了。物理学界的每个人都知道他是谁，但是从 20 世纪70 年代至 90 年代，他的名声在很大程度上变成了恶名。现在他已经死了，我怀疑，恶名也许会重新变好，他将重新获得历史上的地位。韦伯的声誉高峰出现在 1969 年左右，持续了大约 5 年。当他宣布他探测到引力波时，他就出名了。然而，当其他人说他看到的不是引力波，而是实验仪器或统计数据的问题时，他的名声开始变坏了。这些人是相关领域的大多数物理学家，他们说他自称看到的东西在理论上是不可能的。他们可以计算通过地球的引力波的最大强度，他们可以计算韦伯探测器的灵敏度，而且计算的结果不匹配。

直到他生命的尽头，乔·韦伯坚持认为他看到的是引力波；30 年后，当他的职业生涯快要结束时，他仍然坚持认为他已经看到了它们。因此，他的名声变成了恶名，因为他不承认自己错了。更糟糕的是，他坚持用最直率的方式告诉人们他是对的，而他们错了。在他晚年的时候，韦伯对他遭遇的不公正感到非常痛苦，而且他舌尖嘴利；结果，他把以前的一些同事们逼得很绝望。

1.2　发现了一种新的力？

如果说物理学界有"内刊"，可能就是《今日物理》(*Physics Today*) 了，由美国物理学会出版。1968 年 4 月，这份杂志以韦伯的一篇文章为主要报道。[①]封面上有一个示意图，由弹簧连

———————————————

① 见 Weber(1968a)。

接的两个质量块, 韦伯喜欢用这种方式表示他发明的引力波探测器的理论。韦伯报道了他的研究生乔尔·辛斯基在马里兰实验室进行的一项实验。据说, 通过两个共振棒之间不断变化的引力, 一个铝共振棒中的振动可以传递给另一个。

如果我们仔细观察振动棒的末端, 就会看到它进进出出——这就是振动的本质。末端可能会移动大约 0.1 毫米——肉眼几乎看不见。这些微小的运动改变了与共振棒质量相关的引力场。在振动周期里, 靠近棒端的任何物体在距离棒端远了 0.1 毫米时, 受到的引力更轻微, 而当距离棒端近 0.1 毫米时, 受到的引力略微大一些。[①]因此, 振动棒会产生振荡的引力场。韦伯声称, 棒的振动导致的引力场的微小变化, 可以用另一个棒感知, 让它也振动。然而, 第二个棒的振动比第一个棒小得多; 韦伯解释说, 在这个实验里, 检测到了第二个棒 10^{-16} 米的响应。也就是说, 韦伯声称, 他可以看到两吨重的铝合金棒的长度变化, 其数值略小于原子核的直径。(见附录 A, 那里进一步阐述这个说法的含义。)

第二个棒通过粘在其表面的压电换能器检测微小振动。在挤压或拉伸时, 这些晶体产生电信号, 从而将电与力联系起来。(现代燃气灶的点火装置就是这样产生火花的。) 因此, 引力波造成的铝棒中的微小拉伸, 将通过粘在棒表面的压电晶体的微小拉伸所产生的电信号被检测出来, 并通过灵敏度前所未有的放大器使其可见。

这个实验值得再次描述, 说清楚它是多么的雄心勃勃。压电晶体表现出的力和电的关系可以逆转。如果给它们施加电压, 它们会根据电压的正负来压缩或舒张。如果给它们施加交变的电压, 晶体就会振动。在辛斯基实验中, 表面粘有压电晶体的两个棒放在彼此的附近。"驱动棒"的直径为 21 厘米, 长 1.5 米[②], 表面上的压电晶体利用交流电压引起振动。这些振动由第二个棒 (探测器) 感知, 它的直径为 56 厘米, 长度是 1.5 米, 质量大约为 1.5 吨。振动从一个棒传递到另一个棒的方法是引力。

这个实验非常特别, 因为尺寸小于行星的物体产生的引力场是很难感知的。1798 年, 卡文迪什 (Cavendish) 测量了两个巨大铅球之间的引力, 这是实验科学的胜利, 因为它们之间的引力只有其重量的 5 亿分之一。现在, 辛斯基和韦伯检测的是这个质量振动引起的引力场的微小变化, 也就是当它"振动"时, 巨大铝棒的位置变化引起的引力场的微小变化。这并不像卡文迪什使用的铅球那样, 棒要么在那里, 要么不在那里; 棒的位置保持不变, 只是稍微改变了形状, 这种现象是可以识别的, 因为它意味着, 随着每个周期的振动, 离探测器最近的部分到探测器的距离从近到远再从远到近地变化。

顺便说一句, 这种力是引力场的变化, 其频率与韦伯棒设计用来检测的引力波相同——大约为 1660 赫兹 (每秒的周期数)。力随时间的变化会与波的方式相同, 尽管这种变化的引力不是引力波; 引力波引起的变化与它们的行进方向垂直, 但这种波, 由引力的变化组成, 引起的变化与它们的传播方向平行。因此, 这个实验测量的不是引力波, 而是普通引力的变化。这个力在原则上与引起潮汐的力没有什么不同——月球对地球上可移动物体的吸引力不断变化, 因为月球在天空中的位置改变了。正如第 3 章将要解释的那样, 引力波更加微妙。然而, 辛斯基的实验是为了说明韦伯的仪器对任何潜在引力波的敏感性。[③]

与第二个棒的应变相比, 驱动棒的振动非常大。据计算, 第二个棒看到的应变是 10^{-16} 的量

---

① 在第 3 章, 读者会注意到, 如果振动质量块是共振球而不是圆柱体, 如果它的振动对所有轴都是对称的, 因而不涉及形状的变化, 那么这种振动就不会导致引力场的变化, 因为质心将保持固定不变。要知道球的引力场, 只需要知道质量和质心的位置; 要知道圆柱体的引力场, 还需要知道圆柱体的尺寸。

② 译注: 原著用的是英制单位, 本书直接翻译为公制单位, 具体数值和单位并不影响本书的主旨, 读者如有需要, 请查阅原著。

③ 辛斯基实验中产生的振荡引力场对引力波探测器的影响是否与引力波相同, 这是韦伯与批评者争论的问题之一 (见第 10 章)。

级，而第一个棒是 10^{-4} 左右 (大约是 0.1 毫米) 的。换句话说，次生振动大约比原生振动小一千亿倍 (第一个应变 $\times 10^{-11}$)。当然，我们想要的结果是，这个实验证明第二个共振棒确实能探测到引力波的微小效应。

这个校准实验本身也令人兴奋。第一个棒必须引起很大的震动，以至于压电晶体经常脱落——它的振动加热了自己。振动棒还封闭在真空室中，试图避免任何非引力干扰源影响到第一个棒。如果振动通过空气、实验室的地板、棒的外壳或某种耦合的电力或磁力传递，那就证明不了什么了。下面我将讨论，韦伯和辛斯基如何证明他们的实验可以令人满意，没有发生非引力的其他耦合。

从这个实验来看，乔·韦伯证明了他的探测器对微小的振荡引力非常敏感。但更重要的是，在《今日物理》的一篇文章中，他报告说，在这个"校准"实验完成后，驱动棒被当作另一个探测器，安装在离第一个探测器大约 2 千米的地方。他声称在两个探测器之间看到了大约 10 次同时发生的能量脉冲，与地面振动或电磁干扰无关。这些似乎是来自外部的有趣信号。

韦伯的主张是什么意思呢？为什么重要得足以出现在《今日物理》的封面呢？这个主张的前半部分 (校准实验) 代表了工程的胜利，如果它是正确的，第二个主张就有趣了。第二个主张暗示，同时发生的能量脉冲可能是由一些非常小的东西引起的，如果大胆地解释，可以想象的是引力波。

但什么是引力波呢？我们确定它存在吗？振动、旋转和爆炸的恒星真的会发射引力波吗？科学家们花了很长时间才达成关于引力波的共识；第 3 章简要说明了韦伯工作之前的理论争论。爱因斯坦最早提出引力波存在，在 20 世纪 30 年代，他改变了想法，然后又改了回来。但是到了60 年代，共识是广泛的，1962 年理查德·费曼 (Richard Feynman) 写信给他的妻子说，在一次会议上，关于是否能够发出可探测的引力波，他进行了持续的争论，搞得自己的血压飙升。[1]事实证明，关于引力波是否会对引力波探测器产生影响的争论，一直持续到 90 年代。例如，1996 年，路易斯·贝尔 (Luis Bel) 以电子方式分发的文件摘要如下：

> 我们提出了广义相对论中弹性试验体 (共振探测器) 静态变形理论的新方法……基于这种新的方法，我们认为弱的平面引力波不耦合 (从而影响) 弹性体。因此，无论其形状如何，都不是检测引力波的合适天线。[2]

然而，这时候已经建造了十几个引力波探测器，持续的争论更多是出于好奇心，而不是严肃的关注。最重要的是，乔·韦伯解决了这个问题，他先研究了如何建造，然后真的建造了引力波探测器。当我们说"科学家已经做了决定"时，我们的意思是 (至少我们应该说)，他们决定以某种特定的方式投入他们的科学能量。乔·韦伯做的就是让科学家像引力波确实存在一样行事。他建造仪器来检测它们，导致其他人也建造仪器。当一些人建造了探测引力波的装置时，人们几乎没有理由怀疑引力波在原理上是否存在 (对不起，你错了)，尽管在实践中是否真的探测到了仍然有很多疑问。

---

① 见 Kenneﬁck(1999) 第 91 页。

② 见 Bel(1996) 第 1 页。其他的理论贡献大大改变了对引力波和探测器之间的相互作用的看待方式，包括 Cooperstock(1992) 和 Cooperstock, Faraoni, Perry(1995)。他们说，某些类别的探测器原则上看不到引力波，这些主张虽然发表了，但在很大程度上被学界忽视了。昆杜声称 (Kundu, 1990)，没有引力波可以从发射它们的星系中产生，因此这将使最有可能也最多的来源无法检测 (但是这个说法后来被撤回了 (Price, Pullin, Kundu, 1993))。Christodoulou(1991) 提出了另一个主张，已经被学界接受 (Thorne, 1992a)，相互作用有变化，但不足以让探测器失效。

1.3　理论和实验

关于引力波的理论争论是本书整个故事的缩影。科学家们有分歧, 多数人达成了共识, 然后继续自己的科学工作, 而少数人继续争论这个问题。在科学争论中, 技术争论很少能说服每个人, 有效的解决办法产生于大多数科学家决定他们应该采取何种行动的方式。在理论争论中, "输入信号" 由理论工作者写在纸上的东西产生, 但是此后, 波浪零碎地传播到学术界和非专业群体中, 与实验输出信号的方式相同。圆柱体在时间上的延伸具有不同的截面, 它既适用于理论变化, 也适用于实验数据的接受。①

理论和实验共同构成了整个科学领域的时间圆柱体。当它在各个群体中传播时, 这些消息来自理论工作者说的话, 或者据说是他们说的话。理论工作者的话的意义来自实验工作者的所见所闻。有时理论会支配新闻, 有时实验会支配新闻。我们将看到, 理论和实验的关系随着引力波故事的展开而改变。直到 1960 年前后, 全都是理论——没有人想过做实验试一试——但从 20 世纪 60 年代后期开始的 15 年里, 在乔·韦伯的帮助下, 事情发生了变化。他鼓舞了或激怒了其他科学家, 让他们做一些事情, 实验开始占据主导地位。由于乔·韦伯的影响, 实验成为理论工作者和广义相对论学者的主要影响因素, 他们一直在思考引力波的世界, 直到 80 年代中期, 理论又开始主宰世界了。

1.4　不可能的实验

事实上, 韦伯在十多年前就开始思考引力波了。②在普林斯顿的时候, 他开始参与关于引力波的现实性和可探测性的争论。1957 年, 他与著名的量子理论解释者约翰·惠勒一起发表了一篇论文, 给出了正面的论证。在《物理评论》(*Physical Review*) 发表的另一篇论文中 (投稿日期为 1960 年 1 月 1 日), 韦伯开始计算探测器的可能性, 并提出了基本想法。实际上, 这些想法在 1959 年巴黎附近的罗雅蒙特的一次会议上首次发表, 也发表在为重力研究基金会撰写的一篇文章里, 还获得了 1959 年的年度奖金 1000 美元。③再说一遍, 如果两个被弹簧隔开的质量块受到引力波的影响, 它们就会相对移动, "因此现在可以从引力波里提取能量" (图 1.1a)。④实际上, 正如后面三篇论文解释的那样, 在这个阶段, 接收器的目标是成为一个巨大的、独立的压电晶体,

---

① 关于理论方面对这个过程的更完整的分析, 参见 Kennefick(2000)。

② 下面的引力波探测的早期简史绝不是韦伯的传记作者写的历史, 应该写得更详细。韦伯是战后一代物理学家的精彩案例, 他们出身贫穷, 成就非凡。不幸的是, 通常只有最终成功了的那些人, 他们的生活才得到详细的研究, 这扭曲了科学的历史。

③ 罗雅蒙特会议论文集的论文直到 1962 年才发表 (Weber, 1962), 但它和获奖文章的本质都在 1961 年发表在韦伯的书中。重力研究基金会的论文题目为《引力波》(*Gravitational Waves*)(Weber, 1959)。该基金会由罗杰·巴布森 (Roger Babson) 创立, 旨在鼓励对引力的研究。巴布森的动机在基金会发表的一篇题为《重力：我们的头号敌人》(*Gravity : Our Enemy Number One*) 的奇文中得到了很好的阐述; 全文见附录 C。多年来, 尽管重力研究基金会倒闭的消息屡见报道, 但是它仍然存在。它继续在小乔治·M. 里迪特 (George M. Rideout Jr.) 的领导下, 为关于重力的文章授奖。正是里迪特允许我使用附录里的这篇文章。该基金会目前的地址是 PO Box 81389, Wellesley Hills, MA 02481-0004, USA.

④ 图 1.1 是我绘制的复制品, 与原件相仿。

而不是粘有压电晶体的金属棒。晶体尽管很大，在受到引力波的影响时，只会产生微小的电脉冲；需要非常灵敏的放大器，才能产生一点儿可见的东西 (图 1.1b)。

大约是这个时候，韦伯也在计算他提出的装置对引力波的探测截面，即灵敏度。他的工作方式似乎已经被普林斯顿的雷莫·鲁菲尼 (Remo Ruffini) 和约翰·惠勒证实，被称为经典截面。[1]我们将在第 4 部分看到，25 年后，韦伯改变了他对这个计算的看法，并找到了一种方法来解决这个问题，给出了截然不同的结果。

即使在实验刚开始的早期阶段，韦伯也预测了引力波新科学所依赖的关键发展。任何信号都会隐藏在晶体原子的随机振动和其他随机波动所产生的噪声中，但韦伯认为，引力波的存在仍然有可能被感知到，因为它们的强度会随着地球每天的转动而改变。这意味着，晶体有时候朝向某个恒定的辐射源，有时候不是，晶体的输出在 24 小时内的变化将表明引力波的影响："如果引力波从某个特定方向入射，就可以从放大器噪声输出的每日变化中观察到。"[2]

关于方向，韦伯谈到太阳是一个可能的来源，罗雅蒙特的论文明确了他的意思。论文末尾有一个简短的回答问题的摘录，韦伯用法语向著名的相对论学者费利克斯·皮拉尼(Felix Pirani)解释说，太阳大气中的突起或扰动(涉及大量气体的运动)会产生辐射。

在三篇早期论文中都出现的第二个示意图里 (图 1.1b)，韦伯比较了受引力波影响的两个晶体的输出。这个想法是，同时对这两个晶体产生的影响将表明有一个外部的源 (假设是引力波)，它们的同时存在将把信号和噪声区分开。这意味着不需要通过参考它们的变化方式来区分引力波和噪声，因为探测器由于地球的转动而改变了方向："图 3 的装置 (本书的图 1.1c) 不要求转动。如果有引力波入射，它将导致相关的输出。内部波动的所有的源都是不相关的"(第 311 页)。

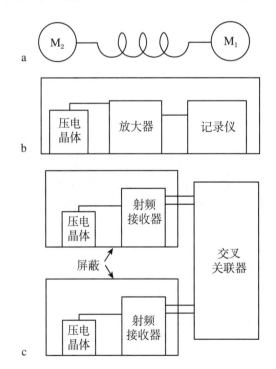

图 1.1　韦伯早期论文和著作中的引力波探测器

---

[1]　在 1993 年和 1995 年，韦伯告诉我，他得出了结果，鲁菲尼和惠勒随后证实了这一点。在 1997 年，鲁菲尼暗示是他和惠勒先做的："当然，关于韦伯的情况，我们从早期就开始互动了。当惠勒和我详细计算引力波的截面时——我们之前还没有计算过。"但是，在谈话中，物理学家通常把经典截面归功于韦伯。

[2]　见 Weber(1960) 第 311 页。

　　直到今天, 寻找两个探测器的相关性仍然是探测引力波方法的关键。这三篇早期的论文都继续猜测能否在实验室中产生可探测的引力波, 得到的结论是可能性很小。

　　1961 年, 韦伯出版了《广义相对论与引力波》(*General Relativity and Gravitational Waves*)。韦伯解释说, 这是由出版商委托出版的丛书里的一本, 他们先找的是约翰·惠勒, 他推荐韦伯作为合适的作者。在这本书里, 韦伯进一步发展了他关于可探测性和探测器的想法, 用同样的三个图说明它们。那时候, 实验正在进行中。

第 2 章　从想法到实验

2.1　研　究　小　组

1972 年当我第一次采访乔·韦伯的时候, 他告诉我, 他在 1958 年或 1959 年开始了探测引力波的实验工作。到了 1960 年, 他开始召集一些帮手。当年发表的《物理评论》文章记录了实验的开始:

> **校对时添加的说明:** 这方面的实验工作最近才开始。这是由大卫·M. 齐博伊 (Darvid M. Zipoy) 博士和罗伯特·L. 福沃德 (Robert L. Forward) 先生与本文作者者合作进行的……正在考虑……金属块里共振声学振动的激发, 采用图 2 和图 3 的构型(本书的图1.1b和图1.1c)。((Weber, 1960) 第 311 页)

8 年后, 韦伯的研究小组在《今日物理》发表文章时, 尺寸有所增加:"一个探测器是铝圆柱体, 质量约为 1400 千克, 由大卫·M. 齐博伊、罗伯特·L. 福沃德、理查德·伊姆雷 (Richard Imlay)、乔尔·A. 辛斯基和我开发制作。"[1]

这份名单没有提到实验室技术员达里尔·格雷茨 (Daryl Gretz) 和马里兰大学电气工程系的杰罗姆·拉尔森 (Jerome Larson), 他们也为实验付出了很多精力。[2] 理查德·伊姆雷是一名本科生, 从 1958 年到 1962 年与该团队合作, 然后他离开了, 从事粒子物理学的工作。1997 年当我采访他时, 伊姆雷认为自己在开发工作中扮演的角色很小, 直接为齐博伊工作, 而不是韦伯。他说, 他帮助进行了校准实验, 计算了从振动棒到探测器的引力能量传输, 并帮助齐博伊设计了共振棒的抗震隔离 (见下文)。[3]

齐博伊和辛斯基都在 20 世纪 60 年代末离开了引力研究领域, 但在这十年里, 两人都在引力研究领域的发展中发挥了重要作用。罗伯特·福沃德在韦伯实验室设计和建造第一个探测器方面发挥了主要作用, 离开韦伯实验室以后, 他独立建造了一系列探测器, 并建造了第一个激光干涉仪引力波探测器。[4]

事实上, 在遇到韦伯和得知他的想法之前, 福沃德就对引力很感兴趣。他第一次听说韦伯时, 他在同一年 (1959 年) 也向重力研究基金会提交了一篇文章, 韦伯得了奖。基金会的一等奖奖金

---

[1]　见 Weber(1968c) 第 37 页。

[2]　拉尔森的照片出现在讨论实验的第一篇《科学新闻》(*Science News*) 文章里 (Thomsen, 1968), 还有一篇学术论文 (Weber, Larson, 1966)。

[3]　尽管伊姆雷在 1962 年离开了引力波物理学, 但他仍然与该领域保持联系, 因为他碰巧在路易斯安那州立大学 (LSU) 找到了一份工作, 这里有美国最成功的也是唯一还在运行的低温棒探测器。伊姆雷仍然与 LSU 团队的工作保持联系, 尽管他没有参与。

[4]　福沃德也是著名的 "技术" 科幻小说作家, 于 2002 年 9 月 21 日去世。

高达 1000 美元, 足以鼓励相当多的现在有名的人提交作品。[①] 福沃德看到了韦伯的文章, 他说, 这是第一篇严格证明引力波会在适当的条件下发射、携带能量并且可以被检测到的论文。他在马里兰大学完成了本科学位, 但是在加州大学洛杉矶分校工作, 当时他在加州休斯飞机公司工作。由于家庭关系, 福沃德已经决定返回马里兰州攻读固态物理学的博士学位, 但他访问了韦伯, 并且在完成了博士课程以后, 转到韦伯的项目。那时候, 齐博伊也加入了团队。

如前文所述, 引力"天线"的第一个想法是单个的压电晶体块。[②] 研究小组认为, 如果想要足够的灵敏度, 整个振动质量必须由压电物质制成, 他们打算买一块晶体, 正如福沃德所说, "像桌子一样大"。

> 我们越看它, 越调查它, 就越认识到我们真正想要的是一些质量块发生相互作用, 不一定是晶体, 而晶体可能只是质量块的一小部分。(1972)[③]

在转向使用大的金属振动块的想法之后, 研究小组最初尝试使用可变电容器 (俄罗斯著名实验学家弗拉基米尔·布拉金斯基 (Vladimir Braginsky) 用这种技术检测振动)。然而, 福沃德说, 齐博伊用压电晶体检测福沃德的实验, 发现从晶体中得到的信号比可变电容器得到的更大, 因此他们转而用晶体作为提取共振棒能量的主要手段。福沃德说:

> 我的研究经验里最令人惊奇的是, 你在工程、数学和电子方面犯了愚蠢的、笨拙的错误, 因为你正在研究一个难题。在做这件事的过程中, 有很多这样的例子, 我们做出了非常愚蠢的工程决定, 因为我们太关心物理了。这是其中的一个。(1972)

福沃德最后发现, 铝合金与任何其他价格合理的材料一样适合当引力天线, 他用钨和其他金属做了实验, 结果证明它们很不合适。单个 (非压电) 晶体的蓝宝石或其他一些类似东西更好, 但那时候不可能用大块的蓝宝石。对他们的预算来说, 铝可以给出最好的结果。[④]

福沃德继续与马里兰小组合作, 直到 1962 年年中, 他决定回到加州马里布为休斯公司工作。[⑤] 然而, 他先用单个探测器获取了 48 小时的数据。这是第一次从引力波探测器得到数据。福沃德的研究记录本显示, 这项数据收集工作于 1962 年 5 月 12 日星期六上午 5：30 开始, 在下个星期一上午 6：30 结束。[⑥] 这些笔记本还显示, 由于未知的原因, 从星期六早上 6：30 左右到星期天凌晨, 图表记录仪没有工作。

图 2.1 是福沃德的博士学位论文里的一个图, 包含了这个实验过程。[⑦] 已经从数据中删除了电气瞬变 (根据其急剧上升的时间确定), 但可以清楚地看到超出量程的异常。

在他的讨论中, 福沃德很谨慎, 建议忽略图最左边的小峰 (把它视为异常), 关于那个大峰, 如导论开头的引文所说: "总的来说, 我们不知道是什么导致了这么大一个峰。可以想象, 这可能是巨大的天文事件爆发了非常强烈的引力波, 但更有可能是设备故障。"(第 142 页)

然后, 论文探讨了各种可能的噪声来源, 判断时的口气值得注意:

---

① 斯蒂芬·霍金 (Stephen Hawking) 三次获奖。
② 乔·韦伯用"天线"这个词描述引力波探测器, 以便强调引力波和电磁辐射之间的连续性。记得吗? 韦伯是电气工程师。据说, 他早期的一些理论论文是用电气工程的语言写的, 物理学家起初无法理解, 只有经过一些艰苦的思考, 他们才能理解全部的论证。
③ 在这本书里, 采访记录的年份如果没有在文本中提到, 则在括号中给出。为了更容易确定引用的话的来源, 没有提供更准确的日期 (这样就可以按照发言者引用他们的话)。
④ 如今它是所有共振棒团队的首选材料, 除了澳大利亚人, 他们使用铌合金。
⑤ 1972 年, 我在那里采访过他。
⑥ 这些笔记本现在保存在史密森学会的档案里。
⑦ 见 Forward(1965)。

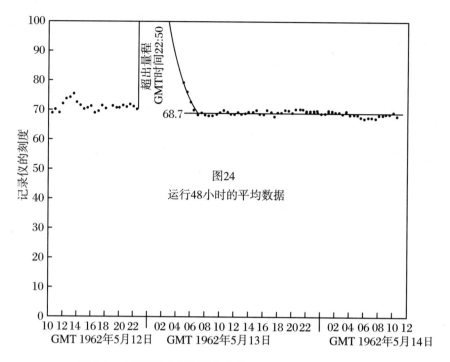

图 2.1 在福沃德的早期数据收集过程中, 超出量程的异常

噪声开始得很突然, 而且足够强, 快速地让记录仪超出量程, 几乎与系统响应时间的极限一样快。同样的事情以前也发生过一次……1962 年 5 月 8 日至 9 日, 当时认为设备出了问题, 彻底检查了所有的部件, 为了找到噪声的原因, 做了各种替换和改变。然而, 没有任何办法影响它, 原因也没有确定……在等待系统行为回到正常的时候, 检查了周围的建筑, 寻找任何新的或不寻常的实验或设备可能是干扰来源的证据, 但是正如星期六晚上的校园可以预期的那样, 没有证据表明除了我自己还有其他人工作。此外, 我花了很多个晚上与设备待在一起, 我知道大多数可能造成干扰的实验设备和日用电器, 而探测器的响应这么大, 真的是很不寻常……

可以想到的两个系统干扰源是低温不稳定性 (放大器用液氦冷却, 但共振棒不是) 或悬挂的共振棒的摆动。(第 142~144 页)

根据福沃德的说法, 不能排除低温不稳定性, 但可能导致低温不稳定性的情况是非常不可能的。棒的摆动可能是由地震引起的, 但一份记录显示, 当时在整个美国没有地震活动。电磁风暴也排除了。

尽管无法确定超出量程的峰的合理来源, 但是在详细分析中, 只考虑了第二个 24 小时的数据。在第二个 24 小时的数据中, 发现了非常小的波动, 它被用来设定可能影响共振棒的引力波大小的上限, 但绝对没有说残余噪声来自引力波。

从引力波研究的历史来看, 这 48 小时的数据及其分析是微不足道的, 但它们不仅揭示了这个领域的困境, 还说明了任何需要在可探测性边缘寻找信号的实验研究的困境。必须假定, 该装置得到的数据是包括噪声和信号 (如果幸运的话) 的混合物。但哪个是哪个? 从表面上看, 超出量程的峰可能是 20 世纪物理学最重要的发现之一, 它表明有巨大的引力源正在发射, 要么广义相对论包含严重的错误, 要么宇宙学家完全无法理解宇宙的构成, 要么异常剧烈的宇宙学事件发生在很近的区域, 但是任何其他探测仪器 (包括人的眼睛) 都看不到。然而, 除了干扰, 无法接受任何一种可能性。实验工作者对仪器的可能行为的判断, 以及对可能性和可信性的感觉, 迫使他得出结论, 这个异常不能解读为任何有意义的东西; 这不是一个重大的发现, 只是某个未知噪声源的证据。

这是什么样的决定? 这是 "理性的" 决定——只能如此了。当然, 任何其他决定, 如宣布发现一些新的力或新的现象, 在现阶段都是不合理的, 只会让消息发布者成为笑柄。然而, 这并不是因为任何不可辩驳的或明显的逻辑, 也不是任何不可辩驳乃至无法否认的有说服力的数据强加给实验者的决定。这是判断的问题——这是对其他人的可能判断和他们对某种声明的反应的判断, 就像判断任何其他东西一样。[①]引力波研究的历史就是这种判断的历史。这是没有争议的判断, 而正如我们将看到的那样, 引力波的历史 (至少在 25 年里) 一直充满了有争议的判断。引力波的未来将会产生没有争议的结果。

在返回休斯实验室后, 福沃德建造了一系列的共振棒探测器, 因此他就可以将其输出与韦伯的棒做比较。这些棒比韦伯的小, 因为他缺少空间; 例如, 一个安置在奥克斯纳德 (Oxnard) 他家卧室的壁橱里。他说, 他做了三个探测器, 因为他又发现了一个无法解释的峰让图表记录仪器超出量程, 但是做了这三个之后, 他再也没有发现这样的事件。

与此同时, 韦伯做了第二个探测器, 他的两个更大的、更灵敏的设备检测到的东西并不相似, 所以福沃德得出结论: 他看到的超出量程的效应没有任何意义。在此期间, 福沃德决定做一个激光干涉探测器, 这个想法来自韦伯或他的朋友菲利普·查普曼 (Phillip Chapman)。我们稍后再谈这个。[②]

大卫·齐博伊还是康奈尔大学研究生的时候, 就听说过马里兰正在进行的引力工作。他给韦伯写信, 表达了自己的兴趣, 他受邀参加面试, 并得到了这份工作。自 1959 年开始, 齐博伊为这个项目工作了大约 8 年。他来的时候, 设计还处于萌芽状态。正如他所说: "这很可能是共振棒, 但是如果我们想到其他东西, 也许就是其他东西。"(1997) 韦伯小组探索了各种可能性, 包括激光干涉仪。然而, 当时已经知道, 激光很难稳定, 所以他们最终决定选择共振棒的设计方案。

齐博伊和韦伯发现, 该装置所有部件的关键设计指标是 "Q 因子", 这个指标衡量的是, "振荡" 一旦开始, 振动将在整个系统中持续多长时间。他们考虑了设计的其他因素, 例如共振棒应该用什么材料和粘在上面的压电晶体的数量。齐博伊解释说, 最初他们打算和其他人一样, 用一整块晶体作为天线, 然后发现也可以把晶体粘在用其他材料做的质量块上。他们发现钨不能用, 用锤子敲它的时候, 它不会振荡, 只是 "砰" 的一声; 他们发现 "很好的硬质铝合金的效果最好"。

齐博伊描述了在马里兰实验室工作的感觉: "这里的氛围很好, 因为每个人都是团队的成员, 在一起工作——我想每个人都齐心协力——在某些方面工作, 而且很友好——每个人都很享受。很愉快的一段时光。"

必须指出, 关于跟韦伯合作的情况, 受访者的描述有很大的差异。一方面, 我们有一种团结一致的小组在共同的开拓项目上合作的感觉; 韦伯作为机智、有趣和聪明的领导者的想法得到了其他回忆的强化, 我们稍后会看到这些回忆。另一方面, 一些受访者表示, 韦伯很难共事, 特别是在他的第一任妻子去世以后: "你会发现——如果你还没有发现的话——多年以来, 韦伯教授很

---

① 见 Lynch, Livingstone, Garfinkel(1983)。

② 查普曼当时在麻省理工学院工作, 他似乎是从雷纳·外斯 (Rainer Weiss) 那里得到这个想法, 外斯后来成为大型激光干涉测量的先驱者之一 (见第 11 章)。

难共事, 非常难。"(1972) 给我这个警告的受访者还列出了与韦伯一起工作并随后离开引力波研究领域的研究生, 而且韦伯显然没有训练出一批支持他的研究生。他在引力波领域的那些忠实的支持者, 并没有在实验室里跟他密切合作。当然, 正如同一位受访者指出的那样, 持续的外部批评 (相关的讨论贯穿了本书的始终) 并没有帮助, 特别是当个人生活出现悲剧的时候。根据所有的说法 (我自己跟他的交往符合这些说法), 再婚后的韦伯变得更加随和。即使在后来的岁月里, 实验室也有摩擦。所以我们有两个乔·韦伯: 一个是很难长期合作的韦伯, 另一个是机智、可爱的韦伯, 在接下来的章节中, 我们会经常遇到后一个他。

回到齐博伊对那个时期的美好描述:

> 你去参加广义相对论的会议, 基本上除了韦伯和迪克, 每个人都是搞理论的, 就是这样——迪克和他的学生, 韦伯, 只有这几个人。我还记得有一次, 彼得·伯格曼 (Peter Bergman), 他非常有名——非常典型的理论学家——他在一次会议上对我说——他碰巧站在我的旁边——他转过身来对我说, 他不敢相信现在人们正在做实验——检验广义相对论——他说他真的很高兴, 非常高兴。就是这种态度。所有人都很乐观……就我所知, 这个领域从 20 世纪 50 年代后期开始, 当这个领域 (实验广义相对论) 开始的时候。我相信这是因为迪克和韦伯。真的有人在做实验, 试图检验这个理论。不错。

> 有些人说, 他们不会一辈子都做这种事, 也不想这样做, 因为回报基本上是零。他们认为没办法从这件事中得到肯定的答案, 所以这种事情就是如此。他们自己不想做, 他们也不明白你为什么要做, 但是, 你知道, "如果你想做, 就去做!"

> 我不认为有人会因为这件事要干很久而贬低它。

> 态度很好, 因为没有竞争。一旦有竞争, 就会有人诋毁别人, 只是因为他们在竞争……只有别人不好, 你才可能好。(1997)

齐博伊说, 他不相信他们能发现什么东西:"因为我想不出有任何源, 当然在那时候, 在没有任何东西出现以前……我只是好奇, 他竟然考虑建造这样的东西, 并把它做到当时的最高水平, 还有, 你知道, 可能会很幸运——天知道——这种事也不是第一次。"(1997)

与齐博伊一起工作的本科生伊姆雷把这种哲学表述如下:"我认为, 在探索新领域的时候, 实验者必须采取你并不真知道的态度, 直到你达到了某种程度。"(1997)

在齐博伊对这项工作的描述中, 开拓的意识也得到了很好的体现。

> 当时的一切都是新技术。我们要用的杜瓦 (真空瓶) 必须放得下我们要用的感应器……当时只是找到铌丝——一切都是新的——铌丝是新东西。最后, 我们终于做了一个线圈, 盘起来以后大约有这么高, 大约有那么大 (比划着七八十厘米高, 六七厘米宽)[①], 然后我们当然要把它放到杜瓦里。当时的杜瓦的填充管通常很小, 直径大约 1 厘米。所以我们必须设计一个杜瓦, 能够把这个大线圈放进去。

> 另一个好东西是放大器。那时候, 晶体管还是新玩意儿——还有晶体管本身——我甚至不确定它们能不能在低温下工作……老式的结式晶体管——它们在那里甚至可能不工作——当时它们太糟糕了, 我们真的没有考虑这一点。最后, 我们在液氦温度,

---

① 这些估计可能不太准, 但是在史密森学院可以找到原始数据。

在下面用真空管放大器, 和线圈在一起……线圈放在小的真空罐里, 它的上面是一个小电路, 所有的电路都泡在液氦里……

然后, 人们担心房间里有噪声进入共振棒和放大器系统, 所以共振棒当然是放在真空里, 杜瓦也放进来——这从来没能工作得很好, 我不知道为什么——我们做了一个大的胶合板盒子, 把杜瓦放进去, 大约 1.8 米高, 90 厘米见方, 为了屏蔽噪声, 我用电锯把盒子几乎切断了。1.8 厘米的胶合板, 我切了大约 1.6 厘米, 几乎切到底, 所以盒子本身只是许多松散连接的方块, 不清楚到底有没有帮助 (笑声)。我们把麦克风放在里面, 对着它大喊大叫, 把盒子切成小块真的很麻烦, 也不清楚到底有没有帮助。

不管怎样, 它好像从来没有给我们惹麻烦。你真的必须拿着扬声器, 朝着杜瓦大喊大叫, 才能得到一点点回应, 所以屏蔽显然是相当好的。(1997)

在最初的几年里, 建造检测仪器的实验室属于工程部:

机械工程师坐在 3 米远的地方敲打混凝土板 (笑声)……幸运的是, 这只是偶尔发生, 当这种情况发生的时候, 我们就躲得远远的。大楼中间碰巧有个小坑, 我们就在那里建造安装。这很可能是起初的两三年。(1997)

第一个认真做的共振棒是两吨重的铝棒, 长为 1.5 米, 直径为 0.6 米。齐博伊和本科生伊姆雷设计并制造了第一个声学过滤器—— 一堆橡胶和铁片, 充分过滤了地面上的振动, 免得其他噪声淹没了辛斯基的棒导致的 10^{-16} 的应变。"另一件事就是如何将它与周围环境隔离开, 我采用了声学隔振堆的设计, 把它安装在上面, 还使用了一种线悬挂系统。"(1997)

齐博伊说, 他不记得声学隔离堆的想法最初来自哪里, 但他设计了它们。他借鉴了光学类比, 使用了相当于许多不同折射率的层, 界面上的反射很大。"你能够得到一个可调节的系统。""测试应该用什么样的吸收层; 软木或毛毡之类的东西, 以及一些波纹橡胶。我们有很多这样的东西。我们最终选择了橡胶板 (夹在铁板之间)。"(1997)

几年后, 韦伯小组决定把这个仪器搬到更安静的建筑里。考虑过废弃的导弹发射井, 但最后是在马里兰大学高尔夫球场附近建造了专门的建筑。这座建筑有一部分位于地下, 不得不多次加固, 以防止墙壁因地面力量的积累而倒塌, 这就减慢了工作进度。

把仪器搬家以后, 辛斯基的校准实验开始了。齐博伊这样描述:

那很有趣。他和那个家伙玩得很开心, 做了一根棒——比 1.5 米短一点, 我想它的直径是 20 厘米, 放在专用的小真空罐里。

它通过加热来调节。当你振动这个东西得到尽可能强的信号时, 它就会由于内摩擦而变热, 因而改变共振频率。因此, 我们用小共振棒做了一些测试——直径为 2.5 厘米的小共振棒……看看加热的效果——看看那会儿的加热效果, 后来我们买了一根 1.5米长的棒, 和仪器一样长, 把它放在真空系统中, 启动, 让它运行几个小时, 让它变热, 直到它达到平衡, 测量频率的变化——变化了很多。然后计算我们必须把共振棒切掉多少, 才能让它回到正确的频率。对乔尔 (辛斯基) 来说, 那是一段痛苦的时光——(哈哈大笑)。但是他做成了。然后通过加热来调节这个东西——通过加热让这根棒升温, 然后冷却它, 使得它的频率变得与共振棒相同。(1997)

在最初的结果得到报道之前，齐博伊离开了这个项目。[①]他解释说，他厌倦了为消除噪声而无休止地调整仪器。"我想这主要是因为不想把我的余生都花在调整上。我觉得这种仪器调整没有尽头。我想我对整件事都厌烦了。"(1997)

由于两个原因，共振棒引力波探测器很难消除噪声。首先，每次调整都要求打开真空腔，关闭后还要再次抽真空。将大型容器抽到低真空要花很长时间。其次，很难弄清楚噪声从哪里来，因为看不到它的特征；这是因为共振棒的设计是要把能量存储到振动里，这样就平滑并隐藏了噪声。齐博伊说：

> 经过很长一段时间才把噪声降下来——用了几年的时间，才使噪声水平降下来……这些"高 Q"系统 (可以振动很长时间的系统) 的问题是，很难知道什么时候有噪声，什么时候有信号。因为做任何事都需要很长时间。如果你的"Q"有 100 万 (这就是我们的 Q 值)，那么振动就是半分钟左右，这意味着，任何瞬态都要等好多分钟才能消失——所以如果受到了什么干扰，就需要几分钟才能消失。问题是，如果你在示波器上观察这家伙的噪声输出，它看起来就像信号发生器——它是正弦波——美丽的正弦波。你唯一看到的就是振幅缓慢地变化 (即系统将噪声转化为平滑的曲线)……这就是问题，要花很长的时间。你设置它，让它运行几天来测量噪声水平。这个过程既漫长又乏味。(1997)

1997 年春天，当我采访齐博伊的时候，关于引力波研究在他离开以后的发展情况，他一无所知。例如，他和辛斯基都不知道有低温棒的项目。这些科学家毅然决然地离开了这个领域，这种现象值得注意，但是我见过好几次了。科学家跟我说，这种情况并不奇怪，因为在离开这个领域的时候，他对它的兴趣通常已经消耗殆尽了。[②]

2.2 辛斯基和校准实验

根据乔尔·辛斯基的简历，他于 1959 年在马里兰大学开始博士研究，但是他在 1961 年才加入韦伯的团队。在美国空军科学研究办公室的资助下，辛斯基的校准实验 (这是他博士论文的核心) 直到 1966 年底才开始收集可靠的数据。在 1967 年，在他开始这项研究 6 年以后，他获得了博士学位。在博士学习期间和之后，辛斯基是引力波探测器开发团队的一员。他帮助在新大楼里安装设备，这座新建筑是专门为实验修建的，位于马里兰大学的高尔夫球场，距离主校区大约 2 千米。这座建筑始建于 20 世纪 60 年代初，他为监督其建设做了贡献，却因此拖延了他的博士研究工作。[③] 辛斯基还订购了后续实验的设备。

---

① 当我 1997 年采访他时，他住在佛罗里达州的蓬塔戈尔达，已经退休了，当时 65 岁。

② 在 1969 年初离开韦伯的团队以后，辛斯基加入了美国海军，开始负责全美国冷战时期潜艇探测的后勤工作。当我在 1997 年与他交谈时，他几乎不知道引力波研究的现状，因为自从他离开后不久，就不再关注该领域的发展。此外，当韦伯对新的中微子检测方法感兴趣的时候 (我们将在第 3 部分讲到)，辛斯基确实与韦伯有过联系。因为辛斯基从事潜艇探测业务，他非常理解一种简单的中微子探测器对于定位苏联核潜艇反应堆的潜力。他告诉我："他 (韦伯) 和我曾联系过如何从海军获得资金，要么继续引力波工作，要么做中微子工作。海军对此很感兴趣……因此，我想让海军研究办公室了解他的一些工作，他和我为此见了很多次面，我和他一起去海军研究办公室作报告。在我为海军工作的这些年，我经常见到他。"辛斯基 1994 年从海军退役，他似乎不知道，韦伯成功地获得了这项资助。

③ 辛斯基还帮助了随后的符合实验，把其中的一个共振棒运到芝加哥外面的阿贡国家实验室。

我订购了所有的棒。我还记得我忙于各种订购，因为棒不能有任何毛病，必须完全正确地切割，我还订购了所有真空室 (与汽车加油站下面的燃料储罐相同) 和悬挂系统。我没有设计它们——是韦伯设计的……当我开始工作的时候，鲍勃·福沃德和他已经开始做了。(1997)

韦伯、福沃德、齐博伊和伊姆雷实际上已经开始了设计工作，设计了安装在电气工程实验室的直径为 56 厘米规格的共振棒——这个共振棒将是辛斯基校准实验的接收器。辛斯基告诉我，齐博伊选择了棒的长度为 1.5 米，因为 1660 赫兹的频率乘 2π 就是 10000(实际是 10430)，让计算变得容易。鲍勃·福沃德告诉我，选择它的原因是，福沃德知道他必须到处移动共振棒，希望这个尺寸能够让他在一端够到另一端。

辛斯基对实验室人员的理解是研究生的理解：首先，在他刚成为研究生的时候，一切都是从头做起。实验一结束，他就离开了团队，离开了大学的世界，为政府服务，与快速变化的引力波物理的专业世界脱离了接触。[①] 因此，与那些在韦伯晚年认识他的科学家们相比，辛斯基的记忆受到重新解释的影响可能更少；辛斯基的经历可能特别适合于了解当时实验物理学的情况。其次，他的校准实验的性质也很切题，把整个时期的物理学和社会学结合起来：通过分离信号与噪声来确定信号的存在。然后，辛斯基的实验试图校准第一个引力波探测器，这是故事的另一个重要主题。最后，关于辛斯基实验的历史，知道的人很少——在它完成和发表后不久，就在专业论述里消失了。这本身就很有趣，因为它表明了社会时空的一些特性。由于所有这些原因，我将重点介绍辛斯基和他的实验。事实上，下一节是整本书描述得最详细的实验——颇有讽刺的意味，因为在引力波的历史上，甚至在历史上的论证里，这个实验几乎没有任何重要性。但是请保持耐心——通过这个实验，我们开始了解实验科学的结构，用几行文字描述 6 年或更长时间的紧张劳动 (然后就被忘掉了)。描述的长度和细节是问题的一部分。

1997 年 11 月，已经退休的辛斯基博士在巴尔的摩的家中接受了我的采访，我们可以查看他的实验室笔记本和其他各种文件。[②] 辛斯基 1961 年加入韦伯的团队，开始在齐博伊的指导下工作。然而，他发现齐博伊是一个冷漠的工头，就转由韦伯指导。实验快结束时，辛斯基整晚都在实验室工作，因为每四个小时他就要把共振棒移到新的位置。那时候，辛斯基的新生儿经常每隔几个小时就吵醒家人，他发现睡眠的这两个干扰源很相似。他承认，当实验结束时，他不顾一切地离开实验，因为它似乎永远不会结束；它正在消磨他的生命。刚来实验室的时候，他是理想主义者，想做最难做的实验，当他离开实验室的时候，他只想和家人过正常的生活。正如前文引用的齐博伊的话："对乔尔来说，那是一段痛苦的时光。"尽管如此，辛斯基对韦伯的描述如下：

在工作上，他对我从来不严厉。我们做了一个困难的实验，但我总是觉得，他对我很好，对我很公平，很和善。他比我工作得更努力——更长的时间——尽管我晚上睡在实验室，以便我每四个小时就移动一次。但他还是一大早就来了，他经常在晚上、白天和周末工作。他从来不停。我一直觉得他非常支持我，当我为他工作的时候，我对他尽职尽责……我不可能找到一个更支持我的人了。(1997)

正如齐博伊所言，尽管驱动棒处于真空室里，振动让它变热，尺寸发生了显著改变，因而影响了它的频率。这意味着他们必须把棒切得短一点，所以在室温下，它就会振动得太快。然而，振动引起的加热让共振棒变长，略微降低了它的振动频率。然后再稍微提高温度，用电加热器让棒变

———————————————————
① 但是应该记住，他确实和乔·韦伯保持了一些联系。
② 后来我把笔记本存放在史密森学会。

得更长一些, 直到正确的尺寸, 与探测棒的振动频率完全相同。

当能量脉冲以正确的频率注入振动的物体中, 能量就会累积起来, 振动变得越来越大, 就像在正确的时刻推秋千一样。(由于这个原因, 士兵们在过桥时要踩乱步点; 如果他们的行进频率与桥的 "固有频率" 匹配, 就有可能意外地破坏它。) 至关重要的是棒的 "整合" 能力, 接收频率接近其固有频率的任何振动的能量。正是因为这种特性, 人们认为引力波的冲击会让棒振动, 即使被整合的能量引起的振动小于原子核的直径。这种整合同样适用于校准实验和引力波的假定效应, 这就是把探测器称为共振棒的原因。辛斯基的实验室笔记本的第一条记录出现在 1962 年 7月。笔记本记录了加热以调节发射棒的技术, 这是 1962 年 10 月发明的。

实验的本质是: 有一个信号产生棒和一个信号接收棒 (检测器); 有时我把它们称为 "驱动棒" 和 "被驱动棒"。必须测量驱动棒和被驱动棒之间的引力关系。问题是, 在驱动棒运行时, 即使在被驱动棒中检测到信号, 也可能不是由引力引起的。驱动棒能够以适当的频率发射能量, 形式是空气中的振动 (声音)、实验室结构中的振动、通过空间的电磁振动 (射频噪声) 以及通过实验室布线甚至通过地面的电信号。在实验开始时, 这些 "耦合" 中任何一个的影响都有可能比两个共振棒之间的引力耦合更大; 因此, 在有希望看到引力耦合之前, 必须消除这些 "虚假耦合"。如果这种 "噪声" 降低得足够多, 就有可能出现信号, 表明引力耦合。这还不能证明是引力产生了数据——仍有可能存在其他的某种耦合, 在非常低的水平上模仿引力效应。对于本书中描述的所有实验, 这两个阶段的噪声消除都是典型的: 第一步是尽可能地降低噪声; 第二步是寻找方法来确定剩余的是信号而不是噪声。

我们前进 18 个月。这个小组测试了声学耦合的检测装置。就像扬声器一样, 驱动棒发出了声音, 团队需要找到声音对接收棒的影响, 以便他们能够确切地消除它。扬声器在开放的空间里工作, 研究人员注意到, 它不仅影响接收棒, 还影响了接收棒的放大器——该装置用于增强压电晶体 (粘在第二根棒的表面) 发出的信号。

这是实际物理的典型例子。关于实验的工作方式, 你有一个概念模型, 但是当设备第一次组合在一起时, 模型几乎总是被平凡的效果混淆。这时候, 拿走接收质量块和压电晶体, 仍然可以得到很大的效应, 仅仅是因为振动棒发出的声音影响了电子电路! 实验人员认为, 对于这种情况, 振动棒的声音影响了放大器的真空管 (阀门); 这引起了真空管的振动, 导致它们的电气质量略有差异, 发生的频率类似于共振棒之间的声学耦合。一旦认识这一点, 你就会发现, 任何电路都是物理实体, 任何导致它振动的东西都会改变其部件的尺寸, 从而产生虚假的信号。在这种情况, 韦伯团队发现, 将放大器封装在隔音盒中, 他们可以几乎完全地消除这种影响。

有了合适的隔离的放大器, 实验工作者重新连接了接收棒, 并注意到输出增大了。当他们调整发生器 (还有加热器, 这改变了共振棒的长度) 来改变声音时, 随着声音扫过接收棒的固有频率, 可以看到接收器的输出增大了。当然, 这在很大程度上是声学耦合, 而不是引力耦合。声音振动了空气, 导致两吨重的铝棒 "振动"。必须消除这种更大的影响, 才有可能看到引力的影响。

把接收器放入真空室并抽出大部分空气, 他们可以减少声学耦合。虽然减少了, 但效果仍然是明显的, 即使在高真空情况下。他们怎么知道自己看到的仍然是声学效应而不是引力效应呢? 首先, 效应过大, 无法与期望的引力耦合相匹配。其次, 当驱动棒和被驱动棒的距离发生变化时, 效应没有像预期那样变化。引力随着距离的增加而迅速减小, 但是此时, 随着棒间距离的增加, 驱动棒的振动减小得不够快。因此, 棒间的耦合似乎是声学耦合——通过空气和真空室, 或者实验室的墙壁和地板。

研究人员注意到, 尽管驱动棒放在真空室内, 但真空室本身以及支撑真空室的小车和轨道都在振动, 和棒的频率相同。振动似乎是通过悬线支架传递到棒, 悬线支架把棒吊在真空室里。他们还指出, 发出噪声的不只是驱动棒: 用来驱动压电晶体的放大器 (压电晶体用来驱动驱动棒) 也在驱动频率上发出可以听到的嗡嗡声。

把这个装置放在带有 10 厘米厚壁的钢箱里, 消除了放大器的噪声, 这也隔绝了它的电磁发射——这是实验的驱动部分和被驱动部分之间非必要耦合的另一种潜在来源。

通过实验室的电磁波只是实验的两个部分的潜在电耦合的一种来源。还有实验室的电线。经验丰富的实验人员知道, 杂散信号可以通过连接实验室所有电源设备的电源布线 (并由此连接到其他实验室的其他电源设备)。为了消除这种潜在的耦合源, 他们让接收棒的放大器和图表记录仪使用电池, 把接收棒与输电干线隔离开 (图 2.2)。

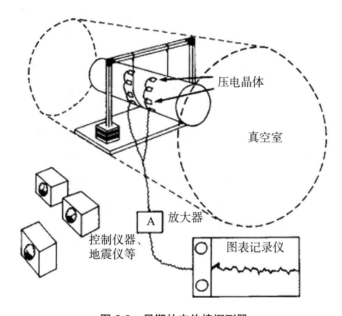

图 2.2 早期的韦伯棒探测器

接收棒的真空室的大型真空泵与探测器本身是电绝缘的, 在数据采集过程中, 关闭了较小的末级“扩散泵”。因此, 小组确保两台真空泵都不能充当“无线电”信号传输的电磁噪声通道, 也不能充当电源接线通道。

另一种连接仪器两侧的途径是穿过大地的电信号。因此, 检测系统和驱动棒的电路没有接地, 以消除接地带来的电信号。所有其他电气通路都是用金属外壳隔离的: 固体护套、铅箔、铜网或两者的组合。辛斯基的论文评论了最终的设计: “这种接地和屏蔽的配置最终表明, 没有检测到任何类型的 (电磁) 耦合。”[1]

下一步是试图消除来自驱动棒的声音。韦伯小组将其封闭在真空罐中, 真空罐通过一层层交替的钢和橡胶与支撑它的小车隔离, 这种方法已经用于探测器的真空罐。[2] 整个真空罐和声学隔振组件放置在一个衬有隔音瓦的胶合板箱里。此外, 金属小车换成了木制小车, 不需要轨道。尽管采取了这些预防措施, 尽管填充了真空室和声学箱之间的空隙, 还是能听到来自驱动棒的声音, 也无法消除。

———————————————
① 见 Sinsky(1967) 第 108 页。
② 驱动棒放在小车上, 可以从一个地方移动到另一个地方。

由于不能完全消除实验驱动部分发出的声音, 小组决定让接收部分对声音不敏感。为此, 他们设置了扬声器, 可以发出远远大于驱动棒所能发出的声音, 设法让接收棒对这些响亮的噪声都不敏感。但正如辛斯基在他的笔记本上写的, 研究小组"仍然远远达不到检测引力波所需的灵敏度"。

慢慢地, 通过空气传播的噪声的影响得到理解, 并通过适当的隔振设施消除了。辛斯基的论文总结了其中的一些进展:

> 在探测器真空罐的顶部, 电气配件安装在屏蔽的 O 形橡胶圈上, 用来抑制真空罐与同轴电缆的振动。杜瓦顶部的前置放大器和调谐电容器封闭在一个木箱里, 里面衬有隔音瓦。最后, 在驱动棒和探测器之间, 放置了木头和隔音瓦的声屏蔽, 驱动棒封闭在 2.4 米 ×2.4 米 ×3.6 米的空间里, 内部衬有隔音瓦。后面这些改动, 特别是探测器的改进, 最终将两个系统的声学相互作用降低到可接受的值。①

到 1965 年 8 月, 辛斯基的笔记本记录了两根棒的相互作用似乎不是声学或电磁噪声的第一个迹象, 但实验仍然受到某种声学泄漏的困扰。因此, 1965 年 10 月 30 日的实验记录是:"到目前为止, 在过去的 4 个星期里, 韦伯博士进行了密集的测试, 以发现检测系统中声学干扰的来源, 并消除它。"

最后发现, 干扰源来自连接共振棒和放大器的同轴电缆, 因此用各种方式改动这个组件。笔记本记录了持续不断的麻烦:

> 1965 年 11 月 5 日:金属编织带没有降低噪声, 用金属箔把同轴电缆包起来也不行。韦伯博士现在认为, 噪声是源于同轴电缆里的特氟龙垫片, 并用聚乙烯取代它们。去除了驱动棒上的 3 个旧晶体, 用 Eastman 910 胶粘上一个新晶体。去掉的所有旧晶体都表明, 环氧树脂没有把它们牢固地粘在棒上。棒上留下来一层环氧树脂, 晶体底面很干净。

辛斯基的学位论文解释了如何通过各种调谐组合, 把不想要的影响与引力的效应分开。例如, 让接收电路与共振棒失谐, 保持其他情况不变, 注意输出的变化。或者让发射棒与接收棒失谐, 关注产生的效果。在所有不同的相对位置, 对棒做这些测试。他们发现, 在一个位置消除射频噪声 (即通过空间传输的电磁噪声), 并不能保证在另一个位置消除它, 所以有必要在每个位置进行全面的测试。同样, 使用扬声器作为非常强的声学噪声源, 可以检查和消除声学耦合的影响。这类工作让辛斯基的论文推迟了很久, 远远超过他在项目开始时的预期。

终于, 最后一个噪声来源似乎在 1966 年年底消除了, 可以收集数据了。关于这个阶段工作的高潮, 辛斯基讲了一个有趣的故事。他开始感到绝望, 因为他的博士工作的完成日期越来越遥远。

> 问题是, 我做的实验非常困难。还要给观测设备搬家和建造新房子。我是说, 大多数人的工作是:"我拿着这个仪器, 把旋钮调到一个新频率, 就拿到学位了。"(1997)

大多数和他同时开始博士工作的朋友, 已经完成了论文;辛斯基渴望回到正常的家庭生活, 他一直和仪器睡觉。辛斯基是正统犹太人, 最终向一位教友寻求建议。这位朋友说, 他应该去布鲁克林的皇冠高地拜访著名的拉比——施奈森 (Schneerson)(施奈森拉比现在已经去世, 许多正统犹太人认为他是新的弥赛亚)。那时候, 施奈森每周都会用两个晚上帮助请愿者, 辛斯基也去排队, 并在清晨见到了施奈森。

① 见 Sinsky(1967) 第 37 页。因为日期没有记录在博士论文中, 那里记录的事件序列与笔记本的记录可能对不上。

辛斯基用了大约十句话，解释他遇到的麻烦。施奈森的第一个问题就让他吃惊。他问这可不可能是电磁噪声的问题，他的导师知不知道这些事（原来，施奈森在索邦大学受过科学培训）。在确信他的导师乔·韦伯是电气工程教授以后，施奈森以辛斯基期望的方式提供了更多建议。

> 他说："好吧。"然后他说："你应该在实验室里放一个功德箱。每次你做实验的时候，把一分钱放到功德箱里——钱多钱少不重要，把钱放到功德箱里的行为才重要。如果你休息一下、吃午饭，就放一分钱；如果你休息一下、吃晚饭，也放一分钱；如果你休息一下、回家睡觉，再放一分钱。"（1997）

施奈森说，等箱子装满了，实验就会成功。

辛斯基按照施奈森的建议做了，1966 年的光明节开始时，箱子就满了。然后，实验终于开始正常运转，就像施奈森预言的那样。

辛斯基找到乔·韦伯，告诉他这个好消息——经过五年，他们终于消灭了所有的问题，开始收集可以报告的数据。他还把施奈森拉比的贡献告诉了韦伯。韦伯的反应是咧嘴一笑。"我们能雇他干活吗？"他问。

尽管韦伯变得越来越古怪，脾气也越来越坏——在晚年有所缓和，但他仍然保持着年轻时特有的乐观和幽默感。辛斯基讲的另一件轶事强化了这个形象。辛斯基告诉我，作为虔诚的犹太人，他偶尔会责备韦伯不够谦虚；犹太人应该谦虚。在努力了一整个晚上、解决了问题以后，韦伯会说一些话，正如辛斯基所说："表现得有点傲慢"。在回应辛斯基的批评时，韦伯问他："《圣经》说摩西是世上最谦卑的人，对吧？""是的。"辛斯基回答。"好吧，"韦伯说，"那就当摩西吧。" ①

2.3　校准结果正确

现在，装置似乎没有问题了，也没有意外的能量经过不想要的通道传过来，校准实验可以开始了。这包括两部分。首先，建立驱动棒和接收棒之间引力耦合的理论模型，说明当两根棒的间距发生变化时，应该发生什么。这两根棒最初是端到端的，根据预先安排的时间表增加和减少它们的距离。此外，驱动棒可以横向移动。计算表明，驱动棒的相对位置应该如何影响引力信号的强度——纵向或者横向移动这个驱动棒的时候，它应该以确定的方式减少。实验的第二部分是将驱动棒移动到各种位置，观察探测器输出的能量变化。如果观测到的能量变化符合计算的结果，实验就成功了。

在第一次运行中，辛斯基将共振棒保持在同一个轴上，每 2 小时移动驱动棒一次，移动 5 厘米的距离。例如，从上午 10 点到中午 12 点以前，间距为 5 厘米；从 12 点到下午 1 点 30 分左右，共振棒的距离为 10 厘米。随后，移动到 15 厘米，然后是 20 厘米，然后是 25 厘米，最后回到 5 厘米的距离。② 如图 2.3 所示，当距离增加到 25 厘米时，探测器的平均输出下降，然后随着距

---

① 韦伯喜欢从理论物理计算中提炼幽默，请看布莱尔的文章，在他 1991 年编辑的书里。

② 从乔尔·辛斯基为我提供的实际图表记录的副本中，我读出了这些数字。棒端的实际距离肯定是以固定的数量增大的：因为棒在真空室中，驱动棒封闭在一个隔音盒里，两根棒的棒端的最近距离是 18 厘米。

离减小到原来的 5 厘米而稳步增加。令人失望的是,最终的水平高于最初的起点。但这只是实验的一次运行,辛斯基的论文描述了其他更有说服力的实验。[①]

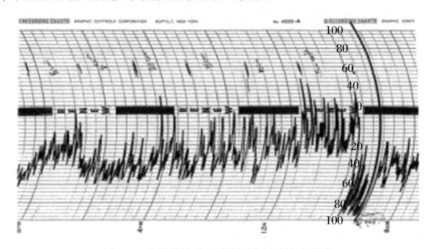

图 2.3　辛斯基校准实验的图表记录输出部分

　　这些图表记录有力地说明了距离影响能量转移,但并不能证明这是引力的影响;驱动棒可能有其他方式影响接收棒。然而,通过建模可以分离不同的效果。随着棒间距离的改变,不同的力带来不同的变化模式。必须做的是,将数据与一个因引力而变化的模型作比较。如果模型和数据拟合得很好,就会反驳共振棒的变化来自其他力的说法,它们遵循不同的物理定律,与距离和力有关。图 2.4 是辛斯基论文第 49 页的图表,它比较了同轴分离距离的理论预言和观测结果。图中

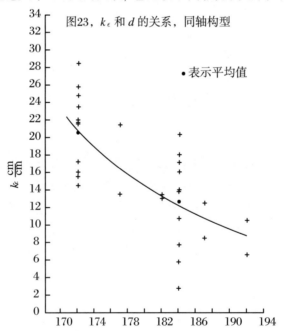

d=两根棒中心之间的距离,单位是厘米,十字点是实验数据,实线是理论曲线。

图 2.4　辛斯基的博士论文中总结校准结果的图表

---

①　更多的图表记录保存在史密森学会。

的实线是理论计算的结果, 十字点是实际测量的结果。计算观测结果的平均值, 并与理论生成的数进行比较, 辛斯基发现, 在每一种情况, 这两个数都在 10% 以内符合, 实验这么困难, 也许只能做到这个程度了。

2.4　辛斯基校准实验的成果

实验工作者可以用各种手段说服其他人, 他们的结果就是他们所说的意思。把输出数据拟合到理论模型, 就是一种手段。但是在准逻辑的意义上, 这些手段都没有决定性的作用。坚定的批评者可能会说, 辛斯基数据和模型的拟合不够好。但是什么样的拟合足够好? 拟合永远不会是精确的, 即使乍一看拟合得不错, 更详细的检查总是会在更精确的水平上显示差别。拟合足够好的条件是惯例的问题。引人注目的是, 这些惯例因学科而异, 在同一门学科里也各不相同。正如我们将看到的那样, 高能物理的惯例与引力波研究最初 20 年中形成的惯例不一样。[①]

然而, 即使批评者确信理论和模型的拟合足够好, 他还必须相信实验做得很好。这种情况最明显的弱点是, 屏蔽其他可能的耦合力。我们已经看到, 任何影响只要穿透共振棒或放大器的隔离层, 就能让灵敏的探测器发生响应, 因为探测器就是这样设计的。我们也看到, 位于同一个空间里的棒, 不仅以适当的频率发射不断变化的引力场, 还通过支撑线发射振动; 通过真空室内的任何残余空气; 如果振动能穿透屏蔽和声学隔振层, 通过实验室的地板、墙壁和空气。同时, 驱动棒由电学放大器驱动, 在主谐振频率上可能有电磁信号发射到驱动棒和探测器以及电气连接 (主电路用它们为放大器、图表记录仪等供电) 之间的空间, 还有接地。我们讲过为消除这些影响而采取的步骤。

韦伯团队在 1966 年光明节之前的多年工作, 致力于消除所有这些可能的干扰, 但审稿人仍然必须相信, 干扰已经减少到足以让人相信, 用微小的引力耦合来解释图表记录的结果, 比任何其他的力更可信。他还要相信, 实验工作者必定是既诚实又有能力, 因为在学术期刊上只能用最一般的术语描述多年的研究工作。在这个实验里, 很难确信所有这些问题都解决了。就我个人来说, 直到与乔尔·辛斯基交谈, 并了解他们已经采取的谨慎措施, 我才相信这些实验的结果。

完成了实验的时候, 辛斯基认为自己为发展引力波探测的新科学做了一件大事。他把论文印了 60 本, 正如他对我所说, 期待它成为畅销书。他继续与韦伯团队合作了几年, 帮助做了第一次符合实验。在一本名为《引力波探测器设计师手册》(*Gravity Wave Detector Designer's Handbook*, 以下简称《手册》) 的活页夹里, 他写下了自己学到的关于制造这种设备的知识。包括在哪里订购零件的细节, 如何加工它们, 以及如何跟电话公司打交道 (他们安排探测器之间的联系)。原始的通信和订单, 包括成本估计, 关于棒、真空罐、压电晶体等, 都可以在这篇文章里找到。辛斯基预计它的需求量也很大。

那么, 辛斯基的成果是什么呢? 有什么社会影响呢? 从论文中提取的材料, 发表了两篇专业论文。《物理评论快报》(*Physical Review Letter*) 于 1967 年 5 月刊登了辛斯基和韦伯的两页

[①] 今天回头看, 可以看到有可能改进实验的方法。例如, 统计地对比数据的每种拟合的结果 (引力模型的拟合, 以及混杂了其他力的模型的拟合), 就很好。但是这些发现是经过同行评审过程后发表的, 所以必然是按照当时的惯例通过了审查。关于理论和数据 "拟合" 的含义, 请看 Kuhn(1961) 的精彩讨论。

论文，《物理评论》于 1968 年 3 月刊登了辛斯基的 7 页论文。7 页文章的总结如下：

> 本文描述的引力感应场耦合实验在千赫兹的频率范围内，首次在实验室实现了动态牛顿场的产生和检测。虽然这个实验的理论广为人知，但是做起来很困难。这个实验实现了主要目标，即校准引力波探测器。实验结果与理论预测符合得很好。(第 1151 页)

科普杂志《科学新闻》在 1968 年 4 月刊第 409 页报道：

> 乔尔·辛斯基博士做了一个实验，测试他们的 (共振棒) 灵敏度。他想确定一根棒的振动是否会通过引力相互作用引起另一根棒振动。在中心距离小于 2 米的时候，他发现情况确实如此。

《今日物理》发表了韦伯关于引力波理论和探测状态的 6 页文章，包括以下内容：

> 为了验证探测器的灵敏度，并测试一种新型引力发生器，辛斯基做了高频的卡文迪什实验。第二个圆柱体悬挂在真空室中。电驱动的压电晶体 (粘在表面上) 形成了大的、共振的机械振荡。在探测器上观察到驱动棒的动态引力场，依赖于纵向和横向的位移。理论和实验符合得很好，证实看到了 10^{16} 分之几的应变……这种耦合是引力技术的一大进步。[1]

这是辛斯基实验的辉煌时刻。在关于韦伯是否探测到引力波以及谁的仪器最灵敏的争论中，辛斯基的实验被遗忘了。1997 年，当我和辛斯基谈话时，他告诉我，他还剩下大约 55 本论文，而《手册》根本没有人讨要。事实上，在巴尔的摩附近的佩克斯维尔的辛斯基的房子里，我拿到了原始笔记本、手册、纸质图表记录、论文副本和其他各种文件，并将它们存放在史密森学会。

描述辛斯基实验的历次输出结果，给出了未经修饰的看起来像样的结论，很好地理顺了实验室实践的复杂性。《手册》包含原始信件、零件编号和与外部贡献者 (如电话公司) 对话的描述；实验室笔记本包括日期、试探和摸索；博士论文抛弃了笔记本中的时间序列，代之以科学逻辑的顺序，更好地反映实验完成时的情况，不太有条理的要素放在附录里。相对原始的数据可以在论文中找到，还有总结数据的图表。发表在学术期刊上的论文，简要地描述了多年的努力、错误的尝试以及遇到和克服的困难。在《物理评论快报》的论文中，只有几句话讲这些事情："所以要采取极端的预防措施，避免声学的和电磁的泄漏" (第 795 页)，"发现特氟龙受到的应力使其结构具有轻微的压电性，这是通过传输线支架产生声学耦合的主要来源" (第 796 页)。[2]本章的引文包含了《科学新闻》和《今日物理》中的全部讨论。这些结论值得重复：

> (辛斯基) 想确定一根棒的振动是否会通过引力相互作用引起另一根棒振动。在中心距离小于 2 米的时候，他发现情况确实如此。(*Science News*, (93):409)

> 理论和实验符合得很好，证实看到了 10^{16} 分之几的应变……(*Physics Today*)

社会学家认为，正是写作和再写作、描述和再描述的这个过程，赋予了科学发现与事实相似的地位。卢德威克·弗莱克 (Ludwik Fleck) 是研究科学知识的社会学家 (在科学知识这个词发明以前)，他在 20 世纪 30 年代写道：

---

① 见 Weber(1968c) 第 37 页。

② 但是，《物理评论》里包含的这方面的内容比人们预期的要多。

通俗表述的特点是忽略了细节,特别是有争议的观点;这产生了人为的简化……简单地接受或拒绝某个观点的确定性价值。简化的、清晰的和确定的科学——这些是深奥知识最重要的特征。**不是利用证明得到特定的思想** (只有非常努力才能得到),**而是通过简化和评估来创造一幅生动的画面。**

我自己说过:"距离产生美。"知识的创造,在社会空间或时间上越遥远,就越确定。这是因为要实现确定性,必须把实验工作的技巧和错误的努力藏起来。清楚地看到实验中的人类活动,就会清楚地看到可能发生的错误。拉图尔 (Latour) 和伍尔格 (Woolgar) 讲过想法如何成为现实:想法离开了它的诞生地,脱离了文献中最初描述的方式和限定条件。[①]

值得注意的是,距离和意义转变是确定性的原因,而不是确定性的内容。如果辛斯基的结果被普遍相信,信念的质量将与实验的距离和文献中的表达方式有关:距离产生美。如果结果被怀疑,怀疑的质量与距离和表达方式的关系也是如此。因此,虽然辛斯基实验暴露的细节可能让人谨慎地接受其结论 (因为能够了解到许多可能出错的事情),但暴露细节也让人无法忽视实验 (因为人们可以看到实验工作者意识到这些问题,花费大量的时间和精力去消除这些问题);此外还可以看到,有多少事情是正确的。如果距离让人看不到这些,距离就会产生美,带着清晰和肯定的怀疑。[②]

辛斯基自己的描述也许可以最好地帮助我们理解消除噪声的实验独创性:

> 每天我都来,我们尝试实验。你知道,要花几天时间确定它是否工作,因为我们必须得到足够的统计数据,从而确定它是否按照应该的方式出现 (如果探测棒和驱动棒的距离关系对于引力耦合是正确的)。如果不是,我们就会尝试着比以前隔离更多的东西。我们要么把更多的声学隔振堆放在接收棒下面,要么放在驱动棒下面。我们在周围安放地板振动探测器,看看它是否通过地板耦合。我会在棒的周围添加更多的隔振材料。我正在用这个巨大的放大器驱动这根棒,所以很容易通过电磁辐射发生耦合。我们把放大器放在莫斯勒保险箱里。这种保险箱你可以买到,存放贵重的物品,巨大的保险箱,钢板可能有 10 厘米厚 (笑声),我们把放大器放在里面。太不可思议了。[③]

> 每天,乔都会想出一些新方法来测量干扰,设法减弱它们,大约一年以后,我就放弃了,我再也想不出任何其他方法来改善隔离。韦伯令我惊讶的是,我永远认为,他是我见过的最伟大的实验学家,因为他每天都会提出新想法,如何更有效地减少干扰。哪里可能有泄漏,怎么处理……

> 我记得我每天都说:"韦伯博士,我想不出还能做什么。"他说,"为什么不试试这个呢。"……

> 我们能够检测到这种引力相互作用——我可以肯定——因为我们做了适当的衰减 (适当地降低了驱动棒和被驱动棒的耦合强度)。(1997)

但是,在关于是否存在引力波的长期争论中,辛斯基的校准结果并不重要。今天的物理学家认为,韦伯共振棒的应变灵敏度可能不会优于 10^{-13},比辛斯基校准的结果差 1000 倍。在 20 世

[①] 弗莱克的引文来自 Fleck(1935/1979) 第 112~113 页;强调的标记来自原文。关于"距离产生美",见 Collins(1985/1992)。关于意义转变,见 Latour, Woolgar(1979)。

[②] 将科学知识的建立视为意义转变问题的工作忽略了这样的一点:肯定或否定的确定性可能是结果;要解释它是什么,而不仅仅是看它的文字和含义。

[③] 关于科学的语言,有趣的是,这篇博士论文把这个现成的商业保险箱称为"大箱子"。读了这篇论文,你也许以为,他专门设计了一个箱子安置放大器,根据计算把钢板设计为 10 厘米厚。只有这些对话揭示了"大箱子"的奥秘。

纪 70 年代, 静电校准成为主导, 辛斯基校准从来没有得到认真对待。情况就是这样, 尽管它是引力校准, 尽管有人可能认为它比静电校准更接近于引力波校准。①

关于这件事, 适当的时候我会多说一些, 但是先讲一下这个结果为什么这么容易被忽视。

辛斯基的校准技术有一个很大的缺点：如前文所述, 它非常困难。因此, 它永远不可能有竞争力, 许多实验工作者必须迅速比较他们的棒；静电脉冲技术 (将在第 10 章里描述) 相对来说就太容易了。但是这只回答了问题的一半。尽管其他人不会照搬这种技术, 但这并不意味着那些艰苦岁月的结果不可靠。但是, 在考虑可信度的时候, 相比于另一种简单的技术, 复杂实验的结果也许更容易被认为不可靠。

还有更微妙的力起作用。这个实验很容易被忽视, 因为科学家对其细节的了解是不对称的。没有谁特别了解辛斯基描述的辛勤工作和谨慎行事——特别是在辛斯基离开这个领域而韦伯的可信度受到质疑的时候。但是, 这个领域里的每个人都在不断地面对实验的消极方面, 因为每个人都被不停地告知很难隔离一个巨大而敏感的探测器, 不停地讨论, 不停地担心；每个人都设计这样的探测器。他们知道, 还有一项任务更困难：把一个对 1660 赫兹振动非常敏感的质量探测器与另一个由放大器驱动的在 1660 赫兹振动的质量块隔开, 并放在离它只有几厘米的距离。究竟有多难呢？显而易见：从 20 世纪 70 年代开始, 对引力波的搜索要求, 每个科学家都要敏锐地意识到两个这样的质量块之间的非引力耦合的来源, 因为要让同时激发 (coincident excitation, 符合激发) 的事件成为引力波的候选, 就必须消除所有的非引力耦合。消除非引力耦合的第一步是让探测器彼此离开几千米, 而不是几厘米。为了有希望消除共同的干扰源, 需要几千米, 而不是几十厘米。因此, 这个领域里, 无论谁考虑辛斯基的校准, 首先想到的就是, 两个振动的质量块靠得很近, 它们的非引力耦合太大了。每个人都间接发现了辛斯基实验细节的缺点, 即使他们并不直接了解, 除了阅读过一些发表在学术期刊上的文章。

辛斯基的校准依赖于持续的能量变化, 而且与距离有关, 但是引力波源的爆发可能更难和噪声分开。例如, 电气风暴、交通噪声或地震都有可能破坏实验。为了消除这些微弱的效应, 探测器需要分离得很远, 这也可以消除局部的影响, 例如输电线路的同时变化。因此, 为了充分地隔离, 让探测器靠得很近就太糟糕了。由于无法了解实际采取的预防措施, 我认为, 对于那些关心辛斯基实验的人来说, 距离导致了彻底的失望。

---

① 但是请考虑 Tyson(1973a) 的下述内容, 据我所知, 这是唯一例外的东西：

静电技术绝对等同于近场引力校准技术 (引用辛斯基的论文, 交变的卡文迪什校准), 因为已知这两者的物理都足够精确。到目前为止, 还没有一种方法可以用确定强度的远场来校准引力波天线, 在进行这种校准之前, 我们必须对引力波天线施加确定的力。静电技术比交变的卡文迪什近场引力技术方便得多, 其优点是可以在测量过程中经常使用。(第 77 页)

第 3 章 什么是引力波?

3.1 有引力波吗?

爱因斯坦可能不是第一个讨论引力波概念的人, 但在 20 世纪的第 2 个 10 年里, 他第一个把它们正确地纳入了理论。[①] 这是一个棘手的问题, 然而, 1936 年, 爱因斯坦与他人合著了另一篇论文, 跟他先前的工作相反 (至少在论文的初稿中), 他证明了引力波不存在。[②] 直到 1957 年, 在美国的一次会议上, 才有赫尔曼·邦迪 (Herman Bondi) 等人对引力波的存在性和可探测性进行了激烈的辩论, 邦迪他们认为引力波能够发射, 而且原则上可以探测, 认为它们对其通过的东西有合理的影响。

让我们试着了解如何能够对这样的事情进行争论。首先, 我们必须明白为什么需要引力波这样的东西: 由于太阳的引力, 地球持续绕着太阳在大致圆形的轨道运行, 其大小取决于太阳的质量。现在假设太阳开始失去质量; 例如, 假设发生了内部爆炸, 效果是沿着垂直于地球轨道平面的方向, 太阳发射两个大质量的物质块。大部分太阳将停留在同一个地方, 但地球的轨道将受到影响。因为太阳现在变轻了一点, 对地球的吸引力就会减弱, 地球的轨道也会变大一点。问题是, 地球需要多长时间才能 "意识到" 太阳不再像原来那么大? 地球是立即开始走上新路, 还是需要一段时间 "了解" 太阳发生了什么?

根据爱因斯坦的理论, 没有什么能比光传播得更快, 人们会认为, 地球至少在 8 分钟以内不会知道太阳失去质量——光从太阳跑到地球的时间; 太阳也一样, 必须向地球发送信息, 而这个信息不能比光速更快。然后, 我们需要想象一个波 (引力波) 传递信息——时空的形状正在改变。因此, 考虑引力波的一种方法是, 它作为信使传递关于引力场的变化信息, 引力场让一个东西吸引另一个东西。

一种更生动的思考方法是在时空几何方面。表示时空形状的一种流行方法是橡皮膜 (图 3.1)。像太阳这样的重物在橡皮膜上产生了漏斗状的凹陷。地球绕太阳的轨道大小取决于它的速度——这将决定漏斗壁上的点, 在那里它可以绕圈而不落入太阳, 或向上和向外飞行。如果太阳突然失去一点质量, 就会减轻橡胶的凹陷程度; 漏斗变得浅一点, 墙壁变得不那么陡峭, 地球仍然

[①] 本节的内容在很大程度上依赖于肯尼菲克的文章 (Dan Kennefick, 1999)。肯尼菲克是物理学家, 他本人也对引力波理论分析做过贡献, 写过关于引力波理论的历史和社会学著作。

[②] 这篇论文由爱因斯坦和罗森撰写, 最终发表于 1937 年。根据肯尼菲克的说法 (私人通信), 爱因斯坦把这篇论文提交给《物理评论》, 后者将其连同审稿人的评论一起退回, 要求重新考虑。爱因斯坦显然不习惯美国的审稿规矩, 他生气地撤回了这篇文章。当它最终发表在《富兰克林研究所杂志》(Einstein, Rosen, 1937) 的时候, 引力波又出现了, 尽管还有一些保留。事实证明,《物理评论》的审稿人是对的。

以同样的速度运行, 会找到一个新的稳定轨道, 变得更远一点。很容易看出, 如果压着橡皮膜的太阳突然上升一点 (变轻了), 漏斗的外侧部分不会受到影响, 直到涟漪通过橡皮膜。引力波就像橡皮膜中的涟漪。①

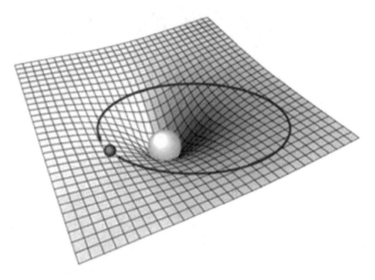

图 3.1　用橡皮膜表示的时空, 地球绕太阳转；威斯康星大学密尔沃基分校物理系帕特里克 · 布雷迪 (Patrick Brady) 的模拟 (帕特里克 · 布雷迪惠赠)

　　思考引力波的另一种方法是, 它就像某种大事件发出的声音。如果我把书丢在桌子上, 就会有碰撞声。声音就是空气中的振动, 耳朵可以检测到。振动携带能量, 我的耳朵提取了一小部分能量, 让我能够听到声音。但是声波携带的能量并不直接与书掉到桌子上所涉及的力的大小有关。首先, 它很可能只是与事件相关的所有能量交换的很小一部分。其次, 书落到书桌上释放的能量多少, 虽然在一定程度上取决于书的质量和掉下来的力量, 但也取决于书和书桌的材料以及书掉下来的确切方式。同样, 与产生引力波的事件的大小相比, 引力波包含的能量可能非常小, 而发射能量的大小取决于事件发生的确切方式。

　　在早期著作中, 韦伯阐述了旋转杆发出的引力波的大小；他想象了由旋转得即将断裂的杆产生的辐射。澳大利亚的引力物理学家大卫 · 布莱尔 (David Blair) 想象用核潜艇作为旋转杆。让潜艇绕着它的中心旋转, 直到速度快得即将因为离心力而断裂。它发射引力波的能量等于蚂蚁爬上墙的能量除以 1 后面跟着 17 个 0(蚂蚁输出的能量 $\times 10^{-17}$)。②

3.2　"稳定的引力系统" 发射引力波吗?

　　但是引力波什么时候发射呢? 当地球在正常轨道上静静地绕着太阳转动时, 似乎根本不需要引力波。牛顿模型里的力 (引力) 只是爱因斯坦模型中的时空形状, 地球绕着时空中最容易走的路径盘旋。同样的情况也适用于环绕地球的人造卫星。如果你待在卫星里, 没有窗户, 你就没有

---

① 但是, 我们稍后讨论的大部分波——科学家们试图探测的引力波——不是单一的、一次性的变化, 而是橡皮膜中的振荡。

② 参见 Weber(1961) 第 140 页和 Blair, McNamara(1997)。

运动感 (就像我们感觉不到地球围绕太阳转, 除非我们看着天空)。似乎没有任何事情需要消耗能量；没有发动机燃烧, 也没有可以感觉到的加速。为什么这样的系统需要信息和能量传送波？任何一方或轨道都不需要知道有没有任何事情发生！一切都是老样子。[①]

此外, 如果有能量消耗在这样的波里, 它必须来自某个地方。这里的一个关键原则是能量守恒, 这是每个科学家都接受的原则。(我应该说, "质量加上能量的守恒", 因为现在知道, 它们可以彼此转换。) 引力波能量的唯一潜在来源将是物体本身轨道的衰减或质量的减少；卫星, 无论是月球还是太空舱, 都必须缓慢地向地球坠落, 在它盘旋时越来越近, 或者越来越轻。不相信这种不受干扰的系统会发射携带能量的引力波, 这似乎是另一个很好的理由。[②] 在 1957 年举行的一次会议上, 一些科学家争论说, 正在加速的质量会发射引力波, 而那些在引力场中自由下落的质量 (譬如刚才的例子) 则不会。从科普杂志《新科学家》(The New Scientist) 的一篇新闻短报里, 可以感受到 40 年前发生的这种争论的风味。1959 年 6 月 25 日, 该杂志 "趋势和发现" 栏目里的报告如下：

> 在引力的作用下运动的物体, 是否会发出引力波？我们报道过 W. B. 邦诺 (Bonnor) 的结论——机器驱动的系统发出引力波 (《新科学家》, 第 5 卷, 第 708 页)。现在, 华沙的 L. 英菲尔德 (Infeld, 关于此问题, 他曾经与爱因斯坦合作) 提出了一个论点, 认为引力波不会来自纯粹的引力系统——无论如何, 它不能被视为绝对的东西。原因是, 选择正确的坐标系统 (测量框架) 来描述系统, 就可以将其缩减为零。(第 1393 页)

虽然我讲的是月球绕着地球转 (或者类似的情况), 但同样的考虑也适用于围绕彼此盘旋的巨大物体, 只要它们的运动完全是因为引力的影响。例如, 两颗大质量的恒星在相互盘旋并彼此靠近、并合之前, 也是沿着它们的 "自然" 路径旋转, 人们也不会期望它们发射引力波。

展望现代共识的立场, 人们现在相信, 这样的系统发射带有能量的波。用一致的方法思考哪些物体会发出引力波, 哪些不会发出引力波, 这似乎是信息的想法。当你坐在月球上, 你没有收到任何信息告诉你, 你正在被拉向地球, 但仍然有信息进入太空。因此, 由于月球以外的另一颗地球卫星在接近月球时会感觉到月球的引力, 并注意到月球远离时月球的引力减弱, 所以必须发送信息。然而, 这样的系统发出的引力波很小。只有当质量很大、速度很快 (可以与光速相比) 的时候, 它才会增大。月球绕地球转动时发出的引力波确实会让它失去能量并向内朝地球坠落, 它的轨道也会随之加快。但是, 由这个原因造成的变化是如此微小, 以至于经过宇宙的一生, 也不会察觉到什么。另一方面, 当双中子星结束其相互盘旋的旅程、并合在一起时, 最终的旋近应该产生标志性的 "啁啾", 即能量巨大的引力波。

---

　　① 为了澄清一个可能的混乱来源, 环绕地球的月球不消耗能量。这个说法并非完全正确, 因为潮汐和其他影响两个物体形状的扭曲确实要消耗能量。此外, 月球和人造卫星的运行都要经过大气层的残余物和太空中的粒子灰尘。其中一两种效应意味着地球–月球系统正在减速, 人造卫星最终坠落地球。然而, 要理解这个论证的原则, 你必须想象完全刚性的物体, 没有潮汐, 漂浮在完全的真空里。问题就是, 这些系统是否会释放能量并减慢速度。

　　② 在历史辩论的某些阶段, 人们讨论了无能量引力波的概念。

3.3   什么东西发射引力波呢?

宇宙中发生的剧烈事件并不是每一次都会发射引力波。为了思考某些变化是否会发射引力波, 我们需要问它是否要传递引力信息。如果没有信息, 就没有引力波。从这个论证中, 我们看到地球–月球系统必须发射引力波。但是请注意, 如果我们拿走月球, 让地球独自绕地轴旋转, 我们就什么也感觉不到 (假设地球表面是光滑的), 因为没有什么引力随着地球的旋转而变化。这就是关键: 如果要发射引力波, 就必须发生引力不对称的事情。

奇怪的是, 这意味着爆炸的恒星也不一定会发射引力波。如果恒星对称地爆炸, 所有的东西从中心向四面八方发射, 甚至所有的东西都节奏一致地膨胀和收缩, 系统外的观察者就不会感觉到引力效应。计算球形质量的引力效应的方法是假设所有的质量都在重心; 无论小的球形中子星还是巨大的球形气体球, 只要它们的质量相同, 引力就相同。这也意味着如果恒星对称爆炸, 质心、质量和引力保持不变, 就没有引力信息要传递, 也就没有引力波。

在太阳爆炸的例子里, "引力波" 这个词指的是突然的、永久的变化。在这种情况, 我们发现一个 "台阶波" 在时空的橡皮膜中传播。旋转系统会产生一种更持久的起伏波, 比如两颗恒星紧密地相互盘旋。引力波的强度依赖于这个系统的旋转速度和质量大小。当一颗恒星爆炸时, 就会产生这样的波, 因为通常会留下一个快速旋转的核心。如果核心是不对称的, 就会产生引力波; 如果它是对称的, 就没有。

3.4   原则上可以检测到引力波吗?

因此, 根据达成共识的观点, 某些系统可以发射引力波, 但是能检测到它们吗? 为什么这是一个难题呢? 我把引力波描述为时空的涟漪。如果振荡的引力波通过这本书的页面, 书页将首先在水平方向稍微拉伸, 在垂直方向稍微挤压, 然后是水平挤压和垂直拉伸, 等到引力波通过以后, 书页就会恢复到原来的状态 (图 3.2)。从原来的状态, 经过对每个方向拉伸和挤压一次, 再回到原来的状态, 标志着引力波通过了一次。这些挤压和拉伸将持续很长时间——只要有波通过。

图 3.2   随着引力波的传递, 时空在拉伸和挤压

想象一下，书页的形状每个方向变化 1 厘米。(我说的是原则！) 你能看到这个变化吗？你可能认为自己什么也看不到，产生困惑的原因是，如果时空在改变形状，这意味着完全相同的比例变化将发生在你坐的椅子、整个房间、整栋楼、你的手、你的眼睛，以及你的手、眼睛和大脑中的每个原子。同样的变化也发生在你放在书页上用于测量的任何尺子，以及这个尺子里的每个原子。要看到这个效应，事物之间的某种关系必须改变。

现代的共识是，能够看到这个效应。时空涟漪的想法也许有点误导，因为引力波产生的力和其他任何力一样，为了改变刚性物体的尺寸，它们必须与将固态物质结合在一起的电场力共同工作。[①] 有引力波通过的物质的刚性越大，就越不容易改变，或者说改变同样的量需要做更多的功。做功的事实意味着使用能量，这是可以衡量的。韦伯本人第一个表明，原则上可以在实验中检测这种效应。他在 20 世纪 50 年代末展示了这一点，当然，他随后花了 10 年时间建造相应的实验仪器。

到 20 世纪 60 年代初，理查德·费曼、约翰·惠勒、赫尔曼·邦迪和费利克斯·皮拉尼等科学家得出结论：相互盘旋的系统悄悄地发射引力波，这一点已经得到确认。他们认为引力波从纯粹的引力系统中获取能量，能量可以用正确的接收器感知。他们还认为，这一点没有必要进一步讨论了；应该转向计算这些效应的大小。

———————————————————

① 关于引力波探测器如何工作的深刻解释以及如何解决一些明显的悖论，见 Saulson(1997a, 1997b)。关于为什么横向引力波是由运动质量发射的，以及科学和技术的许多其他方面，见 Saulson(1998)。

第 4 章 最初发表的结果

现在谈谈第一个探测引力波的实验。我们的注意力将越来越多地从韦伯的实验室转移到社会时空的涟漪。必须先做个历史回顾，因为我的实地调查直到 1972 年才开始。在此之前，我只看到那些通过文字媒介传播的涟漪。为了正确理解这个时期，我们需要了解专业会议、新闻发布会、科学家访问韦伯实验室、打电话以及在走廊和咖啡馆里谈话。事实上，我们只有科学的骨，但是没有肉；出版物的骨和肉往往有着系统性的差别 (我将在第 42 章讨论)。

韦伯声称他的探测器看到了外部信号的迹象，最早也是最重要的结果发表在《物理评论快报》。这个学术期刊的声望极高，可以比较快地发表简短的文章；它发表的结果通常被认为足够重要，以最短的延迟引起物理学界关注——直到以电子形式发表结果的情况成为常态。从 1967 年至 1970 年，韦伯作为唯一作者发表了 5 篇这样的论文。[①]

4.1 1967 年的文章

1967 年，首次在主流期刊上发表启发性的结果。3 月 27 日的《物理评论快报》刊登了一篇题为《引力波》的文章，包含了马里兰大学共振棒探测器记录的事件清单。在 2 月 4 日收到的这篇论文中，韦伯简要地提到了辛斯基的校准，并详细讨论了团队的仪器，用于控制对探测器不利的干扰源。他解释说，他们有两个不同频率的地震仪监测地面的振动；他们有倾斜仪和重力计，可以检测地面的垂直运动；他们记录电源电压的任何波动；他们控制环境的温度。然而，这些仪器没有看到对探测器的干扰。这 10 个事件的日期和时间 (格林尼治时间) 记录在文章的第 499 页，如表 4.1 所示。

---

① 一些受访者为鲍勃 · 福沃德和其他马里兰大学的合作者打抱不平，向我抱怨说，他们在早期论文的合作方面没有得到足够的认可。然而，没有一个合作者自己提出这个申诉。(但是，直到韦伯被边缘化、这些主张早就没有可信度以后很久，我才问他们这个问题。)

表 4.1　在 1967 年发表的韦伯探测器看到的事件

时间	日期
09:24	1965 年 9 月 21 日
23:42	1966 年 8 月 5 日
10:15	1966 年 8 月 7 日
16:45	1966 年 11 月 22 日
01:30	1966 年 12 月 2 日
07:20	1966 年 12 月 17 日
01:40	1966 年 12 月 20 日
17:30	1967 年 1 月 20 日
23:09	1967 年 1 月 22 日
13:20	1967 年 2 月 17 日

韦伯解释说, 在这些观测过程中, 第二个探测器 (应该是辛斯基实验中使用的驱动棒, 现在变成了探测器) 已经安装在距离较大的共振棒 3 千米处; 两根棒的共振频率相同, 为 1660 赫兹, 但是第二个要小得多, 仪器的配置非常不同。频率响应较低的第三根棒也已投入使用。韦伯说, 上表的最后 3 个事件同时记录在 1661 赫兹的共振棒中, 但低频率的共振棒没有检测到它们。

根据韦伯的说法, 引力波的能量通量 "如此之大, 以至于可以观察到天体物理效应。由于没有任何报告, 引力波的起源似乎不太可能" (第 500 页)。也就是说, 如果他记录的真是引力波, 人们就会预期可以看到恒星爆炸或发生类似的情况。"也许重力仪、地震仪、倾斜仪没有观测到某些地震事件," 他继续说, "正在进一步探讨这种可能性" (同上)。

4.2　实验室里发生着什么?

现在看看这里发生着什么。辛斯基的实验让研究小组满意地认为, 探测器可以看到微小的力, 这会导致棒的长度发生量级为 10^{-16} 米的变化。他们现在开始尝试用探测器观察来自实验室以外的源, 而不是来自驱动棒的影响。校准工作不仅让他们相信探测器是灵敏的, 而且噪声、声学、电气和地震以及温度变化等一系列源对精密仪器的影响不敏感。这根棒挂在线上, 由真空室内的 "防振台" 支撑。为了让它们敏感而且减少噪声, 放大器被冷却到液氦温度, 让它们保持相对稳定。真空室由金属制成, 将共振棒与射频噪声隔离开来, 并保持共振棒的温度稳定; 防振台 (声学隔振堆, 由小组成员设计的一堆橡胶和铅板, 见第 1 章) 把支撑共振棒的线与地面振动隔离开。

但我们已经看到, 外力仍然可以通过进入和离开设备的电线 (特别是在第 1 章中讨论的同轴电缆), 通过影响电子元件的任何类型的振动而 "泄漏"——谁也不能完全消除这些噪声。因此, 必须超越第一阶段 (抑制噪声), 进入第二阶段——将噪声从 "信号" 中分离出来。这个过程的第一步是测量每一种可以测量的外部扰动。因此, 探测器被仪器包围, 以便测量地面的运动, 监测温度, 并监测电磁和电气环境。任何干扰这些仪器 (统称为 "环境监测器") 的东西, 都会影响探测棒。感兴趣的 "事件" 是那些影响探测棒但不影响监测器的事件。这就是表里给出的 10 个事件。

最后 3 个事件更有趣。校准实验正在完成, 团队已经开始以不同的方式使用驱动棒, 将其转变为第二个探测器。这两个探测器相距 3 千米。最后 3 个事件在两个探测器上都检测到了, 但没有在环境监测器上看到。这表明, 干扰了探测棒的是一种可能同时影响它们的东西, 指向一些非局部的、因而特别有趣的源。

韦伯在这里提出了一个主张 (也许真的发生了呢), 但他也明确表示, 涉及的力与已知的引力波不一致。理论工作者们已经得出结论, 引力是微小的, 即使这些共振棒对 10^{-16} 的应变很敏感, 引起这些事件的东西也似乎太强大了, 不是我们理解的引力波。因此, 韦伯的文章报告说, 他没有发现引力波, 但是他正在寻找问题。

4.3　1968 年出版的文章

14 个月以后, 1968 年 4 月 4 日, 《物理评论快报》收到韦伯的一篇文章, 题为《引力波探测器事件》, 并于 6 月 3 日发表。在这篇文章里, 韦伯描述了更多的同时发生的符合事件, 似乎是此前讨论过的相同的小型和大型探测器 (尽管这里说它们的距离是大约 2 千米)。这里的 "符合" 定义为同时出现的阈值交叉, "同时" 意味着在 0.2 秒以内。表 4.2 列出了 "过去 3 个月的操作" 里记录的 4 个符合事件, 其中若干列记录脉冲的功率和探测器的性能。信息包括符合事件的日期和时间, 以及一些计算结果: 如果完全是由于探测器的随机波动, 预计这种规模的事件的偶然发生频率。这个计算是基于 (比这多得多的) 单个事件的次数: 某个单独的探测器跨越类似大小的能量阈值, 而另一个探测器没有被激发。用这种单独的阈值交叉表示背景噪声, 让可能发生的噪声进行组合, 可以模仿需要计算的假定事件。

表 4.2　韦伯在 1968 年发表的文章记录的事件

日期	格林尼治时间	随机符合事件的频率
2 月 7 日	21:01	8000 年一次
3 月 13 日	11:50	40 年一次
3 月 29 日	07:32	30 天一次
3 月 29 日	03:58	150 天一次

韦伯文章的倒数第二段 (在致谢之前) 内容如下:

结论——随机符合的极低概率让我们能够排除纯粹的统计起源。分离的探测器在罕见的情况下响应了一种共同的激发, 这可能是引力波。(第 1308 页)

韦伯的这个表格有一列标记为 "随机符合事件的频率", 表明在这些信号强度下发生偶然巧合的预期时间长度。他认为, 与这些信号相关的能量是如此之高, 以至于这样大小的信号的符合事件只能很少地发生。让我们进一步探讨这个想法。

4.4　引力波探测科学的三个关键发展

自韦伯的第一篇文章发表以来, 已经采取了三个重要步骤。首先, 定义了什么是事件。当探测器记录能量状态的轨迹超过某个阈值时, 就会发生 "事件"。但阈值应该是什么? 没有任何科学原则强制的选择。这一点非常重要, 因为这种选择的本质总是困扰着引力波科学, 从最初的日子直到现在。未来有望就本质上相同的问题进行更多的争论, 尽管我们已经有 40 年的发展, 从一个实验室、三四个人参与、花费了几千美元的项目, 发展成为涉及数百人和 5 亿美元的世界范围的事业。让我们仔细研究选择阈值的影响。

棒的状态由图表记录仪监控。图 4.1 显示了早期的一段记录, 它来自马里兰大学高尔夫球场的一个韦伯棒。[①] 图 4.2 是这样一个轨迹的简化版本, 覆盖了三个不同的阈值选择。可以看出, 阈值 A 被穿过 2 次, 阈值 B 被穿过 6 次, 阈值 C 被穿过 16 次。选择阈值就是选择检测器看到的 "事件" 的数量——现在是 2、6 或 16——当然, 这些 "事件" 有一些或全部都是噪声。因此, 在一定的范围内, 人们不能说探测器 "看到" 了什么或者没 "看到" 什么——令人非常惊讶的是, 在很大程度上, 探测器是否看到了潜在的事件, 选择权在观察者。第 22 章将着重讨论这个问题。

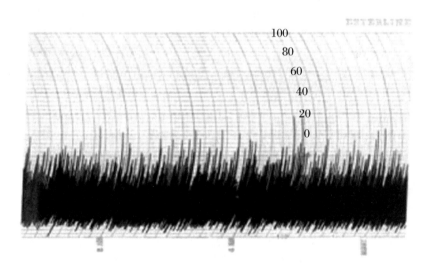

图 4.1　位于马里兰大学高尔夫球场的韦伯探测器的图表记录输出部分

第二个进展是 "符合" 的概念。当两个检测器同时跨越一个阈值时, 就会发生符合 (同时性)。但同时性不是一个简单的术语。什么算是同时, 取决于时钟的准确性, 用来记录读数的装置, 以及引力波传播到两个地方的时间。在这种情况下, 同时性被定义为在 0.2 秒的时间窗口以内。

同样, 在某种程度上, 这个选择是由研究者做出的——科学中没有任何东西能准确地定义它。允许计算为 "同时" 的时间间隔越宽, 就会有更多的 "符合" 事件超越阈值。0.1 秒似乎是相当

━━

[①]　在这种情况下, 图表记录仪走得非常慢, 这个简短的部分进行了大约 6 小时。如果图表记录仪运行得更快, 这个图中显示为实心黑色的东西将展开并显示更多细节, 就像图 3.3 一样, 以及图 5.2 和图 9.1 中的示意图。

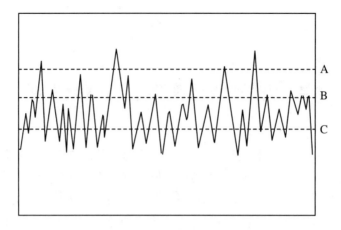

图 4.2　阈值的选择影响了看到的"事件"数目

长的时间来计算"同时"，但关键是，共振棒必须建立明显的振荡，它们的输出才有机会跨越阈值，需要的时间或多或少，取决于棒的初始状态。正是因为棒的共振，人们可以合理地把 0.2 秒的窗口当作"同时的"。共振作为一种整合或放大信号能量的手段，它的利弊将困扰共振棒的历史。

第三个进展是认识到一些符合不会发生，不是因为共振棒是由外部信号激发，而是因为两根棒只是同时被"噪声"激发。在你知道有多少"有趣"的符合之前，你必须减去可能已经看到的"意外"符合的数量，即使没有非局部的力起作用。

乍一看，引力波探测器似乎像望远镜。它可能很难建造，然而一旦建成并通过测试，人们可能认为，对于它有没有检测引力波，不会有太多的怀疑。但现在我们看到，"观察"根本不是一种被动的活动——我们可以看到，它与我们常识性的"看到杯子和碟子"的观察模式有很大差别。观察涉及选择和机会：关于阈值的选择，关于符合意义的选择，以及统计计算，如果没有检测到引力波，可能会发生什么。当统计计算完成后，还有另一个选择：总和只会告诉我们任何一个时间段内发生某个数量的偶然符合的可能性。当我们从实际的符合数中减去这个数时，剩下一个正的余数。我们现在可以选择这个正数必须有多大。与计算的意外符合的数目相比，它必须有多大，才能让它有趣呢？如果我们发现了一些东西看起来像是受到了共同的外部影响——也许是引力波，那么它应该有多大，才能让人相信呢？

4.5　阈值的悖论

这里是引力波探测科学核心里关键的紧张关系之一：对于任何一根棒，超过阈值的次数越多，两根棒发生偶然符合的次数就越多。这个数不难计算：如果你知道在一段时间内每根棒的平均阈值交叉数，就可以计算出有两个事件发生在同一个 0.2 秒窗口里的可能性；因此，你可以计算出事件的数量。预期的意外事件数量越多，超过这个数的符合就越可能是偶然的结果。也就是说，超过阈值的数量越多，意外符合的数量越多，那么在任何一个时间段，过量的符合本身就更有可能是由偶然造成的——人们可能正在寻找一个或两个探测器中的噪声异常高的时刻。这就要求谨慎行事并设定高阈值。阈值高了，交叉和意外事件就少了，任何符合都可能预示着有趣的事件。

　　谨慎的方法和高阈值的麻烦在于，我们从理论工作者的计算中知道，引力波很可能非常弱；如果把阈值设得太高，结果就是什么也看不到。只有低阈值才能捕获微弱的引力波，这是我们正在寻找的微弱引力波；换句话说，降低阈值使探测器能够从更远的地方接收信号。但是，随着阈值的降低，你肯定会看到更多的偶然事件，而你会不会看到真正的事件还很不确定。因此，我描述的选择组合可以介于两种策略之间。一种策略是将阈值设置得尽可能低，尽可能小心，以便最大限度地获取可能存在的任何引力波信号的机会，但是增加了发现虚假结果的风险。另一种策略是将阈值设置得足够高，减少发现虚假信号的机会，但是任何可能通过的弱引力信号都不太可能被看到。换句话说，我们必须权衡这两种广为人知的统计错误的风险——丢失存在的信号和找到不存在的信号——假阴性和假阳性。假阳性也称为第一类错误，假阴性称为第二类错误。

　　不幸的是，更仔细地权衡就会发现，假阳性路线看起来不那么有吸引力。降低阈值在消除假阴性的风险方面可能没有什么改善，却不相称地增加了假阳性的风险。如果这是真的，降低阈值就是糟糕的科学交易，即使它略微增大了成功的机会。

　　问题是，一方面，仪器中出现的典型噪声模式往往在某个水平以下急剧增加，如图 4.1 所示。如果把阈值设置在这个水平以上，交叉就会很少，如果把阈值设置在这个水平以下，就会有许多由噪声而产生的交叉。进一步降低阈值将意味着，噪声太多了，无论如何都不可能提取信号。关键在于：每个人都同意，只要噪声没有突然增加，降低阈值就是正确的；每个人都同意，比完全淹没信号的水平更低，是没有意义的。这意味着"降低阈值"的选择是相当有限的——只能是在噪声"森林"顶部的一个狭窄的水平区间。

　　为了使这个小范围的降低阈值是值得的，必须假设正在寻找的信号只出现在已经打开的而不是高于它的窄水平区间以内。图 4.3 说明了天体物理学的后果。

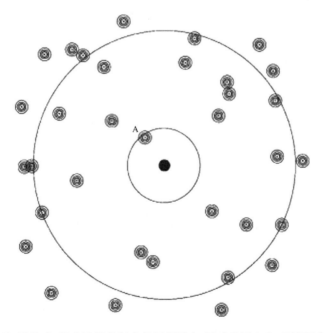

图 4.3　随着时间的推移，引力波的发射事件累积起来，地球位于中心，环表示探测器的灵敏度

　　图 4.3 是一张以地球为中心的天图。每一组小的同心圆都代表引力波的发射，持续 1 秒左

右。如果把几年时间里发生的事件累积起来，这张图就给出了总体的情况。[1] 想象一下，目前，内圆表示阈值为 X 的共振棒的灵敏度。如果把这个阈值降低一点，就意味着有大量的源 (这里没有显示) 不是散落在天空上，而是在内圆之外，等待被探测范围稍微大一些的探测器发现。

可以想象有天体物理场景会产生这样的分布，但引力波探测的历史并没有让我们期望看到它们。在过去，每当与宣称的正面结果有关的探测器变得更灵敏时，信号并没有突然变大、变清晰；相反，它往往再次消失在噪声的边缘。在逻辑上或者在天体物理学中，这没有什么问题，但这不像是好办法。这些考虑有时候激怒了科学家，他们认为必须保守地对待阈值。

然而，还有另一个复杂的问题，对于那些想把误报的风险降到最低的人来说，吸引力比较小。假如你设置的阈值太高，在一年的观察中只看到一个"真实"信号。会有人相信这个孤单的信号是真的吗？当然，科学的检验是这个观察能够重复！讽刺的是，设置高阈值，即使降低了信号因偶然而产生的可能性，也增加了没有人承认它真实的可能性。这些考虑的总和就构成了"阈值的悖论"。

在上面的段落中，我一遍又一遍地使用了"选择"这个词。"选择"是从个人自由意志的语言中提取出来的一个词。这里用这个词指"科学的逻辑"并不确定某个决定的时刻。然而，这个词表达了这样的事实：我讨论的选择并不像它们看起来那么自由，因为这些选择是在社会时空的限制下做出的。社会时空是一种具有形态和质感的媒介。它不会只支持某个选择——它会限制个人可以做出的选择。韦伯不可能声称他知道自己的共振棒正在探测引力波，比如，因为算命先生告诉他命该如此，占星家证明这恰逢其时；西方科学的社会时空不会用这种方式扭曲地产生涟漪。社会时空的结构也决定了一开始的涟漪会传播多远。一些选择将自由地、容易地传输，另一些选择将在它们的发源地或附近熄灭。韦伯面对的社会时空受到各种理论的限制和僵化，这些理论表明，像他的这种仪器对于探测来自天空的引力波不够灵敏。他不得不艰难而长久地动摇社会时空的结构，才有可能产生持久的涟漪。因此，当我们考虑韦伯探测器发出的涟漪时 (或者暂时放弃这个类比，考虑他选择的范围和可信度)，我们必须这样考虑一个人，特定的时间、地点和社会背景限制了他可以选择的范围，以及这些选择对其他人的说服力。随着时间的推移，我们将看到科学的背景发生了变化，随着不同的科学家群体主宰这个领域，合理选择的范围改变了。我们将看到，理论的力量随着实验状态而改变；我们将看到，高能物理文化与其他物理科学的文化发生相互作用——"文化"是谈论社会时空的局部结构的另一种方式；我们将看到政治和金融对媒介结构的影响。

4.6 1969 年出版的文章

一年后，1969 年 6 月 16 日，《物理评论快报》[2] 刊登了韦伯的一篇更有信心的文章，他给出了新的数据，总结说：

---

① 我只是随意地定位了天上发生的引力波事件，但是可以合理地期望，其分布遵循天空中恒星分布的粗糙模式——这是我没有试图复制的东西。还要记住，随着灵敏度的增加，扫描的是更大的球而不是盘，灵敏度增加 2 倍，空间体积就增加 8 倍，而不是这里显示的增加 4 倍。这个数将在后面的一章中用于稍微不同的目的；因此，有些性质没有在这里讨论。

② 4 月 29 日收到；这篇文章还猜测，这回探测到的是触发式地释放储存在棒里的能量，因此少量的能量输入就产生很大的能量产出。在 Drever 等 (1973) 中，直接处理、检验和质询这个主张。

这是已经发现了引力波的好证据。(第 1324 页)

到目前为止, 韦伯和他的团队在阿贡实验室有两个新的探测器, 其中一个位于 1000 千米外的芝加哥郊区。(我们看到, 辛斯基帮助把它搬到那里。) 总之, 他们现在总共有四个探测器。这两个新的探测站点通过一条电话线连接起来, 以便自动记录重合的超过阈值的事件。在 1969 年的论文中, 同时性被定义为在 0.44 秒以内, 但对使用冷却到液氦温度的电子元件造成的延迟有了新的复杂的讨论。似乎使用低温放大器的共振棒的信号需要 11 秒才能达到最大值。韦伯团队开发的第一个使用低温电子学的大共振棒。它用于 1968 年论文中提到的符合测量中, 尽管没有提到产生信号需要很长时间。无论如何, 这两根新棒使用室温电子器件, 没有延迟信号的问题。

有人可能认为, 如果有四个探测器 "正常工作", 那么, 只有激发所有四个探测器, 才是真正的事件。然而, 情况并非如此。探测器的输出是否会超过能量的阈值取决于它在接收到来自假定引力波的助推之前的状态。如果它的内部噪声使得它的能量在那时下降, 或者如果随机因素使它因为某些其他原因不能响应, 它可能就不会记录信号。因此, 在这样的实验中, 信号的大小与棒中的噪声相比很小, 即使它们没有被外力激发, 也不是所有传入的信号都会产生影响;换句话说, 共振棒检测信号的效率低下——它们只能看到一部分进来的信号。你拥有的探测器越多, 当信号经过时, 它们中的一个或多个就越有可能处于未知状态。因此, 两个探测器符合的机会远比三个探测器符合的机会好得多, 后者又比四个探测器符合的机会好得多, 即使信号来自外部的激发 (如引力波)。相反, 如果发生三个或四个检测器的符合, 那么, 由于所有探测器中噪声的偶然对齐而产生这种符合的可能性很小。因此, 多重符合增强了你的信心, 你看到了一些真实的东西;对你的一些探测器没有影响, 并不表示没有信号存在。

韦伯提供了一张表, 给出在 1968 年 12 月 30 日至 1969 年 3 月 21 日期间发现的符合事件。有 9 个两探测器符合事件, 5 个三探测器符合事件, 3 个四探测器符合事件。其中有 1 个事件, 偶然发生的可能性大约是每 7000 万年一次;有 4 个事件的时间为几万年;其余事件的时间为几百年至几百天。韦伯得出结论 (第 1322 页), 他确信这些符合事件不可能都是偶然的。正如他在前面解释的 (第 1321 页):"我们可以得出结论, 这样的符合事件是由于引力波, 如果我们确信其他的影响 (如地震和电磁干扰) 没有激发探测器。"

4.7　福沃德的信

韦伯和他的团队相信, 他们正在做令人兴奋的物理研究。当时, 加州马里布的休斯研究实验室的鲍勃·福沃德写了一封信 (日期为 1969 年 12 月 10 日), 写给那些与他联系的实验工作者, 他们表示对这项工作有兴趣。

你们中的许多人受到马里兰大学约瑟夫·韦伯教授最近关于可能探测到引力波的文章的启发, 写信给我, 要求提供关于引力波天线的构造技术的信息。由于我们必须更多地了解韦伯教授发现的事件, 最好的方法是让独立的小组研究它们, 我想借此机会向你们提供我给那些与我联系的人提供的同样机会。

如果你认为你能获得购买设备所需的资金, 我愿意从我的项目中抽出时间, 在你

工作的关键阶段提供技术咨询和援助……①

这封信寄给了英国卢瑟福高能实验室的 W. D. 艾伦 (Allen) 教授、慕尼黑马克斯·普朗克 (Max Planck) 研究所的 H. 毕林 (Billing) 博士、莫斯科国立大学的布拉金斯基教授、马萨诸塞阿维克-艾弗里特研究实验室的 P. K. 查普曼博士、格拉斯哥大学的罗恩·德雷弗 (Ron Drever) 博士、路易斯安那州立大学的比尔·汉密尔顿 (Bill Hamilton) 博士②、科罗拉多大学博尔德分校的 JILA (正式名称是实验天体物理联合研究所) 的 J. 莱文 (Levine) 博士、罗马附近弗拉斯卡蒂的欧洲空间研究组织的 K. 麦仕伯格 (Maischberger) 博士、萨斯喀彻温大学的 G. 帕皮尼 (Papini) 教授、罗马的 G. 皮泽拉 (Pizzella) 博士、新泽西州霍尔姆德尔的贝尔实验室的 J. A. 泰森博士、韦伯教授本人、麻省理工学院的外斯教授、华盛顿特区美国自然科学基金会的 H. S. 蔡珀尔斯基 (Zapolsky) 博士。在未来几十年的引力波研究人员中，很多重要人物都出现在这个名单中。我不知道有多少被点名的人接受了访问的提议，但福沃德的信确实表明了一种信心，在很久以后的今天，理解这一点是很重要的。

4.8 1970 年的第一篇文章

韦伯接下来转向了一种新的数据呈现方式。他没有用一个包含时间和日期的列表说明发现了特定的天文事件，而是开始用表格显示在两三个信号强度下预期的符合 (即噪声引起的意外符合) 的数量，以及实际发现的符合数量。在所有的情况中，发现的符合数量都超过了噪声引起的预期符合数量，但不再给出单个事件因偶然而发生的很长的时间。数据现在看起来有些更"合理"了。在下一篇《物理评论快报》文章 (1969 年 9 月 8 日收到，这是 1970 年出版的两篇文章中的第一篇)③ 中，他解释了数据展示方法的变化。他说："我同意受人尊敬的同事的观点，即先前的结论应该基于这里给出的表格。"在致谢中，韦伯说他"很高兴与 L. 阿尔瓦雷斯 (Alvarez)、F. 克劳福德 (Grawford) 和 T. 泰森进行激动人心的讨论"。从我后来与韦伯等人的讨论来看，主要是高能物理学家路易斯·阿尔瓦雷斯改变了韦伯对数据分析和表示的看法。

在这篇论文 (1970 年的第一篇) 中，韦伯还解释说，记录的符合数量随着同时性的定义而变化。我们已经看到了从 0.2 秒到 0.44 秒到 0.35 秒的变化，这种变化为数据操作打开了大门。如果可以任意选"分辨时间"让信号最大化，就降低了结果的统计可信性。因此，韦伯给出了一些可选择的分辨时间的结果，并证明无论哪种情况都存在过量的符合。

这篇文章介绍了 1969 年 1 月 1 日至 11 月 30 日期间收集的 330 天的符合数据。包括早期的旧数据 (重新分析)，以及从 3 月开始的新数据。韦伯为信号选择了四个任意强度 (阈值) 水平。强度可以用预期的偶然跨越阈值的次数来表示。正如我们所知，如果强度很低，那么噪声很容易模仿信号，使探测器跨越能量阈值；如果强度很高，就不太可能发生。

韦伯的表有四个类别的事件强度，由一个单独的探测器的阈值交叉数给出，见表 4.3(为了清晰起见，我更改了标记)。由于这张表报告了 330 天的数据，现在我们看看大约每 3 天发生一次微

---

① 这是鲍勃·福沃德给我的。

② 汉密尔顿当时肯定是正在从斯坦福搬往路易斯安那州立大学。

③ 见 Weber(1970a)。

弱信号符合的情况。

表 4.3　韦伯 1970 年第一篇论文里的事件

类别 (单个探测器的预期的交叉数)	预期的偶然符合事件	观测到的符合事件
< 10	0.18	7
< 40	2.8	24
< 80	11	90
< 100	18	115

在这篇文章里, 韦伯首次引入了一种重要的方法, 这种方法将成为引力波探测器数据分析的重要方法之一 (有些人认为, 这是令人信服的方法)——在符合分析中引入时间延迟。

> 更有说服力的是, 如果统计论证可以得到一些实验流程的支持, 以衡量偶然符合率……在一个线路通道中设置了时间延迟为 2 秒的第二个符合检测器, 其方式与没有时间延迟的符合实验相同。(第 278 页)

这里的推理是, 如果在两个探测器的信号之间引入人为的延迟, 则两者的表观符合就不能归因于同时影响探测器的力。因此, 延迟比较提供了一种直接的实验方法来测量由噪声引起的伪发生率的数量。现在可以直接测量它, 而不是仅仅计算偶然符合率。

然后, 韦伯提供了一个涵盖 20 天观测的表格, 比较了仅因噪声而产生的统计预期的符合数、在延迟通道中观察到的符合数和没有延迟时观察到的符合数。对于信号的三个强度类别, 结果见表 4.4。[1]

表 4.4　有延迟和没有延迟的"事件"

类别	预期的偶然符合	观测到的有延迟的符合	观测到的没有延迟的符合
<100	1.2	0	11
<120	1.7	3	15
<??[1]	3.2	3	18

再次引用韦伯的话:

> 延迟通道中的符合率显著降低, 证明引力波探测器是由一个共同的源激发的, 探测器之间的传播时间远小于 2 s。这个证据也说明, 预期的偶然符合被理解了。(第 278 页)

很难不同意这个结论: 表中第二列和第三列的匹配虽然不准确, 但肯定跟这么小的数字所预期的一样好, 而且跟最后一列的差异确实非常明显。如果第一列中的阈值和 20 天的时间没有为了产生良好的结果而做特别的挑选, 这个表是非常有说服力的。

---

[1]　由于没有解释的原因, 这个数是 6000, 似乎是指两个探测器的一些较少的直接组合。但是, 如果只关注表的前两行, 我们可以看到正在发生什么。这里给出的数据只取自 20 天的观察。这么短的时间不允许发生许多符合, 与以前的文章相比 (这些文章在长得多的时间里记录了事件)。这可能就是为什么在这个表的"类别"栏中, 最强的符合是相对微弱的信号之间的符合。(从图 4.2 的讨论中, 我们看到, 在降低阈值时, 得到的信号越来越多; 换句话说, 弱信号比强信号更多。每台探测器每天 100 次交叉的数字表明信号很弱。如表 4.3 所示, 每天只允许 10 次阈值交叉的信号就要强得多。在以前的论文中可以列出许多, 因为它们的观察时间长得多, 可以积累足够的数量。)

结论——时间延迟和射频接收器实验[1]支持了先前的说法：引力波正在被观测。
（第 279 页）

4.9　1970 年的第二篇文章

同一天, 韦伯向《物理评论快报》提交了另一篇论文。它于 1970 年 7 月 20 日出版。[2]题目是《引力波实验中的各向异性和偏振》，为那些愿意被说服已探测到引力波的人提供了数据分析的最后一块拼图。

这篇文章表明, 探测器上记录的符合似乎来自银河系中心方向的影响。各向同性效应指的是在各个方向上相同的效应；"各向异性"指的是有方向的效应。信号中的周期性表明有一个优先方向。

如果棒对引力波有响应, 它对来自某些方向的引力波将比其他方向的更敏感。当棒垂直于引力波到来的方向时, 横向引力波最大限度地拉伸和挤压棒；当棒的一端指向源时, 引力波应该几乎不影响它。地球表面的棒与太阳和银河系的关系如图 4.4 所示。

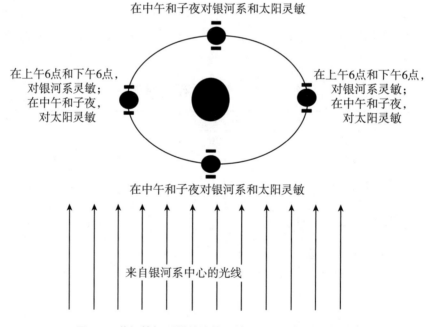

图 4.4　共振棒探测器的峰值灵敏度依赖于恒星时的原因

由于棒固定在地球表面并沿东西方向放置, 它的指向随着地球的自转而改变。每隔 24 小时, 从银河系中心的方向朝地球看, 就会看到棒处于最灵敏的位置。6 小时后, 看到的是棒的末端, 最不灵敏的方向。再过 6 小时, 这根棒就会躲在地球的后面——用光是看不到的。尽管观测者看不到它, 但是在银河系中心看来, 它仍然是横着的。因为地球对引力波几乎完全透明 (因为所有的

---

① 这篇文章还报告说, 正在建立一个射频接收器, 用来寻找可能同时影响两个探测器的电磁辐射脉冲；但没有发现任何东西。
② 见 Weber(1970b)。

物质对引力波几乎都是透明的, 所以很难精确地探测到), 所以, 它对来自银河系中心的引力波的灵敏程度, 就像 12 小时以前当它被完全看到时一样; 和上次一样, 它仍然对引力波完全灵敏。在这之后的 6 小时, 观察者会再次看到棒的末端, 因为它再次出现在自转的地球边缘, 再次处于对引力波不灵敏的状态。因此, 在 24 小时内, 东西方向的共振棒必定有两个同样灵敏的时期; 换句话说, 应该有 12 小时的 "周期性"。

位于马里兰大学的共振棒, 每天将在马里兰时间大约中午和子夜横着朝向太阳。我们选择一个日期, 让太阳位于银河系中心和地球之间。在那一天, 当你看太阳的时候, 你也会看到银河系中心。同样在那一天, 当共振棒横着朝向太阳时, 它也会横着朝向银河系中心。但是地球每年绕太阳转 1 圈。3 个月后, 如果你从地球上看太阳, 你就看不到银河系中心, 你会看到太空, 银河系中心在你的侧面。这时候, 当太阳在马里兰上空的时候, 棒的末端指向银河系中心, 因而处于最不灵敏的状态。此时, 就银河系中心而言, 这根棒在马里兰时间上午 6 点和下午 6 点处于灵敏状态。3 个月后, 如果你从地球上看太阳, 你就会再次看到银河系的中心。但是, 因为地球对引力波是透明的, 所以在马里兰, 灵敏的时间又是中午和子夜了。如此等等。

因此, 在马里兰的一年时间里, 如果源是银河系中心, 12 小时周期的峰和谷将逐日漂移。如果峰起初是在中午和子夜, 3 个月后就会变成下午 6 点和上午 6 点, 再过 3 个月又回到中午和子夜, 再过 3 个月又回到上午 6 点和下午 6 点, 1 年后回到起点。共振棒跟太阳和银河系的相对方向的差异定义了两种时间: 太阳时, 与太阳有关; "恒星时", 与银河系有关。在一年中, 这两种时间在相位上漂移。相比于太阳时, 引力波更有可能在恒星时里表现出规则的周期性, 因为银河系是引力波最有可能的来源。

在 1970 年的第二篇论文中, 韦伯展示了在 6 个月里收集的两个符合事件图 (总共 311 个事件)。这两个图将一天分为 6 段、每段 4 小时, 并将每个符合放在合适的时段里。使用恒星时, 我们发现每个时段包含以下数量的符合事件:

$$36 \quad 71 \quad 38 \quad 48 \quad 73 \quad 45$$

可以看到, 有两个峰相隔 12 小时。

如果根据太阳时 (即马里兰时间) 绘制相同的数据, 则符合事件的分布情况如下:

$$53 \quad 50 \quad 43 \quad 57 \quad 45 \quad 63$$

用图形表示这些数字如图 4.5 所示。周期性在第二个图形中消失, 因为它被时间模糊掉了, 就像预期的那样, 如果源是银河中心的话。用马里兰的钟看银河系的时间, 就会模糊; 用银河系的钟看, 就有明显的周期性。

如果想看到 12 小时的周期, 必须使用恒星时。重复一遍, 如果 12 小时的周期性是真实的, 那么这个效应必然来自银河系中心 (或完全相反的方向, 这似乎不太可能), 而不是太阳或地球或任何跟太阳系有关的东西。这个论证非常令人信服; 这意味着符合在两个意义上是非局域的: 它们不仅与实验室无关, 而且与太阳系无关。这也强烈地表明, 影响来自引力波。

韦伯按照他的惯例, 以正式的结论结束。

结论: 大的 (超过 6 个标准差) 恒星时各向异性是引力波探测器符合事件来自太阳系外的 (一个或多个) 源的证据。峰的位置表明, 源是银河中心的 10^{10} 个太阳质量。

(第 184 页)

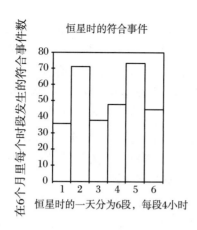 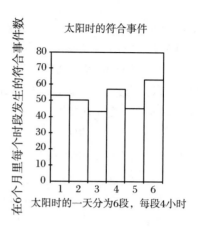

图 4.5　韦伯声称的"恒星时"相关性

韦伯说, 恒星时的各向异性超过了 6 个标准差。[1]标准差的数量表示了一种信心, 即除了随机波动, 其他东西引起了数据的差异。需要多少标准差才能认为某个效应是真实的, 不同的学科接受的惯例不一样。在社会科学中, 2 个标准差就可以提供发布结果的保证; 这意味着随机效应产生的结果的机会是 1/20 或更少。在实验室科学中, 要求的标准差的数量往往更大。6 个标准差是非常高的置信水平; 这意味着两组数字 (一个是马里兰时间, 另一个是恒星时) 的差异几乎完全不可能是偶然出现的。这并不表示实验做得很好, 也不表示数据的提取没有偏见, 但它确实表明, 坏运气几乎肯定不是造成这个结果的原因。

我们在迄今讨论的论文中看到的一连串主张, 可能是如何建立科学发现并在社会时空中产生无法抑制的涟漪的典范, 但是它们发生在怀疑的背景下。这是非常困难的实验, 似乎正在产生不可能的结果。我们已经看到, 韦伯的批评者们强迫他开始用不同的方式展示他的结果。

在宣布更多的重要的正面结果之前, 已经保持了 3 年的沉默。韦伯在这个时期发表了其他涵盖相关事项的论文。他建造了一种新的探测器, 采用圆盘而不是圆柱的形状; 他认为, 这解决了不同引力理论之间的争论。

直到 1973 年, 韦伯才又发表文章提到他的主要主张——他看到的是符合, 这些符合代表引力波。这时, 他变得更加保守。鉴于他的结果似乎是不可能的, 在此期间, 他在许多方面受到攻击。他犯了一些错误, 被迫四处撤退。例如, 恒星时的各向异性就出了问题。

4.10　古怪的恒星时

1969 年 7 月在以色列举行了一次会议 (会议文集于 1971 年出版), 韦伯首次报告了地球自转影响他的观测结果。[2]他在随后发表的论文中说:"这些数据证明, 已经发现了引力波。"这是早期出现的最强烈的声明。后来韦伯报告说, 他提出的最强烈的主张是, 他发现了引力波存在的

---

[1] 我将使用韦伯计算的统计显著性 (这些计算通过了当时的同行审稿人的审查), 而不考虑这些计算是否让今天的细心读者满意。
[2] 见 Weber(1971a)。

"证据", 但在以色列提出的声明更直接。[1]

出版的以色列会议文集里有一些图表, 显示了 24 小时间隔的高峰和其他间隔的较小的峰。离大峰 12 小时有一个低谷。此外, 这篇文章似乎暗示每 12 小时应该有一个高峰:

> 12 小时效应不如 (公式) 预测得那么明显。这可能是实验中系统误差的结果, 也可能是源发射的随机特征。一个大约每 24 小时发射一次的源, 没有 12 小时效应, 而随机发射时间的波动可能会减弱 12 小时效应。由于强度是统计确定的……它是信噪比的度量, 而不仅仅是信号强度。因此, 12 小时效应也可能因为一天中的屏蔽时间不足而减弱。(第 320 页)

校对时添加的说明指出:

> 改进的方法给出了具有两个峰的各向异性数据, 一个在银河系中心的方向, 另一个在 12 小时以后。

这个说明提到 1970 年发表在《物理评论快报》的一篇论文, 其中给出了 12 小时周期的数据。[2]

这个错误很严重。令人惊讶的是, 韦伯在以色列作报告时, 似乎并不清楚地球是透明的。即使是在校对时添加的说明, 措辞也相当奇怪。它提到了一个指向银河系中心的峰, 还有 12 小时后的一个峰, 而第二个峰也应该被称为"指向银河系的中心"。在以色列会议文集的文章里的图表中, 在 24 点的高峰之后 12 小时, 没有一个大小相等的峰, 这个证据反驳了结果是引力波的主张。12 点没有峰的借口是软弱无力的: 为什么一个源应该每 24 小时发射一次? 为什么仪器中的噪声能够掩盖每 12 小时出现的效应? 起初看不见、后来很明显的 12 小时周期表明, 分析者可能会扭曲数据以适应模型。

我谈过以色列会议的情况, 因为韦伯当时模棱两可地提到 12 小时和 24 小时的周期性, 许多受访者对此记忆犹新。直到 1998 年, 一位受访者解释说, 这是他怀疑韦伯结果的最初来源, 这对他来说一直很重要。此外, 只有一部分受访者向我提到了这个问题——大多数人似乎认为, 在困难实验的早期, 这是谁都可能犯的错误。但是攻击来自各个方面, 很多人都想压制韦伯引起的轰动。

---

[1] 在本书作者的各种访谈中, 以及 Weber(1992a) 的第 230 页, 对"证据"做了评论: "从 1968 年至 1974 年, 观察到了信号的背景。对此提出的主张是'证据'。"

[2] 见 Weber(1970b)。

第 5 章　怀疑的水库

5.1　理论：引力波有多少?

在 20 世纪 60 年代，甚至在第一批文章出现之前，韦伯就开始非正式地或者在研讨会上告诉其他科学家他正在发现什么。起初，正如我们看到的，他的信心很不足。1967 年 11 月，就在他发表第一个发现以后，他写信给一位科学界同事和朋友：

> 利用中心到中心距离为 2 米的感应场引力通信实验，对它 (第一个圆柱探测器) 进行了测试。引力导致了 10^{-16} 的应变，而且可以检测到，因此可以肯定的是，该装置测量了黎曼张量，它的运行符合理论的预测。我们用电磁驱动的第二根棒作为发生器。
>
> 当这个实验完成后，第二个圆柱体被转换成探测器，安装在大约 3 千米外的一个混凝土墩子上。
>
> 探测器的隔振很好，但远不完美。他们看不到汽车或人，但可以看到暴烈的局部的地球运动或击中建筑物的闪电。我们在主楼有几个地震仪和两个地面倾斜仪，以帮助识别事件。
>
> 我们没有看到任何的昼夜效应。主探测器每周看到一两个尖峰，与明显的地震活动不一致。分离的探测器每隔一两个月就能看到大约一个符合事件，与地震活动无关。这些符合事件肯定有因果关系。信号只能确定比 30 秒的弛豫时间短。我不能确定它们不是地震的，因为很可能无法监测所有可能的地面运动⋯⋯
>
> 我非常谨慎地乐观，在文献中报道了我们的所见所闻。我的猜测是，其中一个事件是真正的引力的概率大约是 1/50。①

与每个人 (也许包括他自己) 的期望相反，韦伯正在寻找越来越多的确凿证据来证明引力波的存在。1972 年，他描述了为什么要开始实验，他对我说：

> 如果在任何灵敏度水平上也看不到任何东西，就是不可思议的⋯⋯至少，在我看来是这样的⋯⋯如果理论中有一些真理，你就会期望引力波在那里，如果你不断地寻找和提高灵敏度，你就会发现它。从来没有人看过，所以我想开始建造最好的机器，如果我得到了负面的结果，就让别人去做得更好。(1972)

---

① 受访人给我的信。

他发现的结果很难让人相信, 因为它们似乎与许多已知的情况矛盾。重申我们已经学到的一些东西:

- 引力波很弱。

- 一旦发射出去, 它们就会在空间中均匀地传播。

- 引力波接收器非常不灵敏, 只从引力波中提取很小比例的能量。

把这三个因素结合起来, 假设了源的距离, 就可以计算出必须发射多少能量才能在探测器中产生信号。

在韦伯这件事里, 答案看起来都很疯狂。如果引力波的源在银河系中心的附近——如果假设这个源更遥远, 问题只会变得更糟——那么发射的能量是如此巨大, 几百个甚至几千个恒星的质量持续不断转化为引力波发射的能量, 银河系将在我们眼前消失。事实上, 恒星消失的速度太快了, 银河系对自身的引力将明显减弱, 剩下的部分将明显扩大, 很快就会飞散并在太空中扩张。无论如何, 没有谁知道有什么样的过程会产生如此巨大的质量转换。从表面上看, 韦伯的结果与他要证实的广义相对论有冲突。广义相对论现在得到广泛认同, 预言了带有能量的引力波, 但是用我们所知道的宇宙的成分来衡量, 广义相对论不支持有如此巨大的辐射存在。[①]

有人可能认为, 已经探测到了引力波, 但实验发现和理论的关系并不简单。理论和发现由一系列假设联系在一起, 有些是简单的, 有些是复杂的。理论和发现并不直接相互影响——它们对支持它们的一整套假设都有影响。上一段的开头列出了三个假设, 还有许多假设。

当理论和发现的复杂关系首次得到阐述时, 科学哲学家倾向于认为实验发现是科学的固定部分; 哲学家的问题在于解释理论如何建立在实验提供的数据的基础上。正如我刚才所说, 一个关键的洞见是, 一个数据点并不直接影响它要测试的理论, 而是影响理论和一组假设。[②] 最近, 历史学家和社会学家表明, 理论和数据的关系并非单向的。数据可能和理论一样有争议; 有着强大追随者的理论可以降低与它有冲突的发现的可信度, 就像意想不到的发现可以让理论受到质疑一样。

通常用来描述理论和数据交织的隐喻是网络。理论和数据被认为是由相互支持的部件组成的结构结合在一起。但是在这里, 我们感兴趣的是网络中一个特定"节点"的生命, 乔·韦伯声称他已经探测到引力波。我讲过韦伯的发现在社会时空中传播的涟漪, 但是这里不想把注意力集中在整个社会 (不同的层次如目标图所示), 而是关注中心区 (我称之为科学家的核心集合) 里的论证。核心里有三个主要节点。第一个是相对论, 第二个是韦伯的发现, 第三个是理论和实验发现的复杂关系: 引力波如何传播, 引力波源在天空如何分布, 探测器如何从引力波中提取能量, 等等。如果我们把每个节点"放大", 每个节点本身看起来就像复杂的网络, 而对于第三个节点, 我们甚至不需要放大; 但是让我们暂时把它看作一个节点。韦伯发现了巨大的引力波通量, 使得这个节点三角形变得不稳定。必须有一个节点做出让步。

———————————————————————————————

① 实际上, 根据雷纳·外斯的说法 (另见 (Saulson, 1998)), 狭义相对论也要求引力波的存在。因此, 1972 年他向我解释:

这个神话贯穿了整个领域。不管谁发现了引力波, 都会证明爱因斯坦是对的。那是一堆废话。引力波不得不在狭义相对论的基础上存在。它不需要爱因斯坦的 (广义) 理论。它的具体形式需要爱因斯坦的理论 (如果你相信张量场的引力波), 但事实是, 引力场中可能存在某种信息过程, 以光速传播, 这是普通物理学, 不需要广义相对论。如果不是这样, 就会很麻烦, 一些东西已经相当普适且非常牢靠。因此, 引力波可能与爱因斯坦的性质完全不同, 但一定有某种东西在引力场中以光速 (或接近光速) 传播。

② 这个想法与 Pierre Duhem(1981) 和 Willard Quine(1953) 关系最为密切。最近, Hesse (1974) 使用了这个想法, Imre Lakatos(1970, 1976) 建立在它的基础上。本章并没有什么新的创意, 只是一个有用的比喻。

相对论是历史悠久的理论，在整个网络中得到广泛支持。[1] 如果拿掉相对论，几乎整个物理发现和理论网络就会解体。讽刺的是，虽然韦伯实验的第一个理由是检验相对论，但因为相对论如此强大，它最多只能是一个不对称的检验。韦伯也许能够证实相对论，但他永远无法证明它是错的，无论测量的通量与理论符合得多么糟糕。[2] 没人想否认相对论，即使实验工作者也不想。韦伯当然不想否认这一点；对他来说，爱因斯坦和他的思想代表了物理学中最美好的一切。在其他支持韦伯观点的人中，没有谁想要反对相对论。只有那些想要摆脱韦伯结果的人，才有兴趣把这件事设定为在韦伯和广义相对论之间做选择。[3] 他们想用这种方式解决这个问题，因为在如此不平等的战斗中，只能有一个赢家。但还有另一个选择。第三个节点很复杂，可以在不破坏整个网络的情况下，对它做些修改。

我们尝试用一个更生动的比喻描述这种关系 (图 5.1)。想象一下，水库里有一个圆锥形岛屿，大坝后面的水位正在稳步升高。随着水面的上升，岛的面积越来越小。起初岛上有两个人，分别代表相对论和乔·韦伯的发现。当水库满了，岛上只能留下一个人，我们知道这不会是韦伯的发现——理论永远处于更高的位置。

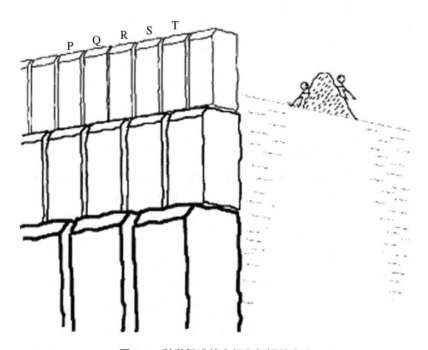

图 5.1　科学假设的大坝和怀疑的水库

水库里的水是物理学家对网络中的紧张关系日益不满的情绪——这是怀疑的水——如果继续上升，它将淹没岛上的每一个人。大坝是第三个节点。我们可以想象大坝是由可识别的石头建造的，每个石头都由一个属于天体物理学或探测器理论的假设或理论组成。石头 P 可能是引力波从一个源出现时均匀扩张和减弱的想法。石头 Q 可能是一个非常合理的假设，即来自一个源的引力波分布在宽带的频率上，而不是偶然地集中在韦伯探测得最好的频率上。石头 R 是这样的假设，即引力波的源是遥远的——至少和银河系中心一样远——不是很近 (例如，太阳中心的某个神秘过程)，它们的能量在到达之前还没有来得及分散和减弱。石头 S 是这样的假设，引力波持

[1] 正如前面解释的，引力波是狭义相对论要求的，但是需要广义相对论计算出可能的通量，产生的结果与宇宙观测有冲突。
[2] 顺便说一句，即便韦伯的发现是有效的，也不能用来判断广义相对论和它的竞争对手 (比如布兰斯-迪克理论) 的输赢。
[3] 关于这一点的误解，见 Franklin(1994)。富兰克林说，赫尔斯和泰勒证实了广义相对论，"一劳永逸"地否定了韦伯的发现。他似乎不知道理论和发现的复杂关系，也不知道韦伯的发现从来没有让任何支持者以消极的方式对待相对论。

续不断地发射, 而不是由于一次巨大的爆炸恰好发生在 20 世纪 60 年代末和 70 年代初, 韦伯探测器 "正常运行" 的时候。石头 T 可能是引力波探测器灵敏度的标准计算, 认为它们相对不灵敏。今后, 我还要描述大坝里的其他石头。

关键是, 如果把石头从大坝里取出来, 韦伯和广义相对论都可以活下来。我们正在观察一个动态的系统, 在这个系统中, 当科学家最初在大坝上添加石头时, 怀疑的水会上升, 把石头拿掉, 水位就会下降。论证的不同成分的关系不是一成不变的, 而数学的证明一旦完成, 证明中的元素的关系就固定不变了。相反, 我们的论证过程随着时间而改变——有一些科学家拿掉石头, 另一些科学家添加石头或替换丢弃的石头。因此, 如果认为引力波不是均匀扩张的, 而是可能聚焦到地球上, 石头 P 就可以拿走。这可以让水流出, 降低水库的水位。如果认为引力波集中在与韦伯探测器的频率一致的频带中, 就可以拿走石头 Q。认为引力波的源非常近 (即使看不见), 就可以拿走石头 R。认为韦伯看到了一个独特的历史事件, 就可以拿走石头 S。也可以拿走石头 T, 因为我们错误地计算了探测器的灵敏度, 它比我们想象的要灵敏得多。只有所有的石头都放在原地不动, 才有一个严酷的选择。理论物理学家基普 · 索恩 (Kip Thorne) 用 "回旋余地" 的比喻把这件事说得很明白。随着理论和其他论证获得细节和共识, 新发现的回旋余地就越来越小了。[①]

每一块石头的重量和坚固性本身就是历史和科学背景的产物, 这个特定的科学论证嵌在这个背景里, 因此, 正如预期的那样, 我们可以想象每块石头都安置在自己的论证网络中, 赋予了额外的权重。更大更重的石头是基础的; 它们位于大坝的底部, 很难移动, 轻的石头在大坝的顶部, 远离物理基础, 比较容易拿掉。这个比喻很好地说明, 即使只拿掉一块真正沉重的基石, 大多数科学共识的水也会流走。

5.2　组织论坛和应急论坛

我在这里描述的是发生在科学 "组织论坛" 中的争论。[②] 组织论坛包括实验室、同行评议的学术论文和心平气和的会议辩论——科学家们以明显的方式把他们的想法结合在一起, 以便构成和证明新的知识, 偶尔相互批驳对方的主张。通常, 这个论坛只允许某种类型的想法或论证; 理论和发现可能会有争议, 但不允许说他们的支持者是骗子、傻瓜或笨蛋——必须提供正式的论证、反驳、替代数据分析和其他可识别的技术争论点。这种交流属于科学的特殊话语; 这是科学家们暴露给更广阔的世界时感到舒适的东西。这就是为什么说科学是深奥的, 但也是民主的和普遍的。[③]

还有另一个论坛, 应急论坛, 那里发生的争论确实而且必须发挥作用, 促使科学家形成某种观点, 但很少出现在组织论坛。科学家张三很可能得出结论, 他永远不会相信科学家李四说的话, 因为他认为李四是骗子, 自欺欺人, 是傻瓜, 不专业, 不能仔细地把自己的期望与数据分析分开, 来自小国家, 来自烂大学, 等等。这些因素促使科学家决定相信谁和相信什么; 它们必须发挥这样

---

① 见 Kip Thorne(私人谈话)。
② 见 Collins, Pinch(1979)。
③ 社会学家罗伯特 · 默顿 (例如 Merton(1957)) 在这种组织论坛活动的基础上建立了科学的社会理论。默顿的理论是科学辩论的好处方, 但是这种描述有缺陷。

的作用，因为正如我们将看到的那样，仅靠技术论证不能穷尽辩论的基础；如果组织论坛想要存在，就必须信任他人的学术道德以及他们的理论或实验能力。

关于科学需要信任这件事，以及不信任在科学中起的作用，很少有公开的披露。几乎总是不能公开地说："我不相信张三教授的结果，因为他在过去犯了太多次错误"，或者"因为我不重视西店大学的人的观点"，或者"因为张三教授不诚实"，或者"因为张三教授不称职"。在期刊和类似的渠道中，我们必须证明张三教授对数据的分析是错误的，揭示某个特定的错误可以解释结果，描述你自己做的类似实验，得出不同的结论，或者一些这样的结论。在围绕约瑟夫·韦伯的主张而展开的辩论中，我们将看到所有这些信仰的理由发挥作用，但"怀疑的水库"这个比喻特别好地抓住了合理的科学争论的更有限性质。

5.3　理论：建造和破坏怀疑的大坝

考虑到水流进出水库的动态，我们不应该感到惊讶，并非所有的理论工作者都认为韦伯的发现受到威胁。[①]根据气质的不同，他们以两种不同的方式考察韦伯的发现。有些人 (我称之为"猜测者") 对他的结果感到高兴，因为这些发现开辟了全新的世界；例如，忘记、忽视或者不知道不断升高的水位带来的困难，他们开始建立那种可以发射如此大的引力波信号的宇宙场景模型。弗里曼·戴森是受人尊敬的理论工作者，早期跟韦伯有很多交往，他与我谈话的时候，描述了那个时代的气氛：

> 如果按照表观数值看待他的结果，你不可能真的相信有那么多 (引力波) 的源。但是，当然，那里总是有不确定性。有一个类比广为人知，射电天文学的进展被推迟了 20 年，因为没有人相信有源。所以不值得看，因为你知道那里什么都没有。当然，事实证明有几百万的源。引力波也可能发生同样的事情。所以你不能武断地说这是荒谬的。
>
> ……我当然不确定 (韦伯的发现是错误的)。因为我想到了射电天文学的类比。有一个著名的计算——我忘了是谁做的——你计算太阳的无线电功率，那是光功率的 10^{-20}，所以你看看天空中所有的星星，你乘 10^{-20}，这显然是不可能观察的 (笑)。乔·韦伯和我都知道这一点。可能有各种各样的没人想到的源。当然，当时什么都不清楚。(1999)

猜测者也可以尝试拿走一两块石头来降低水面的高度，例如，考虑将引力波聚焦的机制，使它们能够从银河系中心向地球传播，而不是均匀地传播。

此外，有些人 (我称之为"怀疑者") 不愿意相信实验的结果，他们认为如果接受它，实验会带来理论上的很多麻烦，不值得。怀疑者可能试图在这个发现和相对论之间提出一个严厉的选择，以此说明接受韦伯的结果是多么的不可能。猜测者接受韦伯的主张，试图将它与已知的事物调和起来，而怀疑者攻击他。

只要忽视总能量的问题，就有许多可能的候选源。早在 1963 年，在韦伯发现任何结果以前很久，在绝对能量问题抬头之前，弗里曼·戴森就已经猜测，彼此靠近、互相盘旋的中子星可能是引

[①] 有关可能性的"乐观"评估，请参阅 Press, Thorne(1972)。普瑞斯和索恩认为韦伯可能是对的，即便他不对，到 1980 年也会看到强大的源。

力波的强发射体, 因为它们即将结束它们的舞蹈, 螺旋式地靠近并发生碰撞。我们将看到, 对于在新千年的第一个 10 年里 "正常工作" 的探测器, 这是首次可靠地探测引力波的首选机制。到 20 世纪 80 年代末, 已经仔细计算了这种源的引力波的发射率。结果表明, 在其他条件相同的情况, 韦伯的仪器不太可能看到它们。在后面的一节中, 我将争辩说, 由于各种原因, 从 80 年代到 90 年代初, 理论开始主导实验, 粉碎任何暂时的实验结果, 但是在更早的时期, 韦伯的发现在某种程度上领先于理论。

　　戴森的猜测发表在一本关于星际通信的书上。[①] 戴森在普林斯顿高等研究所工作, 韦伯在 20 世纪 50 年代和 60 年代在那里待过一段时间, 所以他想到韦伯的实验并不奇怪。戴森的论文主要是关于如何利用双星让靠近它们的物体加速, 利用它们来加速用于星际旅行的宇宙飞船。为此, 他需要考虑致密的、高速运动的双星和双中子星, 这对于物理学家仍然是猜测性的问题。戴森把这些双星的引力波当作一种讨厌的东西, 因为这会让它们快速地旋进, 不能成为宇宙飞船的加速器。

> 　　在持续不到 2 秒的强烈辐射脉冲里, 引力能全部辐射出去……引力波的能量损失将使这两颗星以越来越快的速度彼此接近, 直到它们生命的终点——它们撞击到一起, 以大约 200 赫兹的频率和难以想象的强度释放引力波。
>
> 　　(这样的脉冲) 应该可以用韦伯现有的设备 (这里他引用了 *Phys. Rev.*, 1960, 117:306), 距离为 100 个百万秒差距[②]。因此, 如果双中子星的死亡在 1000 万个星系中发生一次, 地球上就能听到。使用韦伯的设备或对其进行一些适当的修改, 关注这类事件似乎是值得的。
>
> 　　显然, 由于引力波而造成的巨大能量损失, 妨碍了双中子星成为高效的引力机器。

(第 119 页)

　　1970 年, 普林斯顿的物理学家雷莫·鲁菲尼写了一篇文章, 指出了另一种可能的源。在科普期刊《科学新闻》上, 他提出了一种机制, 旋转黑洞在摄入新物质的过程中释放出大量的引力波。[③]鲁菲尼的机制至少在一定程度上可以解释韦伯报告的观测频率。

　　另一个备受青睐的引力波候选源是爆炸的恒星 (超新星)。但是当恒星爆炸时, 它不会产生引力波, 除非发生不对称的爆炸。如果恒星以完全对称的方式爆炸, 系统之外的任何东西都没有引力信息, 也没有相关的引力波 (见第 3 章)。然而, 随着时间的推移, 理论家的工作表明, 超新星可能不会像最初想象的那样频繁地发射强烈的引力波。它们的不对称程度尚不清楚, 超新星演化方式的理论发展也不是很有希望。

　　虽然这些想法提供了能够产生单个可观测的引力波脉冲的机制, 但它们无法处理总通量很大这个结果。英国天体物理学家马丁·里斯 (Martin Rees) 和他的同事丹尼斯·斯奇马 (Dennis Sciama) 与乔治·B. 菲尔德 (George B. Field) 采取了这种怀疑性的观点, 用总通量反驳韦伯的发现。

　　里斯及其同事报告说, 每年在银河系中心的质量损失超过 70 个太阳质量, 这势必会对银河系产生其他可见的影响, 但是并没有观察到。[④] 如果用简单的方法来解释的话, 韦伯报告的研究

---

　　① 见 Dyson(1963)。

　　② 译注: Mparsecs, 百万秒差距, 天文学里的长度单位, 大约是 326 万光年。

　　③ 见 Thomsen(1970), 鲁菲尼后来成为意大利物理学杂志《新试金石》(*Il Nuovo Cimento*) 的编辑, 他将以这个角色再次出现在我们的故事中。

　　④ 见 Sciama, Field, Rees(1969); Field, Rees, Sciama(1969)。

结果对应于每年大约 1000 个太阳质量的质量损失。然而,《物理评论快报》的论文得出结论:
"由于这里讨论的直接天文因素并不排除韦伯实验表明的高质量损失率, 因此这些实验显然应该
由其他人重复。"(第 1515 页) 换句话说, 虽然里斯及其同事做的计算对韦伯的结果不利, 但他们
还没有准备好在印刷媒介中彻底拒绝它们。

然而, 1972 年 1 月在皇家天文学会的一次会议上, 马丁·里斯在这些结果的基础上提出了一
个直截了当的主张: 如果广义相对论是对的, 那么韦伯一定是错的。里斯的主张是, 当银河系的
质量消失并转化为引力波时, 银河系将会明显地膨胀, 其速度是韦伯的发现能够成立所必需的。
如果大量的质量消失, 引力就会太小, 不足以让银河系保持目前的大小。

慕尼黑马克斯·普朗克研究所的彼得·卡夫卡 (Peter Kafka) 采取了更强硬的立场, 他也是
德国团队的一员, 他做了一个室温棒, 检查韦伯的结果。在 1972 年向重力研究基金会提供的一篇
文章中, 把韦伯的发现外推, 卡夫卡表明, 如果假设各个方向的均匀性, 考虑到韦伯棒的低效率,
银河系中心每年需要把 300 万太阳质量转换为引力能量。[1]

这种论证并非毫无争议。韦伯在马里兰大学的同事和理论工作者查尔斯·米斯纳 (Charles
Misner) 就韦伯结果的现状写了以下文章:

> 部分地因为探测引力波的重大意义, 但是也部分地因为缺乏更有吸引力的天体物
> 理学建议为这种辐射提供源, 韦伯的观测还没有被承认是确定的。然而, 我不知道是
> 否还有什么建议, 除了无意识的观察者偏见, 可以解释观察作为假象产生的任何原因。
> 通过增加实验的自动化, 最后这个可能的误差来源正在消除。此外, 由于正在进行几
> 个独立的尝试来验证韦伯的观察, 这些观察可能很快就会变得不可辩驳。本文假设地
> 球上的引力波通量就是韦伯实验给出的结果, 提出了可以寻求更令人满意的源理论的
> 方向。[2]

在此阶段, 米斯纳显然没有认真对待这些怀疑。他就是我说的猜测者的一个例子, 因此, 他实际上
是韦伯的捍卫者:

> 如果把韦伯的引力波观测解释为银河系中心的一个源, 那么, 如果假定源以同步
> 加速模式 (窄角、高次谐波) 发射, 引力波的强度和频率就更合理了。(同上)

米斯纳继续说:

> 韦伯估计, 对他的观测结果的直接解释将涉及银河系中心的一个源, 以引力波的
> 形式, 各向同性地 (在所有方向上相等) 辐射……平均功率 (相当于每年 1000 个太阳
> 质量的总转换)。
>
> ……下文表明, 在原则上, 可以制造源, 发射同步加速 (聚焦的) 引力辐射。这篇
> 短文的其余部分说明了为什么观测证据导致了这样一个假设, 即源正在发射引力同步
> 辐射, 然后指出了一些方向, 有希望创建一个源机制的理论。(同上)

我们看到, 米斯纳试图发明一种聚焦机制, 从而拿掉石头 P。他还提出了源的解释。

里斯论文的合作者丹尼斯·斯奇马也对里斯的悲观主义持有不同看法, 并在 1972 年 2 月
《新科学家》的一篇文章里表达了自己的观点。斯奇马也认为, 观测到的银河系的轻微膨胀与这
种恒星的损失率不相容, 但是跟每年损失 70 个太阳质量这个上限相容。他问道:

---

[1] 见 Kafka(1972)。
[2] 见 Misner(1972) 第 994 页。

……是韦伯错了，还是现有的物理学定律 (特别是广义相对论) 不正确呢？……在我看来，只有在一场激烈的斗争表明它们不能解释任何有威胁的新观察之后，才可以放弃公认的物理定律——否则，科学的行为准则将迅速退化为混乱。①

斯奇马还举了以前的例子，一些异常的现象需要很多年才能解释。例如，他指出，超导电性用了 50 年才得到解释，但是在这段时间里，没有人质疑公认的定律。

斯奇马认为，我们可能生活在引力波特别强的一个短暂时期，但他最喜欢的假设是聚焦效应，可以调和韦伯与相对论，从而降低水库的水位。

因此，韦伯 (和我们其他人) 都非常幸运地生活在时间比较短的强烈引力活动期，或者源不是各向同性的辐射 (均匀地分布在各个方向)。(第 374 页)

引用查尔斯·米斯纳和其他一些人的话，他认为，在银河系中心旋转的一个特殊的巨大黑洞可能会导致靠近其赤道的物体以窄束的形式发射引力波，从而照亮地球。②这就把需要的质量损失减少了 1000 倍，使得韦伯的发现符合广义相对论和银河系观察到的轻微膨胀。他补充说：

我应该强调，关于这种发射的令人满意的理论，仍然有待制定。目前，这只是一些乐观的相对论学者眼中的一线曙光。他们认为，即便证明韦伯是正确的，广义相对论也不会全盘皆输。(同上)③

5.4 基础的石头

这种理论化的纯粹灵活性不应该成为完全的惊喜。毕竟，根据目前最好的说法，我们只看到宇宙物质的 10%，而 90% 是隐藏的 (看不见的)。谁知道隐藏的 90% 是怎么回事，谁知道我们了解不了解宇宙呢？让怀疑的水退去的一种方法是试图拔出构成大坝基础的石头。但正如我所说，这种游戏很危险。这座大坝精心建造了几个世纪，虽然从未完工，但是它代表了我们积累的知识。如果移除一块基石，整个大坝就会倒塌，所有的水都会涌出来。然后，除非大坝迅速重建——当然是库恩 (Kuhn) 的科学革命模型——可接受的知识储备将会下沉，新的理论和发现将在没有控制的情况下增长——肥沃的湖床上就会杂草丛生。没有控制，就没有科学。

这种恐惧感困扰着那些担心某种激进的威胁 (例如超自然现象) 的人。如果你相信头脑可以影响物质，物理学家的欲望就会影响仪表的读数，这可能让任何仪表读数都与任何理论相容。那么，怎么做物理呢？④ 当其他引力波团队的第一个负面结果开始广播时，韦伯成为唯一一发现正面结果的人，我听说韦伯拜访了超心理学的创始人 J. B. 莱茵 (Rhine)，讨论了思想影响结果的可能性，但我从来不能确定这不是谣言。当然，对于物理学家来说，承认 (即使只是考虑) 超自然现象对实验的影响，就是在动摇大坝大的基石之一。⑤

① 见 Sciama(1972) 第 373 页。
② 引用的其他人是 Donald Lynden-Bell, Jim Bardeen, Stephen Hawking。
③ 由于韦伯观察到的引力波的偏振，卡夫卡排除了聚焦效应。他还说："在空间、频谱或时间上……诉诸运气是不能令人满意的。"(Kafka(1972) 第 6 页) 他的意思是，他尚不认为韦伯正在观察短期的或其他特殊的现象。
④ 请注意，严肃的超心理学家会说，只要奇怪的影响很少发生，而且很弱，这些可怕的后果就可以避免。
⑤ 玩过这种基石的其他物理学家，早已没有任何可信度了。

值得记住的是，在 20 世纪的这个时刻，大坝的地基就是比以前一段时间松散。我们当时生活在 20 世纪 60 年代。学生们的抗议把法律和秩序等同于法西斯主义；许多人认为吸毒是一种好的甚至很棒的精神状态；卡洛斯·卡斯塔内达 (Carlos Castaneda) 和唐璜 (Don Juan) 的冒险似乎不亚于越南战争；[①] 在一些解释里，托马斯·库恩的著作《科学革命的结构》(*The Structure of Scientific Revolutions*) 甚至把科学变成了文化游乐场；保罗·费耶拉本德 (Paul Feyerabend) 想出了一个容易过度解读的短语"怎么都行"(anything goes)，用来描述科学方法。

时代的狂热似乎也影响了物理学，周围有一些奇怪的故事；即使韦伯的想法真的转向意志力，也不是只有他一个人。在加利福尼亚和其他地方，精神动力学的影响非常普遍。[②] 臭名昭著的斯坦福研究所关于超自然现象的实验，其中的大明星是以色列心理动力学家或表演家尤里·盖勒 (Ori Geller)。[③] 另一个著名的"超能力者"英戈·斯旺 (Ingo Swann) 是这个研究所军事赞助的"远程观察"实验的对象之一。斯旺曾经进入斯坦福大学的威廉·费尔班克 (William Fairbank) 实验室，当时正在建造第一个低温棒引力波探测器。虽然费尔班克不在场，但他的助手报告说，斯旺显然是单靠精神力量，就对一个应该是被彻底屏蔽的磁强计产生了巨大的冲击。费尔班克对这个效应不置可否——因为"不能让它随意发生"——但认真地谈论了这个事件；如今，任何想得到同事尊重的物理学家都不会讨论这样的事情。他对我说："从物理学的角度来看，整件事都是荒谬的。"但他补充说，如果斯旺想做的话，他愿意让斯旺在他的引力波探测器上 (一旦完工) 试一试。

即使韦伯和 J. B. 莱茵的故事不是真的，我们在本书后面会看到，在未来的几年里，当韦伯提出了新的探测器灵敏度理论时，他就是在从大坝的中间部分拿走石头。同时，我们不仅要关注宇宙中的未知，还要注意，用这些未知作为释放"怀疑的水"的方式是一种危险的游戏，因为它对水库有威胁。就像任何其他科学一样，物理学的艺术是，既不能让岛上的每个人都被过度的保守主义淹没，也不能让怀疑的水下降得太低，以至于杂草丛生，完全不受控制。

5.5　韦伯的回应

针对怀疑者，韦伯可以有两种反应。他可以发动正面攻击，更努力地工作，让他的实验结果更有说服力。迫使批评者接受正面的结果并找到解释的方法，他将有效地把怀疑者转化为猜测者。

---

① 加州大学戴维斯分校的心理学教授查理·塔特 (Charlie Tart) 写了一篇广为引用的论文，发表在《科学》上 (Tart, 1972)，讨论了依赖于科学家精神状态的科学概念。该文在标题中提到"国家特定科学"。塔特指出，库恩的范式思想暗示了一套思想的有界性和自足性，因此得出结论：只有在某些药物引起的精神状态和其他精神状态下才存在有效的"范式"。他认为各种超自然现象可能属于这一类。卡洛斯·卡斯塔内达写了一系列畅销书，据说是关于他与唐璜的冒险经历的"人类学"描述，他看到他与他的主人进行了无数次违反物理规律的壮举。这些都被一些学者非常认真地对待，直到不久之后才清楚地表明，这些故事更多地取决于卡斯塔内达的编造才能，而不是他的实际工作。

② 韦伯绝对不是嬉皮士。每次我见他，他都是西服领带，举止严肃得体，至少在任何谈话开始的时候。在他寄来的信中，从来没有称我为"哈里"——总是"科林斯教授"。在我们更长的谈话中，确实讨论了个人问题，比如他的家庭，他与弗吉尼娅·特林布尔的第二次婚姻，他对此感到非常自豪，有时他对他的研究感到绝望。据说，他的确喜欢光脚穿皮鞋，但有人告诉我，这是因为他的偶像爱因斯坦也这样干 (我不能保证这一点)。

③ 见 Collins, Pinch(1982)。

或者, 他可以和猜测者一起质疑产生怀疑的假设, 试图让大坝不那么安全——这是侧面攻击。在接下来的几十年里, 韦伯将花费大量的精力, 努力在正面和侧面取得进展。

韦伯理解他的发现和理论之间的复杂关系。在《科学美国人》(*Scientific American*) 的文章中, 他描述了斯奇马和里斯的结论, 200 个太阳的质量损失与我们可以看到的银河系的膨胀是相容的, 但如果他的 "明确" 的实验事实代表了银河系中心的一个源, 再加上对他的共振棒灵敏度和效率的正确估计, 他一定看到了每年 1000 个太阳质量的转换。[1]换句话说, 他意识到, 他的发现甚至不符合他的支持者们产生的理论共识。但是他得出结论:

> 观测到的引力波的源尚未确定, 只能确定到达的方向。可以想象, 这个源可能是一个不寻常的物体, 比如一个脉冲中子星, 比银河系中心更近。也可以想象, 银河系中心的质量就像一个巨大的透镜, 聚焦宇宙早期的引力波……观察到的相对较大的强度可能告诉我们时间从何时开始。(第 29 页)

同样, 当我在 1972 年末问他, 看到的引力波是不是太多了、不符合宇宙学理论的时候, 他回答说:

> 不, 这是被误解得最多的事情……以前做的实验表明, 有一定数量的事件, 而且当天线朝向银河系中心的方向时, 得到的事件数量更多。银河系中心是一个明显的源, 因为巨大的能量集中在一个小区域。现在, 这些证据并不能证明银河系中心是源——它说的是与这个方向相关的……效应。

> 进行能量估计, 总是要做一些假设, 这些假设没有很好地得到实验检验。有一些不能用实验检验……所做的假设是, 源是银河系中心——它真的是那么远。然而, 源可能是在这个方向, 但是更近, 那就不会有能量问题。另一个假设是银河系中心是各向同性的——各个方向的辐射都一样。还有一个假设是辐射有一定的带宽。现在, 实验总是在一个窄带上观察, 你必须假设, 在窄带上看到的东西与 (超出) 窄带的相同。

> 这些都是非常合理的假设; 我不能批评做出这些假设的人。然而, 它们是假设——它们不是我坚持的东西……我知道, ……在英国有一次会议, 在那次会议上, 著名的英国天体物理学家说, 要么是爱因斯坦错了, 要么是韦伯错了——这太荒谬了。实验事实是, 银河系中心的方向有更大的值 (bias), 在窄带中有一定的能量通量。那个天体物理学家说, 那一定是错误的——仅仅因为他不够聪明, 不能理解我的数据。(1972)

韦伯在 1970 年的论文中首次揭示了恒星时的各向异性, 这也包含了侧面攻击。表达的方式都非常有趣:

> 假定我们承认现有理论的有效性, 即辐射是各向同性的, 并且没有聚焦效应, 观察的结果是每年可能只有大约 10^{-2} 个太阳质量。这是非常小的能量损失, 如果再做某些进一步的假设, 可以转换为非常大的能量损失。窄的检测器带宽 (~ 0.03 赫兹) 表明, 每赫兹带宽的通量约为 0.3 个太阳质量。我们可能会猜测, 也许我们只看到 10% 的发射, 功率谱延伸超过几百赫兹。类似于每年 1000 个太阳质量的数字就出现了。各向异性和聚焦效应可能会大大减小这个数值。[2]

---

[1] Weber(1971b) 第 183 页: "如果我们假设实验是观察来自银河系中心的引力波, 并且对探测器灵敏度的分析是正确的, 那么每个事件对应的辐射能量大约等于太阳质量的五分之一……因为探测效率很低, 这相当于每年大约 1000 个或更多质量的能量。" (第 29 页)

[2] 见 Weber(1970b) 第 183 页。

让我们把这段话翻译成更容易理解的语言。韦伯首先赋予读者"假定"现有理论某个方面的有效性的责任。在理论大坝中，我们被要求假设的是石头 P——辐射在空间中均匀传播，没有任何聚焦。至少从这段话的修辞来看，韦伯说得非常合理："即使我很有风度地假设批评者是正确的，你仍然只需要 10^{-2} 个太阳质量来解释我的结果。"这就是第一句话。

当我们看第二句话的时候，我们发现，为了达到要求更多太阳质量来解释结果的目的，我们必须做出更多的"假设"。辐射不利于韦伯共振棒最敏感的窄带宽，据说这是"进一步的假设"（大坝中的石头 Q)，他的共振棒只看到的 10% 的引力波，作为进一步的让步 (这是我们大坝中的石头 T)。正如我们看到的，这篇论文的读者有责任做这些进一步的"假设"，以确定任何不利于这些发现的推论。虽然大多数物理学家会简单地接受这些假设，作为他们研究的主题的理所当然的一部分背景，但韦伯认为，它们远非看待世界的自然方式。最后一句话提醒我们，第一句话做出的让步可能无效。

接着，这篇论文进一步考察了石头 T：

> 天线截面的表达式需要非常合理的假设和近似，这些假设和近似还没有经过实验检验。天线的工作模式也有可能比通常假定的更灵敏。由于引力波的集体激发，每个探测器内冻结的亚稳态结构可能会衰减到平衡，释放的能量远远超过引力波通量所暗示的能量。(第 183~184 页)

有趣的是，即使在这个早期阶段，韦伯也猜测共振棒的截面有可能算得不对，这个想法在 20 世纪 80 年代中期变得突出起来。

作为最后一次侧面攻击，考虑到他与米斯纳的讨论，他写道："我也在研究宇宙引力波被观测到的可能性，它们被银河系中心聚焦。"(第 184 页)

第 6 章　其他人的初期实验

6.1　接下来的 18 个月

因此, 在接下来的 18 个月里, 查尔斯·米斯纳 (Misner, 1972) 提到的 "验证韦伯观察的几次独立尝试" 开始报告结果。然而, 这些发现并没有像米斯纳希望的那样使韦伯的发现 "不可辩驳"。有一些正面的结果报告, 但这些不是来自复制了韦伯棒的实验。一位名叫萨德 (Sadeh) 的以色列科学家和一位来自加州州立大学斯坦尼斯劳斯分校的美国人都声称, 能够通过测量地球振动观察引力波的影响。跟其他东西一样, 地球是一个质量块, 它的优势是尺寸特别大, 因此对引力波的 "截面" 非常大。也就是说, 如果引力波能够对两吨重的铝共振棒产生影响, 原则上, 它们对 60 亿吨重的地球的影响就会更大。然而, 与地震和类似效应引起的振动相比, 引力波效应仍然很小, 问题是它们是否能与地震噪声的其余部分分开。韦伯本人也指出了以这种方式寻找引力波的可能性, 并将为此目的在地震更少的月球表面放置地震仪。[1] 与此同时, 他的成功鼓励了诸如地球振动研究等工作和报告, 尽管它们的可信度是短命的。[2]

最早在学术杂志上发表的声称使用共振棒探测器的负面发现的文章, 直到 1972 年才出现, 但众所周知, 其他的共振棒团队很难证实韦伯的结果。正是在这个阶段, 我对英国和美国的实验小组做了第一轮访谈。

---

[1] 这个装置不起作用, 但据我所知, 这不是韦伯的错。我听说这是重力计制造中的问题。

[2] 其他科学家也在地球上寻找引力引起的振动。威金斯和普瑞斯 (Wiggins, Press, 1969) 报告说, 他们什么也没有找到。科罗拉多大学博尔德分校的朱达·莱文 (Judah Levine) 也进行了一次负面搜索。但这里引用了一位非常著名和受人尊敬的科学家 (不是韦伯) 1972 年给另一位从事引力波地震探测工作的科学家写的一封信: "一位名叫萨德的以色列物理学家声称发现了一个地震信号, 其频率正好是脉冲星 CP1133 的 2 倍。他的仪器是一个简单的垂直地震仪, 他声称共振信号的振幅约为 10^{-11} 厘米。当然, 这比任何理论预测都要大得多。这个理论尚不确定, 他可能是对的。"

6.2　1972 年的采访

当我在 1972 年进行采访时，[①] 独立于韦伯的团队建造的第一批探测器已经"正常工作"了很短的一段时间。人们谈论的结果来自莫斯科的弗拉基米尔·布拉金斯基、新泽西州霍姆德尔的贝尔实验室的托尼·泰森和格拉斯哥大学的罗恩·德雷弗。关于韦伯结果的看法 (甚至对这些团体得到的结果的看法) 各不相同。一位科学家 (他的设备还没有运行) 对我说："我的个人印象是，批评者现在正转向另一种方式，认为其中可能有一些东西。因为它更接近确认的观点，所以，反向押注也许是明智的。"另一位科学家 (他的实验项目也是刚刚开始) 说："我可能错了，但是现在我敢用一百比一和你打赌，韦伯会赢的。"关于他们是否相信韦伯的结果，科学家们给出了不同的理由，这很有趣，因为这是另一个很好的指标，说明他们自己认为某个实验结果有多不确定。

正如我们看到的，通过在两个相距很远的探测器上寻找符合信号，韦伯开始让别人相信他的实验。一些科学家认为这很有说服力：

> "张三"写信给他，特别询问四重符合和三重符合，因为这是我的主要标准。三个探测器或四个探测器同时响警报的可能性非常小。(1972)

然而，其他人则不以为然，认为符合效应可能是假象：

> 听说，马里兰的棒和阿贡的棒根本没有独立的电子设备······这两个信号都有一些非常重要的共同内容。我说······难怪你看到符合。所以，我还是不相信。(1972)

时间延迟实验再次消除了一些科学家的担心，但其他人还是不信。几位受访者发表了"延迟实验非常令人信服"的言论，但是并非所有人都这样认为。

同样，一些科学家认为，与恒星时的相关性需要解释：

> 然后你得到了另一条证据，它跟恒星时有关，而不是太阳时。在我看来，这似乎是怀疑者的主要难题。

> 我非常关心延迟实验。你可以发明其他能让符合消失的机制······我认为，恒星时的相关性是唯一让我担心的事情······如果这方面的相关性消失了，你就把整个韦伯实验都扔掉算了。(1972)

此时 (我还没有提到这一点，因为结果还没有公布)，韦伯已经开始用更少的人为干预来分析他的数据。第一批报告涉及"盯着"绘图仪记录的共振棒的振动结果，一些科学家怀疑，这太容

[①] 作为研究生，我的预算非常紧张，所以我买了一辆旧车，开车去采访，从东海岸到西海岸，总共行驶了 8000 千米。当时我的研究范围包括四个科学领域，引力波只是其中一个；因此，我的研究范围很广，包括去魁北克与激光科学家交谈。幸运的是，我的实地考察是在一种高度敏感的状态下开始的。一周前，在希思罗机场附近的高速公路上，时速 130 千米的一次车祸差点让我丧命。降落在纽约以后，筋疲力尽的我正在排队，准备转乘去费城的后续航班，候机楼的警察突然拔出枪，叫每个人都躲起来。原来，排在我前面的人带了一把隐藏的刀。当死亡临近时，你看世界会更清晰。回想起来，车祸、筋疲力尽、枪和刀是我实地考察的良好开端——但是我不推荐它们作为一种常规方法。

本章中的一些访谈摘录已经发表了至少三次，只有少数是第一次公开发表。我向那些熟悉已出版材料的人道歉，但是写一本关于引力波的书，如果不把这些引文包括进来，似乎也不合适。

易让结果出现无意识的偏差。韦伯在 1972 年发表的一篇论文中解释说, 他的反应是转向更自动化的数据分析。[①] 我的两个受访者认为, 这个措施很关键:

> 最后说服我们很多人的事情是……他报告说, 计算机分析了他的数据, 发现了同样的结果。

> 最令人信服的是他用计算机处理数据……

但另一个人说:

> 你知道, 他声称有人为他写计算机程序, 他自己"不用动手"。我不知道那是什么意思……有一件事我和很多人都不满意, 那就是他分析数据的方式, 他用计算机做分析这个事实并没有产生太大的差别……

不管可信度怎么样, 韦伯的创新发现已经让其他科学家认为, 他们必须建立并运行自己的实验。他们在 1972 年发现了什么呢?

格拉斯哥小组 (当时由德雷弗领导) 有一些数据, 但还没有准备好做结论。另一个小组告诉我, 格拉斯哥团队看到了几个峰, 但是并没有说它们是引力波。当我跟德雷弗提及此事的时候, 他说:

> 在你能够说自己有任何真正的证据之前, 你必须让仪器运行很长一段时间, 特别是在这个领域, 关于韦伯的实验有这么多的争议, 没有人愿意当出头鸟, 除非他们确定……所以我认为每个人都会非常小心。他们不会说什么, 直到他们确定结果, 这肯定需要很长时间。

> 我们现在确实有设备在运行, 也许可以探测引力波, 但我不能说它们是引力波。

贝尔实验室托尼·泰森的探测器也已经运行了一段时间, 但没有发现任何他准备以正面的方式报告的东西。他告诉我, 他一直在用两个探测器观察, 一个位于新泽西, 另一个位于纽约州北部的罗切斯特大学, 他的博士导师大卫·道格拉斯 (David Douglass) 在那里工作; 这两个装置相隔 500 千米。泰森说, 他发现了一些符合, 但这些符合"并没有在恒星时上表现出有趣的分布"; 在一年的数据中, "你确实得到了一些与恒星时数据相关的小鼓包, 但我不愿意把它解释为任何事情"。泰森认为这些探测器的灵敏度只有韦伯探测器的 1/60, 但他最近建造了一个大得多的探测器, 他认为是韦伯探测器灵敏度的 10 倍。它已经运行了几个月, 没有发现任何重要的东西。他说, 道格拉斯很快就会在罗切斯特使用类似的设备, 然后他们就可以做符合实验了。

此时, 最直言不讳的团队是莫斯科的弗拉基米尔·布拉金斯基, 当我在美国采访时, 他发表了一篇负面的文章。[②] 不幸的是, 我没有访问布拉金斯基的小组, 但大约在此时, 他遇到了韦伯, 韦伯建议他撤回他的负面主张; 布拉金斯基拒绝了。1995 年, 布拉金斯基告诉我:

> 在文章发表前几周, 有人把这件事告诉了乔·韦伯。乔·韦伯给我发了一封信, 说他非常关心我的声誉, 强烈建议我从《实验和理论物理学快报》(*JETP Letters*) 撤回这篇论文。我对他说, 我不会的, 因为我没有看到任何你宣称的灵敏度。(1995)

[①] 见 Weber(1972)。
[②] 见 Braginsky 等 (1972)。

6.3 怀疑的大坝和解释的灵活性

6.3.1 灵敏度的考虑

在其他小组建造的第一批探测器投入运行以后, 实验人员最终得出结论: 他们第一批公布的结果无法支持韦伯的说法。但这并不是说他们没有发现任何可以解释为引力波信号的东西。我们将看到, 格拉斯哥小组发现了一个信号, 他们说可能是引力波; 慕尼黑小组发现了一段数据与韦伯的数据一致, 韦伯坚持认为这支持他的结果, 但他们最终的结论是这不可靠。此外, 韦伯声称, 贝尔实验室小组把某段时间的数据输出与他的数据做比较时, 发现了一个有 4 个标准差的结果。韦伯说, 他无法公布这些数据, 因为与贝尔实验室有协议, 不允许公布这个数据。[①] 因此, 有各种现象可以积极地解释, 但科学家认为这些现象是不可靠的。

我们可以看到, 实验结果不仅仅是实验结果——它必须有解释。我们可以看到, 在数据和结果之间, 解释有很大的灵活性。同样, 在考虑全部一系列结果的含义时, 解释也有很大的灵活性。

我们可以猜测, 这些团队得出了他们的结论——他们的探测器输出中的任何潜在的正面数据都不应该当作确认——部分原因是他们在会议上进行了讨论。因此, 如果他们参加了会议, 发现所有或者大多数其他探测团队都发现了明确的正面结果, 那么潜在的正面数据就很可能得到更积极的解释。但是, 考虑到几乎所有其他人都发现了负面或不明确的数据, 对于本来没有信号的数据流中的"邋遢"补丁, 任何积极的解释似乎都是不明智的。

上述说法没有任何阴险之处。我们能够自信地这么做, 仅仅是因为这类新实验产生的信号深深地隐藏在噪声中, 因此是模棱两可的。实验工作者对它们的确切看法必然是一个解释的问题, 而解释将由发展中的"同意的观点"形成, 每个实验工作者都从中获益, 每个实验者都有贡献。[②]

刚才描述的是应急论坛的运作方式。在一篇科学论文 (组织论坛的一部分) 中, 人们不能明确指出, 结论来自会议网络上发表的同意的观点; 必须给出正式的论证。我将在下一章中讨论正式的论证。科学家最终在组织论坛上反对韦伯的发现, 主要基于对探测器灵敏度的比较。为了反对韦伯, 你的探测器必须更灵敏。因此, 论文的作者必须计算或以其他方式确定自己探测器的灵敏度, 要么接受韦伯关于他的探测器灵敏度的说法, 要么自己重新计算他的灵敏度。辛斯基校准的麻烦是太难重复; 等待这样的校准完成将意味着任何反对都要推迟很多年, 牺牲个人在研究前沿的地位。第二个问题是, 校准的极端复杂性很容易让人拒绝接受其结果。这就把举证责任归于其他类型的校准 (我们将在适当的时候讨论) 或计算竞争棒的灵敏度。但是灵敏度的计算并不简单, 否则就不需要校准了。他们的复杂性在 1973 年和 1974 年由理查德·加文 (Richard Garwin) 和詹姆斯·莱文 (James Levine) 发表的几篇论文中揭示出来, 他们是韦伯的最激烈、最有效的批评者。

这些论文表达了自然科学令人放心的特点: 科学分歧的解决不是完全不讲情面的。总的来

[①] 我看到了泰森和韦伯之间的信件, 可以证实这个说法的一般倾向, 尽管没有关于动机或数据重要性的详细信息可以证实韦伯的主张。

[②] 我将在适当的时候更正式地提出这个主张。关于"理所当然"的科学现实如何影响超心理学中模棱两可的数据解释, 一位参与的观察者的描述见 Collins, Pinch(1982)。

说, 这些论文是批评韦伯的, 但我们发现, 加文和莱文仍然在为他辩护, 反对他的一些批评者。因此, 1973 年的论文同意韦伯对其放大器灵敏度的分析, 反对泰森更悲观的估计。[①] 同样, 尽管莱文是高度怀疑派的一员, 但他发现批评韦伯的另一个小组的灵敏度计算有错误。他谈到欧洲空间研究组织实验室 (位于弗拉斯卡蒂) 做的实验时说: "我们认为, 他们忽略了用于降低宽带噪声的滤波器的影响, 过分夸大了系统的灵敏度。"[②] 其含义是, 泰森和弗拉斯卡蒂的实验得到的结果都没有像他们声称的那样与韦伯的发现有冲突。加文和莱文指出的错误, 仍然是在计算竞争棒的相对灵敏度时的错误。

但是, 对灵敏度进行比较计算的问题, 只是通过复制实验来检验实验结果问题的冰山一角。用复制实验来检验某个实验结果时, 我们尝试再次做同样的实验。这句话看起来人畜无害, 其实隐藏着巨大的复杂性。如果实验者想要确认别人的结果, 那么, 确认装置与原来不一样, 似乎更有利;[③] 这样, 确认装置就不太可能复制一些假象。一位受访者这样说:

> 如果你全盘照搬, 你可能也会发现一些东西, 但是你建造了同样的陷阱⋯⋯如果有人在中国建造一个完全相同的副本, 发现了同样的东西, 这并不令人惊奇, 他们很容易受到和韦伯一样的影响, 例如, 磁扰动。所以我认为, 建造一个完全相同的副本是没有意义的。(1972)

此外, 在谋求否证的时候, 就像现在这种情况, 初始实验与否证实验的任何差异都会削弱否证的力量, 因为原始实验被改动的特征有可能至关重要。另一个困难是, 在新领域里, 我们仍然在试图理解这些现象, 不能完全确定什么是相似的, 什么是不同的。

每个实验都不一样。让我们考虑引力波探测器的共振棒设计。如果我们期望否定最初的发现, 我们是否应该使用相同的材料, 从同一个制造商那里购买棒呢? 棒应该用同一批金属铸造吗? 应该从同一个制造商购买压电晶体吗? 应该用和以前一样的、从同一个制造商那里买的黏合剂把它们粘在棒上吗? 放大器应该在每个方面都相同, 还是只要保证放大器的输入和输出规格 "相同" 就可以了呢? 应该确保每根线的长度和直径都一样吗? 是否应该确保电线绝缘层的颜色也相同呢? 显然, 在某个地方, 你必须停止问这样的问题, 并使用常识性的 "相同" 概念。问题是, 在前沿科学中, "明天的常识" 尚未形成。[④]

在早期的一项研究中 (Collins, 1985/1992), 我看到科学家试图制造一种不太有争议的装置 (某种特定的激光器), 当他们使用常识时, 却犯了错误。正常的实验室实践导致他们忽略了连接激光电路中元件的导线的确切长度。然而, 随着时间的推移, 事实证明, 其中一根导线需要短于大约 20 厘米, 激光才能工作; 这个关键尺寸从未出现在任何电路图或任何文章里, 因为科学家完全不知道它的重要性。因此, 在了解导线长度的重要性之前, 两名科学家可能制造两个看起来相同的激光器, 他们和激光制造界的任何人都认为一模一样, 但一个工作, 另一个不工作。[⑤]

在引力波探测的早期, 科学仍然是富有探索性的。那么, 在决定两个探测器是否 "相同" 时, 我们应该看什么呢? 在否证的情况, 什么是关键的区别? 当我在 1972 年采访共振棒探测器的科

───────────────

① 见 Levine, Garwin(1973) 第 178 页; Tyson(1973a) 第 81 页。

② 见 Levine(1974) 第 280 页。请注意, 这个弗拉斯卡蒂实验 (Bramanti, Maischberger, Parkinson, 1973) 的参与者, 没有参与弗拉斯卡蒂和韦伯后来的合作。

③ 见 Collins(1985/1992) 第 2 章。

④ 令我惊讶的是, 在阅读这篇文章时, 加里·桑德斯 (Gary Sanders) 告诉我, 1988 年或 1989 年, 他在东京附近的一个实验室里, 一位苏联物理学家检查了一个日本小组的仪器, 宣布他们关于氚的 β 衰变的结果无效, 因为他们使用了带红色绝缘层的电线! 显然, 红色染料含有痕量的放射性铀, 这可能会混淆测量。

⑤ 见 Collins(1985/1992)。

学家时, 物理学家的不同回答清楚地揭示了困难。毫不奇怪, 两位科学家认为探测器没有任何显著的差异：

> 随便找一本好的教科书, 它会告诉你如何建造引力波探测器……至少基于我们现在的理论。看别人的仪器, 只是浪费时间。基本上, 这都是 19 世纪的技术, 可以在一百年前完成, 除了一些不起眼的东西。理论与电磁辐射没有什么区别。

> 真正令我困惑的是, 除了分裂棒的天线 (独特的英国设计), 其他人都只是做相同的复制。真是令人失望。没有人真正做研究, 他们只是在模仿。我以前认为, 科学界比这更有趣。(1972)

然而, 第三位科学家认为, 竞争的共振棒之间可能有未知但显著的差异：

> 很难完全地复制。你可以做一个差不多的, 但如果事实证明, 关键在于他粘传感器的方式, 但是忘了告诉你, 或者技术员总是用一本《物理评论》放在上面提供重量, 嗯, 它可能导致完全不同的结果。(1972)

第四位科学家认为, 差异是至关重要的：

> 在这样的实验中, 在第一次运行时, 必然有很多负面的结果, 因为效应很小, 仪器的任何微小差异都会在观测中产生很大的差异……我的意思是, 当你做新实验的时候, 关于实验有很多东西没有在文章中出现, 等等。有所谓的标准技术, 但这些技术可能需要用某种方式做才行。(1972)

由于这些原因, 即便能够对计算共振棒探测器灵敏度的正确方法达成一致, 计算也不会考虑这些未知因素。

用一个术语说明这一点, 我们可以认为, 有些实验工作者使用仪器的方式比其他人更熟练。众所周知, 实验科学里有"金手"现象——它与我们的日常经验几乎没有什么不同, 生活中有些人心灵手巧, 有些人笨手笨脚。只有一两个小提琴制造者能制造出一种听起来很棒的乐器, 同样, 只有一两个实验工作者能制造出灵敏度很高的设备, 即使其他设备的计算灵敏度与他们的相同。正如一位受访者所说：

> 即使 (某人) 试图制作跟韦伯一模一样的副本, 也可能不会成功。假设我去找韦伯, 问他关于探测器的事情, 回来以后试着建造跟韦伯一样的探测器。结果可能不会和韦伯的一样。如果让韦伯建造它, 可能就跟它一样了。(1972)[①]

由此可以看出, 一个引力波探测器在计算方面似乎更灵敏, 在运行中可能并不那么灵敏。但是没有人确切地知道这一点！

6.3.2　实验者的困境和突破的尝试

在 1972 年的引力波探测领域, 我们可以看到"实验者的困境"。实验工作者争论谁的仪器最好。如果争论谁的小提琴最好, 他们可以请演奏家用它演奏, 他们听, 或者请专家帮他们听。如果

---

① 我以前对激光制造者的研究表明, 即便如此, 可能也做不到。那时候, 我研究了一位激光制造者, 他试图制造一个相同的副本, 他做过的一个设备, 但是也失败了。幸运的是, 在这个情况, 他有明确的成败标准, 可以继续调整, 直到做对为止 (Collins, Harrison, 1975)。

说的是激光, 两个看起来一模一样的激光器, 他们很快就会知道, 哪一个更好——那个导线较短的激光器才会 "激射" (尽管他们很可能不会想到, 但经过比较后发现, 即使像导线这样微不足道的物件, 也是至关重要的变量)。[①] 但是, 如果他们试图决定谁的引力波探测器最好呢? 在引力波探测器中, 与发出美妙声音或能够激射等效的标准是什么呢? 乍一看, 等效物必定是 "探测引力波", 但如果理论工作者正确的话, 几乎没有什么引力波探测的方法。我们用来决定实验装置是否工作的正常测试是尝试它, 看看它是否工作, 但是这里不确定 "工作" 意味着什么。在引力波探测器的情况, 我们不知道工作意味着什么, 直到我们知道有多少引力波要探测, 它们是什么形式。然后我们就会知道, 工作的引力波探测器应该能看到这么多的波, 如此这般的形式和强度。但我们唯一可行的方法是建造实验装置并寻找引力波。因此, 实验工作者在引力波检测中遭遇的困境是这样的: 要知道你做的引力波探测器好不好, 就应该试一下, 看看它是否正常工作。但是要知道什么是 "正常工作", 意味着你必须知道它应该看到什么。要知道它应该看到什么, 你必须知道引力波是什么样子。要知道引力波是什么样子, 你必须做一个好的引力波探测器, 并观察它们。要知道你做的引力波探测器好不好, 你应该试一试, 看看它是否正常工作。如此这般!

韦伯的主张陷入了这样的实验争论, 大部分内容是争论谁的设备最好。(请记住, 几乎没有人试图用韦伯的方式建造自己的仪器。) 当你试图检验这些发现时, 至少有三种理由来构建与原始实验不同的东西。正如我解释过的, "科学" 的理由是避免在自己的设备中重复原始设备的缺陷; 如果原始实验是因为设计上的一些缺陷而看到某个假象, 你可不想重复这个缺陷。第二个原因是每个科学家都有自己的专业领域, 他们喜欢创造性地使用自己的专长: 如果可以构建不同的甚至更好的东西, 为什么要全盘照抄其他人的设备呢?

> 从某些方面来说, 最没有创造性也最无趣的事情, 就是一丝不差地重新制作某个仪器。局外人可以说, 这是非常可取的, 德雷弗、泰森 (或我们自己) 或者别人建造与韦伯完全相同的仪器, 但是我认为, 既然你进入这个领域, 肯定会试图了解这种仪器是如何工作的, 这个领域的大多数人是其中部分领域的专家。他们是电子专家、天体物理学专家或者低温专家, 他们有理由认为自己知道实验的一部分。在他们是专家的那个实验部分, 他们通常的结论是, 他们可以比韦伯做得更好。因此, 当泰森和米勒建造他们的设备时, 米勒是世界顶尖的电子专家之一, 他们将把自己的电子产品放进去; 他们不会尝试复制韦伯的。

> 所以, 你只复制你不是专家的那部分, 至于你是专家的那部分, 你会做一些更好的东西。这 (它是不是真的更好) 可能是事实, 也可能不是事实。

> 例如, 布拉金斯基使用电容器, 并对他非常特殊的做事方式做了两个小时的讲座。但是实际的探测器很可能比韦伯的更灵敏。这就是问题。(1972)

另一位科学家说, 他很久以前就决定针对这个问题做实验工作, 但前提是他能想出比韦伯更好的方法, 或者至少是跟韦伯不一样的方法。他认为全盘照搬是不值得的:

> 我通常想做的实验都是我自己的想法。这比做别人想过的事情更让我兴奋。即使有人告诉我做得更好的方法, 我也不知道我是否会去做, 除非我觉得自己对这个想法做出了一些贡献。(1972)

第三个原因是想做一些跟韦伯的最初实验很不一样的东西, 这是计算潜在回报的问题:

[①] 就像小提琴一样; 我们并不清楚为什么斯特拉迪瓦里小提琴这么好, 但是最近有一个理论说, 这必定和清漆的成分有关。

大多数人只是不相信 (韦伯), 这就是为什么没有很多人愿意参加。那些人参与的原因主要是其他一些事情。他们中的许多人不想加入, 因为他们知道, 如果他们看到了什么, 也是韦伯获得诺贝尔奖, 如果他们没有找到什么——白费劲! 看, 这件事没有什么好处, 除非你真的认为这个领域有些大东西。(1972)

为什么没有人在 1972 年证实他的结果, 韦伯给我的一个原因就是上述动机。他认为, 检验他结果的那些人, 没有努力地重复他做的事情:

嗯, 我认为这很不幸, 因为我做了这些实验, 我发表了关于这种技术的所有相关信息, 在我看来, 其他人应该用我的技术重复我的实验, 然后, 在我的基础上, 他们应该做得更好……没有人以相同的灵敏度重复出这个实验, 真是太不光彩了。(1972)

试图决定谁的设备最好, 就要争论用什么标准确定哪个设备最好。如果其中有任何一件事情是显而易见的, 就会打破实验者的困境。不同的个人和团体都试图以自己的方式打破这个困境。

理论工作者试图通过计算引力波的形式和强度来重新确认什么叫 "工作"; 计算仪器的灵敏度; 回顾数据分析过程, 看看它们在统计上是否合理。因此, 如果理论工作者能够说服实验工作者, 他们已经正确地解决了所有这些问题, 争论就会结束。但是, 正如我们看到的, 理论工作者很少提出任何如此明确的东西。可以争论的事情太多了; 大坝里有太多松散的石头。理论工作者做出了贡献, 但这不是彻底的解决办法。为了说明这一点, 我问了一位实验工作者: "在确认韦伯的竞争中, 目前谁领先?" 他的回答再次揭示了理论约束的松散性:

还不能说谁领先, 因为还不知道引力波脉冲的性质, 这会影响谁先探测到它们。如果它们真的是以韦伯说的速率到来的短脉冲, 那么像我们制造的这种粗糙的探测器可能很快就探测到。如果没有那么多, 而是更长的脉冲, 可能就需要等到有人造出更灵敏的……我们有一个工作的系统, 但是并不一定意味着我们领先。(1972)

试图打破实验者的困境的另一种有力方法是校准各种实验。詹姆斯·莱文写了一篇论文, 声称弗拉斯卡蒂小组的灵敏度计算做错了, 他的结论是:

上述观察强调, 需要通过使用本文作者的静电端板做直接校准, 以产生类似于所寻求的脉冲式的机械激发, 具有已知的能量。这样, 就可以消除对结果的最终解释的所有不确定性。[1]

正如预料的那样, 任何旨在打破实验者困境的实验, 反过来也受制于它自己的实验者困境; 我们将在适当的时候讨论这一点。

到目前为止, 我提到的是可以走出困境的科学方法, 它们涉及计算、理论化或测量——科学的组织论坛中讨论的事情。此外, 针对不可避免的犹豫不决, 科学家们寻找其他信息, 用来帮助确定这个问题。然后, 他们试图评估实验工作者的学术诚信和能力以及实验。通常认为这些评估不属于科学本身。它们存在于应急论坛。关于科学哲学或方法的科学教科书或标准著作中找不到进行这种评估的规则; 科学, 至少在证明其调查结果的合理性时, 应该不需要个性。然而, 除非你自己在实验室里做实验, 否则就必须依赖报告, 这样就需要考虑报告者的可靠性。

因此, 需要关于实验者能力的报告。换句话说, 科学就跟每种社会活动一样, 都需要信任。[2]信任本身就有它的标准, 我们将再次看到, 科学家在如何确认某人值得信任方面存在差异, 无论是

---

[1] 见 Levine(1974) 第 282 页。
[2] 见 Shapin, Schaffer(1987); Shapin(1994)。

作为实验者还是作为报告人。我讨论过韦伯令人困惑的会议报告给人留下的坏印象。也可以有更直接的经验，正如下面的评论：

> 他在 1969 年中期发表了一篇论文，报告说他在 1600 千米以外建造了另一根棒，他有 17 个事件，包括 4 个三重符合和 3 个四重符合。17 个里面有 3 个，这是相当高了。远远高于纯粹的运气。他就是这么说的。但是，当你看到他的实际表格 (向我展示了韦伯的一些图表记录)，它就在这里，你看到了个人不确定性的来源。看这里！这就是他说的符合，但几乎没有任何信号，所以当他说"四重"时，你不知道他在看什么。其中的大多数几乎都没有任何显著性。(1972)

还有间接的经验，一位科学家解释如下：

> 现在你想知道为什么我不相信韦伯。嗯，这与内部消息的关系更大，比他出版的任何东西都重要。在他开始研究引力波之前，我们见过一次面……(描述一个早得多的实验)……事实证明，韦伯遗漏了一些非常重要的效应。他对此不是很小心……我的朋友张三为他工作。张三回来后，跟我讲了很多可怕的故事。(1972)

正如我们看到的，试图找到突破实验工作者困境的方法，从天体物理学理论到我们用来决定某人是否值得信任的常识推理。在突破困境时，通常的科学推理和普通的日常推理并没有什么有意义的区别。

不同类型的信任保证可能出现在不同的地方，可能以书面或口头的方式表达，有时公开，有时不公开。然而，每一种保证都有助于在科学争议中做出决策；每一种都有助于放大或抑制社会时空的涟漪。很难看出教科书之外还有什么其他内容。

在 1972 年的采访中，我发现科学家们使用所有这些手段评估引力波实验的价值，不仅是韦伯，还有他们的其他同事。在以下每组摘录里，不同机构的三名科学家 (每一组都不一样) 分别评论了四个不同的实验。他们说的实验包括共振棒探测器和地震探测器。

实验 W

科学家 (1)：那就是为什么 W 这件事虽然很复杂，但是有一定的可信度，如果他们看到了什么，就会更让人相信一些……他们真的仔细考虑过……

科学家 (2)：他们希望获得非常高的灵敏度，但坦率地说，我不相信他们。有比用蛮力更巧妙的方法可以解决它……

科学家 (3)：我认为……研究 W 的小组……完全没脑子。(1972)

实验 X

科学家 (1)：他在一个小地方……(但是)……我看过他的数据，他肯定有一些有趣的数据。

科学家 (2)：我觉得他的实验能力很一般，所以我很怀疑他做的任何事情。

科学家 (3)：那个实验很烂！(1972)

实验 Y

科学家 (1)：Y 的结果确实令人印象深刻。他们像做事情的人，看上去很权威……

科学家 (2)：他和我是好朋友……我对他的灵敏度的最好估计是……(低)……他完全没有机会 (探测引力波)。

科学家 (3)：如果你像 Y 那样做，你就把数字给一些……女孩子，让她们去做，嗯，你什么都不知道。你不知道那些女孩子当时是不是正在和男朋友聊天。(1972)

实验 Z

科学家 (1)：Z 的实验很有趣，不应该仅仅因为……小组不能重复就不理它。

科学家 (2)：我对 Z 这件事很不满意。

科学家 (3)：然后是 Z。现在 Z 这件事情是彻头彻尾的欺诈！(1972)

当时，由于这么多的不确定性，这么多的新实验刚刚出现，许多人希望成为第一个或第二个看到引力波的人，而另一些人则决心推翻韦伯的发现，气氛很微妙。《物理评论》的主编萨姆·古德斯米特 (Sam Goudsmit) 分发了一份"地下出版物"，解释了他认为韦伯的统计分析有什么问题，特别是恒星时相关性的问题 (详见后文)。[①]我还被告知，古德斯米特试图阻止至少一篇韦伯的论文在杂志上发表，但是当古德斯米特休假时，副主编让它通过了。

物理学家们似乎一直在秘密会面，传播他们听到的谣言。有传言说，罗恩·德雷弗的探测器比韦伯的探测器灵敏 10 倍，他的仪器一直在运行，足以宣布没有任何效应。另一位科学家告诉我，德雷弗看到了一些脉冲，他认为可能是引力波。第三位物理学家从美国打电话给德雷弗，他了解到，一些人声称德雷弗探测器有"数量级的"改进，但是德雷弗本人否认了这种说法。正如我们看到的，此时的德雷弗非常谨慎。另一位科学家解释说：

> 在瓦伦纳会议的暑期学校里，我们有些兴奋。我们刚到达的时候，有人说，布拉金斯基的探测器运行了 30 天，没有看到任何事件，尽管他的灵敏度和韦伯的一样好。然后韦伯和布拉金斯基会谈了几个小时，当我们离开时，官方意见是布拉金斯基的机器不像韦伯的那么灵敏。当然，我不知道布拉金斯基是否满意。(1972)

我们现在知道，布拉金斯基并不满意。

我问了大多数受访者关于他们访问对方实验室的情况，以及他们的社会联系和电话。一个共同的主题是，韦伯对他的数据和他的实验和统计的细节不感兴趣。此外，一位更有同情心的科学家说，这是可以理解的，因为经验告诉他，不要把原始数据交给任何人，除非你相信他们会全力以赴。

---

① 我拥有的副本是 1970 年的，题为《对引力波实验的批判》(*Critique of Experiments on Gravitational Radiation*)，并标明"不要外传"。在我 1972 年的采访中，许多科学家都在谈论这份流传的地下出版物，但直到几年以后，我才拿到一份副本。

在有争议的领域里, 这是非常困难的事情, 因为有人可以拿走你的数据, 声称他们看过它, 并声称他们什么也没看到。这就是为什么它是非常困难的事情。(1972)

不止一位物理学家告诉我, 他们在韦伯的实验室里得到了关于这些东西的 "内部信息"。在一个案例中, 怀疑因此增大了许多。另一位科学家跟我解释说:

我们有一些人设了一些局, 通常是他不在现场的时候, 调查他的实验。我真的不能说我发现了什么, (但是) 这么说吧: 如果我发现他浑身是洞、像个筛子, 我就不会继续待在这个领域里。(1972)

科学家和别人交谈的意愿有很大差别。作为导师和学生一起工作的历史给一些人带来了轻松的关系。其他科学家对接触持保守的态度, 担心如果没有明确的说法, 只会浪费别人的时间, 如果对方没有有趣的数据可供讨论, 就会浪费自己的时间。

这不是好事情。访问别人的实验室, 我会有点尴尬, 除非很熟悉的人。但是, 你知道, 当我在国外的时候, 要不要访问某人的实验室, 我会三思而后行。这占用了他们的时间, 你知道, 有时候不太受欢迎。(1972)

还有一些人更喜欢独立思考自己的想法。罗恩·德雷弗跟我解释说, 他负担不起太多的旅行费用——从格拉斯哥到英格兰去拜访任何人, 都要花 30 英镑——当我问他是否打过电话给韦伯或其他引力波小组时, 他解释说: "大学不允许这样做。太贵了。"[①]

总之, 我的受访者给出的接受其他人的引力波结果的 "非科学" 理由包括:

- 相信他的实验能力和诚信, 基于以前的工作伙伴关系。

- 实验工作者的个性和智力。

- 管理大实验室的声誉。

- 这位科学家是否在工业界或学术界工作。

- 以前的失败历史。

- "内部" 消息。

- 提交结果的方式和风格。

- 实验的心理方法。

- 大学的规模和威望。

- 在各种科学网络中的关系。

- 国籍。

关于这个情况, 一位非常挑剔的科学家告诉我, 提到他不相信韦伯的结果:

你看, 所有这些都与科学无关。最后, 我们要认真对待他的实验, 但是你会发现, 我不能把它们彻底分开, 我做不到。(1972)

───────────────────────────

① 我可以证明, 在 20 世纪 70 年代初, 英国大学认为海外电话太奢侈了。即使是现在, 只有资深教授才能在没有特别许可或赠款支付费用的情况下拨打海外电话。

第 7 章　组织论坛开始拒绝韦伯的发现

1972 年的采访揭示了科学家们决定是否相信其他科学家的结果的一些原因, 但他们通常不会在组织论坛上说出这些原因。也就是说, 这些都是他们不想呈现为 "科学" 的东西, 因此不会发表在专业期刊上。[1]这种材料的一小部分可以在会议文集中不均匀地呈现出来, 因为这些记录介于应急论坛和组织论坛之间。理解思想通过时空传播的最好方法之一是出席会议; 不幸的是, 出版的会议文集不怎么有用, 除非情况很特殊。[2]例如, 1973 年在华沙举行了一次会议, 编辑对会议文集的介绍包括以下内容:

> 大家一致认为, 专题讨论会应集中讨论目前和未来探测源自宇宙的引力波的实验,
> 我们都清楚, 没有乔·韦伯的开拓性工作, 这样的专题讨论会不可能在 1973 年举行。
>
> 会议的一个亮点是, 探测引力波实验的几位作者进行了热烈的讨论。[3]

可以想象, 到了 1973 年, 讨论确实很活跃, 但是在文集中发现的全部内容只有 J. A. 泰森的一篇论文。他声称自己的探测器比韦伯的更灵敏, 没有看到任何符合事件, 但同意他和韦伯的实验对不同类型的信号敏感。韦伯本人与其他许多发言者一样, 关于他在会议上说的内容只有一段简单的描述性总结; 没有提到争议。如果只有这套会议文集流传下去, 人们就不会知道编辑们在说什么。然而, 当波在社会时空中传播时, 当时的会议网络肯定是重要的媒介, 尽管除了二手报告, 大部分信息都消失了。然而, 这些波开始在专业期刊上产生明显的影响。在组织论坛上发表的文章也开始反对韦伯。

7.1　第一批负面的实验文章

7.1.1　莫斯科国立大学——布拉金斯基

1972 年 8 月, 最先发表的是莫斯科国立大学的弗拉基米尔·布拉金斯基团队。[4]布拉金斯基与寻找引力波的工作保持着密切的联系, 后来与加州理工学院干涉测量组建立了强大的合作关系, 尽管他仍然住在俄罗斯; 他将经常在这个故事中出现。布拉金斯基在论文中报告说, 他们小

---

① Collins 和 Pinch (1979) 表明, 在低水平的学科里, 这种边界经常突破。例如, 超心理学家经常被他们的对手说是无能或不可信的, 甚至在组织论坛上。

② Alan Franklin (1994) 发现了一套特别丰富的会议文集, 他认为出版的作品是科学史和社会学中充分和详尽的资源。

③ 见 Dewitt-Morette(1974) 第 xi 页。彼得·卡夫卡的一篇评论也表达了会议网络的时代气息, 可以在 WEBQUOTE "卡夫卡谈会议网络" (Kafka on the Conference Circuit) 中找到 (www.cf.ac.uk/socsi/gravwave/ webquote)。

④ 见 Braginsky 等 (1982)。发表的日期顺序不一定是第一次公布某些调查结果的日期顺序; 由于会议上的公告、私人信件或分发的预印本往往出现在期刊出版之前, 最初公布调查结果的优先次序不一定在发表时得到保留。

组的实验没有发现统计上显著的额外符合。他最后说了一句模糊的话 (这是布拉金斯基典型的间接风格)：

> 在韦伯的实验中, 在其中一个通道中引入延迟后, 符合的数量减少, 以及符合在恒星时中分布的各向异性, 都是有利于相关爆发的重要论证。在我们的实验方案中, 没有在 (3 个标准差的统计显著性水平) 以上的符合爆发, 这与天体物理学的估计并不矛盾。(第 111 页)

翻译过来就是, 布拉金斯基的研究人员说, 虽然韦伯的延迟信号比较的结果和有利于银河系中心的结果似乎说明, 他的正面结果令人满意, 但他们已经发现了基于已知理论 (天体物理学估计) 外推的预期结果——也就是说, 什么都没有。因此, 他们的陈述比初看起来的要强烈得多。布拉金斯基从一开始就坚持认为韦伯是错误的, 在会议上有力而明确地表达了这个观点。[1]

　　布拉金斯基不像下一年报告工作的许多人那样谨慎。1973 年, IBM、贝尔实验室、欧洲空间研究组织 (位于罗马附近的弗拉斯卡蒂) 和格拉斯哥大学在物理杂志上发表了论文。[2]

7.1.2　IBM——加文和莱文

　　IBM 的理查德·加文和詹姆斯·莱文团队运行的共振棒比韦伯的小, 他们认为, 如果韦伯看到的能量有他声称的那么大, 他们也应该看到一些东西——在他们的 9 天运行中应该有 6 个非噪声事件, 事实上他们什么也没有发现。他们的结果, 先后作为两篇论文发表在《物理评论快报》上, 依赖于他们自己对韦伯的灵敏度的计算。他们的结论是,

> 我们的实验表明：(a) 1969—1970 年的韦伯事件不是由引力波产生的；(b) 1969—1970 年活跃的引力波的强源在 1973 年不太活跃；(c) 这些引力波的持续时间 (大于) 24 毫秒。[3]

他们还说："更严格的检验必须等我们更大的共振棒开始运行。"(第 179 页) 他们当时正在建造。

　　加文和莱文在 1975 年以后离开了引力波领域, 但是加文将作为美国干涉测量项目的评估者再次出现。

7.1.3　贝尔实验室——泰森

　　来自贝尔实验室的托尼·泰森也报告了单个共振棒的结果："充分提高了灵敏度, 超过了韦伯的仪器, 可以跟他的两个探测器的符合结果进行比较。"同样, 他的结论依赖于灵敏度的比较。根据他对他自己更大的共振棒的计算, 他应该看到至少 450 个事件, 但是并没有看到任何有统计显著性的东西。泰森总结说：

> 我们不在这里猜测韦伯观察的是什么, 但是这些事件不太可能是引力波。[4]

---

　　[1] 在 1998 年, 布拉金斯基告诉我, 韦伯很早就告诉他, 如果他不想让自己看起来愚蠢, 就应该改变他关于符合事件消失的说法, 但他拒绝了。

　　[2] 见 Levine, Garwin(1973)；Garwin, Levine(1973)；Tyson(1973a, 1973b)；Bramanti, Maischberger, Parkinson(1973)；Drever 等 (1973)。

　　[3] 见 Garwin, Levine(1973) 第 180 页。

　　[4] 见 Tyson(1973b) 第 329 页。

除了他报告的关于室温棒的进一步结果, 此后的 20 年里, 我们再也看不到泰森。20 世纪 90 年代初, 他在反对建立激光干涉引力波天文台方面表现突出, 他在国会的发言见本书第 1 章的开头。

7.1.4　弗拉斯卡蒂——布拉曼提、麦仕伯格和帕金森

D. 布拉曼提 (Bramanti)、K. 麦仕伯格 (Maischberger) 和 D. 帕金森 (Parkinson) 当时在弗拉斯卡蒂的欧洲空间研究组织实验室工作。他们也是只有一个探测器。他们的结论如下:

> 假设脉冲引力波源 (持续时间小于 0.1 秒), 我们的测量给出的结论是, 只有当他的仪器能够检测到小于 $0.1kT$(很小的一个量) 的跳跃时, 韦伯的结果才有可能正确。[1]

他们确实在探测器中看到了一些能量的跳跃, 但是可以用已知的错误、电源故障、探测器系统中的 "蠕变" 等解释。

7.1.5　格拉斯哥——德雷弗、霍夫、布兰德、莱斯诺夫 (和阿普林)

格拉斯哥团队包括罗恩·德雷弗、詹姆斯·霍夫 (James Hough)、R. 布兰德 (Bland) 和 G. 莱斯诺夫 (Lesnoff), 他们的名字出现在关键文章里。德雷弗将在我们的故事中扮演重要角色, 他将在 20 世纪 80 年代初离开格拉斯哥, 并在一段时间内成为加州理工学院团队的领导人, 参与大型干涉仪的开发。后来, 他成为了最初运营 LIGO 项目的三巨头之一。霍夫将留在格拉斯哥, 并成为德国和英国激光干涉仪团队的联合领导人, 该团队将为干涉探测科学做出重大贡献。虽然他的故事不像德雷弗那样跌宕起伏, 但他是引力波探测故事中非常重要的人物。

格拉斯哥团队使用了一种新的探测器设计, 棒被分成两部分, 压电晶体被夹在两者之间。[2]这种 "分裂棒设计" 是由布里斯托尔大学的彼得·阿普林 (Peter Aplin) 发明的, 理论上有许多优点。后来, 阿普林发明了一种长棒引力波探测器, 并建造了一个原型, 但是他最终意识到, 这个想法基于的理论不正确, 并在 20 世纪 80 年代初退出了引力波领域。[3]然而, 分裂棒的发明仍然被归功于阿普林, 许多科学家对他没有得到更多的认可表示惊讶。看来, 虽然这些原则最初是由阿普林掌握的, 但完整的理论是由斯蒂芬·霍金与加里·吉本斯 (Gary Gibbons) 合作制定的。令许多科学家感到惊讶的是, 阿普林居然不是吉本斯和霍金在 1971 年发表的论文的共同作者。

回到格拉斯哥实验, 德雷弗小组的报告如下:

> 我们的结论是, 韦伯在 1970 年报告的信号不太可能来自持续时间小于几毫秒的引力波脉冲, 假设源从那时到现在没有发生重大变化。但我们目前的观测并不排除韦伯可能探测到持续时间更长的引力波爆发的可能性。[4]

格拉斯哥团队只比较了他们在 1970 年 5 月 20 日至 11 月 20 日期间的结果, 因为他们认为自己

---

[1] 见 Bramanti, Maischberger, Parkinson(1973) 第 699 页。
[2] 弗拉斯卡蒂小组也试验了一个分裂棒 (Bramanti, Maischberger, 1972), 但正如他们在 1973 年的论文 (Bramanti, Maischberger, Parkinson, 1973) 中解释的那样, 他们自己的设计 (包含嵌入的压电晶体, 而不是粘在棒表面的晶体) 在实践中几乎一样好。
[3] Aplin (1976) 介绍了阿普林自己的贡献。
[4] 见 Drever 等 (1973) 第 344 页。

对韦伯的仪器在其他时间的灵敏度还不够了解。同样有趣的是格拉斯哥团队对我讨论过的先前结果的评论：

> 一年前，布拉金斯基等人报道了一次对引力波的不成功搜索，探测器的灵敏度与韦伯的相当。最近，在本文写作的同时，泰森报告了使用单个探测器得到零结果的搜索情况，使用的是一个灵敏的大探测器，然而，它的响应频段与韦伯的任何一个实验都不重叠，加文和莱文报告了一个比较小的探测器，灵敏度比较低。(第 343 页)

可以看到，格拉斯哥小组对泰森、加文和莱文的实验没有作者自己那么确信，但是他们没有评论布拉金斯基。

格拉斯哥的论文也包含了一个正面的主张，但是只有一个引力波脉冲。研究小组在他们的输出中发现了一个符合事件，满足他们关于真正效应的判据：

> 这是真正的引力波事件的最佳候选者。探测器 1 和 2 分别记录了 $0.64kT$ 和 $0.61kT$(很高而且很相似) 的等效能量，时间是 1972 年 9 月 5 日 13 时 7 分 29 秒 (UT，世界标准时)。(第 342 页)

> ……目前，我们还不知道有什么实验理由拒绝这个假设，即这个信号是由引力波引起的。(第 343 页)[1]

25 年后，吉姆·霍夫向我表示，发表的临时主张没有导致任何结果，他对此感到遗憾。

因此，到 1973 年，我们有 5 个负面结果的文章，尽管后 4 篇文章有所保留，不像是与韦伯进行激烈的全面对抗。最后的摊牌还要再等一年。[2]

---

[1] 这篇文章还讨论了韦伯的想法"触发的亚稳态"，认为它不起作用。

[2] 为了完整起见，我必须提到其他几个小组。首先，一个日本团队用一种完全不同的共振探测器 (由一个带有槽和孔的大方板组成)，并在蟹状星云脉冲星的 145 赫兹的频率上进行搜索，没有发现任何正面的结果 (Hirakawa, Nariha, 1975)；可以理解的是，在采访中从未有人跟我提到，平川浩正 (Hiromasa Hirakawa) 小组的结果显著地反对了韦伯的工作。有一次，有人跟我提到了巴黎一个小组的工作。他们做了实验，但除了华沙会议发表的报告中的几行摘要 (Bonazzola, Chevreton, Thierry-Mieg, 1974)，文献中没有关于它的报告或参考文献。在巴黎，从 1972 年开始，西尔瓦诺·博纳佐拉 (Silvano Bonazzola) 在同一个罐子里建造了三根棒，每根棒大约一吨重。他向我解释，这样做是为了反驳韦伯的说法 (采访地点是蒂伦尼亚，在比萨附近，1998 年 9 月)。他对弗拉斯卡蒂和慕尼黑的共振棒工作进行了符合事件的搜索，但一无所获。他于 1974 年放弃，转而从事其他更理论化的工作。学界的成员知道他的结果，但是，即使他们在文献中有过引用，也不是主流。博纳佐拉的结果似乎没有任何社会学意义。其他小组的工作也是如此，加拿大的雷吉纳 (Regina) 小组启动了一个项目，使用石英晶体作为共振器，广州和北京的小组至少在 1972 年使用了室温棒。从来没有人跟我提及这些小组的结果 ((Stayer, Papini, 1982); (Hu R et al., 1982) 以及 (Hu E et al., 1986))。

译注：北京小组的工作是《北京引力波天线 (M=1300 千克) 室温下参数及噪声测量》，胡仁安、刘易成、秦荣先、谭大均、田景发、王国宗、张平华，中国科学院高能物理研究所，北京，《科学通报》，第 24 期，1483-1485。广州小组的工作是 *A Recent Coincidence Experiment of Gravitational Waves with Long Baseline*, Hu Enke, Guan Tongren, Yu Bo, Tang Mengxi, Chen Shusen, Zheng Qingzhang, (Gravitational Physics Laboratory, Department of Physics, Zhongshan University, Guangzhou), P. F. Michelson, B. E. Moskowitz, M. S. McAshan, W. M. Fairbank, M. Bassan, (High Energy Physics Laboratory Department of Physics, Stanford University, Stanford, U.S.A.), *Chinese Physics Letters*, Vol. 3, 1986, 529-532. 中方人员是中山大学物理系引力波物理实验室的胡恩科，管同仁，于珀，唐孟希，陈树森，郑庆璋。

第 8 章　韦伯的反击

8.1　《自然》, 1972 年

1972 年 11 月, 韦伯对批评者的反击开始出现在学术期刊上。《自然》(*Nature*) 杂志发表了他对 1970 年 10 月至 1971 年 2 月期间记录的数据的分析, 似乎回应了批评者的抱怨, 因为他的分析是通过计算机完成的。这篇论文是他自 1970 年以来的第一份主要出版物, 用于解决他饱受争议的调查结果的主要问题。

这篇文章有两个特点很重要。首先, 如前所述, 韦伯强调分析是用计算机做的 (没有人的干预), 确定什么构成了令人满意的阈值交叉。他详细地描述了计算机程序, 驳斥那些声称他让助理用眼睛检查图表的批评者, 尽管助理是 "闭着眼睛" 干的, 但结果仍令人怀疑。在很久以后的今天, 很难想象, 在这样精巧的实验中, 谁会用人的眼睛作为主要鉴别器, 但是在 1970 年, 计算机很昂贵, 在这样的应用中使用的能力和技能是有限的, 不是随便就能用的。此外, 当时还不清楚计算机是否更适合鉴别。鲍勃 · 福沃德曾在使用声呐扫描仪探测潜艇的问题上, 跟我解释过这一点。他指出, 声呐痕迹序列里的模式无法提前预测, 因此不能确定计算机可以编程检测它。[①]然而韦伯相信, 如果想要让人信服, 必须用计算机分析他的结果。

可能有人会想, 为什么韦伯花了这么长时间才开始使用计算机分析他的数据, 当时认为, 至少在物理学的某些分支中, 这是合适的技术。这可能与他作为雷达操作员和猎潜艇指挥官的训练有关。这些角色的工作是调整设备以找到任何蛛丝马迹。找不到的代价可能是死亡, 而发现虚假信号只是浪费时间和精力。当然, 在科学上不一样。如果找不到残留的信号, 实验者就一无所获, 无论是正面的还是负面的, 而找到一个不存在的信号, 在时间和可信度上都要付出很高的代价。韦伯的所有本能和训练都是为了寻找残余信号, 他的许多实验实践可以说是遵循同样的指导原则。他的抱怨是, 其他人没有努力找到那个 (像隐蔽的潜艇一样的) 信号!

《自然》论文中的第二个创新对该领域有持久的影响, 即引入了延迟直方图, 一种非常有吸引力的图形方法, 用于表达符合结果的意义。在 1970 年的论文中, 韦伯用表格的形式给出了他的结果。其中一列表示由偶然性引起的两个探测器中的噪声峰符合而预计会出现的假 "事件" 的计算数量, 另一列表示通过在一个数据流中引入时间延迟再与另一个数据流相比较, 测量这种情况中偶然符合的数量: 如果存在时间延迟, 符合峰不可能由导致符合的外部原因引起; 因此, 这

---

① 直到今天, 这个问题仍然存在; 计算机在噪声背景下识别模式的能力仍然很差, 在可预见的将来, 可能仍然如此。要理解这一点, 只要问一句, 在谈话录音中, 哪一个能更好地解释录得不清晰的单词: 人类还是计算机? 在未来的很长一段时间内, 答案还将是 "人类"。

译注: 20 年过去了, 现在的情况不一样了——在语音识别方面, 计算机已经比人类做得好了。

样的事件只能来自偶然性。偶然造成的符合称为偶然事件。表示"偶然事件"的测量列中的数字与表示事故的计算列中的数字大致一致, 而科学数据出现在第三列。第三列显示没有时间延迟的符合测量, 给出的事件数远远超过前两列。

　　1970 年, 韦伯决定将另一个数据流延迟 2 秒。但是, 为什么是 2 秒呢? 只要延迟时间远大于共振棒的铃振时间, 就可以了。 [①] 从 2 秒到 2 小时或更长时间的任何延迟, 都可以达到完全相同的目的——只要这两根棒在延迟期间都没有跟测量实时符合的状态偏离太远, 就可以任意选择。此外, 因为两条数据都有记录, 所以可以在收集数据后的任何时候进行噪声测量。因此, 可以反复使用磁带, 在两个数据流之间插入不同的延迟。这就产生了延迟直方图的思想, 引入一系列的延迟, 比较不同延迟的结果。图 8.1 是延迟直方图工作原理的示意图。

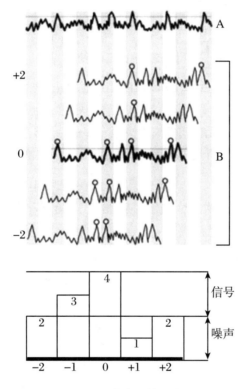

图 8.1　延迟直方图的工作原理

　　在图 8.1 中, 一个数据流被标记为"A", 虚线表示阈值, 有 6 个峰值穿过它。数据流"B"碰巧也有 6 个峰值跨越阈值, 小圆圈的标记表明, 其中有 4 个在时间上与 A 中的阈值交叉符合。"符合"指的是代表时间段的竖条的宽度。B 的轨迹先是提前了 1 秒和 2 秒, 然后是延迟 1秒和 2 秒。对于 4 个不同的时间偏移, A 和 B 的符合情况也用小圆圈表示。图 8.1 的下方是数据的延迟直方图。只有 5 个数据段, 但这样的直方图可以有更多的延迟, 只要你愿意计算; 通常有更多。这个"玩具"直方图显示了"零延迟过剩", 平均背景噪声 (4 个非零延迟段的平均高度) 为 2。

　　图 8.2 粗略再现了韦伯 1972 年《自然》论文里标记为"图 1"的延迟直方图。横轴给出了不同长度的延迟, 从 1 秒到 40 秒, 左边是负延迟, 右边是正延迟。

　　韦伯解释说, 这个数字有问题。他说, 对于超过 20 秒的延迟, 计算机程序是不准确的, 外部的分段低估了这些延迟情况下意外符合的数量。这也是正确的, 因为随着延迟时间的增加, "偶

　　[①] 延迟时间要大于共振棒的铃振时间, 后面将说明这个条件的极端重要性。

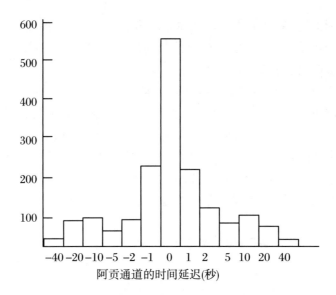

图 8.2　韦伯 1972 年论文的延迟直方图 (该论文的图 1)

然事件"的数量没有理由变少。无论我们离中央段有多远, 偶然事件的大致水平都应该在某个常数附近变化。真正令人信服的事情是 (如果你愿意接受), 零延迟时段的高度超过有延迟时段的高度。韦伯谈论这张图里的结果:

> 这些数据没有经过人的处理, 毫无疑问, 相隔 1000 千米的引力波探测器受到了同一个源的激发。①

韦伯恰如其分地指出: "在我们从图 1 中得出结论 (来源是引力波) 之前, 必须排除目前已知的其他相互作用, 包括地震、电磁和宇宙射线效应。" 然后, 他接着解释了对符合的检查和推理, 排除了地震、电磁和宇宙射线源共同激发的可能性。

一些科学家对这篇论文的担心是, 恒星时各向异性的证据消失了——银河系中心不再是源的偏爱。韦伯解释说:

> 局部环境中的小影响可以显著影响各向异性。为了正确地平均这些数据, 至少需要 6 个月的数据。这里考虑的磁带没有连续记录的时间。间隙和记录器故障使得研究各向异性的数据不足。(第 30 页)

他总结说:

> 目前的数据没有人类观察者的偏见。没有关于预期脉冲的持续时间或其形状的假设……相距 1000 千米的引力波探测器受到同一个源的激发, 既不是地震和电磁也不是带电宇宙射线的影响, 这是毫无疑问的。(第 30 页)

---

① 见 Weber(1972) 第 29 页。

8.2　《物理评论快报》，1973 年 9 月

不到一年，1973 年 9 月，韦伯与五位合作者在《物理评论快报》上发表了《新的引力波实验》(*New Gravitational Radiation Experiment*)。[1]这篇文章给出了三张新的延迟直方图，包括 1973 年收集的数据。有人认为，连接阿贡和马里兰站点的电话可能是虚假符合的来源，但韦伯认为，线路的电容太小，无法产生影响。他还说，电话线路在后来的一系列运行中被断开，但符合仍然存在 (尽管没有提供数据)。他的结论是，目前的实验每天产生大约 7 个真正的符合。图 8.3 再现了《物理评论快报》文章的第 780 页的一张图。

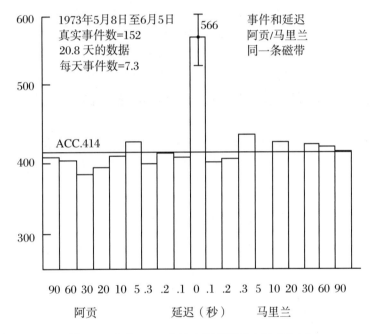

图 8.3　韦伯 1973 年论文的延迟直方图 (图 1c)

这篇文章里的另外两个延迟直方图大同小异。应该指出，这些直方图在几个方面不同于《自然》文章。首先，绘制一条水平线，显示测量的 "偶然事件" 的数量，即非零延迟箱的平均高度 (这里复制的图中有 414 个)。当然，这些延迟箱的高度也会有变化——正如期望的那样，这是偶然的结果。相应地，中心的零延迟箱显示了一个 "误差棒" (垂直线)，表示中心箱的额外高度的不可靠性。[2]值得注意的还有，垂直尺度实际上夸大了，因为延迟箱的底部大约有 350 次 "偶然事件"；为了对背景噪声上方的中心箱的高度有一个真实的印象，你可以想象这个数字的底部向下延伸，使噪声箱的高度超过 3 倍。尽管如此，中心延迟箱昂然耸立的方式非常令人信服。只要看一下图表，就会产生一种强烈的信念：某些外部的源对实验装置产生了影响。可以看到，中心延迟箱的高度代表了 20.8 天内大约 $566 - 414 = 152$ 个 "真实的" 符合，确实是每天 7.3 个的真实符合率。

─────────────────────

① 见 Weber 等 (1973)。(有一位作者是弗吉尼娅·特林布尔，韦伯的第二任夫人。)
② 虽然我不太确定它的统计显著性——我猜测这是 1 个标准差。

这个直方图和发表在《自然》上的直方图还有两个不同之处。噪声延迟箱的奇异下降不见了——它们的高度大致相同，不管它们离中心有多远。更有问题的是，正如我们将看到的，噪声箱下降到平均噪声水平，只要你离开中心延迟箱。看一下《自然》文章里的数字 (图 8.1)，你就会发现，零延迟箱旁边的箱 (就是那些 1 秒延迟) 比其他噪声箱更高，可以称之为零延迟箱的"肩膀"。在《物理评论快报》中，没有肩膀，即使是 0.1 秒的延迟箱，也处于平均水平。这将给韦伯带来麻烦。

8.3　卡夫卡和泰森

在幕后 (很少有科学家能看到)，韦伯正在争论另外两个实验的意义。他经常谈到慕尼黑–弗拉斯卡蒂实验，因为它试图尽可能地复制韦伯的设计。因此，在 1974 年 6 月特拉维夫的一次会议上，韦伯这样结束他的报告："总的来说，我们的结果与慕尼黑–弗拉斯卡蒂小组的观察结果是一致的。"1974 年 12 月，他在发表的文章里声称："有趣的是，另一个小组 (慕尼黑–弗拉斯卡蒂) 观察到相当数量的符合 (具有统计显著性)，他们使用的两个探测器与马里兰的天线和类似仪器的质量相同。"①

在上述评论中，韦伯指的是一个符合实验，它发现了一些看似正面的结果。他并不是唯一对这些小组的工作给出积极结论的人。因此，在 1974 年 9 月发表并从俄文翻译过来的一篇论文中，翻译者 M. E. 迈尔 (Mayer) 在英文版中增加了一个注：

> 译者注：慕尼黑–弗拉斯卡蒂实验最近 (1974 年 3 月) 报告了 3 个标准差的符合 (H. Billing, P. Kafka, K. Maischberger, F. Meyer, W. Winkler, 慕尼黑预印本, 1974 年 6 月)。②

在一个具有里程碑意义的会议上，这些结果被传递给韦伯：这是 1974 年 6 月 10 日在麻省理工学院举行的第 5 届剑桥相对论会议 (称为 CCR-5)。1976 年，实验的德国成员毕林和温克勒 (Winkler) 向我描述了这件事 (温克勒的评论放在大括号中)：

> 在这个时候，我们有很短的一段时间，大约两周，我们有了重大的结果 (在韦伯的意义上)，但是只有这两周。我在会议前跟韦伯说了，他很高兴看到这些结果。我告诉他，我们不认为这很重要。{ 你看，这总是统计的问题。你不能把手指放在某个事件上说，有引力波。我们总是在噪声中四处搜索，总是有波动，无论是正方向还是负方向。在此期间，我们在零延迟处有一个峰，3.6 个标准差的峰。}

> 在我的报告里，我说这可能意味着韦伯的结果是正确的，但也可能只是偶然。{ 因为这只是刚开始，我们没有太多的数据，我们有一些数据，但没有那么多，我们不相信这是由于引力波。}(1976)

实验本身是由迈什贝格 (Maischberger) 在弗拉斯卡蒂做的，使用一根棒，独立于慕尼黑的由

---

① 引文来自 Shaviv, Rosen(1975)(第 254 页) 和 Weber(1974)(第 11~13 页)。
② 见 Braginsky 等 (1974) 第 84 页。

毕林和温克勒建造的另一根棒。[①]但是, 彼得·卡夫卡是数据的主要分析者。卡夫卡已经写了一个毁灭性的理论批评, 认为韦伯看到的引力波太大了 (见第 5 章); 他已经建议, 韦伯的相关性可以解释为由电话线连接的设备引起的相关性。[②] 韦伯意识到, 卡夫卡的发现与他已经发表的理论研究结果矛盾, 这会让他难堪, 因此他得出结论, 卡夫卡将把大部分努力用于解释这些发现。[③] 韦伯非常失望的是, 卡夫卡不允许用这些数据支持他的主张。事实上, 在特拉维夫, 卡夫卡对韦伯的回应是, 将一张幻灯片投射到屏幕上并宣称:

> ……乔·韦伯认为我们也发现了一些东西。这是 150 天 (总观察时间) 里的 16 天。在零延迟处有一个 3.6(标准差) 的峰, 但是不能把它太当真。这是 13 组分析数据中的一组, 我做了评估, 我试了至少 7 对阈值。考虑到选择, 我们可以估计, 偶然出现这样一个峰的概率为 1%。因此, 在我明确地说我们没有找到韦伯脉冲的任何证据之前, 我将仔细研究随着时间的波动。[④]

卡夫卡在 1975 年 3 月作的报告如下:

> 在 1974 年 3 月出现了两个星期的接近零延迟的过剩似乎是偶然发生的……事情是这样的: 我们在短时间内 (由磁带的长度定义) 检查了一小部分阈值, 到那时为止, 打印出来的结果的最大偏差接近零延迟。现在, 在检查了全部结果 (存储在磁带上) 之后, 这个特性似乎不再是不可能的。我们总是强调, 我们不相信发现了真正的事件! 然而, 一些作者和译者似乎误解了我们。(他提到韦伯在特拉维夫的评论和布拉金斯基等人在 1974 年发表的论文, 其中载有前面提到的译者注。)[⑤]

在 1976 年, 我问做实验的毕林和温克勒, 关于这个 "短命" 的 3.6 个标准差的峰, 他们是否还记得团队的第一反应。其中一个人笑着回答说:

> 我想说, 做实验的人有积极的反应, (同一组的其他成员) 有消极的反应。(1976)

韦伯还相信, 贝尔实验室的托尼·泰森的研究结果证实了他的发现, 但是泰森拒绝公布。他认为, 在马里兰大学和贝尔实验室的探测器之间的符合测量里, 可以发现正面的结果。但这种合作有保密协议, 韦伯不能违反协议, 除非他先说服泰森同意。泰森不同意。韦伯向系里的资深人员陈述他的观点。1974 年 12 月 3 日, 他给同事写了一封信, 阐述了他关于贝尔实验室-马里兰数据取得正面结果的说法。他说: "一个 4 天的周期有 5 个标准差的零延迟过剩。整个 16 天的最佳结果超过了 4 个标准差。" 他同意, 剩下两个月的数据没有显示出正面的结果, 但认为这很可能是因为贝尔实验室天线的温度控制不好。这些数据是在 1974 年 4 月和 5 月采集的。

1974 年年底, 双方同意由马里兰大学物理学家 (包括韦伯和系里的资深人员) 组成的代表团访问贝尔实验室讨论此事; 这次访问是在 12 月 5 日。随后, 代表团成员给韦伯的信 (日期是 12 月 9 日) 指出:[⑥]

───────────────────────

[①] 直到这两个独立的小组几乎完成了他们的设备之后, 他们才发现对方, 并意识到他们有相同的设计理念: 建造一个共振棒, 非常接近韦伯的最初设计, 免得有人指责他们未能看到引力波是因为设计上的差异。然后, 两个小组分享了设计细节, 并商定了联合开展符合测量。

[②] 见 Kafka(1973)。

[③] 为了解释明显难以相信的结果, 可以采用不同的方法, 相关的研究请参阅 Collins, Pinch(1982), 特别是第 114~121 页。

[④] 见 Shaviv, Rosen(1975) 第 265 页。

[⑤] 见 Kafka(1975) 第 109 页。Billing 等 (1975) 给出了很相似的说法。这里说的布拉金斯基的论文是 Braginsky 等 (1974)。

[⑥] 因为韦伯在贝尔实验室, 这个肯定是 "为了存档" 写的。

　　　　泰森博士在会议期间同意研究他自己的磁带 (在相应的时期, 马里兰大学发现了明显的零延迟过剩)。会谈后, 泰森博士带着马里兰代表团去他的办公室, 待了大约半个小时。在那里查阅他的日志, 表明记录仪故障导致前 8 天的数据丢失。泰森的设备、维修和校准时间表等其他问题显然导致了, 除了几天, 在韦伯分析的 50 天里, 没有其他数据可用。

韦伯不止一次地告诉我, 贝尔实验室 (一家通信公司) 对通信失败 (这是他们的责任) 感到尴尬, 这是他们不想谈论这个系列数据的原因之一。

　　没有从泰森的实验室获得相关时期的数据, 马里兰代表团显然感到失望, 但他们没有给韦伯他想要的。系里的一位资深人员确实在 12 月 17 日回信, 解释说, 他认为韦伯对贝尔实验室-马里兰数据的分析看起来有说服力, 但这种结果必须得到其他人的确认, 才能有可信度。他写信给韦伯:"你现在应该提供详细的文件, 加上其他人的类似努力, 应该可以进行明确的比较, 客观地解决这个问题。"

　　韦伯将继续争论, 我收集的信件包括他给贝尔实验室资深人员的信, 直到 1975 年年底。例如, 韦伯在 1975 年 11 月 3 日写信给泰森, 附上了关于符合的数据, 并总结说:"虽然这些数据是'为了启发我们', 但结果引起了广泛的关注, 值得发表。我们建议发表, 不作任何声明, 请你作为合著者。"泰森不接受这个提议。

　　我把这些关于慕尼黑-弗拉斯卡蒂结果和贝尔实验室-马里兰结果的讨论包括在内, 不是为了表明韦伯被"欺骗", 而是为了反对这样的印象:他的批评者的数据从来没有给出任何关于引力波存在的正面迹象。我们不应该忘记, 格拉斯哥小组有一个正面迹象, 更不要说韦伯的盟友将以正当的途径给出正面的结果。我试图表明, 实验的结果并不像我们在事后回顾时认为的那么一致, 对韦伯的批评也不像现在看来的那么一致。[①] 例如, 在争论的过程中, 泰森在韦伯放大器的灵敏度上犯了一个错误, 为韦伯的信号发现了一个完全不相关的地球物理源, 甚至不同意发表一些建设性的结果。这可能表明, 处于接收端的人有某种偏见。韦伯确实认为, 某些小组 (包括卡夫卡和泰森的小组) 非常害怕被嘲笑, 以至于他们想方设法地贬低任何支持韦伯主张的数据。就像他告诉我的:

　　　　我不知道有哪个复杂的实验在首次启动时就成功, 现在如果道格拉斯 (Douglass) 发表一篇论文, 确认我们以前的所有结果, 就会发现自己在和加文进行生死攸关的战斗⋯⋯

　　　　为了完成复杂的实验, 你真的必须有主动性, 经历千辛万苦, 把一切都做对。泰森在 1972 年了解到, 如果他批评我们, 他就会被邀请作报告, 如果他批评我们, 他的个人处境就会改善。卡夫卡在慕尼黑-弗拉斯卡蒂实验之前很久就批评我们——我不明白你怎么能期望这种情况发生重大变化。(1975)[②]

───────────────────────────────

① 例如, 富兰克林 (Franklin, 1994) 写道:"我没有发现任何报告表明'韦伯棒'探测器的积极结果, 除了韦伯及其合作者。"
② 关于这次采访的更多评论, 请参阅第 44 章的一个小节, 题为"乔·韦伯死了, 我作为社会学家的生活变得更难了"。

8.4　结束的开始

1974 年 12 月, 韦伯向《物理评论 D》提交了一篇 14 页的论文, 旨在总结和加强他的主张。它直到 1976 年 8 月才出版,[①] 审稿花了很长时间。我们可以猜测, 麻烦与即将爆发的下一轮批评有关。在第 11 章回顾这篇文章及其反响之前, 我们看看他对 1972 年和 1973 年的文章的回应。

---

① 这篇文章是 Lee 等 (1976)。

第 9 章 达 成 共 识

正如我们看到的，在 1972 年，大约有十几个团队积极地开展实验，旨在确认或否定韦伯的发现。在接下来的三年里，一切都变了。到 1975 年，当我进行第二组访谈时，韦伯的工作即将进入边缘状态，在此期间，几乎整个引力波学界都忽略它——社会时空中的涟漪完全停止了传播。[①] 虽然少数几个团队仍在仪式化地完成他们的工作，但到了 1975 年，甚至没有人认真反对韦伯的实验主张。这并不是说引力波领域悄无声息——远远不是——而是科学家们正在寻找一些非常不同的东西——它比天体物理学理论弱一百万倍或更多。就连韦伯也面临着为自己的实验提供资金支持的问题。到了 1975 年，科学家们满意地认定，韦伯没有探测到引力波，有七个小组正在建造或考虑设计灵敏度更高的天线。用一位受访者的话来说，1975 年属于"后韦伯时代"。

后韦伯时代的"后"不在于组织论坛用文章直接否定他的发现，而是根本没有文章讨论他的工作。有人可能会说，在科学中，被拒绝的激进主张总会经历三个阶段。第一阶段，忽略这个主张：胚胎在沉默中挣扎，社会时空不会产生任何涟漪。韦伯对数据进行了一系列巧妙的补充和修改，特别是峰与恒星时的相关性，以及用延迟直方图展示结果，使得他破茧而出。第二阶段是主动拒绝，本章讲的就是这个阶段：此时，新生事物遭到四面八方的攻击。在第三也是最可怕的最后阶段，这个主张再次被忽视：在本书第 1 部分结束时，我们将看到，韦伯的主要发现已经到了这个地步。换个比喻，到 1975 年年底，它们冷冷地、毫无生气地、无人理睬地飘浮在空中，"没有人能听到你的尖叫"。[②]

9.1 其他人的实验结果 (以及灵敏度的计算)

但是我们是怎样从韦伯时代跨入后韦伯时代的呢？几乎不用说，其他实验室几乎一致的负面结果很重要——大量的实验证据增强了对韦伯的反对。但是，由于实验者的困境，新领域的实验工作不能完全确定。因为韦伯对实验付出的时间和努力比其他人更多，他仍然可以声称他是最好的。在争论中，韦伯和其他一些人都理解这一点。因此，一位受访者报告说：

> 那时候 (1972 年)，韦伯访问了我们，他发表了评论，我认为这个评论是恰当的，
> "这将是引力波事业非常艰难的时期"，因为他觉得，他工作了 10 年或 12 年寻找信

---

① 正如我们将看到的那样，十年之后，它将短暂地摆脱这个困境。
② 我把这个表达和里德利·斯科特的电影《异形》联系起来。

号, 更容易出现的情况是, 你启动一个实验, 如果没有看到它们, 你不去深究为什么你没有看到它们, 你只是发表一篇论文。这很重要, 它只是说:"我没看到他们。"所以他觉得这个事业会衰退⋯⋯(1975)

另一位实验工作者评论说 (他曾与韦伯共事, 而且赞同他):

> (韦伯和其他人的主要区别是, 韦伯) 每个月、每一周、每一天都花很多时间与仪器在一起。当你努力工作、试图把事情做好的时候, 你会发现, (例如,) 你选择了一根管子, 比如, 从一百个里挑出来一个, 如果你幸运的话, 它只能作为一个好的噪声管用一个月, 更有可能是一个星期。发生了一些事情, 一些小颗粒从阴极上掉下来, 现在你有了一个噪声很大的点, 找到它的流程既漫长又乏味。同时, 从外面看起来, 你的系统还是一模一样的。
>
> 所以, 很多时候你可以让系统运行, 你认为它工作得很好, 但它并不是。韦伯为他的系统做的 (其他人都没有做的) 一件事是专注——极其专注——作为电气工程师, 而其他大多数人不是⋯⋯
>
> 韦伯是电气工程师和物理学家, 如果他看到的是引力波, 而其他人错过了它, 这就是答案, 他们不是真正敬业的实验工作者。我发现, 和这个设备一起生活很重要。这有点像认识一个人——过一段时间, 你就可以知道你的妻子什么时候感觉不舒服, 尽管她并不知道。[①](1975)

我们可以将这些评论与另一个人对韦伯的评论做比较, 他承认:"这是人们做得笨手笨脚的一个领域。"(1975) 然后解释说, 这个领域的研究生找不到工作。这意味着, 有研究生的科学家必须同时开展其他项目, 作为他们对科学的主要贡献, 以便他们可以有些更好的东西让学生们做。

考察这些实验, 我们发现, 除了一个人, 所有那些有负面结果的人都受到某个或多个韦伯批评者的批评——尽管这些人的偏见可能会导致他们偏爱其他产生负面结果的实验。[②] 因此, 在 1975 年的采访过程中, 一位受访者谈到了弗拉基米尔·布拉金斯基的实验, 后者是韦伯最早的坦率批评者。

> 我不太确定有很多人强烈认同布拉金斯基的负面结果, 主要是因为他只有五六天的数据——大致如此——没有更多⋯⋯他说, 如果他看到了事件——如果韦伯声称的事件确实发生了——他就会看到它们。(1975)

另一项实验, 由大卫·道格拉斯主持的罗切斯特大学小组的实验, 被广泛认为是共振棒金属"蠕变"的困扰, 这种金属产生了太多的虚假噪声, 无法对任何信号进行彻底地搜索。

贝尔实验室泰森的实验受到了批评, 因为和罗切斯特实验一样, 它的频率太低, 无法与韦伯的实验做比较, 因此无法正面反驳韦伯的结果。无论如何, 正如我们看到的, 有人发表文章批评泰森, 因为大多数科学家认为, 他声称的仪器灵敏度是站不住脚的, 所以他的可信度受到了质疑。[③]

德雷弗在格拉斯哥大学的实验被认为是聪明的, 但很小, 而且是全新的设计 (分裂棒), 不能直接与韦伯的做比较。加文和莱文在 IBM 的实验被认为是一个"玩具"。

---

① 韦伯自己对此的评论可以在 WEBQUOTE 下的 "韦伯谈专注" (Weber on Dedication) 查阅。

② 但是, 即使某位科学家同意没有引力波, 如果他自己做了独特的决定性的负面实验, 他也会更愿意这样做。即使他们同意竞争对手的结果, 也会竭力反对忽视其竞争对手的工作缺陷。

③ 正如我们看到的, 这种批评是由韦伯最严厉的批评者加文和莱文提出的 (见 Garwin, Levine(1973) 第 178 页)。

只有一个实验没有受到韦伯批评者的批评，这是彼得·卡夫卡的团队在慕尼黑建造的棒，与弗拉斯卡蒂的棒做符合测量，它们的设计尽可能完全接近韦伯的原始设计 (完全相同的副本)。事实上，正如有人指出的那样，对这根棒的批评是缺乏想象力，全盘复制了韦伯的仪器。然而，韦伯对它的批评开启了信号处理算法的分歧。韦伯的所有竞争对手都认为他在选择信号处理算法时犯了错误，但韦伯坚持自己的观点。他坚持认为最大的净灵敏度是通过非线性或能量算法获得的 (该算法涉及处理原始信号的电路和计算机程序)。韦伯的批评者坚持认为线性或振幅算法是最好的，他们都使用这种方法。

至于其他一些导致批评者对韦伯工作丧失信心的事情，我们发现，恒星时相关性的消失非常重要。这个特征从他的数据中消失了，我们从前面的评论中看到，至少有一两个批评他的人 (但不是所有的人) 认为这个消失是致命的。韦伯丧失可信度的另一个原因是，其他设备在响应校准脉冲方面有明显的优势；第 10 章将更详细地讨论这一点。另一个严重的问题是韦伯没有设法提高结果的信噪比，让他的仪器变得更灵敏。事实上，考虑到他的仪器正在不断改进，净信号似乎在减少。这不是新兴科学的典型表现。

> **第一位受访者：** 韦伯也提高了灵敏度，他的结果总是在灵敏度的极限上，这让人有点怀疑……如果你总是在极限上，就不能相信这是真实的事情。我们很确定，如果韦伯有一些真实的事件，在我们的实验里，我们就应该看到它们强势出场……

> **第二位受访者：** 对于噪声不同的两个设备，如果你降低它们的噪声，一个工作在显著性的极限，另一个就应该找到非常显著的结果。这就是我们不相信韦伯的主要原因。(1976)

尽管如此，这些日益严重的问题并不一定是致命的，特别是因为有几位批评者认为这些问题无伤大雅。因此，除了布拉金斯基，对韦伯的批评在组织论坛上仍然合乎一般要求。不同实验的差别可以让足够多的水从水库里流出去，让韦伯在信誉岛上站稳脚跟。多年来，韦伯的发现让人兴奋，物理学家已经想到了新的可能性，如果一致认为那里啥也没有，就有可能错误地放弃了这个时代的伟大科学发现。但是情况将变得更糟。

9.2 计算机错误和 4 小时错误

不幸的是，韦伯犯的错误比混淆了恒星时的周期 (24 小时还是 12 小时) 更糟糕。第一个错误是技术错误，夸大了符合的计数，因为计算机在时间间隔的边缘的信号计数方式有缺陷。韦伯承认，这个错误是他的某一轮测量中报告的大多数信号的原因。过一段时间以后，他修改了程序，纠正了一些 "额外的错误"，最终结果是，同一轮测量仍然产生了统计上的结果。这种举动并不能让人产生信心，因为它看起来就像事后的统计操纵。

假设你买了一张彩票，而且中奖了。如果赔率很大，就像全国彩票一样，奖品非常有价值。如果你的彩票中了普通奖，它的赔率比较低，奖品就不怎么值钱。你总是可以买更多的彩票，以此提高中奖的可能性，但是降低了奖品的价值与投入成本的比值。如果你买了所有的彩票而中奖，那就没什么收益了。

　　科学中使用的统计数据也是这样。在数据中找到重要的信号就像抽奖一样。中奖的概率越低，奖品就可以提供越多关于事物本质的信息。因此，要知道你的奖品值多少钱，就必须知道赔率。计算统计显著性的假设是，数据只看一次（只买一张彩票）。因此，如果你查看数据并获得 2 个标准差的显著性，这意味着，如果数据提取是公平的，结果纯粹因为运气而发生的概率是 1/20。我们说过，这在一些科学中是值得尊重的结果，但在其他科学中却不值一提。同样的推理在原则上适用于 2 个标准差和 7 个标准差的结果。假设你希望得到 2 个标准差的结果，却没有得到。然后，你对数据进行另一种稍微不同的计算。但这就像买第二张彩票一样——它提高了你中奖的概率，却降低了结果的价值。问题是，统计计算的结果看起来是一样的——2 个标准差的结果，因为没有人知道你多买了一张彩票——但是结果的价值比看起来的要小。

　　所以，如果科学家们发现你用许多不同的方式对同一组数据做统计计算，他们就会非常怀疑。事实上，如果你按照自己想要的结果引导你处理数据的方式，就可以进一步提高自己中奖的可能性；这就像在抽奖之前，在奖池里寻找正确的号码。但是，再说一遍，对那些不知道你在奖池里搞事情的人来说，统计结果仍然是一样的。重新整理数据，直到结果出现，这被称为统计按摩。它很少是故意的，但是在重复检查数据、寻找隐藏信号的过程中，它可能不知不觉地发生。

　　统计数据的一个奇怪特征是，你看到的不是你得到的；它只是冰山一角。在统计适用的领域，发表的结果通常包括结果的统计显著性。它不包括这个结果的历史——在结果出现之前所有尝试过的东西。这很好，因为历史有可能漫长而乏味。然而，要理解真正的统计显著性，你需要历史。

　　韦伯犯的计算机错误让科学家们有理由认为，如果不知道每个结果的历史，他们就不能信任他的统计数据。他似乎已经表明，他能够无意识地"按摩"他的统计数据，有可能从噪声流产生似乎具有统计显著性的信号。有很多机会可以人为提高结果的统计显著性，因为分析者可以有很多种选择。例如，因为必须选择阈值，所以有机会尝试不同的阈值，直到出现一个产生良好的零延迟符合的阈值。这就像在奖池里搜索中奖号码一样，所以它让统计数据失效了。在另一位实验工作者给韦伯的一封信里（他们正在为一盘数据的分析而争论），这个问题得到了很好的描述：

　　　　我不否认，不同的分析可能会从这个磁带（或任何磁带）得到零延迟过剩……考虑到符合的判据、阈值和箱的宽度都是自由变量，我很惊讶零延迟过剩没有比你现在报告的更大。(1974)

另一位科学家给我写了以下内容：

　　　　韦伯的统计方法过于灵活，允许用试错法调整阈值和时间偏移，以便最大限度地改善符合检测。

　　　　……在马里兰的一次私人会面上，(韦伯) 注意到他的计算机程序员不是很好，(而且) 他的初始程序找不到符合，不得不多次重写……直到他们最终成功……乔给我看了 FORTRAN 程序的打印件。它大约 10 厘米厚，因为包含了大量的子程序，这些子程序是在……尝试寻找符合。[1](2001)

　　更糟糕的是，韦伯自己做了一个符合实验，证明他可以从纯粹的噪声中得到非常接近于信号的东西。在他的棒和大卫·道格拉斯在罗切斯特大学建造的棒之间，他做了一次符合测试。[2] 方

────────────────────
　　[1] 我编辑了一些评论性的短语和形容词，以便留下描述的要点。
　　[2] 当我第一次发表这个故事时，没有披露这些名字，但某些参与者的身份已经被其他人披露 (例如，Franklin(1994))，无论如何，这些事情发生在很久以前，现在似乎没有保持匿名的意义了。

法是让道格拉斯把他的数据磁带寄给韦伯，然后韦伯将它们与自己的数据磁带进行比较。相比于用自己控制的两根共振棒做符合测量，用别人的仪器做，更有说服力；消除了许多假象和偏见的可能性。可以说，两名科学家用两种仪器得到的实验数据被道德空间和物理空间隔开。如果来自两个非常独立的探测器的数据流中出现符合信号，说服力就很强。

韦伯得到道格拉斯的同意，做了这样的比较，确实在 2.6 个标准差的水平上找到了正面的结果 (这意味着，如果数据是公平地产生和选择的，这样的结果完全是运气的可能性只有百分之一)。在社会科学中，2.6 个标准差被认为具有极好的统计显著性，韦伯在会议网络上宣传结果这件事说明，他认为这有物理学的意义。不幸的是，后来发现韦伯在时钟设置上犯了错误。由于他和道格拉斯实验室使用的时间标准不同，出现了 1.2 秒的小误差和 4 小时的大误差。因此，韦伯从数据流中发现了 2.6 个标准差的零延迟信号，实际上延迟了 4 小时又 1.2 秒：他从本该是纯噪声的数据流中发现了信号！

韦伯犯的这个错误给核心集合中所有打算选择站队的人留下了可怕的印象。但请注意，在这种情况 (我们将包括实验的力量) 的逻辑中，没有什么证据表明韦伯没有看到引力波；在他的许多主张里，这一次犯了一些可怕的错误。因为这种情况的逻辑不能是决定性的，由于我们一直在讨论的所有原因，这些错误在某些人看来非常重要。这是他们最终得出结论的方式，正如我们将看到的那样，细节越清楚，这个结论就越不可避免。但结论只是这个人粗心大意了一次——关于这些现象的结论，必须依赖于对这个人的结论。

即使这句话也必须符合要求；一些科学家认为这些错误只是不幸的错误。他们不愿意在核心集合内部人员的小圈子之外公布这些错误，他们认为这些错误是个人性质的，不应该在组织论坛附近提及这些错误。但是有一位科学家认为，够了够了，不能再忍了。他想确保在这件事误导更多的人、花费纳税人更多的钱之前，让时空的涟漪立即消失。

9.3 凝练证据

理查德·加文是非常著名的科学家，他的能力很强，也是许多高级委员会的顾问。他在纽约市北边大约一个小时车程的沃森研究中心担任 IBM 研究员，与莱文合作开展引力波工作。他和莱文建造的天线最小，但他们认为，因为复杂的设计，它至少和韦伯的一样灵敏。尽管如此，和我交谈的大多数科学家都看不上加文团队的实验发现，因为他们的棒太小了。尽管有这种怀疑，但是因为加文发布结果的方式，他的影响很大。一位科学家说：

> 就科学界整体而言，大概是加文的文章让这种态度得到了肯定。但事实上，他们做的实验微不足道——这是一件小事……但问题是，他们写的方式……其他人对这件事都很犹豫……都有点犹豫……这时候，加文带着这个玩具来了。但是你看，重要的是他写的方式。(1975)

另一位科学家说：

> 加文的灵敏度要低得多，我本以为他的影响力会小于任何人；但他说的话比任何人都响亮，在分析数据方面做得很好。(1975)

还有第三位:

> (加文的论文) 非常聪明, 因为它的分析实际上对其他人非常有说服力, 这是第一次有人用一种简单的方式计算出棒的热噪声应该是什么……完成的方式非常明确, 他们差不多说服了每个人。(1975)

对韦伯的发现提出质疑的第一个负面结果是在仔细考察所有的逻辑可能性以后报告的, 例如, 韦伯的结果完全是虚假的, 缺乏完整且可公布的确定性。紧随其后的第二份实验报告来自直言不讳的加文团队, 经过仔细的数据分析, 他们宣称自己的结果"与韦伯报告的结果有很大的冲突"。[1] 然后, 正如一位受访者所说:"这引发了雪崩, 从此以后, 再没有人看到任何东西。"

关于实验结果的重要性, 由此导致的情况是, 这个系列实验让人们强烈而且有信心地公开发表反对韦伯的结果, 但这种信心出现在积累的实验报告超过"临界质量"以后。加文的表达方式"触发"了这种大规模的讨论; 他让彻底的拒绝成为可能。[2]

加文从一开始就相信韦伯是错的, 并采取了相应的行动。但他的思想并不像前面几段所说的那样封闭。加文的实验策略考虑了这样的可能性: 自己错了、找到了引力波高通量的迹象——尽管他最初的打算是纠正那些仍然认为韦伯有可能正确的人。加文向我解释了他的实验策略:

> 我们在一开始就可以只分析韦伯的表现, 并在原则上表明, 他无法探测到他说自己正在探测的引力波……我们可以从抽象的角度论证, 即使在理想的情况下, 他也不可能检测到它们。但我们认为, 如果这样做, 我们不会有任何可信度……而且, 我们唯一可以经受考验的办法是取得自己的结果。(1975)

在完成工作并发布了关于他们的"小"天线的报告后, 加文小组建造了第二个天线, 尺寸更大, 灵敏度更高, 但足够小, 可以使用相同的外围设备 (真空室等)。我对他们继续这样做的原因很感兴趣, 因为他们认为第一个天线虽然很小, 但是足以让他们对韦伯结果的反驳有说服力。加文只是简单地回答说, 最大限度地利用设备。新的实验几乎没有成本, 进一步压低了可能的引力波的上限。然而, 该小组的另一名成员说:

> 好吧, 我们知道会发生什么。我们知道韦伯正在建造一个更大的, 我们觉得小天线的说服力不够强。我们需要比韦伯领先一步, 同样提高我们的灵敏度。
>
> ……那时候就不再是做物理了。现在不清楚在那之前是不是物理, 但到那时候肯定就不是了。如果我们寻找引力波, 我们会采用完全不同的方法 (例如, 用足够灵敏的实验找到理论预测的辐射)……建造韦伯 (类型) 的探测器是没有意义的。你不会检测到任何东西 (使用这样的检测器——你知道, 无论是基于理论上的理由, 还是因为知道韦伯如何处理他的数据), 所以没有必要做, 除了一个事实——有个人在《物理评论快报》上发表了结果……很明显, (另一个被提到名字的小组) 永远不会给出明确的结论……所以我们就这样做了……我们非常清楚发生了什么, 问题只是得到足够的结果, 这样就可以在著名的学术期刊上发表, 试着用这种方式结束它。(1975)

上述引文中的最后一句话特别重要。加文的小组向其他科学家和韦伯本人分发了欧文·朗缪尔的一篇文章;[3] 我也得到了一份。这篇文章论述了"病态科学"("真相并非如此的科学")

---

[1] 见 Levine, Garwin(1974) 第 794 页。
[2] 布拉金斯基同样直率地拒绝了韦伯, 但是谈到关于此事我们能够确定的历史事实, 加文实际上成功地扭转了话语的潮流。
[3] 朗缪尔的这篇文章 (Langmuir, 1989) 从 1969 年起作为通用电气公司 (GE) 的报告流传。

的几个案例。加文认为韦伯的工作是这样的典型；他试图说明韦伯和其他人的相似之处。朗缪尔列举的大多数案例用了许多年才解决。因此，正如加文小组的一位成员所说："我们只是想看看，是否有可能立即停止，而不是拖延 20 年。"

加文和莱文很担心，因为他们知道韦伯的工作不正确，但他们看到，这一点没有得到广泛认同。事实恰恰相反。引用小组成员的话：

> 此外，韦伯也非常努力。他到处作报告……我们有一些研究生——我忘了他们来自哪所大学——跑来看仪器……他们非常坚定地认为，引力波已经被探测到了，这是既成事实，确实无疑，我们觉得必须做些什么阻止它……情况正在失控。如果我们写一篇普通的论文，只是说我们看了，但没有找到，就不会有任何影响，只会消失得无影无踪。(1975)

总之，虽然他们已经为所有可能发生的事情做好了准备，但加文及其团队希望用尽可能短的时间干掉韦伯的发现，他们追求这个目标的方式非常有效。首先，他们做了实验，以便让自己能够批评韦伯的发现。如果不是因为他们"看到别人计划做什么，并认定没有人打算进行这种对抗，他们可能就不会费心做任何实验"。

因此，加文的行为是这样的：他认为，低调地评论，简单地介绍结果，不足以摧毁韦伯结果的可信度。换句话说，就像人们预期的那样，如果某个科学家意识到，简单的证据和论证不足以明确地解决一个现象的存在状态，他就会这样做。

9.4　加文的信

从韦伯、加文和其他人之间的长期书信交流中，可以体验到这次争议的一些"味道"。这些年来，我收集了韦伯和加文从 1973 年 2 月到 1975 年 4 月的大部分通信，在此期间，韦伯的可信度几乎下降为零。

从加文的信可以看出，他和莱文一起于 1972 年 12 月 18 日参观了韦伯的实验室。我的第一封信是 1973 年 2 月 12 日，是韦伯写给加文的，它涉及校准方法。在乔尔·辛斯基的复杂实验之后，韦伯使用"噪声发生器"校准他的棒。据我所知，他通过电子系统给棒注入已知振幅的白噪声。然后，他可以观察到对共振棒记录的随机符合水平的影响，从而计算出它们的灵敏度。但是人们说服他使用另一种校准方法——所有其他共振棒团队青睐的方法。这是通过静电端板向共振棒内注入离散的"冲击"。韦伯对此方法的担忧是，提供静电"冲击"的电脉冲可能直接进入放大器，从而产生虚假的高灵敏度。然而，他在 1973 年 2 月的信里说，他的学生古斯塔夫·赖德贝克 (Gustaf Rydbeck) 完成了这样的实验。他说结果和预期的一样：

> 这与他的装置的噪声发生器测量结果一致，并与 (辛斯基的) 高频卡文迪什实验结果一致。到目前为止，我们可以说，我们装置的灵敏度已经用三种不同的方法做了研究，这些方法给出了一致的结果——远远超出了你对我们设备的估计！(后者低一些)

1973 年 3 月 30 日，韦伯再次写信给加文，寄了一些他的《自然》文章的抽印本，并再次强调他的校准结果的一致性。在这封信中, 他提到了乔纳森·洛根 (Jonathan Logan) 在《今日物理》中的一篇文章, 其中他受到了批评。[①] 在这篇文章中, 洛根报告说:

> 加文估计, 韦伯每天观察几次事件……将在约克镇高地 (加文的实验室) 装置中产生激发……他们希望观察到……到目前为止, 仅仅运行了几天的数据已经做了分析和处理, 没有显示出这种强度的刺激。

作为反驳, 韦伯写信给加文:

> 我们观察了两年的符合, 然后才发表声明, 我希望你能重复我们的实验——用两个探测器系统——然后再写文章评论, 像洛根文章里的那种评论。

在 5 月 10 日, 加文回复了这两封信, 并将他的答复抄送给乔纳森·洛根。他说:

> 非常感谢你 1973 年 2 月 12 日的来信, 我真的不知道该如何答复, 只能随函附上我们文章的预印本。[②]

加文解释了他对韦伯关于噪声和检测效率的说法的责难, 并再次敦促他使用不同的信号处理算法校准他的棒。

韦伯的答复也抄送给洛根, 日期是 1973 年 5 月 18 日。在这篇文章中, 他质疑了加文对他的主张的理解的各种细节。他还说:

> 泰森现在告诉我, 他在纽约得克萨斯 (广义相对论) 会议上对我们灵敏度的估计是不正确的。

他回到洛根的文章 (暗示加文不再相信他对韦伯信号的明显高强度的估计):

> 如果你不相信, 那么你或洛根可以写一封信……不用说, 错误地报告我们工作是非常有害的, 即使悄悄地撤稿。

加文在收到这封信的那一天 (5 月 22 日) 做了答复, 并再次抄送给洛根。韦伯的信只有一页, 加文的回复有三页半。这个论证涵盖了许多细节, 有七个编号部分涉及实质性问题。例如, 韦伯一直声称信号的某些特征的消失可能是源的衰减所致。加文试图证明这不太可能发生 (如果不是完全不可能), 如果韦伯真的相信这是事实, 他应该明确地陈述。加文回到校准问题上, 认为 IBM 团队非常小心地确保校准信号不会直接泄漏到电子线路中。第八段也是最后一段:

> 希望我们没有错误地报告你的工作, 但是我们肯定没有撤回任何评论, 不管是悄无声息的还是大张旗鼓的。

韦伯在 6 月 13 日回复, 并给了洛根一份。他附上一些抽印本并重申了他的立场, 说新的发现和新的程序加强了他的立场。他抱怨说, 如果加文在访问马里兰大学期间问更多相关的问题, 韦伯本可以提供答案, 从而澄清人们对之前报告的结果的困惑。他总结说:

---

① 这篇文章 (Logan, 1973) 是对当时引力波研究现状的高水平总结。文章的整体基调是否定的, 但洛根很小心地保持了保守态度, 不让这些变为决定性的评价。可以把这篇文章解读为对 "怀疑的大坝" 本质的有充分证据的说明。韦伯在给加文的信中, 反对洛根描述的对他的共振棒与其他天线的相对灵敏度的估计。正如我们看到的, 在他和泰森仪器的相对估计的情况, 他赢得了争论。洛根写了这篇优秀的评论后, 不再关注引力波 (私人通信)。

② 这些文章是 Levine, Garwin(1973); Garwin, Levine(1973)。

不管怎样，我真的不在乎你是否发表文章，而目前的实验——更简单的算法 (用于信号处理)——有一名仍在工作的计算机程序员和一个更容易理解的程序——让几乎每个人都更感兴趣。

有些令人惊讶的是，他在这封信上签了"谨上"，而不是通常的"谢谢，敬上"。

我的下一份文件涉及加文和莱文即将在《物理评论快报》中发表的论文 (见第 7 章)。编辑已经向作者发送了一份审稿人的报告，建议不发表论文。看来几乎可以肯定，这份报告来自韦伯。6 月 21 日，加文和莱文对两页半的批评作出了回应，如我们所知，这些论文将被发表。

1973 年 7 月 2 日，加文回复了韦伯 6 月 13 日的信，提醒他注意 12 月访问期间发生的一些交流。他同意，新的实验将比继续重新分析旧数据更有意义，但敦促韦伯做更多的校准。

接下来肯定有韦伯的一封信，但是我没有。在加文 10 月 11 日的信中，他开始说：

当然，我兴致盎然地阅读了你在《物理评论快报》上发表的《新的引力波实验》。

加文接着问了一系列带有编号的问题。第一个是关于韦伯对报告结果的阈值的选择。据我所知，加文向韦伯指出，随着他的阈值降低——也就是说，偶然符合的数量增加——零延迟符合的数量增加得更快；因此，他的统计显著性变得更高。他问韦伯，为什么他选择了一个相对较高的阈值来发布，而不是更低的阈值，这将产生更好的统计数据 (但零延迟符合的数量是荒谬的：4 天里有 800 个事件)。加文还建议韦伯参观 IBM 实验室，他也会邀请道格拉斯和泰森 (他把信抄送他们)。

韦伯在 10 月 22 日回答。他说，在 1973 年的文章中，他只包括了"通过在线计算机符合实验独立验证"的结果。他说，更高的事件率可能会发生，因为如果共振棒已经处于能量状态，进一步注入能量会导致它徘徊在一个阈值附近，只从一个外部信号就产生许多交叉。这个影响将被称为扩增，并将在随后的辩论中再次出现。他说，他没有在 1973 年的论文中讨论这种扩增，因为"所有的事实都是未知的"。他最后说：

我们确实发现零延迟过剩和置信度取决于交叉率。此时，我们深入参与审查我们的计算机程序和研究新的数据处理方式，这似乎大大提高了置信水平。我们发现，数据处理中的一些相对较小的变化可能导致负面结果。我们还跟其他小组交换磁带和其他信息。我们目前的工作阶段将需要大约一个月才能完成，在能够就我们的新程序作一些明确的发言之前，我希望我们不要举行任何会议。

12 月 12 日，韦伯又写了另一封信。决定命运的第二段内容如下：

在华沙，我们报告了对马里兰和罗切斯特探测器各自磁带的分析。没有电话线。我们在 1.2 秒的延迟下找到了最大的符合箱。然而，罗切斯特时钟被发现有 1.2 秒的误差，因此最大的符合箱是零延迟。其中 1.2 秒的箱与"偶然事件"平均值的差值超过了"偶然事件"的 3 个标准差，零延迟过剩的置信水平为 2.6 个标准差。

12 月 20 日，加文写信要求提供一份韦伯的数据磁带 (这个要求以前也提出过)，并提议交换自己的一份。

1974 年 2 月 7 日，加文再次写信给韦伯 (我相信副本寄给了道格拉斯和古德斯米特)。这封信是加文从加州大学圣巴巴拉分校寄来的，在那里花了一段时间，寄给了加州大学尔湾分校，韦伯在那里工作了一段时间。我完整地复制了这封信：

亲爱的乔,

我很高兴昨天有机会和你进行电话交谈。我很抱歉没能让你相信,在《物理评论快报》上发表一篇简要的勘误,符合物理学和引力波科学的最大利益,只要简单地说:

"大卫·道格拉斯教授向我们证明,用于生成延迟直方图 (参考文章的图 1) 的计算机程序有一个错误。当这个错误被纠正以后,数据如图 1b 所示 (在 20.8 天里,零延迟事件共计 566 个,而偶然事件的总数为 414) 改变为 430/414? 新的数据 (即将发表) 表明,适当的算法有很高的置信水平,当天线正常工作的时候,零延迟过剩大约是每天 7 个事件。"

我相信,发表这样的勘误,对你和科学界都很重要。我认为,将已知存在严重错误的数据放在科学文献中是不合情理的,也不应该用后来的算法把它简单地渲染为"不起作用",而不是清楚地用最简单的算法处理已发表的数据——消除单个已知的错误。

如果我是《物理评论快报》的编辑,你的 1973 年 9 月 17 日的论文的数据被证明是错误的,我会在某种程度上感到不高兴,但它们是真诚地提交和发表的。但是我非常担心,自 9 月以来,你在很长一段时间内没有发表勘误,而我相信你已经确认这个程序有错误。我认为,这样的勘误必须发表,必须在你发表任何关于探测引力波的新数据之前发表。你不发表这篇勘误,对物理学有什么好处呢?

我附上朗缪尔的讲座《病态科学》的副本。不管实际情况如何,在我看来,你这些年的结果似乎更符合朗缪尔的《病态科学》例子的共同特点。我相信你希望避免出现这种现象,我敦促你首先坦率地发表上面建议的勘误,而不是发表新数据的新结果。

谨上
理查德·L. 加文

这封信很可能与 1974 年 2 月 8 日韦伯寄来的一封信擦肩而过,这封信也提到了他和加文的电话交谈。在这封信中,韦伯提到了一系列相信他的数据的理由和他打算进行的一系列实验,这是他一贯的风格。没有讨论拟议的勘误,只是声称用正确的算法重新分析并产生了"与 9 月份的文章达成合理一致"的结果 (即《物理评论快报》的文章)。韦伯总结说:

我们将继续改进我们的实验,以便用其他不太灵敏的探测器来证明符合。现在我认为,只有这样才能准确地说明相对灵敏度。

3 月初, 道格拉斯寄了一份文件 (时间标为 1974 年) 给加文和莱文, 指出这可能会让他们高兴。该文件是一份进展报告的一部分, 标题是《分析马里兰和罗切斯特的引力天线之间的正面效应》(*Analysis of the Claim of a Positive Effect betweenGravitational Antennae Situated at Maryland and Rochester*)。该文件以"乔·韦伯发布的声明 (华沙会议、图森会议, 等等)"开头。

声明涉及马里兰和罗切斯特探测器之间的 78 个符合, 具有 2.6 个标准差的统计显著性。这些已经在韦伯给加文的信中提到过。详细讨论了声明和导致它的观察。然而, 第 5 页是致命的:

为了寻找这些事件, 有必要知道马里兰磁带写的时间。我们收到的所有计算机输出都表明磁带是使用本地时间写的, 即东部夏令时 (EDST)。给马里兰的电话证实了这一点。因此，在寻找这 78 个事件时，马里兰磁带时间要加上 4 小时 (格林尼治时间 = 美国东部夏令时 +4 小时)。无法找到事件。凭直觉，增加 4 小时的卡片从程序中导出，发现了所有的事件，时间和振幅都对得上。这意味着，马里兰的分析认为罗切斯特和马里兰的磁带写的时间是一样的。因为这显然是不正确的，所以韦伯报道的正面效应实际上是 4 小时 +1.2 秒的延迟符合。

结论：

我们的结论是，没有证据表明韦伯报告的罗切斯特天线和马里兰天线之间存在引力波符合。

IBM 团队回复了一封日期为 1974 年 3 月 5 日的给道格拉斯的信，并抄送给古德斯米特和泰森。加文说："非常有趣，韦伯和他的小组能在基本上随机的数字之间找到符合！"

在这封信之前，肯定有一些较早的信或电话，因为加文的开场白是这样的：

关于你决定不写信给萨姆·古德斯米特，我想说，你对"科学"和《物理评论快报》的责任比你对韦伯的责任要大得多。尽管有口头协议，但是韦伯：

(1) 认为他可以自由报告你和他的天线的正面结果，使用你的数据。

(2) 公开讨论了计算机错误，其形式使它听起来像是一个小错误。这当然很有误导性，我认为，他已经做了讨论的这个事实解除了你保持沉默的任何义务。毕竟，实际上他在反驳错误，同时不允许你回答。

现在我想说，为什么我认为在公开场合和文章中把这个捅出来非常重要。虽然韦伯可能会失去部分或全部的 NSF 资金，但他几乎肯定会让他的阿贡 4K 天线投入运行，并与马里兰的室温天线做符合实验。(加文指的是芝加哥的液氦温度探测器计划，该计划从未完成。) 如果他搞到足够的钱，他在马里兰也会有一个 4K 天线。无论哪种情况，他几乎肯定会找到信号——他总是这样做，即便它们不在那里，正如你知道的那样。由于大家不知道他的数据分析有这种性质，许多人将会再次接受这种符合作为引力波的证据……他肯定会抓住你和托尼 (泰森) 的要害，因为你工作在 300 开，即使改进了换能器。当然，和往常一样，他的信号会比以前小，但这并不会困扰他，或者许多其他人，当它出现在他 1973 年改进的系统时。他可能只是声称，1969—1970 年的强引力源在 1973 年变得更弱了，继续变弱！

因此，我认为，防止这些问题的唯一方法是证明韦伯或他的小组极其擅长：

(1) 发布带有缺陷的计算机程序获得的数据，然后拒绝发表勘误。

(2) 对于包含随机数字的任何两个磁带，找到和发布信号。

不管你喜不喜欢，我想你现在别无选择！虽然我们都知道韦伯的统计方法，但只有你多少有些书面证明。我觉得你必须使用它。我已经让萨姆·古德斯米特再给你寄一封信，同时抄送给他。

如果这封信的语气有些唐突，我很抱歉。如果我是你的话，收到这样的信，我不会高兴！但是我希望，你能认真考虑我的说法，并按照你的良心行事。

在我收集的信件中，现在我发现有迹象表明，由于韦伯的工作受到批评，他正担心自己能否继续得到美国国家科学基金会 (NSF) 的支持。分别于 5 月 23 日和 6 月 5 日，他的两名计算机程序员写信给当时的 NSF 物理项目主管马塞尔·巴登 (Marcel Bardon), 解释了他们工作的准确性及其与韦伯的独立性。

9.5　论证的威力

阅读上面的来往信件, 几乎不可能不相信, 加文和莱文一劳永逸地揭示了韦伯的发现来自无意识的统计按摩。但为什么这些交流如此令人信服? 它们揭示的是, 2.6 个标准差的罗切斯特-马里兰结果不应该存在, 除了大量的幻觉或其他什么东西。就连韦伯也不质疑时间错误的事实。这个结果是由偶然的事后选择统计参数 (如阈值) 产生的, 或者来自极其糟糕的运气。(也就是说, 纯粹出于统计上的偶然机会, 每 100 次就会有 1 次出现 2.6 个标准差的结果, 这样的机会可能是 100 次中有 1 次; 这实际上就是韦伯继续声称的。) 我们了解到的另一件事是, 韦伯并没有准备立即公布并从科学文献中撤回他的错误主张。我认为 (读者也应该思考自己对这个描述的反应), 我们了解到的第二件事比第一件更可恶。

加文和莱文正在做什么呢? 从本质上讲, 他们敦促韦伯根据欧文·朗缪尔的《病态科学》文章重新解释自己的发现, 在帮助科学家处理那些信号仍然难以从噪声中提取的非正统说法方面, 这篇文章很有帮助。《朗缪尔文件》是一篇未发表的演讲, 以影印本的形式流传, 变得越来越脏、越来越模糊, 在我和科学家的接触中, 经常有人把它扔给我。这篇文章讨论了一系列关于"真相并非如此"的科学案例, 给出了它们的一组共同特征。朗缪尔方法的麻烦在于, 没有处理何时放弃的问题。如果所有探索困难的新发现的科学家都以朗缪尔为法则, 他们就永远不会在困难或批评面前坚持下去。朗缪尔说, 如果你在实验中找不到从噪声中提取信号的方法, 就应该"放弃", 但他没有说要坚持多久。(应该有人写一篇反朗缪尔的文章, 选取科学家们探索超出正常意义范围的顽固现象之后才做出发现的案例。) 因此, 加文和莱文做的就是试图说服韦伯, 他已经坚持了很久, 现在最好把他的发现解释为朗缪尔说的那样, 而不是反朗缪尔的那样。你也可以认为, 他们试图帮助韦伯重建他的现实。

他们还在"现实的社会建构"中开展了更广泛的实践。他们敦促把韦伯的错误和他不愿承认错误的情况公之于众。这将鼓励更广泛的社区改变他们对韦伯及其作品的看法, 就像读者你的观点因为阅读上述信件而改变一样。

与加文和莱文在《物理评论快报》的实验报告里做的工作进行对比, 就更容易理解这个行动。他们做了一些观察, 对共振棒探测器中的信号和噪声做了清晰的分析, 通过他们的测量和分析, 至少让一些人相信看不到韦伯式的信号。原则上, 即使韦伯没有犯任何错误, 即使他优雅地承认他犯的任何错误, 这些发现本身也可以作为韦伯结果的"证据"。但是, 正如我们看到的, 加文和莱文在开始时考虑得更全面, 他们的行动方式似乎是, 他们的实验结果本身不足以完成这项工作。加文和莱文清楚地理解"现实的社会建构"这个词的含义, 比许多自封的科学发言人理解得更好, 好得多。

9.6　第 5 届剑桥会议

正如我们看到的, 加文担心, 如果不进一步干预, 韦伯实验产生的社会时空涟漪将继续传播。他不想看到他确信的 "病态科学" 继续蔓延。因此他决定, 无论他和莱文是否能说服道格拉斯采取进一步行动, 他都将把韦伯的错误披露给更广泛的受众。这次会议是第 5 届剑桥相对论会议, 即 CCR-5, 第 8 章已经提到过。加文为会议准备了一篇论文——《探测千赫兹引力波的证据》, 揭示了一切。①

加文在文章中指出, 韦伯 1973 年的结果 (由改进了的仪器采集) 暗示了一个不那么强的源, 没有 1970 年发现的恒星时各向异性。他的结论是:

> 因此, 这些结果不满足可以视为物理事实的最简单要求, 我建议今后不再把它们作为引力波的证据。②

然后, 加文转向 1973 年的数据, 描述了计算机错误、4 小时错误和对 1973 年 "没有肩膀的" 直方图的破坏性批判。加文说:

> 因此, 我们得出结论, 马里兰小组没有发表任何可信的证据能够证明他们探测到引力波的说法。

在这次会议上, 道格拉斯预定在加文之前发言。他告诉我, 他准备了一份报告, 其中没有提到他在韦伯的数据分析中发现的错误。然而, 加文抢到他前面, 他不得不改变他将要发表的言论:

> 关于剑桥会议, 加文逼着我出手。我去了剑桥会议, 不打算提到计算机错误, 除非韦伯发表了错误陈述……但当我到那里, 加文给了我一份他已经写好的评论的副本, 因为我要防止报告时发生不愉快的事情……那天我没有吃午饭, 加上了过去发生的事情, 我觉得这是正确的方式, 不是感情用事……这是第一次公开宣布。(1975)

道格拉斯的报告包括匆匆手绘的 "视图", 揭示了加文稿件中描述的事实。③因此, 加文在他的报告里说: "你们已经听到道格拉斯教授的报告, 马里兰大学的小组误解了其中一个天线的时间起点。" ④ 泰森也出席了会议, 他谈到了这个事件和接下来的事情:

> 我觉得这个问题很让人生气。显然是韦伯因为他的数据分析而把自己绊倒了, 我觉得它本身就说明了这一点, 只让此前知道它的人知道就可以了。但是加文不这样认为, 他追着韦伯打……我站在一旁闭上眼, 因为我对这种事情不太感兴趣, 因为这不是科学。(1975)

---

① 见 Garwin(1974a)。

② 这似乎是相当严厉的判断, 因为在物理学中有许多关于独特事件的观察。韦伯坚持认为, 在天文源的情况, 时刻 A 的事件率并不意味着在时刻 B 有相同的事件率。

③ 我有两份加文谈话的副本, 都是打字稿, 几乎是一样的。一份的说明文字是 "……将要口头报告"; 另一份是 "在……报告中"。

④ 艾伦·富兰克林试图写一部引力波探测的历史, 只关注他所谓的 "理性" 行动。在他的一部分论证里, 他否认了加文在公开韦伯错误方面的作用。然而, 富兰克林只用已发表的资料来源, 例如这里讨论的会议记录。很容易看出富兰克林是如何被误导的。这说明, 在科学史里只用已发表的来源是危险的。

剑桥会议的披露事件仅仅是加文向更广泛的观众揭示韦伯错误的前奏。①

9.7　给《今日物理》写信

1974 年 7 月 9 日, 加文写信给《今日物理》的编辑, 希望能在该杂志发表文章——《今日物理》即便不是全世界的物理学家的 "内部刊物", 也是美国物理学家的内部刊物。在一封日期相同的附函中, 他解释说, 他同时把这封信抄送给韦伯, 这样, 如果韦伯希望作出答复,《今日物理》就可以发表韦伯的答复; 而且,

> 由于这种澄清并非真正的原创性研究, 因此采用这种发表方式似乎比《物理评论快报》更合适。

加文在同一天给韦伯写了一封附函, 说:"我希望你能和我一起做这件事, 给他 (《今日物理》的编辑) 快速的答复。"

这封信的副本寄给了道格拉斯、古德斯米特、洛根和泰森。这封信最终在 12 月发表, 只做了一些小小的更正。②这封信如此开头:"你的读者可能不知道目前的情况, 我在 '第 5 届剑桥相对论会议' 上的论文中做了总结。"

加文接着问道:"除了引力波, 还有什么东西能产生他的延迟符合吗?"以及"引力波本身会产生他的延迟符合吗?"加文攻击韦伯 1973 年 9 月的《物理评论快报》文章。在回答第一个问题时, 他讨论了道格拉斯发现的计算机错误, 并得出结论:"因此, 除了引力波, 不仅有一些现象可能, 而且实际上确实导致了零延迟的过剩符合发生率。"第二点, 加文展示了同事莱文开发的计算机模拟, 即引力波探测器应该如何响应信号, 因为它的共振时间分辨率相对较差。他表明, 延迟直方图应该有我在第 8 章里提到的肩膀。与零延迟箱相邻的延迟箱应该在背景噪声之上显示一些影响, 因为共振检测器对信号的响应在时间维度上"弥散了"。加文断言, "因此我宣称, 参考文献 4 的符合数据不是引力波造成的, 也不可能是引力波造成的。"

加文接着指出:"CCR-5 讨论了另外两个事实, 应该让更多的人知道。"他接着描述了韦伯宣布的马里兰和罗切斯特天线之间的 2.6 个标准差的"符合"效应, 并指出这些符合是由纯粹的噪声产生的, 因为探测器实际上不是同时的, 而是延迟了 4 小时。然后他说:"考虑到韦伯在CCR-5 的解释, 当马里兰小组没有发现正面的符合过剩时, '我们就更努力'。"他的同事莱文

---

① 在我随后的实地考察中, 许多科学家对加文在揭示计算机错误和他攻击韦伯发现的方式表达了强烈的保留意见。加文似乎违反了"俱乐部"的规定。这里是欧洲的一个观点:

> 所有一起做这些实验的人都认识彼此, (有人) 告诉我们这个错误的时间 (在 CCR-5), 我笑着想: 这可能会发生。然后加文来了, 在整个会议中把这件事公开了, 我不认为这是正确的。这当然是不必要的。有很大的错误——这可能会发生。这当然传开了——(大家都传来传去), 但没有人笑。(科林斯: 大家都知道?) 大家都知道, 但他在会议上公开了。
> (1976)

我认为, 作为科学社会学家, 我在整个职业生涯中或多或少受到了科学家的不断攻击——除了我的工作被无意或故意地误解或错误描述, 我没有看到加文做的事情有任何东西可以例外; 但是, 我不属于科学俱乐部, 而是为科学错误买单的纳税人俱乐部。

请注意, 我不是说加文的攻击在科学上是合理的 (或者是不合理的)——这不关我的事。我只是说, 如果加文认为它们在科学上是合理的 (我相信他是这样认为的), 那么他有权选择他的方式追打韦伯。有趣的是, 泰森对加文的攻击感到尴尬, 但当他向国会提供证据反对 LIGO 项目时, 他将受到"俱乐部"成员们更糟糕的批评。

② 发表的版本占据了这期杂志的第 9 页和第 11 页的一小部分。除非另有说明, 这里引用的段落均可在已发表版本的第 9 页找到。

模拟了一种方法, 通过适当的数据选择程序从两个噪声流产生延迟直方图信号; 因此, 他产生了 "'6 个标准差' 的零延迟过剩"——模拟得到的结果 (第 11 页) 显示了一个突出的中央箱, 没有肩膀。加文总结说:

> 这个 "实验" 以一种简单的方式证明, 公布处理算法 (马里兰小组可能在今后的任何出版物中使用的算法) 中数据选择的细节是极其重要的。(第 11 页)

加文的结论最初包括以下内容: "同时, 读者应该意识到, 马里兰小组没有任何关于引力波存在的公开证据。" 但是在这封信发表的时候, 这句话被删除了。

我收集的信件表明, 韦伯在 8 月 29 日写信给 IBM 副总裁兼研究总监拉尔夫·戈莫里 (Ralph Gomory)。在这封长达两页的信中, 韦伯像往常一样, 重述了他所有的发现和支持这些发现的证据。他说, 加文一直在公布道格拉斯的错误结论 (他的正面结果是由于计算机错误), 他重申自己 2.6 个标准差的声明没有作为正面结果出现在任何地方。韦伯补充说, 他相信他可以反驳加文提交给《今日物理》的批评, 但是,

> 无论如何, 我觉得发表加文的信不符合我的最大利益, 不符合 IBM 的最大利益, 也不符合加文和物理学的最大利益。因此, 我建议你研究这些文件 (随函附上), 如果你同意, 也许你会愿意和加文谈谈撤回他的信。更重要的是, 你向加文提供资金 (不到 20000 美元) 制作一个像我们这样的探测器。我必须说, 这个工具将会让他解决目前的所有争议, 贝尔实验室–罗切斯特的工作实际上是很差的。

戈莫里在 9 月 6 日的回复中说:

> 加文博士的信中没有任何内容可以证明我的干预是合理的, 因为他对科学问题做出了技术性判断。

他说, 莱文和加文不打算制作更大的探测器, 他们 "计划停止引力波探测方面的工作, 因为欧洲正在进行的实验显然证实了他们的结果。

加文为自己的文件写了一张两页多长的短文 (日期为 9 月 10 日的), 抄送给戈莫里。他逐点回答韦伯。关于更大的探测器, 他写道:

> 至于说建造一个像韦伯那样大的探测器, 如果我认为有必要, 我相信我们的预算可以负担得起。我们现在的探测器有他的一半质量, 而且更灵敏。不幸的是, 除非韦伯注意到其他人的结果, 也注意到科学发表的必要性, 就没有办法解决这个争议。

9 月 11 日, 韦伯再次写信给戈莫里:

> 加文最近在洛斯阿拉莫斯实验室和其他一些地方对我们的工作做了不正确的陈述。对每个情况, 我都附上了斯坦福直线加速器中心和麻省理工学院的科学家的来信, 支持我们公布的结果。一个被广泛传播的磁带确实有每天 8 个事件。加文没有看过它, 却坚持说事件率是平均每天 1 次。
>
> 这些访问、随后的信件以及与《今日物理》的交流, 对任何人都不好。一些政治干预将会做出积极的贡献。

戈莫里于 9 月 18 日写信给韦伯。我手上的稿子是抄送给加文的, 上面写着: "戈莫里博士请你查阅附件。在我们得到你的同意之前, 原件不会邮寄。" 加文的书面答复是: "我完全同意。" 戈莫里写道:

我当然明白，对于所有相关的人来说，这类争议都非常痛苦。然而，这样的争议在科学史上并不罕见。争端最终会得到解决。我认为，如果双方愿意尽可能公开地讨论他们的观点和相关事实，就会加快这个进程。因此，我不会试图阻止加文博士发表。我宁愿敦促你发表和阐明你的立场。

我希望，在不久的将来，这些问题能够以明智的方式得到解决。

9 月 20 日，加文写信给韦伯 (抄送给戈莫里)，针对韦伯给加文的最后一封信。他说，他被错误地引用，并提到他在洛斯阿拉莫斯的谈话有一盘磁带。他说，他没有声称在有争议的磁带上每天有 1 个事件，因为他什么都不知道，除了在 6 月 10 日麻省理工学院会议上听到的话，在那里，来自不同实验室的报告"大不相同"。"此外，这个说法与我的整个立场不一致，即马里兰小组没有公布任何可靠的证据，证明发现了引力波。"加文补充说："我不愿意撤回那封信，我希望看到你对同一问题或以后相关事宜的答复。"

这封信可能与 9 月 19 日韦伯给加文的一封信擦肩而过，再次敦促加文，说他正在传播不正确的信息，并得出结论："我希望你能明确撤回你给《今日物理》的信，允许我们回去做物理。"

1974 年 9 月 26 日，加文再次写信给韦伯，说："我今天打电话给大卫·道格拉斯，看看他是否意识到你说他犯了'更糟糕的错误'，他告诉我，他不知道你在说什么。我的看法相同。"加文解释说，他确信韦伯感谢道格拉斯指出了计算机错误并询问了后续更正的细节。

如果回顾你和我的信件，你就会注意到，在一封你自愿给我的信中，你在华沙报告了马里兰和罗切斯特之间的 2.6 个标准差的零延迟符合过剩。你怎么能说你没有声称这是"正面的结果"？我相信，你的一些其他分析，加上其他阈值，没有给出零延迟过剩，但这些都没有被报告。

他重申："我当然不会撤回我给《今日物理》的信。我认为早该这么做了。"

这封长达两页半的信继续争论技术细节和扩增等；建议韦伯更有说服力地引用对他工作的批评；再次期待他回应《今日物理》的信。

韦伯在 9 月 24 日提交了他对《今日物理》的答复。它发表了，只有一些微小的编辑修改，作为"韦伯的答复"出现在 12 月的《今日物理》第 11 页和第 13 页，紧接着加文的信。韦伯说："读者花时间研究理查德·加文的信和我的答复，读者想知道到底发生了什么。"[①]他继续说：

理查德·加文是受人尊敬的科学家，来自受人尊敬的 IBM 研究实验室。他试图通过搜索一个探测器输出的突然变化来检查我们的两个探测器的符合实验，得到了负面的结果。这里真正的问题是，物理学家是否对我们发表的结果比对加文的负面结果有更大的信心。

IBM 探测器的质量是我们最小的探测器的十分之一。加文显然忽视了温度控制或自动跟踪他的棒与参考振荡器的重要性。

最不幸的是，由于这些原因，在 9 个正在运行的装置中，IBM 探测器和另一个质量为 480 千克的探测器似乎是最不灵敏的。

其他物理学家和我都想知道，为什么 IBM 不安装一个质量最大、灵敏度最高的

---

① 所有的引文均来自发表的版本。

探测器，只需要很少的一点儿成本。如果这样做的话，IBM 的努力可能会终止目前的争议。

> 有趣的是，另一个小组观察到有统计显著性的符合数量 (慕尼黑–弗拉斯卡蒂)，使用了两个探测器，其质量与马里兰天线和类似的仪器相同。

这封信接着讨论了计算机错误，解释说这些错误已经得到承认，随后重新对错误磁带的计算机分析表明："其他实验室对磁带的处理不正确，他们的错误比我们的更大，加文把这些不正确的结果广泛传播。"

韦伯还讨论了 4 小时错误，但没有明确提及：

> (我们) 没有在公开出版物或会议上宣称正面的成果。对这些数据的审查 (应用所有已知的更正) 使我们得出结论，存在零延迟过剩，实际上比 1973 年华沙报告的 (2.6 个标准差) 更大。

> 计算错误一直是政治的重要因素，但是在我们实验的物理中并非如此。(第 13 页)

加文 (12 月 20 日) 立即回复了《今日物理》，并于 1975 年 11 月发表，韦伯也作了回应。

在《今日物理》第一轮信件的提交和出版之间，韦伯一直在谈论他的论证，并分发了一份技术报告《1973—1974 年的引力波实验》。[①]这也是韦伯给特拉维夫会议的投稿，他在这次会议上的发言却简短得多。鉴于这个报告的标题与 1976 年在《物理评论 D》上发表的综述文章相同，而且第一次收到该论文的日期是 1974 年 12 月，因此，这个报告很可能是最终发表的论文的初稿。报告第 6 页的脚注宣布：

> 道格拉斯发现了一个程序错误和未公布的符合列表的错误值。在没有进一步处理这盘磁带的情况下，他得出了不正确的结论，即零延迟过剩是每天 1 次。他和 IBM 沃森研究实验室的 R. L. 加文博士广泛传播了这个不正确的信息。在进行了所有更正以后，零延迟过剩为每天 8 次。随后，道格拉斯报告该磁带每天零延迟过剩为 6 次。

> 道格拉斯还报告了 1973 年 9 月华沙哥白尼研讨会上报告的数据的计算错误，涉及频率相差很大的探测器。报告了 6 天里 2.6 个标准差的零延迟过剩，没有宣称它是正面的还是负面的结果。对其他数据的分析表明，在至少超过 4 天的一段时期，观察到零延迟过剩，其置信水平超过 6 个标准差……(第 6 页)

这份报告讨论了脉冲扩增、不同算法的差异、泰森的主张和各种实验结果，然后得出结论，与特拉维夫的报告一样：

> 总的来说，我们的结果与慕尼黑–弗拉斯卡蒂团队的观察结果相当一致。(第 11 页)

10 月 11 日，道格拉斯写了一封愤怒的三页半的信给韦伯，抄送给加文和莱文。他在信中抱怨说，韦伯对事件的描述歪曲了事实。例如，道格拉斯指责韦伯总是说罗切斯特团队在分析包含初始计算机错误的符合数据时犯了"更糟糕的错误"。他解释说，韦伯没有发现一个"错误"，只是另一种分析磁带的方法。他还抱怨韦伯说自己帮助道格拉斯解决了技术问题，并为他重建了设备，当时罗切斯特小组只是以合议的方式接受了马里兰小组提供的一个前置放大器，当时他们的放大器坏了，无法迅速获得替代品。信的最后一节的内容如下：

---

① 见 Gretz, Lee, Weber(1974)。

V. 如果目前所有关于计算机错误及其解释的争议都能得到解决, 会怎么样呢?

让我们姑且假设, 我们都同意你的分析没有错误, 同意你已经发现了显著的零延迟过剩。你发现引力波了吗? 答案将是——没有证明。原因是, 在目前关于你的实验和方法的讨论中, 根本没有涉及对你的实验的根本批评。这个批评是, 你把两个天线的输出记录在一盘磁带上。我认为这是一件危险的事情。你还没有证明, 这个过程没有一些当地的影响, 例如, 马里兰的录音机或仪器。

最后, 请允许我指出, 我感到遗憾的是, 我们最近的通信和通话在某种程度上偏离到讨论谁说了什么, 而非是否存在引力波这个关键问题。

在向《今日物理》提交信件之前, 莱文和加文向《物理评论快报》提交了一篇论文;《物理评论快报》于 1974 年 6 月 24 日收到该论文, 并在 9 月 23 日发表。[1]

这篇《物理评论快报》文章很直率。它记录了实验结果——这些结果更适合发表在这里而不是《今日物理》——并声称这些结果与韦伯报告的检测有严重的冲突。[2] 然而, 莱文和加文确实报告说, 他们发现了一个无法解释的大脉冲, 但是因为与罗切斯特的探测器没有相关性, 他们觉得有理由不考虑它。他们还说, 他们不得不估计韦伯天线的灵敏度, 因为他的检测效率的数字尚未公布。

因此, 我们不得不估计这些量, 同时注意到实验者很容易获得这些信息, 而且通常在检测实验的已发表文章中提供。(第 796 页)[3]

莱文和加文考虑他们的结果和韦伯的差异是否来自源的起伏, 或者是两个设备能够最佳检测到的信号性质的差异, 但他们通过引用"没有肩膀"的论证, 否决了这些因素。令人惊讶的是 (我们正处于"组织论坛"), 他们继续评论:

事实上, (韦伯 1973 年的文章) 的数据是用一个错误的计算机程序处理的……这个错误基本上解释了 4 天的数据磁带上所有的零延迟过剩……

我们感谢与 D. H. 道格拉斯进行的许多有益的讨论。(第 797 页)

他们似乎没有把这篇《物理评论快报》文章的副本寄给韦伯, 韦伯于 1974 年 10 月 28 日写信给《物理评论快报》的编辑, 抱怨该杂志发表了"关于我们实验的不正确和非常有误导性的信息"。他抱怨的是, 这篇文章说计算机错误是所有零延迟过剩的原因, 但它已经被重新分析, 并发现零延迟过剩是每天 8 次。韦伯写道:

让我感到惊讶的是, 这篇论文竟然出现在《物理评论快报》上, 编辑们甚至没有让我对此发表评论。我是在这期杂志上第一次看到加文和莱文的论文。

我们的实验一再受到错误的批评。结果是让我们失去财政支持, 一个重要的研究项目遭到破坏。

他已经在 10 月 16 日写信给 IBM, 内容如下:

亲爱的迪克和詹姆斯,

———————————————

[1] 见 Levine, Garwin(1974)。

[2] 见 Levine, Garwin(1974) 第 794 页。

[3] 即静电校准测试的结果。

……你们最近的《物理评论快报》改变了情况。你们发表了关于我们的工作的陈述，这些说法既不正确，也和其他小组已经记录的研究不一致。

我们最近评估的数据，以及前面信件中提到的文件，可能会说服你们。

在接下来的几周里，我希望访问 IBM(如果允许的话)，并将所有这些数据带给你们检查。

1975 年初，加文和马里兰大学韦伯的系主任霍华德·莱斯特 (Howard Laster) 通了信。加文同时给出了他和韦伯之间所有信件的完整副本。莱斯特对加文的回信并没有敌意。特别是，他感谢加文寄来一份《朗缪尔报告》的副本。

在 1975 年 11 月出版的《今日物理》的来信中，包括了这些信件的哪些内容呢？应该记得，在 1974 年 12 月发表在该杂志上的对加文的答复中，韦伯抱怨说，IBM 探测器是所有探测器中最不灵敏的，而慕尼黑-弗拉斯卡蒂设备和他的最相似，发现了零延迟过剩。他接着表示困惑，认为世界上最小的探测器怎么可以用来严肃地质疑比他自己的大得多的探测器的发现，并问 IBM 为什么不"增大"自己的探测器并解决争议。

加文对《今日物理》的答复解释说，IBM 探测器的大小与现在这个问题无关。"韦伯把我自己的实验带入讨论，但这些与我信中的观点无关。"[1]加文说：

另一方面，约瑟夫·韦伯对我的信的答复……绝不涉及我的说法，即马里兰小组没有公布任何可信的证据，证明他们声称发现了引力波。他说：我的第一手知识完全基于其他数据，包括实时计数和文字记录。但这个证据尚未公布。证明完毕。(第 13 页)

韦伯在他的答复中说："很遗憾，此前加文提交了给《今日物理》的信，现在继续发布关于马里兰实验的错误信息。"[2]他重申，莱文和加文在《物理评论快报》里再次指出的计算机错误早已得到纠正，这些磁带显示出 5.7 个标准差的效应。

接下来，韦伯转而讨论实验，他认为自己的"能量算法"比加文的"振幅算法"更灵敏：

加文认为他的振幅算法提高了灵敏度，他使用的质量比马里兰实验使用的小得多。此外，他放弃了得到确认的双探测器符合实验技术。

加文的结果是负面的。马里兰实验使用更大的质量，用两种算法同时表明，在最近的两个半月里，能量算法的事件率更大。我们的优秀学生古斯塔夫·赖德贝克提出的一个解释：脉冲比加文想象的要长，而且它们经常扫过探测器的带宽。(第 15 页)

韦伯解释说：

加文使用的质量太小，而且他们的算法针对的谱特征与我们观察到的大多数信号不一样，这解释了他的负面结果。(第 99 页)

《今日物理》上的这些信件交流让我们很好地了解了在这关键的几年里争论的脉络——韦伯的结果从有趣到不太可能再到"错误"。1975 年 11 月 3 日，韦伯写信给贝尔实验室的约瑟夫·A. 伯顿，抱怨贝尔和 IBM 对他不公，并声称：

贝尔实验室-IBM 这些活动的最终结果是将我们的联邦拨款水平从每年 20 万美元减少到 43000 美元。我们的研究计划受到严重削减，可能会被摧毁。

---

① 见 Garwin(1975) 第 13 页。
② 见 Weber(1975) 第 13 页。

《今日物理》的信很好地说明了整个辩论的中心特征。韦伯总是讨论实验, 实际上是说: "如果你建造的仪器跟我们一样, 你就会看到我们的结果; 只有这样, 你才可以尝试解释观察的错误。"他把自己的实验看得比别人更重要, 这并非不合理; 事实上, 这是他熟悉的唯一实验——他唯一能确定的以正确态度完成的实验。韦伯通常认为实验高于理论。加文的反应是尽量降低实验和另类理论的重要性。这里有三种理论至关重要。

首先是宇宙学和天体物理学理论, 它告诉我们, 韦伯肯定错了, 因为他看到的引力波太多了。韦伯从来没有直接参与这个讨论, 让天体物理学家争论我们是否足够了解宇宙, 判断他是否错了。几年后 (见第 19~21 章), 他将试图展示自己的发现无论如何都符合保守的天体物理学传统。

其次是数据处理理论, 加文和莱文赢得了无可争辩的胜利, 指出韦伯的数据没有肩膀, 而那里应该有肩膀; 证明他的扩增理论没有得到数据的支持; 用韦伯的计算机错误支持他们的说法, 即零延迟过剩是统计按摩的结果; 在几乎任何解释中, 韦伯都输掉了这个阶段的论证。

我的总体观点是, 科学的每一次胜利都建立在一系列理所当然的假设上, 每一种假设都可以被质疑, 那么, 我说的 "几乎任何解释" 和 "无可争辩的胜利" 是什么意思呢? 我的意思是, 这场胜利依据的假设是如此普遍。例如, 它们是世界 (即使是乔·韦伯的世界) 的基础部分——试图从大坝深处拿掉相应的石头 (第 5 章), 只会自取灭亡。因此, 必须放弃在这些战斗中取胜, 才可能保持在战争中有任何胜利的机会。可以是迅速、明确而优雅的, 也可以是缓慢而丑陋的, 希望没有人注意。韦伯错误地选择了后者。他犯了计算机错误和 4 小时错误, 极大地伤害了自己, 然后他又因不当地处理这些错误而进一步损害了自己。如果他对道格拉斯表示衷心的感谢——特别是考虑到道格拉斯本人并不想把这场灾难公之于众——并且继续他的工作, 同时明显地表达悔悟, 其他物理学家几乎肯定会同情他——几乎所有的物理学家都会时不时地犯错。韦伯本可以提高而不是损害自己的诚信。由于如此顽强的抵抗, 他受到加文越来越多的攻击。

最后, 还有主流物理学的中程理论, 它们把 IBM 的轻量级检测器与韦伯的检测器联系起来, 表明前者的输出确实与后者的输出直接矛盾, 尽管后者的质量大得多。加文和莱文认为, IBM 检测器与马里兰检测器相同, 这是检验对方的发现所必需的。这是大坝上韦伯打算利用的最后一块石头, 他拒绝接受这种理论联系, 相反, 他认为实验应该按照他的方式进行, 而不管联系的理论如何。他说这两个实验不一样, 并不相同, 这让他能够声称自己的实验更好。

韦伯不相信一个实验可以用形式化的方式描述, 不相信两个形式化描述可以直接比较, 远离实验台, 揭示哪一个更灵敏。他认为有很多东西无法形式化地描述。换句话说, 韦伯认为他的数据高于理论论证 (理论让实验具有可比性)。他还提供了一个论点 (信号的特殊频谱), 表明即使从实验的形式描述来看, 也不应该认为实验是相同的, 以及为什么他的数据应该比传统理论更有价值。[①] 如果韦伯对这些特殊信号的看法是正确的, 那么他的机器和算法跟加文的区别就导致了韦伯的发现, 而不是否定他的主张。虽然加文说, 他和韦伯的设备的输出差异表明, 韦伯看到的是噪声, 但韦伯认为, 这种差异意味着非常重要的信号。但是加文的论证更有力, 说服的人更多, 导致最终结果有利于加文, 而不是韦伯。

我已经指出, 在这种情况下, 实验者的困境是如何解决的。加文和莱文凝练了越来越多的负面报道 (每个都不是决定性的), 增强了它们的力量。此后, 只有产生负面结果的实验, 才被认为是对引力波辩论的严肃贡献。一旦 IBM 团队的工作改变了社会认可的观点, 引力波就没有很大的通量了。从现在起, 仅仅因为这个事实, 所有像韦伯那样产生正面结果的实验, 都必定有缺陷。

---

① 在以后的工作中, 韦伯将揭示, 他认为换能器设计的差异是区别他的设备和所有其他设备的关键, 认为所有以前的理论 (因为它们的相似性) 都是多余的。

第 10 章 试图打破困境：实验的校准

虽然乔·韦伯的引力波主张的消亡在很大程度上得到了解释, 但是另一个试图打破实验者困境的经典尝试——校准——值得重新审视。校准特别有趣, 因为它试图用一个实验而不是形式化的描述来检测另一个实验的有效性。正如我前面提到的, 人们肯定预期这个检测实验将遭遇困境, 即使它被用来尝试打破测量实验中的困境。现在就看看实践中是如何实现的。

仪器的校准是一个熟悉的流程。假设已经做好了一个原型电压表。它包括一个指针, 在刻度盘上摆动, 但到目前为止, 刻度盘是空白的。为了校准仪器, 把已知的电压加到端子上, 并记录指针停下来的位置。因此, 对应于已知电压的标记就是刻度。于是, 这个仪表就可以用来测量未知的电压; 把未知的电压加在端子上, 指针的停止位置给出了电压值。

这个流程的假设是, 未知电压对仪表的作用方式跟校准它的标准电压相同。这个假设微不足道, 几乎不值一提。毕竟, 电压就是电压! 然而, 正确的说法是, 在电压表的校准过程中, 标准电压是待测信号的替代物。在更有争议的科学中, 校准过程的基本假设有更大的作用和重要性。

第一个校准引力波探测器的实验已经有详细的描述; 这是乔尔·辛斯基的实验。但校准介质(替代的力) 不是引力波, 而是普通的牛顿引力, 变化的频率与共振棒探测器的固有频率相同。这个力非常微弱, 很可能改变接收棒的长度, 量级与引力波作用的结果大致相同——大约 10^{-16} 米。已经解释过为什么辛斯基方法没有成为标准: 做起来很难、很耗时, 而且缺点很难消除。

在随后的工作中, 乔·韦伯使用了另一种方法 (叫作噪声发生器) 校准他的仪器。他是唯一使用这种方法的人, 我承认我没有完全理解它。无论如何, 它在任何争论中都没有得到很大的重视。

韦伯发现, 当自己与批评者争论时, 一种完全不同的校准方法已经成为规范。这种方法是将脉冲插入安装在共振棒端附近的静电端板中, 给共振棒一点儿 "轻推"。可以确切地知道推了多少次, 而且可以使用各种信号处理算法来试着看到这个推动。这种校准方法现在是共振棒界的标准做法。这种假信号每隔一段时间就被插入共振棒, 持续地测量它们的灵敏度。然而, 韦伯拒绝使用这种方法, 尽管它正在成为标准。我的一位受访者这样说:

> 我们用一种独特的方式校准自己的天线, 根本不依赖于计算。所以我们知道自己的灵敏度是多少, 当时我们只能计算韦伯的灵敏度是多少。所以你说的对, 相对灵敏度, 一方面是计算出来的, 另一方面是绝对精度……不久之后, 我们确实有机会校准韦伯的天线, 我们发现……我们的计算是正确的。(1975)

正如这位受访者指出的, 韦伯装置的静电校准工作姗姗来迟, 大多数人认为其结果证明了批评者的计算。人们认为, 批评者的天线的灵敏度至少和韦伯的一样, 这是决定性的证明。特别是, 关于处理传入信号的正确方法的争论似乎已经解决。正如我们看到的, 韦伯坚持最大的净灵敏度来自非线性的能量算法, 而他的批评者坚持认为, 线性的振幅算法最好。一位受访者解释说:

具有正弦波的信号……事实证明，线性系统在理论上可以很好地证明是检测事物的最佳系统。但韦伯总是使用非线性系统，所以他最初的主张是，它显然优越，因为他用它发现了引力波，而其他人用线性系统却没有。但是你可以严格证明，事实并非如此。

嗯，韦伯在这方面非常努力，他最终实现了这两个系统……他连接到同一个探测器，既有线性系统，也有非线性系统……他发现，他的系统确实更经常地发现**引力波**。然而，最后，经过多次推动，他把校准器放在可以模拟引力波的东西上——结果表明，线性系统在寻找校准信号方面比原来好大约 20 倍。(我标出来的重点)(1975)

但是，这种校准方法使我们远离了引力，离引力波就更远了，韦伯利用了他的论证的差别。正如我们看到的，他认为静电端板方法是危险的，因为它需要在棒的附近引入额外的电路。他认为，考虑到他早期试图把棒与外力隔离的经验，他有充分的理由争辩说，电路可能会直接刺激棒，给人的印象是，它对"轻推"的响应表现得比实际情况更灵敏。

其次，他认为这些"轻推"不像引力波的形状。这种论证很好地体现在 1975 年的一次采访中：

科林斯：我读了你 1974 年的文章，知道你用这两种算法做了校准实验，你用线性算法得到了更好的结果吗？

韦伯：不，那不对。其他人使用的线性算法对于短脉冲无疑是优越的——我说得非常清楚。关于线性算法的使用，给出了一定的参数。这些论证适用于短脉冲，在我看来，它们是正确的论证。事实上，线性算法并没有更灵敏，这给了我们关于脉冲特性的信息。这意味着脉冲的特性不符合这种分析方法的假设……到目前为止，我们想到了几种信号，这些信号会给出一些类似于我们看到的结果。

这是我在第 9 章结尾描述的举动，把实验结果的差异解释为发现，而不是反驳。

韦伯的批评者对这个举措的解释不怎么客气。有人评论说：

他做的就是改变信号的性质。他说："嗯，信号不能像我们一直假设的那样。他们现在必须是别的什么东西了。"一些奇怪的波形，他没有给出一个例子。"所以我的算法现在还是最好的。"事实上，这解决了他的很多困难。他想知道为什么我们没有看到他的信号。他说："现在我知道是为什么了。信号的形状很奇怪。"(1975)

另一位受访者评论了韦伯算法在校准器测试中的失败：

这里的冲突真是不可思议，当你寻找引力波时，另一个系统似乎做得更好——这是作者做的一个负面实验的完美例子。它表明那里什么都没有。

直接跳到故事的结尾：韦伯对校准结果的解释受到了怀疑。他确实成功地发明了与校准测试相容的假想信号；它们具有的脉冲形状，用他的天线、他的算法比用他的批评者的方法更容易检测到。然而，大多数科学家认为，这种信号不可能存在。据一位受访者说，具有这种特征的信号是"病态而无趣的"。换句话说，很难想到有什么宇宙假设可以产生如此奇怪和精确的信号。在目前的天文学里，韦伯假设的信号形状太不可信，无法得到认真的考虑。因此，韦伯对静电校准不合适的原因的解释无法让人信服，静电校准在很大程度上降低了他的总体主张的可信度。

回想起来, 如果韦伯坚持拒绝使用静电校准, 也许会更有利——不仅因为结果证明是不利的, 还因为校准行为所做的假设和强行解释带来的限制。同意用静电法校准他的棒, 当结果对他不利时, 韦伯选择他的论证, 对假信号和真信号的关系设置了超出争论范围的某些假设。他承认引力波与天线的物质相互作用的方式与静电力相同。至少在此时, 他认为毫无疑问的是, 将局部脉冲插入共振棒天线的一端, 会产生与将能量从距离很远的源整个插入共振棒天线中类似的效果。

这些假设似乎微不足道, 很难引起争议; 然而, 本章表明, 至少有时候进行了非正式的讨论, 讨论引力是否可以通过诸如 "扩增" 或释放 "亚稳态" 等神秘机制释放潜在能量, 比预期的更有效地与共振棒发生耦合。这些机制可能不会像受到遥远力的影响那样受到局部力的影响, 甚至不满足引力波本身的一些特性。

10.1　另一种假信号

为了不让这些考虑看起来太奇怪, 应该指出, 直接引力作为替代信号曾经受到青睐, 首先是在辛斯基实验中, 然后是用更简单的方法。我在 1980 年采访过彼得·阿普林, 他计划再次使用引力校准。他打算利用靠近天线的一小块旋转材料引起的引力变化。产生的效果将比辛斯基的振动棒更大、更容易看到, 但仍然使用引力作为媒介。

科林斯: 旋转棒校准跟静电校准相比有什么好处呢?

阿普林: 嗯, 由于它与天线的引力耦合, 它确实是一种更基本的测量方法——如果你愿意的话——但仍然不是你想要的。它仍然不是引力波的影响, 因为它是近场效应, 旋转棒实际上只耦合到物体的一端, 而不是均匀地耦合到整个天线上。这就是这种方法的局限性。旋转棒更适合韦伯的共振天线, 那样可以更近地与天线耦合⋯⋯

科林斯: 关于静电校准脉冲作为引力的精确模拟, 你有多确定呢?

阿普林: 哦, 它们不是。它们当然不是⋯⋯从简单的测量 (使用静电校准)⋯⋯我确切地知道我施加的力⋯⋯我可以计算传感器给出的信号大小, 仅此而已。但它并没有模仿引力波对天线的影响。确实如此, 无论是这种天线还是共振棒。事实是, 引力波与天线的所有部分, 以及所有的质量相互作用, 就是没有办法重现它——至少我想不出办法产生这种效果⋯⋯

你试图做的静电校准是检查你的理论计算⋯⋯理论计算不能用这种方法测试, 它精确地告诉你当某个振幅的引力波击中天线时会发生什么。(1980)

阿普林认为, 利用他的更复杂的天线和他对不同校准方法的想法, 静电校准的假设是值得分析和规避的——如果可能的话。他想了一种避免静电脉冲的方法, 用改变局部质量的引力来代替。仍然不够让他满意的是, 需要使用局部的源, 而不是强大的、遥远的源, 后者更适合模拟引力波对他的天线的影响。

事实上, 阿普林的棒及其校准实验从未完成, 但正如我发现的, 日本实验工作者平川浩正使用同样的引力校准方法, 他建造了一个低频天线, 用来寻找蟹状星云脉冲星。同样的方法将与日内瓦的 EXPLORER 低温棒一起使用。在日内瓦，一个旋转质量安装在可移动的框架上，结果表明，共振棒可以检测变化的引力场，信号的强度符合校准器与共振棒的距离。这些研究小组的行动表明，如果韦伯足够坚定，他有可能坚持更长的时间，反对静电校准的结论。接受他的引力天线静电校准的科学合法性，他就限制了自己解释结果的自由。在他同意用静电法校准他的共振棒后，至少在短期内，解释的自由仅限于信号的脉冲形状，而不是信号的质量或性质。

让韦伯用静电脉冲校准他的仪器，他的批评者就确保了引力波仍然是物理学范围里的一种力，正如当时所理解的那样，一组深处的石头并没有从大坝上移除。它确保了物理学的连续性——维持过去和未来的联系。校准不仅是一种结束辩论的技术流程，提供了外部的能力检验标准。只要以这种方式发挥作用，它就可以控制解释的自由。只要这种对解释的控制是通过校准维持的，就是控制，而不是"测试的测试"，这就打破了来回兜圈子的实验者的困境。

第 11 章　被遗忘的波浪

对于学界的大多数人，关于引力波的科学争论已经结束。如果这是标准的科学史，乔·韦伯就会销声匿迹。但韦伯没有放弃，他继续坚持他的发现 25 年。他的努力不会成功，但表明了在科学界内可以做什么，揭示了科学界如何控制自行其是的人和事。他的影响变得更小乃至消亡，在社会学上跟前几年更吵闹的事件一样有趣。首先，我将详细描述韦伯的下一篇论文，其中重复了他以前的许多论述。描述的重点仍然不是谈论其中的科学，而是更好地理解其最终命运的意义。

1976 年，韦伯及其合作者在《物理评论 D》上发表了一篇长达 14 页的综述论文。在作者署名行下面的信息表明，该文的初稿于 1974 年 12 月 16 日收到；修订后的稿件于 1976 年 4 月 26 日寄到，已经过去了 16 个月。可以看到，文章准备过程中有许多的痛苦和争论。

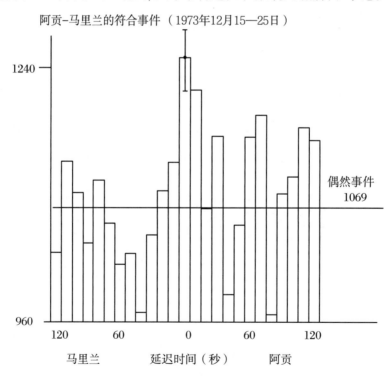

图 11.1　韦伯 1976 年论文的延迟直方图

这篇文章回顾并分析了韦伯最近的发现。尽管科学界几乎一致反对，但美国国家科学基金会继续给他提供资金，让韦伯尽可能彻底地重新分析他的结果。毫无疑问，人们希望韦伯能发现深藏在数据中的错误，结束争议。如果发生这种情况，乔·韦伯就会成为引力波探测领域的中心人物，该领域从 20 世纪 70 年代发展起来。但韦伯 1976 年的论文并没有妥协。它有 20 个延迟直方图, 大多数看起来像图 11.1(原文中的图 3)——这张图是我随便选的。

可以看出, 这张图涵盖了 1973 年 12 月 15 日至 25 日期间阿贡和马里兰共振棒的能量爆发。这样的图有 8 个 (原文中的图 2～ 图 8), 每个图代表相同的数据分布在相同的水平尺度上, 分布在相同数量的延迟箱中, 但每次采用不同的阈值。正如这篇文章正确解释的:

> 搜索窗口的一个重要性质是用于符合实验的阈值集。假设有少量中等强度的信号。设置阈值太低将给出非常大的 "偶然事件" 发生率与大的波动, 掩盖信号。设定过高的阈值, 就完全没有符合。①

这 8 个直方图包括了韦伯说的 "阈值维度中的信号空间"。每个直方图在零延迟时都有一个清晰的峰; 有时候高, 有时候低, 但在每一种情况, 都是肉眼可见的。根据这些峰计算得到的统计显著性从 2.1 到 4.8 个标准差变化, 这个结果令人印象深刻。

这篇论文还包括韦伯的一次尝试——第 9 章里讨论过的扩增——用来回应对他的指控 (他看到的脉冲多得没有道理)。他指出, 他的计算机算法把一次阈值交叉当作一个信号。他解释说, 如果共振棒的平均能量状态是由引力波的冲击和共振棒随后的振荡引起的, 那么, 探测器背景噪声的微小增加也可能导致阈值交叉。因此, 通常不被注意的噪声的小波动可能会引起一系列明显的信号, 所以, 一个真正的脉冲同样可能会表现为很多的信号——韦伯称之为 "扩增"。韦伯声称, 扩增效应增加了表观信号的数量。他说, 竞争对手们的计算机程序只测量信号在任何方向上的突然变化, 而忽略了扩增; 虽然有人认为这些程序可能更有效, 因为它们寻找所有的能量变化, 但实际上它们效率更低。②随着故事的展开, 我们将看到对大量表观引力波的其他解释。

至于为什么他的探测器可以看到某些事件, 而竞争对手们看不到, 韦伯也提出了他的解释。他说, 问题在于 "导致符合的信号的频谱特征是未知的。许多物理学家假设信号由短脉冲组成, 小于 50 毫秒"。他解释说, 竞争对手对不同数据处理算法的校准测试的解读, 即使对短时间的突发信号有效, 也可能无法揭示具有不同特征的信号的真实情况。扩增意味着一些非常大的信号会让这种比较失效。有的信号 "扫过探测器的带宽"。(第 899 页) 他的程序也对这些更敏感。

韦伯重复了静电校准很困难的论点: 因为电磁脉冲可以直接影响放大器, 而不是让棒振动, 导致校准产生了很高的响应, 使得棒表现出虚假的高灵敏度。他说: "需要非常小心, 才能避免让一些 (校准) 脉冲能量直接进入电路。"(第 897 页) 他的对手的算法还有另一个可能的问题, 对天线温度的变化极其敏感。"赖德贝克的计算机模拟表明, 温度的极小变化足以改变算法 A 和算法 B(他自己的和他对手的) 的计算相对灵敏度, 并导致这里报告的观测结果。"(第 899 页) 然后, 一系列延迟直方图显示韦伯的棒对校准脉冲的响应。

韦伯承认了计算机错误的问题, 但不是很有风度:

> 我们的 217 号磁带 (1973 年 6 月 1 日至 5 日) 的副本于 1973 年 8 月送到其他实验室, 用于检查程序和解决分歧。D. H. 道格拉斯发现了一个程序错误。不幸的是, 道格拉斯使用的时间延迟不够长, 我们认为他对 "偶然事件" 发生率的计算是错误的。

---

① 见 (Lee et al., 1976) 第 895 页。随着韦伯的阈值降低, 他的零延迟符合的数量和他的统计置信水平变得更好! 但是我认为, 这与第 9 章里加文提出的说法不符。但我不是科学家; 也许我只是不够聪明, 看不到解决这个问题的方法。不幸的是, 就像其他一些事情一样, 韦伯过世了, 没办法问他了。

② 在访谈中, 受访者告诉我, 韦伯 "违反了热力学第二定律"。我觉得很难不同意。在这一点上, 我发现很难关闭我残留的科学本能并保持 "不偏不倚"。我不能 "绕过" 詹姆斯·莱文在 1974 年写给韦伯的一封信中说的话, 他指出, 扩增效应对噪声和信号的影响应该完全相同, 绝不会影响统计数据。(延迟直方图中的非零箱的平均水平将与零延迟箱的平均水平一样上升, 留下的东西和它们一样多。) 此外, 加文在其他地方指出, 这种扩增效应降低了探测器的时间分辨率, 因此在噪声中更难找到 "零延迟" 信号。如果乔·韦伯还活着, 我会问他如何回应这些看似致命的批评。

他和其他物理学家错误地得出结论，我们认为，在磁带 217 号上没有明显的零延迟过剩。(第 900 页)

大概这就是他以前报道的道格拉斯犯了"更严重的计算机错误"。韦伯告诉我们，对 217 号磁带的第一次完全正确的分析是由麻省理工学院的保罗·C. 乔斯 (Paul C. Joss) 于 1974 年 4 月进行的。他说："为了在四个小组之间就 217 号磁带上的数据取得合理的共识，还需要几个月的通信。"(第 900 页) 我们得到了表示 217 号磁带和其他数据的延迟直方图，纠正了其他人指出的各种错误。在每一种情况下，零延迟箱都昂然耸立，结果的统计显著性有时候高达 5.7 个标准差。

有人说，阿贡和马里兰的电话连线可能是虚假符合的原因——也许一个站点的电噪声通过电话连线传输，并在另一个站点引起符合脉冲。韦伯解释说，在一段时间里，1973 年 6 月 5 日至 13 日，电话线路被断开，同步是用时钟单独实现的。他提供了时钟断开时收集的 6 天数据的延迟直方图。我们再次看到了数据的延迟直方图。零延迟过剩明显突出，但没有给出统计显著性。然而，我们被告知，选择了一个阈值，以便最大限度地实现零延迟超额。[①]

然后报告了持续到 1974 年 10 月的更多结果，以及相应的延迟直方图。有一些时期很安静，但大多数时期显示明显的零延迟过剩。

然后，韦伯以更明确的方式使用他关于扩增的想法，将一个事件定义为阈值交叉，在 30 秒内至少有 3 个阈值交叉。这个分析为 1974 年 5 月 21 日至 6 月 25 日期间收集的数据产生了非常精细的延迟直方图。接下来，韦伯讨论了他们与其他小组的数据交换："许多数据交换正在进行中。应其他研究小组的要求，有些结果可能不会公布。"(第 904 页) 稍后，他说："我们相信，另一个数据交换确实给出了具有统计显著性的结果，4 个标准差的零延迟过剩。另一个研究小组目前尚未同意发表。"(第 904 页) 这些参考资料是第 6 章提到的与贝尔实验室托尼·泰森的数据交换。

韦伯也报道了令人尴尬的 4 小时事件，但几乎没有表示忏悔。

> 会面时讨论了涉及 710 赫兹 (频率响应) 和 1661 赫兹天线的磁带数据交换的初步结果，没有声称有正面的结果。在起初认为的零延迟处，观察到了 2.6 个标准差的效应。随后发现，这个事件发生的时间延迟了 4 小时。在正确的零延迟处，观察到略微更大的效应。由于这两个结果都不超过 3 个标准差，两者可能都是纯粹的统计涨落。(第 904 页)

在文章的讨论部分，韦伯告诉我们："事件发生率不能被认为是一种普遍的、不变的自然定律，因为几乎不知道关于源的任何事情。"(第 904 页) 正如他解释的那样，由于源可能是高度可变的，可以预期观察到的事件发生率的变化，从 4 天内的 5.7 个标准差到零，还随着阈值的变化而变化。韦伯解释说，在特定时期的数据记录中丢失的日子，完全是由于电力故障或过多的磁带写入错误。他说，没有发现信号的其他小组的设备要么更小，要么使用为短信号设计的数据处理算法。他认为他的结果表明信号很长，从而使他的实验与其他实验的比较在许多方面失效了。

---

① 这是很久以前的事情了，现在读起来，这种分析不是很有说服力，似乎有利于让分析者事后进行统计操纵；读者希望看到其他阈值的结果。

11.1　淡　忘

1977 年, 韦伯在专业杂志上发表了最后一篇论文, 在他职业生涯的这个 "阶段", 这篇论文试图在不偏离正统的前提下, 捍卫自己的发现。这是一封写给《自然》的简短的信, 于 1976 年 10 月 5 日收到, 并于 1977 年 1 月 19 日接受发表, 信里简单地重申了他为消除所有人类偏见和计算机错误而采取的预防措施。他的结论是, 零延迟过剩的统计显著性仍然有 5.6 个标准差。

除了自我引用, 根据科学引文索引, 1976 年的论文从未得到引用 (尽管泰森在 1982 年引用了它, 但我在 SCI 中找不到记录), 1977 年的论文在 1979 年的一份地球物理学杂志上引用过一次。[1]因此, 在 1976 年和 1977 年, 韦伯在世界最重要的期刊上发表了对其工作的主要辩护, 回答了他的所有批评者; 但这些论文几乎无声无息。就其影响而言, 它们可能就像没有写出来一样。

11.2　尘埃落定

与此同时, 实验引力波探测领域并没有停滞不前。会议和期刊的兴奋话题是试图建造低温棒, 在液氦或更低温度下运行来抑制背景噪声。这些实验的目的是寻找宇宙学家和天体物理学家预言的更不易观测的引力波通量。我将用一个新词来解释这些引力波: LowVGR(低 VGR) 代表低可见度的引力波。此前描述的所有实验寻找的都是 HighVGR(高 VGR), 高可见度的引力波。

虽然科学的重点已经转移, 但是高 VGR 仍有未完成的工作。有些小组一直在工作, 并且在没有正式公布的情况下在会议网络上报告结果。这些结果中的最近两三个现在已经发表, 尽管这些报告基本上是仪式性的; 与核心集合达成共识无关, 正如我们看到的, 核心集合已经形成了。1975 年 4 月,《物理杂志 A》收到了 W. D. 艾伦和 C. 克里斯托督提斯 (Christodoulides) 提交的一篇文章, 他们根据英国的 "分离棒" 原理建造了两根棒。[2]这两根棒都是 625 千克重, 主频为 1180 赫兹。[3]一个在雷丁大学附近, 另一个在卢瑟福实验室, 它们相距 30 千米 (注意, 对于负面的实验来说, 这个距离是很好的, 但不足以证明任何正面的结果是合理的, 因为这个距离有很大的机会产生虚假的效应, 影响这两根棒)。他们在延迟直方图里没有发现任何有趣的东西, 并得出结论:

> 除非韦伯探测到频谱窄且频率接近 1661 赫兹的脉冲, 否则所有验证他声称的引力波的尝试都失败了。(第 1733 页)

1975 年 5 月 12 日, 在罗切斯特和霍姆德尔的贝尔实验室, 由道格拉斯和泰森领导的小组向

---

① 见 Jensen(1979)。
② 见 Allen, Christodoulides(1975)。
③ 但是他们声称, 在远离主共振频率高达 300 赫兹的两侧, 都能够看到信号。

《物理评论快报》提交了一篇文章。[①]他们有两根 710 赫兹的共振棒, 每根重 3700 千克。他们的延迟直方图没有显示零延迟峰, 认为自己得到了引力波通量的上限。

> 如上文所述, 这个 710 赫兹上限比马里兰小组声称的 1660 赫兹事件发生率低几个数量级。(第 482 页)

最后一篇将室温棒的实验结果与韦伯的结果作比较的论文发表于 1982 年。[②] 在这篇文章里, 泰森及其合作者用一个探测器报告了总共 440 天的观测结果, 为可以看到的引力波通量设定了新上限。正如他们论证的那样, 可以用一个探测器设定通量的上限, 即使你不能以这种方式证明引力波的存在 (第 40 章将再次讨论这一点)。这个小组的结论是, 他们开发了新方法来 "否决" 局部的干扰, 在 440 天的观察中, 他们只有一个 "事件" 无法用非引力源解释。至于这个无法解释的事件, 他们提到另一个团队——在斯坦福大学运行一个低温棒——没能看到它, 因此也不可能是引力波引起的。换句话说, 他们使用符合技术否决了一个引力波候选者。这篇文章没有提到泰森先前的说法 (韦伯的结果可以解释为地磁起源)。

我们认为更有趣的是, 这篇文章回顾了各小组进行的实验的早期结果。列出了 14 个共振棒实验的参数——包括韦伯 1970 年和 1976 年的, 并估计了所有仪器的灵敏度或校准测试的报告。下面的表 11.1 是第 1210 页的汇总表的简化版。

表 11.1　共振棒特性的总结 (改编自 Brown, Mills, Tyson(1982) 第 1210 页)

序号	探测器位置	最后一次报告时间	频率	质量	噪声温度 /K	$F(v)$	算法	持续天数
1	马里兰 / 阿贡	1970	1660	1.7	>630	970	1	180
2	马里兰 / 阿贡	1976	1660	1.7	~ > 22	~ >40	1a	300
3	马里兰 / 阿贡	1976	1660	1.7	~ 22	~ 40	2	270
4	格拉斯哥 / 格拉斯哥	1975	900 ~ 1100	0.3	4.5	35	1b	500
5	莫斯科 /ISR	1973	1640	1.3	~ 280	500	1b	10
6	IBM	1974	1660	0.5	18.5	87	2	27
7	雷丁 / 卢瑟福	1975	1070 ~ 1300	0.63	~ 12	~ 44	1b	210
8	东京 / 东京	1975	145	0.78	10	300	2	80
9	慕尼黑 / 弗拉斯卡蒂	1975	1645	1.7	7.5	12	2	150
10	斯坦福	1980	842	4.8	0.02	0.01	2	210
11	贝尔实验室	1973	710	3.6	~ 50	33	1b	89
12	贝尔实验室 / 罗切斯特	1975	710	3.6	18	12	2	87
13	贝尔实验室 / 罗切斯特	1975	710	3.6	9	6	2	33
14	贝尔实验室	1972	710	3.6	6	3.8	2	440

我们用这个表格揭示, 相互竞争的灵敏度估计是多么脆弱, 并为本节提出的许多要点提供方便的参考。请注意, 没有提到西尔瓦诺·博纳佐拉在巴黎进行的实验。也请注意, 在噪声温度栏中有许多波浪号 ("~")。噪声温度可以用来衡量灵敏度, 因为它显示了背景噪声的大小：这个数字越小, 探测器就越灵敏; 波浪号表示噪声温度是估计值, 而不是通过插入校准脉冲直接测量

---

① 见 Douglass 等 (1975)。

② 见 Brown, Mills, Tyson 等 (1982)。

的。韦伯总是质疑对灵敏度的估计, 他也质疑灵敏度测量对他认为可能检测到的波形的意义。即使在 1982 年, 泰森也需要报告, 该栏的第一个数字 630, 已经被另一位科学家白浩正 (Ho Jung Paik) 计算为 240。在脚注 18 里, 泰森承认在计算他的早期实验的灵敏度时犯了一个错误; 这是由苏联小组指出的。[1]

下一栏 ($F(v)$) 是另一个表示灵敏度的数。这是 1978 年雷纳·外斯计算的 "最低检测水平"; [2] 这个数越小越好。值得注意的是, 与上一栏相比, 在外斯的度量下, 各个实验的灵敏度之间的关系看起来很不一样。例如, 韦伯的仪器和格拉斯哥的差别比较小; 布拉金斯基实验看起来不像是强有力的竞争对手; IBM 探测器看起来比韦伯差, 而不是更好。由此可知, 仍然有足够的空间争论灵敏度, 但必须承认, 有一些重要的实验比韦伯的性能要好得多。

标记为 "算法" 的列在原文中被标记为 "检测算法"; 我简化了记号。在我的表示法中, "2" 表示的是相位变化 (或 "线性"), 该算法越来越受到韦伯大多数竞争对手的青睐, 而 1、1a 和 1b 是韦伯青睐的算法的变种。泰森解释说, 算法 2 对校准脉冲更灵敏。当然, 如果引力波的形状真的像韦伯认为的那么奇特, 那么其他实验几乎都不会直接影响他的主张。泰森恰当地提到了 1974 年特拉维夫会议, 会上对不同算法的有效性提出了争议。[3]

当然, 这一切都和韦伯结论的命运无关; 它只是表明, 解释仍然有高度的灵活性。似乎为了证明这一点, 上述论文几乎是在韦伯及其合作者的系列论文 (试图恢复高 VGR) 的第一篇之后立即发表的。[4] 韦伯等人的论文发表得太晚, 泰森等人不可能讨论它, 甚至来不及把它列入先前实验工作的清单。但这篇论文是科学工作 (称为理论和实验) 的一部分, 原则上, 它可以让泰森的整个分析变得不合时宜。但正如预料的那样, 它没有成功。

---

[1] 见 Braginsky 等 (1973) 第 271 页。

[2] 见 Weiss(1979)。

[3] 见 Shaviv, Rosen(1975)。

[4] 见 Ferrari 等 (1982) 第 19~21 章描述了相关的事件。

第 12 章　波是如何传播的

我们的项目是研究涟漪在社会时空中的传播, 以及它们如何穿越目标图的同心环。在不同的环里, 涟漪通过不同的媒介传播。在核心里, 重要的媒介是个人互动和会议网络。稍微远离核心, 对技术感兴趣的科学界从期刊上获得信息。如今, 期刊是虚拟见证的"文学技术"的一部分, 被电子预印本迅速取代。[①] 更远的地方是"科普期刊", 由更广泛的有科学素养的公众阅读的期刊。

我们在这里简单地考察两种媒介——科学期刊和科普期刊。我将用"科学引文索引" (Science Citation Index, 简称 SCI) 研究科学期刊中涟漪的传播, 而用《新科学家》(*New Scientist*) 作为科普渠道的例子 (因为它多次提到引力波的工作), 揭示专家意见的改变方式。

12.1　"科学引文索引"

当科学家写论文时, 他们提到以前与此相关的工作。换句话说, 他们"引用"其他作者的论文。"科学引文索引"收集并列出了所有这些引用, 给出引用的地方和引用的论文。衡量某个科学家的认可度、名声或其他什么, 一个衡量标准是其他科学家对其工作引用的数量。

涵盖 1965 年至 1969 年的"科学引文索引"显示, 韦伯被引用大约 170 次——这个引用数量可敬但并不突出 (见表 12.1)。在这段时间里, 正如我们看到的, 韦伯正在研究引力波和引力波探测器的原理。他还为微波激射的想法做出了贡献, 还做了其他不那么重要的工作。应该记住的是, "科学引文索引"有点落后于科学家的认可度, 因为其他科学家撰写和发表论文 (其中引用了令人兴奋的或重要的工作) 需要时间, "科学引文索引"收集和发表结果需要时间。不出所料, 在第一个 5 年期间, 1967 年和 1968 年《物理评论快报》的论文只得到 14 次引用, 而 1969 年的论文还没有出现在"科学引文索引"的报告中。

表 12.1 显示了韦伯在《物理评论快报》的一些论文的引用情况。关于韦伯全部文章的引用, 1970—1974 年的"科学引文索引"显示了突然的跳跃, 这反映了韦伯引力波发现的第一个真正的影响。这些年共有大约 700 次引用, 其中大约 600 次是引力波探测的时期。正如我们看到的, 其中大约 330 次引用的是《物理评论快报》的论文, 1969 年的论文成为"明星"参考文献, 有 140 次引用。由此可见, 在 20 世纪 70 年代早期, 韦伯是世界上著名的物理学家之一。

---

① 见 Shapin, Schaffer(1987)。

表 12.1　韦伯论文的引文 (《物理评论快报》, 5 年累积)

年份	卷	1965—1969	1970—1974	1975—1979	1980—1984	1985—1989
1967	18	9	12	7	5	3
1968	20	5	16	6	2	0
1969	22	—	140	49	16	15
1970	24	—	67	22	6	0
1970	25	—	97	26	5	0
1973	31	—	—	21	3	0
合计		14	332	131	37	18
总引用数 (近似)		170	700	330	140	100

大约在 1974 年或 1975 年, 大多数物理学家不再相信韦伯的主张。然而, 毫不奇怪, 可信度的下降直到 1978 年才反映在 "科学引文索引" 中; 1975—1979 年的 "科学引文索引" 仍然显示, 韦伯文章的总引用数约为 330 次。截至 1970 年发表的《物理评论快报》论文, 包括 1970 年发表的论文, 在这个时期总共被引用了 110 次, 1969 年的论文仍然是标准参考文献, 有 49 次引用。

在 1980—1984 年间, 韦伯的总引用数又减少了一半以上, 降到大约 140 次, 只有 50 次左右引用的是主张检测 (到引力波) 的全盛时期的工作。在这 50 次引用里, 有 34 次引用的是 1970 年之前的《物理评论快报》(1969 年的论文占了 16 次)。因此, 到了这个时期, 韦伯的引用模式已经回到了一个优秀但并不杰出的著名科学家的程度。他仍然被认为是将来有可能成为新科学的引力波天文学的先驱, 他的早期论文和教科书仍然备受敬重; 只有实验主张 (以及后来的理论主张) 才是可疑的。这种模式在 1985—1989 年继续存在, 其中 100 次左右的引用大多是开始于 20 世纪 60 年代初或更早的工作。

在最近的几十年里, 人们对引力波的兴趣增大了许多, 因此, 潜在引用者的源文献也就多得多。然而, 即使考虑到这一点, 韦伯的引用总量仍然反映了他的开创性地位。对他的争议较少的工作的引用情况有指示性的意义。事实上, 人们可能会认为, 对他的认可体现在潜在引用者数量的巨大增长——他建立了这个领域。从 1993 年到 1998 年, "科学引文索引" 记录了 200 多次这样的引用。

12.2　《新科学家》的标题

引力波探测第一阶段的故事及其对目标图外环的影响, 可以在《新科学家》的标题和报告中看到; 这里给出了完整的标题序列。在清单中, 正如我所指出的, 重要性有时体现在报告根本没有提到韦伯的名字。

- 1967 《引力波的最初迹象》(*The First Signs of Gravitational Waves*)

- 1968 《引力波的进一步迹象》(*Further Indications of Gravitational Waves*)

- 1969 《来自太空的引力波》(*Gravitational Waves From Space*)

- 1970 《引力波可能来自银河系》(*Gravitational Waves May Come from Our Galaxy*)

- 1971a《宇宙里的"协和飞机"可能会产生引力波》(*Concordes of the Cosmos May Create Gravity Booms*)

- 1971b 宇宙快要死了吗？(*Is the Universe Nearly Dead?*)

- 1971c 《当不可抗拒的力量遇到不可移动的物体》(*When an Irresistible Force Meets an Immovable Object*)

- 1972a 《英国天文学家准备测量宇宙的振动》(*British Astronomers Tune in to Cosmic Vibrations*)

- 1972b 《减少银河系的损失》(*Cutting the Galaxy's Losses*)

- 1972c 《引力波降临地球》(*Gravitational Waves Come Down to Earth*)

- 1973a 《"引力波"可能只是地磁效应》("*Gravity Waves*" *May Simply Be Geomagnetic Effects*)

- 1973b 《引力波棺材上的另一颗钉子》(*Another Nail in the Coffin of Gravity Waves*)

- 1973c 《韦伯的"引力波"不必来自银河系》(*Weber's* "*Gravitational Waves*" *Need Not Be Galactic*)

- 1975a 《远源的冷冻闪烁》(*Frozen Scintillation of Distant Sources*)(没有提到韦伯)

- 1975b 《引力波可以为 X 射线双星提供动力》(*Gravity Waves May Power X-ray Binary*)(没有提到韦伯)

- 1975c 《伯克郡没有发现引力波》(*No Gravity Waves to Be Found in Berkshire*)

- 1976 《关于引力波前沿的更多情况》(*More on Gravitational Wave Front*)(没有提到韦伯)

- 1977 《引力波应该很快被发现》(*Gravity Waves Should Be Detected Soon*)(没有提到韦伯)

非常粗略地说，从 1967 年到 1970 年，《新科学家》报道了韦伯令人兴奋的新发现及其日益增长的可信度。从 1971 年到 1972 年的第二次报告，对高通量的宇宙学含义进行了一系列讨论，理论学家争论或反对这个发现的可能性；有些人探索支持韦伯结果的机制，而另一些人认为他的结果不可信。1972c 的结论稍显乐观，期待着新的英国探测器的结果。然而，从 1973 年开始走下坡路："引力波"开始出现在吓人的引号中；提出了产生韦伯符合的替代机制；恒星时相关性消失了；一个又一个地方没有发现引力波；韦伯开始变得看不见了。人们的注意力转向制造更灵敏探测器的团队，认为韦伯不再是主要的竞争者。

这里收集的材料支持我在导论中提出的论点 (也许有点弱)——知识的波浪在从中心移动时获得力量。在核心集合及其配套的会议网络中，有争议的新发现的新闻 (例如韦伯的声明) 慢慢地提高可信度。如果共识发生了转变，就像韦伯的情况一样，研究结果将在核心区迅速失去可信度。但是, 在核心集合中, 无论结论正确与否, 都不会像在科普期刊上那样标记出来。这并不是说个人不会持有鲜明的观点, 而是在核心集合中会有同样强烈的反方观点, 从而使科学家整体表现得模棱两可 (科普期刊可不是这样)。专业的科学期刊给人一种介于核心集合和科普期刊之间的印象——随着结果变得更加肯定 (或相反), 它们就表现得如同锦上添花 (或雪上加霜)。探测引力波的新技术正在吸引更多的注意力; 我们现在看看这些新技术。

第 2 部分

两种新技术

第 13 章　低温技术的开始

> 如果是绿的, 就是生物学; 如果是黄的而且有气味, 就是化学; 如果有用, 就是工程; 如果没用, 就是物理。

——意大利物理学家

科学家想要继续他们的科学生命。一个人一天只能做这么多, 所以和我们其他人一样, 科学家必须选择如何分配时间和精力。到了 20 世纪 70 年代初, 韦伯的独创性已经成功地改变了科学思维的秩序, 让其他人将时间、精力和资金资源投入到他的想法中。正如我们看到的, 此前, 其他科学家在这项工作中最多也只是投入一部分精力。这与韦伯形成了鲜明的对比, 对韦伯来说, 寻找引力波是全心全意的痴迷。

对于一些科学家 (例如, 西尔瓦诺·博纳佐拉), 这项工作太不重要了, 他们甚至没有恰当地写出来, 所以他们从出版的历史中消失了。其他人 (例如, 理查德·加文和詹姆斯·莱文) 带着特定的目标进入这个领域, 投入最低限度的努力, 有效地实现这个目标, 然后就离开了。另一些人 (例如, 托尼·泰森) 继续瞄准负面的目标进行实验, 直到痛苦的尽头。但许多受韦伯启发开始实验引力波工作的人现在想找到引力波, 要么建造更灵敏的棒 (通常是降低它们的工作温度), 要么建造更大的干涉仪。[1]本书的这个部分讨论这两种新技术: 低温棒和干涉仪。

冷却到液氦温度甚至更低温度的共振棒 (低温棒) 比室温棒更灵敏, 即便在最坏的情况下, 当这些低温棒工作时, 韦伯的主张将得到真正的验证或否定。但是, 这些低温棒不仅仅是对韦伯的反驳或确认; 它们将足够灵敏, 可以找到符合天体物理学家预测的更不容易看到的引力波通量——因此, 即使韦伯错了, 它们也会得到正面的成果。

13.1　低温技术的早期岁月

斯坦福大学是向低温技术转变的关键参与者。斯坦福大学从来没有建造过室温棒; 他们从一开始就在低温下工作。与这个项目最密切相关的名字是威廉·"比尔"·费尔班克 (William "Bill" Fairbank), 斯坦福大学的教授。

---

① 在迄今提到的团体或个人中, 博纳佐拉放弃了这个领域; 马里兰小组开始建造低温棒并继续进行室温工作; 格拉斯哥小组很快将转向干涉测量; 莫斯科小组将尝试用蓝宝石制成的共振棒, 然后成为干涉仪爱好者; IBM 小组按计划离开了这个领域; 雷丁-卢瑟福小组离开了这个领域; 东京小组转向了干涉测量; 慕尼黑小组开始了干涉测量; 弗拉斯卡蒂团队转向了先进的低温技术; 斯坦福小组发展了低温技术, 后来转向干涉测量; 贝尔实验室最终放弃了这个领域; 罗切斯特对低温技术保持着兴趣, 但没有建造任何东西。

费尔班克 (1989 年去世) 和韦伯至少有一个共同点。他的名声建立在做不可能或几乎不可能的实验上——并非每一个都成功了。他已经因低温工作和试图测量广义相对论预测的微弱效应而闻名，但在 20 世纪 80 年代末，他因为声称检测到了自由夸克而臭名昭著。夸克是构成原子的要素的要素。因此，质子和中子都应该由三个夸克组成，夸克的特殊混合物赋予粒子以特性。理论上说，夸克永远不能单独存在，这就是为什么从来没有发现比电子 (或质子) 的电荷更小的电荷。夸克电荷的测量单位是电子电荷大小的三分之一，理论上说，它们的排列方式只能让总电荷为电子的负电荷 (或质子的正电荷) 的整数倍或零。

自由夸克存在的后果是，三分之一和三分之二的电荷单位可以在"野外"找到。在罗伯特·密立根 (Robert Millikan) 的笔记本中，有趣的迹象表明，20 世纪初在加州理工学院的著名实验中，他发现并忽视了这种"分数电荷"，以证明电荷不能细分到某个大小以下；在 20 世纪 70 年代，费尔班克似乎也发现了这些电荷，但他的发现受到了广泛的质疑。1982 年，为了庆祝费尔班克 65 岁的生日，一群物理学家举行了一次会议；从一篇关于庆祝书籍的导论，可以了解这场争论的风味："在结束这些评论时，我谨向世界物理学家们发出警告。仅仅因为威廉·费尔班克的实验室是迄今为止唯一一获得分数电子电荷明确证据的实验室，并不意味着它们不存在。恰恰相反。"现在，绝大多数人认为，费尔班克错了。[1]

虽然费尔班克被认为是低温棒的先驱，但另一位威廉 (威廉·"比尔"·汉密尔顿 (William "Bill" Hamilton)) 也应该得到承认。汉密尔顿大约在 20 世纪 60 年代从斯坦福获得了博士学位，并作为国家科学基金会研究员和助理教授干了 10 年。在 1960 年代，他和费尔班克在实验室辛勤工作，讨论科学。汉密尔顿有一个想法，建立一个 45 米长的共振棒，通过整合大约一天的观测信号，有可能检测蟹状星云脉冲星发射的低频引力波。他对这个项目雄心勃勃，但并不离谱，因为费尔班克计划建造一个 159 米长的超导加速器。一根 45 米长的共振棒不能用一根线吊起来，但低温提供了用超导磁悬浮的可能性。然而，费尔班克和汉密尔顿认为，这个项目虽然可行，但是太复杂。

到了 1970 年，汉密尔顿已经离开斯坦福大学，在巴吞鲁日的路易斯安那州立大学 (LSU) 得到永久职位。当时，他和费尔班克再次开始考虑低温棒，目的是建立一个与韦伯棒相似尺寸的装置。(汉密尔顿的 LSU 小组成员在斯坦福和路易斯安那建造的共振棒上做了很多设计工作。)1972 年 11 月，费尔班克向我解释了他的理由。他说，低温是提高共振棒的灵敏度的唯一方法，因为较长的棒的振动频率太低，所以需要降低棒的温度。低温也意味着可以使用超导屏蔽，可以比室温屏蔽更好地消除杂散的电磁辐射。此外，可以用超导磁体把棒悬浮起来，这将是最好的隔振形式。此外，棒受到整体的支撑，而不是仅靠中间的线，从而消除振动线的蠕变和噪声。费尔班克认为，通过这些方法，他可以把灵敏度再提高大约 10 万倍。[2]

但低温工作是困难的，结果这个项目比任何人的预期还要困难得多。1988 年，汉密尔顿凭借事后诸葛亮的优势，开玩笑地提出了低温工作的两条原则。费尔班克的法则："任何实验如果在低温下进行，就会更好"；汉密尔顿的推论："任何实验如果在低温下进行，就会更困难"。[3]正如汉密尔顿所说，随后的实验证明了这两条原则。这就是为什么斯坦福的结果在我们早期的故事中没有出现，直到泰森 1982 年的论文 (Tyson, 1982) 提到了它们。

---

[1] Holton(1978) 描述了密立根实验，讨论在他的笔记本中的异常现象，可能意味着分数电荷的存在。Pickering(1981b) 提供了关于这个争议的社会学解释。这本书的引文来自 Gordy(1988) 的导言 (在第 18 页)。

[2] 用费尔班克自己的话来描述这个基本原理，可以在 WEBQUOTE "费尔班克谈他的项目启动" (Fairbank on the Start of His Program) 下找到。

[3] 见 Hamilton(1988)。

斯坦福的倡议是另一个小组的间接原型, 多年来, 他们的全部努力都是低温棒。这是大卫·布莱尔在珀斯的西澳大利亚大学 (UWA) 成立的团队。20 世纪 70 年代中期, 布莱尔和汉密尔顿一起在 LSU 做博士后, 并经常访问斯坦福大学。

将共振棒冷却到液氦温度的计划, 要么是在意大利独立构思的, 要么是通过著名物理学家爱德华多·阿马尔迪 (Edoardo Amaldi) 与费尔班克的联系 (但是正如我指出的, 这个想法显而易见)。20 世纪 70 年代初, 一个意大利小组访问了斯坦福大学和汉密尔顿刚刚到达的路易斯安那州立大学。这个小组包括圭多·皮泽拉 (Guido Pizzella), 他在我们的故事中扮演重要角色, 以及马西莫·切尔多尼奥 (Massimo Cerdonio), 他在 90 年代末再次出现; 挂名的领导是阿马尔迪。这个小组 (其领导将由阿马尔迪传给皮泽拉) 立即开始工作, 其乐观精神与费尔班克和汉密尔顿没有什么不同。

液氦在温度为 4 开时沸腾。开尔文温标与摄氏温标有相同的间隔, 但是它的零点是 −273 摄氏度。−273 摄氏度是任何东西能够达到的最低温度, 称为绝对零度。4 开比绝对零度高 4 开。如果简单地用液氦冷却共振棒, 4 开将是它的工作温度。但是通过抽气减压, 氦的沸点降低到大约 2 开。在 4 开或 2 开工作就是 "低温技术" 了。但是低温先驱们已经计算出, 为了确保看到其他星系里的超新星, 必须继续降低温度。为了获得最大的合理灵敏度, 他们需要降至 3 毫开; 这进入了 "超低温技术" 的领域。这是费尔班克青睐的那种不可能实现的目标。一旦到达液氦温度以下, 就可以用 "稀释制冷机" 这种设备实现。费尔班克的斯坦福项目一直致力于达到毫开温度而不是液氦温度, 这是他的项目进展如此缓慢的原因之一。汉密尔顿选择了更容易的液氦, 接受 2 开作为他的目标。直到 20 世纪 90 年代, 在罗马附近的弗拉斯卡蒂, 皮泽拉才会在这种设备上达到毫开的温度。后来, 马西莫·切尔多尼奥和他在帕多瓦附近的勒格纳罗小组也实现了这个目标, 该探测器的主要部件复制了皮泽拉的装置。

费尔班克向我解释说, 他不打算测试韦伯的想法, 而是想看到理论上预测的通量。为了做到这一点, 他的团队需要把探测器的灵敏度比韦伯的提高 5 到 6 个数量级 ($10^5 \sim 10^6$ 倍)。[1]正如他在 1972 年说的:

> 我们认为实现这个 10^5 或 10^6 很重要, 这就是为什么我们从一开始就设计到几毫开。很多人从一开始就问我们, 为什么我们不直接去研究液氦温度, 然后在稍后的某个时候再去研究几毫开。答案是, 建造一个检测器——建造杜瓦系统和所有的东西——是非常昂贵的, 所以我们从一开始就强烈希望实现这样的可能性。这就是为什么我们把棒做得这么大——很难把共振棒做得更大, 但我们竭尽全力, 以便在原则上获得这个 10^6……和一些在室温下工作的人一样, 我们并不急于检验韦伯。换句话说, 不管现在韦伯的数据出现什么情况, 真的也不会影响我们的目标。(1972)

我告诉费尔班克, 其他科学家批评他的方法过于复杂和昂贵, 但他回答说——后来的事实证明他错了——因为他有长期的经验, 这不像其他人认为的那样困难。[2]

1975 年, 当我第二次采访费尔班克时, 他的项目正在进行中。他建造了一个原型共振棒, 大约是乔·韦伯的一半大小, 显然, 他已经成功地在 2 开温度实现了磁悬浮。

> 已经完全集中在一个更小的系统上, 它可以放进加速器杜瓦 (也就是一个现成的 "真空瓶", 因为已经为超导加速器制造了许多个) ……我们把它冷却了三到四次, 克

---

① 这段描述在很大程度上是基于费尔班克 1972 年的采访, 因为直到 1975 年的一轮采访, 我才和比尔·汉密尔顿见面。
② 参见 WEBQUOTE 里的 "费尔班克谈经验" (Fairbank on Experience)。

服了悬浮的问题……每次都做了相当大的改进。上次我们看到的信号是理论上预测的噪声水平……

现在，还有一些关于系统的事情不太对。共振探测器 (换能器的新设计——见下文) 以前只耦合了 3% 或 4%，现在我们可以让它耦合 50%，而粘着材料的共振棒的 Q 值已经下降到大约 50000。这个探测器在 2 开温度的灵敏度应该是毫开，这将是另外一个 100 倍……

我们开始组装大系统，但是没有足够的人力和资金同时做两个系统……根据这个推断，我们的灵敏度是室温探测器的大约 10^7 倍，足以看到银河系里的几乎任何坍缩。(1975)

计划是做一个大得多的共振棒，直径为 90 厘米，长为 3 米。费尔班克希望，如果 LSU 的汉密尔顿、UWA 的布莱尔以及意大利人也有仪器，他们的联合"天文台"将有足够长的基线，能够确定信号在天空中的来源位置。这个原则同样适用于今天的工作，其理念是，信号到达不同的遥远地点的时间差将给出源的方向。费尔班克说，他也计划使用铌棒，而不是"传统的"铝合金，至少他一直深入地考虑使用这种材料——这个想法随后在 UWA 实施。此外，20 世纪 70 年代中期，布莱尔在 LSU 工作，并密切合作。[1] 这种多团队伙伴关系体现在 1973 年提交的一份会议论文中，该文章由斯坦福大学的一个小组 (包括下面将讨论的白浩正) 和 LSU 的一个小组 (包括大卫·布莱尔) 联合撰写。[2]

虽然费尔班克的 3 毫开策略在原则上可能是合理的，但是，随后的低温棒的故事说明了设计思想与其成功实施的区别。为了让低温棒在接近预期灵敏度的情况下稳定可靠地工作，大约花了 20 年的时间，实验工作者从未能够实现费尔班克的全部计划。

"Q"是品质因子，与物体铃振的时间长度有关。钟被敲了以后，可以振动很长时间，这样的钟有很高的"Q"，反之亦然。"Q"是引力波探测器设计的一个重要特征。对于共振棒的情况，共振时间越长越好。在实施低温棒的想法方面出现了很大的延误，这是因为费尔班克的雄心，特别是因为他选择磁悬浮。随着棒变得越来越大，他们的悬浮方案要么不能工作，要么破坏了"Q"。最终，超导磁悬浮技术无法让费尔班克和其他人需要使用的共振棒满意地工作，但是在当时，这还很不明显。

超导磁悬浮的工作原理是被悬浮的超导体表面产生磁场，这是外加磁场的镜像；外加磁场和镜像磁场相互排斥。这个系统是稳定的，因为随着支撑磁体与被支撑物体的相对位置变化，镜像磁场自动调整，从而与外加磁场完全匹配。早期的一个问题是，用于共振棒的铝合金在 1 开以上不超导，共振棒在几十年里不会达到这样低的温度。此外，在 1 开以下，铝不善于保持支撑大质量所需的强大的镜像磁场。因此，共振棒必须涂上更好的超导体。起初使用的是共振棒表面的线圈、表面沉积的超导金属或粘在表面的金属板。前两种方法在小质量的情况下工作，但是在大质量的情况下不工作。

第三种方法由比尔·汉密尔顿在 LSU 做了试验，实验表明，用铌钛超导体的片材粘在棒上，可以支撑必要的质量。这种方法 (正如大卫·布莱尔说的那样) 很可能破坏了共振棒的"Q"，

---

[1] 此时，其他团队 (如罗切斯特的道格拉斯和莫斯科的布拉金斯基) 正计划放弃非常大的共振棒，使用蓝宝石制作品质因子非常高的小共振棒。费尔班克认为，除非能找到一种方法将这个"Q"耦合到放大器和换能器，否则他们什么也得不到，他觉得在这个前沿，蓝宝石可能不是前进的道路。据我所知，还没有蓝宝石棒可以产生有趣的结果；布拉金斯基后来转向干涉测量，道格拉斯的小组实验工作的规模大大缩小。

[2] 见 Boughn 等 (1974)。在同一次会议上，韦伯报道了他与罗切斯特的 2.6 个标准差的符合结果。

阻止它成为灵敏的引力波探测器, 但汉密尔顿的研究进展从来没有达到可以进行必要测量的程度。[1] 他报告说, 他为这种磁悬浮方法工作了 6 年, 最后放弃了。

> 我仍然有摇篮和超导线圈以及类似的东西在这里, 我们建造了整个东西, 然后尝试悬浮共振棒。有一个磁体坏了, 我说, 它们都是串联的, 怎么才能弄清楚它哪里坏了呢? 我说, 如果继续做悬浮这件事, 就太不明智了。(2000)

但汉密尔顿指出, 磁悬浮并不是唯一的问题, 最终他不得不放弃他设计的许多复杂特征。例如, 他坚持尝试用新方法支撑这根棒。韦伯发明的传统方法是在中间吊一根线, 但是悬线法很粗糙, 有个很大的缺点——它会像琴弦那样振动, 引起噪声。汉密尔顿使用了一种称为 "死虫子" 的东西: 一种小的金属装置, 就像一个倒着放的矮脚桌。[2]把共振棒放在这四条腿上——看起来像死虫子的腿。然而, 汉密尔顿无法让这个 "死虫子" 支撑系统工作。

> 年轻人很骄傲。什么都自己做。还必须是原创的。所以我们不仅在磁悬浮上浪费了很多时间, 还在 "死虫子" 支撑系统上浪费了很多时间……我们做了很多轻率的计划, 可能也有两三年。事实上, 我认为首先是意大利人成功地把他们的棒挂在中间, 我们说: "好吧, 我们会这样做的。" 事实上, 当我说: "怎么都可以, 只要能用!——让骄傲见鬼去吧——任何有用的东西, 我都愿意复制——如果我们能让它更好, 我们就做。" 因此, 目前的 ALLEGRO 支撑系统是完全仿造意大利人的——但是我们让它变得更好。(2000)

汉密尔顿把他的仪器称为 ALLEGRO。那些建造低温棒的人喜欢这种起名字的方式, 有时是以缩略词的形式出现, 想方设法让这些缩略词听起来很经典的样子。因此, 除了 ALLEGRO, 我们还会遇到 EXPLORER (位于日内瓦, 意大利建造的棒)、NIOBE(大卫·布莱尔在 UWA 的棒, 由铌制成的棒)、NAUTILUS (弗拉斯卡蒂的铌棒)、AURIGA(勒格纳罗的 "毫开棒") 和胎死腹中的 TIGA(一个巨大的共振球探测器, 计划在 LSU 建造)。

大卫·布莱尔是唯一完全不用韦伯的方法而成功地支撑共振棒的人,[3]他把他的支撑称为 "凯瑟琳车轮"。布莱尔的设计就像汉密尔顿的 "死虫子" 一样, 但 "桌面"——也就是虫子的背——被一个中央圆盘取代, 四只手臂呈螺旋状向外旋转——就像凯瑟琳车轮的图案。反过来, "桌腿" 连接到螺旋臂的末端。凯瑟琳车轮这种设计允许腿向两个方向横向移动, 可以允许共振棒的纵向振动和互补的 "呼吸" 振动, 没有刚性或摩擦力。直到今天, 布莱尔的共振棒还是用凯瑟琳车轮支撑。尽管如此, 尽管他设法实现了这个创新, 我们将看到, 布莱尔也经历了逐步简化设计的过程。

在斯坦福大学, 最初的目标是建立最好的设计, 但是进展很糟糕。斯坦福团队的一名关键成员罗宾·吉法德 (Rob Giffard) 离开了团队[4], 费尔班克于 1989 年去世。彼得·迈克尔逊 (Peter Michelson) 现在负责这项实验, 继续以费尔班克式的完美主义风格前进。(迈克尔逊-莫雷实验的阿尔伯特·迈克尔逊是彼得·迈克尔逊的叔祖父。) 斯坦福团队确实继续建造了相对简单和成功的设备, 运行温度为 3 开, 确实得到了一些数据, 与路易斯安那共振棒和意大利共振棒的数据进

---

① 我的这段话依赖于大卫·布莱尔 1997 年的科普书籍 (与麦克纳马拉合著), 也依赖于我和比尔·汉密尔顿的电话交谈。关于磁悬浮的命运, 没有任何争论; 我只是简单描述了共识, 没有试图怀疑它可能失败。然而, 一位科学家的回答告诉我, 磁悬浮并不是关键——即便成功了, 也不会显著提升共振棒的灵敏度。

② 有人告诉我, 实际上是 J. P. 理查德发明了 "死虫子" 的想法, 大卫·道格拉斯起的名字。

③ 布拉金斯基的莫斯科团队用镶有燕尾接头的铝带将他们的共振棒吊起来。

④ 据我了解, 吉法德没有拿到永久教职。

行了比较；他们随后试图冷却到液氦温度以下，同时试图实现一个构思巧妙的非常复杂的悬挂系统，基于悬臂弹簧。① 这个项目拖了又拖，用掉的钱和时间越来越多。1995 年，斯坦福大学团队时任领导彼得·迈克尔逊把这件事说得相当简明："我们开发了一些在超低温条件下工作的新型隔振系统——我们做了大量的工程工作，但是比我们的预期用了更多时间。"关于这个"更多时间"，我从引力波领域的其他成员那里听到了更加丰富多彩的描述。

斯坦福的 3 开共振棒在 1989 年的旧金山地震中受到了损害。用彼得·迈克尔逊的话说：

> 严重损坏了。地震时处于低温状态。地震发生的那天，我跑进实验室，我想，天哪，看起来不错，然后我想，哎呀——不对——它只是勉强挂在一起，里面的许多仪器都严重损坏了……因此，在那时，我们决定把我们的大部分努力投入到超低温系统中，然后，这个过程继续下去，一些开发工作花费的时间比我们想象的更长。(1995)

斯坦福大学共振棒的整体工作于 1994 年停止，团队开始专注于干涉仪。没有任何迹象表明该项目即将接近成功，NSF 很可能不愿意继续为斯坦福共振棒提供额外的资源。

大卫·布莱尔将他的简单装置的最终成功与斯坦福大学对复杂性的追求和随后的失败进行了比较。

> 斯坦福开始做一件非常精细、非常复杂的事情，其基本性能与我们得到的相似，但使用了非常复杂的相互影响的元件——他们试图解决的问题比我们稍微复杂，但并没有什么差别。最后他们彻底放弃了，因为他们的解决方案过于复杂和困难。几年前，我们用艰难的方式得到了教训——但幸运的是，我们不必放弃这个项目；只要重新定向这个项目——用最简单的方法。

> 事情是这样的，当我来到这里的时候，我有一个方案，实际上是布拉金斯基建议的，有一个铌棒——他没有建议铌棒，但他建议，在棒的末端放一个磁悬浮换能器，悬停在棒的末端，用磁悬浮换能器读出振动。我们做了一个小东西，非常巧妙的技术，看起来不惊艳，其实很漂亮……超导磁悬浮共振棒旁边有一个磁悬浮换能器，所有的自由度都可以控制——你知道，一个悬停在那里，另一个悬停在它旁边，控制系统把一个升到另一个的上面。我们测量了振动，在这个小模型中，我们测量了引力波探测器中当时最低的噪声温度，那是在 1979 年前后。

> 然后，我们试图将其升级到大系统，这非常困难。一部分原因是，我们需要监控所有的系统，这些磁悬浮的东西，这意味着大量的电路，还要保持一切都工作良好——还有很多是超导电路——只要有一个超导器件失效，你就麻烦了。

> 所以，我们最后说："听着，我们必须变得简单，必须简化一切。"我想我们学到了两件事，一个是简化，另一个是让隔振性能比你的计算预期还要好得多，这样才有可能勉强达到你的预期。(1998)

大卫·布莱尔在路易斯安那州立大学比尔·汉密尔顿那里干了三年博士后，于 20 世纪 70 年代末在珀斯开始这项工作。他选择用非常昂贵的金属铌制造整个共振棒，这种金属在液氦温度下是超导的，是理想的磁悬浮材料，因为不需要额外的线圈或薄板粘在表面。此外，铌有很高的"Q"，如果不受干扰，它可以保持振动好几天。布莱尔建造了一个长 1 米，直径 10 厘米的原型，

① 见 Amaldi 等 (1989)。

正如他在上面解释的, 它是磁悬浮的, 对大小非常敏感。但他发现, 超导磁支撑的铌棒的直径极限是 20 厘米, 而当时典型的铝棒的直径是 1 米。问题是, 随着质量的增加, 镜像磁场开始侵入棒, 破坏了超导电性。

因此, 布莱尔的团队和其他团队一样, 不得不放弃磁悬浮, 尽管他们坚持使用铌 (因为它的高品质因子)。现在他们造了一个大得多的液氦温度的铌棒, 利用了一些原始的特征; 光是金属就花费了 25 万美元, 但对大学来说, 可能是很好的投资。部分原因是他们一直在考虑超导悬浮, 然而, 声学隔离的效果很差, 他们花了 10 年的时间, 才达到他们建造的 10 厘米磁悬浮原型的灵敏度。因此, NIOBE(这是它的名字) 直到 1993 年才能够以合理的灵敏度工作, 尽管该项目开始于 20 世纪 70 年代后期。

意大利团队是最专业的, 也是资金最充足的。这项工作的发起人阿马尔迪可以获得很多的资源。他与费尔班克有联系, 但据我所知, 意大利一位名叫科雷利 (Correli) 的低温物理学家第一个试图在意大利建造低温棒。然而, 科雷利实验的低温部分的外壳——实际上就是一个大的热水瓶或杜瓦, 也称为低温恒温器——在实验第一次操作时突然垮掉了。皮泽拉是阿马尔迪招募的, 后来他在意大利实验项目中是很多年的主导人物。皮泽拉解释说, 他们先是受到韦伯的启发, 然后受到费尔班克的启发, 开始建造一种低温天线 (称为 EXPLORER, 后来安装在日内瓦)。然而, 他们很快意识到, "他们必须学习许多东西", 于是建造了两个原型: 一个小型低温装置 ALTAIR, 一个室温天线 GEOGRAV。①

意大利的研究小组是唯一能够负担得起建造一系列原型的研究团队。一位有影响力的美国科学家告诉我, 当他访问弗拉斯卡蒂团队时, 他意识到, 美国的项目 (例如斯坦福大学的项目) 如果像意大利人一样, 从一开始就把钱花在工业设计和仔细的原型设计上, 而不是试图自己做每件事, 就会更有效率。

> 为了让类似的系统工作, 意大利人可能有 5 倍的资金和 20 倍的人力……我真希望能够这样做, 而不是像我们在斯坦福做的那样。因为他们 (意大利人) 把所有的管道承包给工业界……它既漂亮又干净, 而迈克尔逊和两个博士后都试图自己做……皮泽拉的功劳是, 他的工作做得更专业。(1995)

1995 年, 在得到这样的评论时, 意大利团队正在完成第一个超低温装置 NAUTILUS, 这将在下面几章里说明。

另一个开始向低温探测器进军的团体是马里兰大学的乔·韦伯团队。然而, 该项目从未完成, 我把讨论推迟到第 3 部分。

13.2　换　能　器

我们不断地讨论这根棒和那根棒的区别。几乎每个实验工作者都希望在设计中添加新的特性, 让他们的共振棒成为最好的。唉! 结果有许多只是造成麻烦和延误。我们看到了许多材料制成的棒, 从铝合金 (它的一些麻烦据说是蠕变, 就像在道格拉斯的工作中) 到铌到蓝宝石。我们看

---

① 关于皮泽拉自己描述的发展, 请参阅 WEBQUOTE 下的 "皮泽拉谈他的项目启动" (Pizzella on the Start of His Program)。

到了关于不同类型放大器的有效性的争议。我们看到，除了布莱尔，所有人都未能摆脱线悬挂或类似的方法，磁悬浮的尝试消耗了大量的时间和精力。我们看到了关于计算机程序和信号提取算法的争论，如果深入研究，就会发现更多关于处理数据的方法的争论。然而，有一件事值得仔细讲一下，因为它在接下来的事情中发挥重要作用，也因为它揭示了人的聪明才智，它就是谐振设计的一部分，称为换能器。在共振棒中，换能器把棒的机械运动转化为可以放大和处理的电信号。

回忆一下，乔·韦伯把压电晶体粘在棒的中央成为一个环，作为他的换能器。彼得·阿普林发明了"分裂棒"探测器，把棒切割成两半，穿过它的长轴，把一片压电材料粘在两半的中间，这是德雷弗和格拉斯哥团队使用的设计。皮泽拉室温棒切了一个槽，把压电晶体安装在里面。加文把一个小的重物挂在棒的端面，把压电晶体挤压在端面和重物之间，这个设计不用无法预测的胶水。布拉金斯基把"犄角"贴在棒端的上边缘，犄角的两端几乎接触到中心，犄角的两端之间的间隙就成为一个可变电容器。布莱尔在棒端附近安装了 (相对) 固定的金属板，用它与棒的振动端之间的间隙作为可变的微波腔。

然而，其他低温棒团体都采用了毕业于斯坦福大学费尔班克团队的白浩正的聪明想法。白浩正的换能器展示了物理学家的聪明才智，将在第 4 部分再次隆重出场。这个发明的原理是"双摆"。大卫·布莱尔在他的畅销书中指出，这个原则很容易在家里演示：用一根绳子吊着重的物体，重物下面再用绳子吊着一个轻的物体。推一下重的物体，让它摆动，轻物体最初保持静止，但它也将开始摆动。轻物体摆动得越来越有力，直到它最终吸收了重物体摆动的所有能量，重物体静止下来。此时，轻物体的摆动比以往任何时候都更有力，因为所有的能量都转移到轻物体上了。①

白浩正的想法是利用这个原理，将振动棒末端的微小振动转化为轻物体更大的运动，要点是大的运动比小的运动更容易测量。白浩正自己画的示意图 (图 13.1) 用两个耦合的图表记录笔说明了这个原理。现代实践中使用的设计类似于金属蘑菇"生长"在棒的末端。共振棒末端的小振动沿着蘑菇杆子行进，在更轻的蘑菇盖子中变成更大的共振。

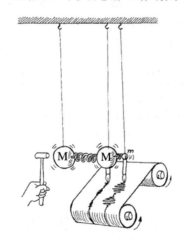

图 13.1　白浩正画的示意图，谐振换能器的工作原理 (白浩正惠赠)

白浩正以发明这种换能器而闻名，还写了一份明确的调查报告，总结了韦伯时代的各种共振系统的灵敏度。我们在泰森 1982 年的论文中看到过这个分析。② 后来，白浩正搬到韦伯的实验室，与他合作，试图建立一个低温系统，并继续努力改进自己的换能器设计。例如，与让-保罗·理

---

① 不管它的话，能量又会慢慢地回到重物体上 (Blair, McNamara, 1997)。
② Paik(1974, 1976) 描述了换能器。

查德 (Jean-Paul Richard) 合作, 他试图再增加一级——让蘑菇上面再长一个更轻的蘑菇。不幸的是, 自从搬到马里兰以后, 白浩正在引力波方面的职业生涯就不那么出色了。

13.3 目前的低温技术

第一批低温棒要到 20 世纪 90 年代中期, 在项目正式开始大约 15 年以后, 才会接近预期的灵敏度和可靠性。到 20 世纪末, 将有 5 个低温棒参与国际数据交换 (称为 IGEC, 国际引力事件合作团队), 第 25 章有更详细的讨论。这些棒是 LSU 的 ALLEGRO; 弗拉斯卡蒂的 NAUTILUS; EXPLORER, 由弗拉斯卡蒂团队经营, 但位于日内瓦; UWA 的 NIOBE; 帕多瓦附近勒格纳罗的 AURIGA。到 2001 年, 所有这些探测器至少工作了 1 年, 有些工作了多年。下面我描述这些仪器的场所, 给记录增添一些色彩。

路易斯安那州立大学位于巴吞鲁日, 在新奥尔良以西大约 90 分钟车程的地方。在我经常飞行的航线中, 经过巴吞鲁日机场的并不多, 经过长时间的延误和中途停留, 我终于确定, 更容易的是飞到新奥尔良, 在那里租一辆车, 然后开车去巴吞鲁日。现在我住在大学的学院俱乐部, 这里便宜而且好客。客房很大, 但是有些旧了, 缺乏现代酒店的便利设施, 但我发现 "路易餐厅" (一家老式的通宵餐厅) 靠得很近。如果我从欧洲开始短期旅行, 那么我会试着保持欧洲的时间作息, 所以凌晨 2 点或 3 点起床, 开车去路易餐厅和其他 "夜猫子" 们一起吃早餐。我坐在那里感到惬意, 享受着典型的美国体验, 就像爱德华·霍普的那幅名画一样。在美国我去过的地方, 只有路易斯安那的普通过滤咖啡还可以喝; 喝路易餐厅的第一杯咖啡是一种享受。我没有在夏天最热的时候去过巴吞鲁日, 但有人告诉我, 那时候的天气很糟糕。在我访问的时候, 要么是天气宜人, 要么是在下雨。

路易斯安那州立大学的校园是现代的风格, 草木丰茂, 整洁但不引人注目, 有很大的混凝土拱门等。混凝土被褐色的砂砾覆盖, 因此所有的建筑物都是浅棕色的。LSU 共振棒 ALLEGRO 位于底层的一个大房间里。该实验室于 2001 年搬迁, 新设施不像旧设施那么 "隐蔽"。内部看起来像其他大多数的共振棒实验室: 整体的风格是 "邋遢"。房间里主要是真空室, 包围着共振棒, 周围是真空泵; 低温管道, 上面有霜; 闪闪发光的电气屏蔽带, 有些是银色的, 有些是金色的, 有些是铅灰色; 还有悬挂的部件和各种各样的线缆和仪器。实验室的其他部分散落着零碎的仪器, 有些看起来满是灰尘, 早已经被遗弃, 有些似乎仍然有人关注。科学家的桌子随便乱放, 上面堆着文章, 也许还有些电器元件, 计算机嗡嗡作响。墙上贴满了图表。

可以乘汽车或火车到达弗拉斯卡蒂。它位于罗马东部风景如画的山丘上, 教皇在那里避暑。"弗拉斯卡蒂" 也是物理学界对聚集在历史小镇下面的意大利政府研究实验室群落的俗称。如果你坐飞机来, 可以租一辆车, 一条拥挤的高速公路绕城而过——环城公路——把你从罗马的一个机场带到弗拉斯卡蒂出口。路口是公路下面的一个环形交叉路口, 可以激发社会学的洞察力 (见第 22 章)。

弗拉斯卡蒂是一个令人愉快的小镇, 主要是一座巨大的、半废弃的别墅。它不是一块宝石 (例如托斯卡纳的城镇和村庄), 这里有陡峭的鹅卵石街道、餐馆和咖啡馆, 如果它是意大利以外的任何地方，你会把它看作你想返回的地方。当然，让弗拉斯卡蒂扬名的是同名的白葡萄酒。由政府资助的高能物理研究实验室 (INFN)，位于城外几千米的地方。所有入口都有安保人员守卫，访客需要存放护照和领取通行证。INFN 由零星的建筑组成，有一些旧的但曾经是开创性的设备，随便堆放在道路的两侧。

NAUTILUS 的实验室就像一个大仓库，比巴吞鲁日或澳大利亚珀斯的实验室大得多。现在，仓库由隔板隔开，另一个实验占用了一半。引力波探测的部分主要是 NAUTILUS 的真空室，颜色是有些尴尬的绿色。悬挂在 NAUTILUS 上面，就像一种巨大的遮阳伞，是一组扁平的宇宙射线探测器。实验室的天花板很高，有起重机用的桁架。我记得有一天晚上，我是实验室里最后几个人，我看着团队中的初级成员，一位年轻的苗条女子，维维亚娜·法丰 (Viviana Fafone)，用起重机把巨大的液氦容器抬到适当的位置，重新填充共振棒的低温气囊①靠近弗拉斯卡蒂"仓库"的外墙，几根备用的铝棒躺在地上，等待紧急情况。在那里躺了几年之后，其中的一个将被稍微裁短，用作共振棒，寻找超新星 1987A 的余烬带来的引力波。

我只见过一次 EXPLORER。它位于日内瓦，与欧洲核子研究中心 (CERN) 位于同一幢大楼内。

位于帕多瓦附近的 AURIGA 从 NAUTILUS 获得基本设计；从外部看，这两种设备似乎是相同的，除了它们的颜色。NAUTILUS 是尴尬的绿色，而 AURIGA 是欢快的焦黄色。我想调侃弗拉斯卡蒂团队，跟他们说，如果他们重新粉刷 NAUTILUS 的真空室，他们所有的麻烦就会结束。AURIGA 位于自己的实验室，是在帕多瓦大学位于勒格纳罗的物理公园，距离帕多瓦 15 千米。和 INFN 一样，有一个安全门。不需要通行证，但必须有人带你进来。实验室不像通常的环境那么阴暗和杂乱，似乎有很多专门建造的办公室，以及宽敞的、天花板很高的探测器空间。多年来，AURIGA 是共振棒团队中最大胆的野心家。在适当的时候，我要讲述一些乐观的评论，某个 AURIGA 科学家是该小组的典型。但 AURIGA 的表现尽管扎实、让人满意，似乎并没有比其他组的棒表现得更好。我去 AURIGA 的一次访问是现场考察工作的灾难，因为我在旅程中得了严重的腹泻。时至今日，这件事仍然让我觉得尴尬。

NIOBE 位于西澳大利亚大学；地理位置以及由此导致的与世隔绝的情况见附录 D。珀斯是很小的城市，可以四处走动。它的北桥地区有许多民族餐馆，晚上充满了生机和活力。附近是印度洋边缘的壮丽海滩，不远处是弗赖曼特尔，珀斯的港口和嬉皮士聚居地，有点像加州的小镇。事实上，西澳大利亚州在总体上非常像加州，但是更加干净、安静和文明，避免了受到汽车的完全控制。

从珀斯中心出发，沿着天鹅河河口行驶了几千米，这条河足够宽，看起来像是小的内海，旁边是狭窄的海滩和绿色的草地。UWA 的校园就像 LSU，但是更精致——大型的混凝土建筑，其中的一些颇有层次感，围绕着绿色的花园。我喜欢 UWA 校园：异国情调的鸟叫声，巨大的树木颇有欧洲的风格，很少见到汽车 (因为禁止入内)，混凝土是令人愉快的粉红色。雨后的清晨，当太阳升起的时候，整个地方清洁靓丽，感觉和气味都有一种异国的情调。拥有 NIOBE 的物理系跟世界各地的大学物理系一样：像个兔子窝，到处都是新的和旧的设备，还有关于以前的成就和错误的纪念品，科学家们在努力干大事，而资源却在减少。

接下来我们描述 NAUTILUS 的试验和磨难，把它作为低温技术的一个案例来研究。

---

① 从表面上看，意大利物理学家不在意性别；物理学家碰巧是女性，而不是女性碰巧从事物理学研究。但是我知道，"玻璃天花板"仍然存在。

第 14 章 NAUTILUS

弗拉斯卡蒂团队的维托里奥·帕洛蒂诺 (Vittorio Pallottino) 给了我一张图 (图 14.1), 1973 年他在意大利实验项目启动时画的图。他把引力波探测器的建造比作赛马。他说, 这张图不仅是开玩笑, 还指出了 "任务的困难和克服这些困难的一个很好的 (而且典型的) 方法: 总是设计更复杂的、需要更多时间的、无法控制的东西"。①

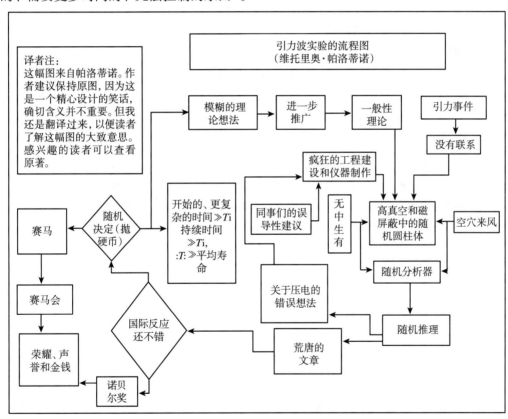

图 14.1 引力波赛马会: 维托里奥·帕洛蒂诺的看法

我们需要理解, 为什么低温棒要花这么长时间才能工作? 为什么从创意到接近设计规范的设备需要 20 年的时间, 而这种设备可以有多长时间保持在对信号敏感的状态? 我们已经从辛斯基的工作中了解了一些引力实验的难度; 对于低温棒的情况, 更大的团队需要更长的时间完成他们

---

① 这是我复印的一份影印本, 维托里奥早已丢失了原件。这些评论和说明来自他 1996 年 4 月 3 日给我的信和 2003 年 1 月的一封电子邮件。他解释说, "attivita equestri" 是指与马匹和赛马有关的活动, 还意味着放弃一项徒劳的任务; "concorso ippico" 是指一般的赛马会 (以及一次特别时髦的罗马会议); "gloria, fama, eterna e prebende" 是指 "荣耀、永恒的名声和金钱", 具有某种古老的或巴洛克式的语言内涵。

的目标。

这里有两个目的：第一，继续把科学描述为一项需要动手操作的实践活动，我们从辛斯基开始；我们想"去魅"科学。第二，在共振棒和随后的干涉仪的对抗中，共振棒的支持者声称，干涉仪的想法是针对低温棒的现实提出的，没有考虑到影响干涉仪的不可预见的困难，就像他们自己的项目一样。在编写本节时，大型干涉仪刚刚开始"试用期"，很快就会知道是否会出现无法预见的困难，或者更重要的是，解决不可避免的无法预见的困难需要多长时间。如果干涉仪团队比共振棒团队更快地克服他们的仪器的问题，我希望了解他们如何解决这个问题。为了探索低温棒从理念到实现的道路，我们将研究一个共振棒的案例，NAUTILUS，当然是最复杂的一个。NAUTILUS 在其发展的一段时间里经历的麻烦，可以代表所有共振棒的麻烦。

1995 年，国际上的看法似乎是，世界上最成熟的引力波探测器方案就是设在罗马的意大利小组的方案，但是不久将被干涉仪取代。特别是他们建造的 EXPLORER 探测器 (位于日内瓦的 CERN)，被认为是理解得最好的也是工程化最好的设备。然而，同样的团队正在完成 NAUTILUS，这个天线应该更灵敏。可以肯定的是，该设备的首字母缩略词出现在其名称 "Nuova Antenna a Ultrabassa Temperatura per Investigare nel Lontano Universo le Supernovae" (研究远宇宙超新星的新型超低温天线) 之前，而不是之后。NAUTILUS 位于意大利国家核研究所里一个像仓库一样的大实验室。

NAUTILUS 是世界上最灵敏的共振棒引力波探测器，当然，1995 年还不知道它是不是引力波探测器。在 1995 年 10 月 12 日下午 2 点左右，当我写这些句子时，没有人知道 NAUTILUS 是不是世界上最灵敏的；我们只知道它可能是最灵敏的。那一天，坐落在 NAUTILUS 中心的共振棒温度为 38.41 开，比绝对零度高 38.41 开。

绝对零度是最低的温度，因为在那个温度下，一切都是绝对静止的。(水在 273 开左右结冰)1995 年 2 月至 5 月，NAUTILUS 的温度比 38.41 开还低。事实上，在这个时期，棒的温度低于 0.1 开 (100 毫开)，在 1995 年 10 月 12 日的一两周内，就会再次达到这么低的温度。我们不知道的是，NAUTILUS 是否会灵敏得像一个探测器。上次这么冷的时候，它表现得很不好。

14.1　NAUTILUS 和低温

准确地说，4.2 开是液氦沸腾的温度，所以，为了把一些东西冷却到 4.2 开，泡在液氦里就可以了。但是，在氦的上方抽气并将液氦转化为"超流体"，温度可以进一步降低；这样就可以降到 2 开。氦的沸点在所有气体中最低，这是大多数大型实验的实际最低温度；但是，液氦非常贵，不能随便用。因此，在物理实验室中使用的冷却液体是液氮，它更便宜，因为大气中充满了这种气体，它必须冷却到 77.4 开才能冷凝成液体。这个温度仍然很低——浸在液氮中的橡胶管变得非常脆，会像玻璃一样碎裂。

有人说，液氦的温度很容易达到，但是你要有液氦才行；氦直到 1911 年才被液化，直到 20 世纪 50 年代在天然气中发现它之前，工业产量的液氦是没有的。在弗拉斯卡蒂，在 1989 年建造液化装置之前, 无法开展大规模的液氦实验。[①] 在意大利, 大批量的液氦大约是每升 8 美元, NAUTILUS 需要用 4000 升液氦才能冷却到 4.2 开, 此后每天使用 60 升左右。[②] NAUTILUS 团队循环和重新液化他们使用的氦, 只损失了大约 10% 的吞吐量。

把物体冷却到 2 开以下的技术通常用在小型实验中——例如在非常低的温度下研究物质的性质, 只需要冷却很小的体积。把温度降低到 2 开以下, 需要一种完全不同的技术, 稀释制冷机是一种复杂的设备, 依赖于普通的液氦 (^{4}He) 和它的同位素 (^{3}He, 质量更小) 的相互作用。[③] ^{3}He 和 ^{4}He 的关系与轻水和重水 (或危险的 ^{235}U 和稳定的 ^{238}U) 的关系类似; 它们是同一种元素的同位素[④]。稀释制冷机里有三个容器 (“锅”), 温度各不相同。最热的 “锅” 大约是 1.2 开, 含有液体 ^{4}He, 通过制冷阶段的回流冷却到 2 开以下。第二个锅在 0.7 开左右, 含有液 ^{3}He, 上面有 ^{3}He 气体。最冷的锅是奇迹发生的地方, 里面有液体 ^{4}He 和液体 ^{3}He 的混合物, 液体 ^{3}He 在下面, 表现得好像是一种气体! 对这个 ^{3}He 的 “准气体” 抽气, 可以产生非常低的温度。为 NAUTILUS 专门制造的稀释制冷机是世界上最大的冰箱, 由牛津仪器公司与意大利团队合作建造。

当它冷下来以后, NAUTILUS 的共振棒是世界上最冷的大物体。实际上, 因为不存在外星文明, 它是宇宙中最冷的大型物体。宇宙的背景温度是 3 开, 有充分的理由认为没有比 3 开更冷的东西——除非是故意制造的。NAUTILUS 的棒有 2350 千克重。他们希望把棒冷却到 0.05 开左右。温度是对原子和分子随机运动的测量。在 0.05 开, 几乎完全没有运动, 所以在这个温度, 共振棒应该不受干扰, 即便是来自其结构的最小运动。

14.2　NAUTILUS 的结构

前面的描述让我们了解到, 需要些什么才能建造一个设备, 用于检测比原子核直径还小的运动。然而, 技术性的描述也掩盖了实现设计的工作; 认为几段话就能大致说明这种设计, 这是危险的误导。即使认为用一整章可以描述这些技术细节, 也是危险的误导, 但是相比于几段话的描述, 误导性要小一些。在描述引力波探测器之前, 我先讲一个童话:

> 早上他们问她睡得怎么样。“太糟糕了,” 她回答, “床上有个硬东西让我彻夜不眠, 硌得我满身乌青。”

在安徒生的童话故事《豌豆公主》里, 公主这样说。

在安徒生的故事里, 皇家的处境进退两难: 必须从众多争夺王子的伪装者中发现真正的公主。每个少女都被要求睡在一张床上, 这张床铺了二十层床垫, 上面盖着二十条羽绒被; 在床垫下面, 有一颗豌豆。每个少女都睡得很香——除了一位, 她说失眠折磨了自己。只有真正的公主, 拥有真正的 “贵族传统”, 才会如此敏感; 她才是真正拥有皇室血统的选手。

---

① 这是伊沃·莫德纳 (Ivo Modena) 教授说的, 他是低温技术的先驱者。
② 美国的天然气中含有更多的氦, 所以那里的液氦更宜得多。然而, 美国人认为液氦是一种战略资源, 因此不会出口它。
③ 我特别感谢维维亚娜·法丰清晰地为我解释这一点。
④ 译注: 原子质量不一样 (因为含有的中子数不同)。

引力波探测器建造者的工作是首先做一个"公主"—— 一种极其灵敏的装置, 可以探测皇家床垫下最细小的尘埃。如果"公主"真的那么敏感, 她就有机会感受到最轻微的爱抚, 也就是引力波。其次, 探测器建造者的任务是改进皇家的床垫, 让它们既柔软又精细, 使得虽然遥远的引力波可以唤醒公主, 但即便用椰子代替豌豆也不会让她失眠。对于共振探测器的情况, 为了让公主敏感, 需要用大而重的共振棒, 采用"Q"值 (品质因子) 尽可能高的材料, 还有最好的传感器。反过来, 传感器需要连接到最好的放大器和最好的数据分析算法。为了让公主在引力波王子到来之前睡得香甜, 就要建造床垫, 这里集中讨论这一点。

第一个引力波探测器在室温下运行, 可以认为, 共振棒睡在一个"床垫"和两个"枕头"上。每个铝棒安置在一个真空室里, 从而隔绝声音以及温度变化引起的干扰。这个中空的圆柱体真空室是所有后续设计的原型; 现代共振探测器有更多层的嵌套的隔离筒。真空室本身待在一堆交替的铅和橡胶片上, 尽量减少地面振动的影响, 在圆柱体里, 另一个铅板和橡胶片的隔振堆支撑着线, 而这些线吊着共振棒。

NAUTILUS 有七个同心圆筒和一个悬挂系统, 其原理与韦伯棒相同。看一下 NAUTILUS, 你看到的是外层的圆筒——漆成了绿色, 躺平着安放的。这个圆筒的直径大约有两个人高, 长度大概有三个人那么长。它的中段比两端粗, 容纳制冷设备。圆筒上方是平台, 可以从楼梯上去; 平台上有许多管道, 进入或离开圆筒的中段。有些管道用来回收"变热的"氦, 外面都结了厚厚的霜。更高的位置 (靠近实验室的天花板) 是一套"流光管", 用于探测宇宙射线。如果"公主"对宇宙射线有反应——宇宙射线不能用"床垫"隔离——就会被看到。

其他设备用于寻找其他不能完全隔绝的力, 无论隔离做得有多好。大的地震扰动了一切, 大的电磁场 (例如闪电引起的) 也可能产生虚假的"唤醒"。

NAULTILUS 的外圆筒由两厘米厚的不锈钢制成, 放在气动支架上, 旁边是一些刚性的腿。人们发现, 当气动支架单独使用时, 整个大仪器会摇动, 因此使用刚性腿尽量减少这种运动。在外筒的顶部, 看起来像是四个倒着放的废纸筒, 里面放着一堆交替的钢板和橡胶片。从每个箱的顶层 (在 NAUTILUS 组装以后, 这些就看不见了) 一根线穿过隔振堆的中心和外筒的筒壁。接下来的三个同心圆筒挂在这四根线上, 因此每个圆筒都利用堆叠的钢和橡胶免受外筒振动的影响。这个简单的设计由乔·韦伯的团队首创, 后来被共振棒行业里的每个人使用。安装了附件和流光管以后, NAUTILUS 是一个巨大的两层小屋。

NAUTILUS 的外筒在室温下, 本质上是一个真空容器, 跟乔·韦伯用的一样, 但是要大得多。外筒的内部要抽气, 让热量不会从外部传导进去, 尽可能地消除通过空气传播的声音或其他干扰。

下一个同心圆筒 (悬挂在隔振堆的线上) 是铝制的。当 NAUTILUS 冷却时, 这个圆筒保持在100 开的温度 (记住, 水在 273 开时冻结)。

里面是第三个圆筒, 以同样的方式悬挂。它也是用铝做的, 但是温度保持在 20 开。刚才描述的两个铝筒依靠用过的氦气冷却, 当氦离开了设备的较冷部分以后。回收氦气的管子像蛇一样盘绕在圆筒上, 尽可能地让氦气把热量带走, 最终返回液化车间。两个铝筒的目的是帮助维持仪器内部的低温。在某种意义上, 前三个圆筒都在同一个"空间", 虽然它们的平衡温度各不相同, 但是它们的筒壁之间有气体通过的地方。因此, 给外筒抽气时, 里面的两个圆筒也被抽气。

第四个同心圆筒是仪器真正内部的开始。当然, 它也是用来自钢板和橡胶堆中的线悬挂, 但是里面的空间和外面没有联系。这个圆筒比其他的都复杂。它有一个很粗的中间部分——所以从外面就可以看到, NAUTILUS 的中间部分很宽——和两个末端部分 (用螺栓固定)。中间部分是由不锈钢制成的圆柱体——更准确地说, 是"环状"——储罐; 储罐本身由两个圆筒构成, 两者包围的空间的末端被密封了。储罐的内直径可能是 1.5 米, 外直径是 2.1 米, 长度是 2.4 米。它是该装置主体冷却的主要来源。它能容纳 2000 升的液体, 通常有一部分装着液氦。因此, 这个储罐保持在 4.2 开 (或者 2 开, 当抽气使得氦成为超流体时)。与罐体用螺栓连接的两个盖子由黄铜制成。

NAUTILUS 的第五个圆筒由特殊构造并焊接的黄铜制成。它不是用隔振堆悬挂的, 而是像一个摆, 用线悬挂在第四个圆筒顶部固定的钛棒上。当仪器冷却时, 第五个圆筒的温度保持在 1 开。

从第五个圆筒开始, 第六个和第七个圆筒就像是俄罗斯套娃。每一个都是由黄铜制成, 专门建造并焊接, 具有很好的导热性; 每个都像一个摆, 挂在另一个的里面。第六个圆筒达到 0.2 开; 第七个的温度是 0.05 开或者更低。这种级联摆将每个内部空间与外部圆筒的任何振动隔离开。一个摆可以缓慢地摆动, 但不会快速振动, 这就是关键。与重摆摆动的频率相比, 共振棒探测的引力波具有较高的频率。因此, 这些探测器的设计者不用太担心低频噪声进入系统——它不会使共振棒作出反应。真正困难的是消除高频噪声, 它可能表现得像引力波。

在这方面, 将内筒与液氦罐隔离非常重要。氦的蒸发本身就会产生一些噪声, 落在危险的频率范围内, 级联摆就是为了让它安静下来。液氦罐内部没有其他方式消除噪声, 因为任何普通的缓冲材料 (如空气或橡胶) 在这个温度都会被冻成固体, 跟玻璃一样没用。

共振棒本身悬挂在第七个圆筒的铜线上。等效地说, 这根棒是级联摆里的第四个摆。它可以冷却到与最后一个圆筒一样的温度, 如果我们还把它看作公主, 公主的头和脚总是比她的肚子暖和一点儿。

为了理解为什么共振棒永远不会均匀地变冷, 必须了解当温度很低的时候, 热究竟是什么。热是原子和分子的随机运动。热东西里的原子和分子的弹跳速度比冷东西里快得多。把热东西放在冷东西的上面, 热的原子和分子会撞到冷的原子和分子, 让它们运动得更快; 这就是冷东西开始变热的原因。每当热东西里的原子或分子在冷东西里与原子或分子碰撞时, 就会变得慢一点。所以, 当冷东西变热的时候, 热东西就会变冷。这种传热机制称为传导。

每一个科学工作者都学过, 热量以三种形式传播: 传导、对流和辐射。物体越热, 辐射越强; 炽热的铁片以红光和红外辐射的形式释放相当多的热量。原子弹发射的热量几乎都是辐射——可以致盲的 "液体" 光 (广岛的一位幸存者这样称呼辐射), 可以点燃很大范围内的一切物体。当温度很低的时候, 辐射在热量的传递中起的作用很小, 在 NAUTILUS 内部的温度, 辐射不是一种有用的冷却手段 (但是防止辐射让外层变热仍然很重要)。

对流是热的液体或气体从一个地方传输到另一个地方。如果 NAUTILUS 里的真空很好, 就很少有对流发生, 因为几乎没有气体从一个地方移动到另一个地方。因此, 这种形式的传热也不起作用。

因此, 在 NAUTILUS 最冷的部分, 传导是唯一有用的转移热量的方法。为了冷却设备, 热必须从温度高的部分传导到温度低的部分 (例如, 液氦的容器)。必须有一些东西传导热量, 在 4.2 开的系统中, 这是真空室里残余的最后几个氦原子——它们被称为交换气体。但是, 一旦温度低于氦的液化点 (NAUTILUS 核心的工作温度比这个低得多), 就没有气体可以传导热量了。唯一能把最后几缕热量从 "公主" 身上传导出去的是吊着她的线。那根线用黄铜做成, 可以让导热速度快一些。但是这根线缠绕在共振棒的中间, 所以中间永远是温度最低的地方: 只有这个地方可以达到稀释制冷机最后一个 "锅" 产生的低温。

正如我说的，最后三个圆筒的温度都太低，不能利用残余气体的传导来冷却，它们的悬挂棒由导热性不好的材料制成，保持三个铜制的圆筒处于不同的温度——稀释制冷机的三个"锅"的温度。共振棒和最后一个圆筒的温度应该和最冷的锅一样。由于这些原因，必须引入一种特殊的导热手段，让最后三个圆筒变冷。这三个筒用铜线编织带（铜辫）连接到稀释制冷机的三个锅，这是为了良好地传导热量，而不产生任何振动——编织带是软的。这是一种完全有效的做事方式，还是一种无法消除的噪声通道，仍然有待观察。

铜辫的这个问题是一个尚未提到的困难。公主如果没有办法与外界交流，当引力波"王子"来临时，她就没有用了。为了得到信号，必须有一些东西附着在共振棒上，但任何附加的东西同时也可以为不想要的东西提供渠道。因此，连接在共振棒端的换能器——在这种情况，是白浩正设计的谐振换能器——降低了探测器的效率，还可能是额外的噪声源。探测器设计艺术的一部分就是将这些问题减少到最低限度。[1]

换能器必须为放大器提供输入。建造液氦温度探测器的所有团队都使用 SQUID(超导量子干涉器件) 作为放大器。放大器不仅仅是一种可以连接共振棒而不打扰它的东西。放大器"听"共振棒发出的声音，但是它也不可避免地"悄悄说话"；这叫"反作用"。SQUID 只在液氦温度下工作，它是已知的反作用效应最弱的放大器。然而，反作用永远不能完全消除，因为这违反量子理论对世界的认识。量子理论告诉我们，我们只能以概率的方式了解非常非常小的物体的位置。好的放大器设计目标是达到"量子极限"。经过大量的工作，NAUTILUS 中心的低温将接近这个极限。但是，首先必须消除其他的噪声源。

14.3　NAUTILUS 的工程史

NAUTILUS 的设计开始于 1983 年。幸运的是，当时弗拉斯卡蒂团队的前哨机构欧洲核子研究中心 (CERN) 也是塔皮奥·尼尼科斯基 (Tapio Ninikoski) 的科学基地，这位芬兰人是世界上重要的稀释制冷机专家之一。尼尼科斯基可以帮助设计前所未有的大型稀释制冷机，供 NAUTILUS 使用。到 1984 年，皮泽拉给他的团队划分了设计任务，到 1985 年，设计已经足够先进，他可以为这项工作申请财政支持。到 1986 年，意大利国家核研究所提供的资金获得批准，1987 年和 1988 年开始建造。1989 年，在欧洲核子研究中心，NAUTILUS 首次组装，并在没有检测设备的情况下，试着冷却到了 4 开以下。

1991 年，NAUTILUS 再次冷却到 0.1 开以下，共振棒和探测器放在内筒里。在这次冷却中发现，虽然从低温的角度来看，该装置表现出色 (也就是说，降温工作符合预期)，但是有太多的机械噪声，NAUTILUS 仍然不是一种有用的引力波探测器。

显然，NAUTILUS 后来不得不拆除和重建。决定把它从欧洲核子研究中心转移到罗马附近弗拉斯卡蒂的实验室。对罗马的科学家来说，去欧洲核子研究中心出差太花钱了，出于民族自豪感，意大利探测器应该位于意大利才合适。此时，弗拉斯卡蒂已经建造了氦的液化车间，因此第一次有可能考虑在罗马附近开展大型的极低温实验。

---

[1] 一个有用的技术讨论，见 Bassan(1994) 第 2.2 节；另见同一本书里的第 3 节。

在弗拉斯卡蒂重新组装 NAUTILUS 时, 为了消除机械噪声, 做了一些改变。在一些用于将氦输送到氦气罐和从氦气罐输送氦气的不锈钢管道中, 插入了波纹管, 还改造了内部 3 个铜筒的悬挂系统。以前, 最后 3 个圆筒就像俄罗斯套娃——每个圆筒都用 4 根钛线吊在前一个圆筒上。这种设计传递了外部太多的机械振动。因此, 切断了外面的线, 每个中间都放了一个沉重的铅块阻尼器。下一个屏蔽罩的钛线被更换为不锈钢索, 每根直径约 1 厘米。钢索有弹性, 所以, 这个设计应该改进了振动阻尼。

最后, 将倒数第二个圆筒和最里面的圆筒之间的悬挂由四根钛线改为两根, 每根钛线都缠绕在圆柱上, 而不是用螺栓固定在圆柱上, 避免了调整 4 根单独的钛线中的张力。平衡 4 根线的张力就像锯短矮脚桌的腿、把桌子调平。在 NAUTILUS 采用的方法是用手指轻弹这些线, 倾听由此产生的声音。事实证明, 在检测拨弦频率的差异方面 (对应着张力的微小差异), 人耳是最精巧的仪器, 它对应于张力的微小差异。用这种方式平衡 4 根线的张力, 需要 30 分钟至 1 小时; 用 2 根线的 "摇篮" 代替 4 根线的最后一级, 减少了装配中的一些麻烦。

有人可能会问, 为什么俄罗斯套娃里的每一级使用不同的调整方式: 为什么第一级使用铅阻尼器, 第二级使用不锈钢索, 第三级从 4 根绳切换为 2 根绳的摇篮? 答案是从实际出发。在悬挂的倒数第二级, 没有使用铅阻尼器的空间, 因此用不锈钢索代替。结果表明, 铅重物在提高噪声衰减方面是有效的, 而不锈钢索不行。然而, 没有必要推翻这种变动。为什么不在早期阶段把 4 根绳变成 2 根绳的摇篮呢? 嗯, 这种改动是为了方便, 并不是性能的问题, 由于 NAUTILUS 的构造方式, 在其他地方做同样的事情更困难。因此, 即使是在设备的核心, 对于任何能工巧匠来说, 设计的方式也是熟悉的。

1992 年, NAUTILUS 在弗拉斯卡蒂重新组装, 并做了一些创新。1993 年初, 开始第三次冷却, 但很快就发现 SQUID 放大器不工作; 探测器必须再次升温并拆卸。

修理了 SQUID 以后, 1993 年末, NAUTILUS 再次冷却, 这是第四次, 并在 1994 年保持了几个月的低温。再次发现了问题; 机械噪声还是太多。NAUTILUS 的机械设计和低温设计都是雄心勃勃。它是世界唯一的引力波探测器, 放在可旋转的平台上。[①] 但是, 这个平台并不像其他引力波探测器的平台那样坚固。NAUTILUS 的设计者有信心消除来自外部的机械噪声, 因此, 他们把声音嘈杂的、振动剧烈的真空泵安装在同一个平台上。研究发现, 这个设计特点过于雄心勃勃了; 机械衰减不足以抑制泵的振动 (它与天线紧密接触)。因此, 一个创新是把泵拆下来, 放到旋转平台以外的地方。这样做了以后, NAUTILUS 第一次比它的前身 EXPLORER 更灵敏了。不幸的是, 又发现制冷机有泄漏。NAUTILUS 再次拆除。

第五次降温发生在 1994 年 10 月至 1995 年 6 月。现在, NAUTILUS 显然比 EXPLORER 或任何其他引力波探测器更灵敏, 但仍然有一些问题需要克服。

为了在 NAUTILUS 这样的探测器上看到引力波, 它们的频率必须是每秒几百或几千个周期。这意味着低频噪声不是致命的, 可以留一些。例如, 人们认识到, 没有办法消除低频地震扰动, 它会影响整个装置。但是有一个大问题: NAUTILUS 似乎有一个机制把无害的低频变成有害的高频。情况似乎是这样的: 缓慢的运动让设备内的部件吱吱作响。用专业术语来说, 低频被 "上转换" 为高频, 这对实验来说是致命的。

上转换有两个来源造成了大多数的麻烦。共振棒在悬挂线上轻微摇晃; 当它摇晃时, 它在线上刮擦, 产生的高频噪声足以淹没引力波的影响。其次, 铜瓣中可能存在一些通过摩擦进行上转

---

① 现在不是了; LSU 的共振棒 ALLEGRO, 当它转移到新的实验室以后, 安装在可以旋转的气垫上。我在 2002 年协助了一次这样的轮换, 并清理了实验室——此前, 实验室被淹了。

换的现象, 这些铜辫用来把热从共振棒和内筒传导到稀释制冷机的 3 个锅。

1995 年 6 月, 团队决定必须对仪器进行升温和拆卸, 以便调整线。不是让每侧吊着共振棒的线直上直下, 而是有 3° 的倾斜角。换句话说, 它会在共振棒上绕得稍微远一点, 可以紧紧揽住公主的腰, 防止摇动和刮擦噪声。同时, 铜辫的数量将从 18 个减少到 10 个。这些微小的、务实的变化, 就像以前的每一次升温和冷却一样, 将花费 NAUTILUS 团队 4 个月的时间。等到 NAUTILUS 再一次冷下来以后 (大约用了 2 年时间), 除了升温和冷却, 什么也没有做。这样的仪器为什么要用 4 个月来升温和冷却呢？让我们更仔细地看一下, 对悬挂线进行这种微小的改动, 究竟意味着什么。

14.4 调整 NAUTILUS

在打开 NAUTILUS 之前, 所有部件都必须升温到室温。如果在它还很冷的时候打开, 空气中的水蒸气就会凝结在电路和其他敏感部件上, 造成很大的损害。NAUTILUS 的巨大体量意味着, 要花整整 1 个月的时间, 才能移除最里面的黄铜盖子, 尽管每个外筒的盖子在该部分升到室温后立即就打开了；这让空气中的热量更快地进入设备的核心, 但仍然需要 1 个月让内部升温。[①] 一旦拆卸, 只用几周就完成了计划中的改动, 只用 1 周就把所有的东西重新连接起来。到此为止, 总共花了 7 周。

下一项工作是抽气。抽真空的体积和 NAUTILUS 一样大, 这可不是小事。抽气用了 3 周, 让内部重新达到可以接受的真空状态。现在注入低温液体是没有意义的, 热量可以通过圆筒之间的空气进到里面。此时, 已经过去了 10 周。

一旦抽到令人满意的真空水平, 仪器就用液氮预冷。冷却 NAUTILUS 这么大的系统, 是缓慢的过程, 因为同样的原因, 给这个庞然大物抽真空是缓慢的过程。预计需要 3 周预冷, 但实际上用了 4 周, 因为送到实验室的液氮容器几乎是空的。纠正错误花了 1 周时间。已经到第 14 周了。

从液氮温度冷却到液氦温度, 又用了 1 周 (这是第 15 周)。在这个阶段, 设备中留了一点儿交换气体, 帮助从中心部件到氦罐的传导冷却。在此期间, 我第二次访问了弗拉斯卡蒂, 在两天内看着实验从大约 50 开冷却到 5 开。每到晚上, 都会监控这个过程；即使最轻微的错误, 也要花费 4 个月再次升温和冷却。这样的事情多了, 资金就可能受到威胁。

如果不能探测到引力波, 资金将取决于"仪器专家"的技术高超性。这种技术高超性包括什么呢？除了撰写深奥的理论文章, 还要求半夜三更用起重机移动液氦罐, 每隔几小时连接新的液氦罐, 并监督低温液体注入仪器的内部, 以正确的速度降温。

1995 年 10 月 13 日 (星期五), NAUTILUS 达到液氦温度, 团队开始把剩余的交换气体从仪器深处的实验空间中抽出来。剩余的氦气没有用；在共振棒工作的温度范围, 残余的气体只会惹麻烦。

星期六, 棒的温度升高了一点儿, 升到 6 开了。这是因为交换气体不再做冷却的工作, 但这

---

① 我第一次访问弗拉斯卡蒂的时候, 升温过程正在进行中, 就在移除最后一个黄铜盖子之前。

种轻微的升温没有任何效果。仿佛在积蓄力量, 准备下一次飞跃。事实上, 温度稍微高一点儿, 更容易抽气, 因为分子的运动不那么慢了。整个星期天都在抽气。

10 月 16 日 (星期一), 开始给液氦主容器抽气, 把氦变成超流体。到那一天结束时, 温度已经降到了大约 3 开。同样在 16 日, 稀释制冷机的第一个锅充满了液氦。一整天, 共振棒的温度都保持在 6~7 开。

星期二, 共振棒开始冷却到液氦温度以下; 当天结束时, 大约是 3 开。到此为止, NAUTILUS 实验中心的真空就跟外太空是同样的水平了。

到 10 月 18 日 (星期三) 结束时, 已经达到了稳定的温度——这是最后冷却前的最后一步。液氦主容器已达到 2 开的超流温度, 而共振棒在稀释制冷机的帮助下达到了 1.4 开。这些温度将继续保持, 检查超低温放大器 (SQUID 和换能器) 的工作状态, 以及整个设备的噪声源。

星期四, 换能器被加上 10 伏电压, 团队开始从系统中获取数据。噪声太多了。星期五, 换能器的电压提高到 100 伏, 第一个电气屏蔽程序开始试图减少由杂散电磁场引起的任何噪声。这个程序在周末继续进行, 收集了更多的数据, 但是都令人失望——考虑到以前的经验, 这并非出乎意料。

10 月 23 日 (星期一), 液氦罐容纳了大约 1000 升的液体, SQUID 放大器工作正常, 共振棒末端的换能器按照预期的方式将其运动转化为电信号。团队的仪器在工作, 还没有失败。但是它仍然很吵闹, 公主还是睡不着。

所有让 NAUTILUS 特别先进的东西也带来了麻烦。在乔·韦伯的早期设计中, 天线从外面看起来挺简单的。人们看到的是一个很普通的圆筒。在 NAUTILUS 中, 圆筒的顶部就像管道和线缆组成的森林; NAUTILUS 像油田的井口一样都是管子。乔·韦伯只需要一根真空管道和一些记录信号的电线, 但 NAUTILUS 需要很好的管道和阀门来处理低温液体, 需要更多的管道和阀门用于稀释制冷机, 各种监视器的线缆多得好像"圣诞树", 用来记录设备中各个单独的腔里的温度。每一条通道都为不必要的能量的进入提供了机会, 团队正试图关上这些门。

现在, 更大的努力开始用于给所有东西加屏蔽, 消除杂散电场的影响。真空和低温要求氯丁橡胶密封垫圈, 而线缆需要塑料或橡胶隔振, 进入 NAUTILUS 的每根管道或线缆都为不必要的电气噪声提供了入口。团队试图用金属胶带覆盖每个非金属的孔、垫片或密封圈。可能是先来一层铜胶带, 然后是一层铝胶带, 再用铝箔纸包起来, 以便很好地测量。闪亮的纸张装点着 NAUTILUS, 越来越像圣诞节了。胶带的粘贴方式很随意: 剪一条胶带, 把它压下去, 让它贴在曲面上, 用剪刀的背面把折痕压平。什么时候才算做够了? 谁知道呢, 所以就多粘一些呗; 反正没什么坏处。"粘在上面就看不到下面粘得好不好了, 你为什么要粘这么多层呢?"我问尤金尼奥·科西亚 (Eugenio Coccia), 他是 NAUTILUS 的主要科学家之一。他回答说:"上次我们发现这个起作用。"这是宇宙中用技术处理的最冷的大家伙, 用老话来说, 整大件如烹小鲜。所有的物理都是这样: 某些时候, 只需要知道如何动手做事情, 因为世界上有太多的东西要约化到数字、计算和提前计划。

屏蔽这个设备的努力一直持续到 10 月 24 日 (星期二), 但到了最后一天, 这些关闭最后一扇门的企图似乎没有任何效果。NAUTILUS 和以前一样吵闹, 团队看上去很沮丧。正如科西亚说的, "结果不是很让人满意"。

关于实验科学, 有一些重要的东西需要理解, 即使最老练的观察者也经常忽视。当我们想到一台机器时, 我们通常会想到一些可靠的东西, 比如汽车或计算机。但是这些机器非常特殊, 用来单调地重复简单的任务, 多年的使用和发展让它们举止得当。此外, 它们的用户已经接受了如此深入的培训, 了解任何残留的怪癖并可以规避, 就好像他们是用户身体或精神的一部分。我们倾向于认为各种机器 (包括实验设备) 就像汽车和计算机一样。事实上, 实验科学的常识基础——任何人都可以用同样的仪器重复同样的观察——倾向于这样思考。但是, 大多数机器, 特别是在实验科学前沿使用的新型机器, 就像猫一样——不能违背它们的意愿让它们保持不动。

在我第一次研究实验科学的时候, 我观察一位激光制作者, 他试图在实验室里复制自己制造的激光器, 这个激光器正在实验室的另一边正常地工作。他用了好几天时间, 经过多次劳而无功的调整, 才把自己亲手制作的机器复制出来。在弗拉斯卡蒂, 我们看到的事情更不寻常: 同样的仪器 (NAUTILUS) 被拆开, 重新组装, 只做了最小的调整, 结果它拒绝给出相同的表现。旧的 NAUTILUS 虽然有不能接受的噪声残余, 但至少是安静的, 跟 EXPLORER 一样; 但是重新组装以后, NAUTILUS 变成了一头蠕动的怪兽。

然而, 这不是物理问题。物理学家会说, 重新组装的 NAUTILUS 肯定有一些不同的东西; 一些重要的东西已经变了, 它们被忽视了, 必须找出来。10 月 24 日星期二晚上, 项目的总领导皮泽拉告诉我, 耐心是实验物理的关键。星期三早上, 科西亚对我说, 实验物理学家最重要的品质是毅力。

10 月 25 日, 研究小组想知道他们为屏蔽杂散电磁场所做的努力有没有误入歧途。也许噪声的来源不是电磁干扰, 而是地震干扰。在这样的时刻, 人们发现, 每次结果的差别越来越大。我听到的一种可能性是, 关键的区别与 NAUTILUS 的内部无关, 而是上层流光管 (用来探测宇宙射线簇) 的存在与否。这一层管子放在钢腿上, 而钢腿由旋转平台支撑。10 月 25 日没有这些管子, 因为它们减少了 NAUTILUS 上方的净空, 妨碍了过去几天在 "井口" 上开展的屏蔽工作。但是上层的流光管重达 4 吨, 可能为旋转平台提供了必要的稳定性——稳定得足以压制振动。没有上层的流光管提供阻尼, 这些振动有可能造成麻烦。下一步是降低整个换能器的电压, 以便确定是地震还是电磁干扰带来了噪声。

10 月 26 日, 仍然不清楚 "公主翻来覆去睡不着" 是因为电磁输入还是机械输入。那天早上, 增加了气动支架里的压力, 让 NAUTILUS 稍微脱离它的刚性腿。当天晚些时候, 又增加了更多层的铜胶带和铝胶带。

皮泽拉当天告诉我, 他本人并不认为故障来自机械振动, 他的观点与团队的许多人不一样。他认为, NAUTILUS 现在并不比上次组装时更吵闹。这一次的麻烦在于, 经验丰富的团队很快就让换能器和 SQUID 工作了。他们现在看到的是整个装置内的应变松弛。例如, 当金属慢慢地达到它最终在 2 开温度的形状时, 液氦储罐会发生应变。随着温度的降低, 所有的金属零件都必须松弛到较小的尺寸。皮泽拉认为, 上次 NAUTILUS 冷却时, 他们没有注意到所有这些松弛的噪声, 由于偶然因素而不是故意设计, 换能器和 SQUID 没有很好很快地松弛, 不足以检测到这个吵闹的时期; 因此, 他认为这个吵闹时期会自行消失。然而, 根据 "每次只改一件事" 的原则, 团队希望将 4 吨重的流光管安装在 NAUTILUS 顶部, 尽可能地保持与上次的状态一样。

有人可能把这个阶段的行动描述为实用主义, 这是经验的调和; 有趣的是, 皮泽拉的开朗自信与团队中其他一些成员的忧郁低迷形成了鲜明的对比。

10 月 27 日 (星期五) 上午, NAUTILUS 似乎正在慢慢地安静下来。也许下周不会安装流光管, 应该让 NAUTILUS 在进一步调整之前尽可能地安静下来。科西亚告诉我, 他相信气动支架的提升是关键的变化, 这意味着团队现在对 NAUTILUS 有了一些控制; 他们可以随意增大或减小压力, 观察它的效果。当然, 也许皮泽拉的热松弛理论是正确的, 与气动压力是无关的。无论哪个正确 (或者两者都正确), 关键是 NAUTILUS 开始安静下来, 他们以前了解的 NAUTILUS 回来了。

那天早上 (我在弗拉斯卡蒂的最后一天), 我开始注意到团队脸上的微笑。如果我有微笑仪, 就能根据尤金尼奥·科西亚和维维安娜·法丰嘴角翘起的角度判断 NAUTILUS 这个星期的噪声水平。现在, 我开始觉得有一点自由了, 我开玩笑说, NAUTILUS 的问题可能是外筒那令人恶心的绿色油漆。在此过程中, 皮泽拉的嘴角不是进展情况的好指标; 他总是微笑, 正如负责团队士气的人应当的那样——我必须说, 我也从这样的微笑中受益。

这次离开弗拉斯卡蒂时, 我得到了团队的保证, 他们会每天记录 NAUTILUS 的进展, 我在 1996 年 3 月最后一周的一次快速访问中, 证实了这个协议。[①] 那时我发现 NAUTILUS 仍然受困于无法解释的噪声。研究小组认为, 问题仍然是"上转换", 可能主要是因为铜辫将共振棒连接到最里面的圆柱体 (为了传导最后的残余热量)。铜辫是柔软的; 弯曲的时候, 各股铜线可能仍然相互摩擦, 从而产生了高频, 尽管那里所有的东西都设计得只产生低频。

7 月, 我访问了帕多瓦附近的勒格纳罗的 AURIGA 站点, 在那里我讨论了上转换的问题。他们了解弗拉斯卡蒂的问题, AURIGA 团队在最后一级使用的不是铜辫, 而是结实的铜带, 它们的末端分成几股, 既有弹性, 又不会摩擦。

──────────────────

① 这本日记的用处不大。尤金尼奥·科西亚在 1996 年告诉我:"我必须为日记道歉。你可以认为这是实验的结果。统计数据很差, 但是物理学家有很多事情要做, 他不能……因为当你说'如果有发现, 这本日记就是一份宝贵的文件'时, 你感动了我。但是, 一天又一天, 要做的事情是——也许这是错误的。"

第 15 章 NAUTILUS, 从 1996 年 11 月到 1998 年 6 月

1996 年 11 月, 我回到弗拉斯卡蒂。我问他们是否相信勒格纳罗的同事们已经解决了上转换问题, 把铜辫换为铜带。他们告诉我, 这还为时过早, 因为勒格纳罗团队也有自己的问题。他们还没有设法让共振棒和 SQUID 同时工作, 所以他们的噪声水平仍然太高, 无法揭示铜带任何有益的影响。等到勒格纳罗团队解决了这个问题, 弗拉斯卡蒂再考虑改用铜带。

无论如何, 到 11 月, NAUTILUS 似乎逐渐平静下来。一个原因是团队承认, 他们的设计不如想象的好。可以说, 早期的问题是设计上的虚张声势: 如果你相信自己关于设计有效性的宣传, 你就相信比足球还小的东西不会打扰公主; 仔细设计嵌套的圆筒的整个想法是为了防止干扰, 不用关心设备下面和周围发生的事情。因此, NAUTILUS 作为一个整体, 几乎完全不关心周围的环境——这是可以理解的, 因为只有当圆筒、悬挂等没有达到其指标时, 人们才需要担心周围的环境。

注意 NAUTILUS 的结构。它放在平台上, 可以旋转, 如果需要的话, 能够让设备朝向不同的方向。这个平台有一个金属结构, 可以与地面牢固连接。在平台的气动阻尼器上, 是 NAUTILUS 的外壳。阻尼器可以被充气或放气, 从而升高或降低整个装置。当放气时, NAUTILUS 停留在固体支架上。因此, NAUTILUS 有四种不同的支撑方式: 它可以下降到刚性支架上, 或者升高到阻尼器上, 平台可以在轴承上自由旋转, 或者固定在地面上。在早期, 设计师对内置的隔振设备非常有信心, 甚至把噪声很大的真空泵放在平台上, 但后来把它们移到了坚实的地面上。第一次尝试让 NAUTILUS 安静的时候, 阻尼器被放了下来, 平台是刚性支持的。

在 NAUTILUS 上方, 在绿色的外筒上直接焊接了一个工作平台, 支撑"井口"的线缆和管道。每隔几天, 就会有人爬上平台, 把其中一根管道连接到装满液氦的绝热罐, 给 NAUTILUS 的氦罐补充液氦。NAUTILUS 太吵, 在补充液氦的时候, 看不到数据。我认为, 把这个平台直接固定在外筒上, 说明他们对内筒的噪声抑制很有信心, 因为平台只是一种声学天线, 从实验室直接选择和发送各种声音和振动给外筒。这也是液氦补给过程中的一个问题, 因为必须有人爬到设备上。

1995 年 10 月, 我问皮泽拉, 他担不担心 NAUTILUS 与各种外部噪声源的耦合太紧密。他回答说, 不担心。

> **皮泽拉**: 不! 我认为它对外部噪声不敏感。我想它最多也就是对内部噪声很敏感。
>
> **科林斯**: 比如低温恒温器。
>
> **皮泽拉**: 是的……
>
> **科林斯**: 那么, 你对原来的设计还有信心吗?——里面有足够的衰减吗?

皮泽拉: 是的! 在我说服自己这有问题之前, 我们必须……仍然没有迹象表明这是错误的。(1995)

接下来我问: 在气动阻尼器上升高 NAUTILUS 是不是一件好事, 但皮泽拉说, 这没有什么区别。

然而, 1996 年 11 月, 尤金尼奥·科西亚说, 他认为, 为了让 NAUTILUS 安静下来, 团队做的最重要的事情是升高气动阻尼器。他们还决定用去掉金属支撑框架的平台试着运行一次。科西亚解释说:"我们认为, 从平台上拿走所有的振动源 (真空泵等) 之后, 让平台上完全没有东西, 再测试一次, 这是值得的。"

现在他们发现, 为了给低温恒温器补充液氦, 有必要给阻尼器放气, 降低 NAUTILUS, 因为在平台上爬来爬去会摇动机器, 扰动机器内的一切。不幸的是, 即使是降低和升高阻尼器上的设备, 似乎也会打扰它。

科西亚: 它对任何改变都很敏感。我们甚至认为, 每次升降以后, 系统都略有不同。

科林斯: 新的应力?

科西亚: 我不知道——也许——很难说。即使它是玻璃的, 你可以看到里面, 我觉得也很难知道发生了什么。一件事情是, 如果你移动系统, 探测器就有不同的稳定位置, 我认为, 所有这些稳定位置是不等价的。在某种意义上, 一个位置比另一个位置造成更多的噪声……

因为我们处于从未探索过的测量区, 我们无法在书籍或文献中找到解决方案——我的意思是——我们必须尝试——大多数工作都是通过试错法改进。因此, 我们发现, 让 NAUTILUS 待在阻尼器上, 没有任何支撑, 不要干扰它——不接触——不做任何升降——那么, 系统安静工作的概率就更大。(1996)

因此, 团队决定拆除并重建上方的平台, 不让它和圆筒直接接触。

他们还修了一堵墙 (其中包括铅衬), 正好穿过安置 NAUTILUS 的大型建筑。这座建筑是共用的, 远处的人发出了很多噪声, 不能指望引力波探测器像建造者设想的那样安静下来。这堵墙可以挡住陌生人, 如果幸运的话, 还可以挡住奇怪的噪声。

另一件怪事是, NAUTILUS 中的噪声似乎与温度有关。古怪的是, NAUTILUS 在一天中最温暖的时段 (大约下午 5 点或 6 点) 最吵闹。不是因为当天那个时段的绝对温度, 而是从更冷到更热的变化。因此, 团队决定尝试控制安放 NAUTILUS 的大房子里的温度。

对于温度需要保持在几毫开的装置来说, 温度的影响似乎很神秘。但是这个设备有管道进出, 它们无疑会感受到环境的变化。维维安娜·法丰猜测, 问题是有一根管子把杜瓦 (真空瓶) 连接到"1 开的锅"。现在团队总是在补充液氦之前给真空夹层抽气。她说, 以前, 夹层中的真空很差, 热量传了进去, 要么导致管道中的氦沸腾, 要么使得氦的流动不是层流; 无论哪种方式, 它都给仪器的内部引入了噪声。由于团队开始在补充液氦前更仔细地给夹层抽真空, 她认为噪声大的问题已经解决了。

我感觉到团队里有一些不同意见没有说出来。正是法丰发现了"1 开的锅"里的压力的微小变化与温度有关系——"我很幸运——我发现了它"(笑声)——这是她最喜欢的关于噪声来源的假设。然而, 科西亚不认为这是噪声的来源; 他最喜欢的假设仍然是, 设备内部的状态与整体的运动有关，轻微的变化导致了应变。他也是控制整个实验室温度的坚定支持者，也许因为他不像法丰那样确定问题的根源是真空夹层。他们不能确定噪声的正确原因，因为因果关系太复杂了，不能做到每次分离一个变量。

探测器有一个非常重要的参数是"占空比"——探测器正常工作的时间与全部时间的比值，因为维修或噪声太大而无法检测引力波，都不能算是正常工作。关于 NAUTILUS 的占空比，我问过科西亚。

> **科西亚：**现在我要明确一件事，以便让你了解情况。什么是探测器的灵敏度，它的占空比是多少呢？我们试着给出一些数字，让你对探测器有些感觉。我们认为探测器工作正常，如果它能以信噪比为 10(具有良好的信噪比) 看到一个"标准事件"——这意味着银河系中心的引力坍缩——超新星爆炸，其中 10^{-2} 个太阳质量被转化为引力波……许多人认为 1% 这个数值挺好的……从我们目前的知识来看，这样的事件并不怎么频繁。

> **科林斯：**事件发生率是多少呢？

> **科西亚：**事件率大约是每 5 年 1 次——有些人认为每 10 年 1 次。

> **科林斯：**这也挺大的，不是吗？因为很少出现可见的超新星。

> **科西亚：**在银河系里，可见的超新星是每 100 年 1 颗，或者 200 年 1 颗，但银河系并不都是可见的，还有一些超新星是看不见的——不会发射很多光子，但是会发射很多引力波。因此，这些估计是非常不确定的，因为我们还没有检测到引力波；然而，有中微子的探测器，例如，灵敏度仅限于银河系……所有这些实验都可以检测太阳的坍缩，他们说它们的灵敏度仅限于银河系。

> 因此，如果我们认为探测器工作正常——如果它的灵敏度比这更好——我们就认为这个天线正在作为引力波探测器而工作——我们可以计算占空比——探测器有多少时间处于这个状态。如果这样做，那么我们现在的占空比是 60%。

> 这也让我们的努力有了一些尊严，因为听到我们正在尝试这样做，而且我们有额外的噪声，人们可能认为，我们有很多的问题；但实际上，如果我们让探测器工作，我们当然有些时间工作得不好，因为我们要补充液氦，因为我们有额外的噪声，等等。但是，如果探测器能清楚地看到银河系中的超新星，我们就认为它工作正常，60% 的时间是这样的。这时的应变小于 10^{-18}。[①]

科西亚还惆怅地跟我说，他干的事情很困难：

> 这件事很难。我认为，如果有人傲慢地说："我们是高能物理人。我们是优秀的管理者，也是非常优秀的物理学家。现在我们要做些好东西。"没那么容易。当然了，每个人刚进入这个领域时都非常乐观。但生活是艰难的，特别是在这个领域，人们可能有这样的印象：我们不够专业；但如果有人真的开始在这个领域工作，几年后他们会变得更加谦虚，他们会意识到这是非常非常困难的研究……我们处于从未探索过的领域——这个地方的运气也不好。一切都是新的。(1996)

---

① 也就是说，它可以检测到共振棒长度的一百亿亿分之一的变化。

　　事实证明, 在很长一段时间里, NAUTILUS 无法实现它的目标。它最终在几毫开以合理的占空比运行了很长一段时间, 但是直到 21 世纪, 它的灵敏度才比旧的 EXPLORER 天线更高。不管是什么技术, 所有低温棒的灵敏度都差不多。1998 年, 皮泽拉向我承认, 他现在认为超低温是一个错误——从技术上讲。这非常麻烦, 很不值得。在政治上, 这个做法很明智, 因为没有人会资助另一个普通的低温棒。出于同样的原因, 他现在不会移除稀释制冷机并重建共振棒——这在政治上是不能接受的。因此, 尽管自 1998 年 6 月以来, NAUTILUS 一直工作得很好, 但是他认为, 整个项目仍然令人失望。[1] 他相信有两个改动最终取得了成功: 改用 AURIGA 式的铜带而不是铜辫, 以及更换一种"非常愚蠢"的电线 (将 300 伏的电压加到换能器上)。皮泽拉告诉我, 很可能是第二个改动起了关键的作用。

---

　　[1] 只有移除稀释制冷机, 不让它从外部引入噪声, 放弃超低温技术才有意义; 但这意味着他们必须尝试理解一台新机器。低温技术太让人失望了, 皮泽拉甚至鼓励意大利南部的一个团队建造一个非常大的室温设备。如果室温设备足够大, 就可以像低温设备一样灵敏, 但是麻烦少得多 (只要换能器合适——但是, 干涉仪仍然是最好的)。那个团队没有得到资助。

第 16 章 共 振 球

考虑到比尔·费尔班克的梦想——比以往更低的温度——似乎已经步入正轨,那么在超低温之后,共振质量的下一个重大步骤是什么? 答案是共振球。直径为 3 米的球,质量大约为 100 吨 (而不是 2 吨),有许多优点。

共振棒被引力波击中的时候,就会振动;最明显的是,它会沿着轴向拉伸和收缩。由于共振棒的最大变化发生在轴向,现代换能器放在棒的末端,共振运动最大的位置。但是,沿着棒的轴向发生的运动最大,只是因为这是共振棒最长的方向。相比之下,共振球探测器可以在许多方向以多种方式发生同样大小的共振。例如,共振球在其"赤道"处变宽,在"两极"之间变短,反之亦然;它可以作为一个整体"呼吸";在欧洲和日本之间变长,在印度和美国之间变短;等等。此外,它可以表现出五种不同的共振,每一种都可以测量。那么换能器应该放在哪里呢? 事实证明,通过观察五个轴上的共振,可以测量和提取任何一个振动,这需要在共振球表面安置 6 个换能器。结果表明,恰当地分析这 6 个换能器的输出,可以确定引起振动的力与共振球发生相互作用的确切方式;这样就可以知道源的方向和波的特征。定向灵敏度使得共振球比其他类型的引力波探测器具有更大的优势。

这一点有时候会引起误解。关于方向,两个相关的性质与引力波 (或任何其他) 探测器有关。有定向灵敏度 (识别干扰源的能力),也有"全方向性"——无论仪器和源的相对取向如何,都有很好的灵敏度。共振球具有全方向性和定向灵敏度——它们在所有方向上都同样灵敏,可以定位任何信号的来源。干涉仪具有相当好的全方向性,但几乎没有定向灵敏度,这就是为什么需要用 4 个相距很远的干涉仪进行三角测量,才能确定源的方向;共振棒具有一定的定向灵敏度,正是因为它们不是全方向性的。

缺乏全方向性,可以用来给出定向灵敏度。因此,乔·韦伯可能宣称已经确定了他的引力波的来源 (恒星时各向异性),因为他的共振棒在一天的某些时刻,当它们处于特定方向的时候,对来自银河系中心的引力波更灵敏。如果你想让探测器对引力波一直敏感,无论它们来自哪里,全方向性就是一件好事,但如果不与定向灵敏度结合,就不是一件好事。需要重申的是,冷却到 2 开或 4 开的共振球将比低温棒更灵敏,因为它们的质量大大增加;更有效,因为它们的全方向性;在定向灵敏度方面,比任何其他类型的探测器都好。所以,它们是显而易见的下一步。

使用共振球的想法来自哪里呢? 我不知道是谁首先想到在实验室里建造共振球探测器的;但是,关于引力波如何影响共振球的首次分析,至少可以追溯到罗伯特·福沃德,他在 1971 年发表的一篇论文。使用共振球探测引力波的第一次尝试,也可以追溯到 20 世纪 70 年代;只是当时考虑的共振球是地球。福沃德 1971 年的论文还提到了共振球的另一个优势, 它们的拥护者经常讨论, 但没有取得很大的进展。共振球探测器可以区分引力的某些相互竞争的理论。观察共振球的 "呼吸模式" (它的整体膨胀和收缩的行为方式), 可以区分这些理论。

四个小组对建造共振球有浓厚的兴趣。他们是 LSU 和弗拉斯卡蒂的两个团队, 以及荷兰和巴西的两个新团队。其中, LSU 团队第一个取得了实际进展, 率先给出了首字母缩略词。他们把自己的共振球命名为 TIGA, 含义是截面的二十面体引力波天线 (Truncated Icosahedral Gravitational Wave Attenna)。为了理解他们在首字母缩写游戏中的领先地位, 你必须知道, 路易斯安那州立大学的吉祥物是一只老虎, 一只活老虎在校园中的一个小笼子里徘徊。至于其余的单词, LSU 要建造的 "共振球" 不是一个完整的球, 而是一个二十面体。也就是说, 在一个球上, 加工了 20 个平面 (截面) 用于安装换能器, 所有的信息都可以提取出来——这个缩略词真是太形象了!

我认为, 缩略词竞赛的亚军是一个全新的小组, 来自阿姆斯特丹郊区的核物理和高能物理国家研究所 (NIKHEF)。他们的缩写是 GRAIL, 不仅意味着神圣且非常困难的追求, 还意味着低地的引力波天线 (Gravitational Radiation Antenna In the Lowlands)。GRAIL 团队计划建造一个直径 3 米的铜铝合金共振球。在尤金尼奥·科西亚的领导下, 意大利的弗拉斯卡蒂在缩略词竞赛中排名第三, 尽管他们在努力和进步方面排在第二位。他们的天线叫作 SFERA(Sorgente Ferroeletricca di Elettroni Robust A-2), 重量为 100 吨, 冷却到 20 毫开, 应变的灵敏度为 3×10^{-24}。

共振球团队的关系比上面的描述要更紧密一些。LSU 团队发挥了重要作用, 为弗拉斯卡蒂提供一个原型球; 莱顿大学的稀释制冷机专家乔治·弗萨蒂 (Giorgio Frossatti, 一位荷兰物理学家, 尽管名字听起来像是意大利人) 做出了个人的努力, 推动共振球项目, 并与任何想利用他的专门知识和专业特长的人合作。不管其他小组干了什么, 弗萨蒂调查和测试了共振球的材料和制造。他认为, 制造船舶螺旋桨的公司可以制造整个的铜铝合金球, 他决心制造一个小的共振球, 然后可能与 GRAIL 团队合作, 制造直径为 3 米的共振球 (他预计这个共振球要花 3000 万美元)。

制造一个直径为 3 米的金属球并不容易。很简单, 世界上没有地方做这么大的铝合金铸件, 必须寻找新的方法和材料。弗萨蒂认为, 可以让造船公司铸造整个球, 其他人则赞成用不同的金属片进行爆炸键合, 一片一片地制作, 最后达到共振球的尺寸。在爆炸键合中, 一个板放在另一个板上面, 上面再放炸药。接下来, 引爆一侧的炸药, 爆炸波穿过两块板, 强迫上面的板冲向下面的板, 有足够的力量将两者键合在一起。当爆炸波从一侧传播到另一侧时, 杂质 (如氧化物) 在键合发生之前被排出, 因此在理论上, 两块板就被铸造成一个整体。不幸的是, 在实践中, 实验工作者发现, 仍然存在一些不完美的键合区域, 但是不一定会严重损害共振棒的 "Q"。

LSU 团队正在推动原型 TIGA 的开发, 由沃伦·约翰逊 (Warren Johnson) 领导。原型共振球的直径大约是 80 厘米, LSU 有一个 84 厘米的截断二十面体, 另一个模型 (由同一家公司制造) 被送到弗拉斯卡蒂。利用 LSU 原型, 通过分析换能器的读数, 可以确定任意面上的敲击。

LSU 和弗拉斯卡蒂团队的经验来之不易, 他们确信自己知道如何建造共振球, 如何冷却共振球而不引入额外的噪声源。荷兰 GRAIL 团队有高能物理的背景, 擅长执行大型项目, 对这种物理文化充满信心。据计算, 如果在较窄的波段, 这些共振球至少会像计划中的干涉仪 (另一种竞争技术) 一样灵敏。

由于共振更容易在其固有频率附近振动, 它们通常是窄带仪器；小共振球的共振频率比大共振球更高。但是, 一旦第一个大共振球证明了这个概念, 这些小组计划建立不同尺寸的共振球, 组成的 "木琴" 阵列, 覆盖整个感兴趣的波段。此外, 这些共振球预期比干涉仪便宜得多。估计的费用各不相同, 但是似乎不到干涉仪费用的十分之一。因此, 共振球探测器领域乐观地期待一个新兴的研究和开发项目, 应该比较容易获得资助, 然后在引力观测站中实现共振球阵列, 具有良好的定向识别能力, 灵敏度至少与任何其他技术相同。在描述共振球的命运之前, 我介绍另一种新技术——干涉仪。

第 17 章　干涉测量的开始

在世纪之交, 有人认为, 干涉测量将是第一次直接探测到引力波的技术; 当然, 世界范围的干涉仪开发工作让以前所有探测引力波的尝试相形见绌, 单单美国就花费了大约 3 亿美元。第一批设想用干涉仪探测引力波的似乎是两个苏联人, M. 葛斯滕世坦 (Gertsenshtein) 和 V. I. 普斯托沃特 (Pustovoit), 他们在 1962 年发表了一篇文章讨论这个想法。韦伯和他的学生在 1964 年独立地考虑了这个想法。[①] 第一个真正建造这种装置的人是与韦伯同时期的先驱者罗伯特·福沃德, 但是它太小了, 看不到引力波。我们现在知道, 在制作第一个共振棒的时候, 福沃德也许是韦伯团队中最重要的成员; 他是第一个分析共振球探测器的人; 也是第一个构建干涉探测器的人。

现在几乎公认, 麻省理工学院的雷纳·外斯提出了一种干涉仪的概念, 能够看到理论界认可的引力波通量。尽管在他之前很久, 福沃德实际上已经建造了一个设备, 而外斯的发明至少已经被预期了两次, 有可能是四次。[②] 为什么许多功劳都给了外斯呢? 也许有三个原因。首先, 外斯最早分析了最佳工作模式、灵敏度和噪声源, 从而可以估计, 为了检测到预期的源, 干涉仪应该具有的合适尺度——几千米的臂长。第二, 福沃德的许多想法都来自外斯, 通过他俩都认识的一个人——阿尔科–埃弗里特的菲尔·查普曼 (Phil Chapman), 似乎在 20 世纪 70 年代初, 他就穿梭于这两个人之间。第三个原因更有社会学意义: 外斯仍然是引力波干涉法的领军人物, 他把团队中的许多其他人带入了这个项目。当这个团队 (现在是国际干涉引力波检测的主导力量) 思考他们事业的起源时, 外斯的重要性就更加突出了。这不是说外斯被誉为大型干涉测量的主要贡献者并不公正, 只是说其他人更难得到认可。这个社会学原因几乎不可避免地导致其他人的贡献给科学家们留下的印象不那么深刻; 同样的力量也妨碍了罗恩·德雷弗对干涉测量的贡献得到充分认可, 就此而言, 它也导致乔·韦伯作为引力波探测先驱的声誉总的来说保留下来了。这一切都不是外斯的错。事实上, 有可能提出相反的说法: 因为外斯在发表和宣传他的想法方面一直很糟糕, 他的工作可能用了更长的时间才让他得到认可。

---

① 见 Gerstenshtein, Pusotovoit(1963) (英文); Thorne(1989), 未发表。

② 外斯 1932 年出生于柏林。分别于 1955 年和 1962 年获得麻省理工学院学士和博士学位。在塔夫茨大学和普林斯顿大学待了很短时间后, 他在 1964 年加入了麻省理工学院, 此后一直留在那里。根据索恩的说法 ((Thorne, 1989), 未出版), 外斯在 1969 年提出了干涉探测器的想法, 但是不知道韦伯已经有了这个想法。外斯本人致谢了费利克斯·皮拉尼和菲利普·查普曼 (见下文), 而我们看到苏联人也是这个想法的先驱。

17.1　什么是干涉仪?

干涉仪这种装置观察两束光相互干涉引起的变化。一束光照射在"分束器"上 (比如, 半镀银的镜子), 分为两束光, 通常是彼此垂直地出射。光束随后被镜子反射并重新组合 (见图 17.1)。光束重新组合的方式反映了它们在旅途中的经历。如果装置的构型使得两条路径受到某种变化力的影响不一样, 就可以看到这些变化并测量这种力。在使用干涉仪寻找引力波的时候, 要让两条光束在引力波通过干涉仪时有不同的体验。

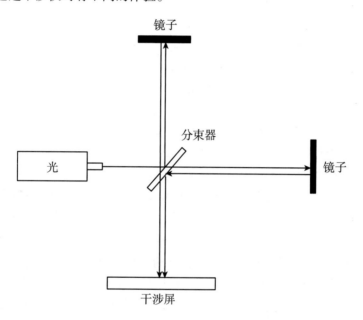

图 17.1　简单干涉仪的示意图

干涉测量发明于 19 世纪 80 年代, 用来测量完全不同的东西。最著名的干涉实验是在 1887 年由阿尔伯特·迈克尔逊 (Albert Michelson) 和爱德华·莫雷 (Edward Morley) 做的。迈克尔逊和莫雷试图测量地球在空间里的运动速度。当时人们认为, 空间充满了"以太"——光在这种介质中传播, 就像空气是声波的传播介质一样。迈克尔逊和莫雷把一束光分成两束, 让分开的光线以彼此垂直的方向出射, 用镜子反射它们并观察重新组合的光束是否有"干涉"。如果一束光以某种方式受到地球在以太中运动的速度的影响——也许这束光在地球行进的方向上来回传播, 而另一束光垂直于地球的行进方向——干涉的模式应该揭示光束的不同体验。如果分析得当, 这种模式将揭示地球运动的速度和方向。令人失望的是, 迈克尔逊和莫雷没有发现任何影响。这个结果后来被认为是狭义相对论重要的实验验证之一, 是科学史上著名的实验之一。[①]

迈克尔逊和莫雷让光束重新组合在一起, 照到屏幕上。在屏幕上出现了一系列的"干涉条纹"——一系列的亮带和暗带 (见图 17.2)。这种效应是由于两束光波交替地相互增强 (亮带) 和相互抵消 (暗带)。这是两个波运动叠加的简单的几何结果: 横穿光线聚集的区域, 每条光线的路

────────────────────────

① 关于迈克尔逊–莫雷实验的意义和争议, 更完整的记录见 Collins, Pinch(1993/1998)。

径长度都会略有变化。例如, 左边的光线 (图中的光线 1) 必须走过一定的距离才能到达照明区域的左侧。要到达略微靠右的位置, 不得不走得稍微远一点儿;要到达最右边的位置, 必须走得更远一点。

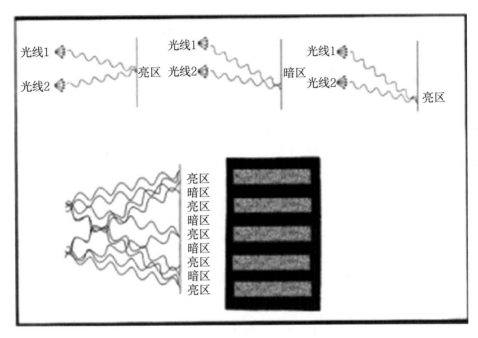

图 17.2　两束光在屏幕上产生干涉条纹

光是电磁"波"。它们就像任何其他波一样, 有一系列的规则的波峰和波谷。假设我们在瞬间冻结了照到屏幕上的光。在那一刻, 光线 1 到达屏幕的左边, 它处于波峰。从左边向右移动一点儿距离时, 光线 1 到达屏幕时处于波谷。我们说, 光线 1 在两个位置具有不同的"相位"。记住, 一切都冻结了, 所以这只是几何效应。如果我们把冻结的时间推迟一些, 让光再走半个波长, 原来波峰的位置出现波谷, 原来波谷的位置出现波峰——每个位置的光的相位就反转了。当然, 我们看不到光波的峰和谷;如果只有光线 1, 看到的就是均匀的光场。

现在只考虑光线 2。适用同样的几何, 因此在冻结的任何时刻, 光线 2 在屏幕上有些位置是波峰, 有些位置是波谷。由于光线 2 的路径与光线 1 略有不同, 在屏幕的某些位置, 光线 1 的峰将与光线 2 的峰重合, 在某些位置, 峰与谷重合。当两束光的相位相同时, 屏幕看起来是 2 倍的亮度——两束光的能量加起来了。但是当它们"失相"时——峰与谷结合——就会相互抵消, 结果是黑暗。如果我们解冻影片, 以正常的速度播放, 亮带和暗带仍然是静止的。在任何一点, 当光线 1 的波谷变成波峰时, 光线 2 的波峰变成波谷, 所以增强和抵消的位置保持不变。

然而, 一条路径的长度相对于另一条路径的微小变化将影响干涉图案。假设一束光的路径长度的变化足以让到达位置由波峰变为波谷, 原来的增强就会变成抵消;暗带就变成亮带。反之亦然。整个干涉图案看起来就像是在屏幕上横向移动了半个条纹的宽度。[1]干涉臂长度的变化越小, 干涉图案的移动也就越小。干涉仪是非常灵敏的设备, 很容易看到波长量级的几何变化。即使用简陋的小干涉仪, 也可以看到相对干涉臂长度的相对变化, 大约是头发直径的千分之一。

引力波可以暂时缩短干涉仪的一臂并拉长另一臂;当引力波相位反转时, 发生的情况相反

———————————————————
① 一个"条纹"指的是一个亮带加上一个暗带;对于单次反射的干涉仪, 干涉臂长改变四分之一个波长, 就会引起半个条纹的位移。

(见图 17.3)。因此, 如果引力波经过, 这种仪器上的干涉条纹应该以引力波的频率在屏幕上来回移动。尽管如此, 由于引力波太微弱了, 现代干涉仪的灵敏度必须比迈克尔逊–莫雷干涉仪高出 10 亿倍。那么, 现代设计与 1887 年的版本有什么不同呢?

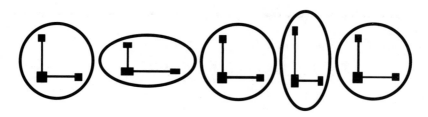

图 17.3　引力波通过时, 干涉仪的拉伸和挤压

　　仪器的灵敏度取决于两条光线的行进路径的长度。如果路径很短, 那么长度的百分比变化 (应变) 带来的变化不如长干涉臂的情况; 路径越长, 任何相对扰动的影响就越明显。1887 年的干涉仪安装在 0.5 平方米的砂岩块上, 漂浮在水银槽中, 因此可以旋转。迈克尔逊和莫雷让每个干涉臂的光多次反射, 有效地把路径长度提高到 3.5 米左右。现代设备的干涉臂长达 4 千米, 并利用多次反射让路径长度达到 100 千米左右。

　　干涉仪的第二个特点是, 就像本书中描述的所有仪器一样, 很容易受到外界干扰的影响——正是因为它的高灵敏度。事实上, 迈克尔逊于 1881 年在德国进行他的第一次干涉仪实验。他首先在柏林尝试这个实验, 但是不得不把它移到更安静的波茨坦, 因为振动破坏了条纹。即使在波茨坦, 在离实验室 100 米的地方跺脚, 也可以让条纹消失。几年以后, 迈克尔逊和莫雷找到了一种方法, 使实验对外界干扰变得不敏感, 足以观察到干涉条纹。现代干涉仪必须是精心隔振的。

　　同样, 光束越亮越好。条纹越亮, 暗带和亮带的反差就越大, 越容易看到微小的变化。在适当的时候, 我们将提出一套更微妙的理由, 但 "越亮越好" 是一种直观的原理, 贯穿在最复杂的干涉仪设计中。

　　同样明显的是, 使用的光应该尽可能地纯净和稳定, 以便得到清晰和稳定的条纹, 只受路径长度的变化的影响, 不受源的变化的影响。在现代设备中, 来自强大激光器的相干光在进入设备之前, 用一个或多个 "模式清洁器" 进一步清洗和稳定。

17.2　鲍勃·福沃德

　　鲍勃·福沃德在加州马里布建造了干涉仪, 他在那里长期为休斯飞机公司工作。福沃德的探测器有一个折叠的路径, 长度总共大约 8 米。在 1972 年的谈话中, 他回忆了如何建造干涉仪, 提到了他在加利福尼亚安装的三个小型共振棒探测器:

　　　　那时候我有个朋友叫菲利普·查普曼, 他是科学家和宇航员——他以前是——现在为阿尔科工作。他来找我……他的想法是, 我以前至少听过五六次, 与其测量连接两个重物的应变——为什么不用激光测量它们的相对运动呢?

　　　　开始我跟他说, 我以前跟许多人说过的同样的话——马里兰制造的引力天线可以

测量 $10^{-16} \sim 10^{-15}$ 米的位移。波长是 10^{-6} 米——"你想告诉我,你可以测量一个条纹的 10^{-9}!用压电更容易。"

然后,当我告诉他的时候,我意识到莫斯先生和弗兰克·古德曼 (Frank Goodman) 先生 (在休斯的同事) 一直在研究激光测距系统——一种多普勒测距系统——在这个系统中,他们测量的振动是埃的量级,大约是 10^{-10} 米,所以他们没有太大的麻烦就得到了 10^4 的因子。一旦开始考察,你就意识到,仅仅因为使用的是波长,并不意味着你只能测量它的一小部分——实际上,你测量的是多普勒频移 (反射镜的运动让光的波长发生微小的变化)。

突然间,我意识到这不仅是可能的,而且真的有潜力。因为我在运行这三个 (共振棒) 系统的时候,一个接一个的人在夏天帮我工作,我给他们分配了一个任务:"找一个宽带引力天线的想法。"因为我们看来不能用韦伯的东西作为天体物理学工具;我们不能用它作为望远镜,因为它只给你一小部分的频谱信息。(1972)

福沃德这里说的是干涉仪相比于共振探测器的一个巨大优势,当其他条件相同的时候——准确地说,它不是共振的。共振探测器往往只对它共振的频率敏感,而非共振探测器可以是"宽带"的——也就是说,在许多频率上是灵敏的,能够给出干扰它的波的确切形式。这对天体物理学非常重要,因为它能够让人看到不同宇宙事件的"特征"(例如,两颗中子星相互旋转)。简单地说,共振探测器只知道它们被能量信号击中;宽带探测器能够记录该信号的模样。

福沃德接着向我解释,菲尔·查普曼"走进来,告诉我怎么做"——也就是说,建造一个灵敏的干涉仪——以及查普曼如何用"一大笔钱"资助这个项目。他还赞扬了休斯的盖洛德·莫斯 (Gaylord Moss) 的合作。当时,福沃德正在收集数据,他描述了他们严格的换班模式,旨在收集大约 100 小时的数据;他们听到的啁啾声、咔嗒声和音调;将它们与杂散噪声分离的困难;以及他打算与韦伯比较笔记。[1]

在 1971 年发表的一篇论文中,福沃德发表了他的初期技术发展的结果,其中还感谢了查普曼、外斯和韦伯的贡献。1978 年,福沃德发表了一篇论文,描述他的初步结果。[2]

17.3　外斯提出大干涉仪的方案

大约在 1969 年,外斯开始考虑引力波的干涉探测。当我在 1972 年采访他时,他讨论了建造引力波探测干涉仪的计划:

我们已经为这件事酝酿了大约 3 年,但从来没有做。我们现在开始做了——主要是因为我们正在做另一个非常有趣的实验,我们不想一开始就陷入这种非常边缘化的东西里。现在,实验突然结束了,我没有更好的主意做其他事情,所以我们要这么做。但主要是因为这种方式挺顺畅的。(1972)

---

[1] 在 WEBQUOTE "福沃德谈干涉术的早期岁月" (Forward on Early Days in Interferometry),可以找到福沃德说的话,真情洋溢的文字记录。

[2] 见 Moss, Miller, Forward(1971) 第 2496 页;Forward(1978)。

17.4　RLE 报告

麻省理工学院林肯电子研究实验室 (RLE) 在 1972 年发布的季度进展报告中, 有一节被视为大型引力干涉测量的经典源文件。在报告的相关部分 (主要作者是外斯), 干涉测量的起源归因于皮拉尼的思想实验、查普曼以及外斯举办的本科生研讨会。[①]此外, 它还首次提出并系统地分析了限制干涉型引力天线性能的潜在噪声源。一位受访者告诉我, 在这份报告中, 外斯实际上"发明了 LIGO"——3 亿美元的激光干涉引力波天文台, 这是当今引力波研究的重心。但外斯从未发表这份报告或其中的任何部分——许多受访者认为这是疏忽, 这就使得在让别人认可他的想法和支持他提议的研究计划方面, 他在早期遇到了困难。

外斯对发表的自我否定态度非常明确:

> 我倾向于绝不发表想法。我喜欢发表已经完成的实验。而且你知道, 你有的很多想法, 其他人后来也会想到, 这可能不是好的策略。但我认为, 最终你可以更加心安理得。

> 我告诉你问题在哪儿——关于发表一个想法。有个可怜人, 他也有这个想法, 但是晚一些。他挥汗如雨, 搞定了一切。他投入了 3 年的生命 (或更长的时间), 然后发表了它。他必须向有这个想法却什么也没做的人致敬。我觉得这很不光彩。我就是这么认为的。

> 得到荣誉的应该是那个成功的人。所以我不喜欢发表我的轻率想法。(1975)[②]

稍后, 在第 3 部分, 在"证据个人主义"的标题下, 我们将更详细地探讨外斯对发表的态度。这里要注意的是, 它与福沃德的态度 (建造某种东西并公布结果) 形成了鲜明对比。[③]外斯解释了他的项目的起源:

> 我们开始自己的事情, 这个事情本身就是小小的传奇。如果你要访问福沃德, 他的事情和我们想做的事情是基于同样的想法 (激光干涉仪)……

> 让我谈谈正面的意义, 而不是检验韦伯。我从来不想去检验韦伯。最让我兴奋的是脉冲星……因此, 我们正在认真思考, 构思一种方法寻找蟹状星云中的脉冲星——发出的辐射——这就是我们想要建造天线的主要目的。这是一个大项目, 因为它必须很大, 最终它可能变成一个空间项目, 因为我们可能会遇到什么问题——因为地球的噪声。

> 不过, 后来我也学到了很多。事实证明, 在韦伯事业的推动下, 那些通常做相对论的人——计算一些没有什么用的东西——你知道, 数学期刊上到处都是这样的东

---

① 见 Weiss(1972) 第 58 页。

② 看到这样的情绪, 社会科学家应该思考自己的学科。

③ 从我 1972 年的采访中, 可以看到外斯和福沃德对合作的态度。见 WEBQUOTE 上的"外斯、福沃德和合作" (Weiss, Forward, Collaboration)。

西——很多人开始致力于确定韦伯看到的东西是否有一个来源, 他们发现了各种可能的机制, 这些机制让坍缩的恒星发出引力波, 这些恒星的总能量可能只有韦伯看到的千分之一。韦伯的观点即使被证明是错误的, 也推动了人们创造比韦伯更好的体系, 开辟了我称为引力天文学的领域……

所以, 人们想要寻找这个, 这和韦伯的工作没有任何关系——至少这不是我的观点……

科林斯: 你认为要花多长时间才能建成呢?

外斯: 建造它可能不会花太长时间, 但是 (让它正常工作) 可能需要很久很久——可能会在一年左右到达一个重要关头, 我们将决定它值不值得做。这就是可能发生的情况, 因为我们会发现各种各样的问题, 没有想到的问题。可能会这样。

但是, 我跟你说, 这是至关重要的问题, 你可以问所有这些人, 也就是说, 如果证明韦伯错了, 他们会退场吗? 我不会。因为我确实认为, 引力天文学领域有一些东西。我不认为证明韦伯的对错有什么大不了的。这是不一样的。

科林斯: 但是只有千分之一的强度呢?

外斯: 在这个水平上, 可能每隔几年就有一次……

科林斯: 在寻找符合事件方面的合作呢?

外斯: 当它发生的时候, 如果我们有一些东西, 我当然愿意让周围感兴趣的每个人得到数据。但我们离那个目标还很远——它还没有发生。

科林斯: 你要做两个吗?

外斯: 不——先做一个, 然后如果是——不。我希望只有一个, 还有其他人呢。我不知道会是谁。——例如, 做超导的, 汉密尔顿和费尔班克他们可能是很好的合作伙伴。(1972)

外斯的项目从未向福沃德寻求帮助, 福沃德很快就从干涉仪的事业中消失了。当我 1997 年采访他的时候, 他仍然为他和外斯没能合作这件事感到遗憾。

17.5　外斯的研究提案 (1972 年和 1974 年)

1972 年, 外斯向美国国家科学基金会提交了一份提案, 但未能得到资助。关于这份提案, 我能够收集到的唯一证据是, 外斯 1976 年在一封信里写的一份声明 (见下文)。这封信里的相关评论如下:

到 1972 年年底……我向 NSF 申请了研究支持。向 NSF 提交的提案在当时受到了不利的审查, 很可能是因为与声学的引力波探测器相比, 它的步子迈得太大了……

我们可以认为, 1972 年的提案在很大程度上基于 1972 年的 RLE 报告, 但是我找不到这个提案的副本。

1974 年, 外斯向美国国家科学基金提交了另一个项目提案, 继续建造 9 米长的原型干涉仪; 该项目的资金将达到所要求的 53000 美元。[1] 我读过的这份提案肯定是基于 1972 年的 RLE 报告, 关于噪声源的讨论等内容与报告几乎相同。在这个提案中, 外斯说:

> 几年来, MIT(麻省理工学院) 正在做初步工作, 在联合服务电子项目 (JSEP) 和 MIT–斯隆基金的支持下。截至 1974 年 6 月, JSEP 终止了对该项目的支持, 因为它认为引力研究与自己的项目无关。(第 2 页)

后来他说:

> 关于这些天线的初步工作, 在 MIT 做了几年。1970 年, 作为几个高年级学生论文项目的一部分, 1967 年开发了一个实验, 在激光照明的迈克尔逊干涉仪中, 演示了散粒噪声限制的条纹。(这里的脚注 14 是 G. Blum, R. Weiss, *Phys. Rev.*, 1967, 155: 1412 (第 6 页)。这个提案特别提到一名学生金斯敦·欧文斯 (Kingston Owens) 的博士论文工作。) (第 6 页)

这个提案继续与福沃德完成的设备保持距离, 称其为 "不成熟的发表"。

该提案于 8 月提交, 并要求在 1975 年 1 月启动。它被送给彼得·卡夫卡评审, 他是德国团队的成员, 在慕尼黑的马克斯·普朗克研究所。卡夫卡把这个文件给团队其他成员看了。令卡夫卡尴尬的是, 这些人变得非常热情, 决定开展类似的设计。德国团队认为, 外斯对这个结果感到愤怒, 甚至可能从一开始就认为他们的行为不道德。他们还认为, 他可能认为卡夫卡对这个提案给出了负面评价, 然后鼓励德国团队用这个想法开始干。[2] 卡夫卡在 1976 年向我解释说, 作为一名理论工作者, 他把这个提案交给了他的实验同事征求意见, 当他们接手干起来的时候, 他感到震惊。[3]

虽然外斯 1974 年的提案要求 1 月启动, 但直到 1975 年 5 月才收到接受函。上面描述的事情肯定符合下面这个说法: NSF 对此 (即外斯的第二个提案) 的青睐与德国人的热情有关, 但这很难确定。

在早期的德国干涉仪支持者中, 最著名是马克斯·普朗克研究所的迈什贝格、毕林、希林 (Schilling) 和温克勒, 他们确实在努力推进。慕尼黑原型干涉仪 (它的路径长度有 3 米) 基于外斯的想法, 在许多年里是世界上最好的。[4] 似乎没有做任何很不专业的事情, 但讽刺的是, 外斯最初发现, 他发明的设计比德国人更难得到支持。

大约在此时, 罗恩·德雷弗 (当时在格拉斯哥大学) 也开始把注意力转向干涉技术。德雷弗第一次使用干涉测量法是测量两个大共振棒的间距, 因为没有足够的钱购买真空管, 而雷丁大学的小组给了他共振棒和真空罐。共振棒是雷丁小组分裂棒天线的两半。[5] 直到 1976 年, 他自己的团队才开始建造合适的干涉仪, 其设计至少间接受益于外斯的灵感: 根据德雷弗的说法, 对项目更直接的影响来自福沃德, 但德雷弗不确定他第一次看到外斯的早期分析是什么时候。[6]

---

[1] 干涉型宽带引力天线 (Interferometric Broad Band Gravitational Antenna), 1975 年 5 月 21 日在麻省理工学院收到项目资助函, 指定项目识别号为 MPS75-04033。

[2] 我一直没能与外斯核对这些事项的准确性。

[3] 卡夫卡于 2000 年 12 月去世; 1976 年的采访是我和他最后一次谈话。他的真实话语 (描述了他的尴尬) 可以在 WEBQUOTE 下的 "卡夫卡评审外斯的提案" (Kafka Referees Weiss's Proposal) 找到。

[4] 1983 年, 在慕尼黑附近的亚琛建造了一个 30 米的原型。

[5] 2003 年 1 月 22 日与罗恩·德雷弗的私人谈话。

[6] 2003 年 1 月 22 日与罗恩·德雷弗的私人谈话。许多人记得 (例如, 索恩, 见第 18 章), 由于 1976 年在意大利埃里切举行的一次会议, 干涉测量吸引了德雷弗。

17.6　噪　声　源

正如我说过的, 关于最灵敏的干涉仪的噪声源以及限制因素和技术要求, 1972 年的 RLE 报告和 1974 年的申请书做了相同或几乎相同的描述。这个分析是所有后续干涉测量讨论的基础, 因此我要转向技术讨论, 阐述这个框架。

这里介绍从 1972 年 RLE 报告第 54 页开始的干涉测量部分, 这是具有历史优先权的文档。第 5 节 "天线中的噪声源", 开始于第 59 页。它分成若干个小标题, 用英文小写字母从 a 到 i 标记。在整个干涉测量的讨论中, 这里提供的技术介绍将对我们很有帮助, 因此我简要描述每一节的内容 (当然采用了原文中的技术细节)。

a. 激光输出功率中的振幅噪声

这种噪声源是激光光源功率的波动 (或感受到的波动)。根据外斯的说法, 它涉及 "激光散粒噪声" (来自激光的光子发射率不可避免的统计变化), 以及光子最终到达探测器被记录的概率的变化——仍然是统计问题。与所有噪声源一样, 它们之所以引人注目, 仅仅因为它们比较的对象是我们试图看到的非常小的干扰。

b. 激光相位噪声或频率不稳定性

这与激光频率的波动有关。

c. 天线中的机械热噪声

这种噪声源是由镜子 (和构成镜子的材料) 的 "布朗运动" 引起了镜子的不想要的运动。解决办法是确保干涉仪元件的固有频率比预期引力波的频率低得多或者高得多, 这样就不会把这种噪声源误认为是引力波。

d. 激光的辐射压力噪声

这是由于当激光功率变化时, 辐射压力的起伏引起了反射镜的运动。

e. 地震噪声

适当设计高频悬挂装置, 通过反馈机制来补偿大的低频运动, 从而消除来自大地的噪声。

f. 热辐射噪声

这种噪声的最大来源是光束加热镜面，因而加热 (不可避免地) 没有抽到完全真空的光束管中的任何残余气体分子。残余分子撞击加热的镜面后，比撞击较冷的背面的分子反弹得更有力，可能以不想要的方式移动镜子。[①]

g. 宇宙射线噪声

这是宇宙射线撞击天线产生的噪声。外斯设想，为了避免这种噪声，需要把镜子放在地下！

h. 引力梯度噪声

这种噪声来自引力场的变化，影响了镜子。例如，如果干涉仪周围的气压发生变化，那么空气的密度就会改变，它们对镜子的引力也就变了。同样的情况也适用于地面的密度波动或探测器附近任何大质量物体 (包括人员) 的移动。同样，对这些微小的力感兴趣，只是因为探测器的预期灵敏度。

i. 电场和磁场噪声

虽然天线要对电和磁的源做屏蔽，但是没有完美的屏蔽。

17.7 外斯 1975 年的延续申请、1976 年的信件和学生

外斯 1975 年的项目进行得不顺利。了解历史的最简单的方法是，阅读 1976 年外斯非常坦率的摘要，他给 NSF 的理查德·艾萨克森写信，请求延长资助。[②] 在这封信中，他抱怨很难吸引有奉献精神的研究生从事如此困难的项目：

> 很多人认为，引力研究固然迷人，但是太难了，不幸的是，不仅是普通学生，还有许多物理系的人。简而言之，对这种研究的态度即使不是完全敌视，肯定也是疑心重重的。

外斯解释说，他准备放弃了，但对天基干涉仪的想法感到兴奋；他找到了一名优秀的研究生；他相信干涉测量正变得越来越有吸引力，罗恩·德雷弗等人的兴趣表明了这一点：

> 除了在条纹探测系统的高速电子学方面做了一些小工作，在原型天线上取得的实际进展不大。我知道，仅凭实验进展，此时提出的延续申请不能通过评审流程。此外，在理论发展方面取得了一些真正的进展，现在另一位有能力的物理学家很感兴趣，可以预期原型天线实验工作会取得进展。

---

① 这种力就是导致"辐射计"(太阳光驱动的玩具，可以像风车一样转动) 旋转的力，它的机制至今似乎也没有完全被理解。
② 这封完整的信可以在 WEBQUOTE 找到，在"1976 年外斯给艾萨克森的信"(Weiss's 1976 Letter to Isaacson)。

这封信提到的麻烦呼应了外斯和我讨论时多次提到的主题。首先是麻省理工学院学术管理部门对于寻找引力波的敌意和短视。外斯认为，其中大部分可能是由关于乔·韦伯的争论而产生的，麻省理工学院的权威人物认为，整个领域建立在不安全的基础上。因此，1995 年，在另一场争论的背景下，外斯提到了早期岁月：

> 不管怎么说，我们要解决的就是这个问题 (这是疯子们的领域)，这是第一位的，没有哪个学术机构喜欢它，特别是麻省工学院。他们看着这个，说："这是扯淡。"我拼命地用另一种技术做这件事 (干涉测量而不是共振棒)，我在这里得不到任何支持──智力上的支持。部分原因是它的历史不太清白，看起来也很困难。(1995)

我们将在本书的后面看到，外斯对形势的这种解读是为了说明他对后来的争论的态度。几乎可以肯定的是，行政机关不愿意全心全意支持外斯和引力科学，这将导致未来与加州理工学院合作时，麻省理工学院成为事实上的初级合作伙伴。

外斯在信中提到的第二个问题是，与考核小组中缺乏同情心的麻省理工学院教员打交道，他的研究生们遇到了困难。他强烈地感觉到，有些教员贬低他的学生，他们认为唯一值得的物理学是新发现，而不是开发将来产生新发现的仪器。外斯对学生的遭遇感到羞辱和愤怒。正是由于这些原因，他发现很难为他的项目招生，因为几乎可以肯定的是，原型仪器不会看到任何新现象。

> 你在物理系。这是社会学问题──如果愿意，你可以这样说……大家尊重的是物理学而不是工程。建造一些东西并表明它的行为跟你预期的一样，但没有用它测量一些新东西，就不算真正的成就。(1975)

17.8　干涉仪、外斯和韦伯

如我们所见，外斯想要建造干涉仪，能够检测蟹状星云脉冲星发出的引力波，[①] 一颗旋转的中子星，如果是不对称的，就会发射引力波。他认为，韦伯的工作导致了理论模型的发展，强调了"突发源"(或爆发源)。在 1975 年和我交谈时，他给了韦伯更多的功劳：

> 韦伯在一个方面是正确的，即似乎有理由寻找高速事件。我不会想到的。在我的头脑中，从来没有想过你应该寻找高速东西──在天体物理学中，可能会有一些毫秒量级的事件。我一直认为要寻找一些缓慢的东西──因为一切都很慢……所以它正好属于黑洞的领域，以及现在有可能发现黑洞的 X 射线天文学。(1975)

然后，外斯承认韦伯对这个领域的影响，尽管他对背后的原因并不恭维。

> 总之，他并不是错得离谱──我想，他是误打误撞。我知道为什么他要在高频率做事情──他这么做是因为只有这样才可能。长周期的系统太难做了。(1975)

然而，在 1974 年的提案中，外斯仍在讨论如何探测周期源 (这是现在的名称)、脉冲星和在稳定轨道上围绕彼此旋转的双星。这个提案描述的 9 米原型机的目的是，为下一阶段提供臂长

① 跟日本团队的目标相同，他们建造了一个共振天线，专门为同样的目的 (Hirakawa, Nariha, 1975)。

为 1 千米的装置做准备, 他说, 如果周期信号累积 3~6 个月, 这个装置就能够看到蟹状星云脉冲星。[1] 在这份文件中, 外斯还设想了一个在太空里的基线更长的干涉仪, 只要累积几小时就可以看到蟹状星云脉冲星。

这个提案还载有一份可能的源的附录, 其中大多数仍然是今天最受青睐的源。可能的爆发源出现频率不高, 这表明, 主要的兴趣仍然是寻找周期源, 如脉冲星, 在他 1975 年的评论中, 可以清楚地看到:

> 我一直在想, 你想寻找那些应该有引力波的东西……正确的做法是寻找来自双星的引力波。问题是, 你期望看到这些波的频率很低, 很难在地面上做些什么。你做不了很好的悬挂系统, 可以持续 40 分钟、80 分钟或几小时……你想在太空里做。(1975)

可以看到, 外斯当时想的并不是现在最受欢迎的爆发源 (这是旋进双星的生命里的最后时刻), 而是双星慢慢地相互旋转, 发射出很少的引力波, 最适合天基系统观测。1975 年, 他认为这是引力波研究的方向。他解释说, 没有人只想探测引力波, 因为谁都知道它存在; 天基的天体物理学更引人注目。

> 我现在的观点是, 在地面上证明, 干涉系统的噪声性能符合你的计算; 然后, 如果你仍然感兴趣, 继续干, 再过几年, 说服航天局的人, 这是他们应该支持的东西, 看看他们愿不愿意 (在太空) 建造一个干涉天线。[2]

有趣的是, 外斯后来成为地面探测的实验主力, 我们将看到, 他是寻找未知源的有力倡导者; 但是在 1975 年, 他确信最好的办法是, 利用天基探测器寻找具有已知特征的特定源。

---

[1] 具有重复模式的连续源的信号可以在一段时间内累积, 只要你愿意, 把它们对探测器响应的微小影响逐次累加起来。在适当的时候, 将对此进行更详细的解释。

[2] 参见 WEBQUOTE, "外斯想寻找已知源" (Weiss Wants to Look for Known Sources)。

第 18 章　加州理工登场了

18.1　基普·索恩

在 20 世纪 70 年代中期的某个时间, 外斯发现自己和加州理工学院著名的理论工作者基普·索恩参加同一次会议。索恩从一开始就热衷于引力波, 给韦伯以极大的鼓励。1975 年, 外斯对我说:

> 基普·索恩是黑洞物理学和类似事物的一个主要推动者, 他不断地提出新的估计, 以确定一个巨大的黑洞与另一个巨大的黑洞碰撞时能产生多大的应变。他一直在推动这件事, 这样人们就不会对它失去兴趣。至少我是这么解释他做的事情, 尽管他可能有更好的理由。(1975)

索恩与俄罗斯物理学家弗拉基米尔·布拉金斯基关系密切, 后者是第一个挑战韦伯实验发现的人, 并计划利用蓝宝石晶体作为共振器, 提高引力波探测器的灵敏度。当然, 布拉金斯基以各种方式影响了索恩的思想, 很可能在早期, 索恩不会比布拉金斯基更相信干涉测量是前进的方向。事实上, 在索恩合著的一本书中 (跟查尔斯·米斯纳 (Charles Misner) 和约翰·惠勒合著, 俗称 MTW), 有一段文字解释了为什么干涉测量不可能有用。[①]

布拉金斯基对引力波探测器整个事业的最重要贡献之一是, 他把它们看作量子系统。通常认为, 量子世界与大型实验装置的世界很不一样; 量子效应发生在亚原子粒子的尺度上, 其表现方式在于可以设计晶体管和类似的非常小的器件。(用于低温棒的 SQUID 放大器就是基于量子理论的思想。) 但布拉金斯基意识到, 随着引力波探测器变得越来越灵敏, 它们将进入量子区。他认为, 要想让器件的灵敏度超过某个值, 就需要一种技术避开量子不确定性; 量子非破坏 (QND) 这个词就是为这个技术而发明的。

目前的器件的灵敏度还远不需要它们利用量子非破坏技术, 但是布拉金斯基证明, 干涉仪比共振棒更容易避免量子区的问题。在选择他们的研究轨迹时, 物理学家认为最好是采用一种技术, 这种技术有可能继续提高灵敏度, 远远超过目前的设计, 即使这种需求在十至二十年内不会实现。也许正是这种争论让索恩和罗恩·德雷弗这样的人对干涉仪产生了热情。当然, 索恩告诉我, 他相信, 1976 年, 在意大利埃里切的一次会议上, 由于讨论比较了共振棒和干涉仪的未来, 并且首次公开提出了量子问题, 德雷弗决定将他的主要精力转向干涉测量。

到了 1980 年前后, 索恩也改变了主意, 成为了干涉仪支持者。外斯认为, 很可能是他改变了索恩的想法, 因为他们的会议在 20 世纪 70 年代末。他解释说, 在应邀到华盛顿参加同一个评议小组后, 他和索恩都在城市的街道上徘徊, 寻找一间客房。华盛顿的旅馆预订得很满, 所以他们只

---

① 见 Misner, Thorne, Wheeler(1970) 第 1014 页: "这种探测器的灵敏度太差了, 对实验几乎没有用。"

能共用一个房间。外斯说，对于这种被迫的亲密关系，他的第一反应是喜忧参半，但是这开启了长期的职业联系和亲密友谊。

> 说了整整一晚上的话。很明显基普想要做什么……他想过，这里是加州理工学院——他有一个声望很高的相对论小组。但他们认为，他们没有做出任何贡献，也没有在这方面发挥重要的实验作用。他四处动员，寻找前进的方向。

> 他还开始和弗拉基米尔 (布拉金斯基) 交谈，因为他们是亲密的朋友，他们正在做决定——基普说他们考察了实验相对论的每一个领域：宇宙背景研究；厄缶实验；所有这些实验。我说他们应该研究干涉测量。我建议他们去见见德雷弗，看看能不能拉拢他过去。(当时布拉金斯基喜欢共振棒)……于是我对基普说：“那个 (共振棒方法) 没有前途。”以前他不这样认为。如果看看他的书，例如 MTW，你会发现一个问题，上面说：“这个 (干涉仪) 是不可能的方法。”这是他书里的一个问题。所以：“是的，这是可行的，这是一个想法，但是它的灵敏度永远不足以做到这一点。”就在 MTW 里，每个人都能看到。(2000)

当时，索恩说服了加州理工学院，他们应该开始一个重大的实验项目——检测引力波，外斯说，他建议德雷弗作为主要研究人员，领导这个团队。我们将会看到，索恩确实建议任命德雷弗，他对自己转向干涉测量的描述是，德雷弗说服了他，这是未来的方法。

德雷弗已经使用过干涉技术 (以两个半截的共振棒作为测试质量)，但是在 20 世纪 70 年代中期，他开始在格拉斯哥大学建造类似于现代设备的干涉仪。到 70 年代末，他在格拉斯哥领导一个小组，10 米的干涉仪完成了一半。1979 年，他应邀到加州理工学院当团队的领导，他接受了那里的兼职位置。他继续在格拉斯哥的 10 米装置上工作了几年，同时在加州理工学院建造了 40 米的干涉仪。1983 年，他在加州理工学院担任长期职务，吉姆·霍夫接任格拉斯哥团队的领导职务。关于这些以及后来的事情，我们将了解更多。

18.2　外斯的 1978 年提案

美国国家科学基金会继续为外斯提供资助，1978 年 11 月继续发放 (12 月开始)，为期 2 年，每年约 13 万美元。[1] 1980 年 3 月延续。提案包括这样的评论：“我慢慢地意识到，做这种类型的研究，最好是安全的 (可能是愚蠢的) 教员和希望赌一把的年轻博士后。”然后外斯继续讨论干涉臂长度。他变得更加野心勃勃，声称严肃认真的仪器需要 10 千米的干涉臂！

在提案的第 28 页，他考虑了与加州理工学院合作的可能性。在这份提案中，没有提到罗伯特·福沃德的工作，[2]但外斯确实提到了慕尼黑团队和德雷弗团队的工作。

> 目前，慕尼黑马克斯·普朗克研究所的毕林和温克勒小组 (由我们早些时候的 NSF 提案触发) 在一个与我们很相似的系统方面取得了实质性进展。苏格兰格拉斯哥的罗恩·德雷弗启动了一个小规模的项目，使用干涉技术作为测量分裂棒系统振荡的手段。

---

[1] PHY7824274: Interferometric Broad Band Gravitational Antenna(干涉型宽带引力天线)。
[2] 一位审阅人批评了这一点。

一位审阅人同意欧洲的进展比较快:

> 雷纳·外斯在 6 年以前首次提出的技术, 欧洲现在用于积极组装干涉型引力波探测器的原型。因此我想知道为什么麻省理工学院的进展断断续续, 并欣慰地了解到没有什么隐蔽的障碍。

这个项目的所有审阅人都认为, 在地球上为长基线干涉仪做隔振太困难了。有人直截了当地说, 地面系统不会起作用, 因此应该修改提案, 转向天基的开发工作, 或仅限于对隔振系统的研究, 将主项目推迟到问题解决为止。几位审阅人说, 建造短探测器已经是很困难的问题了, 这个项目不应该承诺未来能够建造巨大的探测器。然而, 正如我们看到的那样, 项目获得了资助。

18.3　小　　结

现在已经讲到了 20 世纪 80 年代初, 所有最初的干涉仪小组已经成立了, 所以做一个小结。利用干涉技术探测引力波的想法是由一个苏联小组或韦伯发明的, 第一个打算用作引力探测器的干涉仪是由福沃德在休斯建造的。然而, 福沃德至少从菲尔·查普曼那里了解到一些用这种方式实现干涉仪的关键想法, 而菲尔·查普曼又与麻省理工学院的雷纳·外斯有过频繁的互动。慕尼黑团队读了外斯在 1972 年提交的 NSF 提案, 随后又读了外斯富有洞察力的电子研究实验室报告 (RLE 报告), 这是他们的主要动力。RLE 报告 (可能还有 1972 年的提案) 预见了大多数的基本噪声源, 这些噪声源将限制实际的干涉仪, 从而限制实际设计的基本原理。

索恩是一位理论工作者, 他对引力波探测充满热情, 决心在加州理工学院启动一个实验项目; 但如果不是因为外斯和德雷弗的劝说, 他对未来的想象是共振棒。索恩将德雷弗招募到加州理工学院, 确保干涉仪成为加州理工学院的路线。

20 世纪 80 年代初, 福沃德已经停止了干涉测量方面的工作。麻省理工学院由外斯领导的小组开发了小型实验干涉仪, 慕尼黑的马克斯·普朗克研究所的干涉仪是当时世界上最成功的。格拉斯哥小组正在建造一台 10 米长的干涉仪, 领导者罗恩·德雷弗也在加州理工学院领导一个小组, 建造一台 40 米长的装置 (在 80 年代中期成为世界上最灵敏的设备), 并说服莫斯科国立大学的弗拉基米尔·布拉金斯基, 未来有希望的是干涉测量而不是共振的蓝宝石晶体。1981 年, 外斯向 NSF 提出, 他应该得到资助, 计划开发一种几千米长的干涉仪, 他认为这个尺寸有机会检测天体物理学家认为合理的引力波通量。

1970 年, 吉姆·霍夫作为德雷弗的研究生加入了格拉斯哥小组, 起初从事共振棒项目。1976 年, 他开始与德雷弗一起研究干涉仪, 1983 年, 德雷弗接受了加州理工学院的全职任命, 成为这个小组的领导者。1986 年, 霍夫计划建造一台 3 千米长的干涉仪。在 70 年代末, 慕尼黑团队也在考虑一种大规模的设备; 两个团队发现各自的国家都资金不足, 共同努力争取对英-德联合设备的支持。

后来, 法国和意大利的两个团队将联手建造一台 3 千米长的探测器。在美国文献中, 这个消息首次出现在外斯和他的小组 1983 年撰写的 "蓝皮书" 中的一句话里 (见下文): [①]

---

① 见 Linsay, Saulson, Weiss(1983)。

我们最近了解到，在巴黎南部的原子钟实验室，由 A. 布里莱特 (Brillet) 组建的团队正在开发一个电磁耦合天线的原型 (即干涉仪)，我们不知道这个项目的状况。(第10 页)

所有这些提案几乎肯定都是在外斯关于大型探测器的初步工作之后提出的，现在我们看看外斯的提案。

18.4 外斯的 1981 年提案

外斯 1981 年向 NSF 提交的成功提案是继续研究他的 1.5 米原型，并针对建造 10 千米长的设备需要什么，开展为期 3 年的研究。[①] 提案的一些部分 (例如以下段落，来自第 3~5 页) 编写的风格很流畅，完全超出了人们对这种文件的期望。外斯开始得很巧妙，认为如此巨大的装置一定会探测到引力波 (在几乎任何理论假设的情况)，并坚持认为只有财政问题能阻止立即建造这种仪器。从原则上以这种简洁的方式压倒反对意见，然后他建议，关键问题是在更小的、花钱更少的设备中达到足够的灵敏度。

为了 (在干涉仪中) 达到有趣的灵敏度，必须解决的问题主要是规模问题，而不是发展全新的和困难的技术。可以大胆地这么说。现在，而且已经几年了，只要愿意花大笔的钱，我们完全有能力建造在 1000 赫兹的灵敏度 (应变) 为 10^{-21} 的引力波天线。这样的系统没有任何微妙之处，很少用到什么新技术——我们正在麻省理工学院 (和其他地方) 的实验室原型中研究的新技术。

下面不是我们的建议，而是设想这样一种系统：边长 100 千米的正方形，用直径 107 厘米的厚壁不锈钢管建造，包括对角线 (也就是说，正方形的各边及其对角线都安装管子)。为了适应地球的曲率，这个系统的中心位于地下 200 米处。这个构型总共有 650 千米的管子。管子每隔 10 米支撑在带有伺服的支架上。使用 10^5 个离子泵将系统抽气到 10^{-5} 帕。这个系统有 6 个干涉仪，任意两个顶点之间都有一个……上面陈述的要点如下：单独地看每个要求，它们都在我们目前的技术能力范围内，即使在商业环境中，也是如此。然而，这种装置的费用在 1.5 亿至 2 亿美元之间，[②] 美国对此的投资与中等规模的航天项目相当，很可能太大了，因为这种装置对一个科学分支的适用性有限，尽管这种装置可能有益于地球科学和其他相对论实验，实际上甚至可能有军事用途。

这样一个系统是可能的，但是在经济上不太现实，这个认识确实对推动当前工作的战略产生了深刻的影响。如果你希望看到这个领域及时产生成果，就愿意努力实现这个想法，并提出一个策略，分析每个成本因素，优化整个天线系统。这听起来像是打官腔，但实际上是这个提案的核心。简单明了地说就是：有哪些方面的工作，可以把安装的成本降至原来的 1/10 或 1/20 呢？

---

① PHY 8109581：干涉型宽带引力天线。费用约为 130 万美元。
② 这些数字需要大约翻一番，才能与 2000 年消费物价指数的变化匹配。

在导言的前面部分 (第 2 页), 外斯已经考虑了这个提案之后的事情, 他说: "如果 (10 千米长的装置) 研究顺利, 我们希望开始建造大型天线。"

有趣的是, 外斯建议把大部分的工程研究分包给产业公司, 即亚瑟·D. 利特尔 (Arthur D. Little) 与斯通 (Stone) 和韦伯斯特 (Webster)。在建造大型技术设施、研究它们的热和其他性质以及调查场址是否适合安装灵敏设备方面, 这些公司很有经验。

这个提案还指出, 随着美国干涉仪项目从原型到概念设计再到大规模实际项目的发展, 有两个特征变得更加突出。在第 25 页, 外斯写道: "我们希望这项研究有助于成立一个由 NSF 赞助的引力天文学科学指导小组, 该小组由所有有关各方组成, 因为需要整个学界的支持和智慧, 这个大型项目才能成为现实。"换言之, 外斯已经看到需要进行国际合作。

在靠前的部分, 第 11 和 12 页, 外斯讨论了国际合作可能出现摩擦的一个原因。这就是在干涉仪反射镜之间来回反射光线的技术问题。有两种可能性 (后文将做详细的解释), "延迟线"得到外斯的青睐, 而"法布里–珀罗腔"得到德雷弗的认可。

> 从一开始, 人们就知道这些设计的一些优点和局限性。多通延迟线可能经历多次后向散射的光束, 首先由罗恩·德雷弗分析……多通延迟线的另一个更严重的困难……是管道直径没有最小化……延迟线的特性与波长无关, 这使得它们可以使用未经频率稳定的高功率激光源……

> 法布里–珀罗腔的优点是光束直径最小, 而且镜面散射的难度比较小, 在长度短、高品质的系统中很重要。[1] 它限制了光源的频率宽度, 也就限制了可用的最大功率。

美国国家科学基金会的档案显示, 在这个时候, 该机构的成员认为, 一个边长为 10 千米的正方形阵列 (包括一条对角线) 的成本大约是 1900 万美元, 而且由于来自英国、德国和苏联的竞争, 这个大方案很重要。提案的一位评审员写道, 美国在引力波探测器上的花费绝不会超过 1000 万美元!

18.5　蓝皮书

1983 年 10 月, 麻省理工学院的团队基于这些大型干涉测量研究, 向美国国家科学基金会提交了报告。这份文件因为它的蓝色封面而被称为"蓝皮书"。[2] 三位作者来自麻省理工学院; 两位撰稿人外斯和彼得·索尔森继续参与这个项目, 直到今天。[3] 来自加州理工学院的"贡献者"斯坦·惠特科姆 (Stan Whitcomb) 继续在干涉测量中占据显著地位。这份报告包含了关于工程、预算、大型干涉仪可能的站点以及科学本身的章节, 同时也感谢马萨诸塞州剑桥的亚瑟·D. 利特尔公司以及波士顿的斯通–韦伯斯特工程公司提供的产业咨询。

"蓝皮书"的第一部分是关于大型引力干涉测量问题的概述, 共 16 页, 写得很好。会写的物

---

① 也就是说, 外斯建议, 就像他在文件的其他地方写的那样, 到目前为止遇到的问题, 以及建议的解决方案, 一旦干涉仪的尺寸增大, 就会有所不同。("高品质"意味着光束来回多次反射。) 这里暗示, 大型系统可能有更少的反射。外斯在第 6 页说: "(关于大和小的差异,) 一个很好的例子是镜子上的反向散射问题, 对于小干涉仪, 这是决定性的问题, 在更大的干涉仪中, 影响就会小得多。"

② 蓝皮书是 Linsay, Saulson, Weiss(1983)。

③ 麻省理工学院的第三位作者是保罗·林赛 (Paul Linsay), 文章作者按字母的顺序排名。

理学家们写得非常好, 外斯就是这样的物理学家, 他是这篇导言 (但不是蓝皮书的每一节) 和我上面详细引用的早期研究提案的主要作者。[①] 导言把麻省理工学院描述为项目的驱动力, 而且,

> 在本研究的后期, 征求了加州理工学院引力研究团队的建议和批评。本研究的部分内容得益于这种互动, 然而, 完成本文件的时间过于仓促, 相当一部分内容没有得到建设性的批评。(第 I~1 页)

导言预期的结论是, 现在可以建造两个干涉仪, 使得引力波的灵敏度比现有技术提高一百万倍, 而且还有进一步提高的余地。

导言把一个新发现带入了争议, 由罗素·A. 赫尔斯和约瑟夫·H. 泰勒研究的著名双星系统 (称为 PSR 1913+16)。[②] 因为研究脉冲星和中子星缓慢收缩的轨道, 赫尔斯和泰勒获得了 1993 年的诺贝尔物理学奖, 他们发现, 轨道收缩率在 10 年里完全符合爱因斯坦关于引力波能量损失结果的预测。这是引力波存在的第一个证据。有人可能认为, 这个结果削弱了进一步测试引力波概念的理由, 尽管这是间接的观测; 但物理学家用它作为加强直接探测的理由, 特别是在涉及更极端的恒星和宇宙事件的情况。就像蓝皮书说的:

> 这是第一次也是唯一一次在实验上证明了引力波的存在, 这个事实使得整个研究领域比几年前更加坚实。(第 II~3 页)

蓝皮书与韦伯的贡献保持了距离, 这也很有趣。外斯相信 (现在仍然相信), 韦伯的争议给这个领域带来了破坏性的影响。描述了相对论预言存在引力波的文章之后, 这份文件接着说:

> 这在很大程度上是约瑟夫·韦伯的目标, 他在 20 世纪 60 年代中期开始用声学 (共振棒) 探测器寻找引力波。抛开第一次实验引起的争议不谈, 经过世界范围的努力, 大自然并不像早期实验期望的那样慷慨。从广义上讲, 这个认识是认真调查的开始; 进行调查的论证仍然有说服力, 引力源并没有那么强, 事后看来, 认为它们应该很强的期望也是不合理的。(第 I~6 页)

这对韦伯也许有点不公平, 他从一开始就意识到, 他的信号源强得 "不合理"; 而且, 只有在韦伯的工作结束后才开始有 "认真的" 搜索, 这个说法也不够大度, 但是在当时情有可原。

在蓝皮书的科学部分, 有很多内容是评估不同的光学系统。斯坦·惠特科姆单独写了一节, 讲述德雷弗最喜欢的法布里–珀罗构型的特点。

这段文字认为, 德雷弗还有两个新想法 (第 29 章有更详细的讨论)。第一个是干涉仪的构型, 让它对特定窄频率的引力波源特别灵敏, 因为两个干涉臂中的光都能有效地在这个频率上共振。后来, 其他人发展了这个想法, 称为 "信号回收", 在英–德干涉仪 (名叫 GEO600) 中首次实现。

德雷弗的另一个新想法用在大多数大型干涉仪中, 现在称为 "功率回收"。在这个装置中, 大部分来自干涉仪的不携带引力波信号的光被反馈到干涉仪里, 从而提高有效光功率, 远远超过实际激光的功率。正如我们看到的 (第 29 章有更详细的解释), 干涉仪的灵敏度取决于光功率。

---

① 我打过交道的超级会写的物理学家还包括史蒂文·温伯格 (Steven Weinberg) 和大卫·默敏 (David Mermin)。谈话也是如此: 会说的物理学家说得非常好。在我的研究中, 外斯也许是所有受访者中最丰富多彩和最值得引用的演讲者, 但我认为, 加里·桑德斯最擅长用精彩的演讲表达想法 (包括他正在构思的想法), 他是现任的 LIGO 项目经理, 我们将在本书的后面遇到他。

② 见 Weisberg, Taylor(1981); Taylor, Weisberg(1982); Hulse, Taylor(1975); Bartusiak(2000)。

18.6　引力波的源

蓝皮书还详细讨论了引力波的可能来源, 文字的风格同样是坦率和有趣 (但是这里的主要作者是彼得·索尔森)。对源的研究是宇宙学和天体物理学的业务, 两者都有非常不可靠的观测基础, 有时候几乎根本没有观测基础, 例如, 黑洞或宇宙的起源。无论如何, 对星系聚集方式的观察强烈地表明, 天空中能看见的东西是实际存在的东西的 10%, 甚至更少。这个估计来自对宇宙的猜测, 我们看到的东西不足以解释全部的引力。理论工作者有各种各样的解释, 所以乔·韦伯才能够得到认真对待, 我们还将看到, 一些相关主张能够在 20 世纪 90 年代末及以后提出。在对引力波的源的概述中, 外斯非常清楚地了解宇宙学和天体物理学的 "狂野西部" 的性质, 并且在蓝皮书里充分利用了它。这个论证幸存到了今天, 在那些声称 "用灵敏度大大提高的仪器搜索天空, 一定会发现意想不到的东西" 的人里, 外斯是最直言不讳的。

蓝皮书的这个部分把源分为三类, 现在已经成为传统的方法: 有外斯所说的 "脉冲源", 通常称为 "爆发源", 比如超新星, 这是韦伯寻找的那种短暂事件, 现代最青睐的是旋进双星系统的最后几秒;"连续源" 是更弱的发射, 例如, 脉冲星 (它是旋转的非对称的恒星), 或者靠得很近但没有濒临死亡的双星系统, 其信号虽然微弱, 但可以在很长的时间内累积, 因为它们是稳定发射的; 随机源, 它们没有明确的模式, 包括许多遥远的爆发源的集合 (就像现代比喻的 "爆米花"), 以及宇宙大爆炸遗留下来的电磁辐射 ("宇宙背景辐射") 的引力对应物。

要想确定用已知灵敏度的探测器发现一个源的可能性, 需要知道两件事: 它将发射的辐射量 (属于天体物理学的范围); 对于爆发源和连续源, 在可观察的距离内, 不同强度的这类物体在天空中的数量。在大多数情况, 这两个数的不确定性都很大, 只有对旋进的双中子星的估计 (由于泰勒和赫尔斯的工作), 可以用 "可靠" 这个词而不必感到尴尬。超新星的数量可以合理地估计, 但是, 对于它们发射可探测的引力波通量的可能性, 估计值仍有惊人的变化。蓝皮书表明, 类似的结论适用于脉冲星。

当黑洞诞生时、当它们吸收其他物体时、当它们绕着另一个黑洞或其他类型的恒星完成了一生的旋转时, 它们产生的引力波通量很大。但是蓝皮书记载 (这是 1983 年): "许多怀疑论者仍然不相信黑洞存在。"(第 II~15 页) 它还写着:

> 预测信号强度所需的其余事实是不同质量的黑洞的数量。正是在这里, 我们的天体物理学知识让我们失望。当然不可能排除所有质量的黑洞数量都是零 (即完全不存在)。在任何特定时刻, 当时, 认为的最可信的模型, 都受限于天体物理学的时尚……(第 II~16 页)

关于另一个与黑洞相关的源, 蓝皮书写道:

> 我们对这个问题很不了解, 无法做出有信心的预测, 然而, 与黑洞相比, 得到一个意义深远的发现的机会并不会更大。(第 II~17 页)

关于随机源的问题, 作者是这样论证的:

> 丢失的质量 (宇宙中不可见的部分) 在超大质量的黑洞里, 这种可能性在目前是各抒己见的问题。更积极地说, 寻找随机引力背景提供了一种独特的方法寻找宇宙中可能存在的成分, 而其他方法看不到这些成分。(第 II～18 页)

文件在这个部分的讨论 (第 II～21 页) 为未来几年定下基调。它说有许多不确定性, 但"合理的论证"预计应该有可探测的辐射。此外,

> 也许可以认为, 不确定性是好事, 因为它说明我们可以从引力波的研究中学到很多东西。(第 II～19 页)

它继续声称, 那些对源做预测的人, 只研究了众所周知的天体物理过程, 但是还有许多其他类型的源。引力波携带的信息与电磁辐射携带的信息有很大的差别, 可以揭示其他隐蔽的过程。发现的方法是用全新的方法观察宇宙, 新设备是对现有探测器的巨大改进。最后, 在发现引力波之前, 我们不能自称理解相对论。①

关于这篇文章, 有三件事要注意。我们已经提到过了第一个：外斯的观点是, 如果用更灵敏的仪器看天空, 肯定会看到一些东西。我和外斯争论过这个问题。当然, 每当天文学家用更强大的望远镜 (或探索电磁光谱中一些从未探索过的区域的望远镜) 观察天空时, 就会发现意想不到的事情。但这些案例是对现有技术的大规模但渐进式的改进。在引力波探测的情况下, 根本看不到任何东西, 因此, 从以前在电磁频谱中取得的成功外推的论证是行不通的：灵敏度可能增加了很多倍, 但是要"乘以零"——这种可能性也是有的。外斯回应说, 只有实现了大型干涉仪, 我们才会达到这样的灵敏度水平, 可以合理地期望看到一些东西, 这就是这个论证有效的原因；在我看来, 他的非零乘数因子只是理论而已。

需要注意的另外两件事与科研经费有关。一个已经提过：启动一个昂贵的、从无到有的新事业 (例如, 大型干涉测量项目), 资金的理由必须由理论提供。我稍后会论证, 在物理科学中, 理论和经验发现的关系随着时间而改变, 在这样一种全新技术的论证阶段, 理论必然占主导地位；只有理论才能预先说, 等仪器建好以后, 就会做一些有用的事情。我们将看到, 在资金论证的某个时刻, 理论的优势削弱了某些实验发现的主张——它们来自旧的共振棒探测器技术。

第三件需要注意的事情是, 因为理论的确定性而把理论作为保证, 与因为理论的不确定性而把理论作为保证, 这两种方式是有矛盾的。我们从上文看到, 用理论证明建造一定灵敏度的干涉仪是合理的, 因为我们估计这些设备会看到引力波；但是我们也看到, 用理论证明建造干涉仪是合理的, 因为有太多的未知因素, 必然会有惊喜。

事实上, 在关于资助与否的争论中, 理论就是这样用的。成就 LIGO 的理由是, 它应该能够看到偶尔爆发的能量 (来自双中子星的旋进) ——在大额资助的争论中, 这是理解得最好的引力波的源。但是, 像基普·索恩这样的科学家也告诉我, 他们不相信旋进的双中子星将是第一个被探测到的源；索恩看好旋进的双黑洞, 这是更强大的源, 但对它的了解很少, 无法产生任何形式的保证 (甚至准保证)。与此同时, 辩护团的第三个工具是更一般的"我们必须期望意想不到的事情"。

稍后我们将回到这个问题, 但为了理解 LIGO 和共振棒团体的关系 (我将在本书的下一部分里描述), 就需要记住很重要的一点, 即 LIGO 是顶着大量反对意见诞生的。干涉测量技术是唯一需要巨额资金才能实现的引力波探测技术, 这让它成为"公共财产"。其他技术可以由科学界和资助机构相对隐秘地进行研究, 而 LIGO 必须让不同专业的科学家和目标图外圈的非专家社区看好它；它太大了, 必须依靠这些人的支持。还有许多人不希望这样做, 他们认为它会占用自己行

---

① 完整的讨论可以见 WEBQUOTE 下的"蓝皮书讨论"(The Blue Book Discussion)。

业的资金, 他们认为这样做行不通。因此, LIGO 不但只能犯很少的错误, 还必须努力保持整个引
力波群体 "团结一致", 避免联合操纵的嫌疑。引力波探测的历史对他们不利, 很容易让其他人
把这个领域称为 "疯子" 的事业 (用外斯的术语)。如果引力波科学家的任何群体再次失败, 他们
就认为 LIGO 也会失败。我认为, 这影响了 LIGO 和共振棒团体的关系。

这种关系绝不是直接的。比尔·费尔班克、圭多·皮泽拉和伊多·阿马尔迪, 当然还有比
尔·汉密尔顿, 他们是 20 世纪 80 年代早期所有成功的低温棒团队的代表, 他们决定不反对
LIGO。唯一决定对抗的共振棒支持者是乔·韦伯。但是有人可能认为, 在 1975 年以后, 韦伯不
再可信了。他怎么能攻击巨大的干涉测量项目呢? 他攻击它的原因是: 他的攻击不是在核心科
学家群体内进行的 (我们将看到, 在核心科学家群体中, 这种攻击几乎没人注意), 而是通过外部
的政客群体和其他群体进行的, LIGO 由于其规模和资金需求, 不得不依赖这些人。由于韦伯是
在更广泛的科学界反对 LIGO, 必须认真对待他的攻击。换句话说, 虽然韦伯是引力波科学家核
心群体的弃儿, 但是他仍然可以利用目标图里的外环。

18.7　向前看, 向后看

写在 21 世纪初, 试图展望未来 10 年的时候, 可能会认为低温棒在引力波天文学历史上发挥
的作用不大。低温棒介于搜索的开始 (韦伯和室温探测器) 和可能的结束 (大型干涉仪) 之间。除
非在接下来的一两年里, 它们能探测到一些大的宇宙事件, 否则人们就会认为, 共振棒什么也没发
现, 是技术上的死胡同; 借用温斯顿·丘吉尔的话, 它们会被认为是 "开始的结束"。事实上, 写
这段准历史, 很难让人感觉到它们近 20 年来的主导地位和那种激励它们的建设者和运行者的乐
观精神。长期以来, 共振棒是唯一运行的技术。

1972 年在斯坦福大学, 我和低温棒的先驱比尔·费尔班克谈过。我已经采访了干涉测量先
驱——麻省理工学院的雷纳·外斯和休斯飞机的鲍勃·福沃德。因此, 虽然这是我当时的一个小
主题, 但是我和费尔班克谈了干涉仪。从我们的谈话可以明显看出, 他在思考引力波探测的未来
时, 干涉仪是无足轻重的。福沃德的设计是实验室大小的干涉仪, 费尔班克非常正确地解释说, 路
径长度太短, 福沃德不可能看到任何东西。费尔班克不知道外斯的设想。我不能启发他, 因为我
也不明白。我的注意力集中在韦伯和他的麻烦上。

无论如何, 直到 20 世纪 90 年代中期, 我才了解了什么是大型干涉测量。对于我这个社会
学家来说, 重要的概念突破是了解到一个想法, 即干涉仪的镜子是悬挂的自由 "测试质量" 而不
是单个仪器的组成部分。因此, 共振装置必须与地面的振动隔离, 不受地震噪声的干扰。当你看
福沃德设计的干涉仪时, 你不会立刻认识到, 它在原则上与共振棒有很大的差别; 在未经训练的
人看来, 它似乎是精心设计的共振探测器, 但是没共振。福沃德本人将其描述为引力波探测器的
"宽带" 版本, 似乎没有根本性的区别。事实上, 我认为干涉仪与以前的探测器是延续的关系, 整
个想法似乎很疯狂。我问自己: "一把长椅或实验室大小的设备都很难隔振, 他们怎么能把几千
米长的设备与地震噪声隔离开呢?" 当我了解到干涉仪的端镜应该是悬挂在空中的独立测试质量,
而不是集成仪器的部件时, 我才不再问这个问题。

不用说, 关于这些问题, 费尔班克是比我更老练的思想家; 但是 1972 年当他跟我谈话时, 他似乎仍然认为, 用光作为介质的实验有两种类型, 一是用干涉测量来观察地球-月球的位移等, 二是罗恩·德雷弗在格拉斯哥的装置。据我所知, 他 (跟我一样) 认为, 干涉测量是一种传感器, 用于一种等效的分裂棒的设计。[①]

现在, 干涉测量占据了主导地位, 重要的是要知道, 这种情况在 1972 年绝非显而易见。重要的是要记住, 直到 1975 年, 外斯才获得资金, 启动他的最初原型。外斯猜测, 这里的原因是, 每个人都认为, 低温棒是明显的前进方向。1976 年, 当外斯提到自己 1972 年不成功的申请时, 他说: "向 NSF 提交的提案在当时受到了不利的审查, 很可能是因为与声学引力波探测器相比, 它迈的步子迈太大了。"

可以确定的是, 当干涉测量项目在 20 世纪 70 年代中期启动的时候, 它是这个领域的新来者, 代表了技术的前沿, 而共振棒这个项目已经运行了 10 年。那么, 旧技术的发展情况到底怎么样呢?

---

① 几年后, 罗恩·德雷弗向我解释说, 格拉斯哥的设备是一种具有自由测试质量的干涉仪, 实际上使用了分裂棒的末端作为测试质量。

第 3 部分

共振棒的战争

第 19 章　室温棒苟延残喘

19.1　核心集合和核心群体

最令人惊讶的是，当低温棒正在成熟而干涉测量正在上升的时候，乔·韦伯试图振兴他的室温棒项目。韦伯创立了"被拒绝的科学"。

一门科学的核心集合是由那些深入参与和科学争议直接相关的实验或理论的科学家组成的。[①]它通常很小——可能是十几个科学家或五六个小组。他们是一个"集合"而不是一个"群体"，成员之间的意见分歧可能很大，所以他们可能没有什么社会联系。

但当科学争议结束时——用术语来说，就是"封闭"——就会有赢家和输家。如果大多数人完全拒绝新的主张，获胜者就会写完他们的书和论文（"我早就说过了"），回到以前的科学生活；对他们来说，事业恢复了正常。至于失败者，他们可能消失，也可能建立"被拒绝的科学"——一种主流无法接受或无法理解的坚定的"后卫"行动。另一种可能性是发展一种新的后封闭(post closure)的科学，修正核心集合争议中心的科学。当这种情况发生时，特立独行者被驱逐，由核心群体接管；核心群体通常比核心集合更团结，因为他们的目标更统一。可以说，核心集合就像爆炸性的化学反应：爆炸过后，一切都消失了，什么也没有留下；可能有一个核心群体做新的正统科学；或者可能有一些坚硬的残渣(被拒绝的科学)——一群科学家顽固地拒绝放弃他们的想法，不顾周围的压倒性共识。在韦伯的室温声明遭受巨大失败之后，怎么还能"苟延残喘"(life after death) 呢？[②]

在西方国家，我们把自然科学视为一种社会系统的典型例子，它旨在发现经验可验证的真理。在第 1 部分，我们研究了声称的真理如何被科学机构扑灭。现在我们会发现，20 世纪后期的科学系统并没有完全消灭旧的真理；可以说，它们允许同时存在不止一个"真理"。即使是深奥的物理学分支 (例如，引力波探测)，似乎在出版和资助方面也表现出令人惊讶的容忍和多元性——但是，正如我们将要看到的，这只发生在不会造成严重损害的情况下！

---

① 见 Collins(1981a, 1992)。

② 这里认为，那些拒绝接受共识的人构成被拒绝的科学，而不是一群被误导的个体，因为他们在科学的系统和认知世界中，使用科学的工具，按照科学的流程办事。根据他们表现出来的活动得出结论，这个群体没有追求某个特定的科学方向，这是一种认知判断，通常不关社会学家的事。几乎不用说，引力波研究主流中的许多科学家认为，这个群体已经超越了科学的界限，但我们关注的是，尽管有这些判断，这个群体做事情的方式仍然属于科学。另一种方法是研究如何把科学家群体定义为内部人员或局外人的机制 (Gieryn, 1983, 1999)，或强调这种边界的模糊性 (Simon, 1999)。这里采用的方法不一样。

19.2　高 VGR 苟延残喘

在 1975 年以后,韦伯继续得到国家科学基金会的资助,但是少了很多。然而,他得到的钱足以让他的数据分析变得完全清楚。从 1975 年到 1978 年,韦伯每年由 NSF 资助约 5 万美元,1983 年增长到每年 16 万 ~32 万美元,那时候他有一个团队在研究新的低温技术。NSF 的引力物理项目主任理查德·艾萨克森告诉我,他们尽一切努力帮助韦伯解决他的结果和引力波研究领域其他成员之间的冲突。

> 当时的物理部主任马塞尔·巴登认为,乔从来没有完全失去支持。他坚持认为,面对争议,NSF 不选择立场。相反,他认为 NSF 的作用是支持乔,帮助解决冲突。因此,每当乔提出视野广阔的新请求时,马塞尔就会与当年处理该提案的项目主管、乔和马里兰大学物理和天文学系主任霍华德·莱斯特碰个头。他们一起与乔谈判,让他写一份修改好的、有重点的、可资助的提案。几年来,这带来了比较少的资助,支持他的重做和扩展数据分析,使他能够发表最完整的文件。后来 (新的合作者) 参与进来,预算扩大了,该团队努力建造更灵敏的低温设备,希望能用这种方式解决问题。(1999)①

正如第 11 章所述,韦伯在 1975 年以后的第一份出版物是他于 1976 年发表在《物理学评论 D》上的文章,对他以前的实验观察进行总结和辩护。如前所述,这篇论文代表了第一个韦伯时代的结束,没有任何新的东西,也没有引起任何关注。但后来韦伯开始转向低温技术。1995 年当我和他交谈时,他认为:

> (我被告知,) 除非我们采用 (新技术) 方法,否则拿不到任何钱,当时没有实验数据,我看不出为什么这种方法不好……(1995)

然后,韦伯不情不愿地推动低温棒项目。白浩正于 1977 年或 1978 年从斯坦福大学加入他的行列,带来了低温技术的经验和他在设计棒端共振换能器方面的专业技能。韦伯的新团队还包括另一位新传感器的专家让-保罗·理查德,他的计划是在蘑菇共振器上增加额外的中间级——就像蘑菇头上长蘑菇。

计划建造两个低温棒。订购了真空罐,放在高尔夫球场实验室。(20 世纪 90 年代末,当我参观实验室时,罐子还在那里。) 但是随着时间的推移,建造低 VGR(低可见度的引力波,LowVGR) 探测器的马里兰小组里关系紧张。部分问题似乎是韦伯继续积极支持他的旧发现,然而年轻的新同事们希望推动自己的想法,基于更广泛接受的关于引力波通量的理论。用我们的术语说,小组的新成员希望研究低 VGR,这是他们成长的科学群体里的时兴话题,而韦伯仍然钟情于高 VGR,而非低温技术。

1997 年,我问白浩正,他去马里兰是否希望开始一项全新的低温检测项目 (与韦伯的旧结果无关),随后感到失望了?他回答说:

---

① 1999 年 5 月 20 日,电子邮件。

是的，但是他 (韦伯) 有室温探测器。他们正在和罗马做符合实验……1982 年，他们发表了一些新的结果。

每当有机会，我就告诫乔不要过多地谈论他以前的工作。我说："耐心点，把低温天线的信噪比提高 10 倍或 100 倍。如果你真的看到了，这将是强烈的信号。这将解决这个问题。不管你说什么，如果我们以后找不到，都没有用的——时间会证明一切。"

但他还是到处说，其他人都很蠢，他是唯一做对了的人，等等。(1997)

1982 年，韦伯合写了一篇文章，报道了意大利共振棒 ALTAIR 和他在马里兰的室温装置的新符合结果。意大利作者 (出现在作者名单的前面) 是弗拉斯卡蒂团队的 V. 费拉里 (Ferrari) 和皮泽拉。ALTAIR 是一个低温棒，不同寻常之处在于，它没有利用棒端蘑菇换能器 (这已在第 13 章中讨论)，而是在中间使用了韦伯压电晶体的变种。ALTAIR 加工了一个矩形孔，其中紧凑地放着压电晶体。这让棒跟晶体耦合得很好，避免了粘合接头的应力和应变问题。这篇文章发现，两根棒的符合有 3.6 个标准差的统计显著性。[①] 由于其中一根棒在室温下运行，这是支持高 VGR 的主张。但是实际上，没有人注意这篇论文。

第 3 届马塞尔·格罗斯曼会议 (1982 年，上海) 的参会者们意识到，韦伯正在深入研究他的批评者依赖的假设。他现在开始对高 VGR 采用完全不同的辩护方法——引力波天线的量子理论。韦伯的新理论声称，引力波和共振棒探测器的相互作用比人们认为的强得多。用物理学家的语言说，共振棒的"截面"远大于当前理论给出的结果，意味着它非常灵敏，以至于高 VGR(高可见度的引力波) 不再意味着引力波通量很大。正如我们看到的，旧的截面意味着，韦伯的发现说明宇宙中太多的质量 (大了许多个数量级) 正在以引力波的形式转化为能量。他试图用触发亚稳态和扩增的想法解决这个问题，但这些想法没有说服任何人。现在他有一个更基本的理论：天体物理学和宇宙学允许的小通量现在也和他的发现相容。韦伯在新理论的报告和论文中用了"解决过去的争议"这种话。[②]事实上，他用我的术语向我解释，认为他设计的室温棒是"低可见度的引力波探测器"。

在发展新理论之前，韦伯和引力波群体的其他部分没有不可弥补的裂痕；他认为自己是更好的实验工作者——其他人认为这个说法不正确——但没有任何令人震惊的激进行为。到目前为止，正如我们看到的，他仍然接受大多数人对许多问题的看法，如探测器的一般理论，用电磁脉冲校准它们的可能性，以及普遍接受的换能器理论 (它支持由他自己的团队开发的棒端蘑菇共振器)。新理论改变了一切。对于共振棒固体材料中的原子与引力波发生相互作用时的行为，这个新理论开启了量子层面的分析。就像韦伯在 1993 年对我说的：

现在是 20 世纪，共振棒不仅仅是两个由弹簧连接的物质块，共振棒是由化学力耦合的大量原子，并用 20 世纪现代量子理论描述。所以，为什么不卷起袖子、用最先进的技术来计算截面呢？嗯，我这样做了，得到了完全不同的截面。(1993)

他重新计算了晶体材料里的原子与撞击它们的弱力的相互作用，得出结论：

天线作为相互作用粒子的集合，这个模型的截面比经典的质量和尺寸相同的连续弹性固体大得多。[③]

────────────────────────
① 见 Ferrari 等 (1982)。
② 例如，1991 年在埃里切举办的一次讲座和两份出版物 (Weber, 1992a, 1992b)。
③ 见 Weber(1984b) 第 4 页。

韦伯认为, 固体元素的作用比以前认为的更相干, 因此当共振棒受到弱力的影响时, 共振棒的大部分物质都可以协同作用。[①] 相干性比普通固体中的原子在微波激射或激光中的行为更典型。他声称, 这些棒的灵敏度比韦伯自己最初提出的正统理论要高 6~9 个数量级 (100 万倍至 10 亿倍)。

新理论的另一个结果应用于中微子检测。中微子是一种几乎零质量的粒子, 穿过空间和固体物质, 几乎没有可检测到的后果。为了观察太阳发出的中微子, 在南达科他州的霍姆斯特克金矿, 布鲁克海文国家实验室的雷·戴维斯 (Ray Davis) 造了一个大罐子, 装满了全氯乙烯清洗液。偶尔, 经过这个大罐子的中微子使得其中一个氯原子转变成氩原子, 必须在整个储罐里寻找为数不多的几个氩原子, 这就是检测。[②] 现在韦伯声称, 放在手上的晶体做的事情相当于戴维斯的大罐子或者其他大型的复杂探测器 (用来观测中微子发射的核反应堆)。韦伯的理论说, 截面增大了 21 个数量级 (10 万亿亿倍)。

新理论宣告了引力波研究与其他正统物理学领域的彻底决裂; 韦伯正在撬动大坝地基附近的一块大石头。拿掉这块石头, 对我们理解各种弱力和物质的相互作用有重大的影响, 其物理影响是巨大的、不可接受的。因此, 如果中微子这么容易被固体物质吸收, 天体将不再对它们透明, 行星、小行星等的能量和动力学将不符合已知的观测结果。

为了对付即将到来的科学争论, 韦伯的主张 (如果有任何意义) 只适用于固体物质, 其中原子排列有序, 例如在晶体中。然后, 它只适用于相干畴。金属棒不是晶体, 但是它里面有许多小晶体。然后, 争论的一个阶段将转向金属和普通物质有多少相干畴。有趣的是, 这个论证谁都可以用。例如, 对新理论的一种批评是, 天体如果按照韦伯新理论建议的方式吸收中微子, 而不是对它们几乎透明, 天体的动力学就会大不相同。韦伯可以反驳说, 行星的物质包含的相干畴很少, 所以没有这种效应。此外, 批评人士可能争辩说, 金属棒几乎不包含相干畴, 因此, 即使相干的想法成立, 也不可能让室温探测器特别灵敏。但是韦伯反对这样的想法: 当金属共振棒被敲击时, 它的振荡会使原子进入有序的模式——一种可以持续的纯量子态。

> 如果你每天花一秒钟与它互动, 你可以把它恢复到一个纯量子态, 每天花一秒钟的时间向它发送信号。如果你代入数字, 就会发现, 首先你没有正常的布朗运动, 因为它不是最大熵的情况, 它处于一个纯态——它不会在相空间里游荡, 它只是位于相空间的一部分, 符合它处于量子态的假设。[③](1993)

韦伯的新理论让他和主流物理学界脱离得更远了。他认为他可以做干涉仪想做的工作, 只需要花费很小的一部分钱。通常, 新理论可能会被引力波核心群体的成员忽略。科学进步的一个模型认为, 每个科学家都有责任消除对每一个竞争性主张的所有怀疑, 但是这个模型不可行。消除每个漏洞都需要太长时间, 从科学的其他方面转移了太多的注意力。人的聪明才智是无边无沿

---

① 这个说法如果成立, 一个附带的结果就是, 至今为止使用的任何校准共振棒的方法都不可能有效。这在社会学上很有趣 (关于校准的社会学分析, 见第 10 章)。我问了韦伯这件事, 但答案不清不楚。关于我们的讨论, 见 WEBQUOTE 的 "韦伯用新截面讨论校准" (Weber Discusses Calibration under the New Cross Section)。

② 见 Pinch(1986)。

③ 他接着说:

你发现这种灵敏度增大了许多。现在我最喜欢的是, 如果要求我把这个能放在手里的东西与环境隔离开, 就需要一个房间大小的设备, 我可以放置声学过滤器、电磁屏蔽, 将它与环境隔离开, 并在这些条件下操作。现在, 那个 2.11 亿美元的干涉仪做不了这件事——它是几千米深的一个洞, 与地球耦合, 我无法想象在离地球几千米远的地方隔离一个真空室 (韦伯误解了干涉仪; 真空管不需要隔振)。还有, 把这件东西组装成仪器并工作的成本是几十万美元, 而不是几亿美元。(419)……这是我向美国国家科学基金会提的方案, 但是他们拒绝了。

的；堵住了实验的解释或论证中的一个漏洞，坚定的异端还可以打开另一个漏洞。试图消除每个漏洞就像坦塔洛斯的任务 (永远实现不了的目标)：当科学家认为自己即将达到目标时，目标就会后退。① 所以只能"出于所有实际目的"达成共识，这通常意味着，对于持有非正统思想或主张的科学家，在给予他们合理的"检验"以后，就不再关注他们了；正如一位科学家评论韦伯在本领域以外引起反响时说的："嗯，嗯——又来了！"在这个领域，一位科学家 (低温棒的一位先驱) 对我说：

> 我的感觉是，这种 (新理论) 是不正确的，我和每个人交谈，朴实的水管工，像我这样的实验工作者，没有人相信它。所以我想，我们最好还是随他去吧。(1994)

当然，对于什么时候让事情随它去吧，以及什么是"出于所有实际目的达成共识"，不同的科学家群体有不同的看法。韦伯没有被简单忽视的原因有三个：第一，这个故事里的中微子是新要素，新的一群科学家准备认真对待它；第二，韦伯为他的新理论找到了一群理论盟友，以及友好的实验工作者，他们的发现似乎支持他的想法；第三，韦伯决定在新想法的基础上攻击 LIGO，这意味着他必须受到主流的认真对待，至少在一段时间里。细节是纠缠不清的，没有明确的时间顺序，但是我首先介绍理论和实验工作。

19.3 实验验证

1982 年 ALTAIR 和马里兰的室温装置的符合实验可以被认为是对新理论的强有力的实验支持，但是在发表的文章里并没有这样做。它只是正面结果序列里的另一篇实验论文，核心群体的任何成员现在都不会认真对待。它几乎完全被忽略了，正如我们所料。

然而，1987 年，一颗超新星在附近的星系中爆炸。碰巧，当时没有任何低温棒在运行，但马里兰和意大利的室温棒 (GEOGRAV) "正常工作"。韦伯和他的意大利同事 (皮泽拉领导的小组) 在一篇论文中声称 (最终发表于 1989 年)，他们看到了超新星在这些室温棒上以符合信号的形式发出的引力波。这个实验主张立即产生了影响，我将在适当的时候讨论它的命运。

请注意，1989 年的文章没有提到新理论；它没有得到皮泽拉团队的认可 (或拒绝)。这篇论文只是说，在现有理论的背景下，检测到的信号意味着，爆发过程中有 20000 个太阳质量转化为引力波能量——这是荒谬的结论，说明有一些无法解释的事情正在发生。新理论可能让观测结果不那么荒谬，因为它允许这些"不灵敏"的共振棒被认为足够灵敏，足以看到超新星的输出 (如果它转化的质量相当于太阳的一小部分)。在 1993 年 (以及 1995 年)，韦伯坚持说，脉冲高度是在超新星出现以前计算的。

> 重要的是，在 1986 年，在超新星之前，这里给出的截面数字 (指着一篇发表的文章)，如果你把数字代入这些公式，它预测了我们在超新星期间观察到的脉冲高度……我觉得这很重要。超新星之前发表的理论预测了超新星时期观察到的脉冲高度。相比

---

① 因此，科学家们危险的乐观精神，让友好的局外人帮他们做脏活，例如，请舞台魔术师帮助考察超心理学和水的记忆效应。参见 Collins, Pinch(1979)。

于得到脉冲高度、在超新星之后发表理论并说"理论和实验一致"，这个就重要得多了。(1993)[1]

与 1982 年的声明不同，这些发现并没有受到质疑，但我稍后再讨论细节。

19.4　新的理论联盟

关于超新星 (SN)1987A 的主张给韦伯的新理论带来了新的关注，尽管 1989 年的论文没有提到这一点。1988 年，意大利的一位理论学家、米兰大学的朱利亚诺·普雷帕拉塔 (Giuliano Preparata)，被意大利的资深同事要求研究这个理论，"以防万一"。普雷帕拉塔很快得出结论，认为这不正确，开始在会议报告中明确地这么说。但后来，在这个领域里特有的另一个几乎是戏剧性的事件中，他改变了主意。这个故事太引人注目了，我主要用普雷帕拉塔的话来讲述：

> 因此，这些人 (1987 年引力波表观通量的发现者) 在 1988 年，在拉蒂勒 (意大利湖区的会议中心)，在 1988 年 2 月——我对此记忆犹新——所以在 1988 年，他们提出了这个……他们提出了第一个仔细分析的两个天线的符合事件，马里兰和罗马——对吧？他们得出了结论——皮泽拉得出结论，概率为 10^{-7}，这不是假象。他们看到了不同的事件。

> 然后乔 (韦伯) 站起来，他说："是的，我们已经看到了事件，这并不意味着超新星的质量是两三万个太阳质量，就像经典截面暗示的那样。我有一种计算截面的新方法，它实际上把因子增强了 10^9 倍，然后这变成了 10^6，等等。这……意味着实际上只有三分之一的太阳质量进入 (引力波)……"这是完全可能的。

> 人们吃惊，喝彩，等等。我说："我不明白发生了什么事——我认为他的计算是合理的。"

> 然后，阿马尔迪——那个老阿马尔迪问我："你觉得怎么样？"我说："嗯，看起来很好——我的意思是，当时，你知道，他做了计算，他看到了这个因子。"

> 然后他说："好吧，你看，我们不相信。"——因为卡比博 (他是罗马的大人物) 研究过这个计算，他认为他不理解，等等。

> 所以我说："我想，无论如何，这个问题可以有非常明确的答案。"他说："我们很快就需要这个答案。"好吧，关于这个事，我想几个星期后我就可以来罗马举办研讨会了。

> 那么，好吧。我从拉蒂勒回来，工作了三四天——那是 1988 年——我仍然钻研这个问题——我搞定了任何人都使用的固态，我说："不可能。"乔·韦伯不能这样做，我解释了 (为什么)。(1995)

---

[1] 有两种效果：韦伯说的对脉冲高度或多或少是正确的，但是 1989 年的论文声称看到了中微子的多重脉冲，然而在 1987 年之前，没有任何与此有关的预测。(关于 1995 年的类似评论，见 WEBQUOTE 的"韦伯谈 SN1987A 事件序列"(Weber on SN1987A Sequence of Events)。)

在同一年, 普雷帕拉塔在《新试金石》(*New Cimento*) 发表了负面的评论:

> 我们的结论和本文的计算一样简单。

> 对于现实的引力天线, 我们已经看到, 它对入射引力波的响应可以用经典的分析准确描述……量子计算没有明显的差异。

> 此外, 关于引力波和天线的相互作用, 量子力学确实提供了非常不一样的描述, 正如韦伯所说, 但是这种偏差适用的引力过程, 它们的频率比真实的引力波大 10 亿倍以上。因此, 韦伯的观点虽然正确, 但不幸的是, 在物理上无关紧要。[①]

等他改变主意以后, 他发现自己的旧论证被用来反对他:

> 实际上, 这些论证 (我在《新试金石》中使用的论证) 现在被那些老家伙用来批评我——因为我在这篇文章里表明, 共振截面不能像乔·韦伯想要的那样用于单个原子。对于经典截面, 经典截面没有相干性……和所有这些……基普·索恩的俄罗斯人 (布拉金斯基) 等, 他们完全用我的论证反对我。(1995)

在稍后的采访过程中, 他继续说:

> 好吧, 对我来说, 这就结束了。然后我被邀请去珀斯参加会议。我被邀请只是因为……当然, 我是整个学界的英雄, 因为我真的 (证明韦伯错了)。

> 你看, 我以前不认识韦伯, 所以 (听起来很差愧)……我的意思是, 我对科学的态度是: 我总是对事不对人。所以我有了想法, 就把它放在那里, 我想——但这不是真的, 你知道, 这不是真的。这种计算不应该这样做, 因为事情不是这样的。因为我正在处理的是晶体, 你知道, 它们用小弹簧串在一起, 等等——仅此而已。

> 一年后, 大约在 1989 年秋天……冷核聚变已经过去了, 等等。当时我深深地参与冷核聚变——那时候, 我理解了相干性——我的意思是, 它在凝聚态里如何起作用。所以我准备重新计算, 尽管我已经忘记它了。

> 然后我收到了皮泽拉的一封电子邮件……他说:"朱利亚诺, 我正在分析进一步的数据……这东西没有消失, 这个效应没有消失。你真的确定你的第一篇论文吗?"……就是这个问题。

> 回答是:"你知道吗, 圭多——我不确定了。我要按照我现在的想法重新计算。"

> 我做了第二个计算, 发表在《现代物理快报》上, 也在这本书的这一章里报道了(指着一本书)。(我得出了) 完全不同的结论。

> 我立即把这篇文章……寄给了乔, 还有一封道歉信。但是, 你知道, 我是按照其他人的凝聚态物理——晶体物理——做计算的, 但现在我有了自己的 (做事方式), 我知道他是对的。他当然很高兴了。(1995)

(普雷帕拉塔在这里解释说, 他计算截面的方法, 虽然得到的结论与韦伯的方法相同, 但是基于更深刻的物理, 韦伯有些勉强地接受了这一点。)

---

① 见 Preparata(1988)。

　　所以，长话短说，一年以后，我被说服了——还经历了冷核聚变——我现在相信乔·韦伯和圭多·皮泽拉是对的。我发表了这篇文章。这篇文章没有发表在《物理评论快报》上——我记得审稿意见很蠢——我把它给了洛基·科尔布，因为当时我正在访问费米实验室，他说："好吧，朱利亚诺，别担心，我会把它交给新加坡评审。"——因为他说这件事很棒——他立即就把它发表了。(1995)[①]

　　普雷帕拉塔的新截面方法与韦伯的方法不完全相同，但它激发了量子相干或超辐射理论。量子相干是物理学边缘的一个独立的小领域，处理宏观物体的量子效应。1998 年，它的一个主要支持者告诉我："世界上没有比朱利亚诺·普雷帕拉塔更好的场论工作者。"请注意，虽然普雷帕拉塔在引力波核心群体中的声誉低到了极点，但是另一群优秀的物理学家认为，他的声誉仍然很高。在第二个群体中，他被认为跟以前一样聪明、正直，就像主流学界在他因为韦伯栽跟头之前对他的看法一样。再说一遍，在一段时间里，有两种物理。

　　什么是量子相干呢？通常认为，量子效应只适用于原子尺度上的微观物体，但是在某些情况下，当安排正确的时候，它们可以在宏观上显示出来。例如，激光的安排方式让量子效应在宏观上显现出来。超辐射 (另一个相关术语) 在适当的环境中，也有完全值得尊敬的科学血统。

　　普雷帕拉塔和一小群意大利同事合作，他们定期出版关于量子相干和超辐射的书籍和论文。[②] 发生这些特殊效应的条件范围才构成了异端。从这篇采访的摘录可以看出，普雷帕拉塔转向韦伯的观点，不是因为他对引力波的迷恋，而是对冷核聚变的兴趣，这是一种更加异端的科学主张。1989 年，当时在犹他大学工作的两位化学家斯坦利·彭斯 (Stanley Pons) 和马丁·弗莱希曼 (Martin Fleischman) 宣布，他们发现，氢原子的受控核聚变可以在试管中进行，无需巨大而昂贵的机器。对于大多数科学家，这个说法很快就被推翻了，但是 1995 年，在法国南部由彭斯和弗莱希曼运行的、由丰田公司资助和专门建造的实验室中，以及其他许多地方，包括朱利亚诺·普雷帕拉塔的米兰基地，冷核聚变仍然很热闹。1995 年当我采访普雷帕拉塔时，马丁·弗莱希曼恰好在场，还在采访过程中发了言！我们将看到，与冷核聚变和其他异端的联系，在这个故事中很重要，但有趣的是，普雷帕拉塔在引力波核心群体中失去可信度与这些联系无关；我的受访者不知道它们。

　　在水的生物转移效应里 (与雅克·本维尼斯特 (Jacques Benveniste) 的名字联系在一起)，韦伯理论的普雷帕拉塔版本也有意义，根据主流科学界的看法，这是另一个骇人听闻的异端。[③] 在很短的一段时间里，这些"被拒绝的科学"似乎有可能将韦伯纳入它们的新社交网络中。召开会议，寻求资金支持这个科学团体，普雷帕拉塔的想法和共同的情感 (受到自我本位的强大当权派的普遍排斥) 把他们团结起来。我把这个群体称为"量子相干异端群"(quantum coherence heresy group, QCHG)。

　　量子相干异端群的主要政治原则是，新的想法有可能比现有的研究项目更便宜地实现旧的科学雄心。例如，如果冷核聚变有效，就可以用桌面实验取代昂贵的热核聚变项目；如果韦伯和普雷帕拉塔的引力截面正确，就可以把引力波天文学的成本降低为原来的 1/500。这个新网络在某种程度上证明了自己的合理性，他们认为，有了廉价的解决方案，大科学就是在浪费纳税人的钱，希望美国共和党中有影响力的人为他们的工作提供资金。从 1994 年 11 月意大利团队的一封信中的评论，可以判断他们的调子。这封信发给潜在的共和党资金来源——理查德·J. 福克斯

---

　　① 见 Preparata(1990)。
　　② 例如，Bressani, Del Guidice, Preparata(1992); Bressani, Minettie, Zenoni(1992); Preparata(1990, 1992)。
　　③ 在正式失败以后，它也继续生存下去。

(Richard J. Fox)，他与费城坦普尔大学的各种激进项目有关。例如，"(我们的) 观点不仅与学术政府机构的主体科学格格不入，而且与大量的'异端'科学同样格格不入，这些科学没有放弃它们反对的正统科学的基本原子观。"

韦伯肯定参加了这个小组的会议，至少有两次。一次是 1995 年在伦敦举行的，参会者包括韦伯、马丁·弗莱希曼 (冷核聚变研究的创始人)、普雷帕拉塔和迪克·福克斯。1995 年 3 月，福克斯写信给韦伯，感谢他参会，并解释说："朝着承认和广泛接受一种新的科学范式，我们迈出了第一步，它的基础是'物质和生命中的相干性'。"还描述了建立一份以此为名的期刊的行动。[1] 据我所知，让科学家和可能的资助者团结起来的原因是，只要很少的一些钱，比美国纳税人目前支付的钱少得多，就可以得到同样的发现。然而，这个新网络最终没有得到资助。

关于量子相干和其余物理的奇怪关系，部分地由于普雷帕拉塔及其小组带领大家前往的异端水域而加剧，可以从我作为采访者的经历中了解。通过非常友好的很有帮助的电话，我安排了一次旅行，采访一位杰出的量子相干科学家。当我到达时，我发现整个气氛都变了，他拒绝跟我说话。最后，我成功地进行了有点僵硬的谈话，开始的时候很不友好。

正如我提到的，在引力波领域，关于普雷帕拉塔和他的工作，我问过的人都不知道他跟冷核聚变和其他非正统科学的联系，他们也不知道韦伯与他们认为的病态科学的为期不长的亲密关系。令人惊讶的是，物理学的各个"村庄"的联系太松散了。但是，核心群体对普雷帕拉塔理论的了解足以让他们诅咒他。著名的实验物理学领袖爱德华多·阿马尔迪曾经认为，他是代表理论界对韦伯的新理论发表意见的合适人选。此外，根据他自己的说法，他年轻时一直处于急速上升的轨道，曾是普林斯顿大学的助理研究员和哈佛大学的研究员，28 岁就在纽约大学担任终身教职，并在 1975 年 31 岁时返回意大利，担任正教授。正如我们看到的，普雷帕拉塔也被量子相干群体的成员认为是杰出的物理学家。但是，在 1980 年代末的事件发生以后，当我向引力波核心群体的一位主力成员询问他对普雷帕拉塔工作的看法时，他讽刺性地回应了一个字："谁?"

19.5 "中心晶体仪器"：新理论中的换能器

可以认为，韦伯的新理论在 SN1987A 观测中得到了实验支持。记住，实验工作者没有发表任何对新理论的支持；他们更喜欢保持发现的独立性，让其他人自行解释。但私下里，他们愿意猜测韦伯可能是对的。我们还看到，韦伯的想法得到了普雷帕拉塔及其团队的理论支持。

不幸的是，事情变得更加复杂，我无法理清事件的确切顺序。韦伯认为，他的理论最终产生了另一个结果：只有换能器安装在中心的共振棒，才能检测到新理论揭示的全部效应。在这个新理论的基础上，共振换能器——他的实验室正在开发的共振棒末端的蘑菇，甚至他在意大利的支持者也使用他们最新的低温设备——阻止了共振棒看到引力波。正如韦伯提到的"中心晶体仪器"理论说，当信号共振时，信号沿着棒前后来回反射，在每次经过时激励非共振的中心压电换能器，但蘑菇换能器的长共振周期抑制了这种效应。韦伯在 1995 年跟我解释说：

> 现在，一旦脉冲群形成，当超新星停止发射脉冲时，脉冲不会突然消失，而是在棒

———————————————————————
① 信的日期是 1995 年 3 月 1 日，写在生物信息研究所的记事纸上，用传真机发送。

里来回反射。在中心晶体仪器里, 中心晶体看到波每次经过, 所以中心晶体先看到这个 (在黑板上画了一个图), 半个周期后看到它的镜像, 再过半个周期, 它看到这个 (画图)。所以, 共振棒是一种传感器, 它将宽频带上的能量转化为测量电路带宽内的基本分量。因此, 尽管电子设备被调谐到 1660 赫兹左右很窄的范围, 但是接收的频带比任何批评者想象的都要宽……

　　好吧, 问题是, 如果在末端放置共振探测器, 然后进行分析, 你就会得出结论, 如果等待足够长的时间, 这个能量就会进入共振探测器, 但是必须等待很长时间, 这会影响统计数据, 在中心晶体里, 可以看到每一次通过的波, 但是放在末端的晶体探测器不能看到波的每一次通过。(1995)

在 1996 年的一篇文章里, 该想法是这样描述的:

　　对于棒端有小谐振器系统的共振棒天线, 据称灵敏度更大。用带有棒端仪器的天线, 没有观察到大量的符合……声子的群体……可能会从棒的一端到另一端振荡。中心晶体仪器观察每一次通过。棒端仪器需要很长的时间才能将这种能量的显著部分转移到棒端的共振器上。由于这些原因, 这里报告的结果似乎不太可能 (但并非绝不可能) 用显著不同于中心晶体仪器的引力波天线来证实。[1]

　　据我所知, 这个理论的要素直到 SN1987A 的时候才发展起来, 但在采访中, 韦伯说得好像它是 1984 年最初工作的一部分。我相信, 在与他的交谈中, 我能够让他同意, 对棒端换能器的批评确实发生在 1987 年的结果之后, 尽管理论的其他部分早就出现了。

中心晶体仪器可以解释一系列的实验发现。它解释了为什么装有共振换能器的低温棒, 看起来比韦伯棒灵敏很多倍, 但是他看到了许多脉冲, 它却什么也看不见。这与 1982 年的符合和 1987 年的超新星符合在带有 "中心晶体仪器" 的共振棒中被看到的事实一致; ALTAIR(参与 1982 年实验的意大利共振棒) 尽管被低温冷却, 但是在中间嵌入了一个压电晶体, 而不是在末端的共振蘑菇, 1987 年的两根棒都是中心晶体仪器的室温棒。正如韦伯在 1995 年对我说的: "1982 年论文的所有……输入, 当然, 在罗马和 1980 年得克萨斯研讨会上, 这些第一批探测器都是中心晶体仪器……现在, 我不知道有任何重要的数据 (已经用探测器得到的) 不是来自中心晶体仪器的探测器。"

19.6　意大利对中心晶体理论的反应

最初, 普雷帕拉塔对传感器的作用没有什么话可说, 即便有什么, 似乎也接近于怀疑。因此, 1995 年他告诉我:

　　嗯, 我认为乔有些道理, 但不太清楚的是, 最后, 由于它们工作的温度比较低, 你知道这种构型 (换能器构型) 的缺点, 不能用噪声比较低来弥补……

————————————————
① 见 Weber, Radak(1996) 第 691~692 页。

　　但是我明白，我不认为情况如此糟糕。我认为乔·韦伯的换能器构型更好，但我不认为棒端换能器有那么糟糕……如果他们没有任何信号，他需要说："哦！这非常糟糕，原因是这样的。"但实际上，我认为现在的情况是，你会听到皮泽拉说，他有些东西——他非常担心的东西，你应该非常小心。(1995)

换句话说，普雷帕拉塔告诉我，虽然韦伯的论证似乎是可信的，但他认为低温技术可以弥补这些差别。此外，他刚刚听说，皮泽拉相信他用棒端换能器的低温棒看到了一些信号，所以他对韦伯关于末端传感器的批评就更不以为然了。

　　据我所知，普雷帕拉塔从未写过任何关于换能器的文章，但在 1997 年的一次会议上，他告诉我，他改变了主意，现在相信韦伯对中心晶体的看法是正确的。[①] 这是韦伯大约一年前对他进行"审讯"的结果，当时韦伯访问了米兰大学 (普雷帕拉塔的工作单位)。然而，对于理论工作者来说，改变想法比较容易；他们要做的就是承认自己错了，并开始在纸上写不同的东西。对于实验工作者来说，可能就要困难得多；实验工作者不得不从头开始重建。此外，实验工作者需要资金来支持建设，而控制资金的机构必须参考学界更广泛的意见。用目标图的术语说，有永久职位的理论工作者可以随意选择他在目标图上的位置。实验工作者必须至少与第二环有一些接触，因为那里有些人将提供实验资金。

　　来自弗拉斯卡蒂的意大利实验团队的成员很好地解释了这种情况，他们是唯一可能考虑做这种改变的人，因为他们是开始时唯一准备接受韦伯理论思想的实验工作者。1995 年，我问皮泽拉，为什么他不改造他的仪器，考虑韦伯的想法，去掉棒端换能器，安装中心晶体。他回答说："一般来说，假设我们 (现在) 试图这样做。这个决定不容易。需要很多的工作。我们要把 (设备) 升温，把共振棒拿出来，到加工车间做非常仔细的机械加工。"

　　我跟他强调 ALTAIR 的成功：

　　科林斯：所以，你不会考虑使用中心晶体，因为你不相信韦伯的理论？

　　皮泽拉：不，韦伯有两个理论。一个是截面，很多人说他错了。另一个是用压电陶瓷更好，因为它采集了所有的频率。但是我要说，问题不是因为我不相信韦伯的理论所以不使用它。如果这件事花费不多，作为实验工作者，我会做的，但这样做需要两三年。所以它的成本很高。所以在这样做之前，我必须放弃所有其他的可能性。我们仍在努力运行这个系统，维持现状。

　　这跟做计算不一样。如果我是理论工作者，我可以说"韦伯是对的"或者"也许他是对的"，所以，让我计算一下，花点时间做计算。但这是件大事——整个团队要改变，所有的事情都要改变，包括数据采集。

　　1995 年，我问科西亚类似的问题，当时他是团队里级别比较低的成员。[②]他的回答如下：

　　我认为，按照标准理论，你应该在末端放置共振换能器，因为这样比晶体放在中间获得更多的能量。

　　按照另类的理论，例如朱利亚诺·普雷帕拉塔理论——我应该说是约瑟夫·韦伯的理论——这两种情况在性质上不一样，因为压电陶瓷是宽带传感器，可以捕捉共振棒的所有频率的能量。根据另类的理论，引力波在共振棒中释放了大量的能量，可以用

---

① 1997 年 6 月在耶路撒冷举行的第 8 届马塞尔·格罗斯曼会议；我和普雷帕拉塔于 6 月 26 日关于这个主题谈了话。
② 到 2003 年，科西亚成为意大利重要的大萨索实验室的主任。

压电晶体测量能量。放在末端的共振传感器不能，因为末端传感器是自己共振，所以只采集一个频率的能量。

但是我应该说，我们的资助机构希望我们对引力波达到高灵敏度，因为他们现在遵循引力波和共振质量相互作用的标准理论。所以我认为，我们做得对。

但是我认为，我们不应该闭上眼，也应该注意其他理论。但我们不是理论工作者。因此，我们很难放一两年的假，学习这些理论——你知道的。所以我想我们做的是……这么说吧，我们正在做标准的实验。(1995)

我继续催促科西亚，他接着说：

嗯，我认为，这里的理论工作者和实验工作者缺乏沟通，甚至理论工作者之间也缺乏沟通。我们不是哲学家，我们是物理学家，所以最后我们应该确定哪一个理论正确。因此，如果两个理论预测不同的事情，你真的应该测量一切，说哪些测量与哪些理论一致，等等。但是今天，这些另类理论没有可信度，所以似乎……很难开始针对这些另类理论做实验，也许只有当你达到职业生涯的顶峰，而且确信这种另类理论是正确的，也不介意其他人说什么——他们肯定会说三道四的。但是这个团队的大多数人都学习过课本，其中以标准的方式处理引力波，以标准的方式处理引力波和物质的相互作用，做这个实验似乎很自然，做其他事情就有点疯狂——你知道的。

但是我不得不说，我不知道为什么这些另类理论不被当作严肃的理论。他们只是被忽视，他们被忽视，人们用的词很强烈……"扯淡"……"垃圾"。也许这一切背后有一种直觉，因为约瑟夫·韦伯的直觉很强。他是发明家。我想，他跟哥伦布和马可尼一样。所以，那些尝试某些东西的人，看起来也许在黑暗的深处有一些微光，甚至他们不知道为什么，他们跟随直觉，但他们认为自己必须跟随直觉……

约瑟夫·韦伯曾经说："只有死鱼才随波逐流。"他肯定不是死鱼，但是周围的人都认为这不靠谱的时候，年轻人很难追随他的道路。

正如我们看到的，意大利人不会为了检验韦伯的想法，就改变他们的整个实验项目，无论他们有多么的赞同。他们被限制在这个实验项目里，他们所在的机构具有自身的财务和认知目标。科西亚很好地描述了他们感受到的主导范式的社会力量。

19.7　伽马射线暴和引力波

据我所知，很少人知道，也从来没有发表过，大约在 1991 年，弗拉斯卡蒂团队和路易斯安那团队使用低温棒，共同寻找引力波和伽马射线暴的符合。伽马射线暴是近年来非凡的天文发现之一。地球每天受到一两次强烈的伽马射线轰击。这些射线束的来源分布在天空的每一部分，与强度无关，这表明它们不是来自银河系。由于它们的强度和明显的"非本地"起源，这些射线暴的来源是一个谜。试图将伽马射线暴与引力波联系起来，这很有诱惑力，唯一的麻烦是几乎没有人认为来自遥远的源的引力波足够强，可以用现有的天线探测到。

　　美国宇航局的戈达德空间飞行中心 (位于华盛顿特区郊区) 资助了弗拉斯卡蒂-路易斯安那项目。在皮泽拉和汉密尔顿等人撰写的文件中，有一份报告显示，没有发现相关性。这并不令人惊讶，因为皮泽拉和汉密尔顿压根就不相信他们发现了任何引力波。当他们申请继续搜索时，没有得到资助。

　　但事情还没有结束。戈达德空间飞行中心随后资助了乔·韦伯，利用他的数据进行伽马射线引力波符合的搜索。[①] 韦伯确实找到了符合。以下是他在 1995 年向我描述的情况：

　　　　好吧！嗯，就像我说的，我认为情况变了，我很乐意告诉你情况改变的原因，但我不得不让你发誓保密。我不愿让别人发誓保密。(科林斯：我发誓。) 但是我想让你发誓，你要保密大约两年，然后我就告诉你发生了什么。(科林斯：好的，请吧。)

　　　　好吧，首先，70 岁的时候，我被两所大学开除了，什么地方也没有了，然后我决定我不自杀，也不犯法，我要和我美丽的妻子享受生活 (笑声)，试着看我能不能改变事情……

　　　　嗯，两年前我有过这样的想法。每天大约有两个这样的 (伽马射线) 事件，当我做引力波实验时，我每天看到大约两个"不符合统计的"脉冲。[②] 也许它们是相关的！

　　　　所以我带着这个提案去 NASA-戈达德 (美国宇航局的戈达德空间飞行中心)，他们说："这个主意比你想的还要好，因为我们先想到了它。"

　　　　我说："哦，我很荣幸。"

　　　　他们说："我们去找你的竞争对手，因为我们知道他们的探测器比你的更灵敏，他们什么也没发现。"

　　　　所以我说："好吧，我来了，你愿意给我们一点钱调查这件事吗？"他们说："嗯，我们给你 1 万美元，就这样。等 1 万美元用完以后，你就要靠自己了。"

　　　　嗯，有了 1 万美元，我去找副系主任，说："自从你们开始占用空间以来，我一直在用生命守护磁带，我想要一个称职的计算机程序员读这些磁带。"

　　　　他们说："我们有一位很棒的、暂时失业的计算机程序员，我们强烈推荐他。"

　　　　所以我雇了这位得到强烈推荐的人，他很棒。我将向你展示他得到的一些数据，在他观察到的前 80 个脉冲中，伽马射线脉冲靠近大的引力波天线脉冲——前 80 个脉冲里有 20 个。

　　　　嗯，我知道这种事情有争议，等我们用完了 1 万美元以后，我收集了 20 个数据，然后去 NASA 总部，我交谈的第一个官员——我不会告诉你他的名字——鼓励我举行新闻发布会，坚持认为我做了重大发现，应该发表在快速出版的期刊上。

　　　　我觉得这样做不合适，我继续敲打这个系统，最后，大约一个月前，得到了一些额外的钱……

　　　　NASA 说："升级你的共振棒，实时地将数据发送给戈达德，这样当我们从天文台得到伽马射线暴时，就可以实时地检查我们是否看到脉冲。"

---

　　① 项目 NAG 5-2571。
　　② "不符合统计的"脉冲指的是不能用随机涨落来解释的事情。

他们这么说的时候，我高兴得跳起来。这是我 20 年来听到的最好的消息。美国国家航空航天局-戈达德空间飞行中心有 4 位科学家要求成为合作者，他们的声誉很高。

现在，当我在这里 (马里兰大学) 向一些批评人士提到这件事的时候，得到的回应很不好："这里面不可能有任何东西。""全都是欺诈。"但我乐观的原因是：NASA-戈达德的 4 位杰出科学家要来跟我合作了。

现在，相关性要么存在，要么不存在。好吧，假设他们存在——这不是要求 3.6 亿美元、建造 LIGO 干涉仪、寻找每世纪一两个事件的问题。这些事情每天都在发生。如果我们看到相关性，我可以走到我的设备前，动动螺丝，看看能不能让相关性消失。我可以添加滤波器，看看滤波器能不能让相关性变得更好或更糟。我可以像伽利略那样开始做科学，而不是亚里士多德那样。[1] 我可以安静地这样做——请原谅——我可以和戈达德的 4 个人安静地这样做——4 个有批判精神的杰出人物在身后看着我，检查我做的一切。我没有钱雇佣独立的程序员，但我认为，我不需要独立的程序员，因为有 4 个独立的人，他们拿着联邦政府的高薪，他们很感兴趣。

因此，出于所有这些原因，我比过去 20 年里乐观得多，37 年的努力将要给出一些好东西……用 2 万美元购买设备，就可以实时地把数据发送给戈达德。(1995)

1996 年，韦伯让我了解到，这样重新做科学的感觉真是太棒了。

当我 (午餐后) 回到办公室，我会看电子邮件，从 NASA-戈达德获得最新的伽马射线暴数据。然后在星期一，我坐在计算机前，检查我的数据磁盘，搜索相关性。有时候有，有时候没有。(1996)

1996 年，韦伯在《新试金石》杂志发表了这种搜索的数据。他在那里声称："这些相关性是偶然的可能性，大约为 6×10^{-5}。"（10 万次里有 6 次机会）[2]

韦伯知道，汉密尔顿和皮泽拉用貌似更灵敏的探测器做符合测量，没有发现任何伽马射线，因此韦伯必然觉得，他的中心晶体仪器理论肯定是正确的。只有在中心晶体理论正确的情况下，这两种搜索的结果才是相容的——不考虑他的盟友皮泽拉的基本能力的问题。由于共振换能器安装在棒的末端，皮泽拉的棒肯定不够灵敏。因此，韦伯现在坚信这个观点。世界是前后一致、没有矛盾的：只有带中心晶体仪器的共振棒曾经看到引力波。

---

[1] 我怀疑这个主题来自马丁·弗莱希曼的话。我们谈话的时候，这句话他对我说了好几次。我认为这是为了强调，科学的关键是实验，而不是先验的推理。

[2] 见 Weber, Radak(1996) 第 687 页。

第 20 章　科学机构和苟延残喘

20.1　被拒绝的科学的生存四要素

我们已经看到, 只要实验发现的权威性超过理论论证的权威性, 高 VGR 的科学就能够自圆其说。但是, 科学除了思想, 还需要资源。为了维持科学的发展, 还需要什么呢? [1] 1975 年以后, 高 VGR 怎样持续了 20 年呢?

规模合理的、以实验为基础的科学需要同行评议的和其他的出版渠道, 还需要物质资源 (包括实验室)。科学不仅仅是个人爱好, 还必须有活跃的同行网络。最后, 为了长期生存, 一门科学需要一群研究生把这些想法传递给下一代。我们将根据这四个要素考察高 VGR 的生存。

20.2　苟延残喘时的出版

下一章将考察韦伯及其同事发表的高 VGR 论文引起的反响, 但是首先要问, 这种被拒绝的科学怎么能发表论文呢? 我发现, 科学家有时会对文章及其反响引起的各种大惊小怪感到困惑。我一直很难理解为什么, 但如果想一想有人在社会学杂志上发表同样的文章, 就很容易理解了。我对社会科学文献中发表的大部分内容的评价很低, 对那些想深入了解为什么以及如何发表某篇文章的人, 我也会感到困惑。但是自然科学不一样。自然科学在公共生活中有着特殊的作用——它们应该是精确的。公开发表的科学发言人总是讨论科学出版物的特殊性质, 特别是大肆吹嘘的同行评议。因此, 知道它们不是精确的, 就很有趣了。此外, 这是引人注目的争议区。有人可能认为, 这些论文并不属于普通的 95% 的科学出版物 (几乎没有人感兴趣); 然而在某些情况下, 这就是它们的遭遇。

接下来我试着解释在高水平期刊上发表的 5 篇论文。有一篇 1976 年的总结性论文发表在《物理评论 D》。有一篇论文发表在 1981 年的《物理快报 A》, 声称探测器的灵敏度可以通过脉冲扩增来提高。意大利 ALTAIR 探测器和马里兰大学探测器有新的符合事件的报道, 也发表在《物理评论 D》。有两篇论文概述了韦伯的新理论在一个完全不同的领域 (中微子的检测) 的结果; 这两篇论文也发表在《物理评论》。[2] 关于中微子想法的第一篇学术期刊论文, 还包括关于

---

[1] 关于一种复杂的分类, 见 Whitley(1984); 另见 Simon(1999), 他使用的方案与这里的类似。

[2] 见 Weber 等 (1976); Weber(1981); Ferrari 等 (1982); Weber(1985, 1988)。

引力波理论的后果的讨论, 发表在《物理学基础》(*Foundations of Physics*)。[1]韦伯也以 "会议论文集" 和 "编辑的书" 等形式发表论文, 这些论文不太可能被主流核心群体的重要成员引用; 我们主要关注的是主流期刊。

为什么存在这些出版物呢? 第一种解释似乎是物理期刊可以非常宽容。[2] 韦伯作为科学家仍然受到广泛尊重。在他关于引力波的有争议的研究之前, 他已经发表了关于 "微波激射器" (激光的微波前身) 的想法, 正如我说的, 有些人认为他应该得到激光的诺贝尔奖。此外, 他仍然被尊为直接引力波观测领域的先驱, 他的早期出版物首次阐明了寻找引力波的原则, 仍然被认为是原创的和令人满意的。

基普·索恩在 1995 年和我交谈时, 对物理期刊政策的解释如下:

> 在物理学中, 受人怀疑的东西发表, 并在著名的期刊上发表, 似乎比在其他较软的科学领域容易得多。也许是因为人们认为它不那么危险, 因为你知道会有证实的实验或理论。这将被证明是对的或错的, 如果一个比较杰出的人愿意冒风险, 很大一部分审稿人会争论一段时间, 试图让论文得到改进、清理, 尽可能坚实, 然后说: 好的, 发表它吧, 这是你的风险。(在我个人熟悉的某个社会科学领域,) 这种情况是不会发生的。人们互相阻止出版, 除非它符合学界共识。

> 所以我不奇怪这样的论文会发表。几乎可以保证, 经过几轮的评议和争论, 它就会发表。(1995)

这并不是说, 物理期刊对任何人都一视同仁。朱利亚诺·普雷帕拉塔无法让主流期刊接受他的 (韦伯观点的) 版本, 但普雷帕拉塔没有什么声誉可以依靠。

这解释了韦伯为什么直到 1984 年还能够发表高 VGR 论文。[3] 此后, 形势改变了。韦伯发表论文的总体模式见表 20.1, 从第 1 行可以看出, 1984 年后, 他在主流期刊上没有发表任何关于引力波的文章 (他发表了 27 篇关于引力波的 "主流" 文章, 直到 1984 年)。从第 6 行可以看到, 1974 年以后, 他停止在诸如《科学美国人》和《今日物理》等刊物发表论文。

表 20.1　韦伯发表论文的刊物

	1957— 1959	1960— 1964	1965— 1969	1970— 1974	1975— 1979	1980— 1984	1985— 1989	1990— 1994
1　主流期刊	1	3	11	8	2	2	0	0
2　早期的《新试金石》	0	3	0	2	0	—	—	—
3　后来的《新试金石》	—	—	—	—	—	0	1	0
4　会议文集	1	4	2	4	2	2	5	0
5　编辑的文集	0	2	0	1	3	1	2	10
6　科普杂志	0	1	1	2	0	0	0	0

韦伯确实继续在意大利编辑的《新试金石》上发表文章。事实上, 在那里发表了两篇 (在社会学的意义上) 非常重要的论文: 1989 年与意大利团队关于超新星 1987A 的引力波输出的报告,

---

[1] 见 Weber(1984a)。《物理学基础》是与这条参考文献对应的期刊, 不像《物理评论》那样久负盛名, 所以我不会详细讨论这篇论文。

[2] Zuckerman, Merton (1971) 解释说, 对于收集到的关于他们写作时间的数据, 在首次提交论文的情况, 物理学论文被接受发表的可能性介于 0.75 和 0.9 之间。在社会学或经济学中, 这个数字更接近于 0.2 到 0.3。他们强调, 这个数字与最初提交的材料有关, 也与最终的成功有关——也就是说, 问题不仅仅是社会科学的总体拒绝率比较高, 而且在被接受发表之前被拒绝的可能性更大。

[3] 他的文章发表的杂志并不是一流的, 所以 1984 年可以视为一个转折点。

以及韦伯 1996 年声称看到了引力波与伽马射线暴的相关性。[1] 但在审查的这几年中，《新试金石》的地位改变了。在早期，该杂志似乎只是报道和讨论"普通的"引力波结果的地方之一。[2] 然而，现在引力波核心群体的成员不在《新试金石》发表，他们似乎不再阅读它，尽管它显然还是物理杂志。[3]《新试金石》是继续出版朱利亚诺·普雷帕拉塔的论文的地方之一；前面描述的他的两篇主要论文发表在该杂志上。撇开《新试金石》不说，韦伯 1975 年后关于引力波的大部分文章都发表在会议文集中，而且越来越多的是在编辑的文集里。[4]1990—1994 年间的 10 种编辑文集在一定程度上表明，他的文章编辑属于积极支持韦伯的非正统思想的网络——我称其为量子相干异端群。[5] 这个网络当然被排斥在引力波核心群体以外。

如果绘制第 1 行和第 2 行 (主要期刊) 的总和以及第 4 行和第 5 行 (我称之为约稿) 的总和 (图 20.1)，引力波论文的趋势就会清晰地出现。

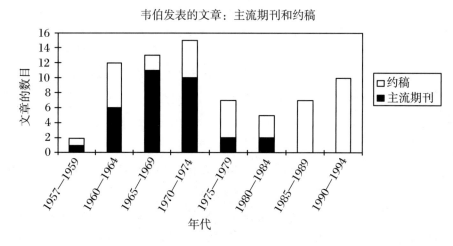

图 20.1　韦伯文章的发表渠道

情况为什么以这种方式改变呢？不幸的是，我们没有得到这些论文的各次评审决定的细节，但很可能是因为主流期刊编辑的耐心耗尽，对这些想法的持续压倒性的反对意见影响了曾经仁慈的审稿人，尽管他们已经"给他们机会了"。在韦伯的另一组论文中，我们有更好的证据证明这种心理的变化——那些论文处理新理论对中微子探测的影响。

20.2.1　新理论下的中微子

正如上面解释的，韦伯认为，根据他的量子理论解释，分析得到晶体对中微子的灵敏度将比以前想象的高 21 个数量级，如果他是对的，它就可以代替当时认为必需的昂贵的大型中微子探测

① 这个出版物列表基于韦伯教授给我的文章，截至 1994 年。因此，表中没有出现第二个关键的《新试金石》文章。由于某种原因，1989 年出版的《新试金石》没有出现在韦伯的简历中；我添加它是为了分析。

② 例如 Bramanti, Maischberger(1972)；Bramanti, Maischberger, Parkinson(1973)；Levine(1974)；Bertotti, Cavaliere(1972)；Billing 等 (1975)。

③ 很难确定《新试金石》改变其政策和地位的确切时刻，但由于该期刊在 1972 年至 1989 年间没有韦伯的文章，我们可以安全地将这个过渡时刻置于该时期的任何地方，并不会影响我们的结论。

④ 会议文集和编辑的文集的界限很难划清，因为一些编辑文集是由会议文集产生的，所有的会议文集都是由某人编辑的。尽管如此，我们的粗糙分类仍适合当前的目标。

⑤ Sonnert 和 Holton (1995) 发现，物理、数学、化学和工程领域的人通常会在指定的期刊上发表 85% 的论文。直到 1974 年，韦伯在主流期刊上发表了大约 67% 的论文，而在 1974 年之后，这个比例下降到大约 14%。

器。我们可以看到，这个想法非常符合量子相干异端群的理念——大科学正在掠夺纳税人。这个群体认为，用一点想象力，同样的科学可以用很少的成本完成。出于这个原因，这个群体相信，中微子的主张会遭到强烈反对。[①]韦伯在 1993 年对我说，那些花费巨大的中微子实验工作者"认为我是威胁"。

然而，韦伯提出的理论并非微不足道，不能置之不理。显然，一些非常著名的物理学家已经研究了早期的中微子理论，并没有发现任何错误。即使那些发现错误的人也承认，发现它们用了很长时间。因此，韦伯被允许在主流期刊上发表自己的观点。

在韦伯的发表文章列表中，有 9 篇论文关于新的中微子截面的想法。1984 年、1985 年和 1988 年发表了期刊文章；1986 年和 1987 年发表了会议文集的文章；1991 年发表了 1 篇编辑文集的文章，1992 年又发表了 3 篇。因此，出版模式类似于引力波论文，但是声望由高到低的转折点出现在几年后。对于中微子核心群体（而不是引力波核心群体）来说，韦伯的思想在 1985 年是新的，甚至在 1988 年也是比较新的，所以主流期刊还能容忍他。

1985 年发表的中微子论文招来了许多批评，我电话采访了批评者，他们的许多评论符合这里提出的模型。中微子科学家有一段话很好地说明了这一点：

> 引力波——每个人都听腻了，而且有太多的反面论证。所以，如果有人发表一些关于引力波的东西，影响就会很小。对于我们来说，这是我们第一次看到这个；每个人都同时看到它；他们发表了它。现在，正如你注意到的，我甚至没有注意到（随后的 1988 年中微子论文）。
>
> ……如果回到 20 年前，你会看到很多关于引力波的负面评论。所以我想，发生的是"呵呵，又来了"！现在，人们对中微子这件事很感兴趣的原因是，它是相当新的。这里报道的是实验，我认为这就是不同之处。(1998)

这位批评者解释了人们对发表论文的反应的差别，我将详细讨论这一点；但他的评论也适用于编辑们在 20 世纪 80 年代中期发表中微子主张而不是引力波主张的意愿。

我还有一位审稿人（他推荐发表 1988 年论文）的评论。在采访时，1994 年和 1995 年的理论文章受到许多文章的批评——发表的反驳至少有 7 篇。然而，1988 年的论文报告了一个实验。

> 所以我最终推荐发表那篇论文的原因是，虽然似乎不可能，但是他在提供数据，他确实进行了校准，他确实看到了数据和校准的差别，他描述了他的仪器。所以，不能仅仅因为你相信它是不可能的，就不发表它。因为还有其他的例子，比如在天空中看到天鹅座 X3 的奇怪粒子，等等，人们发表了，尽管后来没有得到证实。所以，这里的事情有点特别……
>
> 有些审稿人说，不要发表那篇论文，但是我说，你最好发表它，因为在我看来，他遵守了所有的规则。
>
> 但不幸的是，我没想到，他后来利用了这件事——因为当他作报告时，有人说他们不相信，他就对他们说："嗯，它发表在同行评议的学术期刊上。"所以他用这种方式宣传他的工作。所以，关于韦伯这件事的整个文件都跑到我这里来了……
>
> 我成了让它发表的罪魁祸首，仅仅是因为我公平地认为，他声称他得到了某种效

---

① 巴里·巴里什 (Barry Barish) 是引力波国际委员会的主席，对这些事件有第一手的了解，他向我保证，韦伯的主张因为受到了强烈反对，不可能得到严肃对待。

应，经过了校准，而不是假象，因此符合发表的所有规则，除非你说："哦，这不可能是真的。"——这是非常危险的事情。(1998) [①]

这是最后一篇发表在主流期刊上的中微子论文。特别让人感兴趣的是，关于引力波的论文和关于中微子探测的论文随后发表在同一个会议文集，这更有力地表明，后者的发表是由于有一个专家网络。

20.3　苟延残喘时的资助

在关于高 VGR 的辩论结束了将近四分之一个世纪以后，直到他去世的时候，韦伯在马里兰大学高尔夫球场附近的实验室里维持了两个室温引力波探测器；虽然正式退休，但他仍然在两所大学 (马里兰大学和加州大学尔湾分校) 有办公室；至少在 1997 年之前，他仍在向美国国家科学基金会和其他资助机构提交研究提案。1995 年，我问韦伯他如何维持这项活动。

科林斯：谁来支付马里兰共振棒的日常运营费用？

韦伯：它们在校园里的一栋大楼里，由马里兰大学物理系维护，物理系付钱给某人检查热控制——空调，这样的东西确实需要维护，马里兰州一直这样做。

是马里兰大学的钱在维持。事实证明，由于我的高龄，全部收入基本上来自州退休金和联邦社会保障，所以我不需要任何钱经营。现在，由于我正在拿州退休金和社会保障，即使我每周工作 100 小时，我每年从马里兰州得到的收入超过 1 万美元也是非法的。当我开始为荣誉学位的专业重新授课时，他们可能会付给我一些钱。

现在，从实验项目的角度来看，这是相当重要的，因为如果我在工业界，假设我 50 岁——如果我 50 岁在工业界，对于像我这样有经验的人，他们会支付每人大约 10 万美元，工业界的管理费大约是 300%。所以，要花 40 万美元维持实验……实际上，它什么也不花。

科林斯：像新换能器这样的小东西呢？

韦伯：嗯，我一直自己掏钱买这些东西。

有几个月，韦伯还支付一名博士后的工资，寻找引力波和伽马射线暴的相关性。我从来没有去过韦伯的家，但我注意到，当他送我从马里兰校园到高尔夫球场实验室时，开的车很旧。这时候，韦伯已经 76 岁了；1975 年的"分水岭"发生在 20 年前。在此期间是什么支持他从事产生所有这些文章的工作？

正如我们看到的，在 1975 年以后，韦伯的大部分引力波研究资金来自 NSF。在 1975 年分水岭之后的一段时间里，他的 NSF 资金被削减到每年大约 5 万美元，但不是零。一旦韦伯同意开展低温棒项目，NSF 的投入就增加到 15 万 ~20 万美元。在这个过程中，新低温项目的资金提供了基础设施，可以维护旧的室温棒。

[①] 这段引文来自我在 1998 年 5 月 31 日进行的电话采访。

我们看到,韦伯继续宣布与高 VGR 有关的新发现和新理论,这在马里兰团队中制造了不安的气氛。①但他的奇特兴趣也越来越难以得到 NSF 的资助。NSF 的引力物理学项目主管理查德·艾萨克森告诉我,最后取消韦伯资助的故事。

> **艾萨克森:**给乔的最后一笔资助。让我告诉你情况如何。它结束于 1989 年 6 月 30 日。

> **科林斯:**这么晚啊!

> **艾萨克森:**嗯,我们资助乔很长时间了。最后 12 个月,大致从 1988 年 4 月 15 日开始,当时我说:"我们正在叫停,但是给你一年时间逐步停止。"我们继续资助乔很长一段时间,跟他在马里兰的同事一起,他们仍然在那里——他招募了理查德和白浩正。

> 在所有的丑闻之后,好几年前就清楚地表明有争议,乔很可能是——很可能是错了:我想我们召集了一些小组,他们仔细检查了它,我想基金会知道他不太可能看到任何东西。但他得到了很多年的资助。首先,以一种专注的方式,试图确保他获得了需要的所有资源,以便向科学界说明他的情况。也就是说,获取数据,组织数据,分析数据,发布数据。因此,在几年的时间里,他基本上得到了尽可能多的资金支持。这就是我们认为的问题所在——完全是数据分析——我们希望他分析数据并提交,让正常的科学过程决定它的有效性。

> 但乔是非常有天赋的实验学家,在制造仪器方面很出色;他开拓了这个领域。在那个阶段之后,我们多次收到他的提案,很多次。(1995)

只有一部分提案获得了资助,但正如艾萨克森所说:

> 现在很明显,如果你看到微弱的信号,信噪比为 1,判断它们是否存在的方法是改进仪器,所以有一段时间,我们资助他进行了一系列的仪器改进……

> 开始是他跟理查德和白浩正的合作,他们三个人将建造一个低温系统。乔处理低温技术,白浩正用点接触的超导量子干涉仪作为放大器,理查德建造多模换能器。整个系统听起来很有趣。

这个项目从 1986 年 1 月起运行了 4 年,但最终提前 1 年终止,因为很明显,整个小组没有充分团结起来,没有达到这个项目的里程碑。正如上面解释的,部分是因为团队内部的紧张关系,部分是因为韦伯仍然念念不忘他的旧主张。

理查德·艾萨克森是最终负责终止韦伯 NSF 项目的人,他在马里兰大学做过博士研究,韦伯是他的博士答辩委员会的主席;如果用生活类比艺术,用引力波研究类比希腊悲剧,艾萨克森就是俄狄浦斯!

---

① 然而,马里兰团队内部的摩擦似乎还有至少两个原因。两位研究人员白浩正和让-保罗·理查德相处得不好,白浩正在一个完全独立的研究项目上花了很多时间。

20.3.1 帕斯卡主义

在韦伯向 NSF 提交的许多项目申请书里，有一些关于实验的工作，用来测试他的非正统中微子主张。NSF 拒绝了。[①] NSF 已经抛弃了韦伯，但他有其他的来源。美国的科研资助体系为非常规工作提供了许多机会——如果你知道如何利用。例如，在阿拉巴马州亨茨维尔的马歇尔太空飞行中心，大量的可自由支配的资金和相关资源 (数百万美元) 花在风险非常高的项目上，例如，反重力研究。这类研究耗资巨大，激怒了在大学系统内工作的科学家。还是罗伯特·福沃德，韦伯项目的先驱之一，我们已经遇到过几次，多年以来休斯飞机雇用他探索科学主流之外的疯狂想法；他也发明了 (在原则上) 反重力装置。工业公司也支持继续寻找冷核聚变，我们将看到军事资金和其他非 NSF 机构的作用。在 NSF 框架内，不可能考虑任何此类活动。

军事机构、某些类型的工业公司或者 NASA 等机构的科学研究支出模式与美国国家科学基金会完全不同。首先，与这些机构和公司处理的预算相比，NSF 赞助的研究预算通常很小；其次，错失机会的成本 (或者在军事方面，错失武器技术发展的危险) 远远超过了花钱但没有成果的风险。

我们将此称为资助的"帕斯卡"模式。哲学家布莱斯·帕斯卡 (Blaise Pascal) 说，因为概率，每个人都应该相信神。非常粗略地说，相信的代价很小，而不相信的后果 (进地狱) 可能很严重。讽刺的是，如果你想做一些高风险的研究——成功的可能性比失败小得多——最好是联系负责应用科学的机构 (如军队或 NASA，他们有帕斯卡元素，对行动的审查不太仔细)，而不是负责纯粹科学的机构 (如 NSF)。现在，帕斯卡式的资助开始支持韦伯的工作。

正如我解释的，韦伯的新理论不但应用于引力波，还应用于中微子探测。从新理论的这个方面发展起来的工作由美国海军资助 (我是这样被告知的)，但韦伯论文里致谢的是其他国防组织。[②] 中微子检测是大科学，通常涉及非常大的探测器，而韦伯认为，他的新理论表明，能够放在手上的小晶体至少和大设备一样灵敏。一种检测中微子的简单方法有可能发现潜艇的核反应堆。如果韦伯是对的，国防机构可不能冒一点风险；同样重要的是，需要知道敌人是否有可能发现你的潜艇 (就像你有能力发现他们的潜艇一样)，即使实验失败，这也是重要的军事信息。

后来，海军资助了位于巴尔的摩地区的约翰·霍普金斯大学的一个小组，检查韦伯的结果。[③] 他们不同意韦伯的说法，他的资金很快就终止了。

韦伯还设法从另外两个非 NSF 来源获得资金。能够轻松地探测中微子，这个前景吸引了美国核武器防御局 (DNA)，其部分工作是监测外国的核项目。根据 DNA 的说法，韦伯首先联系了它，解释了他的想法；但根据标准流程，它在《商业日报》(*Commerce Business Daily*) 上登广告，邀请投标"研究和开发新的方法来检测核反应堆中的反中微子"。[④] 在招标过程中，该机构承诺向申请人发送一份补充材料，其中描述了韦伯的工作：

---

① 我从 NSF 以外的来源得知了这一点，以及许多其他涉及 NSF 的事情。在向我发布信息供公众曝光方面，NSF 一直是精确和恰当的。

② 在 Weber(1984a) 和 Weber(1985) 里，致谢的是美国空军 (合同 F-49620-81C-0024) 和 NSF。在 Weber(1988) 里，致谢了 NSF、美国国防部高级研究计划局 (DARPA) 下的国防核机构和战略防御倡议，以及"由哈里·戴蒙德实验室管理的创新科学和技术办公室"，但没有提供合同编号。很可能韦伯愿意感谢所有给予他任何背景支持的机构。

③ 巴尔的摩小组经常为美国海军工作；他们的决定性文件是 Franson, Jacobs(1992)。这项工作得到了美国海军合同 N00039-89-C-0001 的支持。我想更多地了解这次正在进行的非正式交流；我没有这方面的证据，也许发表的论文只讲了故事的一小部分。

④ 给出的参考编号为 SOL DNA001-95-R-0043 POC，合同谈判人为 Sandy Bednoski，合同官员为 Edward Archer。"招标于 1995 年 5 月 22 日在 CBD 中同步进行。"提交截止日期为 1995 年 7 月 7 日。韦伯告诉我，他收到这份通知"完全出乎意料"，但我怀疑他记错了。

补充材料中应包括的适用文件是：(1) 马里兰大学约瑟夫·韦伯博士提交的题为《散射实验报告》的美国核防御局合同 DNA001-77-C-0223 的最终报告；(2) 题为《中微子和反中微子的斩波器》的技术文件。约瑟夫·韦伯, 马里兰大学, 1989 年 10 月 31 日。(第 1~2 页)

很明显, 申请人将会效仿韦伯的行动。所以, 确实有一个政府机构非常认真地对待韦伯, 尽管引力波群体拒绝了他。韦伯对此感到高兴, 这给了他很大的鼓励。事实证明, 他是申请这些资金的唯一申请人。他的申请得到了一名外部评议人的审查, 他认为, 这些《物理评论》文章看起来很难是错的。

DNA 的资助让韦伯能够购买一些设备, 如改进的信号记录设备, 但是在最初商定的终止时刻之前很久, 就中止了。根据 DNA 发言人的说法, 要么是因为人事变动改变了优先次序, 要么是因为韦伯的资金起初由一些预算结束时没有花完的资金提供, 但这些资金已经用完了。

美国海军和 DNA 最初承诺给韦伯的金额比最终交付的金额大得多。有可能, 他最初能够相对容易地从非 NSF 来源获得资金, 是因为评议人与引力波核心群体的相关网络没有密切联系。然而, 过了一段时间, 韦伯的新资金来源的消息可能流传开了, 有影响力的科学家提请相关人士注意他的工作历史。我不能证明这一点；我只能证明, 美国的物理学界足够大, 鱼龙混杂, 这个物理学家可能不知道那个物理学家在做什么。我可以用采访说明这一点。我采访了一位科学家, 他发表了一篇批评韦伯中微子理论的论文。

> **受访者：**我们发表了论文；我们读了哈里的 (批评) 文章, 好的, 一切都很好, "算了吧。"现在, 我突然从 NSF 得到了又一个提案——这个提案直接来自 NSF——这是针对太阳中微子的, 使用我们论文中的话, 他要把这个用于太阳中微子。在这里……我们说, "他怎么能这么做？"他引用了这篇论文, 他也引用了我们的长篇论文, 所以我们开始仔细研究, 我们发现这是大二学生才会犯的错误。从此以后, 我对它失去了兴趣。

> **科林斯：**他最终得到了美国海军的资助, 继续对此进行研究。你知道吗？

> **受访者：**天啊！

> **科林斯：**他在 1988 年发表了一篇论文, 在《物理评论 D》中给出了实验结果。

> **受访者：**开玩笑！你有这方面的参考资料吗？你看, 我离开那个领域很久了。我离开了 (海军研究办公室)。当时大约是 1987 年或 1988 年, 我有机会干掉它的。(科林斯提供了文章的参考。)

> **受访者：**老天啊！(1998)

这个访谈让人了解这种鱼龙混杂的性质 (异质性), 即使在中微子检测领域。它说明, 在一个领域获得的声誉的细节, 在另一个领域完全有可能没人知道。这也意味着评议小组可能不会重叠, 如果资金中涉及自由裁量因素, 那么很容易为那些在物理学的另一个领域 (甚至在物理学的同一领域中)"出格"的人提供资金。也许我们可以理解, 为什么理查德·加文认为, 反驳韦伯的正确地方是《今日物理》, 而不是只供专家阅读的更狭隘的专业期刊。正如我一开始就说的, 科学专业是深而窄的, 就像裂缝一样。目标图的外环是这些裂缝之间的桥梁；为了拓展这个类比, 目标有一组外环, 但有许多靶心。或者, 换句话说, 每一个专业 (靶心) 都有相同的外环。这就让准科普性的一般期刊可以把声誉从一个狭窄的裂缝转移到另一个狭窄的裂缝。在这种情况下, 它只是部分有效的，因为韦伯确实设法在中微子领域得到了机会，至少在一段时间内。当然，就帕斯卡式的资助而言，即使声名狼藉也不是很致命。

到了 1987 年，韦伯的主张已经被另一个很有影响力的团体狠批，这个团体由弗里曼·戴森领导，他是韦伯在普林斯顿高等研究所的老朋友。戴森领导了一项关于 JASON 问题的暑期研究，JASON 是一个影响力很大的自由职业科学顾问小组，最初成立于国防分析研究所的一个部门，成员包括迪克·加文。[①] 1987 年，JASON 发表了一份报告，批评韦伯的中微子工作。[②] 报告第一页的引文很好地揭示了国防经费的异质性和帕斯卡因素：

> 由于雷神公司 1984 年向 DARPA 提出的建议，JASON 参与了中微子检测问题。由于马里兰大学约瑟夫·韦伯教授的提案 OPNAV-095，我们在 1985 年继续参与。我们审查了这两项提案，建议不要资助。为了回应这些引起争执的诉讼流程，DARPA 要求我们写一份关于中微子探测技术现状的总体评估，一般性地解释为什么雷神公司和约瑟夫·韦伯的说法不正确。这个简介旨在提供这样的评估。

> ……我们对韦伯提案的答复载于 1985 年 7 月提交给 OPNAV-095 的 JSR-85-210 号文件。我们的判断是，这两项提案都有严重的理论分析错误。(第 1~3 页)……

> 他的 (韦伯的) 氙结果给出的截面大约是正统物理理论预测的截面的 10^{20} 倍。如果这样大的截面是真实的，就很容易在几百千米的距离内探测潜艇反应堆发射的中微子。

> 韦伯的主张自然引起了海军负责官员的关注。官员们非常正确地认真对待这些说法。他们看到一位著名的物理学教授发表了一篇论文，提出了这些主张，还有一些著名的物理学教授私下说这些主张是胡说八道。海军怎么能知道谁对谁错呢？如果韦伯是对的，那将是潜艇的生死问题。因此，JASON 被要求彻底地、冷静地研究这个问题。仅仅陈述我们的观点是不够的，韦伯的结果令人难以置信。一位海军官员对我们说："卢瑟福勋爵不是说过'实际使用核能的想法是胡扯'吗？你们这些 JASON 教授比卢瑟福还聪明吗？"为了支持我们认为韦伯错了的看法，我们必须回到基本面，从一开始就采用中微子与晶体相互作用的理论。我们必须确定中微子截面可能大小的数学上限。(第 3 页)

就中微子和 NASA-戈达德的资金而言，最初的拨款是通过非正式机构发放的。人们倾向于认为，该机构随后放弃承诺，也是由于非正式的机制，随着消息的传播，机构们受到的压力增大了。

正如我们看到的，韦伯在 NSF 拨款用完以后，能够使用的其他资金来源是 NASA-戈达德太空飞行中心。但资助这项工作的并不是 NASA-戈达德的同行评审委员会。韦伯几乎没有机会找到相关性，因为汉密尔顿和皮泽拉明显更灵敏的设备都失败了，戈达德也和他们签约寻找伽马射线相关性。因此，NASA-戈达德给韦伯的 1 万美元拨款是自由裁量的资金。NASA-戈达德与马里兰大学位于华盛顿特区郊区的同一地区，它和马里兰大学物理系似乎有很强的个人联系，马里兰大学在本质上是当地的大学。

---

① JASON 并不是缩写，但是我被告知，爱开玩笑的人有时会说，它代表 "7 月、8 月、9 月、10 月、11 月"，因为小组在 7 月开会，但通常直到 11 月才完成报告。另一种说法是 "小伙子长大了一些 (junior achievers somewhat older now)"。加文似乎没有参与 JASON 的中微子研究。

② 见 Callan, Dyson, Treiman(1987)。

这 1 万美元让韦伯能够产生数据, 导致他 1996 年发表关于引力波和伽马射线暴的符合。我们看到, NASA-戈达德的科学家提供了进一步的分析支持, 但情况似乎是, 韦伯更愿意自己做这个分析; 到 1996 年, 他与 NASA-戈达德的接触似乎变少了。因此, 当我在 1998 年进行采访时, 我在 NASA-戈达德的受访者说, 虽然听说过, 但他们没有看到韦伯 1996 年发表的论文, 该论文是关于相关性以及由他们自己资助的搜索的。我不得不告诉他们, 韦伯是唯一的作者。

20.4　苟延残喘时的同行网络

在某种程度上, 容忍同样适用于科学家的主要科学工作被广泛地不认可以后, 同行网络仍然继续存在。在他开始引力波方面的工作之前, 韦伯已经是受人尊敬的科学家, 以他对微波激射和激光的贡献而闻名。由于他早期的引力波工作, 在 1968 年到 1972 年的一段时间里, 他是世界上最著名的科学家之一, 许多人认为, 他的结果即将为我们对天体物理学的理解带来革命, 并令人惊叹地证实广义相对论。根据许多受访者的描述, 韦伯在早期是才华横溢的原创思想家, 也是诙谐有趣的思想解释者。正如澳大利亚引力波物理学家大卫·布莱尔所说的, 韦伯 1974 年在路易斯安那举办的一次研讨会——"黑板上的数学让我笑得流泪, 这真是空前绝后"。[1]其他亲自拜访他的人将成为长期的盟友。例如, 1989 年将与韦伯一起发表文章的意大利实验团队的领导人皮泽拉, 在 20 世纪 70 年代初他的项目开始时, 就在马里兰实验室进行了长时间的访问, 他尊重韦伯的能力和判断力。在早期, 在关于共振棒带宽和放大器灵敏度的辩论中, 韦伯赢了他的坚定批评者, 对这些胜利的回忆加强了韦伯同事对他的信心。这些早期的联盟似乎一直存在, 并受到被边缘化的共同经历的支持。几乎每个人都同意, 无论如何, 韦伯都是实验项目的杰出发明家。因此, 两位受访者分别说: "乔是非常有天赋的实验工作者, 他在制造仪器方面很棒; 他开拓了这个领域。"(1995) "他让人快乐——他是外面的人——他的想法跟我们不一样。"(1999)

这意味着在很长一段时间里, 韦伯的学术同行即使不再相信他的结果, 也会支持他。韦伯和弗里曼·戴森之间激烈的书信往来让人多少了解一些这种关系。正是戴森安排这个电气工程师(他的学位来自相对不知名的学院) 来普林斯顿高等研究院 (也许是世界上最有名的研究所), 因为他喜欢韦伯的新见解。戴森最初站在韦伯的一边, 拒绝认为他的主张在理论上完全不可能, 但随着时间的推移, 开始尝试说服韦伯重新思考, 而不是与他断交。

> 亲爱的乔,
>
> 我一直恐惧而痛苦地注视着我们的希望正在破灭。我觉得我个人有很大的责任, 过去曾建议你"甘冒风险"。现在我仍然认为你是时运不济的伟人, 我渴望拯救任何可以拯救的东西。所以我再次向你提供我的建议。
>
> 伟人不怕公开承认自己犯了错误, 改变了主意。我知道你是正直的人。你足够坚强, 可以承认自己错了。如果你这样做, 你的敌人会高兴, 但你的朋友会更高兴。你仍然是科学家, 你会发现, 那些值得你尊敬的人也会因此而尊敬你。

---

① 见 Blair(1991) 第 19 页。

我写得很简短，因为冗长的解释并不能让我的意思表达得更清楚。无论你做什么决定，我都不会背弃你。

带着所有美好的祝愿，

你的

弗里曼①

韦伯的反应是写信告诉他实验发现的更多细节。

友谊是一种支持，但是为了建立一门科学，你需要同行们支持和使用你的发现，从而建立由信徒和工作者组成的群体；这就是科学的意义所在。在这方面，韦伯有幸得到了总部位于弗拉斯卡蒂的意大利团队的实际支持（以及个人支持）。在所有从事低温棒工作的人里，意大利人的资源最好，在采访中韦伯总是强调，弗拉斯卡蒂团队证实了他的所有早期发现，他有信件证明这一点。可以认为，这种支持（以及 1982 年合著的论文，声称看到了符合高 VGR 的通量）开创了新的基本群体。

比这些早期确认更重要的是皮泽拉的合作，基于室温棒的数据，他们发表了高调的 SN1987A 声明。韦伯和罗马团队声称同时看到了与引力波（来自 1987 年超新星）一致的信号。这个工作（以及推动这个主张）大大削弱了皮泽拉在核心群体里的地位，在结束了十多年以后，它给高 VGR 和室温技术带来了大名或恶名。最终的结果是进一步边缘化，但是这样坚定的盟友，帮助韦伯避免了和科学界的其他成员完全隔离。

皮泽拉团队虽然与韦伯一起发表了两篇正面的实验论文，但对于韦伯的理论主张，即共振棒的截面比正统理论的结果大很多个数量级，他们既不支持，也没有提出反对的意见。事实上，随着韦伯发展了他的理论的第二部分，强调"中心晶体仪器"的重要性，意大利的实验不再支持他，因为他实际上指责他朋友的探测器的灵敏度。当然，他们不愿意被边缘化，他们需要资源来重新设计和建造他们已经很难控制的工具。

在理论方面，朱利亚诺·普雷帕拉塔很关键；他把韦伯与意大利理论物理界联系起来。正如韦伯在 1993 年告诉我的那样："在过去的几年里，我每年都受邀参加意大利冬季学校（在埃里切）。"后来，普雷帕拉塔在韦伯和他自己的一群物理学异端之间建立了联系，他们将收集和整理许多书，其中发表了韦伯的最后论文；他们为他开发了繁荣的新网络——我称之为量子相干异端群。②

20.5 研究生和下一代

普朗克的格言大致是说，得不到认可的想法只有在他们的支持者死亡时才会消亡——"科学在一次又一次的葬礼中前进。"要想让被拒绝的科学坚持得比普朗克的悲观预测更久，研究生必须在大学里找到工作，才能把激进的想法传递给下一代。对于韦伯的情况，没有忠诚的研究生承担这项工作；他们后来都去做其他事情了。即使在更广泛的网络里，我们也可以相当肯定地说，

① 弗里曼·戴森给韦伯的信，1974 年 6 月 5 日（戴森私人档案里的信）。
② 我知道他们也会在埃里切见面。

不会有研究生。即使其他人接受了与截面新理论有关的想法，他们也不能对高 VGR 进行实验研究。除非发生一些事情改变整个科学界，例如新一代探测器发现了巨大的引力波通量 (这意味着高 VGR 不再被拒绝)，高 VGR 将无法在韦伯去世后继续。我们可以肯定地这么说，因为整个就业市场现在都支持干涉检测这个新的 "大科学"，任何支持寻找高 VGR 的人都不会有工作。事实上，即使是对低 VGR 的非干涉搜索也在垂死挣扎。

当涉及新一代的生存时，我们看到支持最初多元化的机构崩溃了，因为领域里的新人拥有的权力最少，不太可能基于被拒绝的异端建功立业。为了让被拒绝的科学延续下去，需要特殊的机构 (例如，超心理学的情况)。研究生必须 "跟钱走"，这不会通往高 VGR 的方向。

这并不是说，高 VGR 的理论 "衍生物"——由普雷帕拉塔网络开发的截面背后的想法——无法长期生存。理论异端们对资源的要求很低，比实验异端们还要少得多；他们可以躲在主流工作的背后，没有必要脱离信徒的小圈子。[①]

20.6　高 VGR 作为一种被拒绝的科学

正如我们看到的，高 VGR 在挣扎求生存的过程中，被迫逐渐向不那么有名的机构和网络求助。在第 12 章，利用 "科学引文索引"，我们通过观察韦伯的工作被其他科学家提及的方式，跟踪韦伯作为科学家的轨迹。我们可以使用 "单元图" (图 20.2)，了解韦伯和高 VGR 以及整个引力波探测领域发生的大致情况。单元图是虚拟的时间圆柱体的核心的截面 (见导言)。

在 20 世纪 70 年代早期，一个标准的核心集合反对乔 · 韦伯和其他室温棒建设者。韦伯是这个领域的主要成员。到了 80 年代初，他被挤出去了，只有弗拉斯卡蒂团队支持他的实验工作。(在这个图中，我用 "皮泽拉" 表示整个弗拉斯卡蒂的贡献。) 现在的重点工作是低温技术；例如，除了韦伯，在美国只有泰森仍然讨论室温结果，他只是象征性地记录了他的项目完成情况。干涉仪刚刚作为整体进入了这个领域，雷纳 · 外斯和罗恩 · 德雷弗的工作引人注目，但是还没有显著的结果。

---

① 事实上，有证据表明，截面的新理论仍然继续出现。布劳蒂和皮卡在 2002 年发表的两篇论文 (Brautti, Picca, 2002a, 2002b) 发展了韦伯／普雷帕拉塔 (室温棒) 相干理论的修正版本。他们认为，室温棒比传统理论的结果要灵敏 5 个数量级，可以捍卫超新星 1987A 的主张。(布劳蒂和皮卡将他们的单位列为意大利巴里的 INFN 和物理系。) 2003 年，一篇关于铝共振棒的类似结论的文章声称，截面增强了大约 7×10^3 倍 ((Srivastava, Widom, Pizzella, 2003)；作者来自东北大学和佩鲁贾大学，当然还有 INFN 的皮泽拉。这篇文章用增强截面解释 1987A 的结果和 2002 年《经典和量子引力》(Classical and Quantum Gravity) 的结果。艾伦 · 维多姆 (Alan Widom) 的名字出现在与量子相干异端有关的各种文件里。我认为，还有一篇这样的文章已提交出版。核心群体对这些文章漠不关心。到目前为止，还没有人公开提到这些文章。我在寻找对普雷帕拉塔的引用文章时，偶然发现了布劳蒂和皮卡的论文。我了解到皮泽拉等人的存在，源自沃伦 · 约翰逊在 2003 年 3 月举行的 LIGO 科学合作会议；他提到这点的时候，耸了耸肩。一次私下的交流让我了解到第三篇论文。

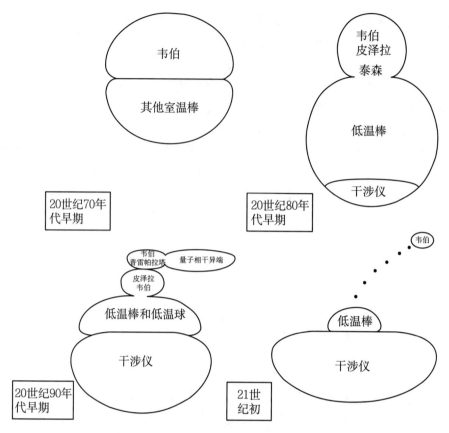

图 20.2 单元图显示了联盟的变化

20 世纪 90 年代初, 德雷弗在加州理工学院建造的 40 米长的原型已经揭示了大型干涉仪的潜力, 但这些结果仍然远远落后于对低温棒的预期 (它们终于变得可靠了)。然而关键在于, LIGO 和其他获得国会资助的大型干涉仪得到的支持力度远远超过任何其他技术。在 90 年代初, 干涉测量第一次表明了主导地位。然而, 共振质量项目的未来似乎仍然光明, 作为一个小玩家 (在资金方面), 以共振球的形式。对 LIGO 的资助仍然可以被看作对整个领域活动的净增加, 而不是对该领域内其他方法的威胁。韦伯和他的理论盟友普雷帕拉塔因为共振棒灵敏度的新理论, 还因为 (我们将看到的) 对 LIGO 的攻击 (已经彻底而且明显地失败了), 进一步让自己边缘化了。引力波学界没有人知道, 韦伯与普雷帕拉塔合作, 冒着更大的孤立风险, 与远离引力波领域的 "量子相干异端" 勾勾搭搭。弗拉斯卡蒂团队将韦伯与其他社区联系起来, 但在这个过程中, 他们在某种程度上被边缘化了——特别是关于超新星 1987A 的工作。然而, 弗拉斯卡蒂仍然是 EXPLORER 和 NAUTILUS 低温棒工作的主要参与者; 如果图表允许, 皮泽拉的名字将以大写的形式出现在低温 "单元" 里。

21 世纪初, 干涉测量占主导地位。韦伯宣称的最后一项新发现 (引力波和伽马射线暴的相关性) 发表于 1996 年, 正如我们将看到的, 完全被忽视了。因此, 到了世纪之交, 韦伯形单影只, 不再跟核心有联系。他甚至在理论上脱离了意大利支持者, 因为他关于中心晶体仪器的说法。我惊讶地发现, 在 20 世纪 90 年代末, 我不得不把韦伯 1996 年的论文告诉皮泽拉和科西亚, 他们对此一无所知——这说明了韦伯的孤立程度。①

此时, 皮泽拉及其同事由于超新星 1987A 和其他一些正面的发现 (将在下面讨论) 而被边缘

─────────────────────

① 一位受访者向我指出, 这也意味着韦伯没有发送预印本或重印本, 从而孤立了自己。

化。低温球计划基本上没戏了, 剩下的低温棒项目组成了一个国际合作组织, 通过了解释性公约 (interpretative conventions), 因为它的数据几乎肯定不会给干涉仪带来麻烦。坦率地说, 我认为这个群体已经成为干涉测量的客户, 它的一个主要作用是压制皮泽拉等人特立独行的主张。

所有的人都老了。韦伯于 2000 年 9 月去世, 我们期望他将来有可能重新成为受人尊敬的偶像; 普雷帕拉塔也于 2000 年去世, 享年 57 岁, 他恢复名誉的机会就小得多了。皮泽拉退出了前沿, 将小组发言人的位置传给了尤金尼奥·科西亚, 他做事可能更谨慎。大卫·布莱尔曾是皮泽拉的盟友, 试图认真对待低能量的低温棒符合 (见第 22 章), 现在他正努力在澳大利亚建造大型干涉仪。总之, 在这个领域, 没有谁有希望、有精力挑战干涉测量的主导地位和它对天空的解释。

20.7　与其他领域的比较

理解单元图的另一种方法是, 将高 VGR 与其他被拒绝的科学做比较, 以及它们如何适应自己遇到的困难。使用与组织框架相同的 4 个类别——出版、资助、同行网络和研究生——我们将考察其他 6 个被拒绝的科学。

超心理学是一种小规模的活动, 世界上可能有十几个实验室, 大多数在大学。例如, 爱丁堡大学有一位超心理学教授和两三名研究人员的小组; 普林斯顿大学工程系有一位教授的兴趣转向超自然方向; 康奈尔大学心理学系有一位活跃的超心理学家; 等等。在这类机构中, 超心理学家倾向于进行艰苦的长期实验, 例如, 研究对象猜测隐藏符号的能力 (略高于瞎蒙的水平)。经过长时间的统计分析, 任何正面的结果都会显现出来, 这门科学没有什么奇迹出现。

林纳斯·泡令 (Linus Pauling) 是诺贝尔化学奖得主, 他在晚年推荐大剂量维生素 C 作为抵御普通感冒和癌症的膳食补充剂, 因而声名狼藉。他支持这个观点的理论论证和实验项目有效地建立了一门小科学, 受到主流医学科学家猛烈攻击。詹姆斯·麦克康奈尔 (James McConnell) 认为, 记忆是由大脑中的化学物质编码的, 这些化学物质可以在生物体之间转移。起初他声称, 把受过迷宫训练的蠕虫碾碎并喂给其他蠕虫吃, 可以把它们受过的训练转移到其他蠕虫身上。后来, 对老鼠的大脑也提出了同样的说法。冷核聚变是另一个非正统的主张, 已经在第 19 章中描述过。艾滋病起源的异端是以彼得·杜斯伯格 (Peter Duesberg) 为中心的理论争论, 他声称 (现在仍然声称), 艾滋病不是由艾滋病毒引起的。我们所说的 "恒星破碎" 是来自引力波研究领域的理论争议: 两位科学家声称, 他们关于旋进双中子星的数学模型表明, 在它们并合之前, 相互作用的引力场会把它们压碎得很厉害, 以至于它们会变成黑洞, 为这个系统的引力波特征建模变得更加困难。这个说法也引起了争议。[①]

---

① 有关这些争议的社会学分析, 请参阅以下内容: 关于科学的超心理学, 见 Collins, Pinch(1979, 1982); 关于维生素 C 争议, 见 Richards(1991); 关于记忆转移, 见 Travis(1980, 1981), 以及 Collins, Pinch(1993, 1998); 关于冷核聚变, 见 Simon(1999) 和 Collins, Pinch(1993/1998); 关于杜斯伯格异端, 见 Epstein(1996); 关于恒星破碎, 见 Kennefick(2000)。西蒙详细地考虑了被拒绝的科学的定义; 他认为, 被拒绝前的科学和被拒绝后的科学之间的边界, 在时间或社会空间上并不清晰。因此, 他更喜欢将冷核聚变研究的现状 (他选择的案例研究) 描述为 "尚未死亡的科学"。对于指出被拒绝的科学不仅仅是与科学工作的主体平行的活动, 西蒙的分析是很重要的; 他们被拒绝后的生命有着不可磨灭的标记: 被排除在科学社会主流之外的可怕经历。但是在指出这一点时, 他表明, 尽管定义存在理论上的困难, 但在实践中不难识别被拒绝的科学; 他自己的工作表明, 被拒绝的科学是有区别的和可识别的活动类型 (至少在任何社会现象都是有区别的和可识别的意义上)。

我们感兴趣的是，这些领域的主要科学家以不同的方式适应了核心群体对他们的排斥。它们的一些差异源于成本和技术因素，可能会混淆社会学分析。在所有 7 种情况中，只有高 VGR 需要相当大的实验室；其他的可以借用设备和实验室空间，或在正常工作时间后使用。[1] 理论上的争论只需要论文、文字处理器，也许还需要超级计算机 (在工作环境中已经可以使用)。此外，其中一些科学可以得到业余爱好者的帮助，而另一些则不能。这依赖于仪器的复杂性和大小，或者理论的深奥程度。尽管如此，让我们比较它们如何适应被拒绝的命运。

20.8 出 版 物

我们已经看到，高 VGR 不再被核心群体接受以后，高 VGR 的声称仍然继续发表。起初，主流期刊容忍韦伯的想法，但他后来只能发表在不太在意主流共识的期刊上——起码证据表明是这样的。最后，他开始在会议文集和编辑文集里出版。同样的顺序也适用于他关于中微子的与高 VGR 的主张，只是每件事都发生在十年以后，因为涉及一个新的学界。

因此，出版的渠道很多，有可能存在不止一种物理学。[2] 尽管如此，尽管发表的模式变了，韦伯的所有出版物，直到最后，都在公认的专业物理学领域。同样的情况也发生在恒星破碎的争议中：所有的异端论文都发表在主流期刊，尽管因为需要回应越来越有影响力的批评者，提交和发表之间的延迟变得越来越长。

相比之下，科学的超心理学的大部分工作都发表在自己的专业期刊上。它们遵循主流科学期刊的形式——很少或根本不吸引非专家——但它们在内容、读者或作者方面与主流专业几乎没有重叠。对于主流期刊接受超心理学论文的罕见情况，它们通常得到明显的特殊对待，表明"一些不寻常的事情正在发生"。[3] 杜斯伯格对艾滋病起因的异端解释发表在主流期刊《癌症研究》(Cancer Research)，然后发表在美国《国家科学院院刊》(PNAS)，利用了院士的特别发表权。他声称，艾滋病毒没有导致艾滋病，除了最初的主张，不会通过主流期刊的常规审稿流程，尽管《国家科学院院刊》的审稿人给出了负面评论，但他还是发表了这篇文章；这个主张在大众媒体上得到广泛报道，让编辑更难拒绝发表它，从而模糊了核心群体和一般公众的界限。然而，随后提交给《国家科学院院刊》的文章被拒绝，杜斯伯格被迫在不太有名的期刊上发表，为大众写作。[4] 还有一份业余报纸与他的观点有关。

高剂量维生素 C 的研究人员努力争取在科学期刊上发表了一些早期的文章，但无法在其创始人希望的医学期刊上发表。在这些最初的文章发表之后，泡令和他的同事发现自己被迫在整体性的和边缘性的医学期刊上发表，而不是主流期刊。

有争议的"记忆传输"领域起初在一份特别创建的"滑稽"杂志《蠕虫跑步者文摘》(Worm Runner's Digest) 上发表一些结果。冷核聚变在主流期刊上发表了最初的文章后，现在

---

① 见 Simon(1999)。

② 在高声望的"硬科学"(如物理学) 出版物中，经常可以看到多元性。Baldi (1998) 声称，在这方面，微观研究的结果是错误的。采用"代表性调查"方法的研究也许反映的是典型的有序科学进步的做法，而不是激情高涨的科学小领域。我认为，虽然它们在统计上不具代表性，但小规模研究在认识论上更有意义：它们显示了科学可以对重要的困难决策做贡献。

③ 见 Collins, Pinch(1979)。

④ 见 Steve Epstein(1999)，私人通信。

很乐意支持一份业余报纸, 其中包括非专业人士的贡献。因此, 我们看到, 被拒绝的科学有一系列可能的发表策略, 我们看到, 在这个尺度上, 高 VGR 总是保守的；韦伯从来没有在报纸上发表, 也没有尝试在公认的科学期刊之外发表。

20.9　物 质 资 源

从出版转向资助, 我们可以看到, 高 VGR 在 1975 年后的资助经历了 4 个阶段。第一阶段开启了 NSF 对先驱者的容忍, 希望看到他的结果与正统一致；这就像出版物小节里讲的容忍的第一阶段。第二阶段转向韦伯接受新技术, 并在低 VGR 工作资金的支持下开展他的高 VGR 工作——这个机制实际上资助了意大利和澳大利亚团队的实验结果, 这为韦伯提供了支持。第三阶段是帕斯卡阶段, 加上相对不太审慎的自由裁量的资助。第四阶段, 帕斯卡式的资助用完以后, 开始从韦伯的大学获得基础设施支持。他很幸运, 因为只要室温棒正常工作、令人满意, 维护并不太花钱。自 20 世纪 90 年代中期以来, 大学的正常维修设施费用足以维持韦伯棒的运行。因此, 根据这个样本来看, 现代美国大学似乎仍然有足够的资源为有声誉、有决心的科学家提供空间, 即使很多人认为他们偏离了正确的道路。

同样, 这些来源都比较保守——整个范围都依赖于主要业务是支持正统科学和技术的机构的公共税收。高 VGR 与更多的 "政治" 有关, 与量子相干异端有关的有政治动机的资金来源, 但由于偶然的原因或故意的设计, 最后没有干成。高 VGR 也仍然停留在大学实验室。

"恒星破碎研究者" 不需要多少资源, 因为这主要是理论上的争论。他们确实需要计算时间, 但他们因为日常工作获得必要的访问。杜斯伯格在成为异端以后, 他向美国国立卫生研究院提出的资助申请被拒绝了。我不知道后来的资金来源, 但是他可以请求调用一所主要大学的资源。

被拒绝以后的冷核聚变研究也来自帕斯卡式的资助, 但是在这种情况下, 丰田、佳能和倍耐力等私营公司一直提供资助。这笔资金让冷核聚变研究者离开大学, 进入私营实验室。军方提供的帕斯卡式的资金也用于支持超心理学, 特别是斯坦福研究所臭名昭著的 "遥视" 实验。但是超心理学在广泛使用私人资助方面比高 VGR 或冷核聚变更远离中心 (例如, 爱丁堡的职位是由著名小说家亚瑟·科斯特勒 (Arthur Koestler) 的遗产资助的, 亚瑟·科斯特勒是《正午的黑暗》(*Darkness at Noon*) 的作者)。虽然并不总能成功, 但超心理学试图将这笔钱 (不管来源如何) 花在与大学有关的研究机构。

据我所知, 记忆转移不是一门非常昂贵的科学, 它从正规的资助机构获得了所有的资金。此外, 高剂量维生素 C 的研究表现出混合模式。泡令成立了泡令研究所, 从国家癌症研究所获得了一些钱, 用于相对没有争议的工作, 而有争议的工作是由边缘医疗机构资助的, 他们永远不会资助正统医学。但是, 自泡令去世以来, 泡令研究所已搬迁到俄勒冈州立大学 (泡令原来的大学), 现在有一位冠名教授、一名研究人员和学生, 由个人、私营公司和基金会以及俄勒冈州立大学提供支持。[1] 因此, 在资金和机构地点方面, 高剂量维生素 C 的研究类似于超心理学。

---

① 见 Evelleen Richards(1999), 私人通信。

20.10　支 持 网 络

可以说，高 VGR 的出版和资助模式与同行网络是相同的。在 1975 年的分水岭之后，没有发生明显的变化，但支持和机会慢慢地消失了，随着时间的推移，韦伯转向了边缘化的机构和团体。然而，除了与更激进的科学 (如冷核聚变) 有过短暂的接触，物理学界内部也提供了支持。从来没有任何业余爱好者或大众团体与高 VGR 有关。

这同样适用于恒星破碎的深奥争论。冷核聚变、记忆转移、杜斯伯格异端和超心理学都吸引了热情的业余爱好者，或多或少成功地保留了其母体科学中的网络。高剂量维生素 C 吸引了来自母体科学和边缘科学的同事。

20.11　下 一 代

在讨论研究生的时候，我们发现，与出版物、资金和同事的支持不同，高 VGR 不是逐渐消亡。韦伯根本没有忠诚的、在学术上成功的研究生。因此，室温棒的实验工作与韦伯一起消失了。

在我讨论过的那些案例中，有两种被拒绝的科学可能会在最初一代以后的科学机构中继续存在，它们是超心理学 (已经证明了它的长寿) 和高剂量维生素 C。超心理学有另类的就业市场和另类期刊。超心理学的就业市场由私人遗产资助，其规模对大学有吸引力，因此，超心理学通过少量的研究生奖学金和冠名教授职位，成功地在主流中站住了脚。高剂量维生素 C 也具有大学基础、充足的非公共资金来源和学生。但是很明显，研究生们正在回避杜斯伯格的异端和恒星破碎的争论。[1]

20.12　讨 论

被拒绝的科学的各种策略依赖于各自的发展路径。如上所述，由于技术限制，某些选择已经被切断。一些选择 (如资金来源和出版渠道) 已经被迫施加于科学家。其他的，比如麦克康奈尔的滑稽报纸、冷核聚变的业余出版物和业余网络，似乎故意对正统科学界不屑一顾。

关于这个框架，有一个重要警告，我这个分析者必须分辨出被拒绝的科学，然后才能就科学

---

[1] 见 Epstein, Kennefick(1999)，私人通信。

的适应风格得出任何结论。业余助手、通信、新期刊、产业基金、私人遗产等, 对主流科学是一回事, 对被拒绝的科学是另一回事。因此, 许多成功的科学通过创建自己的期刊来建功立业; 另一些则运营报纸和比较不专业的出版物。许多科学吸引了私人馈赠和来自军事和产业界的资金; 例如, 贝尔实验室和 IBM 资助了早期的引力波探测器, 产生了负面的结果, 支持对韦伯的主流攻击。业余爱好者的帮助让古生物学、植物学和天文学等科学受益匪浅。

如果一门科学是强大的, 它就可以接受非科学家的帮助, 而不危及它作为科学的地位。这种奢侈的行为会给被拒绝的科学带来危险: 与非科学机构的联系越多, 就越会让自己被定义为非科学。因此, 在这些情况下, 在保持在中心附近和失去做实验的资源之间, 被拒绝的科学家走上了一条捷径, 与非科学机构保持一致, 使得其他人更容易认为他们脱离了科学。[1] 在这方面, 被拒绝的科学最有趣的例子也许是超心理学, 它在寻求生存的过程中接受了许多非科学的要素, 但是多年来一直保持着脆弱的大学附属关系; 高剂量维生素 C 的研究似乎也是如此。

现在可以看到, 高 VGR 一直是保守的, 尽管我们的大部分分析表明, 它离主流越来越远; 它偏离最远的是加入物理学的另类网络。乔·韦伯只想做一件事: 让主流社会重新接受他的发现。当然, 对于这个群体, 他已经成为局外人; 经历了激动人心的中年以后, 他可不想这样结束。

---

[1] Crane (1976) 比较了文化企业的 "奖励制度", 结果发现了奖励制度失控的危险。然而, 这种危险随着科学的力量而变化。这个现象最奇怪的例子也许是我前面提到的一个: 在科学认知识别系统的核心中招募魔术师; 魔术师受到欢迎, 因为他们判定超自然现象是否可能, 甚至水是否具有聚合结构, 可以产生一种 "记忆", 在顺势医学中有用。主流部门似乎感到非常安全, 他们准备将其确定专业责任的要素移交给局外人, 科学界的大多数科学人都对此表示赞同。

第 21 章 室温棒和政策的困境

第 19 章研究了高 VGR 以其日益非正统的主张让自己在核心科学家群体中被边缘化的方式；从发现引力波通量过高、不能与天体物理学理论相容, 发展到一种新的彻底反对物理共识的共振棒截面理论, 再到一种非同寻常的说法, 即现在由韦伯单独使用的老式中心晶体仪器比其他每个小组使用的更现代的传感器还灵敏。第 20 章研究了高 VGR 变得边缘化的时候, 如何接触到新的机构和网络, 我们比较了它与其他被拒绝的科学如何适应被拒绝。但这一切发生的背景是, 干涉测量这门大科学的力量日益增强。

干涉测量的发展不仅边缘化并削弱了韦伯的异端, 还削弱了整个共振棒项目, 甚至影响到那些从未与韦伯的工作有联系的低温棒。干涉测量要鸠占鹊巢。干涉测量开始成为新的 "客户" 技术, 而主要的经验在低温棒那边。直到 20 世纪 80 年代初, 干涉测量的成长潜力才开始得到理解。LSU 团队的比尔·汉密尔顿告诉我下面的故事, 很好地说明了这一点：

> 现在, 为了把这个放在正确的视角, 几年前, 当 LIGO 第一次尝试开始时, 有几个人严肃对待：我记得与比尔·费尔班克的谈话, 我记得与圭多 (皮泽拉) 的谈话, 关于我们应该尝试干掉 LIGO。比尔·费尔班克对我说, "我知道我可以阻止它," 但是他也说, "我不认为这是个好主意," 因为……"它会给这个领域带来更多的钱。" 他说, "如果那里有更多的钱, 我们就应该能够从这边得到更多的钱。" ——如果有更多的钱用于引力……就会有更多的钱用于共振棒探测器。费尔班克对我说过, 这很有道理。

> 圭多说他和阿马尔迪也有过类似的对话, 他们说 "不" ——他们觉得 LIGO 对这个领域有好处, 所以不应该干掉它。(犹豫) LIGO 这种东西的问题是, 有些人对这个领域的问题非常天真, 当他们开始关注你的时候, 问的第一个问题是, 如果这些共振棒探测器不如 LIGO 那么灵敏, 你为什么要保留它们, 你们最好把钱用在开发 LIGO 上。(1996)

这里, 汉密尔顿敏锐地指出了 LIGO(因为它的大小) 会让目标图的外环注意到整个引力波检测项目, 包括共振棒。他意识到, 很难说服外环里的那些人需要两种技术。

在 1996 年很容易看到这一点, 但在 80 年代却看不到。我们常常无法理解小变化的长期意义；深海区几乎见不到海啸。共振棒的建造者还没有意识到, 几乎看不见的干涉测量的小波不会变成谁都能上去冲浪的大浪；当它到达海岸时, 这是一种会淹没他们的滔天巨浪。[①] 1996 年 12 月 8 日, 在马萨诸塞州剑桥举行的一次会议的大厅里, 汉密尔顿告诉我费尔班克和意大利人曾经乐观的想法；就在那时, 在华盛顿特区, 国家科学基金会的一个委员会正在撰写一份报告, 等效于

---

① 我借用 Michaels (1997) 的这个美妙比喻。

结束了对美国共振质量技术的大量资助。我知道会发生这种事，但我不能告诉汉密尔顿。其结果将是，不仅在美国，而且在意大利和荷兰，大型低温球项目就要结束了。

21.1　韦伯对干涉仪的攻击

乔·韦伯决定尝试用目标的外环实现相反的效果——破坏干涉测量。他的新的共振棒探测器截面理论是一种隐性攻击。如果廉价的共振棒探测器同样能做甚至做得更好，为什么美国政府要给干涉仪花数亿美元？新的理论处理了整个原子群对外力冲击的反应方式，但在干涉仪中没有原子群的反应。干涉仪几乎完全由空间构成——它只是从远处的镜子表面反射的光。①

低温棒进展乏力，这肯定是切断韦伯团队资金的主要原因。让我用违反实际情况的方式说明这一点：如果韦伯和他的团队在低温棒上取得了很好的进展，切断他的资金就会非常困难。尽管如此，如果 NSF 支持他的新想法，实际上他们会告诉世界，有一种更便宜的方法可以完成干涉仪的工作。当 SN1987A 威胁要让新的想法大放异彩的时候，有人提出了问题。② NSF 决定，即使韦伯找到更多的数据支持他的新理论，他的历史记录也意味着它在科学界没有可信度，考虑到他的低温棒工作的失败，它可以利用这个理由不再继续支持他。我们可以说，NSF 自己做了一些社会学分析：通过预测韦伯未来主张的社会时空轨迹，让他闭嘴会让人感到安全。

不管怎样，韦伯都不满足于隐蔽地攻击 LIGO；他也进行了公开的攻击。当 LIGO 在国会争取资金的时候，他给负责的人写了几封信，声称美国政府正在浪费钱。他写信给科学界有影响力的人和 LIGO 的反对者，要求他们代表他游说 NSF 的人。可以说，他决心实现新思想的巨大政治潜力和科学潜力；他将这个论证带入全新的外环机构，远离研究核心。

例如，1992 年 7 月，韦伯写信给一位国会工作人员，他为参议员芭芭拉·米库斯基 (Barbara Mikulski) 主持的委员会工作。米库斯基的委员会负责 NSF；此外，她能代表马里兰州。这就确保这封信可以得到关注，尽管工作人员解释说，他每天都会收到十几封投诉信。韦伯在信里解释说，他重塑了共振棒灵敏度理论，公布了调查结果，并认为这证明了 LIGO 是在浪费钱。

> 1984—1986 年的分析已经发表了，并预测我们能够观察到超新星 1987A 的脉冲……
>
> 我们的天线和具有类似仪器的罗马大学天线正在工作，并在超新星 1987A 观测期间观察到 12 个大的符合脉冲……
>
> 这些数据构成的证据表明，与干涉仪相比，使用正确仪器的共振棒比科学家想象的要灵敏得多。一个小的 (100 千克) 硅晶体可以做成仪器，灵敏度比 LIGO 好 10^{10} 倍，总成本低于 50 万美元。

---

① 韦伯理论的第二部分与信号在共振质量中来回反射的方式有关，同样不适用于干涉仪，正如它不适用于带有棒端换能器的低温棒。

② 一份《新科学家》报告的副本 (罗马–马里兰观测与 NSF1987A 相关的引力波) 在 NSF 中分发，并附有一张警告性的封面说明。关于 SN1987A 声明给 NSF 造成的问题的匿名观点，可以在 WEBQUOTE 中 "1987A 结果的另一个观点" (Another View of the 1987A Results) 找到。

21.2 核心内外："政策的困境"

这是看待科学政策问题的一种方式："无知的赞助人担心，他们委托给研究者的资金是否物有所值。"这里是它的补充："专家们面临着……难以完成的任务，为那些可能不欣赏它的赞助人表演。"正如作者所说："研究者和管理者之间的信息不对称，这是科学政策的核心问题。"[1] 如我所说，当科学变得庞大时，决策的中心就会向外移动，远离专家群体。乔·韦伯是素质很高的著名科学家，他说委托给研究人员的资金没有得到很好的使用，但国会里收信人无法直接判断他的对错。但是，必须做出决定。在这种情况下，会发生什么？

在这种情况下，这个问题交给了 NSF 的专家，但是，如果有问题的是 NSF 的行动，这就不能解决任何问题。我问 NSF 的发言人："写这封信的人说 NSF'搞砸了'，国会的人为什么相信 NSF 的回复呢？"他回答说：

> 答案是你建立了长期的关系。你每年都与国会委员会和工作人员互动，不仅告诉他们好消息，而且很早就告诉他们严重的问题，就像 LIGO 的情况，当我们知道我们有管理问题时 (见下文)，我们知道必须更换主任，项目很难尽快投入资金，等等。我们做的第一件事，在进入 NSF 的内部链后，我们向国会解释了所有的事情，然后其他人就去做了。我们告诉他们，我们要做些什么来解决这个问题——我们要花多长时间解决这个问题，我们在整个过程中向他们汇报。然后我们继续做所有这一切。所以他们知道发生了什么，知道补救措施是如何实施的，所以他们有一些信心……只要我们走上正轨，他们就对我们做的事情保持信心。因此，如果知道有计划保持一切正常，他们就可以支持那些陷入困境的项目。(1996)

我还被告知，NSF 的回信必须让国会人员觉得有道理。

> 如果这听起来可信，我们知道自己在说什么，就有助于他们理解。我们鼓励他们相信这个答复，因为多年来建立了信任的传统。

> 他们总是和人们见面，对事物提出过分的支持和反对意见，对于什么样的意见属于正常的批评范围，什么时候有人越界了，他们有感觉。他们可能无法说出文章的技术细节，但我认为他们对人性有感觉。对他们来说，这是另一个值得关注的线索。

> 像乔·韦伯这样的人，他是马里兰州一所主要大学的老牌教授，也许写信给马里兰州代表团的工作人员——他们会关注他，他们会认真对待，所以他们要求 NSF 作出回应，并查看和评估这个回应，看看它是否有意义；但他们通常不是技术专家，他们可以询问我们以及其他一些人。我认为，如果他们真的认为有问题，他们可以探求真相。(1996)

我们可以用实验者的困境解释这里发生的事情。决策者不能根据纯粹的科学标准来判断论文或实验，因此他们必须寻找一些"非科学"标准才能做出判断。在这种情况下，非科学的标准

---

[1] 见 Guston(2000) 第 14 页、17 页。

是：第一，信任——建立在长期的关系上；第二，也许可以称之为鉴别。鉴别是从一个人的表现方式来判断他的工作质量和学术道德的能力。①

但是，如果决策者的困境 (我们称之为政策的困境) 与实验者的困境相同，决策者和专家有什么区别呢？答案不是很合逻辑，但是符合经验。不能保证科学家做出正确的判断，甚至不能做出正确的科学判断；但是，在世界因民粹主义的狂热而发疯之前，我们当然更希望科学判断来自有科学经验的人，而不是没有科学经验的人。因此，实验者的困境就像政策的困境，但是不太让人焦虑。②

NSF 会对米库斯基参议员和她的工作人员说些什么？我们可以做出相当可靠的猜测。他们会说，韦伯对这个领域做出了早期的重大贡献；他们会说，在过去的 10 年里，韦伯的工作并没有继续表现出同样的高水平，最近的一笔拨款也提前终止了；他们会说，近年来，韦伯花了很多时间做非正统的理论计算，得到了许多结果，这些工作经过专家的广泛审查，发现是不够充分的；他们会批评韦伯在超新星上的合作结果，该领域知识渊博的工作人员认为，这个合作结果是不正确的，因为正统理论认为这种源不可能发射出相当于 2400 个太阳质量的能量。

当然，如果韦伯有机会发言，他会试图反驳这一点，但与 NSF 的信任关系让他无功而返。必须做出决定，这并不是做出决定的坏方法，尽管不能保证决定永远是正确的。

21.3　正式的和非正式的控制

因此，尽管韦伯在主流物理期刊 (后来在不太主流的物理期刊) 上发表文章，尽管他正在做实验和发现现象，但核心群体操作的非正式控制机制阻止他得到认真的对待。在这种情况下，非正式控制的正常机制根本没有任何评论；无论期刊上是否有文章发表，异端都被简单忽略了。科学界可以在正式机构里容忍，因为非正式的控制很强大。事实上，在韦伯的案例中，正是因为他在核心科学家群体之外公开了他的主张，他们才不能仅仅忽视他。关键是，韦伯和他的同事们在 LIGO 寻找资金的时候大呼小叫——所以他对核心以外的人说的话就变得很重要。事实上，它变得如此重要，以至于正式的控制开始发挥作用，还有非正式的控制。如果我们研究一下核心群体对非正统论文的反应，就可以看到转变发生了。

21.4　对非正统论文的回应

我们知道，科学期刊上大约有一半的论文从来没有任何引用——它们消失得无影无踪，因为它们处理的是无趣的小事情——但是韦伯的论文是另一种类型。如果从表面价值来看，它们应该引起物理学的一场革命，因此，其中一些文章缺乏关注并不是因为琐碎无聊。在第 12 章中，我

① 斯蒂芬·特纳曾经建议，在政策决策中寻找其他标准，以替代专家判断。鉴别作为专门知识的类别，见 Collins, Evans(2002)。
② 关于这方面的更多信息，见 Collins, Evans(2002)。

们注意到韦伯在 1975 年分水岭之前的最后一篇实验论文发表在 1973 年的《物理评论》中，在 1975—1979 年间被引用 21 次，在 1980—1984 年间被引用 3 次。我们还注意到，1976 年，他在《物理评论》上发表了另一篇以实验为基础的主要论文，到 1990 年为止，从未被任何人引用。在这种情况下，这就是我们应该期望的：科学家被给予"一次机会"，但在此之后，即使他们能够继续在主流期刊上发表非正统的主张，非正式的控制也会发挥作用；他们的工作被简单忽略了。然而，对韦伯工作的反应中存在着异常。

一个明显的反常现象是中微子学界对中微子论文的反应。在 20 世纪 80 年代中期，他们仍然关注韦伯，但在这个时期，他们忽略了他 1988 年的实验文章。中微子的"异常"实际上是"给机会"规则的另一个例子。

但对韦伯 1975 年后的工作的回应还有另一个奇特之处，需要根据上面讨论的大科学的背景来解释。现在我要表明的是，韦伯的工作被忽视了，正如我们期望的那样，除了在临近 LIGO 竭力筹资的时期，组织论坛突然给予它负面的关注，并且实施正式的和非正式的控制。用身体作比喻，我们必须将科学论文的物理形式 (它在期刊上发表的所有结果) 与它的"灵魂"分开。对于核心群体来说，某些外表看起来完全健康的论文实际处于"植物人"的状态；科学灵魂已经离开，即使期刊的生命维持机器继续运作。韦伯在 1975 年后的论文中，大部分被核心群体当作植物人对待，但其中有一些似乎突然复活了。

方便起见，为了说明这些主题，我们审查以文章为代表的四个标志：1982 年的论文；1984 年以及后来关于截面和中微子的论文；1989 年的论文，报告与 1987 年看到的超新星相容的事件；以及 1996 年声称发现伽马射线暴和引力波的符合的论文。[1] 1982 年和 1996 年的文章被忽视了——它们被认为缺乏科学灵魂。此外，1989 年的超新星论文从一开始就受到严厉的批评，而 1984 年、1986 年和 1991 年的论文最初被忽视，但后来它们仿佛突然坐起来开始说话。我将按照最清楚地显示这种对比的顺序来对待这些论文——1996 年、1982 年、1989 年和 1984 年、1986 年、1991 年。

21.5 1996 年：伽马射线暴的符合事件

在整个科学界放弃对高 VGR 的搜索以后大约 21 年，韦伯发表了论文，声称他的引力波探测器的符合与"伽马射线暴"一致。这篇文章声称，纯粹偶然的结果在 10 万次中只会发生 6 次。

从我的论证来看，这篇论文的接受是最直接的案例。这篇论文把当前两大天文学难题 (伽马射线暴和引力波) 联系起来并部分解决了。论文有什么影响呢？很简单，到 1998 年年底，除了发表这篇论文的杂志《新试金石》的编辑，我在核心群体里找不到一个人读过这篇文章，只找到七个人曾经模糊地听说过它。[2] 在许多方面，这七个人代表了最显著的现象，因为他们知道这个潜在的惊人发现存在于自己的领域，但认为这篇文章不值得读。不用说，我从来没有遇到过任何人在走廊上、在会议报告中或者在咖啡馆里讨论这篇文章。实际上，在核心科学家群体中，这篇论文是看不见的。不出所料，SCI 在 1998 年之前没有提到这篇论文，到目前为止只有几次仪式性的

---

① 这些文章是 Ferrari 等 (1982)；Weber(1984a, 1986, 1991)；Aglietta 等 (1989)；Weber, Radak(1996)。
② 随着我在会议上和更多的人交谈，这些数字一直在增加，但情况并没有改变。

提及。

　　关于这篇论文, 我问过一些人。我问了一个人, 他不在引力波核心集合或核心群体里。然而, 他是世界上研究伽马射线暴的重要的科学家之一。他从未听说过这篇文章。

　　我和 NASA 负责资助韦伯的伽马射线符合研究的两位主要研究员谈过, 他们提供了伽马射线暴数据, 提供了相关性的一面。一个人知道这篇文章发表了, 但没有读过。我给他提供了参考资料; 另一个人说他对此一无所知。他们都问我这篇文章是否有他们的名字 (这是在 1998 年 5 月)。

　　我问了美国国家科学基金会的引力物理学项目主任, 问了引力波研究领域的主要教科书的作者, 问了 LIGO 的主任, 他们都没有听说过这篇论文或工作。当我告诉他们这件事时, 他们没有感到惊讶, 也没有表示特别的兴趣。[1]

　　当我在某个大学物理系 (在引力波理论方面是世界上重要的物理系之一) 发表演讲时, 一位听众说他听说过这篇论文, 但没有读过。我对这位听众说, 这是 "行动中的社会学"。

　　1998 年 9 月, 我在英国科学促进会就这个专题作报告。观众中的一位著名科学家建议, 虽然他不会读《新试金石》的论文, 但如果这篇论文发表在《物理评论》上, 他很可能已经读过了。当然, 出版期刊是一个重要的变量, 正如这篇文章的引文揭示的那样, 但在这种情况下, 它似乎不是主要原因。然而, 我们可以注意到, 韦伯 1982 年在《物理评论》发表的论文 (见下文) 被忽略了, 而 1989 年在《新试金石》发表的论文 (见下文) 则没有。

　　当我在格拉斯哥作报告时, 一位欧洲听众说他对这篇论文很了解, 但结果是搞混了日期; 他说的是韦伯在 1969 年发表的一篇论文, 而不是 1996 年。

　　1998 年 8 月, 在科罗拉多州博尔德的一次会议上, 我与一群物理学家共进晚餐, 我描述了 1996 年论文的销声匿迹——他们都没有听说过。一位物理学家自信地说, 他打赌 "科学家张三" 读过它, 因为这位科学家早些时候试图检验同样的想法。我打赌他没有, 赌 1 美元。不久之后, 科学家张三出现了, 我们打电话问他。我赢了赌局, 大家都很惊讶。

　　更值得注意的是, 尽管韦伯的主要意大利实验合作者、支持者和合著者皮泽拉和科西亚没有阅读这篇论文, 但这并不影响这篇论文。一个人听说过那篇论文, 但没有读过; 另一个人甚至没有听说过。当然, 韦伯并不急着让他们注意这篇论文, 因为它实际上批评了他们的换能器设计和探测器灵敏度。

　　起初, 完全没有人意识到引力波领域的创始人提出的这个重要的主张, 这个情况非同寻常; 然而, 从另一个角度来看, 就很容易理解。当我对科学家说, 我感到惊讶的是, 这篇论文发表了, 但是没有人知道它的存在, 他们只是耸耸肩。多年来, 韦伯的工作在核心群体中变得太边缘化了, 没有人关心这篇论文或它的潜在影响。[2]

---

[1]　主要教科书的作者确实在 2002 年 4 月阅读了这篇论文 (并做了详细的批评), 这是因为在马里兰的一次谈话后, 遇到了一个令人尴尬的问题。

[2]　为了避免过度解读没人读论文这件事, 应该指出的是, 发表的论文现在不是物理学家信息的主要来源。主要来源是会议和其他网络的报告。物理学家们在需要细节的时候才读。尽管如此, 这种情况仍然不寻常, 也许正是因为在这种情况, 正常的网络并没有交换多少信息, 包括电子预印本服务器 (韦伯没有使用它)。

21.5.1　1982 年的符合事件

在此之前 14 年, 在 1982 年, 《物理评论》发表了这篇论文, 声称在皮泽拉团队和韦伯运行的探测器之间, 发现了统计性显著的符合激发。论文的最后一段得出结论, 超出噪声的额外符合达到 3.6 个标准差的显著性水平。

与 1996 年的论文一样, 1982 年的文章符合 "苟延残喘模式" 的解释, 即使不那么引人注目。尽管这篇论文发表在著名的主流期刊, 但它从未受到质疑。根据 SCI, 到 1998 年年中, 这篇论文只被引用了 3 次。唯一出现在发表日期附近的引用是贝尔实验室的托尼·泰森的论文, 本质上是一种仪式性的 "整理", 直到 1982 年才发表。其他两篇引用文章是最近的：一篇是在 1995 年意大利团队成员发表的论文, 其中一些人是韦伯这篇文章的共同作者；另一篇是韦伯自己的 1996 年论文。[①]

另一个衡量 1982 年论文缺乏影响力的方法是科学家的回忆。从 1995 年起, 我开始向科学家询问那篇论文。以下引文摘自 6 次对引力波研究人员的访谈, 他们在 20 世纪 60 年代或 70 年代开始研究, 但仍然活跃。

> **科林斯**：你还记得这篇 1982 年的文章吗？(1995 (1))
>
> **受访者 1**：……你有其他人对此的看法吗？
>
> **科林斯**：是啊!……
>
> **受访者 1**：因为这是一个整体, 这个……我不知道你知道多少, 或者你是否已经了解到整体的情况。这基本上是错误的, 而且你也看到了更多的整体情况——我不知道它是否已经发表——其中一些——对此进行了一些仔细的分析, 我认为这是非常重要的, 因为它们表明它不重要。你知道吗？
>
> **科林斯**：有 1987 年的分析, 但我不知道对 1982 年的任何重新分析。
>
> **受访者 1**：你说的 1982 年的那篇文章是什么？
>
> **科林斯**：皮泽拉在日内瓦运行的低温棒, 寻找与马里兰韦伯的符合。
>
> **受访者 1**：哦! 我对此不太了解。我没怎么注意这个。听着, 当时我认为——大部分让我觉得不可信, 所以过了一阵子, 因为有太多的迹象表明, 它在统计上无法令人信服。我以为是最近的事情。
>
> **科林斯**：我感兴趣的第一件事是 1982 年发表的一篇论文, 韦伯、李、皮泽拉和费拉里在《物理评论 D》发表的一篇论文, 声称他们看到了马里兰共振棒和罗马共振棒之间的符合。你还记得那篇文章吗？(1995 (2))
>
> **受访者 2**：是的, 我隐约记得那篇论文。我很久没看过了……
>
> **科林斯**：你怀疑你当时是否读过, 是吗？
>
> **受访者 2**：哦, 对! 我确实看过。
>
> **科林斯**：你还记得它说的发现吗？

---

① 泰森和意大利的文章是 Brown, Mills, Tyson(1982) 和 Frasca, Papa(1995)。

受访者 2：(长时间停顿) 我相信——有一段时间,你知道,他们看了数据,做了这种互相关阈值的检验,在那里他们看到了一些证据,表明在相关性中存在零延时的过剩。

科林斯：你还记得显著性的水平吗?

受访者 2：不,我不记得统计意义。我记得——我肯定得出结论,那不是很重要。我的意思是,后来有人声称我更熟悉 (超新星)1987A,事实上我认为它根本不重要……

科林斯：我是说,你还记得当时你是怎么想的吗?

受访者 2：(长时间停顿) 嗯,我可能把那篇论文搞混了——有一段时间,意大利团队发表了一些论文,声称与地球的正则模式振荡有某种耦合——我不认为这就是那篇论文——那是另一回事。

科林斯：1982 年,韦伯和皮泽拉发表了一篇论文,声称看到了一些引力波。你还记得那篇文章吗?(1995(3))

受访者 3：1982 年的那一篇——他们有额外的符合——我不太记得了;更多的注意力集中在超新星 1987A 上,它后来出现了,但我记得,记得——不太记得了。

科林斯：所以,我的意思是,从你不太记得它这个事实来看,它好像对学界没有太大的影响。

受访者 3：对我没有太大的影响。理论工作者对什么是可信的偏见恐怕影响了我,这个领域显示额外符合 (但事实上,后来更深入的研究表明,它们不在那里) 的能力可能也影响了我,当时我只是怀疑这一点。感觉它不太像是真正的引力波,所以当我回想的时候,我可能第一次听到它是在芝加哥的得克萨斯相对论天体物理学研讨会上宣布,大约在 1982 年,当时我和人们讨论过,我对它不太感兴趣。

科林斯：对的。现在,你还记得他们报告的显著性水平有多大吗?

受访者 3：不,我不记得。我对 1987A 有更清晰的记忆……我认为大多数人的态度是,"这很奇怪,但是终究会搞明白的"——非常怀疑,仅此而已。

科林斯：你还记得李、韦伯、皮泽拉和费拉里在 1982 年发表的那篇论文吗?(1995(4))

受访者 4：模模糊糊吧。

科林斯：你还记得那上面说的话吗?

受访者 4：我认为他们声称是符合——这是在意大利和他们的一个探测器之间——他们……声称……有一些额外的事件。我们很多人看了这些数据,看起来很古怪。它有一种病态的感觉,从某种意义上说,他们没有告诉我们事件发生的时间。他们没有做全面的统计分析,只是一个初步的报告,正如我记得的——说的对吗?大致正确吗?

科林斯：这是在《物理评论 D》……你还记得它的统计显著性的水平吗?

受访者 4：印象不深。我不记得细节,但我们可以一起看看。我不记得细节,印象不深。

科林斯：1982 年，李、韦伯、费拉里和皮泽拉发表了一篇论文，说他们发现了一些符合。你还记得这篇论文吗？(1995 (5))

受访者 5：是啊！

科林斯：你还记得读过吗？

受访者 5：不——我只是知道这件事。

科林斯：你还记得他们声称的显著性水平吗？

受访者 5：不。

科林斯：你当时是怎么想的？

受访者 5：我认为是胡扯。我很抱歉地说，我当时变得很极端，什么都不相信……我对自己说，如果不是大人物 (提到实验者的名字)……的联合实验，我就不去关注它。对不起，我真的有偏见。

在采访的后期：

我一直四处游荡，但我没有读过那篇论文，因为我从会议上知道，不会有什么我正在寻找的东西。

科林斯：我只是想看看是否有人记得 1982 年的那篇文章。例如，你还记得显著性水平是什么吗？(1995(6))

受访者 6：不。我想我没怎么注意。(笑声)

我们看到，没有一个受访者记得 1982 年论文中报告的统计显著性的水平，尽管他们当时深入参与了这个领域。我们还看到，他们中的一些人把我的问题跟更晚也是更突出的 1989 年关于超新星 1987A 的论文搞混了。[①]虽然 1982 年的文章是关于新测量的报告，但是被认为缺乏信息。

21.5.2 来自另一个行星的看法

这些评论与我偶遇的另一位科学家的评论形成了很好的对比。马塞尔·格罗斯曼相对论会议是大型会议，吸引了对广义相对论各个方面感兴趣的物理学家。在耶路撒冷的会议上吃早餐时，我发现自己与引力波研究领域以外的某个物理学家聊天。我叫他格罗斯曼科学家。他自愿提出他对 1982 年论文的看法。他"冷静地"读过那篇《物理评论》文章，觉得完全有说服力。他觉得，它解决了这个问题；共振棒已经探测到引力波了。

这位科学家的观点很重要，因为它再次说明了我们的主题，即在理解身体和灵魂的差异方面，当事人和局外人的区别。假设你来自某个邻近的行星，你想了解地球科学的现状。你决定阅读同行评议的文献，你的知识水平相当于有两个理学学位——来自我们最好的大学。在这种情况，你阅读韦伯在核心期刊上的论文，就像格罗斯曼科学家一样。你不知道文章的灵魂已经消失了 (根据核心群体)，因为"身体"看起来很健康。要想知道一篇论文的主要解释，你需要做的不仅仅是读它；你需要成为核心群体的一员，或者能够接触到他们的观点。在目标图的外环中，决策者的处境与外星人或格罗斯曼科学家相同；政策的困境也是如此，需要相信核心群体的判断。

---

① 记忆可以"积极构建"，见 Lynch, Bogen(1996)。

然而, 当事情变得棘手时, 信任可以被更直接的行动取代。核心群体控制正式机构, 必要时可以使用它们。核心群体可以杀死身体, 先发制人地消除对灵魂的微妙理解。20 世纪 80 年代中期发表的论文就是这样。后来, 到 1996 年, LIGO 正在建设中, 来自 "政策外星人" 的危险已经过去, 又可以含蓄地拒绝了。现在我要详细地记录这个分析。

21.6　1989 年: 超新星 1987A

与 1996 年论文的接收过程相比, 1989 年论文的接收是非常 "干净" 的。在 1987 年超新星 (SN1987A) 爆发时, 没有一个低温棒运行, 这是引力波领域的大丑闻: 号称当时最灵敏的天线错过了多年里可能看到引力波的最好机会。[①] 当时唯一 "正常工作" 的共振棒是韦伯的室温探测器和意大利皮泽拉小组的一个旧探测器, 也在室温下运行。

研究和分析他们的数据以后, 韦伯、皮泽拉及其共同作者们得出结论, 他们看到了共振棒之间的符合, 这本身与超新星产生的中微子的通量是一致的。[②] 向《物理评论 D》提交了一篇记录这些事件的论文。用那个比喻 (出版物的身体没死但灵魂死了) 来说, 我们看到了第一个不寻常的事件: 这篇论文被拒绝发表。经过长时间的争论, 作者们重新提交论文, 但是仍然不能发表。最后, 它被提交给《新试金石》, 在那里发表了。[③]

从表面上看, 1989 年关于超新星 1987A 的论文与 1982 年的符合论文没有太大的不同。它声称, 两个室温探测器 (正统观点认为不够灵敏) 发现了符合, 经过几次调整, 这些探测器与超新星发射的中微子通量有关联。[④] 中微子探测器观察到的中微子通量水平与传统的理论预期大体一致。尽管如此, 如果这些共振棒对引力波的反应满足标准理论, 这个发现就没有理论意义了, 因为超新星发射的能量还是太多了。此外, 相同的两个小组也参与了 1982 年的文章, 有相同的两位主要作者。1982 年和 1989 年的论文都声称只看到了符合, 而不是引力波。

> 应该强调的是, 现在还没有关于背景或源的足够信息, 不能用引力波理论的预测来解释观测结果。这是因为, 观察到一个小背景的符合激发, 并没有告诉我们关于源的任何事情。检测是统计性的。没有办法区分偶然的符合和外界的激发。我们不能确定外部激发的哪一部分是陆地的或非引力的源……只有了解背景的性质, 才可能将天线用于引力波天文学。(第 421 页)

基于标准理论的计算, 1989 年的论文表明, 如果记录的信号是引力波, 需要的能量相当于 2400 个太阳质量的 "异常数字"。(标准理论的合理数字是太阳质量的一小部分。) 这篇文章接着说:

> 关于 (引力波) 天线记录的信号的幅度, 上述反对仍然存在……但是, 在我们看来,

[①] 这种程度的超新星爆发平均每 30 年发生一次。事实上, 计算表明, 即便是低温棒也看不到引力波, 所以从物理学的角度来看, 灾难也许不太大。然而, 出于政治原因, 没有人愿意看到这样的失败再次发生, 所有的共振棒团队现在都试图按照约定的停机时间安排计划运行他们的设备, 这样至少有两个一直 "正常工作"。

[②] 这里提到的中微子, 与中微子的截面和韦伯检测中微子的实验无关。

[③] 见 Aglietta 等 (1989)。

[④] 一位受访者说, "很少的调整" 其实是有实质性和人为性的。

相关性的存在，从观察和统计的角度来看，都有充分的根据，因此我们发表它们，但条件是，当我们谈论引力波甚至中微子 (其直接影响是猜测性的，同样不可能是符合的原因) 的时候，我们指的是相应的探测器记录的事件，既不假定也不排除这些事件的一部分或全部实际上是源自真实的引力波或者真实的中微子。(第 77 页)

尽管在内容和声明上有很大的相似之处，但对 1989 年文章的持续反应与 1982 年文章有很大的不同。

正如我提到的，第一个不同是，发表了 1982 年论文的《物理评论》拒绝了 1989 年的论文，而且是在第二次提交、试图回答第一组审稿人的广泛批评以后，仍然拒绝。也许不应该对拒稿这件事做太多解读，因为编辑和审稿人变了，系统中有很多"噪声"。在我的受访者中，有些人坚持不同意发表他们认为不正确的论文，而另一些人则说，他们的职责只是指出作者的错误 (他们认为的作者的错误)。关于这篇论文的发表 (与 1982 年的论文相比)，我请求一位受访者发表意见。

> **科林斯：** 我很惊讶 1982 年的论文发表了……
>
> **答：** 为什么不发表？
>
> **科林斯：** 因为结果难以置信——这是一个原因。
>
> **受访者 A：** 但是如果它是真的呢？——如果它是真的呢，如果它是假的呢？——如果是真的，你压制它，就太糟糕了。如果是假的，这些人不是说他们看到了什么，而是说他们有问题，那么，最后，如果问题是他们很蠢，人们就会知道他们很蠢。当有争议时，我认为这是最负责的处理方法。
>
> **科林斯：** 好的，但是《物理评论 D》……
>
> **受访者 A：** 它很可能经历了和审稿人的许多轮来回，以便让一些内容得到恰当的表达——我认为。
>
> **科林斯：** 我是说，但是《物理评论 D》没有发表超新星论文。我想比较的是 1982 年的论文和几年后的超新星论文。
>
> **受访者 A：** 呃——超新星论文说他们看到了引力波，不是吗？是这样吧？
>
> **科林斯：** 呃——我想它说他们看到了额外的符合。
>
> **受访者 A：** 额外的符合——啊哈——(有点尴尬的笑声)。嗯 (停顿了很长时间)——是的，我怀疑我知道谁是《物理评论》的审稿人了。他是——真是难以置信。在那里，你知道，对于超新星来说，很难得到引力波。而且，它有各种各样的缺陷——你知道，时机，引力波、中微子和光的相对速度。是啊。我们，好吧，我不想——我想这篇文章可能有一个早期的版本说，他们看到引力波，当它真正发表时，口气已经变得缓和了……(1995)

但是当然了，它发表在《物理评论》上。

尽管一些科学家认为，那些甘冒风险的人应该发表，但有人仍然可能认为，1982 年的论文幸运地碰到了它的审稿人，而 1989 年的论文不够走运。我看了三位匿名审稿人对重新提交的 1989 年论文的报告 (显然，这份文件回到了原来的审稿人那里)。两份报告是断然拒绝，第三份报告则是 13 行的回应，承认"稿件的性质令人不安"，并且"为怎么谈论它而苦恼"。这位审稿人还写道：

问题是我真的不相信这些结果。是的，作者们试图诚实地回答这些批评。我还有几个问题要说……(但是)……更大的问题是，我确实认为，作者提出的结果存在根本性的缺陷。

审稿过程的结果与随后的事件一致。这篇论文被《物理评论》拒绝，发表在意大利期刊《新试验》上，该杂志的发表政策更加开放，许多美国科学家认为这降低了它的声誉。一位著名的受访者告诉我：

> 《物理评论 D》是这个领域喜欢的期刊，领先很多，这是人们找东西的地方。原来的 1987A 论文应该在那里发表……
>
> ……现在没人注意《新试金石》。这些东西是社会学的，我猜 (笑声)。那里没什么有趣的东西发表了。(1995)

但是与 1982 年相比，现在的事件表现得更加鲜明。尽管这篇论文被推到了"边缘性"的《新试验》，但 1989 年的论文受到了攻击 (来自迪克森 (C. A. Dickson) 和舒茨 (Bernard F. Schutz))，而令人惊讶的是，《物理评论》发表了这个攻击。[①]因此，《物理评论》在两次提交后拒绝了这篇正面的论文，看到该论文"靠边站了"，但仍然愿意发表批评。在不同的期刊上批评一篇论文是奇怪的——为什么编辑不让作者向《新试金石》提交他们的批评呢？

大多数物理学家都认为 (无论是否在引力波研究领域，无论他们认为原始论文是对还是错)，这一系列事件是不寻常的也是不幸的。一位重要的物理学家非常赞成发表迪克森和舒茨的批评文章，他告诉我，如果它和 1989 年的原始论文都发表在《物理评论》，就更好了。

> 我认为舒茨的论文对学界很有趣也很重要，我有一种强烈的感觉，那篇文章 (以及原始论文) 应该发表在《物理评论 D》。(1995)

最后，原文作者针对发表的批评写了一份答复，并提交给《物理评论》；这篇答复也被拒绝发表。[②] 人们可能认为，声称看到与 SN1987A 相关的引力波，这种行为可以被视为科学上的脑死亡，但在这里，它引起了一位重量级选手的反应。一位匿名审稿人的评论被用来为《物理评论》拒绝发表对批评的回应做辩护：

> 即使这个分析里有一些有趣的东西，关于这个主题的气氛已经太有害了，这个最新稿件的基调太有争议性，没有人会相信。作者必须意识到这一点；关于这个主题继续写文章，只会损害他们的声誉，丝毫不会加深我们对这些问题的认识。

我们又一次看到科学家扮演社会学家。但是为什么气氛会这么有害呢？既然争论需要双方才能进行，起初为什么允许争论呢？

对 1989 年的论文反应强烈，对 1982 年的主张和韦伯 1996 年的论文却完全没有反应，这个差别仍然可以从干涉测量的背景发展来解释。引力波探测领域不再是少数深切关注的科学家 (由于社会化而进入核心群体) 就能得出"正确"结论的领域；非社会化的决策者和敌对的天文学家现在感兴趣了。[③] 就像一位科学家说的：

---

① 见 Dickson, Schutz(1995)。记录在案的是，对 1989 年文章的批评是基于能量计算结果的先验不可信性，以及解释的相对合理性 (对数据进行无意识的统计操作)；文章指出，在分析得出具有统计显著性的结果之前，尝试了太多的阈值或其他条件。然而，这种事并非微不足道；正如一位消息灵通的受访者所说："那篇论文一直存在着长期的争议——巨大的困惑是一种更好的表达方式……真正的困惑，因为那些看过它的人——那些看过它的好人——不能真正地把统计分析分开，呃，认真地质疑。"(1995)

② 它最终作为第 1088 号内部报告发布，1997 年 5 月 20 日 (Rome: University of Rome, La Sapienza)。

③ 但是请记住，SN1987A 是天文学和天体物理学中非常令人兴奋的大事件，这有助于给非正统的主张赋予更大的意义。

我觉得这太离谱了。我很生气。我以为他们吸取了教训……我很害怕这会毁了 LIGO。

科林斯： 怎么会毁了 LIGO？

受访者： 因为更多的是这种狂热和疯狂。你看，我生活在这个充满敌意的环境里，(在麻省理工,) 他们肯定会说："看，你们都疯了，你们又给我们看这种烂东西。你怎么能这么做！"……我希望它消失。

科林斯： 所以，因为你认为……哇，这太糟糕了……所以，比如说，因为 (提到了一位共振棒研究者的名字) 又提出了一个疯狂的主张，所以，这给 LIGO 带来了危险？

受访者： 是的。

科林斯： 请再解释一遍，因为我觉得很难理解。

受访者： 嗯，我们当时还和天文学家争论，斗得很厉害，关于做 LIGO 的价值，从一开始，我们一直被污蔑为"你们这些人都是疯子"！这只是进一步的证据。所以，我的意思是，他们把我们跟那个捆在一起了。

科林斯： 是的，但人们肯定会知道你们是单独的群体。

受访者： 没用的。这是一个领域。"看，又是病态科学。"它又来了。你看。现在，也许我反应过度了，但是我觉得……如果 (提到一个共振棒研究小组的名字) 鸠占鹊巢……我们都会倒霉的。(1995)

伯纳德·舒茨在 1996 年与我交谈，他是批评文章的主要作者，与干涉测量有联系的主要理论工作者。他解释了对 1989 年文章的反应，反思了对资助 LIGO 有影响的圈子。他认为这篇论文是另一个"韦伯事件"，"我们必须用一种方式约束自己，必须有来自引力波社区的批评。我和本领域的其他几个人谈过了，他们都同意必须这样做。"

舒茨解释说："由于我们宣传说干涉仪值得尊敬，有很好的的机会达到正确的灵敏度，这个领域又变得很有信誉了，所以，现在是成败关头。可以想象，资助机构开始说，这方面花了很多钱。一个共振棒探测器小组出来说，他们看到了引力波，然后受到强烈的质疑，这可能严重损害干涉仪从机构那里得到资助的前景。"

正如舒茨所说，并不是因为他认为有人会相信韦伯的说法 (他可以更便宜地找到引力波)："我认为这影响到资金，但不是因为有人认为干涉仪正在做的事情，别人可以更容易地做到，而是相反，干涉仪参与的领域里充满了疯子。"当我暗示任何人都能够看到韦伯的声明和干涉测量完全不一样的时候，舒茨回答说：

这与干涉仪的批准过程的社会学有关，所以这里有一个更大的问题：不同领域之间的资金竞争，还要说服那些不在引力波领域的人，在这个项目上花钱是值得的……我遇到了许多天文学的同事，他们自然而然地反对这个想法，他们很乐意把我的共振棒同事当作坏科学家的例子，你知道，如果这些人这样做引力波，我们怎么知道你在干涉测量领域的其他同事不会那么疯狂呢？我们把所有的钱都投入到某件事，也许你看到了，也许你没有看到，但是当你出来说，看到了一些东西的时候，我们怎么知道你不像其他人一样疯狂呢？

我认为这是必须严肃对待的原因，这也是我写这篇文章的原因，主要的动机。(1995)

因此，舒茨认为，一份荒诞绝伦的声明已经发表，没有受到引力波群体的批评，这将给整个引力研究领域的敌人提供弹药，他们占据了目标图的第二环——科学家们担心他们会因为干涉仪的工作而缺乏资金。舒茨告诉我，NSF 的里奇·艾萨克森 (Rich Isaacson) 也和他一样敏感："(当他得知要写这篇批判性论文时) 里奇非常高兴……(提到了美国和英国干涉仪小组的一些主要科学家的名字) 也是如此。"

早些时候，我提了一个问题：为什么《物理评论》的编辑不告诉批评《新试金石》论文的作者，让他们把文章提交给《新试金石》呢？答案是，他们做了！编辑们在 1992 年 6 月 23 日的一封信中写道："你们的文章最好发表在被批评的论文发表的期刊上，而不是没有发表它的《物理评论 D》。"然而，他们说服编辑改变了主意。批评的主要作者舒茨写了一封信，指出，许多美国引力波科学家告诉他，他们迫切希望看到批评文章发表。他还指出了这些分歧的根本性质，韦伯在 1989 年的论文中提出了这样的观点：为了理解引力波探测器，需要"新物理学"。1992 年 11 月 15 日，LIGO 群体的一位领导人向编辑发送了第二封支持发表的信。舒茨向我描述了这一点："(一位重要科学家) 给编辑写了信，支持这个说法：这是全局性的问题，不是期刊选择文章不当的问题，而是因为 LIGO 明显影响了美国的问题，它适合《物理评论》。所以，《物理评论》确实发表了它。"[1]

最后，我在舒茨身上测试了我的整个假设：

科林斯：让我告诉你我的理论，这样你就可以看到我要干什么了——我相信，在科学家的内部网络中，真正知道发生了什么事的人，人数往往非常少……知道什么是对的，什么是错的，而且通常没有必要写一篇论文反驳某件事。

舒茨：是的，没错，我想这就是《物理评论》编辑的观点。

科林斯：所以，在这个特殊的案例中，(所有这些人都希望它发表)——我想解释一下，这与当时 LIGO 的资金情况有关。这就是我想确定的假设。

舒茨：哦，是啊！我们都认为与此有关，我们都认为这篇文章的发表对 LIGO 很有帮助。[2](1995)

最后的这些摘录可以作为本节的结论。1989 年的这篇论文遭到了强烈的反应 (以发表的形式出现)，因为初现雏形的大科学正在为资金而战。当"外星人"政策制定者在一旁观看时，如果组织论坛不批评"疯狂的"文章，就可能会成为问题。

21.7　新的截面：1984 年以后

分析截面论文的处理是复杂的，因为它们针对两个不同的群体：引力波群体和中微子检测群体。这两个群体的反应必须分开。

---

[1] 我看过所有相关的信件。

[2] 这次采访的完整的、非常令人回味的摘录，可以在 WEBQUOTE 中的 "舒茨谈他为什么攻击 SN1987A 的主张" (Schutz on Why He Attacked the SN1987A Claims) 下找到。

韦伯 1984 年的论文提到了中微子和引力波；随后的文章分别讨论了每一个。因此，1986 年和 1991 年的会议论文只涉及引力波的截面，《物理评论》发表的两篇论文涉及中微子的截面。

这篇 1984 年的论文总共有 12 次引用，但这个结果有误导性，除非我们注意到，最早的 3 次引用来自 1984 年那篇论文中只讨论中微子方面的论文。因此，虽然这些论文是关键的，给 1984 年那篇论文赋予了科学的生命和灵魂，但没有触及其中的引力波主张的生命和灵魂；引力波群体直到后来才做出反应。此外，到 1987 年为止，针对 1984 年和 1985 年发表的两篇论文里的中微子截面主张，发表的批评不少于 7 篇，但这些都来自中微子群体；引力波群体仍然把这些论文当作植物人对待。

对 1984 年来自引力波群体的论文，第一次批评直到 1988 年才发表。因此，对引力波增强截面的文章的反应似乎分两个阶段：截面声明的头几年表现为解释性死亡 (植物人)，就像 1976 年和 1982 年的文章一样；正如我确定的，这是预期的反应，异常的是随后的恢复活力。

我们还是用物理学家的回忆支持这个想法。一些受访者在第一次被我质疑时，认为韦伯的新截面是在 1987 年以后发明的，用来解释超新星的说法。在下面的摘录中，两位受访者一起接受采访，开始谈论 SN1987A 的主张。

受访者 1：是否涉及 n 次方 (新截面)？

受访者 2：那是后来发生的。我认为，这只是我的印象，但我不知道他想了多久；但我的印象是，这是在事后发明的，有助于解释他 (在 1987 年) 实际上看到了一些东西。

科林斯：超新星？

受访者 2：是啊！

科林斯：事实上，那是错的。

受访者 2：他以前想过吗？

科林斯：他在 1984 年讨论了他的新截面。

受访者：好的！好吧！(1995)

这些受访者，跟下面的受访者一样，在更大范围的争论变得重要之前，几乎不记得有这个截面的主张。以下两个访谈摘录中也有类似的内容。

受访者 3：(1987A 的主张) 由于韦伯当时提出了一种关于引力波天线截面的新理论而变得复杂，我认为这是绝对错误的——他的计算有缺陷。如果你相信这些信号是真的，如果你相信它们是超新星 1987A 的引力波，很可能需要这个截面，但我认为它根本没有物理意义。(1995)

受访者 4：(采访的前几分钟) 他几乎和我知道的每一位物理学家断绝了联系。所有这些都因为超新星 1987A 的这个 (事情)。

(采访进行到大约 40 分钟) 他想获得超新星检测的功劳——基于截面的新计算。

科林斯：(采访进行到大约 50 分钟) 韦伯的新截面是 (我想谈的) 第二个事件。

受访者 4：是啊！好的！我和乔在这方面花了很多时间。

科林斯：所以 1984 年……

受访者 4：他是那时候做的吗？

科林斯：是啊！实际上是在超新星之前。

受访者 4：哦——他在那以前做的吗？我没意识到。好的。

科林斯：因为你之前说过，他这么做是为了回应超新星，是为了证明这一点，但实际上他的截面是 1984 年。

受访者 4：我明白了。好的。(1995)

我在这里试图表明，受访者不记得这个事实，即截面声明最初是在 SN1987A 的声明之前 3~4 年提出的。换句话说，在引力波群体中，这个主张和相关的论文毫无影响——在科学上没有灵魂——没有人记得，直到后来高调的事件让它突出。

我认为，在核心群体中，理论从植物人的躯体转变到危险的敌人，还是因为引力波探测从小科学变成了大科学。第一个迹象是阿马尔迪要求朱利亚诺·普雷帕拉塔调查此事。他最初的结论是，韦伯理论不正确，他随后在 1998 年的会议报告和一份很快就发表的文章里明确说了这一点。此后，正如我们看到的，普雷帕拉塔改变了立场，成为韦伯最强烈的支持者，认为量子相干具有韦伯声称的那种宏观效应。因此，引力波核心群体迅速而彻底地抛弃了普雷帕拉塔。

普雷帕拉塔改变了主意，韦伯的截面主张就没人质疑了，但这个时候，由于 LIGO 的资金争夺战，利益攸关，他们不能置之不理；仅仅忽视它们已经不够了，因为核心群体以外的人很感兴趣。由于相关同事的压力，加州理工学院的理论工作者基普·索恩也分析了这项工作，得出结论说那是不正确的，并开始在会议上抨击截面主张。

然而，索恩的批评从未在期刊上发表。作为韦伯开创性工作的崇拜者，索恩根本不想在截面的问题上与韦伯对抗，但他觉得必须这样做，因为他可能对 LIGO 产生破坏性的影响。在这种情况，对此关注的外来群体不是可能游说国会的敌对的天文学家，而是国会议员本身，正像韦伯在给米库斯基参议员助手的信中说的那样，他们直接受到韦伯的游说。索恩在 1995 年告诉我："我们正处于争取 LIGO 开发和批准的早期阶段，因此我们在华盛顿的资助官 (理查德·艾萨克森) 很关心这一点及其对 LIGO 的影响。如果乔 (韦伯) 是对的，就没有必要开发这么大的昂贵仪器。"

但索恩不想在公开场合攻击韦伯：

> 我不想 (像另一位科学家一样) 对他做 (公开攻击)①……在一次又一次的会议上，乔和我开始表演二人转。乔站起来谈论这件事，我就这样回答——简明地回应。我觉得我在这方面的声誉可以让人们倾听，这就足够了。理查德·艾萨克森认为这还不够，因为参与的不仅仅是学界。他觉得必须写些东西。

他解释说，艾萨克森焦虑的原因是，现在关心的群体更广泛了。

> 因为 LIGO 是这么大的项目，也是 NSF 做过的最昂贵的项目，我作为学界的一员，站起来说乔错了，学界里的人对此非常清楚，仅仅这样是不够的。他们 (局外人) 也需要知道。他觉得必须是书面的批评，这样才能以书面的形式给人们展示。②

索恩解释说，当我们讨论这个问题时，他认为他现在可以放松了，因为 LIGO 的资金已经落实了，"如果这还是一个重要问题，我可能会有不同的想法；但是当学界就此达成共识时，我认为没有必

---

① 我猜这里指的是加文。

② 索恩的评论最终发表在会议文集中 (Thorne, 1992b)，但是如果发表在杂志上，就太像攻击了。

要在公共场合打这些仗了。"①

虽然索恩没有在杂志上发表他的论证, 但是在 1992 年, 另一个重要的引力波理论工作者做了。我问莱奥尼德 · 格里舒克 (Leonid Grischuk), 他什么时候决定发表对韦伯和 (后来) 普雷帕拉塔的截面主张的回应。他回答说:

> 当形势变得清楚 (它会制造困难) 的时候。在某种意义上, 这造成了困难, 尽管我一直怀疑他是错的, 但直到他真正开始游说国会议员——我不知道细节, 但我从文献和其他人的反应中发现, 这不仅仅是科学问题, 还是论战——为什么我们应该建立一些更大的系统呢? 使用这些固体的共振棒天线就够了, 实际上他们声称已经发现了。因此, 既然我知道它在科学上是不正确的, 既然它在政治上变得重要, 我决定写一些东西……

> 政治动机确实发挥了作用。它确实发挥了作用, 因为我注意到, 人们越来越感兴趣, 人们越来越困惑, 如果我不澄清这一点, 他们可能错误地认为这是正确的公式, 可能决定不建造 LIGO ——你知道的——等等。②(1996)

最后, 更有说服力的是, 我们可以不那么直接地表明, 至少有一些参与争论韦伯截面主张的科学家, 更关心他们的工作对外部世界的影响, 而不是科学本身。因此, 在 1995 年批评皮泽拉-韦伯超新星主张的迪克森-舒茨论文里, 有一个脚注如下:

> 关于引力波探测器的截面比这里看到的要大得多的主张 (J. Weber, *Found. Phys.* 14, 12 (1984)) 是错的, 如索恩在《广义相对论的最新进展》(*Recent Advances in General Relativity*)、A. Janis 和 J. Porter 编辑的纪念 E. T. Newman 的会议文集 (Birkhauser Boston 出版社) 和 L. P. Grischuk, *Phys. Rev.* D 50, 7154(1994) 表明的那样; 因此, 没有给出这些问题的解决办法。③

注意, 在这个脚注里, 迪克森和舒茨没有提到普雷帕拉塔的研究结果 (无论旧的还是新的), 只提到了韦伯。还要注意, 他们对格里舒克批评文章的引用是错误的。他们说的那篇文章完全是另外一篇, 两年后才发表。这表明, 他们在撰写脚注时, 没有仔细阅读格里舒克的文章, 对他们来说, 这些文章是 "政治标签"。我们可以把政治标签定义为这样的一篇论文: 可能不会被仔细阅读——除了被批评的人——但可以通过谈论它来达到政治目的。决策者和其他局外人可能已经被告知, 这种技术可以用 1% 的成本探测引力波, 或者这种稀奇古怪的主张表明引力波群体仍然不值得信任, 他们可以回答说,《物理评论》中已经明确说这种技术或主张缺乏依据, "这是参考资料"。科学论文的使用者不一定需要阅读它!

此外, 我们注意到, 完全没有提到普雷帕拉塔 1988 年的批评文章。讽刺的是, 普雷帕拉塔第一个发表了批驳韦伯引力波截面主张的文章——但他的分析对政治目标毫无用处, 因为他在 1989 年改变了立场。我们需要认真思考这件事的含义。当我们评估 1988 年的论文时, 是普雷帕拉塔 1988 年论文的内容重要呢, 还是普雷帕拉塔这个作者更重要呢?

也许值得注意的是, 不论是索恩还是迪克森和舒茨, 都没有理睬普雷帕拉塔后来对韦伯的支持 (尽管格里舒克作出了反应)。索恩对截面的分析, 迪克森和舒茨在脚注中提到这一点 (只提到

---

① 这个采访摘录的更长的部分, 可以在 WEBQUOTE 下找到 "索恩谈他对韦伯的新截面的反应" (Thorne on his Reaction to Weber's New Cross-Section)。

② 格里舒克强调, 尽管有些准政治的动机, 他还是试图进行客观的分析, 他认为他的分析是唯一的彻底而果断地探讨这些问题的分析。

③ 见 Dickson, Schutz(1995) 第 2668 页。

韦伯), 尽管普雷帕拉塔的分析来得比较晚, 而且在技术上更先进。可能还是因为意大利的文章, 利用他的新分析来支持冷核聚变, 以及引力波探测器的增强截面, 他们认为普雷帕拉塔太不靠谱, 不需要向外人明确批判他; 重要的局外人即使知道他, 也不会认真对待他。

　　我给 1996 年春天在比萨参加引力波会议的人发送了电子邮件问卷, 从他们的答复中, 可以了解人们对普雷帕拉塔和韦伯的相对认可程度。在 29 份答复中, 12 份来自意大利人, 17 份来自非意大利人。受访者被问及韦伯和普雷帕拉塔关于截面的想法。他们可以回答说不知道我指的是什么。关于韦伯的说法, 12 个意大利人中有 2 个不知道我指的是什么, 而 17 个非意大利人中有 3 个不知道, 大致相同。然而, 关于普雷帕拉塔的理论, 12 个意大利人中有 4 个选择了"不知道", 而 17 个非意大利人中有 11 个承认"不知道"。[①]

21.8　科学决策的四种模式

　　在第 19 章, 我从高 VGR 与主流共识日益分裂的角度讨论了它的消亡。韦伯从非正统的主张开始, 转向一种非正统的理论, 然后发展到该理论的一种更加非正统的含义——需要中心晶体仪器。这些举动越来越多地切断了他与潜在盟友的联系, 使他与引力波群体几乎没有任何联系。

　　在第 20 章, 我再次从支持他工作的机构和网络的角度考察这一点。在 1975 年后的这段时间, 期刊和资助机构向他提供的支持与他在分水岭之前所得到的类似; 但出版渠道和资金来源慢慢消失, 迫使他寻求离中心越来越远的支持。

　　本章研究了反对高 VGR 的行动采取主动而不是被动的方式, 因为干涉测量的大科学成为所有引力波政策的主导背景。

　　这三章研究了社会时空涟漪消亡的不同方面。在第 19 章之前本来还有另一章, 讨论科学的情况。那一章想要说明, 韦伯的科学越来越错误。我不能写那一章, 因为我不是足够好的科学家; 我也不想写那一章, 因为这与本书无关。然而, 科学家可能会这样总结该章的结论——事实上, 下面的引文来自一位受访者:

> 　　从物理学的角度来看, (韦伯最近的主张) 是胡说八道, 乔从未能挽救他在物理学家中的声誉, 部分原因是, 他做事情的方式非常尴尬。他总是在段落末尾说: "所以我认为, 我已经探测到了引力波。"他支持"中心晶体"的论证——每个词的含义都很奇怪——都是胡说八道, 说服不了任何人。他的论证 (完美的晶体具有更大的引力波截面) 也是如此。你不能说绝对没有, 我认为还有一两篇来自边缘群体的文章说他们同意, 但实际上, 本质上他们不能说服任何人。我的意思是, 他们不符合其他人对大学物理的理解——虽然不是大一物理。(1995)

　　说话的人是引力波物理游戏中的一位重要玩家, 即便如此, 你也可以了解为什么原来打算的纯科学描述的章节是不够的。我们对科学的了解, 正如我在书的开头所建议的, 几乎都是道听途说。用这位物理学家的话说, 显而易见。从物理学的角度来看, 韦伯的主张毫无意义; 这是毫不

---

① 对这封电子邮件问卷的答复很差, 我不推荐它作为科学知识社会学的一种方法。

含糊的。但韦伯不是傻瓜。我们看到，截面论证中的缺陷是错误的，因为它们"不符合任何人对……大学物理的理解"，而且"你不能说绝对没有"。当然不能。只有 3 位物理学家做过艰苦的工作，真正分析韦伯截面并找出缺陷，其中一位后来还改变了立场。以这样或那样的方式，其他每个物理学家都相信那些做过分析的人。很有可能，如果他们确实回到了原始的来源，即使他们非常非常能干，也很难找到一个缺陷，站起来反对某个韦伯或普雷帕拉塔的坚定论证。即使是那些做了分析的人 (这是他们的本行)，也不认为这个任务微不足道。[①]

因此，原来的那章需要从第 19 章得到一些支持，该章谈到韦伯与他的潜在盟友的边缘化，说明了为什么当你面对选择相信这个群体而不是那个群体的分析时，这个日益明显的事实 (几乎没有其他人相信韦伯) 简化了你的选择。第 20 章的分析再次证实了这一点，表明主要机构越来越不信任韦伯。本章的分析再次强化了这一点，说明人们如何更容易忽视韦伯，因为他被"正式"批评了。人们不需要阅读这些批评就可以了解这一点；只需要知道这些批评发表在"同行评审的期刊"，而最初的主张最终发表在不那么主流的期刊。这是科学论证的有力例子。

因此我认为，无论你需不需要原来的那章理解韦伯命运的变化，你当然需要随后的章节。但是要重申前面的观点，我想确定的不是这个。我真的不想争论这些不同描述的高下，只是需要做一项工作来产生后续章节中的那种叙述，这项工作最好是集中在这些章节中讲述的机制，而不是科学内容的正确与否。

重申另一个早期的观点，这不是对科学的批评；只有从抽象的模式看待科学 (我们可以称之为科学主义，或科学原教旨主义)，才能将其视为批评。在这个模型中，实验是按照配方进行的——我在其他地方称之为算法模型——每个科学家都有能力考察整个科学理论和数据收集的历史，直到现在。在我们的模型中，实验是群体成员之间技能转移的问题——文化模型——知道科学是属于一个群体，分享它的"宝贵假设"，并成为信任关系里联系不断扩大的一部分。

讽刺的是，韦伯拼命地向科学主义靠拢。从韦伯的角度来看，他严格遵循良好的科学实践规则，在这种模型里，个人可以直接与大自然对话，只是为了避免错误才需要接受同事的批评。他是备受称赞的科学好手，继续发展理论，进行实验，并在同行评审的期刊上发表结果，让自己接受批评。韦伯认为他发现了引力波事件，这些事件与超新星发射的中微子有关联，与伽马射线暴有关联；同时，他的理论使他的观测与广义相对论和标准天体物理模型一致。就像他对我说的：

> 我认为有两个假设。首先，我做了一个实验，用中心晶体仪器观察到一些东西，贝尔实验室用中心晶体仪器建造了副本，符合实验产生了一些东西。罗马用中心晶体仪器制造设备，得到了一些结果。使用棒端加速度计的仪器已经花费了一亿美元——它什么也没有得到。因此，你就开始假设我完全错了——我所有的工作都毫无价值，因为更灵敏的方法没有得到任何结果。
>
> 还有另一种可能的解释。另一个可能的解释是……末端加速度计的方法毫无价值，他们不知道自己在做什么，我的数据是有效的。虽然没有人采纳这一点，但是作为客观看待证据的基础，这是合理的结论。(1993)

正如韦伯认为的那样，"科学家还能做什么呢？"[②]

[①] 一位受访者抱怨说，他们中的许多人确实回到了原来的文章，发现了这些缺陷。但是，考虑到最优秀的理论物理学家遇到的困难和需要的时间，你真的能做得彻底的工作吗？这种工作可以公开发表，而且其结论影响你的声誉。

[②] 关于 1995 年对我的评论的一次令人回味的重复，请参阅 WEBQUOTE 下的"韦伯谈他的工作作为共振换能器的实验测试"(Weber on His Work as an Empirical Test of Resonant Transducers)。

如果科学确实按照这个模型发展，就很难理解为什么韦伯最近的工作被忽视了，因为它得到了美国宇航局的资助，发表在一份物理杂志上，有一种理论支持它，报道了非常有趣的结果。当然，关键是科学不能像这个模型建议的那样发展，因为每个发现、每种理论和每篇论文都必须解释。[1]

解释的必要性不仅为"被拒绝的科学"提供了继续存在的空间；它还允许核心群体把"被拒绝的科学"视为无可救药的缺陷。讽刺的是，只有在这种科学的解释性模型里，韦伯的行为才能被认为是越轨行为。讽刺的是，韦伯这个人异想天开，因为他僵化地坚持科学家的权利，继续直接与大自然对话，拒绝共识——长期而痛苦地确立的协商一致的集体解释。

要转向主流，解释结果的必要性势必包括拒绝某些异端，这不是偏见的问题，而是理论和实验对解释的低估。没有必要用阴谋论解释为什么核心群体或科学界的主流在初步审查后忽视异端的主张；只是需要做的科学工作太多，没有足够的时间。而且，总有更重要的科学工作要做，因为确实地检验事件的每一种可以想象的替代解释，需要的时间是无限长的；人类在发明新解释方面的聪明才智确保了这一点。[2] 如果科学要取得进步，那么实验和计算是不够的——有些人（或者有些群体）必须做出判断和选择。科学知识社会学展示了不同群体怎么以及为什么做出不同的选择。[3]

21.9　再谈正式的和非正式的控制

对于高 VGR 的情况，人们可能会猜测，在整个物理学中，主流期刊和资助者内部的容忍，以及出版和资助系统更广泛的多元化，一旦我们了解核心集合和核心群体的作用，就可以理解。我认为这是因为引力波核心群体很强大，可以允许韦伯的非正统文章在主流期刊上发表，允许他从其他机构获得资源。核心群体可以通过其成员的相互理解来控制对论文和研究结果的解释；他们可以清楚地说明应该忽略什么；他们都知道，如果科学家张三研究了这件事，并且很高兴它有缺陷，那么他们也应该感到快乐，即使科学家李四认为科学家张三是错误的。群体的基础是紧密的社交网络，会议上面对面的讨论进一步强化了这一点。某些资助机构的中心立场也执行了正确的解释；我们看到，一旦达成共识，为了符合主流观点，它们必须怎样控制资金。

如果像哲学家维特根斯坦建议的那样（当我们想理解某个想法的意义时，我们考察它的用途），我们发现几乎没有人阅读非正统的论文；即使读了，也几乎不可能根据它们做事情。因此，在核心群体中，非正统的工作"毫无意义"。韦伯可以声称他在物理时空中看到引力波，但是没有

---

[1] 比较默顿的规范（Merton, 1957）——有组织的怀疑主义。在默顿规范下，有组织的怀疑主义通过复制等方式揭露偏差；在这个框架里，有组织的怀疑主义只能提供一种解释；它不能反驳。

[2] 见前面关于魔术师的作用的评论。卡尔·波普尔的可证伪性标准（Karl Popper, 1959）是解决这个问题的另一种方法：据说，有些科学家过于巧妙地发明了维持他们的发现的方法，让他们变得无法证伪。

[3] 当然，这些都不会减少阴谋论的范围；存在以判断和信任网络为理由的解释，并不是阴谋论存在的必要条件。顺便说一句，这里几乎没有谈论其他类型的正式组织。回到维特根斯坦的观点（Wittgenstein, 1953），规则并不包含应用于自身的规则，这意味着几乎所有平稳运行的官僚机构都依赖非正式做法的润滑，这些做法允许对规则进行解释。在人类中，只有非常罕见的情况，我们遇到"不解释地遵循规则"，例如，在阅兵场上的军事演习（Collins, Kusch, 1998）。不同的"工业官僚模式"（Gouldner, 1954）产生于各种正式的和非正式的安排，在科学中，我们也发现了不同的模式。

在社会时空中掀起波浪。

　　但是我们看到，当重要的考核人员开始从目标图的外环进入，使得韦伯可以在新的媒介中"制造波浪"时，正式的控制就出场了，期刊拒绝发表非正统的文章，甚至拒绝批评它们。韦伯的波可以通过外环的社会时空传播，即使内部的媒介不传播它们。由于这个原因，内部空间必须暂时承认这些波，哪怕只是为了把它们原路反射回去。 [①]

　　① 在核心群体比较弱的情况，正式机构可能是更重要的控制手段。这个建议符合"社会资本"理论（见 Coleman(1988)；Bourdieu(1997)）。核心群体是由不同科学中较强或较弱的关系组成的。为了防止一门科学失控，或者避免科学家们把所有的时间用来消除支持任何非正统方法的每一个漏洞上，期刊和资助机构从一开始就更急于镇压异端，因为核心群体很弱。也许我们现在可以明白为什么物理期刊的同行评审系统不如社会科学的期刊那么好斗——正式机构的不宽容对非正式机构的解释缺乏控制。当然，为了正确地比较，在比较不同科学中对异端的处理的时候，需要考察的细节应该与我们考察高 VGR 的时候一样。

第 22 章　科学文化

22.1　第一类错误、第二类错误和乔·韦伯

还有一种方法可以分析核心群体 (现在主要是大型干涉测量) 和共振棒科学家的关系。证据文化通常与科学家使用证据的方法有关, 而不是他们对特定理论或数据的看法。[1] 我将介绍这个概念, 最后一次探访乔·韦伯的世界, 然后研究意大利、澳大利亚和美国低温棒团队与干涉仪群体的相互作用。

介绍证据文化的概念, 最简单的方法是利用从统计数据中得到的简单想法——"第一类"错误和"第二类"错误的区别。科学家利用统计数据, 在信噪比低的情况下, 试图将"信号"和"噪声"分开, 他们问自己, 高于一般噪声水平的这段数据是否仅仅是偶然发生的额外噪声? 他们问, 仅凭偶然需要多久就能产生如此明显的信号, 并决定: 如果这种情况只会很少地"偶然发生", 那么表观的事件实际上就是信号; 如果经常地"偶然发生", 它可能就不是信号。

然而, 在选择数字表示"很少"和"经常"方面, 没有算术程序。也就是说, 没有程序可以判定表示"信号"的数字和表示"噪声"的数字。事实上, 不同的科学选择不同的数字。例如, 在社会科学中, 如果你能得出结论, 某个"信号"只会在 100 次中偶然出现 5 次 (2 个标准差的水平), 你就会宣布自己的发现。然而, 在物理学中, 你希望在准备发表之前, 1000 次里只有 1 次偶然产生的结果 (3 个标准差的结果), 在开始认真对待数据之前, 你可能会要求更显著的统计意义 (例如, 在高能物理等领域)。在先前的论证中, 当韦伯似乎发现了 2.6 个标准差的结果 (大约百分之一的可能性是由于偶然), 结果证明他自己和罗切斯特大学的非符合运行, 他后来宣称 2.6 个标准差不具有 (物理学的) 统计显著性, 所以根本没有宣称任何正面的结果。在社会学或心理学中, 2.6 已经是很大的数了!

每次对统计数据做出选择——对信号是否真的是信号的选择——都会有两种互补性错误的风险。人们可能会犯第一类错误或第二类错误。以下是定义:

- 第一类错误: 你说有显著的影响, 其实没有; 假阳性。

- 第二类错误: 你说没有显著的影响, 其实有; 假阴性。

物理学家个人 (以及物理学家群体) 宁愿犯不同类型的错误; 选择非常保守而犯更多的第二类错误, 选择不那么保守而犯更多的第一类错误。正如我们看到的, 韦伯是第二类的科学家: 他对数据的解释相对冒险, 所以如果要犯错误, 他宁愿犯第一类错误, 也不愿犯第二类错误。

---

[1] Knorr-Cetina (1999) 在整个科学中谈论"认知文化"。我的证据文化是一门科学中的差异。

让我冒险用一些大众心理学，并提出可能的原因。首先，韦伯的物理学训练不是正统的。他是电气工程师，没有在物理机构接受过培训，因此不会采纳保守的价值观。例如，有一次韦伯告诉我，直到他的引力波探测生涯进行了很久以后，他才知道什么是"双盲"实验；他似乎也不理解人们普遍认为有必要在数据分析中避免所有可能的人类偏见，直到高能物理学家路易斯·阿尔瓦雷斯 (Luis Alvarez) 给他解释了这一点：

> 当这项工作开始时，路易斯·阿尔瓦雷斯联系我，他说，以这种方式进行实验非常重要：你不能让人指控你歪曲数据。他说，你应该把你能做的一切记录在磁带上，让别人做数据分析……他还建议进行双盲实验：例如，有时让人们注入信号 (只有他们自己知道时间)，看看程序能否找到信号。(1995)

其次，作为局外人，没有精英机构提供的完美证书，他获得注意的最好机会是，正如他很快就会发现的那样，做冒险的物理。第三，也许也是最重要的，在第二次世界大战期间，韦伯是军官，负责猎潜艇的技术设备。在战时，犯第二类错误可能是致命的，但犯第一类错误从来不太要紧。这有些类似于我在资助系统中说的"帕斯卡主义"。如果有信号，最好找到它；如果它被证明是假的，几乎没有什么损失。做这项工作的方法是搜索刻度盘，并"调整"到任何残留的信号，表明它存在。韦伯的许多对手指责他"调整"引力波：调整仪器和数据处理的参数，直到显示出来。在猎潜艇上，应该这样做，但是高能物理学家认为，这像是统计按摩。一位物理学家向我解释了他如何看待这些事：

> 乔走进实验室，转动所有的旋钮，直到他终于得到信号。然后就收集数据。然后他分析数据：他定义他认为的阈值。他尝试不同的阈值。他有许多算法寻找信号——也许你平方了振幅，也许你做些乘法……他有 12 种不同的方法来创造一些东西。然后用 20 种不同的方法设定阈值。然后遍历相同的数据集。最后，在成千上万的组合中，出现了一个峰，他就说："啊哈，我们找到了一些东西。"有人知道核物理的统计数据，他说："乔，这不是高斯过程，这不是正态分布，当你说某个效应有 3 个标准差，这是不对的，因为你对数据处理了很多次。"乔说："但是——你什么意思？在第二次世界大战时，当我试图寻找雷达信号时，干什么都合法，只要能抓住信号，就可以尝试任何技巧。"(有人) 说："是啊，乔，但是有人发出了信号。"乔从来不明白。(1995)

科学家们愤怒地跟我说，当韦伯被问及为什么他能看到信号而别人看不到的时候，他说，这是因为他尝试得更努力；在军舰上，这是正确的行动，但科学家认为，这发现了不存在的信号。

这是我们最后一次实质性地探访乔·韦伯的工作和生活；现在转向低温棒。

22.2 证据文化的三个方面

现在是 1996 年 12 月。在麻省理工学院校园的里格尔海鲜餐厅，两组实验工作者正在讨论如何解释引力波数据。他们说的数据是由能量的爆发对探测器的影响。弗拉斯卡蒂的研究小组认为，发表这样的报道是合理的，即使不主张它们是引力波，也可以看到符合；路易斯安那州立大学的研究小组不同意这个说法, 他们宁愿什么也不发表。

LSU2: 事情很困难, 这不是……这是合理的事情, 但不是大多数物理学家想要看到的。通常, 当实验结束时, 你会给出结果: "我没有找到甲粒子, 我的结果符合'甲粒子不会以这种方式产生, 因为它们的截面一定小于某个值。'"那是负面的结果, 而正面的结果是"我看到了。"……

如果你说, "我看到了一些非同寻常的东西, 似乎不可能是由于偶然", 那么你应该做什么呢? 这是灰色地带——你没有提出负面的主张, 你也没有提出正面的主张, 而是介于二者中间。

弗拉斯卡蒂 1: 你知道, 所有这一切的一个后果是: (它) 非常奇怪。你做了符合实验; 如果你什么也没有发现——换句话说, 如果你发现了一些与偶然事件数量相等的符合——你就会发表文章, 并给出上限 (即你说引力波的最大通量可以是多少)。如果你发现了额外的 (正面的结果), 你就不发表——这就是结论 (笑声)。你不这么认为吗?

LSU1: 有这样的危险。

弗拉斯卡蒂 1: 如果你什么都没有发现, 你就会发表; 如果你发现额外的符合, 你就不发表——我指的是最小概率为 1% 或每 100 个里有 1 个的额外符合。你看, 不发表的唯一借口是, 你担心发表可能会产生不良后果, 比如不能从资助机构那里得到钱, 诸如此类的事情。那么你不发表就可以得到原谅了, 但这不是好事。但是……当然……

LSU1: 嗯, 我们也经历过这种情况——在过去的几年里——我认为我们不一样了。但是——有……

LSU2: 这个问题对我们来说特别困难。这不是科学中的正常问题, 我不这么认为。或者至少是科学的很大一部分。如果我们真的用目前的灵敏度看到了引力波, 它将与许多人认为的有根有据的既定事实冲突。它可能与广义相对论有冲突, 后者不是……

弗拉斯卡蒂 1: 不!

LSU2: 嗯, 如果我们看到引力波, 你能得出什么结论呢? 理论是什么呢?

弗拉斯卡蒂 1: 第一点是, 额外的符合数可能源自其他现象, 而不是引力波——某个非常重要的现象, 甚至有可能更重要, 没有人知道。

LSU2: 还有另一种可能性, 这里有出乎意料的物理。好吧, 那就是——如果你有非常清楚的证据, 那是发表文章的好理由。但是我认为, 你必须相当肯定, 这种普通的偶然行为的机会必须非常小, 值得让你相信这样的事情。

弗拉斯卡蒂 1: 但是小并不容易定义……我认为每个人都有自己的哲学。我的个人哲学是: 如果我遇到了情况, 不确定是否应该做某事, 我就做。因为有结果比没有好。现在这不适用……

LSU1: 我本想说, 这可能导致世界人口过剩。(笑声)

弗拉斯卡蒂 1: 因为, 如果你不这样做, 那就什么事儿都不是——如果你这样做, 那就是个事儿。

我们把这次对话里的两种立场称为公开的和封闭的证据文化。(部分原因是, 引力波探测科学的特殊性质很容易揭示证据文化的冲突。) 当科学是由个人或小团队完成的时候, 实验在一个实验室的控制下进行, 采集、分析和解释数据, 然后发表 "结果"。实验室的封闭世界与期刊和会议的开放世界的界限, 可以由科学家控制, 他们要么自己工作, 要么负责领导一个团队 (在身体上和道德上都整合了的团队) 达成共识。即使科学仍然处于核心集合或核心群体以内, 科学家们也清楚地知道, 开展实验、评估数据和宣布结果、在实验室以外进一步评估结果的区别。将实验室作为观察和报告大自然的结果的场所, 用最少的人为干预, 维持这个理念依赖于保持实验室的封闭性, 这就是为什么 "距离产生美"。但是对于来自爆发源的引力波数据而言, 由于发现结果是一些符合的读数, 初步解释的责任可能不是一个团队的特权。[1] 由于需要符合, 结果必须来自几个共振棒。在合并数据流之前, 不可能有任何发现。所有的科学最终都是交互的; 但是在使用共振棒寻找引力波的爆发时, 实验室的合作几乎总是有先决条件, 才能初步发布一个可信的结果。

不同科学家群体需要这种内在的亲密关系, 这是非同寻常的。当然, 有许多其他小组复现结果的例子, 也有把不同实验室的结果聚集在一起实现合作的例子, 但现在的情况是, 在这些小组的原始输出被组合之前, 根本没有正面的发现。因此, 彼此冲突的研究风格导致实验室相互拉扯, 就像一伙人被锁链串在了一起, 其中有个人试图向相反的方向跑。一旦我这个社会分析者知道该寻找什么, 困境就很明显了。

22.3 证据集体主义和证据个人主义

证据文化可以分为三个维度: 证据集体主义和证据个人主义; 证据显著性的高和低; 证据阈值的高和低。

实验结果早晚要公开。"证据个人主义者" 认为, 在科学结果离开实验室之前, 作者个人或群体对科学结果的有效性和意义负有全部责任。这种哲学认为, 尽可能多的责任由个人或者研究小组承担。相反, "证据集体主义者" 认为, 科学集体 (个人和实验室网络的整体) 有责任参与评估早期结果的过程。这种哲学认为, 建立真理的责任是广泛共享的, 而不是集中在可识别的个人或团体。对个人主义者和集体主义者来说, 最终仲裁者当然是科学界; 但是, 如果学界拒绝实验室给出的结果, 证据个人主义认为这是职业失败的问题, 而集体主义认为核心集合或核心群体的讨论是科学过程的正常部分——无论结果是接受、拒绝还是需要进一步澄清。[2]

据我所知, 以前没有人考虑过个人主义-集体主义的维度, 无论是在科学上还是在社会生活的其他部分, 但它在许多活动中似乎是一种选择。看看这些领域, 有助于我们了解科学正在发生什

---

[1] 只有意大利弗拉斯卡蒂的共振棒团队和 LIGO 有不止一个探测器。
[2] 证据集体主义不同于 "有组织的怀疑主义" 的规范 (Merton, 1942)。虽然是一种集体活动, 但有组织的怀疑主义是为了检查个人发现的有效性, 而不是解释它们。无论如何, 有组织的怀疑主义的思想根源在于科学发现可以随时复制, 而不是科学家行动的意向。关于复制的复杂性的讨论, 用 "实验者的困境" 的概念来理解, 见 Collins(1985/1992)。"社群主义" 的默顿规范是指成果由集体拥有, 而不是成果由集体建立。

么。例如, 这两种哲学可以与汽车驾驶的风格做比较。英国司机或美国司机的首要职责是"遵守规则", 避免干扰其他人的平静驾驶——这是个人主义的精神。此外, 罗马代表了司机集体主义的情况。在城市边缘拥挤的高速公路上, 我曾经在一个繁忙的环形交叉路口停下车, 完全挡住了一条车道, 而我在查看地图。在英国, 这样的行为几乎不可想象; 每个路过的司机都会嘶吼和做手势, 表现出"路怒"。在罗马, 附近的交通只是绕着我这个障碍物行驶, 没有人在乎。[①]

总之, 在意大利的这个地区, 避免事故和确保交通畅通的责任交给了司机群体; 这样做很好, 没有引起愤怒。在英国和美国, 责任由个人承担, 违反规范的行为受到制裁。

显而易见, 这是开车的规矩, 不是民族性的问题, 因为在意大利和美国, 司机和行人的关系是颠倒的。在美国的大部分地区, 司机认为他们有责任避免伤害行人, 行人似乎认为他们有权给司机带来任何不便。在加利福尼亚, 看到从路边走下来的行人, 甚至只是有意靠近路边, 交通就立即停止, 司机们在后面很远的地方停下来, 礼貌地挥手让步行者穿过马路。[②] 在英国, 行人总是痛苦地 (至少是愤怒地) 向汽车屈服, 在意大利也是如此。

有人告诉我, 个人主义和集体主义这两个词在这里用错了, 罗马司机是不负责任的个人主义, 而美国和英国司机远没有那么反社会。但是, 没有哪种社会完全由个人主义者组成; 每个人都遵循某种规则, 无论是明确的还是隐含的。深层次的观点是, 在罗马, 维护秩序的责任要大得多, 因此个人可以大大咧咧地行动; 在任何潜在的破坏变得严重之前, 集体都要对其进行"修复"。在英美两国的做法中, 个人有意为交通社会的顺利组织承担更多的责任。

正如我建议的, 在科学和开车中, 组织社会的这些替代方式反映了在整个社会和政治生活中的类似选择; 毕竟, 我们谈论的是不同的分工方式, 这里说的是分配认知劳动的方式。有两种方法可以组织高度政治化的学科的大学课程。可以坚持每位教师都提供一门不偏不倚的课程; 在这种情况下, 如果教师喜欢马克思主义的方法, 他们的课程中也必须包含批评的论证。也可以允许每位教师根据自己的信念进行教学, 制作生动的课程和良好的课堂互动, 但要确保学生可以接触到不同观点的教师, 以便教师作为整体是平衡的。按照我在这里使用的术语, 第一个解决方案是教学个人主义; 第二个是教学集体主义。[③]

回到引力波, 我认为弗拉斯卡蒂方法 (澳大利亚珀斯的实验室也是如此, 将在下面介绍) 依赖集体精神, 罗马和周围的司机具有这种精神。与大多数英国和美国道路上的开车风格相比, 路易斯安那的科学方法更好。

如果社会生活安排得井井有条, 社会学就容易多了。不幸的是, 证据集体主义不是意大利科学和澳大利亚科学的统一风格, 甚至不是这些国家内的任何一个实验室的统一风格。例如, 弗拉斯卡蒂实验室有许多成员跟大多数美国人一样, 是证据个人主义者, 关于是否发表有争议的发现的讨论, 在弗拉斯卡蒂实验室内部, 在实验室与世界其他地区之间, 进行了同样多的讨论。出于这个原因, 从现在起我把在讨论中认同这种证据文化的弗拉斯卡蒂人的子集, 称为"弗拉斯卡蒂小队" (Frascati Team), 同时保留整个实验室是"弗拉斯卡蒂团队" (Frascati Group) 的用法。更

---

① 一位美国物理学家告诉我另一个开车的故事。他解释说, 有一次在罗马, 他发现他在路边停的车被其他车挡住, 车头和车尾都被车紧顶着, 旁边的道路上是一条密集而缓慢的车流。然而, 当他做动作表明他想离开停车位时, 车流就开始压缩自己, 往马路另一边靠, 腾出了空间, 让他能够加入车流。可以说, 最初的停车是反社会的行为, 说明了罗马司机大大咧咧的个人主义 (正如他起初认为的那样), 但司机群体的合作使其成为一种合理的行为。

② 这一点不能无风险地推广到整个国家——在波士顿, 行人和司机的关系就完全不一样。

③ 再考虑一下, 有些人坚持认为反身性是科学知识社会学分析的重要部分, 在这里使用的意义上, 他们是个人主义的, 因为他们认为, 个人有责任进行完整的分析: 分析不仅必须讨论所审查的科学的社会影响, 还必须对分析者的社会影响进行分析。集体主义 (例如我自己, 在这个例子中) 认为, 完成对科学的社会影响的分析就可以了, 让集体的其他成员 (如果他们感兴趣) 分析对个人的社会影响 (如 Ashmore(1989))。

复杂的是, 在英美证据个人主义的主流文化中, 很可能会有一些证据集体主义团体分散在其中。例如, 有人暗示我, 比尔·费尔班克是证据集体主义者, 愿意让他的实验室宣布大胆的主张, 例如他宣布自己找到了自由的夸克 (第 13 章)。此外, 乔·韦伯似乎不符合证据集体主义的模式, 尽管他处于证据文化的另一个维度 (下文将讨论) 的极端。他从来不肯接受他可能被学界证明是错误的, 所以在发布他的结果时, 并不是本着把它们交给学界评估的精神；因为他本着证据个人主义的精神, 他认为自己做的事情足以确保他是正确的。

尽管如此, 有趣的是, 意大利主要的物理学杂志《新试金石》似乎表达了集体主义哲学。关于韦伯和拉达克 (Radak) 1996 年发表的伽马射线相关论文, 我问编辑他的原则。编辑告诉我：

> 嗯, 这个问题很复杂, 在这种情况下, 很大程度上是编辑的判断······我作为编辑的观点是, 并非所有的文章都必须正确, 但我们必须尽一切努力发表没有错误的文章——没有先验的错误；如果一篇文章 (显然) 是错误的, 而我们发表了, 就是不可接受的。但是, 如果一篇文章没有明显的错误, 而且它是关于重要的话题, 我认为它可以激发讨论。重要的是最终有一个答案——促进讨论并给出明确的答案。
>
> 从这个意义上说, 即使某件事没有绝对的定论, 它也会让其他人去探究, 例如, 为了反驳它——鼓励搜索······
>
> 这是我一直遵循的一般方法。例如, 还有其他一些理论没有彻底解决, 我决定无论如何都要发表, 以便引起讨论······
>
> 只要事情不是瞎做的, 而是由编辑做的, 旨在得到一个答案, 就可以了。(1997)

很想猜测这些现象的历史根源。史蒂文·沙平 (Steven Shapin) 研究了科学家的行为方式在 17 世纪英国绅士行为规范中的起源。只要稍微拓展一下, 就可以把沙平描述的规范映射到证据个人主义。质疑另一位绅士的主张可以解释成认为他是骗子——这个指控可能导致决斗。禁止"撒谎"强加了一种互惠的义务, 使观察的有效性在很大程度上成为个人的责任, 即使人们承认群体是最终的仲裁者。因此, 沙平在探讨英国绅士规范与科学的关系时, 发现了证据个人主义的起源。其他民族传统或宗教文化可能对科学家的行为方式产生不同的期望, 现代科学中仍然可以看到这些痕迹。例如, 利奥波德·英费尔德 (Leopold Infeld) 在自传里评论说, 战前英语期刊的态度是"没文章也比错文章好", 德国期刊则觉得"错文章也比没文章好"。[1]

22.4 证据的显著性

现在谈谈证据文化的第二个方面。在他对寻找太阳中微子的描述中, 特雷弗·平奇 (Trevor Pinch) 最早讨论了我认为的更大现象的一个维度。[2] 正如平奇解释的, 实验工作者试图检测中微子, 因为中微子将清洁液中的氯原子转化为放射性氩。从理论上讲, 放射性氩原子在图表记录仪上显示自己。实验者可以将其报告为"图表上的标记"(这是他们唯一"直接"看到的东西)。更

---

① 见 Shapin(1994) 和 Infeld(1941)。Dear(1990) 讨论了新教和天主教对英国和欧洲大陆实验自然哲学的不同方法的影响。
② 见 Pinch(1981, 1986)。

有趣的是, 他们可以做更多的事情, 把意义赋予这些标记。他们指的意义的数量 (推理链的长度) 是一个判断问题。因此, 这些痕迹可以说是存在放射性氩、太阳中微子、在太阳中发生的事件或其他什么的证据。这是越来越大的证据显著性。证据的显著性越高 (推理链越长), 发现就越重要。但主张越重要, 产生反对意见的风险就越大; 推理链越长, 错误的方式就越多。因此, 证据显著性高意味着 "解释性风险高", 而证据显著性低的主张只会意味着 "解释性风险低"。

以类似的方式, 在引力波检测中, 同样的符合可以简单地报告为符合或引力波。看到了引力波的主张很难得到支持, 更不可能是可信的, 看到了一些符合的主张则不同。在里格尔海鲜餐厅的对话中, 我们可以看到, 弗拉斯卡蒂小队很高兴地宣布了未经修饰的符合, 而路易斯安那团队不想宣布任何事情, 除非确信他们有引力波。路易斯安那团队要求更高级别的证据显著性, 然后才能认为结果值得宣布。

22.5　证据的阈值

证据文化的第三个独立维度是证据阈值的选择, 我们已经在韦伯的工作背景下讨论过。这是某个科学家想要承担多少统计风险的问题。无论是否认为集体或个人是科学发现的适当地点, 无论接受的解释性风险程度如何, 科学文化可能更倾向于厌恶风险 (也就是说, 统计确定性的水平低)。正如上文解释的, 社会科学发表的结果, 其统计意义通常低于物理学可接受的水平。用我们的话来说, 社会科学的证据阈值比较低, 而高能物理的证据阈值比较高。

有人可能认为, 如果不是乔·韦伯冒着高风险 (在解释和统计方面) 报告了假定的现象, 整个引力波研究领域就不会开始。大多数长期熟悉引力波物理的科学家都同意, 他建立了一个领域, 因为他固执地坚持高风险的主张。

在里格尔海鲜餐厅的谈话中, 以及在下面讨论的关于信号阈值的一节中, 可以清楚地看到, 弗拉斯卡蒂小队赞同的战略涉及高统计风险 (证据的阈值低) 以及低解释性风险 (证据的显著性低)。路易斯安那团队采取了相反的立场。

22.6　开放的和封闭的证据文化

综合这三个维度, 可以想象 "证据文化的空间"。在图 22.1 中, 路易斯安那团队处于想象空间的一个角落——低集体主义、高显著性和高阈值; 弗拉斯卡蒂小队位于相反的角落——高集体主义、低显著性和低阈值。

所有三个维度的共同点是, 弗拉斯卡蒂小队对所有这些数据采取的立场往往是提前公布处理得比较少的数据, 而路易斯安那团队采取的立场让他们限制别人接触结果, 直到这些结果得到更多的处理: 弗拉斯卡蒂小队是开放的证据文化; 路易斯安那团队是封闭的证据文化。证据文化空间的这两个角落也代表着引力波探测方法从早期到现在的变化；以前，"把探测器指向天空"并报告看到的东西，是合理的；现在，合理的报告更多地受到理论考虑的限制。

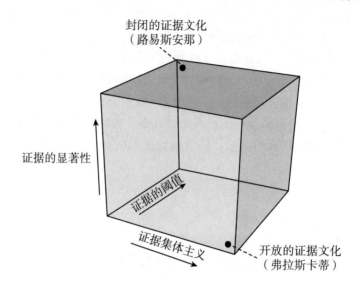

图 22.1　证据文化的空间

　　证据文化空间的不同角落之间的紧张关系在弗拉斯卡蒂实验室内部也存在，有人把那里的对立关系描述为实验本位主义和数学本位主义。在这种情况，因为目前理论在阻止猜测方面的作用，这些都是有用的标签。[1]

　　SN1987A 论文很好地说明了实验本位主义。在这篇文章中，作者指出，他们声称看到的引力波的能量超出了理论可能性的范围。此外，统计显著性的水平并不突出。不过，弗拉斯卡蒂小队认为，这些数据应由学界其他成员公布和审查；就他们而言，已经找到了一些东西，不能指望它消失。相反，数学本位主义会压制数据不发表，认为实验是理论的仆人。

　　目前，最广泛接受的理论描绘了一幅画面，从"可见"引力波的发射来看，天空几乎是完全黑暗的。根据这个理论，低温棒几乎不可能看到任何东西，除了非常罕见的事件 (也许每世纪发生几次)。但是，与他们的证据文化和制度地位一致，弗拉斯卡蒂小队认为，理论工作者关于天空结构的主张不应主导实验工作。

　　　　如果我们发现了什么，那是因为有了新的东西。因为大自然对我们很好。(1995)

　　　　我认为——我们的目标是发现。如果一个人的头脑有框框，不能自由地思考不同的东西、新的东西，就不会有任何发现。在我看来很明显。实际上，我们开始这个实验的时候，考虑到了这个想法，因为我已经说过了，现在再重复一遍——如果期望的引力波正好是物理学预测的，那么在接下来的 50 年里，没有人能看到引力波。我希望我们都能活得足够久，能够确定这一点。所以，即使激光 (干涉测量) 的人不这么说，我想每个人都希望情况有所不同。(1996)[2]

　　同样，弗拉斯卡蒂小队的证据文化很好地表现在对待发表的态度上，如 1996 年在不同场合记

　　① 在生物学等领域，很可能是实验阻碍了"不负责任"的理论化，因此数学本位主义和实验本位主义这两个术语将会在证据文化空间里标注不同的点。

　　② 萨姆·芬恩 (Sam Finn) 向我指出，可以对宇宙有一种冒险的观点，同时在证据实践方面仍然是保守的；当然，不能严格地由此及彼，但是，如果对宇宙没有一种冒险的观点，你不太可能希望早早地公布结果。

录的下列引文所示。两个人都倾向于低的证据显著性,第一个人将其与高的证据集体主义相结合,第二个人愿意采用低的证据阈值。

弗拉斯卡蒂 1: 你应该说:"看——"不,这是你如何发表的区别。你应该说:"看,我们发现了这个结果——我们通知你——所以如果你发现了同样的结果,要告诉我们。"你不应该说你发现了引力波……而应该由其他人这么说。

弗拉斯卡蒂 2: 有一个超过预期的额外符合。现在,这种符合是否足以提出非凡的要求?额外符合来自偶然的概率是多少?计算这个,如果是百分之几,我理解。百分之几够不够?嗯,也许还不足以猜测这些是引力波,因为要做到这一点,你需要非凡的证据。但足够发表结果了,诚实地说:"我们有这些结果。"

与弗拉斯卡蒂小队相反,LSU 团队的一名成员提供了以下解释,说明他们不愿意与任何事情有瓜葛,除非是最安全的结果。

LSU1: (关于) 这件事,我确信我认为最重要的是,我绝不做任何有可能让自己被贴上"疯子"标签的事情……我怀疑所有这一切其实都是想说:"好吧,好吧,如果我的工作有意义,我必须确保没有人认为这是疯狂的。"

22.7　又是朗缪尔

在第 9 章中,我们第一次遇到了欧文·朗缪尔的著名文章《病态科学》。理查德·加文给乔·韦伯寄了一份副本,敦促他阅读,这样他就能看到自己的科学实践符合朗缪尔的病理学。在这场争论中,朗缪尔再次现身,这并不奇怪。物理学家非常不愿意被人视为病态科学家——不要被"贴上疯子的标签",部分原因是朗缪尔思维的影响。在里格尔海鲜餐厅的讨论中,朗缪尔被人以模糊的方式提到,这意味着它的神话角色。在这次谈话中,没有人能记得作者或论文的名字,但他们都知道说的是什么。(《病态科学》已在《今日物理》上重印。)

LSU1: 物理学有许多著名的例子,人们认为他们有一些东西是正确的,正好卡在阈值上,他们都被证明是阈值现象——这就是我担心的。(1996)

弗拉斯卡蒂 1: 但在许多情况下,他们犯了错误。例如……

LSU1: 嗯,你看到那篇文章了吗?发表在《今日物理》上的。

弗拉斯卡蒂 1: 哦,是的,很多年前,你跟我提过。

LSU1: 嗯,两三年前。

弗拉斯卡蒂 1: 不,四五年前——你跟我提过。

LSU1: 嗯,也许吧。他叫什么名字?通用电气公司里某个搞真空的人。他回顾了历史,回顾了从 19 世纪 90 年代到今天的几个事件,最近的一次是在 20 世纪 30 年代,他有一种装置,如果我没记错的话,它可能会影响物体的原子序数,把它们放在弱磁场或类似的地方。然后，嗯，发表了很多关于它的论文，后来消失了，但它依赖于某种行为是否刚好超过阈值，当它超过阈值，他说的所有事情都是这样。他叫什么名字呢？

身份不明的说话人：我知道你的意思，那个人做了所有这些事情……

LSU1：他是做表面物理的……嗯，我会想到的，最终会想起来的。不管怎样，你读了这篇文章，我想说，如果有什么东西影响了我，我担心的就是这些东西刚好超过阈值。

弗拉斯卡蒂 1：但是，你知道，这篇文章的问题是他选择了数据。换句话说，他展示了特殊的情况。现在，我记得阿马尔迪在罗马开始跟着费米干的时候，这个故事他给我讲过 40 遍……他们在 1933 年或 1934 年做放射性材料的实验。他们错过了，他们认为那是裂变，但他们不够勇敢——没有足够的想象——尽管有恩里科·费米 (Enrico Fermi)——他们确实观察到原子核裂变这么重要的现象，几年后，其他人在德国发现了。但他们有这种可能性。另一个例子是 CERN 的卡洛·卢比亚 (Carlo Rubbia) 发现了新粒子。你知道，有两个实验做同样的事情——卢比亚领导了一个，非常聪明的法国物理学家领导了另一个——我忘了他的名字——他是欧洲核子研究中心的物理学家，很好的物理学家。法国团队犹豫了，因为他们想做所有可能的检查。但是卢比亚团队，尽管证据不那么大，但还是赶快发表，所以他们发表了……

LSU1：所以他们发表了，而且他们是对的。

弗拉斯卡蒂 1：其他人没有这么做。所以你应该小心。[①]

引用朗缪尔，支持一种封闭的证据文化；引用卢比亚 (在这里是阿马尔迪)，支持开放的证据文化。

22.8 意图和解释

如果实验的发展阶段与宣称新现象存在的过程明确分开，低证据显著性的策略就很好。就像另一个同情小组的一名成员所说的：

有时候，只有在数据中摸索，才可能做出发现。由于可重复性，下一个实验的结果必然是相同或相似的——而且由于重复实验的能力……数据按摩并不像 (一些人) 喜欢说的那样容易。(1997)

这位受访者说，如果"信号"隐藏在"噪声"里，就有必要在探索性阶段里鼓捣数据，试图让它吐露秘密——就像乔·韦伯调整他的雷达[②]设置来搜索潜艇，或调整他的引力波探测器寻找引力波。这位受访者还说，探索性阶段可以跟后来的验证性阶段分开。但是报告和解释不容易区分，因为文章的意义取决于读者。阅读或解释论文的方式并非总是与作者的意图相同。

---

① 关于卡洛·卢比亚事件的叙述，见 Krige(2001)。
② 译注：这里应为声呐，而不是雷达。

LSU：你告诉我，你和韦伯写的那篇论文，你们并没有主张引力波。每个人都认为你们做了，但是……

弗拉斯卡蒂 1：嗯，在欧洲核子研究中心，他们说："哦——你和韦伯发表了一篇文章——哦！哦！"（我说：）"你看过那篇文章吗？"（他们说：）"不，只是标题。"我忘了它是什么，但它给人的印象是我们找到了什么。听着，我花了六个月的时间看数据——我做了数据分析。为什么我不发表我的发现呢？(1996)

弗拉斯卡蒂的这位受访者说："我们只是发表了一些启发性的东西，而其他人立即认为它的意义远不止于此，尽管他们没有读过。"另一段来自里格尔海鲜餐厅的对话提出了同样的观点：

科林斯：让我再打断一下。（弗拉斯卡蒂 1）先前所说的是，他不想把这作为引力波的主张发表，而只是发表——你知道——"我们发现了这些数据"。但是你担心（如果我说对了，告诉我），事实上人们不会这样看待文章。人们会把这篇论文看作关于引力波的主张，不管它说的是什么……

身份不明的说话人：当然——人们想把它简化到"是"或"否"。

科林斯：人们会把它简化到"是"或"否"。

LSU2：那就是我的猜测。

科林斯：好吧，但是等一下。让我问一个问题：你为什么担心这个呢？如果大家都这样解读，你为什么担心呢？你知道，如果你们没有写，但是他们这样解读了，有什么问题吗？

LSU2：我正在想呢……其一，如果你的同事觉得这样的结果有些可笑，你早晚会受到很多人嘲笑——也许不是公开的，而是隐蔽的。我的意思是，你知道，每个人都希望同事对自己有好印象……

弗拉斯卡蒂 1：确实如此。(1996)

在引力波研究社区，没有一个活着的美国人认同开放的证据文化，有些人鄙视它，也许符合强烈的个人主义精神。下面这段话最有力地向我表达了这一点：

主要是在这些广义相对论会议上……他们以这样的方式作报告，他们引导你，他们给你看这些数据，他们给你看事件，他们给你看他们做过的一些统计数据，但从来没有足够的数据让你真正了解它。他们给你留下了诱人的想法，他们可以走任何一条路。他们要么主张自己发现了什么（如果他们想，如果他们在他们的演讲中走了下一步），或者他们可以缩回去，"嗯，是的，也许统计数据不够好"。他们在关键时刻离开你……接下来，你必须得出推论。以后的任何时候，他们都有自由，甚至……说："如果我们选择这样说，我们已经检测到它，如果我们选择这样解释，我们没有检测到它，因为统计数据不够好。"就是这样……模棱两可——对吧？这是我的经历——对吧？(1995)

在另一个场合，这位科学家说："当你发布数据和结果时，都是有记录的，你作为科学家的声誉取决于你对它的分析和解释的程度。"让人担心的是，"开放"的研究主张太容易被研究者利用了——没有犯错误的风险，就可以提出可能获得诺贝尔奖的主张。

不太强硬的美国人（例如 LSU 团队的成员）也强烈反对弗拉斯卡蒂小队的做法。

我们不同意这种数据分析的理论……当他说："我不主张引力波，我只是发表了我的发现。"这是完全可以接受的，但是你看看韦伯早期的论文……"我没有主张引力波，我只是说了我的发现。"我想，在美国引力波物理中，正是这种后遗症让我非常非常谨慎地不要发表那种文章……这永远不会改变，因为这只是一种不同的方式看待我们做的物理，我们只需要理解，作为个人，我们是一样的。这就是你的问题所在，实际上，作为社会学家，你想说："好吧，这些东西里到底有什么？"你知道，这不仅仅是科学。(1996)

22.9　干涉测量背景下的证据文化

第 19 章、第 20 章和第 21 章从讨论乔·韦伯的科学越来越不正统的性质转向支持这项工作的机构和网络，再转向设定工作和机构的背景。我们现在采取类似的行动。以上几节研究了不同的证据文化；现在，我想展示它们如何适用于更广泛的背景。我们从目标图的核心走向政治和政策环。

我将讨论三组使用低温棒探测引力波的科学家的背景：弗拉斯卡蒂小队，使用他们的 EXPLORER 共振棒；路易斯安那 (LSU) 小组，使用 ALLEGRO；位于珀斯的西澳大利亚大学的小组，由大卫·布莱尔领导，运行低温的铌棒 (NIOBE)。

长期坚持的 LSU 小组[1]一直从国家科学基金会获得资金。成员是典型的研究型大学教师。弗拉斯卡蒂小队位于罗马附近的弗拉斯卡蒂，在政府支持的研究设施的综合体内，成员来自各大学。与美国团队相比，它的资金是慷慨的，在很大程度上基于公务员制度原则；一旦得到资金，就会对资金的使用方式有更具体的和长期的控制。珀斯团队是澳大利亚唯一的共振棒团队，通常是苦苦挣扎，依靠资源相对较少的澳大利亚研究委员会提供的资金。

首先问一下，就他们对第一类错误和第二类错误 (假阳性和假阴性) 的偏好而言，我们预期共振棒群体和干涉测量群体是什么样的关系？主要风险是找不到可能存在的信号，还是找到并不存在的信号呢？只要共振棒小组在运行，而干涉仪还没有启动和运行，这两种技术方法就占据两个极端。干涉仪可能受到来自共振棒的虚假主张的损害，这是他们的主要担忧；如果共振棒真的检测到什么东西，他们几乎没有收获。此外，共振棒正在跟时间赛跑。他们即将在可信度方面输给大型干涉测量项目，一旦干涉仪投入运行，就会赶超他们的灵敏度。他们作为一种可信的技术的生存，至少在短期和中期，取决于他们能否尽快发现信号。共振棒团队应该更喜欢第一类错误，而干涉仪团队更希望共振棒团队倾向于第二类错误。

但是我们看到的并非如此。直到 1997 年初，也就是写这个记录的时候，LSU 团队从来没有参与任何声称看到的信号与引力波一致的主张；20 多年来，他们只提供上限："引力波不可能比这个值更强，因为我们的共振棒的灵敏度是如此这般，什么也没有看到。"此外，弗拉斯卡蒂小队的做法符合我们的预期。他们与马里兰大学的韦伯联合发表了两份正面的报告，我详细讨论过这两份报告：一份是 1982 年发表的，给出了 3.6 个标准差的结果，另一份是 1989 年发表的关于 SN1987A 的报告。

———————————————

[1] LSU 小组是美国唯一的也是最先进的共振棒小组。

随着 1996 年结束、1997 年到来, 珀斯团队的行动也开始符合我们的预期; 他们与弗拉斯卡蒂小队一起报告了另一个正面的发现。到 1997 年 2 月, 珀斯团队至少发表了两次会议声明, 大意是最近发现他们和弗拉斯卡蒂的共振棒有强烈的有启发性的符合。这些说法遭到强烈的反对。

我们要回答两个问题: 为什么路易斯安那团队如此保守, 是因为降低风险更符合他们的利益吗? 为什么有人早在 1997 年就注意到弗拉斯卡蒂-珀斯的主张? 问第二个问题的原因是, 正如我们看到的, 韦伯 1996 年的文章被权威们忽视了, 我认为这是因为 LIGO 已经安全地得到了资助。

先回答第二个问题, 虽然 LIGO 在 1996 年开始建设, 但人们总觉得资金有风险。在美国体系下, 每年都必须批准额外的开支, 超导超级对撞机在已经花费大笔开支后被取消, 让研究者感到容易受攻击; 一些物理学家从被取消的超导超级对撞机项目转移到 LIGO, 他们对此记忆犹新。无论如何, LIGO 本身只是干涉仪引力波检测项目的第一步。科学家把它称为 LIGO Ⅰ, 而 LIGO Ⅱ的计划已经顺利推进。因此, LIGO 科学家认为, 共振棒团队可能继续鲁莽地报告不正确的结果, 这会危及 LIGO 的未来。然而, 韦伯不再是威胁, 因为他在决策者和其他人那里的信誉已经被摧毁; 我们可以说, 在消除他对 LIGO 的威胁方面, 他是同谋者, 因为他把自己与其他人隔离开了。其他共振棒团队的情况并非如此。

第二个问题的答案和第一个问题的答案有一些共同点, 就是共振棒团队没有将自己与 LIGO 隔离开。圭多·皮泽拉可能已经准备像韦伯一样牺牲自己, 但弗拉斯卡蒂那里的人并非都是这样。布莱尔对干涉仪的态度有些矛盾——在宣布与罗马的新符合时, 他正在开发原型, 并试图筹集资金在澳大利亚建造大型干涉仪。正如我已经指出的, 引力波科学不同寻常, 因为所有的团队都需要彼此合作才能产生符合, 这将让他们的发现有可信性, 但比尔·汉密尔顿和沃伦·约翰逊(路易斯安那的主角) 认为, LIGO 是他们未来的主要部分——我想说, 这可能在他们选择保守的策略中起了一定的作用。汉密尔顿和其他共振棒团队的关系继续将共振棒的主张与 LIGO 的利益联系起来, 这让他们更难被忽视。

22.10　关于方法的讨论:"反法证原则"

接下来的章节试图解释为什么比尔·汉密尔顿和沃伦·约翰逊做出了他们所做的选择, 更多的这类解释将在本书的其余部分中找到。但是, 不要把我试图做的事情看作确定个人的行为动机, 就像法院里那样。我说的是体制和文化压力。我根本没有资源去做法律系统在揭露个人内部状态方面的工作, 而且无论如何, 法院经常会搞错的。这是我所说的"反法证原则"的一个要素。因此, 不要误以为社会学领域工作与侦探工作有很大关系; 应该记住, 社会学研究的是集体和文化, 而不是个人, 个人的行动最多只是用来说明这些更广泛的力量, 而不是作为调查的对象。在这里, 我提出的最强烈的主张是, 路易斯安那和弗拉斯卡蒂的行为有同源性。

科学英雄主义的历史是科学家反抗制度压力的历史, 没有理由认为这里的主角不能像他们著名的先辈那样反抗外部压力。当然, 鉴于这里讨论的所有科学家都愿意承认, 在万不得已的时候, 盲分析是消除数据分析中无意识偏见的唯一可靠方法, 他们还必须接受这样的可能性: 结构力可能以微妙和无形的方式影响他们的判断。正如法院的复杂运作揭示的那样, 很难把这种"可能"

变成任何明确的东西。幸运的是，我们不必证明某个科学家是哪种情况，因为我们只需要描述科学界内部的压力和合理的行动模式。反法证原则的关键在于，这就是我们应该采取的方法。

22.11　路易斯安那团队和 LIGO

路易斯安那团队和干涉仪的联系有几条线。正如我们看到的，汉密尔顿曾经相信他的小组将从 LIGO 的资助中受益。特别是沃伦·约翰逊，他的贡献是具体的，他找到了两个 LIGO 干涉仪的站址之一，在利文斯顿帕里什，靠近巴吞鲁日，LSU 的家乡。可以想象，LSU 的物理系地位将更加突出，享有盛誉的责任重大的 LIGO 行动就在它门口。就像汉密尔顿告诉我的：

> 我们希望，既然我们已经活跃在引力行业，如果他们在这里建造一个 LIGO 探测器，就会加强这里的专业，肯定会的。我们说过，我们会在引力物理学等方面设置一些教员的岗位……我们看到，我们的职位有新的教师……他们将积极参与使用探测器，自然也会参与运行它——它离这里大约 50 千米……那里 (利文斯顿帕里什) 没有任何东西——绝对没有。所以你不会找到什么博士。有博士学位的人不会住在乡村小镇萨苏马，他们会在这里立足。我们有很好的计算设施——我认为这是自然的。(1994)

除了研究生，沃伦·约翰逊和比尔·汉密尔顿确实寻找并在某种程度上找到了与 LIGO 一起工作的职位，同时继续为自己的共振棒工作。最后一个因素是，ALLEGRO 被重新设计，可以重新朝向平行或者反平行于 LIGO 最灵敏的方向，从而在 LIGO 网络中充当额外的检测器。

因此，这是路易斯安那团队不想颠覆新主流的一个特殊原因，但同样的考虑现在适用于美国和其他地方的所有引力波团队。因为规模庞大，LIGO 主宰了引力波科学家的就业市场。一位年轻的物理学家向我解释了 LIGO 吸引他的原因：

> 我肯定跟着直觉走。我当然在跟踪干涉仪。那里有钱，有人，有科学机会，所以这就是我最关注的地方。就是这样——这是无意识的选择，这是价值判断。这是当你决定是否要孩子或者诸如此类的事情时做出的一种价值判断。他们通常不会非常明确地做出这些判断，但他们知道，这是基于对事物的某种理解。(1997)

与事物的主流解释的联系也以更直接的方式发挥了作用。汉密尔顿和 LIGO 由同一个机构提供资金，所以无论现实情况如何，他觉得自己必须谨慎行事。在美国的资助体系下，决策是由强大的项目主管和他们任命的委员会做出的。流程有好的方面也有坏的方面。总的来说，科学家更喜欢 NSF 项目主任 (他们是相关科学界消息灵通的成员)，而不是委员会。此外，单个项目主管比多数人主导的委员会更有可能做出更勇敢的资助决定，例如涉及跨学科工作或冒险的研究路线。在这 (NSF)，项目主任当然是里奇·艾萨克森。艾萨克森和其他顶级 NSF 人员一样，尽最大的努力不与核心团队失去联系。因此，他偶尔会休研究假，在研究前沿从事理论工作。在早期，艾萨克森是受人尊敬的理论工作者，他开发了一种计算方法，正如汉密尔顿指出的，"是表明引力波应该存在的真正基本的计算方法之一"。

缺点是，科学界知道项目主任的喜好，因此当他们的决定违背了最喜欢的项目时，失望可能会针对个人，因为带有偏见的指控更容易针对个人而不是委员会。就像美国科学家对我说的：

我认为,如果美国有一个人影响了方向和人们对引力波的态度,可能就是里奇·艾萨克森,因为他一直是负责资助研究的人。(1994)

艾萨克森确实有非常明确的观点,因为他那个位置有权力,而且就美国的资金体系的运作方式而言,关于做什么工作,他说话管用——没有办法避免。(1996)

LSU 团队的成员确实跟我说,他们曾经认为,如果他们报告了任何太可疑的事情,他们的项目就会受到威胁。

科林斯: 你早些时候说过,有一个阶段,你觉得如果你发布调查结果,你会觉得你受资助的项目可能有危险。

LSU1: 我知道,当然,是早些时候。没有任何诱惑,因为我们的实验很早就干得不能让我满意了,但如果我想说有什么,我们永远不会有——这是其中一种情况,正如(该小组的另一位成员)说的,这也太不可能了,每个人都会说:"不能信任这个人。"(1996)

当这里描述的事件发生时,路易斯安那人继续在共振棒研究越来越困难的气氛中寻求新的资金。因此,只要美国的科学资助确实阻止了这个领域的猜测性报道,压力就没有消失。

把自己和 LIGO 联系在一起,也意味着要接受那些"理论本位主义"。这是因为理论对 LIGO 比对共振棒团队更重要。正如我们看到的,像 LIGO 这样的大型科学倡议必须向政府及其代表承诺取得成功。我认为,在这个案例中存在"政策的困境",因为与科学家相比,决策者更不能判断科学家提出的主张是否有效。因此,决策者要寻求作出判断的其他理由。但是他们要做出任何判断,首先必须有一些科学让他们相信或不相信!LIGO 代表了引力波研究基金的大幅增加,承诺了灵敏度的大幅提高;这台新机器的目的是足够好,以保证(可能在以后的版本中)不仅可以检测引力波,而且通过使用全新的技术,建立新的引力天文学领域。因为这不是基于现有技术的逐步发展(例如,建造更大的望远镜),这种保证只有一个来源——理论。当科学家向决策者保证他们的想法将会成功时,他们必须向理论求助。

在寻找引力波的过程中,从 20 世纪 60 年代末开始,理论的重要性就增加了。早期的开支很小,在纯粹的猜测基础上建立一些东西,是相当合理的。但是,由于 LIGO 需要的钱这么多,资金的使用必须非常负责任,所以理论已经开始主导实验,至少在美国是这样的。理论证明了数亿美元的支出是合理的,只有理论才能使决策者确信,重大支出给了我们唯一的机会,观察和理解任何穿透黑暗的引力波的微光。

也许最重要的理论部分是由基普·索恩和伯纳德·舒茨开创的旋进双中子星的引力波发射模型。一方面,这使得主要的源远离不可预测的超新星,因为超新星产生的引力能量取决于它们的不对称性——这是未知的。另一方面,证明了旋进双中子星的输出可以模拟得很好。1996 年,在比萨的一次会议上,我设法记录了一段谈话,知识渊博的物理学家们谈论他们领域的这个特征。

罗恩·德雷弗: 早期,每个人都追逐超新星,然后真的有更可靠的计算(也就是说,更可靠的计算是后来出现的)。我认为,如果没有更可靠的计算,你就不会为 LIGO 这样的东西辩护。我不认为它们(以前)是可靠的……是政治原因迫使(更可靠的计算产生)。

伯纳德·舒茨: 确实如此。

德雷弗： 这种情况不同寻常。这是政治原因，改变了 (做理论估计的方式)。

鲍勃·斯佩罗： 我不知道。我认为无论如何重点都会改变，但政治确实做到了。

舒茨： 我认为政治把它当作关键点。我想如果没有双星的并合，我们就不会有探测器。如果没有并合的双星，我们就不会有信心。(1996)

桌子边的众人都有这样的情绪。

　　理论以其他方式集成在干涉测量项目里。例如，在首次探测到的灵敏度水平上，使用预先计算好的模板 (例如，用于旋进的双中子星) 将是有信心从噪声中提取真实信号的最好方法。同样，并不是只想看看里面有什么，数据不算数，除非它们匹配模板——表示宇宙如何工作的理论共识的模板。如果模板要有可信度，就必须压制异端理论——这包括任何允许低温棒探测引力波的理论。[1]

　　最后，理论预测，量子理论设定的灵敏度的最终极限开始显著地影响共振棒，一方面，当信号数量开始显著增加的时候。另一方面，干涉仪的量子极限更远。因此，量子理论有助于改变共振棒和干涉仪的平衡，尽管这两种设备都远未达到最终极限，因此这个问题目前实际上并不重要。总而言之，理论影响了很多方面；在这个领域，理论以前是实验的仆人，现在就像一颗大质量的恒星，它的引力场影响了周围一切事物的形状。

　　与 LIGO 一起被称为认知文化的另一个元素是高能物理的思维方式。[2] 从早期开始，韦伯的数据分析实践就比不上高能物理。如今，高能物理对引力波研究的影响已经变得明显，因为 LIGO 的管理者和大部分人员都来自高能物理学界 (见下文)。莎伦·特拉维 (Sharon Traweek) 对高能物理学家的人类学研究揭示了这个群体鼓励证据个人主义的一些特征。[3] 例如，她重复了一个物理学家的故事：他过早地报告了一种"奇异介子"的发现 (在统计严谨性足以证实它以前)，从而激怒了学界，没能成功晋升。(第 118 页) 此外，她报告说，高能物理学家说，即使你对某个实验工作者有绝对的信任，你也应该把他宣称的可能误差乘以至少 3。(第 117 页) 特拉维还报告说，来自不同群体的美国高能物理学家不会经常交谈。即使物理学界也有明显的等级，群体之间明显互不信任。某个受访者是完全合格的物理学家，干了一辈子，曾在一个高能物理团队工作，但他的任务是让加速器工作，而不是分析结果。他的"真正的物理学家"同事不认为他是物理学家：

　　高能物理学家和核物理学家都倾向于称自己为"物理学家"，因为物理学的所有其他分支都不涉及物理学。物理学的真正前沿是亚原子物理学。(1999)

这位受访者告诉我，当他的一个项目没有得到批准时，他听说："这个项目的麻烦在于，它不是由物理学家领导的。"

　　随着一大批崭新的干涉仪科学家首次进入这个领域，共振棒团队的人也感受到了这种傲慢。许多共振棒研究者感到被干涉仪小组欺负了。据说，新来者认为自己是精英，毫不尊重多年来辛苦建立起来的网络或专业技能。高能物理学家似乎把共振棒科学家视为一群失败的、过时的工匠，他们早就应该被真正的物理学家取代；因为他们是新来的，所以没有个人联盟缓和这些态度。LIGO 的一位领导者曾经对我说："现在没有人知道乔·韦伯是谁。"

---

[1] 在旋进双中子星的情况中压制异端理论的例子，见 Kennefick(2000)。
[2] "认知文化"一词是从 Knorr-Cetina(1999) 里借用的；她的意思是不同的科学竞相主张真理，对失败作出反应，等等。
[3] 见 Traweek(1988)。

即使卓有建树的干涉仪科学家也不能免遭这种对待。在早期, GEO 观测组织的一位科学家告诉我, VIRGO 的人在访问他们时很不友好。在一次会议上, 项目的法国方面的领导人阿兰·布里勒特 (来自不同背景) 感到必须向他道歉, 因为他受到了 VIRGO 小组令人不快的傲慢对待。

还有人不止一次地指出, 高能物理学家习惯于"买入"项目。你只有付出代价, 才能分享实验结果的名声和威望——这种关系本质上是契约关系。以前, 引力波的研究更像是家庭事务, 但是现在, 它正在变成一种生意。

新来者还没有经历过引力波探测实验工作的问题。一位共振棒科学家告诉我, 高能物理学家生活在一切都是预先计算的世界里。他们知道, 他们需要这么多的钱建造这样大小的磁体和探测器, 用来检测这样的粒子, 他们继续这样做。新来的人还没有尝试在这个新领域建造实验装置, 所以他们对即将到来的困难一无所知。他们可以将他们清晰的想法与共振棒明显不清楚的做法并列在一起, 而这种比较必然是不利的。一些新设备在纸面上有良好的时间表和明确计算的灵敏度水平。在纸面上可以做到它计算的一切。然而, 真正的设备显然没有按照为它们设定的时间表来做事情, 共振棒已经证明了这一点, "毫无疑问", 需要十年的时间才能完成预期只需要一年的项目。共振棒的人觉得, 他们的经验让他们在竞争中有巨大的劣势。我和一个小组讨论了这件事, 他们参与了建立低温共振球探测器的一个项目。

> **科林斯**：你觉得 LIGO 项目怎么样?
>
> **受访者 1**：你真的想知道吗? (笑声) 我认为他们不知道自己在做什么……目前共振棒引力波工作的问题已经被夸大了——从一开始就是如此。对于现有资源的数量来说, 承担的任务是不现实的, 因此, 人们在小团体中工作了十年或更长时间, 无法实现最初承诺的里程碑, 这只会给所有参与者带来各种不适, 包括给钱的 NSF 的人, 因为他们必须向老板证明, 所以, 每个人都处在困境中。
>
> 我认为 LIGO 只是夸大其词。我相信有些技术他们基本上只是在猜测……
>
> **受访者 2**：……让它开始的是政治问题, 然后, 当科学问题出现的时候, 你再解决它们。他们可能永远无法解决这些问题。
>
> **受访者 1**：第一阶段的灵敏度并不特别有趣。几乎不能达到可以看到引力波的程度。但是, 真正让他们兴奋的源, 就像这些并合的双星, 将无法看到, 直到他们达到第二阶段的灵敏度, 为了达到第二阶段, 需要一些进步, 但是他们甚至还不知道相关的物理。(1995)

高能物理学家和某些共振棒团体在方法上存在差异, 这与高能物理作为一门科学的"常态"和成功有关。多年来, 由于出色的实验和卓越的工程, 一个又一个新粒子被发现。对实验周期的性质和持续时间的某种期望模式已经建立起来了, 并由此形成了明确的形象, 说明什么错误是由于方法不够严格而产生的。理论和实验的关系已经取得了丰硕的成果, 实验工作者一再表明, 只要有资源, 他们就可以建造机器, 检测理论工作者认为可以看到的任何东西。

高能物理经验也鼓励科学家相信, 他们对世界的了解几乎是完全的。理论不仅预测准确, 而且物理机器的理论模型也是完全的或很可能是完全的。换句话说, 在实验和实践的世界中, 没有人认为还有许多重大的未知数。在共振棒团体和干涉测量的紧张关系中, 高能物理将再次强调, 实验是在我们了解的世界中进行的, 绝非充满了未知的惊喜。这是下述观点的更一般化的版本: 已知的理论是可靠的。

相反，直到 20 世纪 90 年代末，引力波研究的整个历史都是在寻找不应该存在的东西，或者短期内可能不会存在的东西，希望得到惊喜。科学家们的所有创造力都是在努力保持前进，同时努力做不可能的事情，而不是定期做可能的事情。任何信号都可以用任何方法从噪声中提取出来；问题不是要消除虚假信号，而是要保持一些希望的理由。可以看到，我已经描述的所有压力，伴随着 LIGO 的资助，将有利于高能物理方法。

这些就是任何共振棒团队都会感受到的压力，比如汉密尔顿，他们想与 LIGO 项目保持工作关系。弗拉斯卡蒂团队没有这样的野心；他们坚信未来是共振质量技术。

22.12　弗拉斯卡蒂小队和 LIGO

在珀斯-罗马符合的时候，弗拉斯卡蒂小队正在为建造共振球制定乐观的计划。对于共振大质量装置，弗拉斯卡蒂实验室是比较富裕的，它的资金似乎是安全的，只要被认为富有成效——也就是说，产生结果。弗拉斯卡蒂实验室有发表的责任，这在他们的实验室内外都能理解。于是汉密尔顿告诉我："（圭多·皮泽拉）认为，这些年来一直有人资助他的研究，他真的欠他们一些论文。"（1996）

弗拉斯卡蒂的成员尤金诺·科西亚说：

> 你不能决定不发表这些实验的结果。有很多人，努力工作，收集数据，让探测器工作——然后你不能期望这些人不想发表他们的结果。应该发表，否则的话，我们为什么做这些实验呢？（1996）

此外，虽然意大利的总体资金较少，但这两种研究（共振质量和干涉仪）似乎彼此没有直接的竞争。因此，在下述事件发生时，第二个超低温棒探测器刚刚在帕多瓦附近的勒格纳罗完成，尽管美国人正在关闭他们硕果仅存的共振棒组小组的未来选择。

至于年轻人的就业前景，意大利没有那么大的压力急于进入干涉测量。必须说，弗拉斯卡蒂团队也有一些成员秉持数学本位主义。其中许多人是初级的，更容易受到长期职业预测和专业网络的影响。由于干涉测量界的规模，干涉测量团队最终可能成为他们的就业来源。此外，部分是因为所有寻找引力爆发的实验都是符合实验，整个群体变得越来越全球化，物理学家必然会感受到美国学界的文化影响，他们经常在自己的实验室之外得到临时研究基金。此外，他们每年在会议上与引力研究界的所有成员进行几次互动——纯粹出于人数的原因，他们与干涉仪科学家的互动远远多于他们与共振棒科学家的互动。当然，全球化在高能物理学家中是很先进的，现在，他们在大西洋两岸占了引力波研究者的很大比例。然而，弗拉斯卡蒂团队受到的任何压力都是长期的，路易斯安那团队受到的压力就更直接了。

转向理论起的作用，我们再次看到，弗拉斯卡蒂小队没有感到自己受到美国共识的约束；相反，他们坚持实验本位主义。就天体物理学而言，弗拉斯卡蒂的天空似乎比美国的天空有更多的引力波。例如，弗拉斯卡蒂小队的一名成员猜测，相对较高的能量——足以每年提供 6 个左右的脉冲——可能是通过联合 MACHOS（massive condensed halo objects，晕族大质量致密天体）发射的。由于不发射红外线、光或波长更短的电磁波，这些看不见的物体可能构成宇宙"暗物质"的一部分。这些质量巨大但看不见的天体可以填满银河系周围的区域。这个猜测与 LSU 团队形成了鲜明的对比, 后者似乎乐于接受支持 LIGO 的主要理论团队的计算, 并集中精力在 LIGO 设定的一系列假设中捍卫他们的项目。路易斯安那认为, 共振质量是有价值的, 因为它们可以在窄带内变得足够灵敏, 可以在观察某些特殊的源方面进行竞争; 这个小组还期待, 他们认为未来几代共振球的灵敏度可以进一步提高, 而且共振技术的定向灵敏度更高。这样的论证几乎完全可以在为 LIGO 的发展提供信息的引力波能量水平和宇宙情景的框架内进行。

最后, 弗拉斯卡蒂团队认为, 高能物理学家认为正常的那些东西, 对自己束缚的程度要小得多。这就是圭多·皮泽拉对延迟直方图技术的看法, 他称之为 "实验概率"。

> 不。标准差的概念被大多数物理学家使用, 特别是高能物理学家。我认为这个概念不适合我们的实验……但是, 如果我把它转换成标准差, 我说 4 个标准差, 那么任何高能物理学家都会说 "不够", 因为他们的想法不一样。(1995)

22.13　非自愿盲分析和珀斯 – 罗马符合事件

正如我所说的, 寻找符合迫使不同的团队共同努力, 如果他们想得到可信的引力波数据。在这种情况下, 被迫合作的团队对承担风险的倾向有很大不同, 证据文化也很不一样。[1] 弗拉斯卡蒂团队和路易斯安那团队的体制、财政和文化背景截然不同, 但是为了取得成果, 他们必须合作。弗拉斯卡蒂团队可以获取路易斯安那的数据流, 根据自己喜欢的分析协议将它与自己的数据流进行比较, 本着证据集体主义的精神, 发布具有低证据显著性的高风险报告, 如果这样的话, 路易斯安那如何保持其首选的策略呢? 更糟糕的是, 路易斯安那团队怎么能确定合作伙伴的发现不是部分地来自统计按摩呢? 现在普遍认为, 韦伯的早期发现和 SN1987A 的结果就是这样来的。

我在第 9 章解释过, 统计按摩通常不是故意的。我还解释过, 要理解一个数字对统计显著性的意义, 需要知道一段数据分析被隐藏的整个历史。此外, 从乔·韦伯早期作为海军指挥官的历史, 我们看到, 张三对数据的统计按摩可能是李四对数据的辛苦搜索。因此, 统计按摩很难识别。至于开放的证据文化和无意识的统计按摩, 它们的贡献很难区分, 随着数据分析变得更加复杂, 它们就更加纠缠不清了。

在讲述 LSU 团队对这些问题强制执行的解决方案之前, 我们更加深入地探索统计操作的空间。这些数据来自一对引力波探测器, 由同时定义的信号组成, 这种信号可以用某种方式显示在延迟直方图上。引力波的问题是不能屏蔽的, 因为它们只用很小比例的能量, 就可以穿透所有可以想象的屏蔽。不能屏蔽的现象是很难实验检测的, 因为控制环境 (信号不存在) 不能与实验情况 (任何信号可能显示自己) 做比较; 这是标准的科学实践。有人可能会把臭名昭著的恒星时相关性视为这个问题的部分解: 它比较了来自银河系中心的引力波因为共振棒的方向而 "关闭" 或 "打开" 的周期。这就是恒星时相关性的影响这么大的原因。

延迟直方图的发明可以看作引力波屏蔽问题的另一个部分解决方案。请记住, 延迟直方图里零延迟过剩的高度——零延迟箱相比于其他箱的额外高度——显示了一对共振棒经历了多少引力波事件 (或模拟引力波的其他事件)。一旦我们认为引力波实验是由两个 (而不是一个) 探测器

[1] 请注意, LSU 团队和弗拉斯卡蒂团队的主要成员多年来一直是朋友, 不仅在专业上, 而且在家庭的私人来往方面; 将要描述的戏剧是在个人恩怨最小的情况下上演的。

组成, 认为引力波的影响是两个探测器的符合激发, 而不是单个探测器的激发, 我们就有了一种方法关闭引力波对实验装置的影响。在所有非零延迟箱中, 效应被关闭; 在零延迟箱中, 影响被打开。[1] 不幸的是, 这并不能替代真正的屏蔽, 因为它不是真的打开或关闭引力波信号, 只是能够同时影响两根棒。因此, 有人认为, 即使两根棒位于美国的两端, 仍然可能会受到这样的事情的影响: 全国各地同时打开许多电动泵, 因为在《周一橄榄球之夜》播出的广告时间, 大家都赶着上厕所。然而, 延迟直方图的发明让实验成为可能——它能够"关闭"引力波。

数据分析的延迟直方图方法非常吸引人。即使零延迟过剩很小, 跟许多延迟箱放在一起时, 看起来也令人信服。实验工作者肯定会问: "如果啥也没有, 为什么数据分析算法选择这个特定的中心箱最高呢?" 在 1975 年对乔·韦伯的采访里, 有一段话很有启发性:

> 最近, 两位日本科学家重复了这个实验, 还是使用振幅算法。他们确实在零延迟箱中看到了最大数量的符合, 大概是在 1 到 1.5 个标准差之间。按照现代物理学的标准, 这个效应不显著。尽管如此, 他们的计算机在零延迟箱里发现了数量最多的符合计数, 这个事实可能是重要的。(1975)

当然, 探测器的分离和引力波的有限速度使得符合的含义不那么精确。[2] 可以对符合箱的宽度进行争论, 这样的"谈判"为统计按摩创造了机会。此外, 引力波探测器等精密仪器有不灵敏的吵闹期和灵敏的安静期: 宇宙射线簇、潮汐和地震改变了外部世界的干扰性质; 周围环境的人和物可能在许多方面影响仪器; 内部部件 (如密封、电气连接、液化气体和金属本身) 可能硬化、出现裂纹、不再绝缘、泄漏、拉伸和应变。然而, 这些东西中任何最微小的变化都会影响到检测器非常微妙的功能; 因此, 必须不断地监视和调整信号滤波器。汉密尔顿解释说:

> 如果我们的设备没有正确地工作, 我们可以看出来——噪声温度上升——我们就做新的校准和制作新的滤波器, 然后在这个滤波器的基础上, 我们再次开始记录事件……每个滤波器将是不同的设备。这正是 (提到一个小组的名字) 尚未理解的东西。(小组的名字) 认为他们可以在理论模型上建立一个滤波器, 很好, 在理论上你可以做到; 但实际上你不太了解设备的实际操作。所以, 它比最初想象的要复杂得多。(1996)

因此, 即使是最保守的实验工作者也认识到, 需要根据性能对所有设备进行持续的监测和调整, 这个做法很难跟事后操作区分开。

然后是阈值的悖论 (第 4 章)。路易斯安那想要的阈值可以把潜在的信号设置得高, 而弗拉斯卡蒂希望它设置得低, 最大限度地增加检测微弱信号的机会。路易斯安那认为, 阈值应该设置得很高, 即使是零延迟箱中的单个额外事件也会脱颖而出。他们接受了理论上的限制, 坚持认为, 以他们的灵敏度期望, 每年在天线上看到一个事件, 就非常乐观了, 阈值应该相应地设定。此外, 他们希望尽量减少"挖掘"并从数据中提取一些不存在的东西的机会。

弗拉斯卡蒂小队认为, 寻找单个事件无论如何都毫无意义, 因为单个事件总是可能由偶然造成的, 在这种情况下, 它可能没有统计可信度。因此, 这样的观察需要复制; 如果引力事件像对这

---

[1] 恒星时相关性和延迟直方图协议可以作为屏蔽的替代品, 这是我自己的解释。

[2] 除了我刚才描述的关于符合的含义的物理学, 简单、准确的计时似乎是这个领域一次又一次麻烦的来源。人们希望能够比较事件发生的时间, 精确到百分之一秒左右的范围内, 但在一些地点, 使用的时钟每天可以漂移一两秒, 然后重新调整。据我所知, 有一个小组使用他们的计算机时钟, 每天通过打电话给当地的广播电台纠正几次。当我对计时遇到的问题表示惊讶时, 一位受访者解释说: "为了让他们的实验能正常运行, 每个人都在努力工作, 在最初的几年里, 几乎没有人想到如何做符合测量。"

种灵敏度的仪器所期望的那样罕见, 等这种事件再次出现, 可能要几十年。正如他们看到的那样, 高阈值、低事件频率的搜索项目什么也发现不了, 直到干涉测量项目完成后很长一段时间, 而这些共振棒已经变得无关紧要。无论如何, 如果阈值设定得很高, 理论上产生单个事件所需的能量就非常大, 同样因为这个原因, 天体物理学家将拒绝承认这个发现有效。总之, 弗拉斯卡蒂小队认为, 如果共振棒项目有任何成功的机会, 就必须基于这样的假设: 天上有意想不到的东西 (这是理论不能预测的), 设定阈值的时候, 应该牢记这一点。阈值的设置应使任何零延迟的过剩意味着事件的频率足以允许在实验者寿命的一部分以内就能重复观察。这意味着, 大多数噪声应被视为潜在信号, 并进行审查; 不应该一开始就认为它是噪声, 被毫无意义的高阈值隐藏起来。[①]

22.14　路易斯安那协议

由于证据文化和体制背景的差异, 这些不同的数据分析偏好是无法解决的。囚犯们的脚踝被绑在一起, 但试图向相反的方向跑。为了防止他们的数据被鲁莽地使用 (就像他们看到的那样), 路易斯安那能做些什么呢?

在 20 世纪 90 年代初, LSU 团队引入了一种有趣的新的数据交换协议, 试图解决这个问题。我将把它称为 "路易斯安那协议"。比尔·汉密尔顿是设计师之一, 但汉密尔顿的副手、另一位主要设计师沃伦·约翰逊成为了最坚定的支持者。

诀窍是, LSU 决定只以伪装的形式从自己的实验中释放数据。最初, 在 1991 年, 他们开始发布两个数据流, 一个是真数据流, 另一个是假数据流, 但没有说明哪个是假的。后来, 他们开始以连续循环的形式发布他们的数据流, 并在其中标记了 1000 个 "起点"。在这 1000 个中, 只有 1 个是真的, 而其他 999 个是假的。他们不会说哪个是真正的起点。任何其他接收数据的团队都必须自己找出哪个点代表数据流的开始。

为了解决这个难题, 其他团队不得不构造一个延迟直方图, 其中 1000 个箱对应于路易斯安那数据循环上的 1000 个潜在起点。在这些箱中, 999 个将是比较数据列车与时间偏移的结果, 只有 1 个将显示零延迟。如果一个小组发现 1000 个箱中有一个比其他箱高, 他们可能会选择宣布他们发现了一个零延迟的过剩——也就是说, 一个真正的信号。但他们不知道这个箱是否真的是零延迟箱, 或者它是不是一个纯粹由于噪声中的符合而超额的箱。要知道他们是否正确, 他们不得不依靠路易斯安那。如果第二个小组没有咨询路易斯安那, 确定他们是否找到了正确的起点, 就宣布一个 "结果", 他们就会冒着让公众嘲笑的风险。实际上, 路易斯安那的数据交换协议迫使任何希望与他们合作开展符合搜索的团体 "盲目" 地运行他们的实验, 不管他们是否喜欢。因为他们看不见, 他们不能有意识或无意识地做事后的数据按摩。

起初, 这个协议的实现是由路易斯安那和弗拉斯卡蒂共同商定的, 第一次只有两个数据集。同样, 弗拉斯卡蒂团队起初对扩展到 1000 个起点感到高兴, 因为基于该协议的任何结果看起来都是合理的。但是后来, 弗拉斯卡蒂团队变得不那么高兴了。他们认为, 继续执行该协议有利于强烈厌恶风险的干涉仪团队。弗拉斯卡蒂团队的一位成员这样说, 也许他忽略了该团队起初是同意

---

① 要记住, 第一次讨论阈值困境问题的第 4 章表达的保留意见。设置一个低阈值, 也许只能略微地改善看到真实信号的可能性。

这个协议的:

> 如果我们写一篇关于符合的论文, 我们可能会破坏 LIGO 项目。因此 (NSF 引力物理学项目主任) 要求路易斯安那在写这些论文时要非常小心。所以我们与路易斯安那交换数据时遇到了很多困难。最后我们达成协议: ……因此, 当我们寻找符合时——如果我们发现与这些错误文件有符合, 那肯定是不好的。这是非常聪明的点子。(1995)

事实上, NSF 项目主任里奇 · 艾萨克森确实大力支持这个新协议。就像他说的:

> 我和路易斯安那的人谈过以后, 他们才参与数据交换。我说: "你必须保护自己, 你不想冒险犯错。"他们也知道。他们问: "在这些好东西里要装多少垃圾? 我们应该投入 5 倍、10 倍或者 100 倍吗?"我极度保守, 我建议投入大量的垃圾。我认为他们做了实际的妥协。(1995)

在后来的一次采访中, 他继续阐述如下:

> **科林斯:** 是谁发明了 LSU 协议?
>
> **艾萨克森:** 嗯, (LSU 团队的一个成员) 正在谈论这个问题, 我记得我和他讨论过, 在那里我问他, 如果你盲目地交换你的记录……"你得到假警报的机会有多大?"他想出了一个数字是百分之几。我说他应该非常小心, 如果我处在他的位置, 我肯定不希望超过一万分之一或者十万分之一。他说: "嗯, 有这么一个问题, 你必须做数据分析——大量的数据分析, 这会让你头痛的。"我说: "谁在乎 (笑声), 我们在玩大赌注, 我们不想要虚假的警报。"但我想他也得到了很多人的类似建议……他制定了一些流程……(1996)

22.14.1 非自愿盲分析的优点

对于倾向封闭证据文化的物理学家来说, 强制盲分析的主要好处是, 不负责任地解释路易斯安那的数据不会导致混乱: (原则上) 谁都可以使用它, 但如果不首先检查你认为是零延迟箱的东西确实是零延迟箱, 就广播与 LSU 数据的符合分析结果, 就太愚蠢了。因此, LSU 正在有效地执行自己的证据文化——迫使挣扎的锁链帮罪犯朝他们选择的方向跑。

当然, 如果盲目的分析者确实找到了正确的盒子, 就强力确认了这是真实的效应, 而不是事后统计按摩的结果。任何事后篡改, 为了增加某个受欢迎的箱的高度, 都有可能增强了错误的一个! 然后, 这个流程似乎是消除"疯子"和无意识偏见的理想方法。[1] 某个第三方 (激光干涉测量工作的合作伙伴) 这样说:

> 如果他的统计数据是正确的, 并且在可信的水平上主张有一个符合, 他会毫无问题地从一千个里挑出那个正确的开始时间。但如果他敷衍——即使是无意识地——那么 (他) 就会选错, 甚至没有动机敷衍, 因为有可能迷失在泥沼中。我觉得很聪明。你

---

① "疯子"包括完全的局外人, 他们可能会从任何两个实验室获取数据, 也许是通过互联网, 并用自己喜欢的方式分析它们, 不需要知道实验设备的任何情况。

知道, 并不是所有的社会学或心理学问题都有技术解决方案, 但我认为, 对于这种情况, 有人足够聪明, 给心理问题提出了技术解决方案。所以我觉得它很漂亮。

　　……来自其他领域的科学家会说: "哦, 听着, 那些引力波的人永远做不了任何正确的事情, 这是他们的另一个垃圾。"……可信的主张——不管它们是不是真的, 当然都是非常微妙的, 正如你们 (社会学家) 知道的那样——但它们必须是可信的。因此, 这种方法可以绕过可信性的最大障碍, 不会陷入难以置信的诱惑……按摩统计数据。这让它几乎不可能; 此外, 对于任何外面想看它的人, 这个方法可以验证地让它几乎不可能, 所以我认为它真的很巧妙。因此, 要么不会有一个错误的发现, 要么可能是一个可信的主张——无论如何, 它比几乎肯定有一个难以置信的主张更好。(1995)

在这个协议下, 弗拉斯卡蒂团队确实对起点做了一些错误的猜测。然而, 在发表之前, 他们已经和路易斯安那团队私下核对过了。因此, 在任何不研究引力波的人看来, 这似乎是很好的协议; 对任何从事干涉仪的人来说, 这都是特别好的。正如一位科学家对我说的——强调了干涉仪群体的观点。

　　受访者: 他们有过几次, (弗拉斯卡蒂团队的一名成员) 说, "62 号"——就是那个, 他们 (路易斯安那) 说, "不!"

　　科林斯: 这事发生过几次, 对吧?

　　受访者: 是的! 哦, 不是 62, 是 54。……等一下, ……在我们宣布流程无效之前, 你打算猜多少次? (1996)

22.14.2　非自愿盲分析的缺点

弗拉斯卡蒂小队证实, 他们确实做过一些错误的猜测。那么, 非自愿的盲分析仅仅是一个 "心理" (即社会学) 问题的绝妙解决方案吗? 根据弗拉斯卡蒂小队的说法, 对他们来说, 将风险降低到接近于零不是最好的策略。

首先, 1000 个起点的流程给数据接收者增加了很多工作, 因为他或她必须构建有 1000 个箱的直方图——如果用正常的方式, 延迟直方图包含的箱比这少得多。更严重的是, 弗拉斯卡蒂小队的一个人指出, 在这种协议下, 分析者能发现的唯一效应是, 它的强度足以在 1000 次里偶然发生不到 1 次 (即超出背景 3 个标准差以上)。如果效应不那么强, 一个或多个非零延迟箱可能表现出比零延迟箱更高的峰值, 纯粹是出于机会。例如, 如果一个真正的效应, 它有 1% 的可能性是由于机会 (2.5 个标准差——社会科学认为这就足够了), 1000 个起点的协议可能掩盖它, 有大约 10 个结果具有相同的甚至更大的表观显著性。因此, 在 1% 的信号上工作是不可能的。在物理学中, 2.5 个标准差并不够好, 通常不认为是重要的结果, 但这不是正常的物理领域; 我们知道, 我们将在很长一段时间内停留在噪声附近或内部, 因此我们知道, 还有很长一段时间, 才能脱离实验的这个发展阶段。

弗拉斯卡蒂小队的一个人争辩说, 有必要继续理解这个现象, 朝着适当的方向发展该装置, 为此, 有必要处理可能存在的任何信号, 无论它们的统计意义有多差。"我仍然认为我们找到 1% 的额外符合很重要, 你这样找不到它, 因为你需要比 1‰ 更好。这就是问题所在。"(1996) 在对信号和设备的理解很不好的情况下, 不可能根据先验的理论考虑来设计最好的滤波器以及把其他实验参数设置为最佳水平，为了增强信号，有人认为，应该调整参数以增大零延迟箱的高度。换句话说，你必须像乔·韦伯那样"调整"设备——要做到这一点，就必须知道哪一个是零延迟箱！

无论如何，根据弗拉斯卡蒂小队的说法，盲分析还有更多的缺点。一旦你有一个信号可以工作，你可能提高其作为证据的价值，而不是简单地提高信噪比。例如，你可能会发现，你不仅有符合——尽管统计显著性很低——而且两个探测器的符合信号的能量水平的比值是一致的；这将是共同来源的进一步证据。或者，你可能会发现，信号峰的绝对值虽然很小，但与天线指向某个特定方向的时间相关——通常是引力波的强源（例如，恒星时相关性）。这些都是提高信号可信度的方法，但是，必须有残余信号可以工作才行；只有当残余信号在公共领域时，才能做得很好。从证据集体主义的角度来看，强制的盲分析阻碍了仪器和数据分析技术的发展。

22.15　珀斯 – 罗马事件

当人们发现，弗拉斯卡蒂 EXPLORER 天线的输出和珀斯的 NIOBE 有明显的符合，我描述的紧张关系和观点差异就找到了新的焦点。就像所有已经宣布的信号一样，这个新信号表示的能量水平，需要科学家说的"新物理学"或"新宇宙学"才能有意义；简单地说，它们与以前的所有主张一样难以接受。然而，1996 年 3 月在比萨举行的一次会议上，珀斯团队的领导人建议宣布它们；负责组织这次会议的弗拉斯卡蒂团队的领导人不那么乐观。当他们在走廊里激烈交谈时，我记录了他们在会议之前的谈话：

> **布莱尔**：因为我们不打算在那个共振棒会议里作报告，而且……我不想让人觉得我们不是做共振棒的工作……所以我认为这可能是一个机会，只说我们看到了一些有趣的符合——我们试图理解它……

> **皮泽拉**：……如果他们问我，我会说"无可奉告"……因为，你看，我们正处于困难的境地，因为我们正在发表关于超新星的论文……

> **布莱尔**：我认为这不对……因为过去有过大惊小怪，就否认这些数据……(1996)

人们对超新星主张的反应，让皮泽拉感到大受伤害，不愿承受再次面临争议的风险，但布莱尔还是把结果告诉了持有怀疑态度的观众。布莱尔稍后向我解释：

> 我们不会被那些别有用心的人欺负。我们相信，我们看到的是合理和有趣的，你们应该随着故事的发展而讲述这个故事——随着它的展开。(1996)

布莱尔不会被指责为"殖民地的边缘"。①

尽管珀斯和弗拉斯卡蒂的符合证据在接下来的几个月里变得更有力，但是他们的结果永远不会得到同情。尽管如此，弗拉斯卡蒂小队再次感到，是时候发表一些正面的东西了。他们认为，如果在任何报告中包括 LSU 团队的结果（无论正面还是反面），就会提高可信度。这就是里格尔海鲜餐厅对话的背景。

———————————————
① "殖民地的边缘"见附录 D。布莱尔将在这次会议上受到马西莫·切尔多尼奥（Massimo Gerdonio）的攻击，他说，这些符合实际上是由金属应变引起的噪声。下一章有简要的说明。

我们现在已经充分了解这些团队的技术、制度、国家和文化环境, 可以了解 1996 年 12 月共振棒成员谈话发生时这个论证的状态。谈话的重点 (其他各种讨论发生在相同的数据分析会议上) 是 LSU 团队同不同意让他们的名字和数据放在一篇联合文章里, 包括弗拉斯卡蒂和珀斯的符合信号的报告。①弗拉斯卡蒂团队还希望路易斯安那协议为未来的协作和发展而放松, 他们希望把潜在信号设定在较低的阈值。

比尔·汉密尔顿试图决定应该怎么办。他的立场不那么明确, 尽管有保留未解释数据的压力。20 年来, LSU 团队一直在运行探测器, 但是发表得很少。一段时间以来, 他们一直在寻求 NSF 的资金, 用于新一代更灵敏的共振球探测器。他们不确定能不能继续发展下去, 如果共振棒没有前途, 汉密尔顿将接近退休, 他奉献了一辈子的工作, 几乎没有什么可以展示的。② 就像他和我讨论的那样:

> **汉密尔顿:** 也许 (我们) 太谨慎了, 呃, 我们希望这是一个真正的领域——我们想发展科学——科学是做重要的事情, 因为还没有人真正理解引力; 他们不明白为什么是这样, 所以, 既然我们可以开始做这些实验, 我们就必须负责任地做。我不能说, 开始的时候我是这样看待它的, 但是, 在思考它的时候, 我很确定, 我认为最重要的是, 我没有办法做任何将会让自己被贴上"怪人"标签的事情。
>
> ……有人开始找实验性的东西 (可能有, 也可能没有), 你就必须非常小心, 我怀疑所有这一切都是想说: "好吧, 好吧, 如果我的工作有意义, 我必须确保没有人认为这是疯狂的。"
>
> **科林斯:** 是的, 但是你必须赌啊, 不是吗? 因为你总是可以什么也找不到, 这样就不会有人认为你是疯子了。
>
> **汉密尔顿:** 哦——这是真的——绝对是——韦伯为此指责我。在过去的几年里, 韦伯说过, "你可以犯两个错误——一个是找到东西——任何东西——你知道, 找到符合或类似的东西, 只要有任何数据"; 而且——我在几次报告中说过——你可以犯另一个错误, 那就是太努力, 这就是韦伯指责我的。他说: "你也可以太努力以至于看不到事件。"我很清楚这一点。(1996)

后来, 讨论 LSU 是否同意与弗拉斯卡蒂发表文章, 谈话继续进行:

> **科林斯:** 所以 (加上你的名字) 会增加这篇文章的分量, 但你也必须担心, 如果这篇文章受到指责, 它会让你丧失可信度吗?
>
> **汉密尔顿:** 是的, 但我们现在可以扛得住; 我们扛得住。但是, 也许有一些东西在那里——我很清楚这一点, 所以你也放弃了 25 年的工作。这并不是在想诺贝尔奖, 只是说, 好吧, 好吧, 我们没有发表太多——你想让你 25 年的工作悄悄地退场吗? 其他人继续前进, 继续推动这个领域前进。(1996)

现在我们知道里格尔海鲜餐厅是怎么回事了。这些谈话只是冰山一角, 隐藏的基础是 20 世纪 90 年代后期引力波探测的理论和政治。冰山最终会让共振棒沉下去, 留下干涉仪作为主导技术。

---

① 这次活动是 1996 年 12 月 6 日至 8 日在波士顿举行的第一次引力波数据分析会议。应该强调的是, LSU 团队没有压制支持罗马-珀斯符合的正面数据。但人们普遍认为, 即使 LSU 团队在与罗马-珀斯合作的正面报告的同一篇文章里给出中立的数据, 也会提高整个工作的可信度。当时的实际情况是, 弗拉斯卡蒂正在被边缘化。

② 在这里报道的采访发生时, LSU 团队还不知道美国的共振质量项目将不被允许发展。

第 23 章　共振技术与美国国家科学基金会的评议

23.1　共振棒和干涉仪的关系

在几年的时间里,共振技术和干涉仪的关系不断发展。最终,干涉仪成为引力波探测的主导,共振棒的数量越来越少,影响也越来越小。但是我们看到,在早期,共振棒团队相信,随着新的巨额资金进入干涉测量,他们可以从中受益。弗拉斯卡蒂团队的圭多·皮泽拉告诉我:

> ……我可以给你看我写给参议员的信,赞成 LIGO(激光干涉引力波天文台项目),以及基普·索恩和其他人给我写的信,感谢我的这些信。所以,他们是好朋友。(1995)

加州理工学院的索恩同意:

> 在整个困难时期,我们的 (干涉仪) 经历了一次又一次的评议,共振棒的人一直是重要的参与者。研究他们总是非常支持,除了乔·韦伯,没有人试图阻止它。(1995)

韦伯和他的一些同事认为"干涉人"(我的术语) 害怕他的主张,因为他可以用更少的钱做同样的科学。韦伯在 1993 年告诉我:"当然,如果 1984 年的截面是正确的,它将阻止美国国会给加州理工学院 2.11 亿美元";在 1995 年,"解决这个问题有一种更便宜的方法,考虑到国会关于预算削减的观点,只要这种方法给出任何数据……就很可能会导致国会终止 LIGO。这是我自己的感觉。"至少有一位韦伯的支持者相信,"鉴于现在乔已经证明,铝棒天线可以得到更好的结果,只需要百分之一的价格,那么,它 (LIGO) 不是很好的想法。"(1995)[①] 正如我们看到的,干涉人确实对这种可能性做出了反应,迎头痛击截面主张,但是当干涉测量得到资助以后,这个时期就过去了。

这并不是说,即使在这以后,"共振人"也确信,投入这两种技术的相对金额是合适的。我们可以看看双方的看法:

> **科林斯:** 如果你能阻止钱进入 LIGO,让它进入共振棒,你会这样做吗?

> **受访者 2:** 是的! 在纽约的一分钟以内。(在纽约一切都发生得更快。)

> **科林斯:** 所以我从 LIGO 的人那里听到的故事——团队之间没有真正的紧张关系……你不认为这是真的吗?

> **受访者 1:** 嗯,他们是对的,因为我们这些人并不讨厌 LIGO 的人。我们祝他们好运。我们只是认为他们的计划不现实。他们开始意识到——他们不相信我们这些

---

① 另见 WEBQUOTE 下的 "1987A 结果的另一个观点" (Another View of the 1987A Results)。

人实际上有机会, 但他们还没有研究过。他们开始与 LIGO 合作, 从来不与共振棒合作——他们的大师基普·索恩写的评论文章有很多人读, 试图分析这两种观点, 但没有把共振棒的分析做好。

　　……共振棒群体的一些玩家, 特别是 (来自多个团体的科学家), 嫉妒资助干涉仪的钱。他们认为, 如果他们能得到相当数量的钱, 他们就能做得相当好; 他们担心, 特别是在美国, 他们的工作在干涉仪时代就会被终止, 尽管他们认为自己很可能第一个发现引力波、做引力波的科学。(1995)

然而, 由于 LIGO 成为现实, 在公众面前表现出嫉妒的时期结束了。干涉人可以表现出胜利者的大度。

　　受访者: 会议上进行了激烈的交流, 直到 1991 年至 1992 年。直到干涉仪很明显会得到资助; 然后就没有任何意义了。然后, 共振棒团队更愿意寻求支持, 确保我们支持他们获得资助。当然, 在审查申请的时候, 我们都支持了, 只要有可能指出共振棒的价值, 除非他们想改变, 否则资金不应该停止。[1](1996)

一旦 LIGO 获得资金, 共振棒团队必须专注于未来——特别是下一步, 共振球计划。然而, 未来似乎是合作而不是对抗, 至少在美国是这样。[2] LSU 团队的比尔·汉密尔顿这样跟我说:

　　汉密尔顿: 嗯, 他们说为什么要折腾呢, 我们就肯定地告诉他们, 如果你把这些 (共振球) 看作——不是竞争, 而是对 LIGO 的补充, 你就可以看到, 整个 LIGO 概念变得更加可行。不仅如此, 如果能用 50 万美元的价格制造这样一个巨大的共振球, 你就有一个探测器可以验证你每次 500 万美元看到的任何东西。这意味着……你可能想在每个频率做两三个。然后你看看它们的符合, 你寻找信号, 然后, LIGO 在那个时候已经做好了, 你可以用这些来触发 LIGO, 让 LIGO 的人尝试寻找引力波的形状和类似的东西。

　　科林斯: 因为他们有更大的带宽和带宽灵敏度。

　　汉密尔顿: 是的……

　　科林斯: 但是, 我的意思是, 让我直说吧, 说这不是和你竞争, 它会帮助你, 这样说很好, 但你肯定认为, 用这些共振球比用 2 亿美元的 LIGO 更好。

　　汉密尔顿: 哦, 是的。但我们无法阻止那种特技表演, 我不确定我们是否应该那么做。因为 LIGO 会做成的。(1994)

总之, 共振棒和干涉仪的关系是复杂的。[3] 韦伯和他的同事们试图反对这项新技术, 但是失败了。低温棒团队接受了干涉仪, 希望对自己有好处, 但嫉妒并反对资源分配的不平衡。一旦干

　　[1]　干涉人也试图修补自己和共振棒群体的隔阂。因此, 伯纳德·舒茨在卡迪夫的团队 (曾经无情地攻击了 SN1987A 的结果), 邀请弗拉斯卡蒂的数据分析师皮亚·阿斯通 (Pia Astone) 到卡迪夫访问几个月。关于这个事件, 见 WEBQUOTE 里的 "舒茨谈皮亚·阿斯通访问卡迪夫" (Schutz on Pia Astone's Visit to Cardiff)。

　　[2]　这两个物理学家群体都认为, 既然事情已经合理地解决了, 建立统一战线对抗世界上的其他人, 比分裂和争论要好。在 1996 年的比萨会议上, 伯纳德·舒茨告诉我: "现在是时候让两个团体共同提出一个理由、认为应该给这些人投入大量资金了吗? 我的感觉是, 联合起来更有可能为双方带来利益。比斗争更好, 我认为这就是为什么人们试着表现得像朋友一样, 等等。"

　　[3]　还有一个简洁的科学论点: 如果共振棒探测到引力波, 将是好事情, 因为这将证实 LIGO 引力天文学的前景。有关这种影响的引文, 请参见 WEBQUOTE 下的 "如果共振棒可以看到引力波怎么办?" (What if Bars Could See Gravitational Waves?)。这个论证很有效, 如果共振棒探测到的波与 LIGO 保守的天空观相容, 但是这几乎不可能。(不过, 请注意 WEBQUOTE 同一节里的索恩的反对意见。)

涉仪成为事实，双方就会进行合作。然而，在意大利，弗拉斯卡蒂团队仍在试图找到让他们的数据更有说服力的方法，他们的主张继续在新世纪里刺激干涉仪。① 路易斯安那团队更热情地支持合作，希望继续他们的共振球计划。他们进展得怎么样呢？

23.2　美国国家科学基金会的评议

1996 年 12 月，美国国家科学基金会 (NSF) 在华盛顿特区举行了一次会议，参加者是它选定的顾问，报告引力波探测方案的进展情况。我出席了整个会议，除了最后一天要写报告的时候；但是那时候，委员会的看法是完全清楚的：共振质量不是美国引力波探测的未来。

评议委员会的简报针对未来五年引力物理学项目的一般研究和教育优先事项提出建议。尽管如此，我集中在工作的一个特定方面：讨论共振质量的未来。那时候，委员会还没有审查任何具体提案。美国的共振球计划 (TIGA) 打算以 LSU 为中心的联盟负责建造。TIGA 项目最终将以非邀约投标书的形式提交给 NSF，这个投标书将由匿名评议员以正常方式进行审查；后来被拒绝。因此，就正式流程而言，委员会的作用微乎其微，作为咨询委员会，只是提供了一条咨询意见。此外，我一直强调，NSF 的优点是，它不仅是一个反应灵敏的组织；它在发展引力波研究方面发挥了重要的积极作用。其主动性的一个方面是修剪不断变化的科学和技术可能性树；在资源稀缺的地方 (资源总是稀缺的)，允许所有分支生长，就是让它们全部死亡。至少在如何处理积极的简报方面，委员会提供大量咨询意见。

社会学家注意决策的非正式方面，它们在这样的会议中是可见的。我们一遍又一遍地看到，同行评议和类似的审查是判断和计算的问题。一方面，在这里，判断依据的价值观和期望的背景得到巩固。另一方面，受过科学训练的决策者更了解正式流程，在某种程度上构成了他们的专业身份。②

我在会上做了详细的笔记，因为我认为使用录音机不合适。然而我觉得，应该承认我有偏见。日期是 1996 年年底。我还没有被干涉仪迷住。到目前为止，我几乎把所有的研究时间都用于共振棒研究。我认识的人对我很好，他们都从事低温棒的事业，像比尔·汉密尔顿和圭多·皮泽拉这样的人，我和他们就他们的困境进行了真诚的交谈。干涉测量的人看起来比较傲慢——新来的"大佬"对自己的能力 (通常来自高能物理的经验) 过于自信，所以每个人都告诉我，一旦真正的实验开始，就会证明这些经验是完全错误的。我在重复我在共振棒群体中发现的观点，但是我要赶紧补充说，这些不应该具体归因于汉密尔顿或皮泽拉——我说的是气氛和感觉。一方面，为了进一步解释我的兴趣，我花了很多时间学习和理解共振质量技术，我觉得我能掌握它。另一方面，

① 记住，这只是弗拉斯卡蒂团队。勒格纳罗团队的马西莫·切尔多尼奥采取了另一条路线，也许是因为 (正如我被告知的) 他想成为欧洲干涉测量的主要参与者。在第 22 章结尾提到的比萨会议上，切尔多尼奥领导了对珀斯-罗马符合的攻击。见 WEBQUOTE 下的"切尔多尼奥攻击珀斯-罗马事件" (Cerdonio Attacks the Perth-Rome Coincidences)。切尔多尼奥将成为国际引力事件合作团队 (IGEC, 负责协调所有共振棒团队的结果) 的主席，并非常保守地开展活动。

② 国家科学基金会的一位发言人说，我夸大了这个委员会的作用。他指出，即使这个委员会发挥了我认为的那样大的作用，如果它的目标是更适度的研究和开发，而不是立即建造巨大的设备，就仍然有机会资助一个低层次的共振球方案。他还暗示，委员会没有采取任何措施阻止其他共振棒团队的继续发展，如乔·韦伯的马里兰大学团队。为了理解为什么剪除这些政治上不太明显的可能性，必须更详细地审查项目提案和审查的意外情况。这里我处理的是大的过程。

干涉仪科学和技术似乎陌生而复杂。很明显，这和共振棒有些关系——冷却并隔振——几乎每一次失败都是因为隔振或冷却的均匀性没做好。干涉仪有功率回收，法布里-珀罗腔，模式清洁器，泡克尔斯盒，等等——这些对我来说仍然很奇怪。就我自己的研究投入而言，无论是技术还是个人，如果共振质量继续在这个领域占有重要地位，那就好得多了。当然，如果两种技术存在真实的和持续的竞争，将有助于更好的社会学。还有，作为英国社会学家，我倾向于同情弱者。

总之，当我看着美国的共振质量项目开始结束时，我觉得自己也受到了攻击；我不喜欢我正在看的那项剪枝工作。作为社会科学家，我应该保持中立，但我同情共振质量。现在回想起来，我对干涉仪的理解和欣赏与我曾经对共振棒的理解和欣赏一样多，我仍然认为我对会议的描述是准确的，但我认为读者可以质疑我的分析。

23.3　青春与选择

情况是怎么样呢？在他的自传《时移事变：一生》(*Timebends: A Life*) 中，阿瑟·米勒 (Arthur Miller) 反思了青春的意义，把它描述为"拒绝放弃我们想象过的无限的选择"。[1] 米勒说，青春的特点是一种可能性，一旦我们真正做出的选择缩小了未来，它就会消失。如果这是我们对衰老的看法，科学也有年轻和成熟的阶段，然而，这些阶段不一定和科学家的年龄相关。乔·韦伯曾经年轻，在他的科学工作中年轻，当他的生命结束时，他仍然拒绝放弃选择，这是坚定的年轻人的特点。韦伯不会放弃对他的实验的鲁莽解释，尽管引力波的未来肯定是大笔的投资。朱利亚诺·普雷帕拉塔也是如此，理论青年的火焰一直燃烧到他去世的时候。

这些段落的精彩修辞只是一个方面。谁能抗拒年轻冒险家的诱惑呢？更重要的是，这种浪漫的科学观在实验方法的基础上有着深远的根源。当罗伯特·波义耳 (Robert Boyle) 坚持他新发明的空气泵可以揭示事实的时候，他认为科学家可以真实地谈论自然世界，不管国王和他的所有臣子都相信什么。对权威的藐视深深地植根于科学的观念中，我们怎么能不同情叛逆者呢？

然而，痛苦依然存在。如果只是同情叛逆者，就没有科学了。不进行修剪，科学之树就会凋亡。剪除选项，就像发明它们一样，是制造知识的工作，使得国家科学基金会等机构成为科学的组成部分，就像乔·韦伯这样的人。这些机构做的决定永远不会完全合理，有时也不会完全正确。总会有些人怨恨他们，有时候是有理由的。然而，没有这些决定，科学就不会再有历史了。

让我换个说法：如果科学没有年轻的鲁莽和轻率的冒险主义，就是朝着可预测性太强的目标前进的有价值的行军；如果科学只有年轻的鲁莽和轻率的冒险主义，就是光辉灿烂但毫无用处的玩物。引力波探测的整个故事讲的是这两种处世的方式，有时由两种科学家代表，努力创造科学，通常并不和谐。这无关好坏——现实就是这样。

---

① 见 Miller(1987) 第 70 页。

23.4 会 议

集中注意力在共振质量上，我可以再一次说明在 NSF 评审会议上提出的纯科学论证：共振棒及其潜在的继任者 (共振球) 在技术上不如干涉仪。[①] 共振球能看到的引力波的源，干涉仪同样可以看到，甚至看得更好。干涉仪在长远的未来将达到的灵敏度水平，共振球做不到。此外，对共振球灵敏度的估计基于尚未取得的技术进展，而低温棒的经验表明，每一种进展需要的时间都比想象的要长得多。这些球的成本可能是 LIGO 的十分之一或更低，但建造这些球没有明显的好处。

但是，我要假装是一个准科学家。我尝试使用这样的专业技能，我跟共振棒的人待了很长时间，听到了每一种论证。[②] 这些专业技能似乎足以让我跟得上 NSF 委员会的讨论，有时甚至感到不太满意。当然，这个委员会不是由引力波探测的狭窄专业里出来的核心实验人员组成的，而是在相关实验领域或理论分析方面有长期经验的科学家——如果目标图以引力波核心群体为中心，那么他们就是第二个环里的人。

里奇·艾萨克森本人是理论工作者，但是对实验方式的了解很深，事实证明，在讨论的过程中，他是有关这些领域信息的主要来源。艾萨克森纠正了小组成员更深的误解，回答了他们的基本问题；很多时候，我认为我可以替他说话。但艾萨克森一直都知道这是怎么回事。实际上，他选择了评议小组的成员，他没有捍卫这些领域，只是提出了一种远景："这就是他们说的"，而不是"这就是事实"。好的，开始吧！我将转换为现在时，给出辩论正在进行的感觉。

我不认为反对这些领域的技术论证完全令人信服。当我认为艾萨克森还没有和盘托出时，我一直想说"但共振棒的人会说'X, Y, Z'"。此外，一种未知技术 (几千米长的干涉测量技术) 的未来正与一种非常著名的技术 (在这种技术中，许多以前无法想象的技术问题都有机会展示自己) 的未来竞争；干涉仪的问题尚未在实践中暴露。想象中的问题很少与实际问题一致，因此在某种程度上，理想化的未来不公平地对抗实实在在的过去。但奇怪的是，这个论证似乎是相反的：理想共振球的灵敏度对比的是 LIGO I 的更谨慎的估计，不知道为什么没有人提到，我们可能需要很长时间才知道 LIGO I 需要多长时间达到它的灵敏度。[③] LIGO I 有一整年的"试用期"，但我们不知道一年是否会变成十年——就像共振棒的情况一样。

共振棒的人则相反；他们都相信干涉仪会遇到许多意想不到的问题，就像他们的低温棒那样。例如，共振球的一个支持者对我说：

> 在某种意义上，这种共振探测器的技术更可靠。它已经被开发出来了，共振棒是唯一能够以 10^{-19} 的灵敏度测量引力波的探测器。
>
> 所有的原型干涉仪都不太灵敏，所以 (共振棒) 技术更成熟、更可靠，像共振球这样的未来发展都是基于坚实的技术准则，所以我认为，不优化基于共振质量探测器的技术是错误的。优化意味着建造质量尽可能大的共振球——这为测量爆发、随机背

[①] 关于科学案例的一些细节争论的论文，见 Harry, Houser, Strain(2002)。

[②] 我正在使用我的"交互式专业技能"——见第 42 章和 Collins, Evans(2002)。

[③] 1996 年是很久以前了，许多问题现已经解决了；即使事实证明，LIGO I 按时实现其设计目标，也不会影响那些在 1996 年做判断的人的知识；在这种分析里，绝对不能当事后诸葛亮。

景、啁啾、源的方向提供了许多可能性——不建造这些探测器,只依赖于大型干涉仪探测器,我认为是错误的,这些探测器还需要证明,它们的技术可以用于真正有竞争力的探测器。(1996)

但是委员会认为,干涉仪项目在这方面比共振棒有优势。当我问为什么干涉仪不会有这些麻烦时,被告知这是因为人数的差异。我被告知,共振棒由小型团队以业余的方式制造;干涉仪由高能物理风格的大型专业化团队制造。这一切都是真的,只是还没有证明它将有所作为。我想,"已经证明了大团队可以制造原子弹,但这真的不是那么难;已经证明了大团队可以制造粒子加速器,但这是一门成熟的科学;这两个例子都不能证明大团队可以制造灵敏度很高的干涉仪。" ①

我不打算夸大其词。艾萨克森公平公正地提出了这个全面的问题:"LIGO 是一个 800 磅的大猩猩,它推动一切,因为它的成本和它对未来的承诺。"万一出错的话,这就是高风险的策略。因此,至少有必要考虑其他方法。我的笔记本在讨论中缺少了"木琴"的概念。与 LIGO 相比,对共振球概念的一个批评是窄带宽。因此,即使共振球在共振频率上可以与干涉仪同样灵敏,它仍然只能在这些窄带里检测引力源。但共振球的人对此的回答是:木琴,一组具有不同共振频率的不同大小的共振球。尽管在文献中可以找到,但他们没有强调这件事,其中的图表显示,木琴在一系列点上低于 LIGO 的灵敏度极限。②

我的笔记本没有记录共振球在定向灵敏度方面的优势是否真的达到极限了,我不记得任何关于它在区分不同的引力理论方面的优势的扩大讨论,但这只是一件小事。

更重要的是,讨论所依据的想法是,LIGO 每两三年就会建造一个新的更灵敏的干涉仪,每个成本是 1000 万至 2000 万美元,从而迅速超过共振球的灵敏度,后者充其量与 LIGO I 相当。③

评审委员会同意,最好有一种完全不同的探测器(例如共振质量)确认 LIGO 可能看到的情况;但是,正如我看到的那样,在四个干涉仪构成世界范围的阵列之前的很长一段时间里,这些共振球可以提供的定向灵敏度具有巨大的优势——这件事从未得到令人满意的讨论。

小组的一个成员希望终止除 LSU 以外的所有共振棒工作,但在这里,艾萨克森采取措施捍卫换能器的继续发展,以便在这些问题上保持人才和经验的储备,而且更容易与欧洲保持合作联系。人们认为,共振球项目在欧洲是相当肯定的,这是委员会的一个重要考虑因素。④ 同样的,该原因也是不能"封存"共振棒的原因:仪器可以封存,但大脑不能封存。

我注意到,专家委员会不确定提议的共振球是实心的还是空心的(它们是实心的),甚至也不确定为什么在华盛顿汉福德的 LIGO 装置上有一个 2 千米长的干涉仪——连我都明白这一点。我的笔记本上写着这样一句话:如果你是某个领域的支持者,听讨论就是难以置信的沮丧经历。我注意到,讽刺的是,里奇·艾萨克森被迫扮演共振球的捍卫者,而我知道他只是魔鬼的代言人——他扮演这样的角色,只是因为他知道魔鬼不会赢(这是我的看法)。

我还饶有兴趣地观察这里的理论工作者(天体物理学家)谈论他们工作的方式。我注意到他们不断地借用实验的语言。他们谈论"发现"与来自纸张和铅笔(即计算机模型)的"物理洞见"。他们正在研究两个黑洞碰撞的问题,用他们的话来说,建模过程的结果将跟实验产生的数据一样真实。说的好像实验工作者做的事情和理论工作者做的大致相同,但实验工作者需要更多的钱。我觉得这里低估了真正实验的磨难和考验。由于黑洞建模问题仍然没有得到解决,理论和实

---

① 我们将在第 4 部分详细讨论这个问题。

② 一个重要的反驳是,如果制造木琴,成本就接近干涉仪了。

③ 事后看来,这是完全错误的:旧装置中的一台新干涉仪将花费 1 亿美元以上,而这个两三年的时间间隔乐观得无可救药,因为一旦完全设计一台新干涉仪,安装和调试就需要这么长的时间。因此,真的是计划赶不上变化啊。

④ 由于欧洲的大共振球项目也将被取消,计划又一次没有赶上变化。

验可能没有太大的不同——它也需要比预期更长的时间。[1]

随着讨论接近尾声，我们开始看到结果了。人们一致认为，LSU 共振棒应该继续下去，因为有机会看到一些东西，因为意大利人用共振棒工作，还将有更多的共振棒工作。但是，在 LIGO 的背景下，这些领域要求几千万美元是困难的；用艾萨克森的话说，这是"强行推销"。他说，国家自然科学基金资助的很多科学保证能产生一流的结果，如果他要求 2000 万美元给不能保证产生任何东西的科学，他们就会问："为什么？"

一位小组成员说："我认为，推进这个工作，你的群体将被认为是完全不负责任……"而且大家都同意。评论包括"它看起来挺古怪"和"物理学界的其他人都会对我们大发雷霆"。

每个人都同意，如果 LIGO 真的看到任何东西，事情就会不同。无论如何，共振球技术正在欧洲发展。艾萨克森想知道是否有可能资助美国团队成为欧洲共振球设施的用户。

委员会决定，现有的共振棒技术应该继续下去，对新发展感兴趣的美国人应该与欧洲人建立联系。在这个委员会看来，LSU 共振球项目 TIGA 现在停止了。

接下来，委员会讨论了 1000 个起点的"强制盲分析"协议，同意这是一件好事。我在笔记本上写道："这个协议会被用于 LIGO 吗？"委员会消除了任何疑问，同意如果 LIGO 确实看到了什么，TIGA 项目可以由新一代物理学家迅速恢复，因为它的科技意识将通过欧洲联系来保持。

我们看到，关于 TIGA 的讨论是根据它对整个引力物理学的机会成本进行的，这就是这个小组成立的目的，小组的每个成员现在都乐于说，他们将如何在自己的项目上花费任何可用的钱。

我的笔记本上写着："看到一个领域被推翻了，我很难过。这么多的好想法和希望，还有位置，都结束了。"[2]

评议小组提出的国家科学基金报告是一份合理的科学文件，但在这方面，它的形式和意义与任何其他科学文件一样：揭示实验室／委员会里发生的一系列社会事件，对这些事件进行了回顾性重建的合理排序。我无法避免这样的结论：无论你对解释科学变化的方式有什么偏见，都必须说，这里的科学不仅仅是科学。在这个委员会里，共振棒没有机会的原因很简单——在政治上，不可能继续为探测引力波的旧技术提供资金，因为一种新的、极其昂贵的技术即将取代它，如果能找到引力波的话。鉴于这种情况，继续发展旧的共振棒，在政治上是疯狂的。干涉仪取代共振棒的理由已经公开，这个委员会决定任何其他方式的理由实际上是说："情况不如我们说的那么好。"鉴于科学界的其他人对 LIGO 拿的资助蛋糕太大感到不满，而且评审小组里有许多其他吃蛋糕的人，所以，只有一种可能的结果。

委员会的报告最终在互联网上发布。关键段落如下：

> 在过去十年中，低温声学引力波探测器的改进是巨大的。目前，LSU 的低温声学探测器是世界上最灵敏的。重要的是，必须在适当的水平上为其提供资金，以确保其继续运作，重点是最大限度地利用欧洲和澳大利亚的探测器的"运行"时间。这种支持应该继续，直到 LSU 检测器的灵敏度被超过。然而，鉴于对 LIGO 方案投入大量资源，评审小组建议不宜采取重大举措改进现有的探测器或开发新一代的声学探测器。[3]

---

[1] 事实证明就是这样：目前已经证明，黑洞-黑洞旋进问题是很难解决的。关于计算机建模和实验的相似之处，见 Kennefick(2000) 和 MacKenzie(2001)。

[2] 我再次强调，从正式的角度来看，委员会只是提出建议；它没有扼杀任何东西。

[3] NSF 引力物理学特别重点小组的报告，华盛顿，1996 年 12 月 6 日至 7 日。出席部分或全部会议的 NSF 工作人员：大卫·贝尔利，罗伯特·艾森斯坦，理查德·艾萨克森。NSF 顾问：哈里·科林斯，阿瑟·柯玛博士，锡拉丘兹大学。小组成员：Eric G. Adelberger, Abhay Ashtekar (主席), Beverly T. Berger, Stephen P. Boughn, Eanna E. Flanagan, Ken Nordtvedt, David T. Wilkinson, Jeffry H. Winicour。

　　起初, 当 LIGO 争取资金时, NSF 科学家的抱怨是, 它将从他们的项目和计划中占用资源。LIGO 的人反对这个论点, 指出国会的特别拨款将支持 LIGO, 净效果将是增加整个科学经费。讽刺的是, 可能被 LIGO 项目剥夺资金的一项科学是用非常大的共振质量进行引力波检测。如果没有干涉测量项目, 我敢打赌, 而且很可能会赢, 共振球将得到资助!

　　但是我可能错了: 也许, 正如我强调的那样, 这个领域的支持者从来没有组织得足够好, 甚至连他们要求的 LIGO 资助的十分之一都没有理由。基于 LSU 的建议是多中心的合作, 而不是以 LIGO 为代表的更严格的组织风格。然而, 如果共振球是唯一的选择, 那么 NSF 可能会对共振棒计划施加同样的压力, 使其重新组织工作, 就像 NSF 在麻省理工学院和加州理工学院的团队成为 LIGO 之前对他们施加压力那样, 以及在 LIGO 计划发展的过程中施加压力一样。本书后面讲的 LIGO 的历史表明, 只要有科学意志和行政意愿, 所有的组织问题都可以克服。我敢打赌, 如果这是唯一的选择, 共振球计划就会被打造成型。

　　在这次委员会评审会议上, 我们看到了对 "科学可能性之树" 做剪枝的一种方法。另一种方法是报告。接下来我们访问一系列的会议, 无论是在 NSF 审查会议之前还是以后, 那里做了更多的修剪。

第 24 章　涟漪和会议

物理学家把很多时间用在会议上。"引力波：源和探测器"国际会议于 1996 年 3 月 19 日至 23 日在比萨附近举行。像大多数与会者一样，我在前一天乘飞机，在几个月来第一次见到的阳光下度过了非常愉快的几个小时，在城市里闲逛，参观比萨斜塔。

社会学家也有会议。当我参加社会学家的会议时，我通常要查一下代表名单，打电话给一些我认识的人，问他们想不想跟我一起吃饭。这样，你就会在第一个晚上吃一顿美餐，然后喝几杯啤酒，聊聊闲话和其他人的事。当然，在物理会议上，我是观察者，主要靠我自己。

比萨被选为这次会议的地点，因为欧洲激光干涉仪 VIRGO 将在几千米外建造。组织者安排了大巴车，将代表们从比萨旅馆送到卡西纳——举行会议的小镇，也是将会建造 VIRGO 的地方。第二天早上 8：20 到 8：35，可以看到几堆男人和几个女人站在比萨火车站的前面，表现得茫然而又尴尬。我们很可能是 (但不是绝对肯定) 等同一辆大巴车带我们去参加会议。我们是不是应该认识认识对方呢？为了避免尴尬，我们不得不像其他陌生人一样，避免彼此的目光。

大巴车停了下来，每个人开始登车找座位，穿过真正的门和隐喻的门，成为一群参加会议的同事之一。我上了车，仍然感到很孤独，看到弗拉斯卡蒂的朋友们上了同一辆大巴车时，我感到很高兴，当他们经过时，认出了我，握了握我的手，寒暄了几句。我现在已经有了一点地位，可以在工作中使用；我是个人物，不是无名之辈——有一些物理学家可以交谈的人，一个值得握手的人。

虽然我没有什么利害关系，但有一些物理学家显然不是"人群的一部分"。就像每次会议一样，有些明星从来不单独露面，总是被仰慕的"客户"包围，有些可怜人似乎从来不属于任何群体。我为那些孤独的物理学家感到遗憾，他们明显的孤立已经充分说明了问题。

科学会议经常在好地方举行——阿斯彭、佛罗伦萨、旧金山、厄尔巴。关于它们的目的已经写了很多。从表面上看，发生的事情是，一个接一个的人站在讲台上，展示自己最新研究的结果；这样，科学界就可以跟上该领域的最新进展。然而，会议的这个职能并不十分重要。报告人提出的大多数主张都是临时性的，如果它们重要，就会已经通过电话或互联网在"网络"中传播了。会议的正式方面——通过报告传递信息——只对会议中的新人或其他不太重要的人有用，例如，在这种情况下，是我自己。在比萨，我从报告的实际内容中了解了很多事情，但我怀疑，唯一从中获益良多的是研究生和其他尚未完全"插入"网络的局外人。

随着互联网的扩展，越来越多的人说，科学家在好地方度假这种事，应该结束了。但是会议很重要。在酒吧和走廊里聊天，非常重要。小团体生动地谈论他们目前的工作和潜在的合作。面对面的交流非常有效——适当的眼神接触，身体运动，握手，等等。这就是建立信任的地方，信任将整个科学界团结在一起。[①] 这就是为什么 (虽然看起来不像) 代表们从第一天晚上分享啤酒的那

---

① 在这次会议，我和布莱尔谈了一次话，消除了他对我的不信任。布莱尔一直在阅读通常的科学战争 (对社会学家的抨击)，当我们第一次坐下来交谈时，他明显很不舒服，满腹狐疑；事实上，他就是这样告诉我的。然而，在谈话结束时，我们几乎成了哥们儿。

一刻就开始工作了！这种个人接触太重要了，LIGO 的项目经理加里·桑德斯曾经飞了 19 小时去珀斯参加一个会议，待了一天，又飞了 19 小时回来，没有在澳大利亚过夜！那可不是好玩的，但是真相来自信任，而信任来自个人接触。

因此，会议是查明真相的关键地点之一。一方面，这个想法有着非常明确的一面。正是在会议上，基普·索恩一次又一次站起来，向每个人解释乔·韦伯的截面计算是错误的。索恩没有发表他的分析，他只是站起来谈论它；观众（无论他们是否跟得上计算的细节）都可以看到，一个在理论上有重大贡献的人说，另一个没有做过理论贡献的人是错的。物理学界经常参加会议的人，至少也看过一次报告，那些以前尚无信心确认韦伯有争议的人，就知道自己可以安全地忘掉新截面了。如果有人因为不成熟地放弃它而受到指责，那将是索恩，而不是他们。索恩的举止比他的数学更重要——冷静、深思熟虑、勇敢，大多数人都跟不上细节。

查明真相还有不太明确的一面，它更有趣。会议是学界了解当前真相的礼仪的地方；它学习如何有礼貌地正确说话。因此，在一次又一次的会议上，乔·韦伯站起来报告他的论文，解释说他很久以前就发现了引力波，代表们知道，正确的反应是悄悄地转到下一篇论文。后来，会议举行时就没有乔·韦伯在场了，甚至不会提到他的名字。在比萨会议的第一天，我听了每一篇论文，韦伯的名字只出现一次，顺便提了一次。一篇重要的论文从这个领域的历史开始，乔·韦伯的贡献就是这样出现的：

在 30 年前的实验方面，在观测开始时，我记得天文学家们抓耳挠腮——这种事件率和这种能量产生率怎么可能是真的呢？你会看到这个（大约有 3 个单词听不见）。就在 20 年前……人们开始建造干涉仪。(1996)

这段话抹杀的不仅是韦伯的工作，还有所有共振棒工作的意义，包括低温项目。因此，现在我们知道，韦伯的贡献不再被提及，也许，除了作为先驱者的荣誉，但从来没有所谓的科学发现。尤其是年轻人可以知道，乔·韦伯甚至不是历史，充其量只是有趣的脚注——某个题外话。他让引力波的探索误入歧途，他正在"转移注意力"——关于他的故事或轶事，总是有利于让注意力偏离严肃的事情。这些天，每当我参加引力波会议时，我试着问自己一个问题：如果有人站起来说，他们认为乔·韦伯是对的，会发生什么呢？想象这个场景，你就能感受到团体的力量。就像有人站在椅子上出乖露丑。

还有什么正在确立呢？从来没有人见过黑洞，一些科学家根本不相信它们。我参加过一次讲座，听众里有一位科学家指出，根据相对论，黑洞形成的条件使得时间对于任何观察黑洞形成的观察者都静止不动，因此，它们是看不见的。然而，在比萨会议上，黑洞就像杯子和碟子一样熟悉和舒服。围绕"黑洞"这个词的模式是那些与确定性有关的模式。黑洞理论是一个事实；黑洞的这个或那个特征不是假定，而是"发现"……理论工作者主宰了关于发现的论述，没有什么地方比这里更明显了。在公共场合咨询成年人时，理论化和计算机建模可以将计算转化为真实的东西，这是关于"现实的社会建构"概念的全新倾向。哲学家们试图定义真实的东西：伊恩·哈金(Ian Hacking) 说，他认为电子是"真实的"，因为实验主义者谈论喷射电子，"如果你能喷射它们，它们就是真实的"。① 他应该到比萨去看看黑洞能做些什么——每个人都把它们喷遍整个地方。他们喷得口沫横飞。

在比萨，黑洞远比朱利亚诺·普雷帕拉塔更真实，他的名字一次也没有提到过。普雷帕拉塔的工作被社会的黑洞吞噬了，无法逃脱。整个会议不允许一个词谈论奇怪的探测器截面。

———
① 见 Galison(1997) 第 8 章，描述第一次使用"发现"一词，用于原子武器的计算机建模。Hacking(1983) 指出电子被喷射。

但其他类型的现实正在被操纵。特别是，天空中的引力波通量在下一代引力波探测器的灵敏度周围剧烈波动。在这次会议上，没有人说干涉仪可能检测不到任何东西；问题是每个设计能看到多少，哪个设计最适合看到哪种现象。上限是通常的数据呈现方式，上限不知怎么的就变成了现实。[①] 在话语中，任何尚未建立的检测器的预测性能都是其实际性能。

这种说话方式甚至延伸到 LIGO Ⅱ，如果 LIGO Ⅱ要发挥作用，就要有科学突破，前所未有的科学突破。在灵敏度的每张图和每个计算里，都有一条实线表示 LIGO Ⅱ的性能。在这种环境下，6 年以后的 LIGO Ⅰ似乎已经过时了。至于目前运行的探测器，除了有实际利害关系的代表，几乎所有的代表都认为它们无关紧要。有一次，皮泽拉绝望地说，共振棒和其他设备的灵敏度的所有比较都是用已经运行的东西——经过 20 年的发展——比较那些硬件一旦组装就会运行的东西——仿佛建造引力波探测器就像搭个花园棚子一样。但这没什么区别。重要的是未来——巨大机器的美丽新世界。在这次会议上，当 NIOBE 团队领导人大卫·布莱尔宣布珀斯–罗马的符合时，没有人听他讲什么。

---

① 见第 40 章。

第 25 章　另外三次会议和一场葬礼

1996 年至 1997 年, 珀斯-罗马符合事件令人不安。在 1996 年 5 月底于巴西举行的一次会议上, NIOBE 团队领导人大卫·布莱尔报告了他的结果, LSU 团队反对这些结果。路易斯安那团队的关键成员沃伦·约翰逊发言解释说, 他不信任这些数据, 因为布莱尔拿到这两个数据集以后, 对数据进行了太多的统计"切削"。1997 年 1 月至 2 月在阿斯彭举行的冬季会议上, 布莱尔缺席, 比尔·汉密尔顿展示了一幅"视图", 上面写着: 罗马和澳大利亚的符合已经消失了——这是滤波导致的假象。有这样的注释: 好消息是符合已经消失了。似乎有人说服布莱尔, 对数据采用了不同的滤波器, 使得统计显著性从 0.1% 变为 8%。也就是说, 在 1000 次中, 只有一次的结果是由于噪声峰的偶然符合, 而在新的滤波器, 100 次中有 8 次, 从物理上看起来不太好。

当布莱尔听到汉密尔顿的"好消息"时, 他很生气; 这不是他说的。在"传话游戏"里, 轻微的负面评论可能被彻底夸大了。当然, 去过阿斯彭或听到会议报告的其他人告诉我, 结果是布莱尔撤回了他的主张, 但事实上他没有这样做, 至少在 1997 年 6 月没有。

有一个第三方听到了关于符合事件的各种有趣的谣言。他被告知, 有人强烈建议布莱尔不要发表任何基于符合的东西, 但似乎很难说服他。他还听说布莱尔向《自然》提交了一份关于符合的论文, 但被拒绝了。此外, 他还听说, 这些数据确实用新的滤波器处理了, 而且显然已经消失了——汉密尔顿在阿斯彭报道的"好消息"——但布莱尔不同意这是什么好消息。

25.1　第 8 届格罗斯曼会议, 耶路撒冷

第 8 届马塞尔·格罗斯曼广义相对论会议 (MG8) 于 1997 年 6 月 22 日至 26 日在耶路撒冷举行, 此时, 路易斯安那、罗马和珀斯团队的成员似乎恢复了良好的关系, 尽管罗马-珀斯符合将于 25 日在大会报告上再次发布。

25.2 ALLEGRO 和连续波

此前, 汉密尔顿在沉闷的分会场向一群人报告了他的论文。分会的地位和大会不一样。参加分会的人往往是"俱乐部"的成员, 对汇报的专业性主题特别感兴趣。在这里, 报告人可以承担更多的风险, 第一, 因为他很可能是朋友, 第二, 因为观众可能有足够的专业技能对华丽的主张作出正确的判断——他们理解报告人打算给一个主张多少权重, 他们知道他可能会抛出一些东西, 试探狂热者的反应。此外, 参加大会的是更广泛的物理学界, 关注的是不太专业的内容。比尔·汉密尔顿在分会场说的话, 至少对我来说是相当令人惊讶的。

共振棒 30 年的历史一直努力消除外界的干扰和保持微妙的平衡, 让共振棒处于足够好的状态来检测信号。正如我们看到的, 一旦低温技术登场, 一切都变得更加困难: 共振棒变得更灵敏, 噪声阈值变得更低; 对硬件的任何调整都需要几个月的升温和冷却; 低温技术 (包括泵、沸腾的液化气体和收缩金属的应力释放的裂缝, 本身就是主要的额外噪声源。因此, 直到 20 世纪 90 年代, 低温棒才能够持续运行很长时间。此前, 所有这些装置的"占空比"都很差。然而, 到 1997 年, LSU 的 ALLEGRO 已经不间断地运行了很长时间, 现在看看在这种情况下可以做些什么。

几年前, 汉密尔顿的一名新研究生埃文·莫塞利 (Evan Mauceli) 需要一个课题, 汉密尔顿指派他研究如何在一小部分天空中搜索连续波 (CW) 信号。几乎所有以前的共振棒结果都是辐射"爆发"的真实或虚假的特征, 例如与超新星或旋进有关。为了确定这些突发事件, 如果想让结果有可信性, 距离很远的共振棒的符合是至关重要的。相比之下, 连续波的源在原则上可以用单个检测器看到。

连续波的源可能是脉冲星 (快速旋转的中子星)。恒星必须是引力不对称的, 才能产生引力波。脉冲星在某些方面是不对称的; 否则, 它们就不会像灯塔一样, 在旋转时有一束光扫过天空, 所以很可能它们满足产生引力波的条件。与"标准"宇宙灾难之一的引力波相比, 脉冲星发射的引力波非常微弱。正常的宇宙灾难将合理比例的太阳质量转化为能量, 驱动它发射的引力波, 而旋转的中子星保持着几乎恒定的速率, 因此不能失去太多的质量或发射太多的能量。然而, 就共振棒而言, 能量输出小, 但是集中在窄频带, 因而得到补偿。旋转源发射引力波的频率是源的转动频率的两倍。如果源的旋转频率等于共振棒的共振频率或它的某个谐波 (即如果它是共振棒频率的一半、四分之一、两倍, 或者类似的一些频率), 击中共振棒的引力波的很大一部分能量就可以聚集起来。这是使用共振作为一种能量整合方式的一般原则。因此, 虽然连续的源不会产生太多的能量, 但正确的 CW 源——以正确的速度旋转的源——将其所有的能量集中到正确的频带中, 作用于正确的共振棒。

在这个角色中, 共振棒弥补了它相比于干涉仪的一个缺点。干涉仪的带宽相对宽, 在相对低的频率范围里灵敏, 这些优点在 CW 源搜索里没有特殊的优势, 因为检测装置必须调谐到源发射的精确频率 (或某个谐波)。[1] 对于 CW 源, 这都归结为绝对灵敏度和运行时间。日复一日地观察同一片狭小的天空区域, 探测器可以让 CW 信号凸现出来, 增加其统计显著性。

---

[1] 在适当的时候, 有可能使用"信号回收"将干涉仪调到较窄的频率 (见第 28 章)。

　　汉密尔顿和莫塞利选择观察银河系平面下方的一片天空,在这片天空中,据信有大量靠得很近的旋转源。汉密尔顿向我解释说,这片天空大约是一个小指甲在胳膊伸直后的张角。

　　人们不会像望远镜那样使用引力波探测器;它的位置仍然固定在地面上,随着地球的旋转,它用最灵敏的方向扫描天空。与望远镜 (只有直视才能看到你正在看的东西) 不同,引力波探测器的灵敏度会上下波动。要用引力波探测器“观察”天空的某个点,你需要寻找信号,这些信号以该点特有的方式发生衰减。当探测器最灵敏的方向穿过那一片天空时,任何信号如果不以预测的速度变强或变弱,肯定就是来自其他地方,或者是噪声。无论探测器给出的是什么信号,只要带有错误的起伏方式,就可以扔掉。

　　地球的旋转还会改变信号的表观频率。当地球的一部分 (带着共振棒) 朝着源移动,无论是因为地球绕着地轴自转,还是绕着太阳公转,频率就变得更高。同样,当共振棒由于地球的自转或公转而远离源的时候,频率就会降低。这些效应非常小,可能相当复杂,但是完全可以预测。可以说,任何来自被搜索的天空区域的信号都必须有正确的、复杂的“多普勒频移”模式,任何似乎是信号但没有正确特征的东西,要么来自天空中的其他地方,要么就是噪声。多普勒频移模式不对的任何东西,都可以扔掉。

　　因此,观察天空的一部分 (就像胳膊伸直以后小指甲一样大),不用让引力波探测器指向它;使用计算机对现有探测器的输出进行大量复杂的滤波。可以采取相同的输出,并重新处理它,搜索你希望看的任何其他地区的天空波源。限制因素是计算能力和处理时间。

　　一次又一次地在探测器的窄的灵敏频带内对同一片天空进行观察,日复一日地添加任何符合相同定义的多普勒频移模式的信号,弱信号就可以增强。抛开任何不符合良好定义模式的信号,几乎所有的噪声都可以去除。总之,探测器成为一种比它在寻找爆发源时更灵敏的仪器,只要能寻找足够长的时间。

　　在耶路撒冷,汉密尔顿展示了一张图,显示了莫塞利数据分析的结果。它包含了 3 个月的数据,代表了相关区域总共 30 天的完整扫描。它表明,用这种方式工作,探测器可以看到 10^{-23} 到 10^{-24} 的应变。突然,共振棒变成了非常敏感的设备。这种应变灵敏度仅适用于非常弱的连续波源,仍然不足以检测引力波的预期通量。然而,可以确定这个通量的上限的新纪录。汉密尔顿放在投影仪上的图,竖轴是应变灵敏度,横轴是频率。数据曲线是一条模糊的粗线,形状是很浅的 U 形,探测器最灵敏的频率是 920.3 赫兹,应变灵敏度大约是 5×10^{-24},在低端 (919.8 赫兹) 和高端 (920.7 赫兹),上升到大约 10^{-23}。用蓝色标记笔画的一个箭头指出,模糊的粗线上有一个尖刺比其他的“噪声”高一点。汉密尔顿说:

> 我在那里画了个箭头,你可能会说:“天啊,那里有个可疑的家伙。”我们很容易检查这一点——我们可以再运行 3 个月的数据,看看这是否再次出现。如果 3 个月以后它还在那里,我们就可以关注了。(1997)

　　当我稍后跟汉密尔顿交谈时,他说,到下周的阿马尔迪会议时,他希望莫塞利能够对银河系中心的方向完成一个类似的搜索,用来进行比较。

25.2.1 汉密尔顿和 TIGA 的政治

讲完这部分内容以后, 汉密尔顿决定对共振质量计划的生存提出更公开的政治诉求, 集中在 LSU 的 TIGA 项目的潜力上, 现在每个人都知道, NSF 已经推翻了这个项目。他的评论以道歉开始:

> 现在开始讲政治, 所以如果你愿意, 可以离开。让我指出几种说法以及 TIGA 检测器 (共振球探测器) 的优点。大部分内容我都说过了, 所以我就把它放出来让你们看。(1997)

然后, 汉密尔顿展示了各种图片和图表, 显示了 LSU 的小的原型的室温共振球的结果。这表明, 潜在的 TIGA 的软件可以知道, 原型共振球在哪里被小锤子击中。关于共振球方向性的主张已经得到证明。然后, 汉密尔顿给出了 TIGA 相比于 LIGO 的灵敏度的估计。他接着解释说, 尽管 LSU 小组认为共振球是干涉仪的重要辅助装置, 但整个共振球项目仍处于危险中。共振球具有更好的定向识别能力, 是一种完全不同的技术; 它们很便宜; 探测器越多越好。

这是我参加过的最高级别的会议。汉密尔顿通常说话很安静很谨慎, 现在他说话的方式大不相同, 非常痛苦。从面部表情和肢体语言可以看出, 他很紧张。[①] 面对 NSF 抛弃他的情况, 汉密尔顿是否更倾向于弗拉斯卡蒂团队的证据文化? 他肯定处于做决定的重要关头。他清楚地认识到他的项目前景不妙, 因为没有看到任何东西。现在, 他有 3 个月时间寻找连续源的启发性数据。如果他准备用类似皮泽拉-布莱尔的方式支持这个主张, 就意味着在干涉仪运行之前 6 年或更长时间, 共振棒都可以做正经事情。

一周以后, 在日内瓦的阿马尔迪会议, 我们将知道汉密尔顿是否准备好冒险犯一些第一类错误。至少, 我是这么认为的。

当我问汉密尔顿这件事时, 他的看法略有不同。他说, 他要展示的是, 用这些共振棒以确定的频率搜索连续源的时候, 它们有多么灵敏。关于蓝色箭头指向曲线上一些无法解释的尖峰, 他现在还不能提出证据不足的主张, 我不应该过度解读。关键是, 即使没有信号, 应变灵敏度也已经达到 10^{-24} 了。这表明, 对于检验干涉仪的结果, 这些共振棒非常有用。

这次会议的另一个特点是, 对汉密尔顿潜在的 CW 源, 我似乎比他的共振棒同行 (例如, 皮泽拉或布莱尔) 更兴奋。我从来没打算把这件事搞清楚, 我只能尝试一个假设。汉密尔顿有时候就像共振棒群体的 "第五纵队"; 他和沃伦·约翰逊的解释总是倾向于保守, 路易斯安那协议让路易斯安那团队负责确定什么是符合的观察。然而, 汉密尔顿可能正在给出有史以来第一个可证实的引力波观测主张, 他自己正在做这一切。这就是连续波观测的美妙之处——你不需要符合。当然, 你需要最终的确认, 但是很明显, 谁做出了发现, 谁进行了确认。请记住, 对于爆发源, 在有符合之前, 没有观察, 但是对于连续波, 可以用一个探测器进行观察。如果汉密尔顿的观点是正确的, 对于那些希望早期观察的具有公开证据文化的其他群体来说, 这将是难以下咽的苦果。

[①] 关于汉密尔顿的情绪激动的谈话和问答环节的开始, 见 WEBQUOTE 下的 "汉密尔顿在 1997 年耶路撒冷马塞尔·格罗斯曼会议上捍卫共振技术" (Hamilton Defends Resonant Technology at the Jerusalem Marcel Grossman Meeting in 1997)。

25.3　布莱尔为共振质量辩护

布莱尔在马塞尔·格罗斯曼会议的大会报告上的表现非常棒。首先, 布莱尔用一系列模仿不同类型引力波事件频率模式的口哨声取悦观众, 他对共振棒技术的潜力的描述令人信服。至于西澳大利亚大学在珀斯运行的低温探测器 NIOBE, 布莱尔对其换能器和放大器之间的无线连接特别自豪。同样, 他在投影仪幻灯片上描述的电线的问题也让观众高兴。

理论工作者: 电线是零刚度和零质量的一维导电纤维。

实验工作者: 电线是多模的声学共振器, 形状不明确, 边界条件不明确, 力学和声学特性不可预测, 但在灾难性的关键位置总是有声学共振。

问题: 一些实验工作者相信这个理论定义! [①](1997)

布莱尔接下来以简洁的形式表达了现在应该设想的共振棒的方式——不仅是相对不灵敏的爆发源的探测器, 而且是连续波源和随机背景的有竞争力的探测器。

25.3.1　随机背景

随着可靠性的提高, 这些共振棒可以做的不仅仅是寻找符合事件 (代表不可预测的引力能量爆发)。我已经描述了用于 CW 源的共振棒, 但天体物理学家预测应该有另一种连续源——随机背景。

随机背景的概念在电磁谱的微波区域是很熟悉的。整个宇宙都沐浴在大爆炸留下的微波中。第一次看到这些微波时, 它们被认为是嘈杂的背景, 干扰了一些无线电接收设备。然而, 3 开温度的微波背景几乎立即成了一个大发现, 给出了有关宇宙在形成以后不久的状况信息。正是因为有了这些波, 在弗拉斯卡蒂的毫开温度的共振棒 (NAUTILUS) 可以说是宇宙中最冷的大物体 (见第 14 章)。

事实证明, 等价的引力波背景应该有两种来源。第一, 有一些大爆炸的残留物, 类似于微波残留物。第二, 由于宇宙中充满了不同距离的爆炸超新星, 它们的引力能量加在一起, 提供了引力波背景的另一种来源。(它的频率比大爆炸残余物高, 我们稍后将看到, 这一点很重要。)

为了搜索这个背景, 我们不使用最适合爆发源的彼此距离很远的探测器, 也不用检测 CW 源具有多普勒频移的单个探测器, 而是使用两个靠得很近的探测器。背景的起伏非常轻微, 就一个探测器而言, 它与噪声是无法区分的。但是, 如果它是真实的背景起伏, 而不是本地产生的随机噪声, 如果两个探测器靠得很近, 它们就会有关联。如果探测器相距很远, 相关性就会很差, 因为这两个地点的背景起伏不会保持同相位, 变得更难检测。因此, 当人们说如果两个探测器靠近一起探测背景辐射更好时, 意味着它们的距离在构成背景起伏的各种引力波的典型波长以内。据说,

---

① 这个描述很好地抓住了我在第 6 章描述的科学社会学中的第一个案例研究的一个特点, 在那里, 看起来好像连接电路图上两个组件的简单 "电线", 结果证明需要一定的电感。同一章还提到了电线颜色的问题。

大约 100 千米是很好的距离；分离得足够远, 可以消除一些常见的噪声来源 (例如两个地点之间的交通运动), 但是又足够近, 确保相位差异不会很大, 因为感兴趣的波长远大于分开的距离。

当然, 如果共振棒靠得近, 它们将受到一些相同的噪声源的影响——例如地震或电磁干扰——但在这种情况下, 正在寻找的是连续噪声的精细结构的相似之处, 而不是爆发源、主要地震和电气扰动的突然能量增加。为了可靠地检测稀有的爆发源 (这可能与大型陆地事件混淆), 距离很重要；一旦测量到能量的相关增加, 就可以研究由此产生的相位差异。也就是说, 连续的背景引力波很难与连续的背景地震或电噪声分离, 但靠得很近的探测器的相关性仍然是首选的方法。

布莱尔用投影仪展示了一张透明片, 把共振棒探测器的这三种能力并排放置, 左边是爆发源, 中间是连续波, 右边是随机背景。这些棒正在从单一用途的信号探测设备转变为天文仪器；它们的输出正在变得更加丰富, 与干涉仪竞争的能力变得更强了。

25.3.2 我觉得我还可以再抢救一下

布莱尔开始谈论在符合实验中从爆发源提取信号的技术问题。他一步一步地给我们介绍选择阈值水平和滤波器的决定, 说明每一个决定都影响了能看到的信号的数量。通过显示选择对在不同信号处理机制下提取的人工校准脉冲数量的影响, 布莱尔证明了这一点。可以看到, 如果信噪比较低, 不同的处理机制以明显不同的时刻突出显示或多或少的校准脉冲, 因此, 符合搜索将产生更大或更小的校准脉冲子集, 这取决于不同探测器使用的滤波器。

显然, 只要信噪比低, 用于处理信号的滤波器的选择就不是中立的决定。不同的滤波器选择不同的噪声子集作为候选事件。事实上, 罗马团队已经证明, 同样的探测器输出, 通过两个不同的滤波器, 似乎跟自己都没有关联了。

带着一丝恐慌, 布莱尔开始讲述可能会令人尴尬的部分。他解释说, 在早期的搜索中, 他使用了一种叫作 ZOP 滤波器的东西, 这与设在日内瓦 CERN 的罗马团队的 EXPLORER 探测器 (使用了维纳滤波器) 相比, 有一个明显的过剩符合。在这些数据中发现了零延迟过剩, 它们可能是因为噪声偶然对齐的概率只有千分之一。他在一张透明片上显示了结果, 列出了延迟到 ±200 秒的时间, 这个零延迟箱耸立在其他所有的延迟箱之上。

他解释说, 珀斯团队和罗马团队已经尽一切努力 "试图消除零延迟过剩", 但是经过多次操作, 它仍然存在。

然而, 当他改用按说应该更有效的维纳滤波器时, 零延迟过剩几乎回到噪声的水平。虽然零延迟箱仍然很高, 但相关的透明片表明, 它只是许多类似高度的箱之一。布莱尔解释说, 假阳性的概率为 8%。已经确定, 不同的滤波器对微弱信号产生不同的结果, 因此结论必须是, 最初的异常仍然需要解释, 而且关于其统计显著性仍然没有定论。根据进一步的数据收集和分析, 这可能是一种统计上的偶然事件, 也可能预示着第一次发现引力波或其他一些不被理解的效应。

重要的是弄清楚, 当布莱尔把 ZOP 滤波器换成维纳滤波器的时候, 发生了什么。我们已经解释过, 单个棒探测到的阈值以上事件的数量由分析者掌握。使用任何滤波器, 设置阈值 "如此这般" 将产生某个数量的 "事件"——每天 1 个大事件, 每天 100 个小事件, 或每天 1000 个小事件。比如, 珀斯和罗马团队总是设定他们的阈值, 使得每个团队每天 "看到" 大约 100 个事件。直到延迟直方图显示出零延迟过剩, 没有办法知道这些事件是由引力波等外部因素引起的, 还是噪声中的偶然峰。不应该认为, 珀斯和罗马团队的滤波器在早期运行时不一样使得这些运行不那么可靠吗? 每个设备都需要自己的滤波算法与自己的特性相匹配, 而这两台机器的任何特性失配, 如果有的话, 都应该让发现的零延迟过剩变得更少而不是更多。ZOP 和维纳滤波器的早期运行显示了显著的零延迟过剩, 然而, 当使用不同的一对滤波器时, 过剩消失了, 这并不能认定它是虚假的——即使只有一对过滤器, 零延迟过剩仍然是不太可能发生的。当然, 在敌对的形势下, 这往往会大大降低最初主张的可信度, 严格地说, 降低了统计显著性。

试着想象, 如果我们面前什么都没有, 只有两个延迟直方图分别显示了 1/1000 的机会和 8/100 的机会, 我们可以说, 组合结果的真实概率大约是 1/500。但从批评者的角度来看, 维纳滤波器的结果表明, 当第一个结果产生时, 发生了一些有趣的事情。例如, LSU 团队的沃伦·约翰逊抱怨说, 布莱尔在得到罗马的符合事件以后, 对数据做了太多的统计切削, 据报道, 加州理工学院的罗恩·德雷弗也说了类似的话。第一个延迟直方图显然不太可能, 批评者认为它是无意识统计按摩的结果。由于不同滤波器集的输出缺乏相关性, 没有严格的逻辑方法根据比较差的第二个结果认为第一个结果是统计偏见, 但修辞力很强。表面看起来, 布莱尔很好地维持了尊严。

25.3.3　布莱尔报告的效果

正如我们看到的, 我们在分析科学的时候, 必须考虑目标图中核心集合和局外人的关键边界。这里我们又看到了这种现象。尽管布莱尔的讲话可能让核心集合的成员的想法在任何方面都没有改变, 但他们可能很高兴他在宣传共振棒的多种功能方面做得如此出色, 并对他谈论维纳滤波器导致符合消失的方式而不必承认太多的过错, 产生了兴趣。现在可以预期一个体面的退场。然而, 在核心集合之外, 事情看起来不同。我与一位来自不同研究领域的美国物理学家进行了随意的交谈, 当他了解到我的兴趣时, 他对布莱尔的大会报告赞不绝口。他抱怨说, 对美国人来说, 引力波的项目似乎只有 LIGO。在美国, 只能听到 "LIGO, LIGO, LIGO", 但布莱尔很好地说明了共振棒也不错。这位物理学家直到现在才意识到这一点。他说, 问题是美国人太擅长推销他们的产品。他让我注意美国人在推销可口可乐方面有多好——他们是世界上最擅长推销的人。在美国, LIGO 就像可口可乐; 它卖得很好——也许太好了。布莱尔的报告让他看到, 市场上还有另一种产品。

回到核心, LIGO 群体的一位成员感到非常失望, 因为布莱尔展示了一张幻灯片, 上面的零延迟峰被同等高度的其他东西包围着。他说, 幻灯片不是大会报告应该展示的东西, 在大会报告上, 有人可能不知道如何解读, 或者不知道这些不是该领域通常提供的统计数据。

25.4　欧洲核子研究中心的阿马尔迪会议

不到一周, 引力波学界的大多数人, 连同一些新人, 在日内瓦的欧洲核子研究中心 (CERN) 为第 2 届爱德阿多·阿马尔迪会议重新聚集。广义相对论理论工作者克利福德·威尔 (Clifford Will)——大家都称他为克利夫·威尔 (Cliff Will)——做了大会报告, 宣传共振球的另一种用途。

威尔指出了一条想象中的线，它绕着很大的演讲厅走了四分之三的路，他说，需要那么长的书架，才能放下所有主张替代爱因斯坦版本的广义相对论的专著。他解释说，共振球探测器可以测试一定的引力波偏振，这将决定哪些理论里有可能是正确的 (正如我解释的那样，鲍勃·福沃德 1971 年的论文做了这样的预期)。在威尔的帮助下，共振球可以成为有用的工具，做更多的事情，而不仅仅是肯定引力波的存在；它们可以被设置在更多广义相对论科学的证据背景下。[1] 威尔似乎是共振球的少数几个理论工作者盟友之一。

CERN 的会议比 MG8 小得多，没有分会场；每个报告都在大演讲厅里进行。这里的每个人都是专家，说的每个词都可以被该领域的物理和政治领域的其他专家权衡和理解。会议规模小而统一，这意味着在走廊中组成讨论小组是容易和自然的。我花了很多时间待在"共振人"的非正式聚会的边缘，听他们讨论问题；他们的谈话并不总是有利于"干涉人"。

在这些谈话中，沃伦·约翰逊坚持他的想法：摆脱复杂性的简单方法是，只看那些足以在任何合理滤波器组合下出现的事件。这意味着只需要寻找几个大信号。布莱尔的做法是把事件的阈值选择为噪声平均值的 10 倍，因为它每天提供 100 个高于阈值的事件。为了获得相同的事件率，LSU 小组必须选择 11.5 的比值，但据约翰逊说，他们宁愿选择 15 的比值，这可能只给他们每天大约 1 个事件。布莱尔的观点是，他们应该接受多个事件，通过在多个探测器之间寻找多种符合，赋予他们的搜索以可信度。但约翰逊复制了布莱尔的事后统计分析流程，并设法在本应随机的数据中找到了一种模式；这让他相信，布莱尔的流程不可信。

接下来，布莱尔和约翰逊分享了艰辛历程。约翰逊讲的故事是，仰望天空的人们看到了星团，他们争论这些星团是否真的存在，或者仅仅是因为眼睛倾向于把随机元素组织成图案的倾向——就像星座一样。布莱尔赢了，他指出这场争论的结果是，天文学家已经证明了星团确实在那里。罗马团队认为，单个事件无论如何都不会被相信。

25.5　逃离共振棒

物理学家有句谚语："跟钱走。"到 1997 年年中，哪里有钱是毫无疑问的——干涉仪，人数在增长。沃伦·约翰逊在路易斯安那州的利文斯顿找到了第二个 LIGO 干涉仪的场址；现在开始进行镜子悬挂设计。他希望很快把 50% 的时间正式地花在 LIGO 的工作上。约翰逊在阿马尔迪会议上花了一些时间和基普·索恩谈论悬挂。比尔·汉密尔顿还在加州理工学院度过了他的学术休假，研究长度为 40 米的干涉仪。他说，他没有进入干涉仪研究领域的唯一原因是，这将意味着共振棒的结束。"他们在等他退休，"他的妻子说，"但他不会退休。"就连大卫·布莱尔也在为澳大利亚国际引力观测组织 (AIGO) 制定计划并分发闪亮的小册子。他试图寻求帮助，说服澳大利亚政府投资，作为一个千禧年项目。

在会议上，一篇论文深深地伤害了共振棒群体，理论工作者布鲁斯·艾伦 (Bruce Allen) 撰写的关于随机背景检测的论文，其中艾伦计算了一对探测器看到背景的机会。他计算出各种探测器组合的综合灵敏度：华盛顿汉福德的 LIGO；路易斯安那州利文斯顿的 LIGO；法国–意大利

---

① 关于"证据背景"，见第 22 章。

的 VIRGO；英国–德国的 GEO600；日本 300 米长的干涉仪 TAMA。他表明，即使这些探测器相距很远，通过对背景辐射波长的假设，可以解释不同干涉仪之间的相位差，仍然可以做互相关，即使没有实现最佳的近距离。艾伦文章的总标题是《随机背景：源和探测》，但他没有提到共振棒！就艾伦的报告而言，共振棒已经不存在了。

报告结束后，会场出现了隐含愤怒的问题，最后两个问题来自布莱尔和汉密尔顿。布莱尔询问了两个干涉仪中常见的噪声源，这降低了对共模信号的任何信心；这项技术太相似了，需要的是不同类型设备之间的相关性。汉密尔顿问他是否考虑过干涉仪和共振棒的符合；艾伦支吾其词。

后来，我问艾伦，为什么他作报告的时候没有提到共振棒。他先说时间太短，不能讨论共振棒。然后指出，由于没有两根棒运行的频率完全相同，不可能做交叉关联。我指出，弗拉斯卡蒂团队的维托里奥·帕洛蒂诺在当天上午的一篇论文中解释说，NAUTILUS 和 EXPLORER 已经调节到完全相同的频率，用于进行关联搜索，对背景设定了 10^{-22} 的上限。然后，艾伦承认他排除了这些共振棒，很可能是因为他认为干涉仪是物理学未来的方向。

第二天，大卫·布莱尔在演讲开始时非常明确地说，有一个随机的超新星背景的频率，相距很远的干涉仪无法检测到它，正如卡迪夫的伯纳德·舒茨早些时候所说的那样，最好的方法是把共振棒／共振球和干涉仪放在一起。此外，他声称，这种方法避免了干涉仪之间的共同技术问题。布莱尔指出，由于偶然或设计的问题，在距离主要干涉仪的适当处设置了共振棒来优化搜索。他没有提到艾伦的报告，但是对初学者来说，背景是明确的。

在提问环节，艾伦首先询问共振棒之间的符合是否可能来自非宇宙来源 (布莱尔回答说已经排除了闪电，并请艾伦提出建议)，然后问布莱尔是否确定超新星的背景真的存在 (布莱尔解释说它取决于你的宇宙模型)。同样，对初学者来说，这显然是干涉仪和共振棒的战争。

艾伦的方法代表了走廊团体 (corridor group) 的抱怨——理论工作者不再考虑共振棒了。他们不再对数据分析问题感兴趣，不再给予共振人在承认和合法化问题上所需的帮助。这令人非常沮丧，因为共振人是唯一拥有任何数据的人——干涉人最少在五年内不会有数据。

25.6　汉密尔顿在阿马尔迪会议的报告

就跟在耶路撒冷一样，汉密尔顿的 CERN 报告包括导论和两个部分。第一部分涉及连续波观测，第二部分是共振棒和共振球的广告。

就跟在耶路撒冷一样，会议气氛很活跃，甚至更活跃。汉密尔顿为他整个科学生涯所依靠的技术辩护。他对干涉仪的人说："我希望你能从今天的报告中看到，有些探测器已经很好了，正在试图探测引力波。"

他解释说，他变得更加乐观，因为共振棒团队同意建立交换数据的合作群体，统一他们的努力。他希望当干涉仪开始收集数据时，他们会加入进来。

汉密尔顿说，他的乐观情绪进一步得到了在意大利、荷兰可能还有巴西建造大型共振球的项目的支持。他稍后解释说，大型共振球的制造问题将通过铝合金薄板的爆炸键合来解决。

　　然后, 他表示相信, 即使是现有的共振棒也可以通过更多地集中在超导干涉装置 (SQUID) 探测器上而得到明显的改善, 这应该使它们在更宽的带宽范围内具有应变灵敏度 10^{-21}。他觉得, 为了保卫它们的未来, 他必须展示共振棒有多灵敏。

> 现在, 我们在美国看到的一件事是, 很多人感到, 共振探测器已经过时了, 它们并不是非常灵敏, 我们不能把它们推得更远……如果我们在美国看到这样的事情, 它开始攻击你们中的一些人, 我一点也不会感到惊讶。事实上, 我已经听说, 政客们开始喊话, "我们在引力波探测上投入了太多的工作, 我们应该"——你已经听到了这些论调——"钱是有限的。如果你要这样做, 你就必须切断它。"我相信, 这就是我们开始看到的那种东西, 在我们的 (共振质量) 这一边。

他抱怨说, 没有一个理论工作者 (萨姆·芬恩除外) 对分析共振棒数据表现出任何兴趣, 尽管它们是唯一存在的数据, 尽管共振棒比人们想象的更灵敏 (从而表明数据分析者确实在"跟钱走")。

　　然后, 汉密尔顿讲述他的小组一直寻找的他在耶路撒冷会议上讨论的连续波。就像在耶路撒冷一样, 他放了一张幻灯片, 显示探测器的应变灵敏度比 10^{-24} 略差一点。指着我们在耶路撒冷看到的曲线上的尖峰, 他说:

> 这就是我们希望看到的, 如果有一个 CW 源, 我们可能希望看到类似的东西 (表示曲线上的尖峰)。是引力波吗? 不是!

这一次, 汉密尔顿没有用蓝色箭头指出尖峰。他接着以统计的理由驳回了这些尖峰。他唯一的主张是共振棒的灵敏度。

> 我希望这些数字——我没有看到任何人因为看到这么小的数字而晕倒——但是, 如果你一直关注这种东西, 这些都是令人印象深刻的。这些探测器很好。

　　接下来, 汉密尔顿谈论共振球的未来, 为经济上濒临死亡的 TIGA 预测了灵敏度曲线, 表明它优于 LIGO I (在它的窄频带内)。

> 在美国, 一个咨询委员会建议不要追加资金。事实上, 他们走得更远。他们暗示我们真的应该把共振探测器全部切断。我认为——我自己的观点是, 咨询委员会的建议不是很好 (特别是因为)……TIGA 的提案得到了很好的科学审查。

他放上一张透明片, 列出了 "TIGA 的优点", 包括:

> 全方向性和方向灵敏度; 最高的频谱灵敏度; 是干涉仪的互补技术; 独立确认; 成本相对低。

最后一张幻灯片出来了。上面写着 "我们应该放弃吗?" 答案是:

> 不!——优势让人信服, 成本没有说的那么高——真正的合作将被认真对待——LSU 开发的设计工作可以节省时间和金钱。
>
> 强有力的、有说服力的论证可以改变思想。

　　全场响起了长时间的掌声, 接着是几个杂乱无章的问题, 然后是最后一轮掌声。[①] 有一段时间, 汉密尔顿使得共振领域的未来和欧洲合作的前景看起来是真实的。但是就此事而言, 涟漪很快就会停止传播; 汉密尔顿的乐观主义是错误的。

---

① 完整的谈话, 见 WEBQUOTE 下的 "汉密尔顿于 1997 年在 CERN 阿马尔迪会议为共振技术辩护" (Hamilton Defends Resonant Technology at the Amaldi Meeting in 1997)。

25.7　共振棒联盟

共振棒群体捐弃前嫌, 携手合作。1997 年 7 月 4 日上午, 在欧洲核子研究中心的一个会议室, 4 个小组签署协议, 成立国际引力活动合作团队 (IGEC)。IGEC 收集了 4 个小组运行 5 个低温棒的数据。在 LSU 的 ALLEGRO；在珀斯的 NIOBE；在罗马附近的弗拉斯卡蒂的 NAUTILUS 和欧洲核子研究中心的 EXPLORER；以及不久将在帕多瓦附近的勒格纳罗投入运行的 AURIGA。我开玩笑地说, 7 月 4 日是美国独立日, 可能不是签署合作协议最有利的时刻, 有人善意地让我闭嘴。

关于即将达成的协议的性质和可能的文件的措辞, 大部分的讨论都是在会议之前在走廊里进行的；我无意中听到了一些正在发生的事情, 并与科学家讨论了这个问题。我脑海中的关键问题是路易斯安那协议和强制盲分析有什么变化。要记住, 沃伦·约翰逊是该协议最坚定的倡导者。有一次, 在走廊的讨论中, 汉密尔顿站在一群其他人中间 (约翰逊不在场), 我问他今后会发生什么。

科林斯：好吧, 先生们, 我现在问一个有些难堪的问题。关于 5 个探测器的符合实验, 1000 个隐藏启动点的协议怎么办呢？

汉密尔顿：哦, 我想我们必须放弃它。

布莱尔：沃伦同意吗？

汉密尔顿：呃——我想他会的。

布莱尔：(笑)。

第二天早餐的时候, 我问了沃伦·约翰逊同样的问题。他说他试图让他们接受盲分析的协议, 但他怀疑是否能说服人们继续前进。他似乎对此并没有感到很不安。

一如既往, 故事不简单。很高兴报告说, 现在共振棒受到压力, 甚至约翰逊也愿意放松他关于协议的想法；但社会学并没有在实验室发生, 有两件事同时发生。一方面, 共振棒受到了压力；但另一方面, 五路符合比两路符合更不容易被统计操纵, 因此也有很好的科学理由取消盲分析。五路的阴谋也许比两路的统计按摩更不可能。

然而, 主角们意识到, 这两种争论可能在决定放弃盲分析协议中起一定作用。澳大利亚团队的迈克·托巴尔 (Mike Tobar) 跟我自由地讨论了这件事。我问他, 他是否认为 LSU 团队对发表的态度越来越放松了。

托巴尔：这里涉及了很多政治, 你知道；美国人说, "哦, 你不能发表它——LIGO 认为这会玷污所有的引力波"——他们给出的都是这样政治性的回答。据我所知, 它基本上是政治决定, 我不太关心政治……如果你把它看作科学, 那就是科学。这不是对引力波的正面或负面的断言——这是我们做的一些工作。它可能被拒绝的原因是政治——所有来自美国的人都非常担心。你知道, "如果发生乔·韦伯那样的事件, 真的会伤害我们"。我认为有些好笑……

……我的印象是，他们对它拿不定主意，因为 LIGO 一直犹豫。我想现在他们可能不得不认清现实，因为他们的全部资金都处于危险中。他们认为他们不赞成它是因为资金困难，但无论如何，资金处于危险中。那么，谁能相信从事 LIGO 工作的人呢？他们可能想看到共振棒消失，所以我认为，现在必须开展真正的国际合作，进行符合分析，这对他们有好处……

我认为我们必须努力让共振棒探测器做五路符合。路易斯安那的态度不一样。他们想拥有所有这些保障措施，浪费很多时间。我觉得我们不应该那样瞎折腾。(1997)

这个协议的签署人是：汉密尔顿和约翰逊代表路易斯安那，皮泽拉和帕洛蒂诺代表罗马，布莱尔和托巴尔代表珀斯，马西莫·切尔多尼奥和斯特凡诺·维塔利 (Stefano Vitale) 代表勒格纳罗。各小组于 7 月 3 日上午 8 时至 9 时以及 4 日上午 8 时至 9 时举行会议，讨论有关协议。在第三次会议的早期，路易斯安那州议定书的主要支持者沃伦·约翰逊被要求采取行动。如果他坚持自己的立场，可能会导致危机。我记录了谈话。

皮泽拉： 我想听沃伦……

约翰逊： 你们中的一些人知道，一段时间以来，我一直主张进行"盲交换"。因为这就是我建议评估意外事件的方法。如果你做了多次分析——任何你想要的分析，对数据做任何切削，但有多个数据集，那么，在最后，如果你能从许多不正确的数据集中挑选出正确的数据，它就给出了一种信心，我看不到有任何其他方法。(1997)

经过一些技术讨论，汉密尔顿说:

如果我们五个站点交换数据，而且有半无限的时移，这是不可能的——绝对是不可能的情况。我可以看到两个站点的盲交换。涉及两个以上的站点，就完全没有意义了。

约翰逊： 你是说因为它很麻烦？因为没有人知道如何使用它。

汉密尔顿： 我不知道 (恼怒的语气) 怎么用这种东西做任何事情。(一片笑声)

约翰逊： 好吧，我提议——一个建议——我们以前做过 1000 次的时移。时移是——有一个列表——它就像一组键应用于数据——解密密钥，如果你愿意的话——有 1000 个密钥，其中只有 1 个是正确的，其余的是错误的。所以我们要做的是，你改变每个小组的密钥的数目。不是 1000，这太多了。1000 的 5 次方太多了。所以，原则是每个小组的密钥数要小得多，所以——叫它 "n"——让 n 的 5 次方仍然是 1000。这样仍然只有 1000 种可能性。

维塔莱： 恐怕我们还是在搅和两个问题。

约翰逊： 不，一旦拆散了这件毛衣，你就不能重新织好它……

皮泽拉： 我想考虑实际的情况。假设你这么做，我看着我的计算机。我知道我自己的文件，我还有四个其他文件，我不知道哪个时间适合他们。我该怎么办？

约翰逊： 你的清单有 1000 种可能性，你尝试每一种。

皮泽拉： 所以，假设每个都是 10 种可能性——10 的 4 次方是 10000。所以我试了所有可能的情况。好吗？然后我发现某一个是更大的成功。然后我问其他人，是不是它——嗯，从理论上看，它似乎是——但我不认为……

维塔利： 再说一遍，有 5 个不同的站点提供数据，5 个小组独立地详细说明数据，用这种方式取代盲交换来防止错误的结论，你不认为是这样的吗？因为盲交换不是与交换有关的协议，所以它是防止错误结论的协议。因此，我们有 5 个小组，在第一阶段，他们给出的结论独立于所有其他小组的数据。我认为这可能是比盲交换更安全的流程。

汉密尔顿： 我同意。

布莱尔： 我同意。

约翰逊： 我输了 (笑声) ——我失去了对这个提案的所有支持 (响亮的笑声)。但让我预测以下问题，在今后的某个时候，我们会有分歧。有些人 (也许只有一两个人) 看着数据说——做点什么，然后说："啊——我们找到了。"我们其他人会说——(许多感叹声插了进来)。

切尔多尼奥： ……(这一点属于我们讨论的下一部分) 我们必须同意在这种情况下发生的事情，当然——这是很大的问题……在某个时刻，我们必须讨论我们如何处理数据……在这份声明中，我们首先同意交换真实数据。现在第二点是，数据是什么呢？

皮泽拉： 所以第一点就解决了。

很容易看出约翰逊想要什么。IGEC 有 4 个小组。为了简单起见，我们将把 EXPLORER 和 NAUTILUS 视为一个仪器，还因为它遵循了需要做的事情的逻辑。如果接受约翰逊的想法，每个小组都必须将自己的数据与其他 3 个小组的起点未知的数据组合起来。假设，每个小组以一个循环发布其数据，有 10 个可能的起点。然后，任何一个小组组装该数据，已经知道自己的起点，将有 10×10×10=1000 种方法把数据组合在一起。从这里开始，程序就像路易斯安那协议一样。如果一个小组发现，将其他小组的数据与自己的数据相结合的 1000 种方法中，有一种产生了统计上显著的过剩，似乎是零延迟的过剩，那么，不跟其他小组协商，找出这种组合是不是确实代表了每种情况的真正起点，他们就不能自信地发表声明。据我所知，这是技术上可行的解决办法，但在逻辑上却是笨拙的；与路易斯安那协议一样，审查 1000 组数据比审查一组数据要多得多，然后，如果发现有正面的情况，其他 3 个小组中的每一个都必须迅速地负责任地做出反应。

无论如何，整个想法完全建立在缺乏信任的基础上，而这些团体正在试图建立可以信任的合作。4 个团体有 6 种可能的双向关系，如果认为需要这样的安排，就意味着有 12 种潜在的不信任。建立路易斯安那协议的时候，只有 2 个团体，唯一的不信任关系是路易斯安那不信任罗马。在这里，我们可以说，用这么多信任关系破裂的社会不可能性代替路易斯安那协议修订版的统计不可能性，要容易得多，也合理得多。我相信，这是理解为什么约翰逊被完全驳倒的最好方法。

仍然可以预期，有可能出现二元分歧，但专家组决定在适当时候处理这些分歧。这个讨论的一部分已经进行；问题是在数据交换时应如何"原始"。切尔多尼奥急于开发一种数据处理算法，在所有小组之间共享，希望交换尽可能原始的数据，尽量减少在任何一个实验室进行的数据处理 (和统计操作) 的数量。但是，最后一致认为，无论如何，在目前阶段，每个小组都将利用自己对什么构成"事件"的判断，提供带有时间戳的"事件"。(第 38 章将更详细地讨论交换原始数据和处理数据之间的选择和权衡。) 此前在走廊上有一次讨论，很好地表明了这一点。

布莱尔： 每个小组都独立决定什么是好的事件列表。

汉密尔顿： 我们的论证是——如果我错了，请随时纠正我——我们比你们任何人都更了解我们的探测器, 我对你们的探测器 (你们的数据是如何采集的) 一无所知, 所以我不能做任何明智的决定, 什么是你们探测器上的好事件, 什么不是好事件, 所以我们认为, 每个小组最了解自己的探测器, 给出了最好的事件候选者——无论我们决定的数目是多少, 100 或者 1000, 我都不在乎, 然后我们交换这些列表。(1997)

这种方法的选择说明了隐性知识的概念: 一个小组不可能为他们没有经验的设备设计正确的信号处理程序。这就是协议的逻辑, 保障措施仍然是, 对于 5 个独立的小组, 每个小组的任何统计按摩都不太可能与其他小组的统计按摩全都一致。签署的文件包括以下条款:

> 对于每个工作的天线, 每个小组将选择每天 100 个事件的阈值, 其阈值与检测器的噪声相匹配。产生事件的技术将由各小组根据他们的经验和他们的探测器的噪声类型来选择。

> 所有的小组都致力于建立适当的流程, 减少虚假的候选事件。

这种合作方式仍有可能在如何分享发现的功劳方面产生分歧。假设有几个共振棒发现了符合, 而少数几个共振棒没有看到任何东西。他们试图讨论出一个解决方案, 但没有得到明确的结论。

有一些情况容易处理。例如, 大家一致认为, 勒格纳罗小组还没有运行, 在他们的探测器可以正常工作之前, 对其他小组的数据进行回顾性分析而得到的文章, 他们不能作为共同作者。

有些更不清楚的是, 如果几个探测器发现了一个符合, 而另一个探测器没有正常运行 (因为维护, 或者因为它遇到了高噪声水平), 怎么办? 似乎有一种模糊的共识, 即这样的小组不会是正面文章的共同作者, 但是这一点并没有完全落实。

正如预料的那样, 更令人担忧的是, 一些小组不同意大多数小组的正面解释, 可能是因为他们自己的探测器什么也没看到, 他们不同意他们正好处于一个不灵敏的时期, 或者可能是因为他们不同意数据分析的方式。对于这种可能发生的情况, 大家似乎一致认为, 没有人能阻止其他人发表, 但对任何面对强烈分歧时向前迈进的人来说, 后果是可怕的。大家认为, 良好的判断力将占上风, 因为公开的分歧必然会降低非全体主张的可信度。每个人都同意, 任何小组都不应该公开任何其他小组的设备输出——除非得到该组的同意。

25.8 收 工 了

伯纳德·舒茨是干涉测量领域的理论工作者和支持者 (也许仅次于索恩), 他总结了整个阿马尔迪会议的记录, 从而总结了 1997 年的情况。应该记住, 舒茨认为, 在相互竞争的群体之间实现和平很重要。他甚至论证了共振球-干涉仪组合检测随机背景的有效性。[1]

共振人给了舒茨一份 IGEC 文件的副本, 还在他发言之前告知了它的重要性。舒茨一如既往地赞扬共振棒观测 CW 源的能力。他们没有更早看到的唯一原因是缺乏连续的运行时间。但正

---

[1] 这是在 WEBQUOTE 下的 "舒茨谈皮亚·阿斯通的卡迪夫访问" (Schutz on Pia Astone's Visit to Cardiff) 中报告的讨论结果。

如他指出的, 在连续波的情况, 共振棒和干涉仪非常相似, 因为源的带宽很窄。舒茨说: "所以在干涉仪的领域里, 我们有很多东西要从共振棒关于这个主题的经历里学习, 我认为这非常令人鼓舞。"

但是当他讨论联盟时, 共振棒团队感到失望。舒茨显然怀疑共振棒探测爆发源的能力, 而 IGEC 是关于爆发源的。舒茨不能忽视共振人之间发生的事情, 但他把它当作很一般的事情呈现给观众。

> 我刚听说这里有了非常积极的发展——不同的共振棒小组形成了国际引力事件协作组织, 用来交换数据, 寻找严肃的事件。很值得称赞。

他就说了这么多。

舒茨报告的最后几个评论, 除了例行的感谢, 是这次会议的最后的官方评论, 指导我们如何让世界变得平稳。我把它们全部列出来:

> 我的话就要结束了, 我觉得应该关注最终的目标了。

> 比尔·汉密尔顿提醒我们, 我们在这里不仅是建造探测器, 或者建立数据分析系统, 或者寻开心……我们要探测引力波。但是我认为, 可以公平地说, 虽然我们都有这个目标, 但我们定义它的方式不一样, 连探测引力波的含义都没有取得一致。

> 萨姆·芬恩在他的谈话中试图强调我们假设的重要性, 并使它们变得明确。我认为不止如此, 重要的是要明确目标。例如, 我猜——这是我对早期探测引力波的目标的个人看法——我们目前仍处于努力实现首次确实地探测引力波的阶段。最重要的是对这种探测的信心, 一旦确信我们已经找到了引力波——一旦了解我们看到的第一个引力波源的一些特征——我们就可以从总体研究开始, 我们改变了对引力波的态度——它变成了收集系统, 为了获得更多的真实检测, 你可以接受一些错误的检测。但是在开始的时候, 我们必须承认, 我们将错失几乎所有的引力波。

> 萨姆·芬恩说: "我们要探测引力波, 标准是什么?" 我们怎么知道引力波穿过我们的仪器。我很确定, 当我站在这里讲话的时候, 引力波已经穿过我好几次了。问题不是探测所有可能的引力波。我们必须给自己设定置信阈值, 并同意我们将错过低于这个阈值的引力波。我们根据探测器的性能和我们说服自己 "上面的东西就是引力波" 的能力, 设定这个置信阈值。

> 目前, 不太容易量化, 但我认为非常重要的是, 对我们看到的任何符合事件的替代解释。在大卫·布莱尔展示了他的分析以后, 我和他谈了一次话——对符合数据的初步分析, 这些数据在零时间延迟有几个超额事件 (珀斯–罗马符合)。在这次谈话中, 我认为, 你对引力波检测是否真的有信心, 似乎与你对这个符合率是否具有统计显著性的信心无关。然后是这个问题: 你是否可以排除所有其他合理的解释, 只剩下引力波的可能性。我认为, 对于那些我们试图说服的群体——物理学和天文学群体——他们将提出所有可能的解释——替代解释——特别是, 如果我们看到的东西接近阈值, 很微弱, 我们看到了其中的一些, 我们认为我们有总体 (cpopulation), 而不是一个真正重要的事件。所以我认为, 这件事很困难, 我自己的感觉是, 我们必须承认, 我们将错过那些正好在或者略低于噪声水平的事件, 我们将无法检测到一个真正的引力波, 直到我

们有一个大的单个事件, 就在那里——你不能争辩。一群不能解释的符合事件 (但每个符合事件本身都微不足道), 并不能让我们达到这个目标① 。

以舒茨为代表的官方观点是保守的, 这是再清楚不过的了。没有人相信引力波已经被看到, 或者愿意承认引力波已经被看到, 除非它们完全脱离了噪声, 而且根据宇宙学理论是有意义的。大量的弱事件更容易被解释为引力波以外的东西, 这也是物理学界其他人所相信的。舒茨给未来提出了这个问题, 这是一个社会学问题——不是如何探测引力波, 而是如何说服更广泛的群体, 引力波已经被探测到了。舒茨认为, IGEC 无法做到这一点, 无论统计数据有多好。关于合作, 就说这么多了。

25.9 后　　记

跳到 1999 年 11 月。在路易斯安那, LIGO 正在举行盛大的开幕典礼。布莱尔被邀请来介绍共振棒团队的工作。他给了一个透明片, 显示 IGEC 的进展。每个低温棒的工作周期用一个色块表示。我们看到, 总有两到三个共振棒"正常工作", 互相检查他们的输出, 等待符合。插图中的最后一列显示了共振棒之间的符合数量。布莱尔得意洋洋地指着那一栏的内容, 宣布说: "零, 零, 零, 零, 零。"他似乎说, 共振棒成功地掌握了他们的技术, 控制了他们的雄心。他们的未来是为干涉仪设定上限和理解噪声源——假象。即使布莱尔这样的昔日拥护者也认为, 共振棒将来什么也发现不了。

随后, 人们涌上来告诉布莱尔, 他的报告做得非常好。圭多·皮泽拉一定在侧翼的某个地方。

————————
① 译注: 这句话有助于我们理解上文提到的"总体"和"总体研究"。

第 26 章　共振质量项目失败了

在 CERN 的阿马尔迪会议上，汉密尔顿说他对共振质量项目的未来更加乐观，有两个原因。一个是成立了新的共振棒合作组织 IGEC，另一个似乎是欧洲和巴西的大共振球的美好未来；他期待着与其他共振球项目合作，即使美国很少或没有资金支持。

在 IGEC 方面，他保持乐观的理由是有根据的。IGEC 仍在运作，并发表积累他们结果的论文。但是胜利的代价很高昂；成功探测的标准已经被这个组织的领导人设定得如此之高，以至于他们只能成为引力波历史上的一个脚注，除非有什么非凡的东西。2000 年年底，一位美国干涉仪科学家 (他了解我对这些问题的分析) 告诉我，他认为比尔·汉密尔顿"疯了"，对检测信号的态度谨慎过头了。他认为，IGEC 把阈值定得太高了，他们不可能看到任何东西。他说他问汉密尔顿为什么这样做，汉密尔顿回答说，因为他不能信任 IGEC 团队的同事。汉密尔顿告诉他，他认为 LIGO 将使用较低的信号阈值，因为该团队的每个成员都彼此信任。又一次，统计和信任可以互换了。关于我听到的东西，后来我问比尔·汉密尔顿，

科林斯：这涉及设定阈值和看到信号的关系。阈值越高，看到虚假信号的机会就越少，看到真实信号的机会也越少。(张三) 说你现在设定的阈值太高了，你看到真正信号的机会现在可以忽略不计了。

汉密尔顿：有可能。

科林斯：我向你报告的正确吗？

汉密尔顿：他说，这是你需要关心的事情。我们选择设置阈值的地方是基于我们掌握的最佳信息，即我们将检测到的事件可能发生的频率。换句话说，我们说过，"如果我们期望每 10 年有 1 颗超新星，那么我们希望设定我们的阈值，让我们拥有的少于"——我要说，"远少于——每 10 年有 1 次偶然的符合"。我们知道单个探测器的统计数据，知道它们给出事件的频率，所以我们把阈值设置得足够高，这样一来，当你把所有的探测器一起考虑时，你得到一个偶然事件的概率就很低，每 10 年不超过 1 次。(2000)

从这份声明中可以清楚地看到，IGEC 选择接受天体物理学家青睐的宇宙"黑暗天空"模型，这是建造 LIGO 以及共振棒失去资助的基础。

科林斯：这意味着你只能看到强源——每 10 年 1 次的源必定是强源。这就是你付出的代价。

汉密尔顿：没错。

科林斯：如果我理解正确，那么，你设定的阈值可能比 LIGO(将要设定的) 更苛刻。

汉密尔顿：我不知道。LIGO 刚开始面对这个问题。他们在这里谈论的问题是我们 10 年前面临的问题。如果这些东西不能直接应用到他们身上，就没有人听。所以现在，不幸的是，他们不得不重新发明轮子。希望我们能帮助他们……

科林斯：让我看看我是否正确理解了 (张三)。他说，你可能必须设置一个比 LIGO 更苛刻的阈值，因为你的群体不像 LIGO 的群体那么和谐。

汉密尔顿：我认为这是正确的，尽管不和谐的现象正从我们的群体迅速消失。人们不再像过去那样渴望在特别小的噪声水平上看到引力波了。①

有趣的是，在 2000 年的同一次会议上，在 LIGO 第一次数据运行的几个月以前，我开始听到干涉人对未知事物的巨大热情——可能存在的但没有人知道的东西！当我告诉张三，这种信心是没有根据的，因为我们已经知道天空，他告诉我不应该相信他们，"你把理论学家的话太当真了"。其他人告诉我，干涉人正在考虑降低他们的阈值，他们完成的阈值很可能比共振人更低——共振人曾经因为使用这样的阈值而饱受抨击。

26.1　大球的结局

所以，汉密尔顿乐观的第一个理由 (IGEC) 是虚妄的。第二个理由 (共振球) 呢？(我在第 16 章讨论了共振球探测器。) LSU 有建造 TIGA 的计划；在荷兰，国家核物理和高能物理研究所 (NIKHEF) 的高能物理小组与乔治·弗萨蒂合作，正在规划 GRAIL；弗拉斯卡蒂团队正准备建造 SFERA；圣保罗大学的巴西小组计划建造多个共振球。有两个直径约为 80 厘米的原型共振球，一个在 LSU，另一个在弗拉斯卡蒂，有许多示意图、计算和数字制作的投影仪幻灯片，完整的共振球安装将是什么样子，给共振球一个明确的具体的虚拟现实 (请原谅这个矛盾修辞法)。尽管美国的计划已经停止，但共振球探测器在国外似乎有一定的动力。

然而，国际方面也有令人关切的原因。1998 年 4 月，在路易斯安那州利文斯顿举行的引力波国际委员会 (GWIC) 会议上，比尔·汉密尔顿指出了这一点：

> 由于美国科学工作的规模，任何时候在这里发生的事情，人们都会把它解释为这个世界应该走的路。(1998)

汉密尔顿接着要求 GWIC 发表一份政治声明，解释说，国家科学基金会在撤回财政支持时没有质疑共振球的科学。作为 GWIC 主席，LIGO 主任巴里·巴里什同意，如果 GWIC 群体同意，这也许是可能的。出席会议的荷兰 GRAIL 团队发言人说：

> 我们一直在讨论 GRAIL 项目，特别是与科学管理人员。我们已经受到这些人阅读阿什特卡尔报告 (Abhay Ashtekar 主持了前文讨论的 NSF 委员会) 的方式的负面

---

① 汉密尔顿的这个看法错了；弗拉斯卡蒂小组继续发表独立的正面发现。

影响。事实上, 这经常发生, 因为不是纯粹的科学群体阅读这些报告。事实上, 他们问了很多问题, (例如,) "我们读了它, 看到共振质量探测器的引力波检测选项实际上已经过时了, 或者很快就会被干涉仪淘汰, 所以, 给我们解释一下为什么你想有另一种选择呢?" 因此, 阿什特卡尔报告引起了许多误解。因此, 非常重要的是, 特别是对GRAIL 项目来说, 这个小组在这里讨论科学声明, 政治声明在科学声明之后发布。科学声明解释说, 继续这项研究 (使用共振球探测器) 很重要……我知道, NSF 实际上并不打算让美国以外的行政人员这么想。(1998)

NSF 引力物理学项目主任理查德·艾萨克森表示同意: "如果可能有帮助, NSF 当然可以写一封信, 说明正在发生什么事……"

美国国家科学基金会报告的影响似乎比作者们的预期更深远。我的现场笔记显示, 在这次会议上, 共振棒群体的大多数成员都垂头丧气, 只有 GRAIL 团队例外, 他们仍然相信自己已经准备就绪。我注意到, 汉密尔顿和皮泽拉的文章收获的只是尴尬的沉默, 好像谁提到了黄色信息似的。我注意到, 在整个会议期间, NSF 的两名代表 "看起来有些局促不安"。在某一刻, 汉密尔顿曾提到 NSF 的报告, 说:

> 分发了不负责任的报告。这份报告是在波士顿分析会议同时举行的一次会议上编写的。它说美国的共振棒不会得到支持。

理查德·艾萨克森插嘴纠正任何错误的印象。他说, 国家科学基金会召集了一个特别小组, 该小组编写了一份报告, 其中包括关于发展机会和筹资可能性的研究报告, 并就可能的问题向国家科学基金会提出了建议。他解释说, 其中一个结论是, 没有足够的钱在另一项技术上花费数千万美元, 必须优先考虑 LIGO 的使用者。他把这件事说得清清楚楚:

> 美国社会不可能允许我们同时做这两个。

因此, 建议 NSF 不要采取重大的新举措。然而, 它将继续允许升级美国共振棒, 直到它们的灵敏度被其他仪器远远超过。有些人看了这份报告, 觉得 NSF 完全不支持共振棒, 他们错了。

随着会议的进行, 成立了一个工作小组, 以起草 GWIC 可能对共振质量计划的未来的认可, 据我所知, 艾萨克森也写了一封支持信。在万维网张贴的 GWIC 会议记录包括以下内容:

> 国家科学基金会决定不资助 ALLEGRO 团队提出的共振球探测器提案, 以及上述特别小组引用的建议, 产生了重大的国际影响。GWIC 任命了一个下属委员会 (D. 布莱尔、A. 布里莱特和 W. O. 汉密尔顿) 起草一份声明, 支持声学低温探测器的工作。委员会传达了 GWIC 项目成员通过的以下声明:

> GWIC 听取了来自美国、意大利、澳大利亚和荷兰的共振探测器小组的介绍。共振棒探测器连续可靠地工作, 具有良好的灵敏度。正常工作的探测器正在交换数据, 目的是通过检测符合来搜索爆发源。提议的共振球探测器代表了一个主要的机会。

> 提议的共振球探测器是对干涉仪的补充, 而且在更高频率下有可能更灵敏。共振球探测器对任何偏振都很灵敏, 是全方向的。它们有可能定位源的方向。

> 通过几个探测器 (包括干涉仪) 的符合, 探测 (在中等的信噪比) 将得到大大加强。

如果用完全不同的技术在探测器上观察到检测结果，就会更加确定。改进现有的共振棒探测器既增加了探测来自附近的源的引力波的机会，也让改进的共振球探测器技术得以发展。

我们的结论是，共振球探测器的研究对该领域的未来有很大的价值。(1998)

但事实证明，这并不影响 GRAIL 决定的结果，也不能防止弗拉斯卡蒂团队的大型项目在适当时候被终止。

和往常一样，可以对共振球项目的消亡给出各种解释。当我描述 NSF 委员会会议时，技术论证已经排练好了。[①] 共振球没有承诺达到 LIGO 的水平，当然不是长期的，可能也不是短期的。它们是窄带仪器，即使共振球的"木琴"可以在频率响应方面扩展灵敏度，它们仍然无法开展真正的天文观测——这需要观察波形。无论如何，木琴的概念开始显得昂贵——它开始接近干涉仪的成本。共振球的另一个问题是它们对宇宙射线的敏感性。宇宙射线对固体物质有影响，如果物质块足够大，就会产生太多的重大宇宙射线影响，用其他手段不足以探测并"否决"这些影响；影响将如此频繁，需要否决的潜在信号太多。这意味着共振球可能不得不安装在地下，这样费用就更高了，也限制了它们用于符合的随机背景搜索，因为可能无法在干涉仪附近找到地下场地。

我的看法是，除了一个例外，我认为关闭共振球项目的技术论证不能令人信服，因为共振球的互补性质。然而，我觉得有说服力的反驳意见在辩论中并不重要。[②]这个论证是，可以通过"信号回收"调节干涉仪，以高灵敏度的窄频率检测，但更关键的是，它们是"频率敏捷的"——改变反射镜的间距，很容易把干涉仪的特殊的灵敏频率移动到频谱的另一个位置，而共振球的频率由金属块的大小确定。因此，如果任何特别有趣的连续波源出现在天空中，以已知的频率发射，干涉仪就可以快速调节，专门收听该频率，但是共振棒做不到。

我们对阿什特卡尔委员会的分析给出的结论是，技术论证不是决定资助与否的关键因素。如果我们也参加对其他领域的项目作出决定的委员会，就会很有趣，但我们只有一些二手材料，只有 GRAIL 的这种材料。

GRAIL 的科学家们对荷兰机构最终拒绝他们的建议感到震惊，他们试图向我解释一些具体的问题。他们觉得自己对高层的决策委员会游说得不够好。他们认为，他们没有提出令人信服的理由：他们的大型高能物理组织可以妥善管理小型大学，如果想有效地将稀释制冷机和共振球本身等各种组成部分结合起来，他们就必须与之合作。他们认为自己的背景不好：他们是高能加速器物理学家，而不是探测器物理学家——也就是说，对高能物理界来说，他们不是物理学家。他们还抱怨说，最终决策委员会的组成与国家科学基金会的会议呼应，其组成方式是，投票支持他们的项目，就意味着减少委员会成员自己喜爱的项目的资源。他们指出，较低级别的委员会已将 GRAIL 项目作为提交给最终委员会的名单中的最高优先事项，在引力研究方面的非专家委员会改变了优先次序。再一次，目标图表示的关系很重要；随着问责制的轨迹向外移动，专业技能被稀释，资源分配的选择面临相互竞争的压力。对技术问题的答案进行"计算"的能力下降，面对决策者的困境，任何事情都有助于做出选择。已知的是，美国人决定不资助共振球。

很容易想到，事情的发展就像纸牌屋的倒塌一样。美国取消了支持，打破了有关共振球争论的微妙平衡。然后，荷兰的纸牌倒了，意大利的资助机构没有什么可依靠的了；他们也撤销了资助。那年晚些时候，弗拉斯卡蒂团队的科西亚告诉我，意大利相关的资助机构国家核物理研究所 (INFN) 的资金比以前少得多，而且 VIRGO 干涉仪用了这么多钱，不可能再资助相关领域的另一

---

① 见 Harry, Houser, Strain(2002)。
② 虽然 Harry, Houser, Strain(2002) 提到了这一点。

个项目。他还说, 意大利资助者不愿意"单干"。[①]

26.2　小　　球

尽管 GRAIL 项目与意大利的大球一起消亡了, 但荷兰的弗萨蒂和弗拉斯卡蒂的科西亚仍然准备继续建造直径略大于半米的小球, 它们可以用最少的资源完成。巴西人也有类似的计划。科西亚才思敏捷, 他告诉我, 共振球变小的原因是它们在消退!

弗萨蒂认为, 这样的小球, 即使以大约 4000 赫兹的高频率运行, 也能做真正的发现工作。银河系里的中子星遭受的"地震"的强度和频率应该可以用小球探测到。

我们必须记住, 这绝不是共振棒的终点。汉密尔顿和其他人继续改进放大器和换能器, 开发他们的设备。1998 年, 在比萨举行的一次会议上, 勒格纳罗–帕多瓦小组的乔瓦尼·普罗迪 (Giovanni Prodi) 作了一个报告, 对能够达到的灵敏度非常乐观。当时, 勒格纳罗小组认为, 他们可以把共振棒的灵敏度单独改进 3 个数量级——大于因为改变共振球的大小而得到的改进。

写这段文字的时候, LIGO 和其他干涉仪正遇到一些困难, 共振棒可能找到有趣东西的时间窗口比预期的要长一点。它们在灵敏度被干涉仪超越之前, 也许有时间做出这些改进。5 个共振棒的合作组织继续运行和发表论文, 但这些数据给出的仍然是上限。切尔多尼奥和汉密尔顿确保证据文化是封闭的, 没有什么不祥之物可以从集体中逃脱; 似乎连布莱尔也承认, 未来在于干涉测量。[②] 2000 年, IGEC 在《物理评论快报》发表了《第一次用探测器网络搜索引力波爆发》, 没有发现任何事件, 但是为引力波的通量设定了新的上限。2001 年, 勒格纳罗小组发表了一篇文章关于"伽马射线暴和引力波之间的相关性"的搜索,[③] 也没有发现任何结果。共振质量被迫离开引力波探测的高地——现在被干涉仪占据了。

---

① 这是反事实的论证; 即使 LSU 的 TIGA 得到资助, 荷兰和意大利的共振球可能也会被关闭。
② 到 2003 年, 布莱尔似乎已经承认, 如果他想开展干涉仪的工作, 就必须拆除 NIOBE。此外, 弗拉斯卡蒂团队单方面提出了一项正面主张, 于 2002 年发表。
③ 见 Allen 等 (2000); Tricarico 等 (2001)。

第 27 章 对 LIGO 的资助及其后果

27.1 资　　助

对于社会学家来说, 关于干涉仪取代共振棒的方式, 上一章的叙述有些不太令人满意。描述的是说话和行动方式的转变, 一个理所当然的现实变成另一个理所当然的现实, 一种文化或生活形式的转变。社会学家总是寻找更多的东西——关于生活形式为什么应该改变的总体解释。也许到目前为止, 我们处理的一切都是卡尔·马克思 (Karl Marx) 说的表象 (epiphenomena)。我们还能寻找什么来提供社会学的实质内容呢? 也许我们可以跟随马克思, 考察物质利益。也许资助是真正的要害。是否有一些资助的"利益理论", 可以为事物的演化提供唯物主义的解释呢? 有两种明显的"唯物主义"解释:①

(1) 猪肉桶: 有影响力的参议员希望钱进入他们的州, 这使他们决定支持激光干涉引力波天文台 (LIGO) 项目。由于不涉及大笔资金, 共振棒不会得到同等的支持。

(2) 技术框架: LIGO 和干涉仪更适合于支持星球大战和军工复合体其他部分的日益增长的技术。

让我们试一试。我想说, 这两个解释都不能令人信服。但这并不是说, 资助问题不影响随后发生的事情。

27.2 猪　肉　桶

关于 LIGO, 首先要注意的是, 按照政客们对金融激励的看法, 这是一桩小生意。参议员们有兴趣把 LIGO 装置带到他们的州, 不是因为它对当地经济的直接投入。他们感兴趣的是, LIGO 可以改善他们选区的技术形象。这将更容易吸引其他尖端技术项目, 可能会产生更大的经济影响。②

---

① 科学家当然会寻找不同的解释。基普·索恩在 2003 年告诉我, 这都是带宽问题。

② 罗比·沃格特 (Robbie Vogt) 当时是 LIGO 项目的主管, 他告诉我, 这是缅因州参议员米切尔向他解释的。1999 年 11 月, 众议员理查德·贝克 (Richard Baker) 在路易斯安那州利文斯顿的 LIGO 开幕典礼上的讲话也表明了同样的动机。为了说明路易斯安那州需要更多的高科技, 贝克对他自己的选民开了个玩笑 (迪博多和布德罗是典型的路易斯安那人的名字): 迪博多和布德罗外出钓鱼, 迪博多解释说他有一项很棒的新技术。他拿出一个热水瓶, "那是什么?"布德罗问道。"它让热的东西保持热, 冷的东西保持冷。"迪博多回答。"那你在里面放什么?"布德罗问道。"一杯热咖啡和一份冰淇淋。"迪博多解释道。

但我们必须不断提醒自己, 尽管 LIGO 的绝对规模不大 (把它的 2 亿美元跟超导超级对撞机的 80 亿美元比较), 但它仍然是国家科学基金会资助的最大项目, 单靠国家科学基金会无法提供资金而不破坏其有责任支持的其他物理科学的预算。因此, LIGO 不得不去国会申请专项拨款。然而, 一位强大的参议员的帮助可能是一把双刃剑。至少有一位受访者告诉我, 对于在国会里声音特别大的参议员所代表的州里安装 LIGO 干涉仪, NSF 持谨慎态度, 以免特别拨款被投票否决, 参议员们利用他们的政治力量, 坚持认为该装置无论如何都要建造。这将给他们的州带来好处, 同时从 NSF 自己的预算中抽取资金, 给 NSF 的其他科学带来灾难性的后果。

根据许多故事 (包括一些核心人物的故事) 推断, 似乎强大的参议员的支持所起的作用并不确定。华盛顿汉福德的干涉仪站点早被选中, 有压倒性的科学优势和参议员的支持, 但基于科学和政治的另一个选择是缅因州。选择缅因州将使强大的参议员米切尔加入这个项目。然而, 缅因州和米切尔在最后一刻被抛弃——这在政治上可能是灾难性的决定——路易斯安那州的利文斯顿被选中。这带来了另一位强大的参议员约翰逊, 代价是激怒了米切尔。根据"三角定位"的消息来源, 最后时刻的变化是高级别的国会政治问题, 与 LIGO 本身无关; 一个强人有政治恩怨要和米切尔解决。[①] 总之, 人们并不认为 LIGO 能够成功地压倒一切的必要条件是参议员们精心培养的善意, 涉及的资金并不足以从这种唯物主义的原因中得出这样的故事, 这种原因不能压倒对变化的其他解释。

这并不意味着米切尔和约翰逊没有动力帮助 LIGO 通过国会, 如果它得到落实, 对他们代表的州有好处。然而, 我们必须假设, 还有许多其他参议员为了许多其他利益而争夺许多其他基金; LIGO 在国会里有敌人也有朋友, 我们也没有令人信服地论证说, 涉及的资金数额将确保朋友们拥有的权力占据优势。这并不意味着, 对于其他更大的技术, 这种论证不能也无法令人信服地提出, 但是, 每种情况都必须根据具体的优势来论证, 而这里缺乏优势。

27.3　技术河流里的共振棒和干涉仪

现在考虑共振棒和干涉仪在更广泛的技术河流中的位置。从共振棒到干涉仪的转变, 真正的解释也许是因为这两种技术符合其他人的技术利益。这种可能性需要更仔细的分析。

干涉仪需要大功率的激光、超级镜和最精确的方法让激光束指向预期的方向。所有这些技术都与"星球大战" (旨在击落弹道导弹的军事发展) 和受控激光核聚变等项目相关。共振棒与军工复合体的迫切需求没有这种联系。

我听说, 在第一次考虑资助 LIGO 的时候, 在 NSF 的更高级别上讨论了光学行业的附带机会, 这可能至关重要。考虑下面这位科学家说的话, 他自己的项目正在从共振棒转向干涉仪:

> 我认为我注意到的关于 LIGO 的另一件事很重要。一个更广泛的实验和工程群体可以支持他们正在做的事情。我认为这很重要, 因为他们将用于 LIGO 的激光源, 你知道他们一直在使用氩离子激光器, 事实上他们最近决定更换这项技术……驱动整个过程的激光器, 变成固态二极管泵浦技术。这种技术的发展 (为了建立这些更好、

① 我的消息来源包括罗比·沃格特 (Robbie Vogt) 和沃尔特·梅西 (Walter Massey), 他们当时是 NSF 的负责人。

更有效、更强大的激光器）不是由 LIGO 驱动的，而是出于完全不同的原因。这只是创造了这种协同作用，光学行业有很多事情正在发生，真正以非常积极的方式养活 LIGO。在低温方面，我不认为是这样。你可以建立大规模的低温系统，但是不清楚有多少人对直径 3 米的共振球的"Q"感兴趣，对使其工作的材料研究感兴趣，等等。但是，在大型光学方面，已经做了大量的军事工作，你知道，达到波长的千分之一或更好，等等，其中有很多你可以尝试，这是重要的考虑因素，因为最终它归结于工程，让这些东西工作。

……我们就在斯坦福，整个湾区产业的中间，你去利弗莫尔，他们研究了巨大的激光，光学和制造，还有各种各样的事情。

我认为，如果 LIGO 必须依靠 NSF 提供的资金来发明他们需要的所有技术——如果这是开发这些东西的唯一原因——它就永远不会成功。它能够成功的原因是它可以利用——在世界各地有很多机会可以利用正在发生的事情。(1995)

可以把嵌在技术河流中的项目看作有两个组成部分：一个从河的上游流下来，给项目带来好处；另一个从项目流出，给下游的其他人带去好处，激励他们支持一个项目。正如上面的引文表明的那样，从河的上游流下来注入 LIGO 的，肯定有很多。

我们可以更具体地讨论其中的一些。加州理工团队的领导者罗恩·德雷弗向我保证，位于洛杉矶的利顿公司的一家分支机构发表了一篇关于高效"超级镜"的会议论文，这家公司是激光陀螺（用于导弹制导系统）的制造商。利顿为加州理工的 40 米干涉仪使用的第一批镜子镀膜，作为交换，加州理工提供了性能监测技术，两个团队发展了良好的关系。

似乎也可以肯定的是，俄罗斯关于蓝宝石品质的开创性工作，即为下一代干涉仪（例如"高新 LIGO"）研究的镜面材料，来自俄罗斯的军事发展，也是来自惯性制导激光陀螺（用于巡航导弹）。

然而，不应该过分沉迷于军事主导的阴谋论，因为第一个实际上安装在 LIGO 的抛光超级镜的合同被美国以外的一家民用机构得到。这是位于澳大利亚悉尼的英联邦科学和工业激光器研究组织（CSIRO）。它通过为太阳天文台等天文仪器抛光镜子而赢得了声誉，尽管该机构因为了解以前的军事工作，可能已经很清楚这些可能性了。

科学家杰斯珀·蒙克（Jesper Munch）在澳大利亚阿德莱德大学工作，他谈到了他为下一代干涉仪开发大功率稳定激光器的工作。

我来自一个大功率激光项目。我在美国一家名为 TRW 的航天企业工作，我们做的一项工作是真正的大功率激光器，主要是军事应用。为了星球大战……那个项目建造了大功率激光器——真正的大功率。

这是很成熟的技术。有很多用途。你学到的是真正的技术和工程，现在的挑战是，你能不能把这样的方法改造为相对适中的几百瓦的功率。(2000)

接下来，他讨论了激光"雷达"，把导弹当作镜子把光线反射回接收器，从而感知来袭导弹的位置和速度。

如果从技术的角度看，我们——TRW——在 20 世纪 70 年代在激光雷达上工作，激光雷达必须有非常长的距离（我们谈论的是几千千米）和非常精细的速度识别，在某些方面，它推动了同一种测量的最先进的技术。我们看的镜子移动得更快，但我们在镜子中寻找小的偏转,就像这里做的一样。因此,就激光接收器而言,你推动激光技术的极限,因为这种脉冲长度和引力干涉测量一样困难。这没有太大差别,除了你可以说引力波更容易,因为镜子不移动——你正在看的那个。它只是坐在那里——你知道在哪里找到它。所以,如果你使用迈克尔逊干涉仪——不管它是在真空中观察悬挂的镜子,还是快速向你移动的东西,它都是迈克尔逊干涉仪,你试图对那个镜子进行精确测量。TRW 在 20 世纪 70 年代中期就是干这个的。[①](2000)

然而,这位受访者谨慎地表明,没有哪种技术可以直接应用于其他技术。LIGO 型反射镜比激光陀螺镜大得多,也重得多,也许与任何星球大战计划中可能使用的反射镜都不同。激光可能也很不一样。星球大战激光更强大、没那么精致。他承认这一点:

> ……“旧技术”做的是帮助开发后来证明对引力波干涉测量有用的必要技术,包括频率稳定激光器、伺服控制系统、功率缩放、注入锁定、相干功率放大器等。激光物理问题和所使用的技术是引力干涉测量面临的早期版本,开发的专门知识仍然非常有用,即使应用和实际的通用激光器有很大的不同。(2000)

蒙克的评论清楚地表明,我们的思路要更广阔,不能局限于直接应用。

> 这并不明显 (军事技术和引力波干涉仪是如何相关的),除了它建立知识和文化,知道在这个特定的技术领域应该做什么,不该做什么……你在建立自己的信心基础。星球大战计划促成了这一点,因为你建立对激光的信心——不是为了这个特定的应用——不直接适用——但这是对技术的信心,我认为我们正在谈论……至于说这个东西能不能拿来就用,我认为这个观点太狭隘了。[②]

现在,我们看看可能从干涉仪项目中流出并让下游受益的东西。1986 年 NSF 评议委员会的考虑中包括一名代表在会议准备期间撰写的下列评论:

> 很明显,这种技术 (大型干涉测量) 还有许多其他应用,因此无论如何,即使与国防部的资金来源合作,其低成本要素也可能继续下去,只要不限制信息和技术流向科学界。我认为,让这些聪明人从事引力波的技术工作将会适得其反,引力波随后进入 SDI (战略防御倡议) 的黑洞,实际上,这两个领域都不会受益。

这不能算是证据,但至少预期了一些下游利益。

当转向低温共振质量时,我们找不到与军事技术有联系的主要技术。然而,与干涉测量和共振质量技术相关的一些小技术触及了更广泛的兴趣。让我们由此总结上下游的关系。

这两种主要的探测器技术都需要一流的隔振技术。据我所知,两者都没有从上游的重大贡献中获益。这并不是说,它们没有严重依赖现有的科学和技术,只是没有什么当代的大型工业或军事活动可以让它们以互动的方式了解如此苛刻的隔振措施。在下游,某些行业可能会从引力波科学的发展中获益。我被告知,微处理器光刻技术——雕刻非常精细的电路——如果想让精度不受

---

① 这是 TRW 在加州雷东多海滩的空间和防御小组。在导弹跟踪方面,没有像干涉仪那样的“第二臂”。导弹反射光束的特征变化与固定标准进行了比较。这些变化携带了有关导弹速度和减速的信息。对于导弹跟踪,将使用化学“杀伤激光”的缩小版本。我的受访者是这样说的: “这是一种低功率的激光,非常稳定和微妙。这是低功率版本的单独的‘杀手’激光,因为这些都是化学激光器,但是相似之处就到此为止了。功率和频率稳定性有许多数量级的差异。使用同样技术的原因是,它在后来的发展中并不局限于功率的标度律,而且从未实现。”

② 然而,蒙克承认,类似的东西从超导研究中流出,这对低温棒有多方面的好处。

振动的影响, 就需要绝对的静止, 也许这个行业可以受益于新的发展。音乐爱好者也希望他们的唱机是无振动的, 当然也有一些为 VIRGO 和 LIGO 开发的隔振系统转移到这个行业。但这些潜在的附带利益都不可能鼓励政客为这两个项目提供资金, 所以这两项技术都无法从隔振中获益。

这两种技术都必须关注某些部件的材料的品质因子。它们是共振质量技术中的共振质量, 干涉仪中的反射镜和悬挂系统。如果建造大的共振球, 它们也许能够使用和改进爆炸键合的上游技术, 但是从来没有讨论过, 只是单独为它们解决的问题, 而不是需要为其他应用解决的问题, 因此该技术在这方面无法从与工业或军队的互动中获益。正在建造的小共振球受益于跟船舶螺旋桨铸造有关的技术, 但这似乎是幸运的巧合, 并非任何决定技术方向的东西。然而, 正如我们看到的, 从激光陀螺的上游发展中获得的对镜面材料中高 "Q" 的理解, 随着发展流向下游, 可能让相同的技术受益。

这两种技术的另一个共同要求是数据处理, 但大多数问题是这两种技术共有的, 就不区分它们了。

早期的低温棒希望使用超导磁悬浮, 但它不起作用。然后试图向上游学习, 但无济于事, 没有任何东西可以提供给下游。毫开温度的共振棒 NAUTILUS 是弗拉斯卡蒂和宇宙中最冷的庞然大物, 现在又多了勒格纳罗的 AURIGA; 两者都使用稀释制冷机技术, 这是从上游来的。当弗萨蒂 (他拥有一家生产稀释制冷机的公司) 加入行动以后, 给共振球带来了巨大的推动。但对军工复合体来说, 这项活动的规模很小。下游似乎没有其他人需要这么大的稀释制冷机。

另一种针对共振质量的技术是超导量子干涉仪 (SQUID) 放大器。共振人从科学的发展中了解 SQUID, 他们做的改进很可能会反馈到其他需要在超导温度下工作的超级放大器的应用中——必定有许多。然而, 我仍然没听到有谁试图根据 SQUID 技术的附带利益来证明共振质量技术的合理性。共振质量也使用了非常聪明的多级振动传感器 (最初由白浩正发明)。然而, 据我所知, 这种技术注定只能由共振引力波探测器独家使用。

位于珀斯的超导共振棒 NIOBE 在使用基于微波腔的换能器方面非同寻常, 这似乎发现了一些有助于保持该项目资金的科学副产品。但是, 这同样不能成为建造这根棒的理由 (从 2003 年年初开始, NIOBE 似乎将成为第一个停止运行的成功的低温棒)。

干涉仪需要规模非常大的高真空系统。然而, 这似乎是科学独有的问题。经验显示出极大的困难, 这对干涉仪是不利的。至于下游, 似乎没有其他人需要这项技术。

来自干涉仪项目的一项值得注意的技术是激光稳定的方法, 称为庞德–德雷弗–霍尔方法, 专门考虑如何控制大的法布里–珀罗腔 (见第 28 章)。但是, 即使这种技术在下游得到应用, 也是意外之喜, 因此, 这种发展不可能在 LIGO 的资金筹措中发挥因果作用。

最后, 有人向我建议, 对于超越干涉仪量子极限所需要的 "光的压缩态" 科学的理解, 可能会在适当的时候找到应用, 但这不能成为提供资助的决定性理由。

仔细阅读这份有些武断的清单, 我们再次看到, 如果说嵌入技术框架有任何好处, 也是干涉仪更有利, 但这样的东西太少, 其作用可能仅仅是让非常相似的力量略微偏离平衡, 我们无法声称这是决定性的力量。因此, 我们无法在技术框架中找到对事件的压倒性的唯物主义解释。正如试图在科学政治中找到解释一样, 我们不能得出结论说, 这样的解释永远不是正确的, 也不能得出任何关于个别决策者头脑中的东西的结论; 我们只能得出结论, 这种论证需要具体问题具体分析, 在这个案例中, 很难论证。

27.4　关于资助 LIGO 的争论

关于干涉仪如何超越共振棒和共振球的问题, 第 23 章已经预期了答案, 我在那里讨论了 NSF 评议小组的会议。我给出的答案是, LIGO 的资助使得在政治上不可能继续为美国的共振技术提供资助 (除非是小规模的资助), 这在世界范围内产生了影响。但是我们仍然没有回答为什么 LIGO 获得资助的问题。我们尝试了两种唯物主义的解释, 发现它们没有说服力。LIGO 为什么得到资助这个问题, 也许没有答案! [①]

有太多的 LIGO 要素接近或超越了技术前沿, 许多科学家认为这种在科学上花钱的方式不负责任。在 20 世纪 80 年代中期, LIGO 遇到了强有力的科学家的大声反对。其中包括理查德·加文, 他直言不讳地反对韦伯的主张。麻省理工学院的雷纳·外斯 (似乎) 提出了一个想法, 即 LIGO 问题应该得到关注, 并且应该在 NSF 的主持下对其实用性进行广泛地审查。会议于 1986 年 11 月 10 日至 14 日举行, 结果是编写了一份《引力波干涉天文台专题小组向国家科学基金会提交的报告》(1987 年 1 月)。总的来说, 让一些人惊讶的是, 这份报告的调子是有利的。LIGO 小组在结论部分提出的技术论证比预期的更有说服力; 被预期并处理的问题比已经认识到的要多。然而, 只出席了一天会议的加文仍然认为, 没必要有两个干涉仪, 这个项目应该更慢地开展。[②]

这次会议虽然是一次直接胜利, 但是并没有让反对派安静下来。1990 年 11 月 9 日, 《科学》(Science) 杂志发表了莱斯大学空间物理和天文学系的柯蒂斯·米歇尔 (Curtis Michel) 的一封信。米歇尔认为, LIGO 项目人手不足; 没有理由相信它能够实现它承诺的提高灵敏度, 因为针对如何管理这个项目, 没有提出令人信服的理由; 而且它正在进行中, 没有充分的公开讨论。[③]

从写给 NSF 官员的信中, 可以进一步了解反对意见的特色。例如,

1991 年 5 月 6 日: 名为 "引力波天文台" 的 LIGO 项目相当昂贵, 根本不可能成功……在这个阶段, 我认为 LIGO 甚至不是一个有趣的实验, 尽管它是一个昂贵的实验……

1991 年 5 月 21 日: 在我看来, 这个项目似乎体现了大科学中一些最糟糕的过分行为。与我们必须付出的代价相比, 有望获得的知识微不足道。最有可能的结果是, 比较小的科学项目面对的环境将日益恶化, 从任何标准来看, 这些项目对我们不断扩大的宇宙知识的贡献都要大得多。

重要的是, 这些说法得到了专业人士和全国性媒体的支持。例如, 1991 年, 《科学家: 科学专业人士的报纸》(*Scientist: The Newspaper for the Science Professional*) 有一篇文章, 标题是《两个科学实验室的资助重启了猪肉桶与同行评审的争论》。

---

① 我把注意力集中在 LIGO, 而不是欧洲的干涉仪, 因为 (a) 德国–英国 GEO600 的资助水平太低, 没有问题需要回答; (b) 很难找到任何关于 VIRGO 的资助情况; (c) 共振技术的消亡主要是因为资助 LIGO 这个事实。

② 私人通信。

③ *Science*, 250:739。

对抗的核心问题是，如果 LIGO 获得资金，谁会输？国家科学基金会资助的大部分是科学家，他们在相对较少的资金资助下，做了扎实、可预测和有价值的工作。他们认为，LIGO 的花费如此巨大，将会杀死 NSF 负责的许多生机勃勃的科学嫩苗。NSF 认为，国会的特别拨款确保嫩苗得到保护，如果没有拨款，就不会继续。它认为，净效应将是短期内科学预算的增加，这很可能改变政治期望，使得整个预算在长期内上升到更高的水平。有人声称，虽然特别拨款将支付 LIGO 的最初费用，但是这样的大型项目必然会从竞争对手那里吸取资金，因为它需要额外的资金来满足不可预见的业务和发展需要。此外，如果资金突然短缺，政客们不会支持关闭这个庞大而引人注目的项目，它仍然可以从周围正在成长的嫩苗那里夺取营养，支持自己。

在 NSF 的其他"客户"中，最强大的游说者是天文学家和天体物理学家，其中有些人开始扼杀 LIGO。1991 年 3 月 13 日，在众议院科学、空间和技术委员会科学小组委员会的听证会上，天文学家们有组织地反对 LIGO。贝尔实验室的托尼·泰森，本书的开头引用了他在国会的演讲中的一部分，我们介绍过他在共振棒方面的工作，现在他代表天文学界反对 LIGO。泰森以这种方式"分道扬镳"，引起了一些 LIGO 支持者的愤怒。科学家们通常在寻求资金时互相支持；这是一位科学家攻击他的同事。用罗比·沃格特（当时他领导 LIGO 项目）的话说，这是针对 LIGO 的"无理攻击"，就像《科学家》中引用的那样。[1]

一位著名科学家给泰森写了一封愤怒的信，他说，反对 LIGO 不会给天文学带来任何好处；这不是零和游戏；正在进行大量的"猪肉桶交易"，在诸如国际空间站的事情上花费了大量的钱，根本没有科学意义；LIGO 的区区 2 亿美元可以取自这些来源，即使它是零和游戏。因此，泰森最好是支持所有的科学项目，因为这将有利于整个科学。然而，泰森和其他天文学家却不为所动。

泰森还向众议院报告了他对天文学家进行的粗略调查。[2] 1991 年 4 月 30 日（星期二）《纽约时报》(New York Times) 援引他的话如下：

> 泰森博士在接受采访时说："我查阅了大约 2000 名天文学家的名单，并挑选了 70 名我觉得很可能思考过 LIGO 的人。我得到了 60 份答复，他们以 4 比 1 反对 LIGO。天体物理学界的大多数人似乎认为，很难从引力波信号中获取任何重要信息，即使能够检测到这种信号。"
>
> "……在目前的发展阶段和灵敏度，我不认为 LIGO 在今后几年里有太多机会实现其目标……"[3]

天文学家已经对 LIGO 的前景造成了严重的损害，因为他们没有在他们定期出版的天文学优先项目十年调查 (Decade Survey) 中列出这个项目。《科学范围》(Science Scope) 评论说 (1991 年 5 月 3 日，第 635 页，题目为《LIGO 困顿不堪》)：

> 激光干涉测量引力波天文台 (LIGO) 在近期的前景暗淡……LIGO 的事业没有得

---

[1] 见 Mervis(1991) 第 11 页。

[2] 在 1995 年，泰森还告诉我：

> 加利福尼亚有一位著名的天文学家公开声明说，如果有人来到她的凯克望远镜委员会，如果在凯克望远镜上进行观测，就会发现 LIGO 能发现的所有天体物理学——LIGO 宣传的发现——她不清楚他们是否真的会有时间，因为竞争者太多了。这是另一种说法，从她作为天体物理学家的角度来看，LIGO 追求的天体物理学也是如此。也许你愿意知道，它的价格还不到一百万美元。

[3] 见 Brown(1991) 第 C1 页。我看了这次调查的结果，并为每一条评论分配了一个赞成或反对的分数，发现我对 LIGO 的主观评估是 2:1，而不是泰森报告的 4:1。我希望在 WEBQUOTE 上复制这些匿名评论，这样读者就可以做出自己的判断，但令我惊讶的是，这项调查被认为是一件私人事务。这是一个遗憾，并不是一个孤立的例子，"反 LIGO 团队"不愿意向我这个分析者提供物证。

到国家科学院 (NAS) 委员会的帮助, 该委员会上个月没有提到 LIGO, 当时它对 20 世纪 90 年代的天文资助做了排序。众议院科学小组委员会主席里克·鲍彻 (D-VA) 认为, 这项遗漏削弱了 NSF 先前提出的论证, 即 LIGO 预期的天文学效益 (除了其对物理学家的明显价值) 证明了这个巨大费用的合理性。当鲍彻要求 NAS 委员会作出澄清时, 得到的答复令人担心:"LIGO 在 90 年代的科学目标并不是天文学。"

结尾的引文表明, 天文学家不认可 LIGO, 声称它只对物理学家有益。

反 LIGO 运动的最有力的代表似乎是普林斯顿高等研究所的约翰·巴考尔 (John Bahcall) 和普林斯顿大学的杰瑞·奥斯特拉克 (Jerry Ostriker), 他们都是著名的理论天体物理学家。[1] 一位重要的亲 LIGO 的物理学家向我抱怨:"天文学家一直攻击 LIGO, 他们不知道它是干啥的, 他们认为自己拥有天空。"(1995)

大多数 LIGO 物理学家认为 (他们是正确的), 他们选择的项目名称 (特别是 LIGO 中的"O", 代表"天文台") 加剧了敌意。对天文学家来说, 天文台是观察的工具, 当他们建造新的天文台时, 他们根据精心制定的扩大观测制度的计划建造它们。一台新的、更大的望远镜将更深入地观察宇宙; 以更好的定义和识别方式观察; 探索尚未探索但可以预测的电磁频谱; 或一种新型粒子 (例如与巴考尔名字联系最密切的太阳中微子)。[2] LIGO 自称天文台, 似乎在争夺这个领域, 尽管关于它能看到的东西, 最好和最可靠的预测是零或接近零——至少在第一次实际演示时是这样的。从天文学家的角度来看, LIGO 就是不够物有所值。它将花费的资金与建造一台新望远镜所需的资金相当, 但是几乎看不到任何东西。他们认为, LIGO 实际上是一种高风险的探索性物理实验, 冒充天文仪器却不承担相应的观察责任。

像加州理工学院的基普·索恩这样的天体物理学家嘲笑天文学家, 把他们的事业称为"电磁天文学", 认为传统天文学处理的是该领域的一小部分学科, 而整个领域应该包括引力天文学。LIGO 这种仪器比共振棒探测器更优越, 在很大程度上是因为它有能力做真正的天文学。希望在于它能够研究天文事件的引力波谱, 而不限于它们突然爆发的能量。分析引力波谱将揭示天体物理过程的详细方式——天文学和天体物理学的东西。

1990 年的《十年报告》[3] 由巴考尔主持。顾名思义, 这项大规模调查旨在确定未来项目的优先次序, 由天文学界每十年开展一次。1970 年的《十年报告》与乔·韦伯的主张进行了斗争, 认为检验这些主张至关重要。1980 年的评审表明, 人们对低温棒的进展持乐观态度。1990 年的评审是第一次考虑 (或者不考虑!) 大型干涉测量。巴考尔邀请索恩担任一个下级评审组的成员, 确保引力波得到适当的代表。但索恩向我解释说:

> 在这个过程开始时, 巴考尔打电话给我, 请我担任一个小组委员会的成员, 这个小组委员会将负责研究 LIGO。我告诉巴考尔, 这个委员会不适合考察 LIGO。LIGO 不属于天文学的范围; 它是通过 NSF 物理学完成的; 它是由物理学家完成的; 它已经得到了广泛的祝福。也就是说, 建造大型干涉仪受到了前一个物理学调查委员会的祝福。
>
> 巴考尔对我很生气, 毫不含糊地告诉我, 我在推销 LIGO 的时候提出了天文学论

---

① 有人告诉我, 基普·索恩和其中某些人有长期的私人恩怨, 开始于他们在普林斯顿的早期岁月。

② 巴考尔以预测太阳内部物理过程的太阳中微子信号而闻名, 几十年来坚持他的模型, 当时中微子探测器没有看到预测的通量 (有关说明, 见 (Pinch, 1986))。2001 年, 由于新的共识, 即中微子在从太阳到地球的过程中可能变成一种不容易探测的形式, 这个问题解决了, 结果支持巴考尔。这项工作获得了诺贝尔奖, 但令人惊讶的是, 巴考尔没有得奖。

③ 译注:(Decadal Review, 就是上文提到的《十年调查报告》, 由专家委员会给出的关于某个领域的发展报告, 既有回顾, 也有展望, 每十年出版一次。)

证，因此在深层意义上，它与天文学项目竞争，因此他们有权力也有计划在其优先排序流程中考虑它。

因此，我确实担任了他们的小组委员会成员，就像雷和罗恩（外斯和德雷弗）一样，他们向上级委员会提交了一份报告。在上级委员会内部，我从上级委员会里的某个人那里了解到，在过程开始的时候，LIGO 做得非常糟糕，他们举行了一次预投票，上级委员会里的某个人提出的动议是，出于各种原因，他们根本不应该考虑 LIGO。他们就放弃了。(1999)

这导致了一种特殊的论证：国会关于 LIGO 资金的论证中引用了《十年报告》，但索恩和其他人继续坚持认为 LIGO 在审查过程中没有得到考虑。换句话说，争论的焦点不在于天文学家对 LIGO 对天文学价值的评估，而在于他们是否对其做了评估。LIGO 的支持者说，天文学家不可能在《十年报告》里给 LIGO 排名，因为《十年报告》没有考虑它，而天文学家则说 LIGO 在《十年报告》中给 LIGO 的排名是"排不上号"。因此，这个非常重要的问题具有爱丽丝梦游仙境的特性，它们的意思是那些说话人自己想要它们表达的意思。一位 LIGO 的支持者告诉我：

在上级委员会发表报告之后，知情人士声称，在向华盛顿的人介绍上级委员会报告的过程中，巴考尔告诉他们，上级委员会考察了 LIGO（该报告将不把它包括在内），上级委员会给 LIGO 的排名非常低。(1999)

毫无疑问，正如索恩所说，《十年报告》起初考虑了 LIGO。他们觉得，这是因为天文学家认为，LIGO 正在争夺他们的资源。他们相信这一点，有两个具体原因：第一，LIGO 自称"天文台"，而不仅仅是"设施"，但天文台是天文学术语；第二，天文学家认为，引力波学界不断地声称有可能看到引力波的源，让它从物理和工程项目转变为天文项目。他们认为这些说法毫无根据。这种观念的差异很容易理解，因为像索恩这样的 LIGO 支持者愿意非正式地表达的内容与他们在正式场合说的不一样。例如，很多人知道，雷·外斯很有信心地表示，LIGO 的第一次实际演示必然会从一个未知的源看到某种意想不到的引力波现象。虽然旋进的双中子星是正式场合中提到的"庄家"，干涉仪的乐观支持者喜欢猜测各种可能的情况，特别是在不需要负责的时候。为了再次说明，1987 年，基普·索恩与杰瑞·奥斯特拉克打赌，认为引力波将在 2000 年之前被探测到，索恩同意把这次打赌记录下来。[①] 不过，打赌和向资助委员会提交正式报告是两码事。同样，阅读各小组委员会向历次的《十年报告》提交的报告，各代引力波探测器成功的可能性也是相当乐观的；即使没有技术上的错误陈述，说的话也不总是清楚的。[②]

21 世纪初，我也在场，当时有一种表达源的强度和灵敏度的方法，可能会被误解，这几乎给 LIGO 带来了真正的问题。一位资深评议人来自更广泛的科学界，他给一个有影响力的团体展示

---

① 见 Thorne(1987)。

② 考虑 20 世纪 80 年代天文学《十年报告》(第 11 页) 中的以下内容："如果目前正在开发或正在审议的仪器投入使用，从宇宙事件中探测引力波可能在 80 年代实现。"在同一份报告（第 93 页）中，我们看到，探测器现在运行所达到的灵敏度"足以探测引力波爆发的最大强度与传统理论一致，以每月一次的频率。原则上，它可以探测到银河系中任何地方的非球形超新星的引力波爆发"。对于不上心的读者来说，这表明我们很快就会看到引力波，但它实际上描述的不是概率的估计，而是一种不被物理定律排除的可能性（也就是说，符合基普·索恩所说的"我们珍视的信仰"——第 5 章描述的大坝中的基石）。90 年代的《十年报告》指出："我们期望 LIGO 方案能够继续下去，在 2000 年之前或之后不久就能直接探测到引力波"（第 V~4 页）。它还建议（第 V~14 页）：

对于 LIGO 的高频波段的所有的源，理解得最好的是双中子星的最终并合（波形是已知的）：双脉冲星观测提供了足够的关于双中子星产生率的信息，确定必须寻找的距离，以便每年能看到几个并合。这个距离是 100 Mpc，相差几倍的因子。LIGO 的高级探测器应该能够检测到大约 1000 百万秒差距 (Mpc) 的距离，大概率是每年有很多事件。

阅读这两种说法，很容易得到这样的印象：LIGO 期望在 21 世纪早期，看到双中子星的旋进的范围达到 100 Mpc。额外的一小句话可以向非专家的读者说明情况，解释清楚，早期 LIGO 看到旋进的范围不是 100 Mpc，而是只有 10 Mpc 或 20 Mpc。

了一张图 (图 27.1), 取自 1989 年 LIGO 提案的图, 坚持认为这是可恶的误导, 应该劝阻他们不要认真对待任何这样的主张。有问题的图显示了各种潜在的源远高于 LIGO Ⅰ 的最乐观的灵敏度频段 (实线)。这张图没有显示这些源的发生率。所以图并非不正确 (正文给出了正确的阅读方法), 但是图本身让它看起来好像有很多源可以很容易被 LIGO Ⅰ 看到。[①]

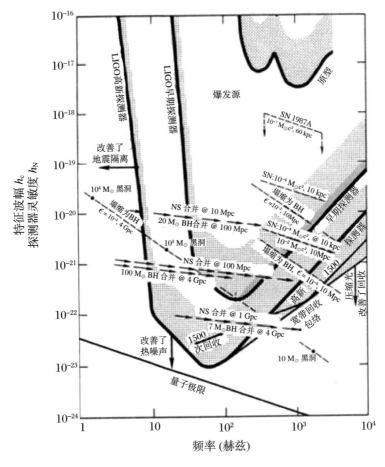

图 27.1　1989 年项目提案中的 LIGO 灵敏度

索恩向国家科学委员会的陈述也是激烈争论的主题。关于 1994 年 11 月 17 日的发言, 他给了我他的笔记, 很容易看出这会导致不同的解释。他展示了一张源强度的估计图, 不仅显示了众所周知的旋进双中子星 (低于 LIGO Ⅰ 的估计灵敏度), 还显示了他对可能的其他源的猜测——在 LIGO Ⅰ 的范围内显示为宽带。此外, 箭头指出, 预计 LIGO 的灵敏度增加, "不需要重大升级"。这些箭头可能代表了当时的信心, 但事实证明它们是完全错误的。因此, 索恩没有对众所周知的源 (或者 LIGO 的未来) 作出虚假的承诺, 但他也提出了许多乐观的猜测。这是猜测, 他也明确表示了这是猜测, 可以从他的其他文件中看到, 但读者从外面看不太清楚。

索恩找到了一种方法, 向我保证他的演讲没有被误解。他解释说, 他记得在那次会议上, 国家科学委员会花了很长时间讨论, 如果 LIGO Ⅰ 没有看到任何事件, 怎么办。很明显, 董事会成员并没有被他的猜测引导到一种错误的乐观观点。有趣的是, 我将在第 42 章中回到这一点, 索恩向我展示的文件没有提供历史真相。为了认识这些文件对他们的接受者意味着什么, 我们必须依赖

---

① 我们不需要争论图真正显示了什么——我准确地报告了一位高级科学家是如何阅读的。

于记忆，对没有记录的讨论的记忆。显然，外界有足够的空间可以误解发生了什么。①

正如我在下文更详细地讨论的那样，这里正在发生的事情是建设性地（也许是无害地）利用确切的文字形式和论坛的象征价值，灵敏度的估计被提交给这个论坛。在这个世界，陈述的确切意义发生了根本性的变化，这取决于它们被认为是提交给隐喻的法庭还是隐喻的走廊。关于《十年报告》是否真的评估了 LIGO 的激烈争论似乎很奇怪，因为只要每个人都知道小组成员认为 LIGO 不好，这就没有什么区别。同样，关于引力波通量的估计，只有在法庭上作为证据提交的东西才重要，这种坚持似乎很奇怪，因为人们知道，决定不是在这个地点做出的，而是在信任关系中处理隐性专业知识的委员会做出的。②

也许是我错了？也许我们可以再看看目标图，解释发生了什么。也许愤怒是因为外界对外环的看法，在外环里，科学家的信任关系缺乏专业技能和联系。如果《十年报告》没有正式地考察 LIGO，那么向华盛顿的权力经纪人报告小组成员的失望，可以说是打击了信心。仍然可以争辩说，大委员会就像法院，它没有办法估计猜测的价值，应该只对正式提出的内容作出决定（或者根本不应该提出猜测）。也许，真正的愤怒并不在于不同的内部人士对这个争论的看法，而在于这场核心争论中有多少应该暴露给决策者以外的世界。这个游戏规则肯定是有趣的社会学。③

反对 LIGO 的人提出了一些奇怪的主张。1991 年，《纽约时报》引用杰瑞·奥斯特拉克的话如下：

> 几位强烈反对这个计划的杰出天文学家拒绝公开发表评论（新闻标题看不到），称"……应该等待有人想出更便宜、更可靠的方法处理引力波"，一位说："在德米特里·克里斯托杜鲁（Demetrious Christodoulou）的工作中，我们也许已经有了一些可能性。"④

克里斯托杜鲁是普林斯顿大学奥斯特拉克的同事，他写了一篇论文，指出引力波的通过会在时空中留下永久的变形。⑤奥斯特拉克评论的主旨似乎是，这种一次性变形比瞬时振荡更容易被发现，因为它将永久存在。这似乎只是错误的物理，因为在几乎无法检测的区域，振荡的信号比一次性的变化更容易检测。一位 LIGO 物理学家对我说：

> 媒体援引他（奥斯特拉克）的话说，克里斯托杜鲁记忆效应让引力波探测变得容易多了，因为你有一个永久的信号。同事们试图教育他，直流信号更难检测，但他继续推动这个想法。当然，他不是实验工作者，对此没有任何常识。奥斯特拉克显然对这个项目有强烈的感情色彩，但是他的影响很大。(1999) ⑥

1992 年，就在 LIGO 即将获得资助之际，《纽约时报》继续报道科学记者和研究科学欺诈的专家威廉·布罗德（William Broad）的一篇文章，其中包括：

---

① 索恩对我所说的关于 LIGO 灵敏度的"官方公开陈述"，即官方项目建议中的那种东西，可以在 1992 年 4 月 17 日的《科学》中找到 (Abramovici et al., 1992)。这里的估计是非常保守的，在图表上没有猜测。

② 双方的自我辩护意识仍然很强烈，即使在事件发生十年或更长时间之后，两个阵营都有人拒绝让我在本书中提出某些证据，因为他们认为我歪曲了他们的行动的意义。

③ "传话游戏"也说明了一个问题，在这个游戏中，信息被传递到一系列对所说内容有强烈兴趣但说话时不在场的人，传到后来，谁说了什么跟他实际说了什么早就完全不一样了。

④ 见 Brown(1991) 第 C5 页。

⑤ 见 Christodoulou(1991)；Thorne(1992a)。

⑥ 这是本书中非常罕见的场合之一，我将要对物理学问题表明立场，这是物理学家们争论的主题。如果奥斯特拉克暗示克里斯托杜鲁效应使引力波的检测变得更便宜或更可靠，他对实验的性质的理解就犯了错误。

美国支持基础科学研究的最高联邦机构正在努力协调其最大项目与日俱增的财政需求与总体预算的缩减。这场冲突有可能让全国 100 多个小型科学项目陷入困境。

"这里的人非常痛苦，"芝加哥大学物理科学系主任斯图亚特·A. 赖斯 (Stuart A. Rice) 博士说，"真正的资深人士正在失去他们的项目资助。"

他说，如果这个旨在观测引力波的大型项目通过，小型项目的数量进一步减少，"那将是一场灾难"。

削减预算正威胁着一系列规模较小的科研项目的存亡。[①]

正如我们看到的，LIGO 支持者的反驳是，他们将得到国会的特别基金的支持，并没有直接的竞争；但直到 1999 年，奥斯特拉克告诉我，这些资金来自支持研究生和博士生的预算。他说，这些钱是从物理学家那里拿出来的，放进推土机驾驶员的口袋里。

1999 年 11 月，在 LIGO 正式开幕典礼上，约翰·巴考尔改善了他的反对意见。他的专长是中微子探测，而 LIGO 的领导人巴里·巴里什在这个领域花了自己一半的时间。巴考尔出席开幕典礼，这种关系可能发挥了作用。一位重要的科学家告诉我，他不会参加第一天的会议，因为巴考尔发言时他不想在场。

巴考尔的发言很有趣，对他过去的反对意见开玩笑，但最终拿自己寻找中微子和 LIGO 项目做了对比，有些令人不快。他指出，在搜索太阳中微子的时候，没有中微子一直是一个有趣的科学难题，而没有引力波只是一个麻烦。他指出，LIGO 的费用为 3 亿美元，而中微子搜索的费用为 300 万美元，这两项工作需要的人数分别是 300 和 3。他说，中微子搜索一直被称为"实验"，而不是天文台，直到它可以看到大量中微子以前。他说，LIGO 可以把自己称为实验而不是天文台，照样可以做完全相同的科学，他指出，就中微子而言，尽管天文学家不感兴趣，但他们并不反对。由于许多这些原因，他认为 LIGO 将有一段时期比太阳中微子物理更困难。

27.5　关于因果关系的结论

那么，为什么 LIGO 得到了资助呢？我认为这个故事里没有社会学的"实质内容"。社会学的兴趣是，各种力量大致平衡，所以，决定是否资助都有可能。

我们可以探索其他类型的潜在原因，如各个团体的游说技巧。沃格特聘请了一位专业的说客，他为沃格特安排了许多与国会议员的会面，他给他们留下了深刻印象。但是其他人说 (他们应当知道内情)，沃格特卷入华盛顿事务是危险的，适得其反，因为没有人知道他代表了什么利益。我还被告知，关键的因素是，华盛顿需要大科学 (因为大科学的威望)；另一份报告说，这都是在国会工作人员的层面上交换利益的问题。在这个项目得到资助的时候，游戏的一个大玩家告诉我 (我做了意译)："一位国会工作人员解释说，LIGO 的成本只相当于他们处理的预算规模的会计误差。"

作为一名努力寻找重大社会学故事的社会学家，我终于回到了最后一种情感。对于跟国家科学基金会合作的科学界来说，LIGO 的资助是非常重要的问题，但是对那些实际提供资金的人来

---

① 见 Broad(1992) 第 C1 页。

说，这不是非常重要的问题。亲 LIGO 的一方和反 LIGO 的一方投入的精力和工作都没有白费，但最终的结果是平衡。如果任何一方动摇了，另一方就会赢；由于双方都没有动摇，这是一场僵局，结果是比较平凡的权衡问题，可能是在国会工作人员一级。任何一方都不会感到沮丧，因为正是他们的工作使 LIGO 有可能获得资金／不能获得资金。这就是计算这些结果的逻辑：我如何确定这将是一本好书呢？我不知道。我怎么确定这不会是一本好书呢？别写了！如果科学家不尝试，他们必然失败；但是越努力，他们就越肯定地把自己变成历史的玩物。 [①]

因此，关于 LIGO 的资助，没有什么大故事，除了把资助决定放在刀刃上的故事。这里有社会学意义的是，有时候事情（甚至大事情）以这种方式而不是那种方式发生，并没有什么深刻的原因。但是，一旦 LIGO 获得资金，故事就会又变得很大。用一个旧的比喻，蝴蝶扇动翅膀，可能导致飓风，但这并不意味着飓风不如蝴蝶的翅膀强大。

围绕资助决定和反对这个决定的宣传本身就具有效力。这场辩论引人注目，说明了干涉测量（特别是美国的干涉测量）与共振质量项目的关系。因为有人实际或潜在地反对引力波天文学，对于任何可能让该领域看起来不那么有价值的主张，美国的干涉测量界都非常敏感。这可以解释他们对韦伯 20 世纪 80 年代中期论文的处理、对 SN1987A 结果的处理（第 21 章）、对珀斯–罗马符合的处理，开放证据文化的范围缩小，以及在资助期内理论本位主义和实验本位主义的相对地位（第 22 章）。它甚至可能病态地限制了 LIGO 在宣布自己的结果时承受的风险水平（尽管实验本位主义有可能复苏）。它在某种程度上解释了在沃格特制度结束时困扰项目的管理动荡（见第 33 章），因为 LIGO 在处理资源和管理效率方面必须极其干净。我认为，正如我指出的那样，LIGO 的筹资进程本身也结束了共振球项目的未来。理查德·艾萨克森将 LIGO 描述为"400 千克的大猩猩"（第 23 章），我们看到，可以合理地认为，这个大猩猩吞噬了大共振质量的未来。

总之，对 LIGO 的资助说明了两股强烈对立的科学力量的战斗结果如何能够开启一些微小的东西，但是可能产生广泛的后果。在这种情况下，后果包括未来对整个项目的资助决定，建立一种新的天文学，以及相当具体的科学数据的可信度。

---

① 索恩提出了一个有趣的反假设。他建议说，无论资助发生在哪一年，我的叙述都是正确的，但资助的科学理由太好了，LIGO 最终肯定会得到资助 ——即使它在倒数第二次失败了，而不是成功。除此之外，我认为，如果资金被长期拖延，项目就会有所不同（将会有更多的原型），共振球项目有可能存活下来。

第 4 部分

干涉仪和干涉人：从小科学到大科学

第 28 章　技术：大干涉仪里有什么？

就要建造干涉仪了，它们将成为直接探测引力波的主要技术；破土动工，盖房子，以及巨大的工程成就。对于比较大的干涉仪来说，不仅要施工，还有人事。科学家的工作方式需要改变，这在最大的干涉仪项目 LIGO 中最为明显。改变世界的一部分，每一部分都改变；移动足够的土和足够的人，改变对天空的看法。要理解这些改变，我们需要理解干涉仪。

28.1　提炼新技术

在第 17 章中，我概述了大型干涉仪的一些设计原则，现在要更进一步。引力波干涉仪有光源、分束器和"测试质量"(反射镜) 的反射表面，测量的是镜间距离的变化。它可能还有其他的镜子，比如那些用来将干涉臂中的光线多次前后反射的镜子。正如我们看到的，灵敏的干涉仪希望具有以下特征：

(1) 它应该有长长的干涉臂。

(2) 光束的路径长度必须比干涉臂长，所以在每个干涉臂前后应该有一些反射光线的方法。

(3) 光越亮越好。

(4) 光应该是单色的 (单个波长) 和相干的 (单个相位)。

(5) 干涉仪的关键部分应该与任何影响路径长度的东西隔离，除了引力波。

我们现在就依次考察每一个特征。

28.2　干涉臂的长度

LIGO 的干涉臂长 4 千米，在目前所有的干涉仪中是最长的。长度的选择有许多微妙之处。LIGO 这样的探测器想要探索的引力波频带中，其他条件不变的话，理想的长度是几百千米，但是在地球表面，4 千米可能接近最佳。一个明显的原因是干涉臂必须是直的，而地球表面是弯曲的。干涉臂越长，保持干涉臂平直所需的隧道或堤坝的成本就越高。另一个原因是，随着干涉臂长的增加，光束在传播时的发散程度是非线性增长的，路径越长，需要的光束管就越粗也越贵。德国–英国的 GEO600 装置的成本不高，使用了直径比较窄的不锈钢管，因此可以有非常薄的壁。[①]

更长的干涉臂也更贵，因为在非常高的真空和清洁水平上，它们更难建造和维护。如果光不发散，真空必须很高，内部必须严格清洁，否则会受到杂散分子的影响。更糟糕的是，如果真空度很差，有机分子就会沉积在镜子表面，从而破坏它们的反射率。良好的真空是很难建造和维护的，在建造一个大直径的长光束管需要的半工业条件下，污垢很难控制。LIGO 需要的真空空间是有史以来最大的高真空封闭空间。GEO 的任务简单得多，也便宜得多，虽然必须满足相同的真空和清洁条件，但是需要抽真空和保持清洁的体积仅为单个 LIGO 干涉仪的 3%~4%。

干涉臂不能无限地延长，还有一个更微妙的原因。这个想法是让镜子和仪器的所有其他关键部分表现得好像飘浮在空中。基础技术是将它们悬挂在精心设计的悬挂系统上，使每一面镜子都充当摆的"摆锤"。如果摆的悬挂点以高频率水平振动，摆锤就保持不动。可以这么说，关于悬挂的信息传递到摆锤需要时间，当摆锤–镜子"知道"悬挂系统移动时，它将回到它开始的地方。因此，摆很擅长过滤高频的水平振动。

垂直振动更难处理。但是，由于我们测量的是引力波通过时引起的水平位移，在一级近似下，镜子中的垂直运动就不那么重要了。事实上，在这种灵敏的仪器中，垂直运动也应该尽可能地消除，悬挂系统也是这样设计的。干涉仪的建设者在消除从地面传递的垂直振动方面做得更好，但是几乎不可能消除热噪声的垂直分量（例如，由微小的温度波动引起的悬浮线长度的微小变化）。

正是这个剩余的垂直稳定问题微妙地限制了干涉臂的长度。悬挂在干涉仪臂两端的摆上的镜子将垂直悬挂，朝向地球的中心。随着臂长的延长，摆的悬挂架的平行度越来越差。通过挖隧道或建路堤，可以消除地球表面的曲率，对此却无能为力；事实就是，当你在地面上移动时，向下的意义会发生变化。北极的"向下"与赤道的"向下"成直角。即使在几千米的距离上，镜子悬挂的角度也会显著不同；从简单的几何学可以知道，如果它们向下移动，它们就会更接近，如果它们向上移动，它们的分离就会增加。摆镜分离得越远，垂直位移就越容易转化为水平位移。因此，干涉臂的长度超过 4 千米就不值得了。

计划中的天基干涉仪的臂长将达数百万千米。在太空中，干涉臂的长度只受限于激光在长距离上传播而发散的程度；不需要隧道或堤坝，不需要考虑地球的曲率，而且无论如何也不需要担心振动的方式，所以不需要悬挂摆。事实上，正如我们看到的，悬挂摆的整个想法是让镜子表现得就像飘浮在空中一样。因此，与地面设备相比，天基干涉仪可以有巨大的灵敏度，因为它可以有巨大的臂长；但是后面会解释，很长的臂长仅对非常低频的观测有好处。（事实上，天基干涉仪设计的其他方面使其在 LIGO 的频率范围内变得更不灵敏。）

干涉臂越长，就越难工作，因为这样就越不能容忍角度偏差的错误。把激光束指向 40 米外的 1 厘米的点，是一回事；把它指向 4000 米外的 1 厘米的点，是另一回事。角度会漂移得足以阻止光束以正确的方式前后反射，因为允许的误差要小得多。而且，一旦偏离，就更难校正，因为需要作出反应的时间更短。

[①] 不幸的是，这意味着，即使地球同步轨道有更多的空间，它也不能在不增加光束管直径的情况下大大增长干涉臂。GEO 的光束管壁仍然比可能的更薄，因为它们是用波纹管加强了的。

28.3　路径长度

给定了臂长，路径长度由反射次数给出。要获得足够数量的反射 (每个反射镜 50~150 次) 而不扭曲和降低光束质量，需要非常完美的高反射率。镜子的形状和表面必须制作完美，必须考虑原子尺度的缺陷。它们的表面几乎没有损失。然而，镜子技术是 LIGO 这样的仪器最不容易出现问题的特性之一。

既然镜子足够完美，可以把光反射几百次，为什么不使用越来越多的反射无限地延长路径呢？有两种原因——"技术原因" 和 "更基本的原因"。

技术原因是折叠路径长度与直线路径长度不完全相同，即使长度相同。镜子受到热噪声的影响——它们的原子在玻璃内和悬挂中的弹跳——如果增加的路径长度涉及更多的与镜子的接触，前后反射的光更频繁地遇到这种干扰。因此，反射次数越少越好，不限定的往返次数、只增加路径长度，并不能弥补短干涉仪臂长不足的缺点。

更基本的限制与其说是对反射次数的限制，不如说是对总路径长度的限制——无论是干涉臂长、反射次数少，还是干涉臂短、反射次数多。引力波有特征频率。当波通过时，它首先拉伸干涉臂 A、压缩干涉臂 B，然后拉伸干涉臂 B、压缩干涉臂 A。从 A 臂到 B 臂的效应需要一定的时间切换，这取决于波长。如果我们看到一个频率为 200 赫兹的波，它从拉伸 A 臂和压缩 B 臂，切换到压缩 A 臂和拉伸 B 臂，需要 1/200 秒。暂时只考虑 A 臂，如果路径长度让光需要 1/200 秒到达 A 臂的一端，然后再回来，在这两束光干涉之前，A 臂的伸长量将被引力波后半部分导致的缩短量抵消，结果是什么也没有发生。因此，光穿越的路径长度为 1/200 秒，这意味着干涉仪对频率为 200 赫兹的引力波视而不见。一个路径的合理长度应该是，光需要在半个引力波周期的时间里到达路径的末端并返回。对于 200 赫兹的引力波，光以每秒 30 万千米的速度传播，意味着路径长度略小于 1000 千米，就算 1000 千米吧。给定 4 千米的干涉臂，意味着两个镜子中每个镜子的反射次数的上限大约为 125 次。

28.4　让光线反射的两种方法

迈克尔逊和莫雷建造第一个干涉仪的时候，光在一系列固定的平面镜上前后反射。GEO 使用相同的技术，只需要在一个额外的镜子上反射一次，从而使路径长度加倍。雷·外斯及其团队在蓝皮书中提出的大型干涉仪的最初设计是这种技术的一个版本，称为 "延迟线"，因为它最初来自早期的计算机工程师，用来延迟光的通过并短时间存储，作为延迟电信号的一种方法。延迟线使用单个大型曲面镜代替迈克尔逊和莫雷使用的一系列平面镜。在 LIGO 获得实际资助之前，重要的设计决定之一是从麻省理工学院倡导的延迟线想法转移到加州理工学院罗恩·德雷弗倡导的法布里-珀罗腔。要理解延迟线中发生的事情是相当容易的：光通过一个镜子中的一个洞照射进来；它在两个曲面镜的表面的点之间反射，直到它回到开始的地方，并从同一个洞出去。

延迟线设计的主要缺点是，反射镜必须足够大，可以足够多次地反射，不会在它们向后和向前通过时相互干扰。在慕尼黑附近的亚琛，马克斯·普朗克研究所建造的原型干涉仪使用了一条延迟线，该领域的"图标"之一是它的绿色光束多次前后反射的图片。但是，德国团队发现这种设计存在光散射问题，他们无法解决。

法布里-珀罗腔避免了散射光的问题，可以使用直径较小的反射镜。要理解法布里-珀罗腔里发生的事情，不那么简单。法布里-珀罗腔由两个稍微弯曲的镜子组成，面对面地前后反射光线。乍一看，光线可以前后反射无限多次，但镜子并不完美。假设它们接近完美，就可以看到，如果光进入法布里-珀罗腔，它可以停留在那里，在相当长的时间里前后反射。

但光必须进入空腔。要做到这一点，有一端的镜子是不完全反射的。(镜子是厚度精确的薄层材料，其厚度与玻璃盘表面的光波长有关。光可以从盘的任何一边反射或通过，具体取决于它们的制作方式。) 制作第一面镜子，使一定量的光被反射，一定量的光通过。这意味着，如果一束光照在第一面镜子的背面，有些会被反射，有些会穿过镜子之间的空间，来回反射。但每次反射都会有一些光跑出去。想象一下，一个非常短的特别亮的光瞄准了第一面镜子的背面。在一级近似下，一些光进到腔里，开始前后反射，每次"往返"都会有一些光出来。因此，在最初的照射之后，腔的前端应该在一段时间内发光，光的亮度逐渐降低。如果初始输入保持稳定的状态，光的强度就会增加，直到达到某种平衡状态，出来的跟进去的一样多，任何光子都要花一些时间在腔内来回反射，然后再出来。

离开一级近似，用单色光照射法布里-珀罗腔，具体发生的情况依赖反射镜之间的距离 (腔长) 与光波长的关系。从镜子反射并通过它们的各种光束将会叠加，要么相互抵消，要么相互加强，这取决于相位——峰和谷干涉相消，而峰-峰和谷-谷干涉相长。这样，让法布里-珀罗腔与你感兴趣的光的波长保持适当的长度关系，就可以调谐，让同相位的光变亮，让其他相位的光抵消。一方面，当腔很长的时候，这给控制反射镜带来了问题——罗恩·德雷弗为解决这个问题做出的贡献最大。另一方面，可以用法布里-珀罗腔去掉相位不合适的光，大型干涉仪利用了这一点。在进入设备的"业务端"之前，激光器发出的光要通过一个或多个"模式清洁器"(比主腔更小的法布里-珀罗腔)。

回到故事的主线，因为法布里-珀罗腔把光储存了一段时间，可以认为它很像一个延迟线。它能存多长时间，取决于镜子反射光的程度——它们的"品质因子"。品质因子越大，光在跑出去之前来回反射的时间就越长。数学分析表明，法布里-珀罗腔的品质因子让它等价于具有某个反射次数和某个路径长度的延迟线。因为所有的光线都是重叠的，所以法布里-珀罗设计不需要大的反射镜，不用增加反射镜的尺寸，就可以增加有效的路径长度。

28.5　让光线更亮

正如我们看到的，对于通过灵敏干涉仪的光线来说，"越亮越好"是一个好规则，因为亮度平均了光束的波动，给出一个明亮的信号。第一个也是最明显的方法是使用更强的激光。但是，即使经过多年的发展，制造可以连续工作的强激光仍然是黑魔法。激光专家告诉那些制造激光的公司，它们彼此尽可能相似，但只有在组装和测试后，才决定如何根据它们的功率来标记。不可能完全根据设计就准确地分辨出强激光的性能，因为有太多的未知变量没有得到很好地理解。

28.5.1　功率回收

还有一种方法可以让干涉仪的光束变亮——"功率回收"让设计从迈克尔逊和莫雷的简单概念向前更进一步。现在，用肉眼观察干涉图案的条纹不是读取干涉仪输出的好方法。与仪器相比，人的眼睛对亮度的微小变化太不敏感了，而且无论如何，人的眼睛不能测量和记录微小、复杂和快速变化的信号，这些信号将表明引力波的通过。在现代大型干涉仪中，看不到条纹。光束是平行的，所以到达观察点上的光束几乎相位相反，你看到的是在接近黑暗时的轻微变化。因为剩余亮度是光束相对相位的函数，所以你看到的是两个光束的相位差的微小变化。你看着相位相反导致的黑暗，因为那里最容易看到光强的任何微小变化。在黑暗的背景下看微小的变化，比在明亮的背景下更容易看到。①

光束在另一个地方的相位是相同的，这个明亮的端口有很多光。这些光"要被浪费了"。在功率回收中，这种二手光被捕获，反馈到干涉仪中，与新的光一起在里面反射。

给新的光线增加额外的反射，跟功率回收是不一样的。功率回收最好跟额外反射不一样，因为额外反射在镜子噪声和光的穿越时间方面都要付出代价。正如我在上面指出的，如果不想让干涉仪看不到某些引力波频率，光"停留"在法布里-珀罗腔中的时间就不能超过某个限度。但是，出现在"亮端口"的旧光已经通过干涉仪、完成了它的旅程，这些光的相位是相同的，彼此干涉增强。这是很好很干净的光束，可以反馈到干涉仪；这与延长单个光线的路径完全不同。只要做好安排，让旧光 (光不会老化——二手光和新光一样好) 与新光结合 (新光来自模式清洁器)。这种功率回收的方法增加了光束的亮度，但不需要更强的激光。只需要增加一面镜子。

28.5.2　信号回收

另一种技术也可以提高灵敏度，采用类似于让光束变亮的方式，让信号变亮。实际上，这意味着对整个干涉仪进行调谐，以便增强某个预定频率的信号，具体方法是回收那个频率的光：在光束相位相反的地方 (用术语来说，即"暗端口")、在适当的距离上添加另一个镜子，对于特定频

---

① 实际的分析更复杂一些，最暗的点并不总是最优的，但我们可以安全地忽略这些细节。

率的光, 这就形成一个谐振腔 (就像法布里-珀罗腔)。这种技术称为信号回收。信号回收的缺点是降低了干涉仪的带宽——这意味着该设备可以在特定频率 (或频带, 具体取决于它是如何调谐的) 上搜索信号, 但信号回收使得干涉仪对这种频率的持久信号更灵敏。信号回收不仅要增加额外的镜子并仔细调节它, 还要额外增加一个真空室容纳它。各个元件的位置如图 28.1 所示。

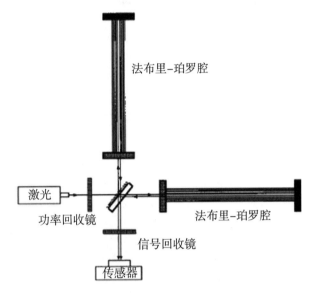

图 28.1 带有法布里-珀罗腔、功率回收和信号回收的复杂干涉仪

28.6 关键部件的隔振

这些技术的进步使得现代大型干涉仪比原来的迈克尔逊-莫雷方案复杂得多。现在有用于模式清洁器的悬挂镜子、分束器、腔的内端和外端的镜子、用于功率回收的镜子, 以及用于信号回收的镜子。在实践中, 每个悬挂部件安装在各自的真空室中, 用真空阀与其他部件分开, 以便在必要时单独处理, 不会扰乱系统其余部分的真空。在每个大型干涉仪的角站, 至少有六七个真空室 (在 LIGO-汉福德, 这个数字要加倍, 因为有两个干涉仪放在同一个真空管里)。为了容纳这些真空室, 通常需要大的建筑物, 更不用说真空管本身和"终端站", 它们为主要的法布里-珀罗腔的外端提供真空室。现代干涉仪又大又复杂。

第 29 章　施工：站点

29.1　改 造 景 观

在 21 世纪的最初几年里, 五个大型干涉仪已经完成或接近完成。由于尺寸很大, 与建造共振棒探测器相比, 大型干涉仪的安装工程非常不一样。共振棒探测器是在实验室内建造的, 但大型干涉仪是独立的结构, 容纳一个或多个实验室。还可能包括会议室、储存设施、洁净室、后勤服务和公用设施。较大的干涉仪建在偏僻的地方, 到城镇通常有一些距离。因此, 建造干涉仪意味着改变大部分景观, 而不是将仪器放入建筑物中。

1996 年 3 月, 我参加了第 24 章描述的比萨引力波会议。每天早上, 正如我解释的, 住在比萨旅馆的代表们乘车前往卡西纳小镇, 靠近 VIRGO(意大利–法国的 3 千米长的干涉仪) 的未来场址。到目前为止, 卡西纳只因制造家具而闻名, 除非你想要一个橱柜, 否则它几乎提供不了什么东西。现在它是国际会议的地点。

在会议的最后一个晚上 (星期五), 代表们在回旅馆的时候绕了一条路, 参观了新生的 VIRGO 的场址。我们沿着越来越窄的道路行驶, 道路两旁是树木和深沟, 两辆蓝色的大巴车与对面开来的卡车擦身而过。那天会议开得很晚, 所以是黄昏时分, 大巴车最后左转进入一条更窄的车道, 又行驶了 1 千米, 停在一个没有明显特征的地方。我们步履蹒跚地走下来, 穿过马路走到左边, 站在沟边, 盯着田野, 而大巴车开走了, 寻找转弯的地方。平坦的田野慢慢地变暗, 成为一片蓝色。我们享受着令人愉快的平静和沉默的时刻, 没有车辆, 没有噪声, 没有充斥着数学的幻灯片。但是我们应该看什么呢?

我们的主人, VIRGO 项目的主任, 把我们召集起来, 指着田野解释说, 离我们 500 米, 将建造干涉仪的中间站。一条 3 千米长的干涉臂平行于道路, 而另一条干涉臂直接离开我们进入黑暗。

专门绕道过来看这 3 千米的几乎看不见的景观, 玩世不恭的人可能会想, 这有什么意义呢? 任何 3 千米的田地都是一样的。事实上, 如果大巴车多走了 2 千米, 或者我们看到的田野离真实的地点有 10 千米, 对我们来说也是一样的。但那一刻却有些感动。我们可以想象真空管延伸到远处, 因为我们看的是场地, 而不是图纸或规划, 我们对项目的规模有了些感觉。可以考虑这个事实: 如果我们从一条干涉臂的末端开始步行, 那就需要快速步行 1 小时, 才能到达另一条干涉臂的末端。

荒芜的田野显示了正在集结的力量。盖新房子的时候, 经常在开始时拍照, 这样就可以展示已经取得的成就。也许, 现在看到 "建设前", 将来就会更欣赏 "建设后"。根本看不到任何东西, 这说明了项目领导人的政治能力——他们可以利用金融和政治力量建造现代的金字塔。

在这个路边仪式中，我站在马克·科尔斯 (Mark Coles) 旁边，他从被取消的超导超级对撞机项目来到 LIGO。他告诉我，他为超导超级对撞机建造了世界上最好的磁诊断仪器，现在它们装在纸板箱里，永远不会使用了。已经花了大量的钱，但在得克萨斯平原下的隧道被沙子填满之前，只有一些东西会被抢救出来。科尔斯告诉我，他曾经站在这样一小群人里，在这样一个场地，只是那一次盼望的是超导超级对撞机。他用平静的声音提醒站在附近的人，这个仪式只是开始。上次的结局是令人悲伤的。

截至 2002 年，在五个接近完成或"试用"以达到最佳性能的"全尺寸"干涉仪中，有两个属于美国 LIGO 项目；每个项目有 4 千米长的设备 (还有一个 2 千米装置安放在美国的一个 4 千米结构内)。日本的 TAMA 在东京，有 300 米的干涉臂。德国-英国 GEO 项目拥有 600 米的干涉臂，位于汉诺威附近的田地里。VIRGO 是意大利-法国联合项目，这个 3 千米干涉仪位于比萨附近，我们曾在 1996 年观察过它的场址。还有一个干涉仪的雏形——澳大利亚国际引力观测台 (AIGO)——即将在金菁 (珀斯以北一小时车程) 投入使用，作为大功率激光器的测试设备。当然，还有原型干涉仪；加州理工学院最长的干涉仪有 40 米的干涉臂。除了 TAMA，我已经访问了所有的场址，通常是两次或更多。

TAMA 虽然是最小的"大"干涉仪，在理论上也最不灵敏，但它的施工进度领先于其他干涉仪。这是第一次表明，这么长的干涉仪可以工作，可以降低噪声。除了目前没有钱把自己变成合适探测器的 AIGO 雏形，VIRGO 的进展最慢，计划在 2003 年运行。

29.2　VIRGO 的麻烦

建造大型干涉仪的第一步是平整场地，必要时修筑路堤支撑真空管，修建道路，盖房子，制造光束管，安装真空室，疏散系统并烘烤出来，悬挂镜子，安装和连接电子设备等。然后，真正的调试才能开始。在 VIRGO 的日程安排中，拖延开始于日常琐事。在穿过比萨附近的昏暗田野时，我们并不知道，还没有得到全部场地的所有权。场地由许多小块土地组成，有单独的所有权人，在完成光束管之前，必须说服每一块土地的所有权人进行合作；收集全部所有权需要很长时间。然后，VIRGO 的主要建筑很容易受到洪水的影响，必须修复。由于管理的风格，安装也很难推进。VIRGO 是国际 (法国-意大利) 项目，让问题变得更复杂的是，它是由独立实验室组成的联盟，而不是由强有力的领导指挥的单个项目。因此，很难确保每个做贡献的实验室都同样努力，确保所有实验室都朝着同样的方向前进。

鉴于所有的干涉仪都是基于相同的想法，所以各个场地的差异之大令人惊讶。美国的两个设施大体上是相同的，待在其中一个建筑物里，你很容易忘记自己是在美国的东南部还是西北部。然而，即使这些设施也在细微的方面有所不同，我将在下面讨论。其他国家的干涉仪有着更明显的差异。

29.3　AIGO——金菁

每个站点的景观都不一样，所以，在任何站点外面，你总是记得自己在哪里。环境最奇异的是位于金菁 (Gingin) 的测试型干涉仪，靠近珀斯。在这里安装干涉仪完全是由于大卫·布莱尔的推动和决心，他是位于珀斯的西澳大利亚大学 (UWA) 低温探测器 NIOBE 的先驱，也是"殖民地的边缘"不共戴天的敌人。布莱尔是精力充沛的推动者和宣传者，不是每个人都喜欢他。此外，因为西澳大利亚被视为偏远地区，实际上从澳大利亚的主要人口和科学活动中心来这里访问，既花钱又费时间，所以大多数澳大利亚干涉仪科学家本不会为他们的项目选择这个地方。当然，这也是布莱尔希望在这里设立这个机构的一个原因——他希望帮助 UWA 和整个西澳大利亚"扬名立万"，削弱东澳大利亚科学机构的霸权。

AIGO 基地最初打算容纳全尺寸的长 3 千米的探测器，但澳大利亚机构没有提供资金。目前的妥协是大功率测试设施，一旦引力波被其他人直接探测到，它可以扩展为正规的南半球探测器。澳大利亚机构的观点似乎是，这项技术在北半球已经得到推进，澳大利亚没必要独立发展它。相反，澳大利亚已经占据了一个研究领域——大功率激光器——这是一个全球合作的事业，而不是独立的国家站点之间的竞争 (我将在第 39 章进一步讨论这个倾向)。

但金菁值得访问。即使你到了珀斯，也还没有到金菁，即使你到了金菁，也还没有到干涉仪。这个场址位于澳大利亚灌木丛的中间。1998 年 3 月 7 日，大卫·布莱尔、我和布莱尔的两个年幼的儿子组成了团队，第一次乘车参观这个站点，我们乘坐的 UWA 的丰田越野车推倒树木，开辟了这条路线。两周后，布莱尔告诉我，道路将沿着我们开辟的路线铺设，角站建筑将在年底完成。

下一次我看到金菁站点是在 2001 年，当时 UWA 主办了每年一度的阿马尔迪引力波会议。这一次，沿着越野车开辟的道路已经清理出一条土路，大巴车拉着大约一百名代表到了站点。在那里，我们看到了中等规模的建筑物，一个小博物馆，一个访客中心的外壳 (里面将安放天文望远镜)，还有干涉仪的中心部分，干涉臂伸入灌木丛，但是在 40 米后截止。灌木一直延伸到干涉仪的建筑，无论你走哪条路，很快就被植物包围了——奇怪的斑克木到处都是。此后不久，我被告知道路是金属的。这里是正在驯服的边疆，不是因为铁路，而是因为科学技术的需求。(如何处理这些灌木，仍然可以让澳大利亚本地人打开话匣子。)

29.4　比较 VIRGO 和 LIGO

AIGO 是大型干涉仪的雏形。我想对比的是 LIGO 和英国-德国的设备 GEO600。但在此之前，值得注意的是，虽然 LIGO 和 VIRGO 的尺寸大致相同——每个 LIGO 干涉仪都有 4 千米的干涉臂，VIRGO 的长度是 3 千米——它们的概念、外观和结构方式却大不相同。让我们首先了解这种独立性的哲学有多深刻，因为它关系到第 38 章和第 39 章详细讨论的国际合作问题。

LIGO 建筑最成功的阶段是光束管的制造和准备。这项任务承包给一家私营公司——芝加哥桥铁公司 (CBI)。CBI 准备了移动式的制造工厂，首先在华盛顿的汉福德现场组装，生产干涉仪需要的所有管子；然后他们把它拆解，运输，在路易斯安那州的利文斯顿现场重新组装，制造这些管子。制作方法是用经过仔细处理的不锈钢制成扁平的"钢带"，再将其卷成一根管子 (看看卷筒卫生纸的筒芯)。在这种情况下，钢带的宽度大约是 1.2 米，成品管的直径也大约是 1.2 米，成品管的长度大约是 20 米。当钢带展开时，它的边缘被焊接在相邻的一片上，由夹具和卷筒机提供连续的操作。

参观临时的光束管制造厂，看到了非凡的操作。五六个人以亚毫米的精度焊接钢带。这座工厂的外表像普通的金属加工厂，但是在混乱中，可以看到严格的清洁。金属上的任何有机杂质都会让真空管充满挥发性分子，破坏真空并散射激光。因此，焊工戴着白色手套，防止汗水接触到钢，他们用干草做成的小刷子，轻柔仔细地把灰尘从焊缝里扫出来。脏乱差的重工业正在谨慎地执行，让人想起电子元件的组装。参观的时候，我触摸了躺在地板上等待制造的多层钢卷的边缘，立即意识到我犯了错误。我不如焊工细心，他们从来不用手接触钢带。幸运的是，每个巨大的管子在完工后都用热的清洗液仔细清洗，然后送到干涉仪现场。

看到这种技能的展示，让人精神振奋。虽然看起来很奇怪，但是在很长很重要的一段时期，芝加哥桥铁公司比加州理工学院的理论工作者基普·索恩更重要，他是 LIGO 科学前景的主要助推器，为引力天文学的未来建立信心。最重要的是，光束管的成功制造似乎使引力波的检测成为现实。

我想说的是，以前有些人认为，光束管的制造和清洁是不可逾越的技术障碍，但结果它非常成功；工作如期进行，没有意外的污染源，80 千米的焊接也没有任何泄漏和损坏。[①] CBI 随后向 VIRGO 项目提供经过验证的服务，但被拒绝了，VIRGO 的管子是用不同的方法在当地制造的：沿着管子长度的方向，焊接轧制钢板的边缘。这也取得了成功，说明科学家们愿意用自己的方式做事，也反映了更深层次的民族自豪感。

LIGO 和 VIRGO 的光束管外壳有很大的不同。LIGO 的光束管安装在混凝土垫层上，上面覆盖着制作粗糙的、未完成的、倒着放的 U 形混凝土盖子。盖子是为了防止猎人和坏人的子弹；路易斯安那的建筑上已经有 16 个弹孔 (位于传统狩猎场地上的这个政府项目所造成的敌意，现在可能已经消散了)。盖子的下面黑暗而局促；里面杂乱生长了一些 (被风吹进来的) 植物，迅速成为昆虫和动物的栖息地。动物也在管子周围的隔热材料中筑巢，在加热烘烤、去除管子中的气体时，需要用这些隔热材料，用完后就随便扔在周围了。

相反，VIRGO 的光束管盖是宽的、直立的 U 形混凝土容器，上面有一个圆拱形的屋顶，材料是三明治结构 (在波纹铝板之间是聚苯乙烯泡沫塑料夹层)。它们不防弹，但确实隔绝了太阳的热量，外面被漆成了雅致的蓝色，与背景的小山浑然一体——这是建筑师说的。里面的空间凉爽、干净、宽敞，沿着管子有连续的照明，就像 3 千米长的地铁站。可以在光束管旁边举行自行车比赛；有足够的空间让 3 个人并排骑自行车。此外，在 VIRGO 中，围绕管子的用于烘烤的隔热材料被不锈钢包层覆盖，动物和昆虫不能在里面筑巢。VIRGO 光束管的空间给人的印象是现代工程，而 LIGO 就像一辆大篷车。(正如我们将看到的，这种印象并没有贯彻整个 LIGO。)

VIRGO 和 LIGO 的建筑在细节上也不一样：终端站和中心站的地面不一样，建筑细节也不一样。在 LIGO 建筑的拐角处有直角，在 VIRGO 有曲线；在 LIGO 有光滑的边缘，在 VIRGO

---

① 但是在不同部分的管子之间，接头有一些泄漏。

有边缘；等等。这些微小的差异，大概只是当地工业建筑风格的差异，但与这些设施一样微妙——即使微风对建筑物墙壁的影响也必须考虑在内——对局外人来说，残留的差异仍然令人惊讶。

在建筑内部，LIGO 的办公室是巧妙地铺着地毯的空间，但 VIRGO 的更巧妙，大理石楼梯，地面铺着瓷砖。大理石和陶瓷是意大利的本地产品，有人向我保证，因为土木工程在意大利比在美国便宜得多，在光束管的封盖和内部家具上的奢侈支出，反映在成本上几乎没有实际差异。

我认为，与美国科学相比，欧洲科学还有另一种不同，也是由建筑反映的科学与公众的关系。LIGO 的控制室是巨大的公共空间，类似于联邦星舰进取号的甲板，包括一面前墙，可以从控制监视器和玻璃制成的后墙投影图像。VIRGO 的控制室大约有两个普通办公室那么大，只有足够的空间让操作人员坐在监视器旁边。关于这些差异的问题，我问了两个小组，并得到了平凡的答案。当第一个中央设施正在建造的时候，VIRGO 遭到预算削减，他们必须建造小型设施。LIGO 的控制室是基于高能物理的经验，他们发现需要让许多不同的小组同时使用不同的控制功能，互不干扰。但我试图得出的基本哲学是，就像 LIGO 项目主管加里·桑德斯向我解释的那样，控制室的大小没有深刻的社会学意义，仅仅是实际的考虑。他说，控制室的后墙是玻璃做的，这样访客就可以从外面看见控制室发生着什么，而不打扰控制室。从一开始，就预期陌生人访问，因此 LIGO 的控制室就设计成公共空间。事实上，由于远墙上有巨大的监视器投影和后面的玻璃隔板，这样的控制室被设计得很适合公开使用。更重要的是，这是访客进入这个设施的科学部分遇到的第一件事。除此之外，VIRGO 的控制室非常私密。它藏在长长的走廊的尽头，空间很小，几乎没有地方站人。欧洲比美国更认为科学是私人性质的活动。[①]在设计的这些方面，公共和私人的差异可能并不是设计师优先考虑的事项，但是可以合理地认为，它以一种根本不需要明确的基本方式告知他们的决定。

这两个设施的设计哲学表现出的更深层次的差异来自科学的考虑。我将在第 39 章详细讨论这一点，现在只是提一下。这就是镜子悬挂系统背后的原理的区别。VIRGO 决定，它设计的镜子悬挂系统能够在非常低的频率下消除不必要的振动——这比高频振动更难消除。VIRGO 的设计需要建造特别高的塔楼，用来安放所谓的超阻尼悬挂系统，因此要求在建筑物的一般性设计上有所不同。这个选择对科学项目不可或缺，也许比在技术选择上的差异（如光束管制造方法）更容易理解——那里没有任何科学问题。

更令人感兴趣的是，VIRGO 选择的策略是实验而不是原型。对于原型（比如位于加州理工学院长 40 米的设备）的作用，LIGO 内部一直存在紧张的关系。随着 LIGO 接近完工，40 米长的原型的使用开始变得越来越少；稍后我将讨论 LIGO 开发过程的这个特性。然而，VIRGO 决定根本不建造原型，更准确地说，他们决定使用干涉仪作为原型。理由是，首先，原型在许多重要方面与全尺寸机器不一样，很难从它们那里吸取重要的教训。其次，原型的建设既耗时又昂贵。几乎与全尺寸干涉仪一样困难，做成了以后，也只是一种昂贵的仪器，无法开展天体物理研究；原型干涉仪的设计指标看不到引力波，因此很难向外人解释为什么你需要购买一种设备的更昂贵的版本，这种设备刚刚证明了它无法完成这项工作。

VIRGO 的领导认为，如果建造了全尺寸的中间站和全尺寸输入镜和悬挂架，它们可以用作完全安装在中心站大楼内的短干涉仪，可以作为原型。我们就是这样做的。[②] 最终，3 千米长的

①我觉得我有权提出这个一般性的主张，因为它得到了我与美国和欧洲资助机构以及一般受访者的互动的支持。当然，很高兴看到它在不同国家的其他大型科学设施的设计中得到证实。

②阿兰·布莱里特是这个团队的法国方面的领导人，他似乎与这个想法及其最终决定有着最密切的联系。

法布里-珀罗腔的输入反射镜将被全反射的小反射镜取代，构成了长度只有 6 米的干涉仪。这将用来测试整个设备的许多特性。例如，许多反馈电路和机制的潜在困难——一位受访者称之为"镜子的智能"——用短构型来解决。同时，终端站的支架和镜子在 3 千米外组装。当"关键时刻"到来时 (2003 年年初)，中心站的完全反射的小镜子被全尺寸的部分透射镜取代，3 千米的干涉仪就出现了——"很简单"。① 在此之前，这个做法适合于 VIRGO 的施工进度。可以先建造中心站，而设备和终端站的建造推迟到取得所有的土地以后。

29.5　VIRGO、LIGO 和 GEO

比萨大学物理系的一部分位于比萨南部平原的某个地方，由意大利国家资助的核物理机构国家核物理研究所 (INFN) 资助。十几座廉价的、低矮的办公楼和棚屋似的建筑杂乱无章地躺着，场地的中间有一条不起眼的小路。沿着任何方向，都可以在几分钟内穿过这个站点。②

在意大利跟重要的物理学家进行实地工作令人愉快，但与我访问的任何其他国家相比，日程的安排更加让人困扰。特别是，我发现时间的结构有问题。我于 1996 年 7 月访问比萨。我的预约时间是上午 10 点，但由于各种急务，直到下午 1 点 30 分，我才和受访者坐下来谈正事。幸运的是，这次休息给了我机会，让我开车 15 千米到 VIRGO 建筑工地，学习一些感兴趣的东西，只需要赶在采访前回来：由于我自己从 INFN 前往 VIRGO，我不得不问路，在 INFN 大楼里，我很难找到曾经去过该地点或最近去过那里且还能记住路线的 VIRGO 小组成员。在我咨询过的五六个人里，只有一个人知道如何去那里。我想不出更好的方法表达 VIGO 那里"甩手掌柜式"的做事方式 (相比于另一个大项目 LIGO)；正如我们将看到的，GEO 在这方面正好相反——在 GEO 那里，一切都是"亲力亲为"。

当我到达 VIRGO 时，我确实找到了一个纯粹而简单的建筑工地。有三四个巨大的起重机，大量的钢筋混凝土，一队渣土车，等等。VIRGO 虽然比 LIGO 小一点，但与 GEO 相比，VIRGO 在规模和概念上都很像 LIGO。VIRGO 的总成本是 GEO 的 20 倍，我想建设成本的比率一定要高得多。正如前高能物理学家、意大利组织领导人阿达尔贝托·贾佐托 (Adalberto Giazotto) 对我说的，高能物理学家不怕花钱。在这里，他们坦然地建造了一些相当于他们的一台大型物理仪器的东西，坦然地把这个任务交给建造者。我无法想象德国、英国或美国的实验物理学家不愿意尽可能多地访问他们的"婴儿"地点，但是在这里，15 千米是很远的距离 (当然，随着关键科学部件开始安装，访问肯定会多起来)。正如我们将看到的那样，GEO 的科学家们别无选择，只能把时间花在他们的站点上，因为是他们在建造这台机器。

---

① 这个原型和最终版本实际上还有其他一些区别，所以事情可能不那么简单。在编写本报告时，这一点还不清楚。光的输入系统尚未完成，因此这还没有用干涉仪的其余部分进行测试。激光功率远小于最终设备。镜子要小得多。"原型"中没有法布里-珀罗腔。没有可能会发生反射的光束管。当然，还有一个问题，就是在更长的时间内保持同样程度的控制。

② 尽管如此，就像我访问的其他 INFN 站点一样，它确实包括一个廉价的、由政府补贴的食堂——这里的食堂很小，但仍然很棒。意大利食堂烹饪的食物美味可口，对英国人来说这是一个谜，就像两个黑洞的碰撞一样。

29.6 LIGO

每个 LIGO 干涉仪都比其他所有干涉仪大。LIGO 项目有两个相同的干涉仪，每个干涉仪有两条 4 千米长的干涉臂，第三个干涉仪有两条 2 千米长的干涉臂，与汉福德 4 千米长的干涉臂放在同一个建筑里。这两个 4 千米长的探测器相距 3000 千米，每个探测器与科学家自己的大学相距 5000 千米。为了建造 LIGO，必须铺设 16 千米的水平的稳定的混凝土地基，旁边有 16 千米的道路。地基上安装 16 千米的真空管道，有特殊的内部挡板，使其不反光，以及 16 千米的混凝土保护层。盖子的高度大约 5 米，呈倒 U 形截面。它太高了，爬不过去，每个地点都必须建造一座特殊的桥梁，使车辆能够进入干涉臂包围的巨大空间的内部。在干涉臂的角落是一个机库大小的组装大厅——八面体可能是更好的说法——坐落在单独的稳定的混凝土板上。也有较小的建筑物，但每座都是房子的两倍高，在干涉臂的末端。需要几十个非常大的不锈钢真空室，容纳设备的工作部件，大多数元件都由巨大的闸门隔开。这个装置是迄今为止建造的最大的高真空系统。真空管道和腔室中不锈钢的内部面积相当于一个边长大约 250 米的正方形 (15 个足球场)。

这两个 LIGO 站点位于美国的两端，一个位于华盛顿州的西北部，另一个位于巴吞鲁日以东的小村庄利文斯顿，距离路易斯安那州的新奥尔良大约一小时车程。华盛顿州的装置位于汉福德核保护区，距离长崎炸弹的钚制造反应堆几千米。从西部开车经过，可以穿过肥沃的灌溉农田，有些山脚下还有风景如画的葡萄园。然而，走近时就会发现，土地变成了干旱的沙漠，覆盖着灌木丛和翻滚草。在我描述自己第一次访问这个站点的笔记中，记录了我注意到一些关于沙漠的奇怪之处：

> 架空电力线的数量惊人，在天空中纵横交错；道路太直，太宽，维护得太好了；单线铁路线以意外的间隔出现；新刷的路标带有模糊数字，没有指向任何地方。土黄色的荒原毫无特色、尘土飞扬，核压力容器的混凝土圆顶就像饱经风霜的头颅。

后来，我在汉福德待了大约一周，逐渐认识到它那奇特的美。事务方面的建筑——办公室、实验室、车间等——位于由干涉仪干涉臂形成的 "L" 的顶点，正常进入 "L" 的通道是从 "L" 的外部。但是，如果你跨过桥进到内部，道路就突然中断，进入私有空间，与原来的景观几乎没有差别。过去我常常在日落前跨过这座桥，坐在 "L" 的顶点里，独自一个人待在那里。建筑物和混凝土涵洞切断了机械的连续嗡嗡声，唯一的声音来自大自然。每天傍晚，远处的拉特尔斯纳克山也许被沙漠的尘土染上了颜色，夕阳的光辉铺满了天空。寂静，与世隔绝，柔和的色彩加上壮丽的日落，都是那么的神奇。即使是那些长时间被废弃的核心圆顶，也表现出一种奇特的美，因熟悉而显得不那么危险。

从干涉臂外侧抵达的访客，更愿意将这两个场地看作智能化的现代 "高科技" 设施，如今由光滑的金属道路提供服务。有一些后现代化的建筑，例如入口处的门廊和弯曲的混凝土檐篷，建筑采用协调的蓝色和灰色。每个站点都有一个巨大的蓝色水箱，带有 LIGO 和项目的标志 (也就是本书标志的前半部分)。在距离入口建筑不远的地方，修建了单独的用于会议的仓库式建筑，以及一批维修建筑。为了美化入口周围的场地，已经付出相当大的努力。在汉福德，访客会发现迷人的鹅卵石和仙人掌花园, 而在利文斯顿, 建筑物周围的泥浆已经变成了粗糙的草坪, 有装饰性的池塘、喷泉、灌木丛和鲜花。

顺便说一句, 路易斯安那站点的建造本身就是土木工程中相当大胆的壮举。我在 1998 年访问时, 记录了这种转变给我留下的印象:

> 现场参观利文斯顿: 1997 年 3 月 18 日上午大约 9:30。要去利文斯顿站点, 你必须从巴吞鲁日向东行驶 30 千米, 然后向北转入乡村公路。我们到了枪架地区。笔直的道路很窄, 没有什么车辆。路过的几辆小卡车的司机们懒洋洋地向你举手打招呼。车辆很少, 友好的挥手成为相当经济的手势。道路两旁是稀疏的松树林, 当我们经过利文斯顿时, 道路两旁是一些小屋, 有的已经废弃或半废弃了, 但每个周围都有很大一块地。

> 我们来到通往 LIGO 工地的土路。沿着它开了一两千米, 我注意到树丛里有一群小牛, 就像非洲大草原上的野生动物一样。然后我注意到前面机械的最初迹象, 突然树林向外开放, 进入了巨大的空地。跟以往对干涉仪的现场访问一样 (除了汉诺威的 GEO 站点), 第一印象是"真大呀"！利文斯顿站点看起来特别大, 有两个原因。第一, 从树林中切割出来, 它的边缘和末端由树木定义, 所以能立即感知它的大小。第二, 树林里的开阔地很大。利文斯顿的工地非常潮湿。很快我就发现, 我很幸运, 能够沿着土路开车。不久之前, 它还在水下半米呢。道路的两边有树林和小水池, 地面上是纵横交错的溪流。为 LIGO 建造的巨大护堤, 穿过了这片热带景象。它们有一至两米高 (考虑到场地的轻微坡度) 的土堤, 15 米宽。然而, 最宽的切割宽度是 90 米。这是因为护堤必须有缓坡, 一边有"取土坑", 从那里取土建造护堤。取土坑里充满了水, 形成了一个水池, 增加了热带的效果。

> 利文斯顿的场址不很理想。太湿了, 没有基岩来稳定建筑物。排水的问题很严重, 整个场地必须设计得不能干扰自然的水流。每个护堤都有许多巨大的涵洞, 让水流过去, 跟建造护堤之前的方式相同; 如果没有涵洞, 护堤就是 4 千米长的水坝。泥泞和雨水拖延了护堤和道路的施工。计划是 6 个月, 但花了 1 年时间。在汉福德, 为了得到平整的路基, 只要把周围的沙漠刮平就行了。此外, 在夏天, 利文斯顿场址将被昆虫所困扰; 这里是蚊子的优良繁殖场所, 让人很不舒服, 因为昆虫的缘故, 洁净室就更不容易建造了。

有很长一段时间, 我试图弄清楚为什么选择利文斯顿作为 LIGO 站点, 它有明显的缺点。很难从仍然活跃在华盛顿的人那里得到合理的说法; 我总是被告知: "考察了许多站点, 汉福德-利文斯顿在科学上是最合适的。"在利文斯顿的站点, 矛盾似乎更紧迫, 流传着一个更有力的说法: 这是政治。路易斯安那州的参议员班尼特·约翰逊与另一位参议员开展竞争, 决定在他的州建造 LIGO。他说服路易斯安那州立法机关给 LSU 足够的钱购买土地并租给 LIGO。把这个描述与其他说法对比, 我们可以认为另一位参议员是缅因州的米切尔, 当路易斯安那州被选中时, 肯定偿还了一些政治恩怨。

站点的管理者格里·斯塔弗 (Gerry Stapfer) 好心地提议开车送我, 沿着其中一条小路。无论在哪里, 我都看到了努力和金钱。护堤的顶部足够宽, 可以容纳一条窄道, 以及光束管本身的混凝土床。最近对路基的土壤进行了"改良", 以稳定路基。在再次碾压之前, 刮去顶层, 添加 6%～8% 的水泥并"翻耕"; 这是额外的费用。就站点的规模而言, 这并不多, 但是考虑到要铺 8

千米的路，任何微小的改动都是重大的行动。接下来是在改良土壤上铺设防水"布"，然后在上面铺设砾石黏土，然后再用更多的砾石。施工结束后，不需要走重型卡车了，就用混凝土把这条路铺好，供科学家使用。

这种改良土与两侧仍然保留的黏土形成了明显的对比。每平方米的黏土上都有牲口和野马的印记，它们栖息在装置两边的树林里。牛粪似乎象征着大自然对科学的蔑视；最终，站点将不得不扎起围栏，不让牛进来。开车的时候，我们看见到处都是水。回来的时候，四轮驱动的车被卡住了，格里不得不倒着开出来。

每个 LIGO 设施都足够复杂，需要全天候的人员配置，每个设施都有永久的站点管理者。现在这些站点已经完成，进入 LIGO 设施的前门，就是大礼堂，可以容纳大约 150 人，里面摆着有趣的科学展示和工作模型，让参观者高兴——这两个 LIGO 站点都很擅长为各自的社群"服务"。如果仔细看，你可以看到一个"鬼魂"：礼堂椅子的背面用旧贴纸标记，表明它们是得克萨斯超导超级对撞机项目的财产。

出了礼堂，许多门通向接待处，会议室和图书馆，厨房，还有充满计算机的房间，周围有办公室，更多的办公室，然后进入迷宫般的科学安装中心。这些建筑有通向屋顶的楼梯，那里朝每个方向都可以看到 50 千米以外。也可以进入洁净室 (在那里准备镜子)，或者控制室，那里有监视器，天花板很高，空间很大，可以同时容纳 30 人进行讨论，还有巨大的屏幕用于公开展示。穿过另一扇门是机房，安放了许多数据处理器。对面是物资充足的车间。

如果你的行程完整，还会进入那个巨大的建筑——中心站。经过一个特殊的房间，你先穿上工作服、鞋套和护目镜 (防止散射的激光束)。中心站有飞机的机库那么大，天花板很高，因为需要让起重机能够举起几十个真空罐——每个真空罐都有一座房子那么高、一间屋子那么大——维修需要两倍于此的高度。120 厘米的管道穿过机库的墙壁，通向光束管，从外面延伸 4 千米，它们的混凝土盖子主导了周围的景观。

现在已经是第二次了，我从另一个角度看 LIGO，但仍然让我吃惊不已。两次我都是独自一人在汉福德。第一次是在 1997 年 10 月，参加一次会议，第一次使用中央办公空间和礼堂，这是科学家第一次真正看到他们做的事情。下面是我的现场笔记：

> 后来，在无声的细雨中，我独自一人在站点的周围走动，我与这个项目有了片刻的疏离，进入哲学的黑洞——"现象学的表观"。突然我认识到，这真是疯狂极了！所有的钱，所有的努力，所有的钢铁，所有的混凝土——为了什么？为了看到比原子核还小的运动！

> 起初对这个成就感到高兴，然后，物理学家们也有点儿谦卑和害怕。有一两个人对我说，"这最好有用"，或者类似的一些话，说话的时候，他们没有笑。

第二次是在 2000 年 9 月，我独自一人待在汉福德的站点：

> 没有人告诉我劳动节要关门！所以就坐着，在站点里开车，直到 10 点 20 分，等着看是否有人出现，但是没有。那是美丽的一天——阳光灿烂，但是不太热——所以一点儿不愉快也没有。相反，独自待在那片大沙漠的中央，这种感觉奇怪而有趣——在这个巨大的 LIGO 站点周围，只有我一个人。我又一次感到这真是疯狂极了——这几百万美元，都是为了观察看不到的东西。表面看起来，这种自寻烦恼的愚蠢行为真是太古怪了——可以理解，为什么有很多科学家对此非常恼火。

适当的结论也许是我 1997 年的现场笔记的下一段：

> 我和一位物理学家朋友开车从站点回家，我告诉他我的疏离时刻。然而，我们一致认为，将资源用于这种崇高的愚蠢行为，是高尚文化的一种标志。如果你不能做这样的事情，创造超越生存需要的财富又有什么意义呢？站起来，看着 LIGO，就可以理解那个陈词滥调：大科学建造了现代的大教堂。

29.7　GEO

除了 TAMA，在可以合理地称为引力波探测器的干涉仪中，GEO600 是最短的。我去过 LIGO 站点大约 10 次，总共在那里待了大约两个月，所以我已经习惯了 LIGO 的规模。有时候，我发现很难重新感受到这些设施的非同寻常。但当我访问 GEO600 站点时，我仍然有这种"负面的"感觉，在那里我花的时间少得多。适应了 LIGO 以后，访问 GEO600 就跟游览大峡谷完全相反。每当看到大峡谷，你就会意识到，你无法把它的概念保持在脑海里——它的巨大尺寸每次都让人感到惊喜。而对于 GEO600，如果不是积极地观察它，就无法把握它的微小——至少当你适应了 LIGO 的规模以后，就不可能把握 GEO600 的微小。

我在 GEO 的时间比在 LIGO 少得多，一个原因是它的空间很小，没有导游就不能参观。在 LIGO，你可以简单地"出现"，如果你是熟人，就像我一样；去厨房煮一杯咖啡；去计算机室查看电子邮件；去图书馆看文件；也可以和伙计们一起吃饭、聊天。访问 LIGO 站点与访问大学的某个小系有一些共同之处。但是，如果你突然出现在 GEO（如果你能找到它），那里可能没有人。无论如何，没有地方可以坐下来。

进入 LIGO 的站点，你会有一种越来越强烈的期望——你正在从普通的空间进入特殊的科学空间，那里的景观给你留下深刻的印象。此外，GEO600 几乎看不见，它几乎是秘密的。沿着农场的道路行驶，路边的一扇门就是通往果园（位于玉米地的边缘）的入口。GEO600 作为设施并不存在；它没有占据任何空间，也没有改变田野。它把自己塞在农田的边缘。你进入站点，开车经过几个花园棚子大小的结构——终端站。你沿着一条路把车开到中心车站和车间，当心不要与左边的果树相撞。有足够的空间可以停五六辆车。有三个棚子；当 GEO600 成为附近 2000 年汉诺威世博会展览的一部分时，其中一个新安装的棚子用来服务游客。另一个棚子是车间，里面有几个工作人员，维持正常工作。

起初，英国和德国的科学家都想建造自己的 3 千米长的干涉仪，但他们被迫合作建造一个小规模的设备，因为没有足够的资金做更多的事情。与 LIGO 的 3.6 亿美元相比，GEO600 的成本总共是大约 700 万美元，但由于会计方法的差异，很难直接比较。美国人认为，拿 LIGO 的高成本和 GEO 的几百万美元比较，对他们不公平，他们可能是对的；但成本和规模的差异仍然非常大。英国对 700 万美元的贡献是，当要求提供 200 万英镑的资助时，它提供了 100 万英镑，认为可以用这个价格做所有相同的科学。苏格兰-德国（或者我们应该说德国-苏格兰）团队别无选择，只能同意。因此，GEO600 是按照"绳子和密封蜡"的传统建造的[1]。当时领导德国工作的卡斯

---

[1] 译注："绳子和密封蜡"的寓意是真材实料。维多利亚时代的药剂师给顾客开药时用绳子和密封蜡把装有药品的包装封好，以此证明不会掺假。

滕·丹兹曼 (Karsten Danzmann) 告诉我, 他不确定 GEO 能不能工作, 但他对一件事很确定——不可能建得更便宜了。正如他说的, 每个德国马克都花了两次。谈到格拉斯哥团队的对手吉姆·霍夫, 他对政治正确毫不在意, 他说, 当你像他们那样在经济拮据的条件下工作时, "团队里有个苏格兰人很管用"。

因此, GEO 更像是实验室项目, 而不是更大的探测器。GEO 的工程中涉及分包商的项目要少得多, 而且这个装置主要是科学家自己建造的。VIRGO 与德国–英国团队的各种合作尝试已经失败, 因为 GEO 的资金规模不足以让它跟 VIRGO 的工作和组织方式结合。

我的旅行向导哈拉尔德·卢克 (Harald Lueck) 向我解释了物理学家们如何亲自设计这座建筑, 寻找并订购最便宜的材料和配件, 想出巧妙的方法, 使用标准建筑商的配件作为真空管的移动悬挂单元, 搭建小木屋, 有助于防止灰尘和污垢进到终端建筑物里面, 铺设 600 米的铝轨, 用来悬挂第一根管子。"我们只花了两天半。"他说。

GEO600 站点成熟的方式与 LIGO 相反。LIGO 变得越来越聪明, 而 GEO 变得越来越衰老和破旧; 它的位置可能是汉诺威, 但它看起来更像是在以前的东德。灰尘和树叶吹进建筑物, 除了科学仪器必须要空调的地方, 都没有空调。设施的内部 (最核心的地方) 用有机玻璃内壁与粗糙和肮脏的外部棚屋分开, 建材来自当地的自助商店。所以, 棚子里面的棚子里面还有一个棚子, 这样就可以防止外人直接走进来。

控制室是其中一个棚子里的一部分空间; 可以容纳四个人, 只要不超过两个人同时坐下。那里有监视器, 有电子线路柜, 都是学生自建的。从控制室透过半木结构的有机玻璃, 可以看到中间站的工作空间。技术人员正在做什么事情: 一个人蹲在桌子下面调整电缆。

其中一个终端站靠近农场的入口。它有一个外门和一个内门, 有一个粗糙的混凝土坡道, 现在杂草丛生, 通向外面。外门被扫帚把撑着、稍微半开着。因为里面就是一台便携式空调, 从内部密室中吹出热空气, 而热空气必须有地方可以出去——穿过外门的门缝。这个空调有一个管子弯弯曲曲地通过内部房间的门, 所以门必须保持半开着。这扇门怎么保持正确的姿势呢? 用旧暖气撑着!

还要补充的是, GEO600 是令人愉快的实验果园之一。在晴朗的夜晚, 我第一次参观它是在 1996 年, 我品尝了各种美味的樱桃、醋栗、黑醋栗和红醋栗。

29.8 规模和科学

前面对大干涉仪的位置和工作实践的描述不仅仅是一种享受。这些项目的 "小而廉价的" 方法需要科学家付出额外的工作和努力: 为了节省资金, 本来他们可以把创造力用于开发技术, 却必须寻找巧妙的解决方案, 本来他们可以做实验, 却必须做建筑工作。如果有其他选择, 没有科学家会选择这种方法。但奇怪的是, 规模庞大、资金充裕并不一定比在各方面都艰苦奋斗更好。为了解释这一点, 我们需要研究干涉测量在发展成为价值 5 亿美元的国际项目的过程中发生的变化。我将主要集中在 LIGO 项目的历史, 但是应该牢记 LIGO 与 GEO 的对比。

引力波检测是一项以 LIGO 为中心的事业, 本书反映了这一点。正如前面的章节所述, LIGO

对共振探测器的"吸引力"很强，其他干涉测量项目也是如此。许多时候，其他团体的决定是对 LIGO 正在做的事情作出反应；他们要么与 LIGO 合作，要么与 LIGO 竞争。如果 LIGO 突然消失，其他项目的方向几乎肯定会改变，就像如果太阳突然消失，行星的轨道就会改变一样。如果没有 LIGO，欧洲的项目要么扩张，实现 LIGO 目前的角色，要么政客们得出结论，美国人的退出说明这项工作不重要，项目就会缩小。此外，如果非美国的项目突然消失，LIGO 可能会继续进行，保持不变。

但是，在讨论科学自我转变的方式时，仍然有更好的理由关注 LIGO。首先，LIGO 经历了从小到大的最大也是最显著的转变。其次，正如我将指出的，它的规模和成本要求它的职业生活接受外部审查，它的转变受到公众和像我这样的评论员的关注。再次，美国的文化比其他国家更开放，这让美国人更容易研究。① 所有这些都不是说，LIGO 一直处于技术发展的前沿，而是跟"阴谋"一样，这是一个论点：它的规模迫使它做出相对保守的科学决定。GEO 的"廉价而愉快的"办法被证明是一种意想不到的优势。②

---

① 每个引力波探测小组都慷慨大度地向我敞开了大门，但美国科学有一种特殊的品质，反映了美国社会的本质——对保密的怀疑。大多数美国科学家在向他们提出问题时的本能反应是问自己："他们有什么理由不回答这个问题吗？"大多数欧洲科学家的本能反应是问自己："我有什么理由回答这个问题吗？"我不希望我的许多令人愉快和开放的欧洲受访者 (也不希望我的少数几个更谨慎的美国受访者) 把人群层面的概括误认为是对每个人的描述 (统计中称为"生态谬误"的以偏概全的错误)。但是事实如此，例如，美国国家科学基金会"提供方便"让我查阅关于 LIGO 项目的文章，而我从欧洲资助机构获得的任何东西都是一场斗争；即使提出一个问题，也好像我打破了潜规则，更别说得到一个答案了。在英国，尽管历届政府都做出了明确的承诺，但我们仍然没有通过《信息自由法案》，这不仅仅是象征性的事情。因此，美国的科学让我感到宾至如归 (在一个把有权人的私人活动转变为公共财产的项目中，你会有宾至如归的感觉)，而美国的项目很乐意暴露在我的聚光灯下。因此，LIGO 的斗争和麻烦在本书里被描述得最清楚。

② 如果我尝试研究"历史学家的历史"而不是"社会学家的历史"，VIRGO、GEO 和 TAMA 等组织值得平等对待，但在这里，LIGO 是"案例研究中的案例研究"，因为它最好地揭示了社会学的紧张关系。

第 30 章　人事：从小科学到大科学

30.1　小科学、大科学和 LIGO

"小科学"是由个人或者五六个人的团队完成的。小科学往往可以让科学家有很大程度的自主权。花不了多少钱，即使失败了，也不会损坏很多其他的东西。这在理论工作者中是最明显的，然而，即使失败的桌面实验也不太可能让大学的系、资助机构或公司部门之外的任何人感到不安。小团体或单个科学家可以按照自己的时间表工作，实现自己确定的卓越目标。然而，当科学开始花大钱和雇用大团队时，社会上离研究者越来越远的部分开始承担一些风险，他们就会警惕。[1]

当其他人分担风险时，偏离资助决定所依据的预先设定的时间表，就会造成麻烦；这意味着增加支出和丧失资助机构和他们需要回应的政治家的信任。因此，在大科学中，按照计划和时间表进行建设，有时候必须优先于做最好的科学；在研究人员对最佳设计达成共识之前，技术往往必须冻结。在这种情况，将决策责任交给团队领导可能会更有效率，他们对创意的感情不像创意的发明者那么丰富。此外，实验室中的科学"工艺"所做的工作，可能必须交给外面的工业承包商，他们习惯于大规模工作、明确规定的时间表和业绩目标。随着科学项目变得更有组织性，它还需要引进新的专业人员，如会计师和工程师，他们的职业模式和科学价值与研究科学家不一样。[2]

总之，小科学通常是私人活动，即使不会立刻成功，也能对科学家有回报。相比之下，花费很大的科学通常是公共活动，有序和及时的成功是相关各方和观察者优先关注的事项。从小科学到

---

[1] 关于小科学团队的最佳规模，见 Martin, Skea, Ling(1992)；Johnston 等 (1993)。关于"科学共和国"内部需要自治的论证，见 Polanyi(1962)。De-Solla-Price(1963) 用"大科学"一词来指科学家数量的指数增长。本章把这个术语用于大型项目。Capshew 和 Rader(1992) 认为大科学的特点是"金钱、人力、机器、媒体和军事"。正如我将要指出的那样，在军事方面，大科学的某些社会学上有趣的特征是缺失的。其他有趣的讨论，见 Heilbron(1992)；Kevles, Hood(1992)；Hevly(1992) 以及 Galison, Hevly(1992) 和 Agar(1998)。

[2] 大学教师经常发现，同样合格的人工资更高，但只要他们在经济的其他部门工作 (例如工业或金融市场)，这种差异是没有亲身体会的。当其他人与经理或设计师加入同一组织时，他们就会成为一个"参考小组"，这会产生一种"相对剥夺"的感觉 (Runciman, 1966)。

Agar (1998) 讨论了乔德雷尔·班克 (Jodrell Bank) 射电望远镜项目里工程师和科学家之间的紧张关系，Riordan (2001) 描述了超导超级对撞机项目的兴衰，描述了物理学家文化和为帮助建造 SSC 而引入的军工复合体文化之间的紧张关系。赖尔登的另一个重要主题是需要外部监督大型项目。很有可能，这些章节中描述的科学家的一些语言和思维方式是直接从 SSC 的崩溃中引进的。(另见 Galison(1997) 第 614~618 页。)

大科学的转变, 意味着大多数经历这种转型的科学家相对地丧失了自主权和地位。[1] 我们现在研究的是 LIGO 发生的这种转变。

大科学的形式和规模太多了, 不可能被描述为一个整体。[2] 集中式大科学经常雇用几百甚至几千名科学家, LIGO 的规模并不是很大。在 LIGO 的历史上, 大多数的活动都有大约 50 人参与, 几百名分散各地的科学家只参与了最近的阶段; 当几百人参与的时候, 成长的烦恼大多已经被克服了。

但是, 什么算巨额资金和大量科学家, 这与支持该项目的机构的规模有关; 相同的绝对支出, 对美国宇航局、美国能源部 (DOE) 或军方等组织的内部影响, 远小于对美国国家科学基金会等规模较小的支出机构的影响。在大机构里, 自上而下 "管理" 的工作方式可能很正常, 把控制发明命运的权力从创造者转移到团队领导是正常的预期, 而不是令人不安的新体验。[3] 因此, 在支出大的组织内设立新的大项目, 相比于支出变化较小而资助机构也比较小的情况, 受到的影响可能比较小, 引起的社会学变化也不那么有趣。同样, 如果项目来自国防部门, 就可能进一步脱离公共问责机制, 因为需要对外部世界透明而带来的影响也就比较小。

由于所有这些原因, 并非所有从实验室到大科学的转变都同样有趣。然而, LIGO 之所以有趣, 有许多原因。LIGO 在其资助机构方面的开支很大, 正如我们看到的, 这是国家科学基金资助的最大项目。引力波科学已经从小到大发展了 30 或 40 余年, 主要的转变发生在 20 世纪 90 年代, 许多在 LIGO 工作的人都经历了这个转变。对这些科学家中的许多人来说, LIGO 是他们第一次经历高度组织化的科学; 有些人茁壮成长, 有些人没有。有些人离开了项目, 或者由于转变而不太情愿地被项目赶走。LIGO 和 NSF 都在公共领域, 因此这个项目吸引了政界人士、媒体和其他科学家的外部审查。LIGO 的仪器显然不能跟 LIGO 的科学脱离, 它的设施也不能跟它的研究脱离, 这个建设项目不能像其他一些昂贵的科学项目那样轻易地与科学脱离。

与其他 "大" 科学相比, 引力波科学的另一个重要特点是, 像 LIGO 这样的项目并不是从已

---

[1] 关于在更广泛的社会中的这种变化的令人怅惘的叙述, 见小威廉·H. 怀特 1957 年的著作《组织人》(*The Organization Man*)。在他的著作的第 5 部分, 怀特论科学家组织, 第 16 章的标题是 "与天才做斗争"。他解释说, 在那个时代, 美国的高科技公司不鼓励天才, 赞成和坚持团队价值观。他引用孟山都的一部宣传片: "这里没有天才, 只有一群普通的美国人一起工作。" (第 235 页) 怀特的抱怨得到的呼应几乎完全来自那些对新管理层不满的人。

虽然在许多方面, LIGO 的增长反映了怀特记录的小企业向大官僚机构的转变, 但科学研究项目与商业部门的分离也应该铭记。在一个试图从事冒险科学的团队中, 大多数成员——这门科学已经在科学不可能性的边缘坚持了 40 多年——都是出于选择的, 而不是必需的, 很可能会坚定地致力于总体目标, 无论团队的规模多么大, 无论其管理费用增加多少。即使是大科学项目, 成员的自主权也比几乎任何其他有组织的职业都大得多。如果要将大科学与商业相比较, 小型创新公司或高度一体化的现代企业提供了更合适的模式, 因为在这两种情况下, "雇员" 也是 "管理" 的一部分。(关于这类组织的例子, 见 Goffee, Scase(1995)。) 我在下文描述的自由与控制之间的紧张关系, 与通常在 "管理人员" 和 "雇员" 之间的信任关系的标题下讨论的情况相去甚远。

Greiner (1998) 建议, 组织通过一系列革命性的变化而发展。但是, 一个冒险的科学项目的许多特点保留在格雷纳所谓的第一阶段, 即使项目改变。例如, 根据格雷纳的方案, 在第一阶段之后的所有阶段都需要特殊的激励计划, 因为 "激励新员工的动机不是对产品或组织的强烈奉献" (第 60 页)。格雷纳第一阶段保留的其他特点是, "雇员之间的沟通是频繁的和非正式的" "正常工作时间的报酬是微薄的工资和所有权福利的承诺" (但在科学上, 福利将是发现的一部分)。

[2] 例如, Kevles 和 Hood (1992) 区分了 "集中式" 大科学, 如曼哈顿计划和阿波罗计划; "联邦式" 大科学, 收集和组织分散地点的数据; "混合式" 大科学, 为分散的团队提供中央化管理的大型设施。所有这些都花费了很多钱, 但它们对科学家的影响可能很不一样。

如果大钱花在大设备上 (比如望远镜), 然后由较小的科学家团队使用, 激烈的协调时期就可能很短。然而, 乔德雷尔·班克射电望远镜 (Agar, 1998) 的历史似乎是一个例子; 正如艾格尔指出的 (私人通信), 即使在小团体负责的情况下, 大科学的显示度和政治性也可能继续影响这个项目。

高能物理是大科学, 但是跟它有关的许多人分散在大学组织里, 只有大型设施附近的活动涉及了大科学的各个方面 (Knorr-Cetina, 1999)。在凯夫雷斯和胡德的模式里, LIGO 是集中式大科学, 它正在变成混合式大科学, 尽管它的实际支出是 3 亿 ~4 亿美元, 比其他集中式大科学项目少得多, 涉及的科学家数量也比较少。

[3] 见 McCurdy(1993)。

证明的成功中逐步成长, 对于接下来将要描述的争论中的主角来说, 这是非常重要的区别。在公开审查的大项目上投入大量资金往往是合理的, 因为它代表了从小工作中迈出的一步, 这表明科学将 "起作用"。小的加速器已经发现了新的粒子, 因此可以合理地预测, 更大的加速器能够发现更多的粒子; 小的望远镜已经在一定距离上看到星星, 几乎可以肯定, 下一代更大的望远镜能够在更远的距离上看到更多的星星; 等等。很少有哪个大科学没有表现出这种成长模式。[①] 但是, 正如我们看到的, 通常认为, 引力波探测的最初几个小步骤失败了, 为了进入比通常大支出情况下更不好映射的领域, 最新最昂贵的引力波探测技术是必要的一步。可以说, LIGO 实际上是用大科学的钱承担小科学的风险。用 NSF 代表的话说, 项目增长的正常方式是每一步以 3 倍的速度增长, 但 LIGO 正在尝试两个数量级 (100 倍)。在如何推进项目方面, 规模和技术的突然跳跃, 扩大了内部发生分歧的范围。

因此, LIGO 面临着局外人的强大压力, 他们希望看到在科学上花费的钱有更确定的结果; 这意味着项目必须特别有序——它必须透明。"透明度" 指的是有明确规定的计划、时间表和预算, 可由审查委员会讨论, 审查委员会通过某种问责链对政治领域负责。当然, 从长远来看, 必须能看到成功; 在这样复杂的项目中, 不可避免会有错误, 会偏离时间表和预算, 但是, 如果组织能够给人一切尽在掌握中的印象, 就更容易为出现这些问题进行辩护。

我将描述外部审查对一门昂贵的科学施加的必要条件, 以及随着这门科学的发展而变化的工作实践。更加雄心勃勃的问题是, 有些科学只能以某种方式而不是其他方式组织科学家时才能开展, 是否有可能以某种深刻的方式区分这些科学。

30.2　组织的和认知的紧张关系

从大科学的早期开始, 人们就认为大组织的要求顶多是不一样, 最坏也就是跟小科学最优秀的特性 (科学创造力) 有冲突。随着科学变得更加集中, 科学历史学家约翰·海布朗 (John Heilbron) 把重点的转变很好地记录下来, 他提到了现代大科学的一些创始人。例如, 他引用了 1946 年欧内斯特·劳伦斯 (Ernest Lawrence) 写的一封推荐信, 其中没有讨论某位新博士的创造力, 但是把他描述为 "研究团队里精力充沛的富有效率的成员"。1957 年来自布鲁克海文国家实验室的一封信对一位潜在的雇主说: "他的独立研究能力大致是平均水平, 但是和其他人共事的能力很突出。" 海布朗还引用了布鲁克海文实验室负责人塞缪尔·古德斯米特的话, 他在 1957 年写的, 文字与 LIGO 很有共鸣:

> 在这种新型的工作中, 实验技能必须辅以人格特质, 以便增强和鼓励急需的合作忠诚……我认为, 我们现在必须拒绝让 (宇宙加速器) 使用任何这样的人: 他们的情绪建设可能有害于合作精神, 无论他是多么好的物理学家。

---

① 曼哈顿计划是一个: 人们不能确定, 在 100 吨当量的原子弹爆炸的基础上, 一枚 2 万吨的炸弹会爆炸, 等等, 因为可能没有这样的东西; 为了产生第一个结果, 必须建立整个大规模工业, 以提取适当数量的铀 235 或钚。然而, 即使在这里, 在爆炸之前, 已经证明了链式反应的存在——在引力波的直接探测中, 甚至都没有链式反应的等价物。

1967 年，在一次著名的讨论里，阿尔文·温伯格 (Alvin Weinberg) 抱怨说：大科学"把科学这个发现新知识的工具变钝了"。①

正如许多科学家相信的那样，是否有一种科学——我们称之为"发展中的科学"——只有通过使用直觉和工艺实践的自主个体或小团队才能做得很好？难道大科学实践只能应用于"成熟科学"吗？在项目规模庞大、需要大团队的地方，是否只有在科学达到一定的成熟度之后，才能进行高度的协调和常规化？

关于这个假设，LIGO 内部争斗的历史能告诉我们什么？问题是复杂的，因为尽管 LIGO 作为整体在协调和常规化方面有了明显的增加，但它仍然有一些领域允许或鼓励自主工作。像任何官僚机构一样，一门大科学必须在计划出错时保持一定的灵活性和自由。对官僚主义的研究告诉我们，精心维护的秩序表现为要求个人偏离规则描述的行为，从而保护规则被遵守的表象；用行话来说，他们以富有想象力和创造性的方式不断地"修复"组织的运行。在科学项目中，也需要异端创造不可预见的东西，雄心壮志一旦实现，这项工作就有了发展的空间。因此，像 LIGO 这样的项目，无论它变得多么的有组织有计划，都不可能把自主活动彻底消灭。但是，在剩下的创造力中，有些将指向总体目标，有些将被本地化和对冲，这样它就不会损害项目其余部分所需的协调，也不会诱导科学家回到旧的、自主的行为模式。②

为了理解整个 LIGO 项目，需要把它分解为不同的组件。我要描述的重大争议不是关于整个事情的组织轨迹，而是关于 LIGO 的核心是否可能有一门发展中的科学——干涉测量，管理者把它当作一门成熟的科学，但它仍然不成熟。干涉测量正在未经测试的基础上进行如此大的跳跃，常规化做得太多太快，会对引力波的探测造成损害吗？一些科学家认为是的。

解决这个问题是雄心勃勃的目标。如果事实上有两种科学而不是一种，可能会把它们分析为具有不同的心理、时间和文化维度的三种认知模式。发展中的科学可能取决于创造性或直觉洞察力，当注意力不被常规任务转移时，这种洞察力最容易产生；成熟的科学在可预测的逐渐发展的条件下会做得更好，对问题采取分析的方法。③ 发展中的科学可能需要个人支持和推动激进的想法，把项目推到极限，这意味着让发明者按照自己的时间表工作；在成熟的科学中，早期就确定设计，让发明者交出控制权，可以节省浪费的精力，允许有效的分工，把专家的注意力集中在紧迫的问题上。如果科学家相对独立，而且能摆脱与局部主导的"范式"相关的社会和文化压力 (局部认为理所当然的科学思维和行为方式)，发展中的科学所需的新颖性可能更容易产生；成熟的科学将从团结队伍里的强烈共识中获益。

让我们编一个词汇表，作为我们分析 LIGO 历史的框架。首先假设，发展中的科学和成熟的科学并不同样适合协调和常规化。发展中的科学需要不可预测的想象力和类似的飞跃，在自主的组织风格下工作得最好，而成熟的科学很容易适应协调的组织风格，当项目的规模要求必须如此的时候。我们期望大型的、协调的、成熟的科学能够在常规化、团队合作和冻结设计的基础上取得可预测的累积进展，从而能够让专家有效地使用，这意味着可以规划它的工作时间表，并且可以对计划进行外部审查。简而言之，成熟的科学有助于提高透明度。相反，发展中的科学不能事

① 见 Heilbron(1992) 第 44 页；Weinberg(1967) 第 v～vi 页。

② LIGO 内部人士可能认出这种角色 (例如，里卡多·德萨尔沃)。

③ 很难确定小科学的心理优势——也许这是黄金时代遗留的浪漫形象。也许所有的科学都在日常管理下很好地发展——有创造力的人似乎能够在最不利的情况下创造，有时在常规的非科学工作中的孤立可以提供免于文化压力的自由，即使在科学团队中有自由和轻松的工作条件。据说，爱因斯坦不顾专利局的要求，取得了重大突破，艺术家们在阁楼里做得很好，但是至少对有些人来说，学术隐居的孤立牢笼里的寂寞无声会扼杀创造力。这并不是说小科学的时间和文化特征不重要。

322 ——— 引力的影子：寻找引力波

先预测它将去哪里，因此不能被仔细检查以确定它是否符合它的目标和时间表；因此，自主的科学倾向于不透明。

我们发现，至少有一些 LIGO 科学家或前科学家相信或曾经相信，LIGO 项目可以识别这两种科学，也可以识别相应类型的组织风格。例如，这里对干涉测量的性质提出了不同的主张。说话人指的是 LIGO 40 米原型的工作：

> 每次我们改变干涉仪——这是我们建模的变化，我们认为自己理解的变化——我们花 6 个月的时间，试图找出为什么它不起作用。对我来说，这表明干涉测量的整个艺术，还没有得到很好地理解。

> 尽管有通常的印象……运行这些干涉仪并不神奇。可以进行分析和系统研究。

认知的主张用来要求不同类型的组织方法：

> 有时候需要认真思考你在做什么。它们都一样有价值。如果你只是站着随机地拨弄旋钮，并不一定有帮助。

> 我给了他们一些模板，如何拼凑一周的日程安排——在你关掉东西做维护的时候；安排一段时间做安静的实验；这些都是非常简单的例子。

一个区别被第三方总结为直觉和理性的紧张关系：

> 面对问题时，要依靠直觉，而不是按部就班……

这些引文既说明了要解决的问题，也说明了解决问题的困难：如果科学家对同一项研究是否成熟到可以常规化的程度有分歧，社会学分析者就很难做得更好。这个问题变得更糟了，因为变化的两个主题混淆了。实行时间表和团队合作既需要加强对科学家工作模式的控制，也需要降低科学家的地位；这些变化跟认知的变化是同时发生的。很少有人喜欢他们的工作受到的控制越来越多，没有人喜欢看到他们的地位相对于同一组织中的其他人下降。因此，对这些变化的抵制很可能跟科学毫无关系，很难把对组织变革的阻力与对科学诚信的担忧区分开。不知不觉中，科学家可能会认为认知的变化不好，实际上是抵制工作实践中的变化，只是找个借口合理化而已。

幸运的是，随着故事的展开，我们看到从自主到协调的转变，这是 LIGO 的整体特点，在 LIGO 的继任者 (高新 LIGO) 中再次出现。这加强了一个想法：在项目开始时需要自主科学。自主科学在高新 LIGO 的第一阶段重新出现，表明对它的需要不仅仅是一种合理化。

此外，即使在 LIGO 的第一阶段，我想发展的论证并不取决于确定个人的动机；我们仍然可以根据反法证原则 (第 22 章) 开展。事实是，虽然科学家们争论特定科学的性质和组织，但他们都接受辩论的条件。因此，关于科学性质的争论可以用来证实研究的大框架——科学家自己所处的概念世界。[①] 科学家争论的不是术语本身，而是自主科学的应用范围的大小，特别是它与 20 世纪 90 年代后期干涉测量的相关性。因此，在一般性地讨论这种争论的同时，把细节问题作为开放式问题，总的来说，对分析的目的来说是足够好的。在接下来的几年里，我们将看到 LIGO 是否能实现其承诺的可靠性和灵敏度。这将部分地检验主要参与者的观点，因为如果 LIGO 是成功

---

① 这个 "问题" (科学家之间的争论) 因此被视为一种 "资源"，可能会混淆现在整个研究。这个众所周知的社会学领域在物理学中并不陌生。一个著名的案例是，阿诺·彭齐亚斯 (Arno Penzias) 和罗伯特·威尔逊 (Robert Wilson) 发现，他们无法消除的射频天线中的噪声是宇宙背景辐射信号——他们为此获得了诺贝尔奖 (Mather, Boslough, 1998/1996)。

的, 那么, 除非科学有一些意想不到的输入, 否则它将表明, 相对常规化的方法已经起作用。如果由于干涉测量中不可预见的复杂问题, LIGO 未能实现其目标, 那么, 工作的协调程度和科学的常规化程度就值得怀疑了。

失败只能部分地检验 LIGO 代表的那种科学, 因为它是不对称的检验：LIGO 未能实现其目标, 并不表明, 增加自主科学的部分, 就会做得更好——这将是反事实的论证——只是表明, 这门科学比人们认为的更不成熟。科学家们似乎已经准备好进行这种检验, 因为现任的领导承诺在 2002 年之前实现灵敏度和占空比的严格明确的目标, 而那些认为常规化过早的人预测："在未来 3 年 (即 2003 年春季之前), LIGO 的新闻稿将遵循 'LIGO 干涉仪的第一次操作' '两个干涉仪的不间断同时操作' 的方针, 而不提及工作灵敏度。"①

30.3　引力波干涉测量的小科学

前面的章节已经讲述了 LIGO 的奠基和资助的一部分故事。这里我把 LIGO 的历史分为四种管理制度。根据我的分析, 这四种制度分别是：一种小科学方法, 一种不适合公共部门的大科学方法, 一种全面实施和透明的组织, 以及一种更宽松的方法 (因为该项目吸收了更广泛的群体)。最后的转变是对更广泛的群体引入更密切的控制, 因为高新 LIGO 已经开始寻找额外的 1 亿 ~1.5 亿美元。

由于后面将要解释的原因, 几乎所有要描述的事件都发生在加州理工学院-麻省理工学院合作的加州理工学院这一端, 该合作构成了 LIGO 的基础。因此, 这里对麻省理工学院小组的关注比较少, 尽管我们在第 17 章和第 18 章中看到, 麻省理工学院对引力波探测科学至关重要。正是因为 LIGO 的管理机构位于目前规模较大的加州理工学院团队, 所以大部分社会学的有趣事件都发生在那里。②

正如我们看到的, 麻省理工学院的雷纳·外斯在 1970 年代初制定了非常大和非常昂贵的干涉仪的初步计划。但是, 由于大规模工作的规划与执行并不相同, 干涉引力波探测科学直到 20 世纪 80 年代后期仍然是一门小科学。激光干涉测量的小科学在 70 年代末和 80 年代初取得了显著的成功。例如, 在加州理工学院, 罗恩·德雷弗领导一个小组, 建造了 40 米长的干涉臂的原型。它迅速达到了相当高的灵敏度, 接近或等于最好的共振棒, 即使那些共振棒发展的时间更长。因为这项成功, 一些有经验的物理学家将注意力转向干涉测量。

把科学或技术发展的历史分割成离散的 "发明" 是危险的。然而, 有可能发表一项该领域大多数科学家都同意的声明。如果我们只关心大型干涉引力波检测, 而不是鲍勃·福沃德的开创性工作, 那么, 就是外斯提出了总体概念；到了 20 世纪 80 年代中期, 外斯和德雷弗已经发明了目

---

① 2000 年 4 月, "心怀不满的科学家" 的电子邮件。这里可能存在方法论问题。这可能是因为这些言论对我的受访者向公众介绍其工作的方式产生了影响；当然, 提到工作灵敏度的并不少, 在这个预测的背景下, 已经有人明确地向我指出了这一点。但是, 来自怀疑论者 (他们不容易自暴自弃) 的预测将在下面介绍 (例如, 在第 41 章)。

② 麻省理工学院的成员自豪地声称, 他们善于处理向协调科学过渡, 所以没有在公共领域里闹出大动静。(但是他们的团队小得多。)

前正在建造的全尺寸装置中发现的 10 至 11 个关键特性中的 7 或 8 个。① 自 80 年代末以来，在开发大型干涉仪方面付出了巨大的努力，但科学家似乎无法说出更多的零散的大发明。至少对有些创意来说，它们的特点是，提出想法的人不顾对手的反对 (对手说他们不明智)，推动工作前进。例如，德雷弗使用非常长的法布里–珀罗腔的创意似乎是不可能的，直到德雷弗发明了现在非常重要的、广泛使用的方法控制这种设备。

20 世纪 70 年代末至 80 年代中期是小型干涉引力波探测科学的辉煌时期；有创造力的个人承担了小项目的责任，取得了可观的成果，加强了独立自主的小科学在许多研究人员眼中的价值。② 我们现在把这个时期放在一边，接下来我将开始描述项目的发展方式。

---

① 科学知识或技术的社会学家应该明白，这是回顾性构建的列表——它是科学家的描述，不是社会学家的分析。因此，我把法布里–珀罗的想法看作德雷弗的成功；外斯想用"延迟线"。德雷弗赢得了争论，大多数非常大的干涉仪现在都使用他的创意。也许延迟线有一天会卷土重来，但目前，为本章的目的，适当核算贡献，最好不要远离行动者的类别。有些冒昧，但是冒昧地说，我认为，外斯的主要贡献似乎是鼓舞人心地解决了他的导师罗伯特·迪克概述的实验设计原则的后果和实施方法，德雷弗的发明则是来自"横向思维"。

对于科学家读者来说，我的粗略的发明清单包括，聚集在暗条纹附近，以及将信号锁定到该条纹 (锁定所需的控制信号作为输出信号)。这两个相互关联的想法以及如何实现这种装置所需的灵敏度的整个概念，属于外斯。德雷弗发明了法布里–珀罗腔的使用，还发明并共同开发了庞德–德雷弗–霍尔方法来稳定它；他发明了在同一个光束管中使用多个干涉仪光束的想法，以及用中间站实现半长的干涉仪；他至少应该得到一半的功劳，因为他发明了功率回收，并把它转化为实际的命题 (索恩帮助他进行计算)，他应该得到相当多的功劳，因为他发明了一个早期的概念，"窄带"干涉仪——"共振回收"——在其他人手中成为非常重要和实用的"信号回收"，特别是布赖恩·梅尔斯 (Brian Meers)，他在德雷弗的格拉斯哥实验室工作。德雷弗可能也首先提出了现在称为"波前传感"的想法。发明的清单可能会更长，但是这些似乎没有什么疑问。

下面是大的零散的创意。苏格兰人、德国人、意大利人和澳大利亚人发明了全新的镜面悬挂，一种更先进的回收形式叫作共振侧带提取，是由日本研究生水野 (Jun Mizuno) 在德国工作时发明的。创新也来自美国 LIGO 科学协作小组，特别是一种附加镜像支持的方式，这是在斯坦福大学发明的。俄罗斯在新材料和新的设备理论理解方面起了带头作用。我们也不应低估最近对 LIGO 的整合和执行所做的贡献，如果没有这些贡献，这些创意将胎死腹中。正如一位受访者所说，至关重要的是"应对工程挑战，设计和实施在设计和建造过程中不断发展，以优化产品，并满足成本进度限制"。我在这个脚注里说的话几乎肯定有错误。

② 这并不是说加州理工学院团队的成员对他们实验室的微观管理完全满意，但那就是另一个故事了。

第 31 章 协调科学的开始

31.1 第一种制度：三巨头

我们已经多次考察了 LIGO 作为大科学的资助。本书开头就讲了，托尼·泰森试图阻止资助。我们研究了资助，用来解释对韦伯的截面和 1987 年超新星事件主张的正面攻击。我用资助来解释共振球计划的消亡和低温棒的缩减。我描述了大型 LIGO 设施在地面上的样子。现在，在探索项目从小科学到大科学的转变时，我再次讲述这个故事。这一次的视角来自 LIGO 项目的内部。

为了实现千米级的激光干涉仪 (它可以检测天体物理学家预测的引力波通量)，从而实现建立引力天文学的新目标，需要花费大笔的资金 (从美国国家科学基金会的角度来看)。还有从小组织到大组织的过渡，许多参与者慢慢才能理解其全部意义。正如 NSF 引力物理学项目主管理查德·艾萨克森告诉我的：

> 学界正在从个人创业的科学向大科学过渡，这个群体经历了所有的痛苦和焦虑。他们采用了中央设施；他们放弃了个人控制和身份，并与几年前几乎不说话的人合作。但这就是核物理，高能物理，甚至原子物理中发生的事情。现在即使做生物学，也必须去大型同步加速器设施。只是设备的高成本迫使学界向上移动这个学习曲线。事实上，即使是那些在美国超级计算机上进行黑洞碰撞模拟的理论工作者也聚集在一起……
>
> 所以，学界里会有这种社会学的转变，这将是痛苦的。(1995)

麻省理工学院的雷纳·外斯向大科学方向迈出了第一步，他与一个研究宇宙背景辐射的大团队合作的经验使他清楚地认识到，美国需要做出全国性的努力。[1] 外斯向加州理工学院提出建议：把他们的工作结合起来，形成更广泛的大学团队。但他最初受到了抵制。不过，两个主要机构的合作很快就由国家科学基金会促成。它正在资助加州理工学院和麻省理工学院，后者正在运行一个小得多的干涉仪，旨在研究设计的基本特征；基金会明确表示，只有联合的项目才有未来。因此，LIGO 的雏形诞生于 1984 年。1979 年至 1984 年，国家科学基金会在两个机构的研发和原型测试方面的支出稳步增加，从每年约 30 万美元增加到约 100 万美元。1985 年，财政援助跃升至 165 万美元，1986 年和 1987 年，援助额约为 260 万美元。

为了实现这个项目，加州理工学院和麻省理工学院尝试在三方领导下整合工作，基普·索恩、

---

[1] 见 Mather, Boslough(1998/1996)。

罗恩·德雷弗和雷·外斯被称为"三巨头"。 ① 要想充分了解 20 世纪 90 年代中期发生的事件，就需要了解有关负责人的个性。我相信项目的发展将遵循大致相似的道路，无论是谁主持，但改变的方式和不同阶段的压力可能不一样。由于涉及个人，整个事件的历史在管理风格的演变方面是非常罕见的，从平静的开展到一连串危机；在学术界，没有什么比这个案例更引人注目：发生了争吵、怨恨、决斗、解雇、地下出版物、给考文垂的信、在走廊里吵架、阴谋、新闻报道、错误报道、听证会、心碎、收买、长期友谊的破裂、多次的辞职和职业生涯的破灭。总之，过渡时期出现了太多的悲伤和悲剧。

三巨头通过协商一致的协议运行。外斯在 2000 年接受采访时说，他一开始就对这种组织结构有很大的疑虑，因为它太弱了，因为它是由加州理工学院主导的，牺牲了麻省理工学院。② 在三巨头垮台后，罗克斯·"罗比"·沃格特成为 LIGO 的经理，他向我描述了这种安排：

> 基本上取消了任何人的任何权力。所有决定都必须是一致的，而且不是决定：任何时候都可以被某个人撤销。因此，这是他们三个人的谅解备忘录，绝对荒谬，根本无法起作用。(1996)

外斯对这种结构的解释是，它是在索恩的领导下安排的，为了安抚德雷弗，他更希望加州理工学院独立工作。很快就发现，外斯和德雷弗几乎不可能达成任何协议。德雷弗所有的经验都来自小项目，他所有的成功都是来自相对孤独的努力，往往是面对反对的情况。外斯喜欢的模式也是小科学，正如他在 1990 年对一位记者所说，"这个领域的大多数人都讨厌大科学"，③ 但是他认为，这种转变必不可少。由于外斯和德雷弗的科学风格完全对立，这些问题变得更加严重。一位经验丰富的科学家解释说：

> 这两个人 (罗恩和雷) 的风格太不一样了，他们完全不可能合作——他们不能沟通，即使技术的事情也不行。你看他们，罗恩非常有创造力，非常聪明，他这个人非常有创造力，但是他的脑海中几乎都是图画——非常不数学……雷在物理知识上往往是百科全书式的，非常严谨，不太直观。所以他们两个永远无法沟通。罗恩会有一个图像，雷会说："好吧，告诉我这件事是怎么做的，告诉我，写下方程式。"罗恩不能这样做。雷离开一晚上，用贝塞尔函数和其他什么的……做三页的计算……从来不近似……总是带着完整的数学。他把这些东西交给罗恩，然后说："看，我已经证明了我的断言。"(例如，这个想法不会起作用)。罗恩不知道该怎么处理它。所以，他俩什么都不能交流，他俩几乎对所有的事情都没有相同的意见。④ (2000)

这位受访者说，"三巨头"经常闭门开上两天的会，最后却没有做出任何决定。

起初，风格上的冲突对德雷弗有利。一位受访者 (他没有理由对德雷弗抱有好感) 告诉我：

> (罗恩的方法) 在某些领域非常有效。我要说的是：在罗恩和雷的大多数技术分歧中，罗恩经常是对的。有更多的情况，罗恩用图像直觉站出来反对雷的数学，而不是相

---

① 事实上，由于外斯在 NSF 强制合作前就跟索恩讨论过，"三巨头"似乎早就以松散的方式开始了。里奇·艾萨克森告诉我，在 NSF，他们知道三巨头不太可能成功，但他们认为这是让参与者学会合作的必要的第一步。"我们一开始就知道，要让这个项目成为大项目，需要更有经验的管理人员。" (2000) 他说，下一步更像是真的——三巨头带来弗兰克·舒茨 (来自喷气推进实验室的经验丰富的项目经理)。

② 外斯的另一个问题是，麻省理工学院不支持他，因为那里的高级管理人员总是怀疑引力波探测事业不靠谱。

③ 见 Waldrop(1990) 第 1106 页。

④ 如果认为外斯是没有物理直觉的科学家，就是夸大其词了，正如他在开创性的 RLE 报告中展示的那样，他对干涉仪中的概念和噪声源有着几乎完全的初步理解。然而，仍然存在气质的差异。关于图像方法和数学方法的讨论，见 Galison(1997)。

反，尽管雷确实非常擅长这种东西。 [①](2000)

考虑到这一点，以及外斯主张建立更强大的组织，减少不受控制的猜测，主角的贡献就定型了。外斯本人也同意，他赢得了"反对者"的名声：

> 我完全变成了讨厌鬼；杀人的家伙；压制创造力的人。我没有那么做，但看起来
> 是那样的。因为我在说，"听着，我们必须对某些事情做出决定。"(2000)

使用我们描述的认知方法的三种方式 (见第 30 章)，我们可以说，外斯和德雷弗的区别在于心理和时间上：德雷弗对问题倾向于直观的方法，而外斯是分析的方法，外斯认识到需要赶快做出决定，而德雷弗希望尽可能长时间地保持开放。

至少在三巨头的早期，做出的决定往往是反对外斯的，特别是因为他的位置最弱，他是麻省理工学院的唯一代表，却没有得到学校的任何支持，而三巨头的其他两人来自加州理工学院。为了强调发展中的科学 / 成熟的科学这个主题，我们可能会说，德雷弗直观、创造性的风格适合项目的早期。但是我们看到，从长远来说，随着 LIGO 成为按设计建造的问题，而不是自由地创造新想法，外斯的科学风格将主导，德雷弗的方法更适合于思考未来几代的设备，它们有可能很多年都不会被制造出来。此外，外斯认为，无论你喜欢或不喜欢，这种协调的方法是不可避免的。

索恩试图把三巨头团结在一起，他是理论工作者，所以非大即小的二分法不太适合他。他解释说："我当了主席，主要是因为他俩的观点差别太大了，谁都不可能当主席。因此，我当了主席，但主席只有一个任务，就是促进共识。"(1999) 然而，索恩也承认："这是痛苦的，缓慢的。确实做了决定，但是做决定的速度可能只是应该的 5%。"(1999)

除了德雷弗，我没有见过任何人仍然相信三巨头可以工作。其他人最多也就是说，即使这些小组在各自的机构内独立工作，同样的技术发展也会出现。正在做的这些决定涉及德雷弗和外斯在建立三巨头以前的发明。至少有一种意见认为，三巨头这个制度阻碍了合并以前显示的创造力。因此，一位受访者说，德雷弗的创造力被转移了。

> 他的精力用来维护自己对项目的控制，因为他强烈认为，如果不按他认为应该做
> 的方式做，项目就会失败。
>
> ……他可能做出的巨大贡献，不可能在这种组织内做出。(1999)

1984 年底，为了加强三巨头的工作，引进了项目经理弗兰克·舒茨，但面对当时的工作实践，他无能为力。他得到了指示——要对三巨头负责，而不是让三巨头对他负责——这使他很难完成转型，即使他本来适合这份工作。他的继任者罗比·沃格特在 1987 年接管了这个项目 (见下文)，舒茨不久后就离开了。舒茨成为一系列的空间项目的高级管理人员。沃格特说："他是可怜的项目经理——他们只是折磨他；什么也不允许他做，太可怕了。"(1996) 然而，舒茨在 2000 年 9 月交谈时告诉我，对他的 LIGO 任期的评价过于严厉——尽管他感到沮丧。他不觉得这个项目的经历给自己造成了伤害，尽管他没有自己希望的那样卓有成效。他认为，我 (在一份文件草稿中) 对 LIGO 发展所需要的变化的描述是准确的，他知道该组织需要冲击来改变；他认为沃格特更有能力提供这样的冲击。

> 我能够让三巨头相信，他们需要清醒地认识到，这是一种不同的活动，并不仅仅是
> 继续过去的研究活动，但我的能力不足以胜任这项工作。所要求的转变是他们在智力

---

① 为了避免这种不平衡的情况，另一位受访者在阅读书稿时补充说："有时候，雷的独特才能打破了混乱……"

上毫无准备的，而且他们在情感上是抗拒的，仅仅因为它代表了太多的变化。当宣布沃格特成为新"沙皇"时，我希望他有能力和动力促成变革。这种情况发生了，但是对有关人员造成了其他不良后果。(2000)

显然，三巨头不能很好地开展这两种科学：一方面，它未能提供成熟的大科学所需要的组织；另一方面，它破坏了这种靠直觉工作的条件，而这最适合发展中的科学。

31.2　LIGO 的科学

可以想象三巨头的理由。一位受访者称，三巨头采用的协商一致模式允许个别成员保留决策权，这让大科学项目保留了自主科学的特点。保留某种自主权的企图，虽然在 LIGO 项目的这个阶段注定失败，但必须从 LIGO 的科学角度来理解。仅就资金而言，LIGO 在国家科学基金会里是很大的项目。正如下一章详细解释的那样，LIGO 的建设是一个重大的建设项目，其稳定性、清洁度和准确性标准只有高能物理项目可以媲美，而且在真空容量方面，甚至远远超过了后者。这部分工程，造价约 2 亿美元，可以认为是大设施。

干涉仪本身安装在大设施里。在早期的设计中，有 6 个完全独立的干涉仪，它们有自己的信号镜、分束器等；光束将在真空管道内并排运行。最初的设计理念允许科学家小组最终能够在 LIGO 项目提供的设施内运行自己的干涉仪。因此，有些人希望，一旦设施建设项目完成，小科学就会回归。根据这种想法，我们可以更好地了解三巨头——可以说，一直试图坚持小科学，把大科学视为一段插曲。设施建成以后，将由管理人员运行，老式的自主团队将重新出现，组装和运行自己的干涉仪。①

我们看到，最终选择了在干涉臂里前后反射光的技术——选择了德雷弗的法布里-珀罗腔，而不是外斯的"延迟线"，一个巨大的优点是光路的直径很小，这意味着更加独立的干涉仪可以彼此并排安装，为实现更多的局部控制科学带来了希望。德雷弗提出了多光束方案 (但是他说，这只是一种方法，可以用一个干涉仪的价格得到许多干涉仪)。

关于 LIGO 如何工作的概念，已经发生了很多变化。首先，因为成本的限制，每个站点只安装一个全尺寸干涉仪。其次，人们发现，即使是单个的干涉仪，在成本和安装时间方面也不算太小。因此，目前提议在 21 世纪头一个十年末安装的第一次升级"高新 LIGO"将至少花费 1 亿 ~1.5 亿美元，用于三个干涉仪，需要在设施内停机 16~27 个月才能安装。个人或小团队以自己的节奏工作，创造性地摆弄自己的干涉仪，这样的想法似乎已经过时了——至少在未来的十年里。②

"大科学设施还是小科学干涉仪"的模型，需要在另外一个方面加以限定，因为即使是最传统的设施，由于其规模或要求很高的指标，也跟过去的设施差别很大。尽管如此，与建造巨大的、

---

① 正如第 30 章指出的，这里的模型可能类似于大型望远镜的工作，那里的机器本身很大，但对于短时间使用它进行自己的专业观测的观察者团队来说，没有什么东西必须很大 (Galison, 1992)。另见 Smith(1992)，他解释说，大仪器不一定是大科学。即使是高能物理也有单独的团队为同一粒子流研究不同类型的检测设备，但即使在那里，探测器团队也往往很大。

② 当我第一次写这篇文章时，预计日期是 2005 年，预计费用为 1 亿美元。干涉仪不像望远镜，因为它不能指向天空的不同区域。更确切地说，它不能改变方向，尽管可以用不同的方式进行数据分析来做到"实际上的"改变方向。因此，我们可以想象这样的未来：不同的团队将根据不同的目标获取输出并进行分析，但是并不需要触摸仪器。展望未来，利用信号循环，可以将同一真空管中的不同干涉仪调谐到不同的频率，同时检测不同类型的连续信号。可以想象几个小团队提出不同的建议，分别在不同频率上测量。

干净的真空设施相比, 建造高灵敏度的干涉仪是完全不同的事情。地球上以前曾出现过高真空, 尽管体积较少。为了看到预测的引力波通量, 需要测量的量微小得几乎不可想象, 从来没有做过。大设施和干涉仪的区别可能解释了团队成员的愿望, 他们认为, 仍然存在尚未解决的深刻问题, 宁愿坚持不太协调的工作方式。

假设天体物理学家对宇宙中有什么东西的理解是正确的, 而且将来没有什么大的惊喜, 即使建造这个设施并安装灵敏的干涉仪, 也不足以实现 LIGO 的总体目标——引力天文学。为了开展引力天文学, 干涉仪必须能够每年看到许多次引力波的爆发, 而不仅仅是偶尔的爆发。这意味着更高的灵敏度, 使遥远的引力源落在观测范围以内。从 LIGO 项目开始, 就假定需要第二代甚至第三代探测器实现新的天文学。一个探测器可以看到 10 倍的距离, 扫描一个以地球为中心的球, 它的体积是地球的 1000 倍, 假设其他条件相同, 它应该包含的源的数目也是 1000 倍。因此, 如果第一个干涉仪能够在两年的运行中检测到 1 个信号, 假设这代表平均观测速率, 那么 10 倍敏感的干涉仪每年应该看到 500 个信号。即使第一个干涉仪能够看到一种在 30 年里只发生 1 次的信号, 如果灵敏度提高 10 倍, 就能观察到每年 30 次左右的天文事件, 可以令人满意。

因此, LIGO 包括三种科学:

(1) 建造这个设施所需的相对成熟但仍具有开创性的科学。

(2) 为 LIGO Ⅰ 建造第一个全尺寸干涉仪所需的科学。

(3) 高新 LIGO 和下一代所需的更具冒险精神的科学。

三巨头毫无进展, 但至少有一些支持者认为, 接下来的许多麻烦是在优先考虑第一种科学和后两种科学的组织问题上有分歧。

31.3　三巨头的终结

即使能找到三巨头的管理风格的理由, 三巨头也不会在巨大支出的潜在影响下幸存下来。它的工作速度太慢, 效率太低, 无法承受与新团体的接触, 这些团体为 LIGO 分担责任, 不得不在越来越多的怀疑论者面前为 LIGO 辩护。1986 年 11 月 10 日至 14 日, 在国家科学基金会的主持下召开了特别小组会议, 导致了三巨头的消亡。它决定, LIGO 项目作为整体是值得的, 这个决定至少与一些期望相反。然而, 引力波干涉天文台特别小组向国家科学基金会提交的报告 (1987 年 1 月) 建议, "设立一个监督委员会, 负责审查科学方案、设施管理和外部团体提供的设施"(第 11 页), 以及

> 项目由一名科学和工程主管领导, 其地位与监督委员会成员和调查人员相当。在建造和发展成正常运行的天文台期间, 这名主管必须有最终的和唯一的决策权。到目前为止, 指导小组的管理可能已经足够, 但不适合这种规模的项目的建设和运营。(第 11~12 页)

在第 13 页的结论摘要中补充说, "应当立即努力提供这样的领导"。[1]

---

[1] 外斯告诉我, 他说服委员会主席把这个作为最重要的建议。国家科学基金会的一位发言人告诉我, 基金会成立委员会的部分原因是考虑到这一点, 因为召集任何委员会的时候, 都要对结果有很好的预期。"我相信, 在委员会看来, NSF 的想法并不是什么秘密。"

关于任命一位强有力的领导人的建议，看起来可能是对管理紧急情况的反应，但同时也可能是项目性质的最关键变化；这意味着对科学和技术思想的选择和方向的控制已从那些正在考虑这些想法的人手中夺走。LIGO 的重大变革发生在任命了第一位真正有权力的经理时，接下来的一切都可以描述为这种变化及其后果处理方式的变化。

31.4 第二种制度：臭鼬工厂，直到德雷弗事件

1987 年，罗比·沃格特成为 LIGO 项目的新领导。沃格特走的是"常见的从物理到管理的职业道路"，某位受访者说。沃格特曾任加州理工学院宇宙射线实验室主任，曾任物理、数学和天文学系主任，作为前教务长来到 LIGO。由于与加州理工学院的校长有意见分歧，他这个教务长实际上被解雇了。沃格特以固执著称，从来没有做过干涉测量的研究，但是在向赞助者争取大笔资金方面，他有很好的记录，是经验丰富的成功的大型物理项目主管。他也是项目现在需要的那种强有力的团队领导。[①]

在沃格特抵达后的几年里，NSF 的资金增加到每年约 400 万美元。建立第一个全尺寸的引力波天文台需要几亿美元，他的目标当然是为负责任的和可审计的开支辩护，并建立管理结构。

在沃格特的领导下，项目突飞猛进。他打破了让三巨头瘫痪的犹豫不决的局面，开始做选择，不再保留加州理工学院或麻省理工学院科学家喜爱的项目。这当然造成了痛苦。沃格特发现，他从科学家那里继承的 LIGO 计划不会得到 NSF 的支持，因此聘请了工程师，专业地规划建设方案，并提供了现实的成本估计。正如一位 NSF 发言人说的：

> 我真的认为这是他的巨大贡献：构思这个项目并让它通过同行评审和审查，推销给国会，等等，所有这一切，从安排工程师就位到检查所有东西，从一张纸转变为真正的建设蓝图。[②](2000)

但沃格特也不得不缩小项目的规模。在 NSF 的压力下，他将干涉仪的数量从每个站点的 6 个减少到每个站点的 1 个全长 (4 千米) 干涉仪，再加上华盛顿汉福德设施内的 1 个额外的半长 (2 千米) 干涉仪。现在，NSF 有了成本估计，可以有信心地代言了。沃格特的计划得到了国家科学委员会 (National Science Board) 的批准，并最终得到了国会的批准。在沃格特的领导下，这个项目得到了资助——在三巨头的领导下，这几乎肯定是不可能的。但 LIGO 现在已经受到了大量的政治和媒体审查，永远不能逃脱媒体和公众的关注了。

---

① 沃格特确实有一位物理学家对干涉测量的理解，他讲过这门学科的课程，很快就学到更多的基本知识。
② 但是这位受访者还说，随着经验的增长，他意识到自己看的远远不够仔细。

31.5 内部人员和外部人员

虽然沃格特在激光干涉测量方面没有研究声望,但是他正在做决定。一般来说,科学家们试图在实验和计算的基础上达成协议:他们宁愿保留所有的选择,直到确定哪一个是正确的道路。但是,许多科学家认为可以实现的那种确定性可能来得很慢——这种确定性可以让所有或几乎所有各方达成协议。科学知识社会学表明,在科学界就困难问题达成共识需要很长时间,而在项目的技术选择方面,也是如此。[①] 沃格特关闭了一些科学家本来希望延长开放时间的选择;为了让这个项目有可能按照合理的时间表运行,他必须这样做。

为了实际的目的,沃格特正在解决外斯和德雷弗的分歧。起初,沃格特几乎所有的技术决定都有利于德雷弗。他推动德雷弗的一个又一个的创意,不顾麻省理工学院的反对。沃格特决定,LIGO 应该使用德雷弗喜欢的窄光束的法布里-珀罗腔设计,这有许多直接的影响。即使在基于成本的考虑而取消了多个干涉仪的概念以后,沃格特也同意德雷弗的计划:在其中一个 4 千米装置里安装一个 2 千米的干涉仪。

随着加州理工学院的科学家德雷弗的想法被接受,而外斯的想法被放弃,一些科学家肯定很难将沃格特的技术选择与他对加州理工学院的忠诚分开。沃格特领导的第一个时期,对麻省理工学院的团队来说是糟糕的时期。这样的事情似乎不可避免,因为沃格特强硬的领导风格重新定义了内部人员和外部人员。要成为“内部人员”,仅仅在 LIGO 项目的体制范围内还不够;还必须忠于沃格特和他的期望。因此,新的内部人员总是认为新制度很优秀,而新的外部人员却认为不够好。在最初的沃格特时期,新的外部人员来自麻省理工学院,外斯喜欢“唱反调”的刻板印象得到了进一步加强。

沃格特和其他人对他的管理制度的追溯性描述是臭鼬工厂。“臭鼬工厂”是洛克希德公司在加州伯班克的秘密特种军用飞机研制场所的昵称。字典里的定义是:通常是一个秘密的实验部门、实验室或项目,用于在计算机或航空航天领域生产创新设计或产品。一本描述洛克希德行动的书有助于强化这个组织的神话特征。[②]

臭鼬工厂据说有许多关键特征。其管理的特点是诚信:据报道,洛克希德公司有时候自愿将超额利润返还给政府,或者一旦发现潜在利润丰厚的项目不能兑现最初的承诺,就“拔掉插头”。它必须不受外界干扰:在“能做”的总体理念中,走捷径,避免繁琐的规定,这是一种强烈的自豪感。与此同时,尽管没有外部监督,仍然坚决履行所有承诺,按时完成项目。在自视为秘密精英的群体中,创新的氛围蓬勃发展,这个群体强烈地忠于强有力的领导,而实现目标所需的高压团队合作优先于家庭生活。洛克希德装置公司的第二任领导本·里奇 (Ben Rich) 说:“成功的臭鼬工厂总是需要强有力的领导者和积极性很高的员工主导的工作环境。考虑到这两个关键因素,臭鼬工厂将继续存在,并继续为推进未来技术而战斗。”(第 367 页)

---

① 见 Collins, Pinch(1993/1998, 1998/2002)。

② 见 Rich, Janos(1994)。“臭鼬工厂”这个名字,七弯八拐地来源于李·艾布纳 (Li Abner) 的漫画。上面给出的定义来自《兰登字典》,那本书也是这样引用的。书中描述的风格与洛克希德工厂实际发生的事情到底有多接近,当然值得怀疑。许多人告诉我,沃格特把那本书里已经夸大的叙述进一步夸大,以便给自己正在做的事情贴上一个标签。

1998 年，在沃格特离开 LIGO 项目很久以后，他这样描述自己的哲学："你基本上是在建一个项目，然后在周围建一堵墙，说，'把钱从墙外面扔进来'。几年后，我把墙拆掉，拿出一件漂亮的东西——飞机或 LIGO。"[1]

跟臭鼬工厂的组织风格一样，推销政策也是行业中不同寻常的。引用臭鼬工厂创始人"凯利"·约翰逊（"Kelly" Johnson)14 条规则中的最后一条，"因为工程和大多数其他领域只用到少数人，所以，必须有方法奖励良好的绩效，而不是依赖监督人员的数量。"（第 55 页）书中转述了约翰逊的一篇演讲，其中他批评了另一家航空航天公司："天啊，在他们的主要工厂里，受到的监督越多，得到的加薪越多；我给最不用监督的人加薪。这意味着他正在做更多的事情，承担更多的责任。"（第 312 页）

在某些方面，罗比·沃格特的管理风格与洛克希德臭鼬工厂的第二任董事本·里奇相似；他努力游说和争取资源，塑造了很强的团队身份，并根据他们的创新天赋而不是他们的监督责任，向他的中心团队成员支付很好的报酬。[2] 对于加州理工学院的 LIGO 科学家来说，这段日子很平静，他们开始为沃格特效力。他给他们加薪，让他们感到有价值，尽管他们的收入仍然比一起工作的工程师低。一位受访者很喜欢自己在这段时间里的工作，他告诉我，只要科学家们干得开心，他们就能忍受低工资和低身份。罗比·沃格特告诉科学家，工程师得到的报酬更多，但科学家有更多的乐趣——在他的领导下，这种想法是可以接受的。就像在臭鼬工厂的意识形态中一样，人们工作时间长（即使不规律），也是因为需要解决问题，而不是因为要遵守时间表。在这种情况下，"内部人员"都很高兴，尤其是加州理工学院实验室的研发科学家。

我要说的是，臭鼬工厂的管理理念必然失败。正如已经指出的那样，麻烦的根源似乎是，毫不妥协地应用这种方法时，沃格特无法避免它带来的副作用。因此，他有意或无意地疏远或失去了项目的一些贡献者，他们拒绝认可自己对他和团队的忠诚高于其他一切。这时候大约有 6 个人离开了麻省理工学院，因为压力和压力造成的管理问题——至少有 1 个人（可能更多）是因为沃格特对忠诚的要求。

但是任何项目都可以失去一些成员而继续生存，甚至可能变得更强大——如果损失让目标变得更明确。事实上，在类似的紧张情况下，沃格特之后的管理制度也失去了一群不同的人员——包括一些对沃格特特别忠诚的人——他们也可以说，结果是改善了工作实践。（我将在第 34 章和第 36 章详细讨论这个案例。）然而，沃格特的制度面临其他的问题，所有这些问题都与从小科学到公共资助的大科学的转变有关。

第一个也是最大的问题是，沃格特和德雷弗以最糟糕的方式闹翻了。结果，德雷弗被赶出这个项目，导致了 LIGO 团队、加州理工学院和引力波社区的分裂。从 LIGO 的角度来看，更糟糕的是，这场争吵在加州理工学院校园内引发了备受关注的学术自由听证会，报纸和科学新闻杂志进行了耸人听闻的报道。

---

[1] 引用摘自加州理工学院的《家庭杂志》(Dietrich, 1998) 第 14 页。
[2] 臭鼬工厂的标签只是随着沃格特的管理风格开始与 NSF 的要求冲突而逐渐应用。沃格特说，在第二次世界大战后的几年里，他从管理大型物理项目的导师那里学习了这种管理风格。我们可以想象，曼哈顿计划当时已经设定了这种风格，强有力的监督并不是常态。沃格特也有私人资助者的经验，他们也不会期望 NSF 需要的透明度。另外一些人则说，臭鼬工厂，即使在里奇的领导下，也比沃格特的制度具有更多的代表、结构和时间表。

第 32 章　德雷弗事件

1992 年 7 月 6 日,LIGO 的主任罗比·沃格特给项目的所有成员发送了一封电子邮件:

> 自今日起,1992 年 7 月 6 日,德雷弗博士不再参与 LIGO 项目。
>
> 我已向德雷弗博士保证,他可以把任何个人财产或档案从 LIGO 的场地移至他目前的办公室 (西侧楼 355 号),但是这种行为必须有一名 LIGO 工作人员作为见证。
>
> 期望德雷弗博士不要打扰 LIGO 工作人员,也不要进入 LIGO 办公场所。
>
> 罗比

德雷弗于 1992 年 7 月 12 日立即给"加州理工学院的同事们"发了一封电子邮件和一封信,它开始于:

> 亲爱的同事,
>
> 我写信通知你们,我已被 LIGO 项目开除,这违背了我的意愿;我被告知,我与 LIGO 项目相关的办公室和所有实验室和设施的钥匙——包括我创建的 40 米引力物理实验室——从我身上拿走;我一直使用的 LIGO 计算机的密码已被更改,导致我无法继续访问 LIGO 计算机系统。
>
> 我不知道有什么合理的理由立即开除我,这对我来说非常意外。
>
> 为了你们的兴趣,我附上一份电子邮件副本,发送到"ALL@ligo",一份 40 多人的名单,在加州理工学院和麻省理工学院 (包括本科生和研究生——其中有些人可能上过我的课——博士后、科学家、教职员工、行政人员、工程师、秘书和其他人)。这条信息是我看到的唯一书面证据,它是在我收到开除的口头通知后大约两小时发出的。

接下来的争吵非常激烈和凶猛,疤痕至今犹存——在 LIGO 项目的内外都是如此。这场动荡不仅影响了主要参与者,也席卷了加州理工学院的整个校园。多年后我曾试图采访一位在此事件中参与加州理工学院管理的科学家,他告诉我他左右为难,一方面想帮我把事情搞清楚,另一方面又不希望再讨论这件伤感情的事;他平静地告诉我,后一种情绪要强烈得多,我们电话交谈就这样结束了。事件发生 6 年后,科学家们仍然害怕让我看到我要求的文件;其他人告诉我,有些记录不应该再让人看到。有些文件我得到允许看了很短的时间,不能做笔记或任何其他类型的记录。

据说,名声清白的受人尊敬的科学家在这段时间里"心态失衡",以无法理解的方式对待他们的同事。校园陷入了几个月甚至几年的紧张状态。研究生在校园内外遇到的中年的举止温和的杰出教师,在走廊里互相喊叫。终生的友谊破裂了,伤害依然存在。我被告知,这是现代大学可能发生的最糟糕的事情。在争吵发生了 5 年以后，受访者们的语气平静下来，他们的肢体语言表明，他们看到自己的朋友在战场做了错事。

考虑到双方分歧的深度，分析者如果想查明谁对谁错，就太愚蠢了。当时，一系列委员会阅读了每一份文件，听取了每一场辩论，但他们的裁决并没有说服任何尚未说服的人；我不可能做得更好。我所能做的，也许是表明，这场争论只是某件事的极端表现，而这件事是任何一方都无法控制的：从小型科学向大型科学的转变。

现在叙述我听到的引起怨恨的一些事件和原因。在这些问题上，我没有做太多的"侦探工作"；我只是汇报我被告知的事情。例如，下面列出的某些事件与换锁或建筑设计有关。我没有检查日期、建筑维护计划，也没有检查双方在进行此类变更时的意图。我提供了有关各方告诉我的真实情况。如果有相互矛盾的叙述或解释，我照实列出。提供这份清单是为了说明双方的敌对程度。我想要传达的是，当一门科学改变自身时，情感是非常激烈的。有些说法相互矛盾，应该不足为奇。[1]

32.1　1992 年的争吵记录

- 当德雷弗最终同意加入加州理工学院、开展全职工作时，加州理工学院答应他有自主权，但这个承诺被打破了，德雷弗发现自己只是在别人的领导下工作，是更大的 LIGO 项目的一部分。

- (a) 德雷弗对下级同事给予了坚定而宝贵的指导。(b) 团队中的一些年轻成员认为德雷弗的监督风格太严厉，攻击性太强；德雷弗把年轻的同事当作个人助手；德雷弗的社会敏感性不足，特别是没有发展出美国的社会敏感性，未能发现年轻科学家日益增长的挫折感。

- (a) 德雷弗认为，如果能够从较小规模的工作中获得更好的科学成果，那么，在大型项目上花这么多钱就太早了。(b) 德雷弗的行为似乎表明他没有认识到新发展的时间已经过去，项目建设的时间已经到来；他希望在设计定型之前充分评估他的许多备选想法。

- (a) 德雷弗喜欢支持一系列的另类立场，为了把争论和分析推到极限。(b) 德雷弗优柔寡断，今天他会完全肯定某种观点，明天他又会同样肯定相反的观点。

- (a) 德雷弗最初拒绝参加加州理工学院的全职工作是他犹豫不决的表现，损害了格拉斯哥团队和加州理工学院团队的工作。(b) 正如许多科学家做的那样，对于像德雷弗这样有才能的人，把他的才能分配到两个机构是明智的。

- (a) 德雷弗不能用小的让步换取更大的成绩，也不知道如何作为大团队的成员工作。(b) 其他人没有认识到，尽管德雷弗不太喜欢，但他愿意适应大团队的工作，并对新的管理层表示忠诚。

---

[1] 最初，我写了一个更长的半虚构的记述，灵感来自著名的日本电影《罗生门》和威廉·福克纳的《喧哗与骚动》。《罗生门》和福克纳的小说都涉及不同的当事人或目击者对暴行的明显不同的观点。最终，我被说服，这个较长的版本会给双方带来不必要的痛苦，所以用这个电报版本取代它。

- 政治上的迫切需要决定了最初的资金竞标是为了一个全面的项目，而无论其科学原理和意图如何，德雷弗更为谨慎的做法似乎都是不忠实的。

- (a) 德雷弗公开表示的观点是，在全尺寸项目开展之前，需要做更多的开发工作，这具有破坏性；沃格特发现，除了众多的敌人，他在项目里还有一个敌人。(b) 另外一些人认为，德雷弗认为向巨额资金的飞跃还为时过早，这让他在公共场合表现得不忠实，但这不是真的。

- 在冲突最激烈的时候，沃格特拒绝和德雷弗待在同一个房间里，如果德雷弗必须在场，他应该坐在沃格特视线之外。

- 沃格特堵住了德雷弗办公室与他的秘书和复印机之间的门。

- (a) 沃格特禁止德雷弗在阿根廷的一次会议上讨论 LIGO；德雷弗的系主任说他可以去；德雷弗在会议上发言 (但没有谈论 LIGO)，当他回来时，发现自己被锁在办公室外，锁已经换了。(b) 更换德雷弗办公室的门锁，是例行公事；德雷弗不方便了一段时间，直到一个秘书吃完午餐拿着新钥匙回来。

- 当德雷弗从阿根廷回来时，沃格特代表行政机关立即将他从项目中开除，向整个团队发送了一封羞辱性的电子邮件，警告每个人，德雷弗只有在监督下才能带走自己的财物。

- (a) 索恩迈出了决定性的一步，他先去找加州理工学院的行政机关，坚持让德雷弗脱离 LIGO 项目。(b) 沃格特决定，德雷弗将脱离这个项目。(c) 物理系主任杰里·内格鲍尔 (Jerry Negebayer) 命令沃格特，当德雷弗从阿根廷回来时解雇他；沃格特很惊讶，他只期望并要求纪律处分。

- 一大批教员认为德雷弗的遭遇很不光彩，并帮助他提出了复职的理由。加州理工学院的学术自由和长期教职工委员会发现，德雷弗的学术自由在两个方面受到了侵犯。

- (a) 加州理工学院的行政机关不会让德雷弗恢复原职从而使 LIGO 项目面临风险；那些希望看到德雷弗被解雇的人，将科学项目的价值置于一位最有创造力的科学家的权利和福利之上。(b) 德雷弗已经没有创造力了，他的行为正威胁着要结束一个美丽的科学事业。(c) 沃格特确定，如果德雷弗不走，LIGO 就会完蛋，大多数被要求发表评论的人都担心他们的未来。

- 德雷弗和他的同事制作了"蓝皮书"，列出了他的不满情绪，并在整个校园里广为传播。[①]

- 一系列的公开会议广泛要求德雷弗恢复原职，这些会议让小小的校园分裂为两半。

- 索恩组织人反对德雷弗，由 LIGO 团队的年轻成员组成。在他的指导下，他们制作了"黑皮书"，反驳了"蓝皮书"里的说法。(a) 索恩采取这种行动，"迷失了方向"。(b) 索恩的反对者没有理解 LIGO 内部的情况，这些情况让索恩必须采取行动。(c) 这是在算旧账。

- 当德雷弗没有复职时，加州理工学院校长被要求辞职。设立了一个调查委员会。(a) 委员会挤满了沃格特的支持者，没有坚持让德雷弗恢复原职。(b) 委员会是公平的，索恩努力防止发生校长辞职的不公正现象。

---

① 当然，这本"蓝皮书"不是前文讨论过的麻省理工学院团队的蓝皮书。

- 德雷弗从未恢复原职，但他得到了"安慰"，以资金和空间的形式支持独立的研究，他用来建造另一个干涉仪；现在，小小的加州理工学院校园有两个 40 米的干涉仪，相距大约 200 米。在很长一段时间里，德雷弗将他的车停在他建造的干涉仪的门口，但不得进入，也不允许参加任何 LIGO 会议。沃格特继续担任 LIGO 主任。在这些事件发生大约两年后，沃格特被解雇了，但在随后的一到两年里，他仍然扮演着次要的角色，直到他辞职，转而从事其他。[①] 新的管理层向德雷弗提出恢复 LIGO 项目，但是他不能也不打算接受这个角色。现在，德雷弗参加 LIGO 会议，但沃格特不再参加，大部分时间他都是在洛斯阿拉莫斯担任顾问。

- 这些事件给各方造成了严重和持久的伤害。

32.2   工作中的反法证原则

相反的陈述可以被视为表示非常不同的东西。"后现代主义"的观点认为，除了叙述本身，事件是没有真相的。认识论的相对主义方法认为，即使有真理也不可能知道，弗洛伊德告诉我们，参与争论的个人可能不知道自己的意图，不关心别人的意图。在科学有分歧的情况下，我采用的方法论相对主义认为，即便原则上有一个可确定的真相，试图找到它也不是分析者的事。但在这里我有一个更温和的反法证原则。

反法证原则指出，即便昂贵和复杂的机构 (如法院，或在这个案例中，为了快速确定真相的目的而设立的学术自由委员会) 也是会犯错的。事实上，法院认识到，如果要从对抗制度中提取属于真理的东西，就需要陪审团或类似的手段，强制终止可能无休止的争论。正是陪审团从对手有可能用不停歇的争论中做出了人为的"事实真相"。然而，社会学家甚至无法接近法院的有缺陷的效力。反法证原则认为，社会学分析不应追求对特定个人内部状态的准确识别。相反，社会学家应该确定行为者可以利用的、影响所审查的社会和文化背景和进程的内部状态的范围。一方面，传记和心理学不是社会学，但是传记和心理学给出了个人的动机和选择。另一方面，社群是社会学的适当主题，它提供了世界上存在和思考方式的范围。一旦知道社群成员可以使用的可信的思想和行动的边界，我们就会理解边界构成的社群，即使不知道任何特定个人的真实情况。[②]

可以把它纳入更技术性的框架。也许个人的意图永远不可能被知道，但这并不意味着对意图什么都不能说。这里区分"类型"和"令牌"是有用的。一种行为类型是"开门"。这种行为类型的一个令牌是"张三在 1 月 27 日 (星期日) 下午 3 点打开他的房子的门"。一方面，生活在戏剧中的演员 (如这里描述的) 关心令牌：什么时候谁对谁做了什么？另一方面，社会学家与历史

---

① 在 2003 年，沃格特把他发给 LIGO 团队的一封电子邮件抄送给我，拒绝让他的名字出现在与项目相关的论文上，尽管该协议允许列出对其结果有贡献的人 (包括德雷弗的名字)。

② 这个原则虽然没有标签，但以前已经介绍过了。例如，Wright-Mills (1940) 建议社会学家解决识别个人动机的问题，只谈论"动机"词汇，这些词汇提供了动机话语的可用库，而动机话语反过来又表明了谈话嵌入的社会群体的性质。Collins (1983a) 在一篇名为《谎言的意义》的论文中认为，分析者不需要在受访者的陈述中识别真假，只需要找出可信的和不可信的。可能的有效谎言包含了与真相一样多的关于社会中可信行动的信息。对于社会分析者来说，关键的分界线是真理和谬误，以及笑话和胡说八道。Lynch (1995) 引用了 Wright-Mills 的观点，但进一步认为，由于动机的归属是争论的一部分，没有广泛地描述历史的激励性"风气"，如韦伯的新教伦理论文，是不合格的。林奇的论点在这里似乎没有任何障碍，因为我们不关心广泛的历史变化，而是在一个历史时期内看待世界的现有的有争议的方式。这个论点也是 Collins(1998) 最后一段的重点。

学家或陪审团不一样，他们的任务是：甲组的演员对乙组的演员做什么类型的事情？对社会学家来说，关键在于不是什么人都能在任何时候做任何类型的行动。例如，居住在亚马逊地区的原始部落的成员根本不可能用一间小屋做抵押贷款；我们能做的各种行动取决于社会环境，甚至取决于更直接的社会环境。

　　这个分析的目的是阐明使人们有可能被指控实施一般类型的行动的情况——"使项目处于政治危险中""强加不适当的工作时间表"，等等，而不是说明某一特定行为是否确实是有意或无意的危害，或工作时间表是否确实是适当或不适当地强加的。科学家、陪审员、爱人、历史学家等人必须把令牌的性质解决得令他们满意；社会学家只需要关注演员可以使用的一组可能的类型，以及随着社会结构的变化，这些变化的方式。① 所有这些都意味着，虽然我们可能无法肯定地确认特定事件的责任或罪责，但我们可以说，由于项目正在发生变化，这种事件可能发生。给予赞扬或指责，显然不属于以这种方式构想的社会学项目的内容。

　　科学家的思考方法经常与此相反。科学家倾向于认为科学是由个人 (或个人组成的团队，就这个论证而言，这是相同的事情) 对抗大自然。如果科学家钦佩一项科学工作，往往会把它的成功归因于某个人的伟大。一方面，一些科学家陷入了相信伟大的科学家是伟人的陷阱，而做伟大科学的能力揭示了伟大的力量、深度和品格的纯洁性。在歌颂去世的同事时，他们经常提到他们的善良，为其他人着想，特别是现在，他们愿意为家人牺牲自己的一些工作。另一方面，糟糕的科学是由性格缺陷造成的——例如不诚实或软弱。科学家们在谈论坏科学时，常常暗示，持有少数派观点的同事在某种程度上是疯狂的，正是这种疯狂解释了这种离经叛道的观点。② 因此，如果听到过这样的声音，我们不应该感到惊讶，从这些年来别人对我说的各种话里，我总结出来。

　　　社会学家：所以，我的观点是，为了确保他的尊严，吉姆受到特别的压力。他必须被看作是在一群科学家中，他们将决定他是否会从爱因斯坦基金会获得项目。这必然会让他在宣布早期结果时不那么冒险。

　　　科学家：是的，自从我认识他以来，吉姆在让他的团队发表文章方面一直是尴尬的问题。你说得对——他是偏执狂。

　　　科学史学家：虽然吉姆是个才华横溢的人，但人们必须明白，他被授予了工作的荣誉，如果不是在特定的背景下，他不可能做这些工作。他被授予荣誉的工作的基础是许多人、许多其他人多年来发展起来的，吉姆只是在正确的时间和正确的地点，找到了一种清晰的表达方式。

　　　科学家：我完全同意——他不仅是天才，也是伟人，而且他一直是伟大的领导者，其他人的榜样。

　　　社会学家：沃尔特的想法，虽然我们不能接受，但当时并没有那么疯狂。现在的坚定共识是，他完全被误导了，但从来没有完全确定地证明他是错误的——人们只是厌倦了追逐他提出的新颖论点。别忘了，沃尔特有一群支持者，他们和他一起，从来没有承认大多数人指控的明显的捏造。

　　　科学家：是的，我同意，沃尔特对他的想法太痴迷了，以至于他脱离了科学生活——他总是有点疯狂。他的家庭生活不稳定，你知道吗？我刚知道他还有支持者，好

　　① 同样可以说，社会结构随着一组可能的行动类型的变化而变化。这就是为什么把这些称为形成性行动 (Collins, Kusch, 1998)。
　　② 关于个人正直与科学伟大的公式，有一个引人注目的例子，见 Max Perutz (1995) 对已故的 Gerry Geison (1995)(巴斯德传记作家) 的坏脾气的评论。关于一个让科学界非常尴尬的例外，请看诺贝尔奖得主"坏孩子"卡里·穆利斯的自传 (Kary Mullis, 2000)。
　　关于疯狂这个问题，社会学家可能会采取另一种观点。社会学家的理由是，如果你被同伴们拒绝得足够努力和足够长的时间，你很可能会变得有点疯狂，所以因果方向是另一种方式——结构产生个性。

吧，但是总有一些怪人的；你应该看到一些用绿色墨水写的信，我从那些认为相对论
错了的人那里得到的。顺便问一下，你看过那篇关于病态科学的文章吗？通用电气公
司的那个人，或者类似的地方？

关于沃格特和德雷弗的性格，我们可以说的是，将要展开的事件变成了煽情的大戏，因为这两
个意志坚定的人太不一样了。LIGO 的转变无论如何都会发生，但如果换成别人，这件事可能会
更安静地过去。事实上，麻省理工学院的团队自豪地说，他们在自己的团队中完成了从小科学到
大科学的类似转变，没有明显的骚乱。

我只想说，德雷弗是典型的"小"科学家 (身材也是矮又圆)，因为他相信，在向前迈进之前就
已经做出了正确的科学决定。他是典型的科学发明家，不是其他人的思想的开发者。我的一位受
访者建议：

> 罗恩总是最看重聪明。像 LIGO 这样的东西利用他提供的所有聪明。但罗恩想
> 要的更多……他只看重聪明，而不是可靠，工作的时间表，或任何一种纪律，这种不平
> 衡意味着沃格特对他的依赖无法持续。(1998)

德雷弗没有自己的家庭，他似乎为科学而活。在我第一次访问加州理工学院的时候，罗恩在
那里已经待了大约 15 年，我邀请他和我去校园里的红门咖啡店。加州理工学院是世界上非常小
的大学之一；你可以用大约 5 分钟穿过校园。但罗恩告诉我，他从来没去过咖啡店。当我问他
喜欢什么样的咖啡——"拿铁咖啡，浓缩咖啡，卡布奇诺？"他告诉我，他觉得没什么差别，他认为
食物只是化学能。2002 年 5 月，在开会的路上，我和罗恩坐在一起，我告诉他，如果他不介意的
话，我想把这个故事写进书里。"为什么？"他不解地说，"那有什么有趣的？我不会去 (红门咖
啡店)，因为那里的咖啡比机器里的咖啡贵。"我笑了又笑，但罗恩还是不明白。不管经历了什么，
德雷弗仍然保持着值得称赞的韧性和快乐。①

相比之下，沃格特是典型的"大"科学家 (身材也很高大)。德雷弗曾对我说："罗比把我带
到他的办公室，他开始对我大喊大叫。你知道，他是个大个子。有一次，他从桌子后面走过来，我
以为他要打我，所以我跑出了房间。"我问："你为什么不坐在那里让他打？你可以起诉他和加州
理工学院。"德雷弗用苏格兰口音回答，好像答案很明显，"因为我真的不想被打！"

在社会成就的层面上，沃格特几乎跟德雷弗这个社交天真汉完全相反。例如，他知道如何吸
引大人物。沃格特描述了他与一位有影响力的参议员的成功互动：

> 工作人员不让我靠近他，因为他们认为我不够重要……(但我们) 找到了另一位说
> 客，他与 (参议员) 有很好的联系，给我安排了约会。应该是一次 20 分钟的会面。
>
> 我走进参议员的办公室，那里是权力压倒一切的地方，(参议员) 坐在咖啡桌后面，
> 右边是他的一个重要助手，他正在管理能源拨款委员会，另一边是另一个重要助手。
> 他们像观众一样坐在那里看着我。他们都说："你有 20 分钟的时间和参议员谈谈。"
>
> 我和参议员谈了 20 分钟，他的助手站了起来，说："20 分钟到了，参议员，我们必
> 须赴下一场约会。"

---

① 2003 年 3 月 4 日，另一个可爱的"罗恩主义"让我笑了起来：罗恩一直有严重的肺部问题，尽管你永远不会从他慷慨的举止
和他乐于在晚餐时严肃争论中知道这一点。他的一个肺已经停止工作，他一直开车去加州大学洛杉矶分校的医学专家那里。他决心要
弄清楚事情的真相，于是用旧桶和瓶子制造了一个装置测量自己的肺活量。现在他想分别看看个肺。"我想制作一个不到 20 美元的超
声波成像设备。"他告诉我。"不到 20 美元？"我问："为什么不是 200 美元以下的呢？"罗恩看起来很困惑。(2003 年 6 月 13 日：罗
恩告诉我，如果美国的社会敏感性像我说的那样重要，当他第一次到达的时候，加州理工学院就应该给他一本书，把它们都列出来。他向
我保证，他肯定会认真读！)

参议员说:"不, 取消那个约会。我想继续讨论。"

我们在咖啡桌前坐了两小时, 我在画画, 我不得不向参议员解释, 为什么我们回看 150 亿年时, 我们看不到宇宙大爆炸时的自己, 因为在 150 亿年前, 一切都处于奇点……(1996)

从 1990 年 7 月 30 日到 8 月 2 日, 沃格特对国会议员和其他少数工作人员进行了大约 10 次这样的访问。

沃格特的另一项技能是理解做科学和做项目的区别, 这也跟德雷弗完全相反。他说:

让他害怕的是我做决定。他对我说:"你怎么知道这是正确的决定, 我们必须保留所有这些选择。"我说:"这意味着我们前进时的指数式级 (增长)。"他不明白我们的游戏。我们被资助建造一个天文台, 不是做独立的研究。这是他不能接受的规矩……他肯定觉得我是他实现梦想的威胁。(1996)

无论这件事的是非曲直, 它确实让德雷弗离开了这个项目, 他比几乎任何人待的时间都长, 比任何人发明的要素都多, 他的整个生命围绕在它的周围, 比任何人都更强烈也更专注。不出所料, 这些事件在科学媒体和其他媒体上都有报道。例如,《科学》有一篇报道说:

"德雷弗已经被赶出这个项目, 被迫交出钥匙, 被赶出了实验室, 并被告知他是不受欢迎的人。"加州理工学院熟悉这些事件的一位教员说……在他被解雇以后几个小时, 沃格特向 LIGO 社区发送了一封电子邮件, 称德雷弗不再参与该项目, 将在工作人员监督下从 LIGO 办公室取走他的个人物品, 并被要求不得进入 LIGO 场地或打扰项目科学家。(第 612 页)

这篇文章接着解释说, 1992 年 9 月, 德雷弗向加州理工学院学术自由和长期教职工委员会 (主席是斯蒂夫·库宁 (Stere Koonin)) 提出了申诉, 1992 年 10 月提交的报告支持德雷弗。

开除德雷弗没有经过适当的程序……德雷弗的学术自由受到了侵犯, 用一名委员会成员的话说, 沃格特"用开除作威胁, 强烈劝阻"德雷弗不要参加两次科学会议, 他计划在会上讨论引力波研究。德雷弗无视沃格特的第二次警告, 在阿根廷的一次会议上发了言。当德雷弗回来时, 就被解雇了。

尽管委员会在 10 月提出了报告, 但加州理工学院没有立即让德雷弗重新加入 LIGO 团队, 一些教职员工也开始努力迫使这个行动。彼得·戈德里奇 (Peter Goldreich, 加州理工学院的天体物理学家, 他帮助德雷弗准备这个案子) 说:"行政机关处理这件事的方式, 真的让我很失望。"然而, 委员会的报告并没有明确要求让德雷弗恢复原职——与《科学》交谈的委员会成员说, 这是故意的遗漏。原因: 虽然委员会同意德雷弗的解雇处理不当, 但无法决定 LIGO 是否有理由将他从项目中开除。(第 613 页)[①]

至于那些对 LIGO 最初的资金重新出现表示怀疑的人, 类似这样的报告也提供了机会。因此, 同一篇文章引用了 LIGO 最严厉的批评者杰瑞·奥斯特拉克的话说:"我认为, 根据 LIGO 目前的指标, 对于探测天体来源的可能性很小的一个项目来说, 这是一笔非常大的支出。"(第 614 页) 因此, 德雷弗事件有可能意味着沃格特的领导权和 LIGO 项目的结束。

———————————————————

① 见 Travis(1993), 我相信《新闻日报》(*Newsday*) 也报道了这个故事, 但我找不到参考资料。

第 33 章　臭鼬工厂的结束

在公众的眼里, 沃格特 (以及 LIGO 这个整体) 在德雷弗事件中的形象非常糟糕, 但最终, 加州理工学院的管理层支持他们选定的主任。如果沃格特没有跟 NSF 对同一类问题进行争论 (这类问题导致德雷弗与他发生冲突), 他可能会待得更久。问题在于, 沃格特版本的臭鼬工厂缺乏透明度。就像沃格特告诉我的:

> NSF 和我在哲学上有很大的差异。例如, 我计算 LIGO 成本的方式, 以及我对 LIGO 的看法——让它发挥作用需要什么——不能以 CERN (欧洲核子研究中心) 等大型项目的传统方式完成。我同意 CERN 的建造方式。但是 LIGO 完全不一样。这是完全不成熟的科学; 一切都是即兴的, 你不能像成熟的科学项目一样运行它……(臭鼬工厂的人) 之所以能做到这一点, 是因为完全消除了官僚主义。他们给了钱, 他们锁上门, 说: "做吧。"然后就完成了。(1996)

因此, 沃格特至少在起初不会或不能接受国家科学基金会认为的为满足自身和广大学界所需要的外部监测。臭鼬工厂的意识形态强调不要监督 (至少沃格特是这样理解的), 沃格特似乎决心将外界的干扰控制在最低限度。项目对外部监督的封闭性是导致下一次管理剧变的主要因素。正如我们在引文里看到的, 沃格特以科学本身仍在发展、不是在强有力的协调组织下运作的成熟企业为理由, 证明不能有 NSF 希望的规划透明度。德雷弗、沃格特和 NSF 的关系是传递性的: 德雷弗坚持认为科学太不成熟, 设计不能这么快就冻结, 从而让沃格特心烦意乱; 沃格特则坚持认为他们不明白科学是多么的不成熟, 他对基金会说的那种监督是多么的不合适, 从而让 NSF 的日子过不下去了!

沃格特似乎没有认真对待 NSF 承受的压力, 尽管他在争取项目资金时亲身经历了这些压力。广泛宣传的关于资金问题的争论使 LIGO 在外界非常引人注目。以前, LIGO 觉得有必要驯服共振棒, 现在轮到 LIGO 自己被驯服了。LIGO 需要不犯错误, 被人看到不犯错误, 因此有必要对计划的每一步进行仔细审查, 特别是现在德雷弗事件再次让它成为关注的焦点。[1]

只在很短的一段时间里, LIGO 项目感到经济上有保障。从一开始, 许多科学家就认为 LIGO 做不到它承诺的事情。还有一些人认为, 即使可以做到, 也有更好的方法花钱。事实上, LIGO 管理层与国会委员会的首次对抗是一场惨败。那些持不同意见的科学家并没有走开, 他们也不吝于

---

[1] 沃格特说, 他的最初预算必须大幅削减, 才能让 LIGO 有机会在敌对的气氛中先得到资助。这限制了他雇用外部人士 (例如会计师) 的自由。萨波尔斯基 (Sapolsky(1972) 第 4 章) 以北极星潜艇的开发为例, 描述了提供管理系统的成本和低效, 即使它们都被认为很重要。然而, 他认为, 这些系统对于保护一个技术项目不受太多的外部干扰至关重要; 它们让外部机构感到安全, 无论它们是否真正有效。这就是沃格特错过的。但正如他指出的那样, 他的继任者巴里 · 巴里什确实能够大幅提高 LIGO 的预算, 不用为沃格特与 NSF 合作编制的预算负责。这使得巴里什可以为管理系统付费, 也可以为更多的科学付费。这说明了后来的一些扩张, 但肯定不是在更加开放的巴里什制度下完成的全球合作的增长。

公开发表批评的意见。正如马克·科尔斯的评论提醒我们的 (第 29 章), 在这个时代每个物理学家的头脑中, 最重要的是超导超级对撞机项目被取消了, 因为在隧道、磁体和其他硬件上花费了数亿美元。如果能扔掉那么多钱, 就没有什么可以阻止 LIGO 被大幅削减, 即使它已经得到了资助。更糟糕的是, 从一开始就把下一代高级探测器的想法写进了这个项目, 这还需要数百万美元。因为按照 NSF 的标准, LIGO 太大了, 似乎肯定会从其他 NSF 支持的科学家那里攫取资金, 他们不关心美国能源部或美国宇航局支持的更大的项目。

国会的关注点与核心科学界有多么大的差别, 可以通过国会听证会上关于 LIGO 资助事宜的一些记录在案的评论来衡量。一位代表祝贺沃格特早先在中微子检测方面做的工作。他谈到 LIGO 正在进行的实验是 "做同样的事情, 以确定中微子星[①] 的衰变"。另一位成员似乎认为 LIGO 可能会加强哈勃望远镜。另一个人提到黑洞 (有人声称 LIGO 会帮助我们理解), 并问道: "当你接近其中一个黑洞时, 你提到了——任何人都可以回答这个——扭曲的时空——我们知不知道这是什么, 我们能用任何方式将其商业化吗?" 当科学变得昂贵和公开时, 正是这种 "缺乏专业知识" 将世界上的其他人直接引入核心科学家群体。要求 10 万美元, 你的申请由科学同行仔细审查; 要求 2 亿美元, 没有科学资格的国会议员是最终的裁判。鉴于 LIGO 仍然很脆弱, 始终处于必须要求为高级模型进一步拨款的地位, 人们可以理解为什么 NSF 认为有必要采用最高标准的监督。即使可以用一个案例证实沃格特的臭鼬工厂是建立 LIGO 的有效方法, NSF 仍然必须被看到正在竭尽全力确保不浪费一分钱, 这就排除了臭鼬工厂的方法。[②]

33.1　沃格特制度的终结

为了避免对公共问责制的强调显得过于愤世嫉俗, 国家科学基金会也有理由担心, 必要的规划是否正在进行。问题还有另一个方面。正如我们看到的, 建立忠诚的团队意味着定义内部和外部。沃格特的 LIGO 版本不太擅长吸引外部人才, 这种规模的项目要想成功, 就必须增长。沃格特根本没有足够的人来完成这项工作, 似乎也没有足够快地扩大这个团队。我们将看到, 沃格特离开后, LIGO 以巨大的速度增长, 它目前和未来的成功与它吸引到位的外部人才数量有很大关系。但是关于臭鼬工厂, NSF 的发言人对我说:

> (问题是) 他坚决拒绝向科学界开放这个项目。他没有足够的人手对这门科学的所有方面进行研发 (研究和发展)——让它成功。[③](2000)

随着事态的发展, 国家科学基金会任命了一个审查委员会, 由独立的科学家组成, 于 1992 年和 1993 年举行了会议。他们直言不讳地批评这个项目缺乏明确的带有里程碑的管理计划, 也没有在广泛的机构基础上招聘科学家, 甚至觉得有必要坚持让麻省理工学院在管理方面有更多的发

[①] 没有中微子星这样的东西, 中子和中微子是非常不同的东西。

[②] 另见 Riordan(2001) 关于超导超级对撞机的同样看法。在最近的新闻报道中可以看到, 对 LIGO 的压力并没有消失, 即使 LIGO 要求为先进的探测器提供资金。2002 年年初, 《科学美国人》的一篇长文 (Gibbs, 2002) 和《新科学家》的另一篇长文 (Battersby, 2002) 描述了这个项目, 说的话不怎么好听。一些 LIGO 的物理学家相信, 这些都是由某个或多个在攻击 LIGO 初始资助资金时反对声音最大的人启发的。(我可以确认, 在准备这些文章时, 至少征求了这些资料来源的意见。)

[③] 我的大部分叙述都是关于 LIGO 科学的进展, 现在由 LIGO 科学合作团队 (LSC) 完成, 这个群体比 LIGO 直接雇用的科学家更广泛。一位 NSF 发言人坚持认为, NSF 从一开始就坚持这种安排, 从他们的角度来看, 这种演变并不像我描述的那样没有计划。

言权。沃格特的感觉是:

> NSF 开始骚扰我。他们想要管理计划。我写了一个管理计划。但他们说这个管理计划不令人满意……不管怎样,他们已经决定除掉我。

科林斯: 为什么 NSF 要你离开呢?

沃格特: 他们想掩护自己。你要做的就是写文件。我说:"我没有为此编列预算,我也不想这样做。为此我负全部责任。"我不愿意给他们想要的东西。(1996)

沃格特坚持对 NSF 说,所有的计划都在他的脑袋里。国家科学基金会认为,由于沃格特的做法,LIGO 的成功现在受到了损害;它不能确切地知道,缺乏书面计划是因为沃格特拒绝"写文件"(或者是他脑袋里计划的对应方案),还是因为根本没有计划。如果根本没有任何计划,可能就是更大的灾难,而不仅仅是因为没有计划让外人审查。与德雷弗的争斗对 NSF 与沃格特的分歧有两个后果。第一,这让沃格特分心、减少了对项目的关注,使他更不能向 NSF 的委员会提供关于 LIGO 的令人满意的说明,而且在基金会看来,无论在沃格特的脑袋里面还是外面,都没有令人满意的计划。第二,它削弱了加州理工学院管理层继续支持沃格特的决心。

最后,NSF 开始冻结 LIGO 资金流入加州理工学院的项目,加州理工学院的管理部门屈服了——他们在德雷弗事件里始终支持沃格特。沃格特告诉我,他成为加州理工学院第一个被解雇的项目负责人 (PI)。但是应该指出,尽管沃格特失败了,但德雷弗从来没有被以可接受的条件恢复原职。没有明确的赢家——每个人都伤势惨重——沃格特没有输给德雷弗,但是输给了 NSF。德雷弗事件并不是导致沃格特下台的原因;虽然从外面看似乎如此,但它只是削弱了他和加州理工学院在与 NSF 争论中的地位。[①]

沃格特说,NSF"想掩护自己",但需要重申的是,这种负面的说辞没有考虑到 NSF 作为其有史以来最大项目的资助者的处境。NSF 自己没有收入,因此它不是完全自主的。对于从事小项目的科学家来说,它可能是自主的,因为每个小的资助提案只占基金会预算的一小部分,而且永远不会被科学界以外的任何人审查 (普罗克斯迈尔参议员的"金羊毛"奖等)。然而,在 LIGO 的情况下,由于这个项目这么大,NSF 本身就是国会的客户,也是自己支持者的潜在受害者。如果被人认为不能谨慎地落实其财政责任,必然会给基金会和项目本身带来灾难。NSF 的习俗和实践使 LIGO 发生的一切都更有必要明显地受到控制并走在成功的路上。在这方面,跟洛克希德的臭鼬工厂没有可比性:国防预算通常是庞大的,国防工作离公共领域更远,国防项目不会与大量的大学科学家竞争资金,每个科学家需要 10 万美元左右。至于其他大科学,高能物理主要不是由 NSF 提供资金,而是由美国能源部提供资金,在典型的大项目背景下工作;NASA 也是从头到尾的大科学。在这些方面,正如我在本节开始时解释的,LIGO 完全不一样。[②]

即使这种看待事物的方式,也会让 NSF 扮演的角色过于被动;这不仅仅是对外部压力做出反应的问题,因为基金会的一部分 (例如物理理事会) 在培养其领域的科学方面发挥着积极的作用。因此,从一开始,理查德·艾萨克森和其他 NSF 管理人员就以物理学家和管理者的身份帮助 LIGO。正如一位重要科学家所说:

---

① 负责 LIGO 资助的 NSF 主管理查德·艾萨克森终止了他的论文委员会主席乔·韦伯的 NSF 资助。当我描述德雷弗事件时,我特别提到了希腊悲剧和俄狄浦斯。在探讨希腊悲剧的主题时,一位受访者建议将德雷弗比作菲罗克忒忒斯,把沃格特比作阿伽门农。菲罗克忒忒斯是一位弓弩手,他被一只蛇咬了,没有人能忍受他痛苦的哭叫声,他们背叛了他,把他遗弃在荒岛上;当人们预言只有在他在场才能摧毁特洛伊的时候,他被拯救了。阿伽门农,长话短说吧,有一种不自量力的倾向,被迫牺牲他的女儿 (德雷弗?) 为他入侵特洛伊赢来有利的风,后来被他的王后 (NSF?) 谋杀。后来,王后被他的儿子谋杀,所以,NSF 必须谨慎行事。

② 当然,即使是高能物理和 NASA,也很容易受到公众的关注,超导超级对撞机的取消和火星探测器故障引起的反应,都揭示了这一点。

始终不变的是国家科学基金会的承诺。你知道，人们总是说科学家有这些创意——但在这种情况下，"官僚"对这件事产生了巨大的影响。他们是操纵木偶的人，我们是木偶，他们拉着我们身上的绳子。"来，做这个。你为什么不提个建议？你为什么不这样做呢？"他们知道他们将如何解决这件事。这有点吓人——你认为你是独立的人，其实是艾萨克森拉着这根绳子，你移动那只脚，"哦，哇！"(2000)

因此，不能认为 NSF 只是在跟沃格特争夺权力，就像董事会里的斗争一样。正如基金会看到的，它正在努力塑造 LIGO，以便确保项目在科学和政治上取得成功。沃格特也许因为他游说国会议员的经历而受到鼓舞，他认为 NSF 是不必要的侵扰，他对政治的理解更好。就像他希望在项目中有忠诚的团队一样，他也希望 NSF 相信他是忠实的团队成员。他认为，对透明度的要求表明，对他的诚信、能力和领导技能缺乏信任，这将导致效率低下。科学家告诉我，他们相信沃格特的制度会成功，在他的领导下也会做得很好，但需要重申的是，这种看法没有抓住重点：对于规模这么大的 NSF 项目，好的工作需要被看到成功。如果没有透明度，整个项目可能不会持续足够长的时间，无法揭示沃格特的科学管理战略是否长期可行。

我认为，从自主科学向协调科学过渡的一个关键步骤是，把冻结设计的控制从发明这些设计的科学家转移到项目管理人员；这是沃格特制度采取的步骤。但是，随着科学项目的规模扩大，第二个必要的变化是将控制措施进一步传递给那些跟更广泛的科学界和政治领域有更多接触的机构；这是随着项目的增长而更广泛地分担风险的结果。这是沃格特不会采取的步骤，所以他跟德雷弗的处境就像是俄罗斯套娃：中间是不幸的德雷弗，被沃格特困住了；但沃格特也同样不幸，被 NSF 窒息了。NSF 呢？它被困在政治和自己的支持者这个"俄罗斯套娃"里。[1]

后来的一些事件更有力地表明，在这类项目中制定和满足明确的计划有多么重要。1999 年，就设施建设而言，LIGO Ⅰ一直按计划进行；但干涉仪仍然没有完成，是否能达到其设计目标并不明确。然而，该团队已经提出了一个计划，将 1 亿美元用于安装高新 LIGO 的更灵敏的干涉仪。如果想完成足够的研发并制造足够多的主要部件，就要很长的准备时间才能在 2005 年开始安装 (在 1999 年，这个日期仍然"尚在讨论")，对资金支持的需求正在到来。LIGO Ⅰ团队能为高新 LIGO 的潜在资助者提供什么理由？他们没有取得任何科学成果，也没有实现启动干涉仪项目的任何非常苛刻的设计目标，他们最早也要到 2002 年，才能达到灵敏度和占空比的目标。尽管如此，在推进下一代探测器之前等待可证明的结果，将会使该项目的进度放慢到有可能导致大型专业团队解体的地步，还可能会浪费数年时间运行一种技术上健全的设备，但这种设备不够灵敏，无法探测引力波。然而，LIGO Ⅰ项目可以展示完美的规划和管理，每个预先设定的技术里程碑都已经实现 (尽管这些只是设施建设方面的里程碑)，项目的各个方面都按时和按预算完成。在某种程度上，正是这种管理责任、精湛技巧和设施建设透明度的展示，为考虑原本看似离谱的要求提供了理由：为了一门未经证明的科学，还需要更多的钱。[2] 现在让我们看看，LIGO 是如何重新获得这么高的可信度的。

---

① 最近关于美国科学资助的讨论涉及其中一些问题，见 Guston(2000)。
② 最高级别的科学资助决策的基础如何从深奥转变为更世俗的基础，相关的讨论见 Turner(1990)。

第 34 章　第三种制度：协调人

34.1　从探索到常规

1994 年, LIGO 的管理层换成了新的团队。罗比·沃格特一直担任探测器开发小组的组长, 在两年后完全切断与项目的联系。基普·索恩继续担任整个项目的非官方首席理论学家, 雷·外斯也继续扮演主要角色。

罗恩·德雷弗有一个选择：恢复他的非监管角色, 或者拿一笔钱, 能够建造一个 40 米长的干涉仪, 在校园的另一部分进行独立的研究。他选择了后者, 继续研究任何他认为可能在长期内产生结果的想法 (例如, 镜子磁悬挂架的各种设计, 面对未来几年将要建造的探测器的紧迫工作, 这种方法没有其他人感兴趣)。现在, 德雷弗代表了自主科学的精髓——心理、时间和文化——我们的三个认知维度：他可以像喜欢的那样直观地工作; 他可以在喜欢的时间里坚持自己的项目, 外部审查不比任何其他小项目的科学家更多; 他远离为迎合 LIGO 团队理所当然的做事方式的文化压力。

LIGO 的总体领导地位现在传给了加州理工大学粒子物理学家巴里·巴里什。巴里什想继续他在中微子探测方面的其他工作, 所以和 LIGO 签的合同是用一半的时间工作。他带来了另一位前高能物理学家加里·桑德斯, 后来成为他的副手和项目经理。高能物理学是现代科学世界协调科学技能的主要训练场, 巴里什-桑德斯团队在规划和透明度方面的经验和意愿都符合 NSF 的期望;[①] 对于巴里什和桑德斯, 这种工作模式是自然而然的。加州理工学院走廊的墙壁开始以甘特图作为主导, 显示了项目遵循的关键路径; 所有项目成员的目标、里程碑和责任; 以及从开始到结束分配给项目每个阶段的完成时间。

新团队从现有政权那里继承了一些目标, 还清楚地了解一些新的目标; 现在没有模糊的机会。LIGO 将于 2001 年组装, 进行一年的试用, 有两年 (2003 年和 2004 年) 用干涉仪收集科学数据。仪器的灵敏度和预期的占空比沿用上一个团队的目标, 并作为承诺列出。占空比 (在两年的 "科学运行" 过程中, 完整的双站点探测器被期望全功能工作的时间比例) 将是 75%, 但是只承诺了一年的数据。[②] 当然, 对引力波的探测没有任何承诺, 因为项目经理无法控制引力波的源。[③]

[①] 巴里什已经在加州理工学院 LIGO 监督委员会任职, 所以他知道需要什么。关于高能物理文化各方面的讨论, 见 Traweek(1988) 和 Knorr-Cetina(1999)。

[②] 因为有计划的停机时间进行日常维护, 这个差异可以消除。我相信, 75% 的数据包括这些停机时间, 剩下50%的 "运行" 时间。

[③] 保守的计算表明, 只有运气非常好, LIGO I 才能发现任何事件。然而, 雷·外斯表示乐观; 他说, 在电磁天文学中, 每当一种新的仪器 "正常运行", 灵敏度增加时, 意外的源就会增加, 这同样适用于 LIGO I, 它比以前的引力波探测器灵敏了几个数量级。不管外斯是否正确, 这个论证似乎是错误的：电磁仪器从成功的基线开始, 而引力波仪器从来没有看到过任何东西——我们正在乘以零, 就是这样。如果这个论证没错的话, 人们可能会认为乔·韦伯的原始仪器肯定检测到了一些东西, 因为它比以前任何东西都灵敏得多。当我告诉他这一点的时候, 外斯的反应是, 直到现在, 我们才达到了使论证合理的灵敏度水平。

现在 LIGO 的目标已经非常明确，一些科学家认为，新的领导层已经有效地重新确定了项目的目标；它的设计不再是为了启动引力天文学，而是为了在灵敏度太低、无法检测到显著通量的水平上实现可靠性。从一开始，LIGO 的资金要求就以需要升级才能实现真正的引力天文学为前提，这种定义的明显变化即使发生的话，也是微妙的；与其说是 LIGO 的技术规格变了，不如说是优先研发的重点变了。① 这可以追溯到如何平衡两个选择：是冻结设计并开始建造，还是继续探索科学。一位评论者很好地表达了这个问题：

> 我认为这是一种智力上的功能分离。如果你知道自己正在建造一种仪器，你就可以继续了。如果你试图做科学，你就会陷入 (提到某个人的名字) 的困惑，总是想做科学，但不知道如何建造最好的仪器。是那种紧张。因此，你没有明确的计划和目标，在特定的时间 (可以实现)，而且你一直有更多的想法。两者都是必要的，但是如果开始做大的建设项目，你需要蓝图。(2000)

当然，建立全尺寸的引力天文学的长期目标没有变。在 LIGO Ⅰ 的整个建设过程中，必须考虑到安装更灵敏的几代干涉仪的潜力。② 这只是权衡的问题。例如，在 LIGO Ⅰ 中决定使用单级摆，尽管多级摆正在开发中。如果主要的目标是不考虑财政和政治背景、尽快实现引力天文学的繁荣，就可能搁置 LIGO Ⅰ，而研究更复杂的摆。我并不认为这是正确的技术选择，但选择不做也是一种决定，让关键的科学家把正在发生的事情看作对项目的重新定义。新领导层的选择往往增大了 LIGO Ⅰ 按期实现承诺的灵敏度和占空比目标的机会，尽管有些人认为这些承诺过于雄心勃勃。就像巴里什对我解释的：

> 当我们开始的时候，我们几乎面临绝境。NSF 已经到了最后关头，这个项目必须迅速上马，我们必须做的一件事就是确保我们能够以按时达到目标的方式来完成它——按照承诺做技术上的事情，等等。(1999) ③

> 我们列出了一堆可以改进的东西。为什么我们不把它们放在原来的 LIGO 中——为什么？很简单！如果我们把它们放在原来的 LIGO 中，它们可能不会起作用；我们会用另一种失败的方式花费所有的时间，也就是说，你打开这个东西，你不知道如何让它工作，因为你把一切事情都搞砸了。因为从一个你知道的想法，制造一个更灵敏的探测器，到一个真正能在这种环境下工作的东西，需要大量的测试并发现它的缺陷，等等——在友好的环境中，而非不友好的环境——不友好的意思是，在真正的 LIGO 中，让这个"大怪物"工作。

> 因此，我们一直认为，在把这件事与 NSF 给我们的东西结合起来时，我们必须在各个方面都是绝对保守的。最糟糕的是把不起作用的东西组装在一起，这完全不同于另一种失败：把有用的东西组装一起，但是信号太弱，所以看不到。④(1996)

---

① 技术路线的成败可以根据技术含义的解释方式重新定义，相关的讨论请参阅"新技术社会学"中的工作。可以看到，对 LIGO 项目早期阶段的任何重新定义，都是按照"技术的社会建设"理念进行的灵敏干涉仪建设活动 (见 Bijker, Hughes, Pinch(1987) 和 Bijker(1995))。

② 当时称为 LIGO Ⅱ 和 LIGO Ⅲ，等等。

③ 这当然是事实。由于沃格特制度的崩溃和最有创造力的科学家德雷弗被解雇的负面宣传，这个项目陷入了严重的麻烦。在这个时候，项目很容易被关停。NSF 的发言人告诉我，在整个事件中，他们对国会议员都非常诚实，他们感到很幸运，国会决定做正确的事情——部分是为了对诚信表现作回应。

④ 然而，这次采访继续强调，大约 10% 的预算应继续用于高新 LIGO，一旦 LIGO Ⅰ 的科学运行结束，就可以把它组装到一起。

这种方法使 LIGO Ⅰ 的构建过程能够转向一种协调的风格，用预先设定的计划和议事规则取代基于进展情况的、随时随刻的判断。巴里什和桑德斯为设施和干涉仪制订了计划，或者开始尝试制订计划。巴里什介绍了与这个转变有关的组织方法：

> 所以我们尽量不要太聪明，建立的组织必须考虑物理学家喜欢的生活方式或研究人员喜欢的思考问题的独特性，这个组织充当了桥梁。[①] 我已经说过，从一开始，这就是完全传统的——这正是建筑公司开展复杂的建筑项目的方式——一些人在上面——一些在下一级向他们报告的人——再下一级向他们报告的人。每一层都有具体的任务、责任、预算、时间表，所以我们做的一切就像自己是桥梁建设者一样。即使是建立物理实验，这也是最有效的方案，信不信由你，因为我见过很多实验都是这样建立起来的，尽管通常做得不太严格，因为你确实喜欢考虑到你想要一些灵活性和新想法的事实，以及这个和那个。我们很好地把它拒之门外，尽管我们确实改变了一些事情……[②] 但大多数情况，我们只是戴上墨镜，向前迈进。(1999)

当他们接管的时候，巴里什和桑德斯改变了 LIGO 的管理风格。我们可以自信地说，在自治到协调组织的规模上，巴里什和桑德斯与三巨头完全相反，沃格特处于中间。[③] 必须指出的是，巴里什和桑德斯意识到，他们的"桥梁建设"方法不会贯穿整个项目。正如巴里什跟我解释的那样，"我们从一开始就知道，当你开始做研究时，这根本不是你想要的那种组织，在这种情况中，研究意味着打开干涉仪。"(1999) 到 1997 年，巴里什建立了另一种组织，称为 LIGO 实验室，而不是 LIGO 项目。这是为了有更多的传统研发的味道。起初，实验室是他的"影子组织"，与项目并行运行，最初只有很少的人员。到 1999 年年底，这个设施已经完工，所有工作人员都被吸收到实验室。[④]

34.2 沙漠风暴

巴里什和桑德斯当时就认为，转向桥梁建设工作方式所涉及的动荡是暂时的。桑德斯说他和团队谈过了，并告诉了他们：

> LIGO 项目是科学家经历的一场"沙漠风暴"。你必须蹲下来，躲避沙漠风暴的压力，等着它过去，但是，沙漠风暴过去了……太阳出来了，我们表现得像科学家。(2000)

从沃格特到巴里什-桑德斯制度的转变，最容易通过新管理层与加州理工学院从事 40 米干涉仪工作的科学家的冲突来审视，40 米干涉仪是德雷弗在 20 世纪 80 年代建造并在沃格特任职期

[①] 进行这次谈话的背景是，采访者和受访者都承认，他们认为心怀不满的物理学家对巴里什-桑德斯风格有很多抱怨 (见下文)。

[②] 在巴里什政权开始后的一两年里，激光的波长改变了。

[③] 当然，"修理"的需要仍然存在：钢的表面处理、接头的泄漏、真空系统中的阀门失效、设计不良的光挡板、渗水的橡胶部件。这些问题要么无法预见，要么必须用无法事先采用的方法加以解决。(在沃格特负责期间，真空管道的排气和烘烤系统问题已经解决，制造光束管的合同已授予技术精湛、令人印象深刻的芝加哥桥铁公司。) 但这些都是高能物理学习惯处理的日常故障。关于人类行动和组织中的常规和非常规，非常详细的相关讨论请参阅 Collins, Kusch(1998)。

[④] 这并不涉及人员的实际流动，只是改变了术语和方法。巴里什告诉我，该项目不可能顺利地发展成为实验室，因为前者是很"极端"的组织。因此，该项目自行运营了三年，实验室才于 1997 年重新开始。

间重建的探测器。① 这个干涉仪是世界上最大的原型，最初被认为是 LIGO 的主要研发工具。它还打算成为 LIGO 科学家队伍不断壮大的训练场。

40 米干涉仪小组的成员是美国最有经验的干涉仪科学家，但是在巴里什-桑德斯的管理制度下，他们中的许多人很快就退出了这个项目。新管理制度承诺的沙漠风暴之后的平静前景并不吸引他们。他们相信，巴里什和桑德斯认为的平静天气，按照他们习惯的自主科学标准来看，仍然是暴风骤雨。

34.3　改变工作实践

在某种程度上，40 米干涉仪人员的逃离可以用平凡的原因解释。当新的管理层接管一个组织时，现有工作人员往往会感到职位受到威胁。巴里什和桑德斯解雇了一些初级技术人员，认为他们的工作没有做对，这让 40 米干涉仪小组的科学家感到不安。② 巴里什和桑德斯带来了自己的人，让他们成为 40 米干涉仪科学家的上级。

对一些科学家来说，这种新的组织方式是痛苦的。1996 年，一个仍在参与这个项目的人告诉我：

> 罗比每周都和科学家 (至少是加州理工学院的科学家) 见面，每周都和他们见面几个小时，就这个项目、进展如何等问题与他们交谈。工程师们主要向 (其他人) 报告，然后向罗比报告。如果你现在看这个组织，你会发现……这些设施……工程师直接向项目管理部门报告。
>
> 科学家 (现在) 向 (其他人) 报告。因此，如果你看看就知道，科学家不再是具有相当特权的角色，罗比认为他们在某种意义上是企业的股东——重要的人，将要继承这个设施并使用它的人。他们在组织里的地位逐渐下降，一般的科学家可能每年与 (主任) 接触不超过两三次。实际上，他们很少与主任进行一对一的交谈……因此，我认为，科学家们看到自己在组织中的地位下降了……在这群不满意的科学家中，有一股明显的暗流——他们感觉自己无足轻重。
>
> 所以——罗比的管理并不完美。我认为许多工程师在罗比的统治下感到有些压抑，他们没有被赋予权力——没有被授权做他们想要的工作——没有得到欣赏，等等——但罗比对科学家很好。我认为它在很多方面都是相反的。(1996)

一位离开的科学家告诉我，沃格特支持科学家，告诉他们说他们比工程师干得更开心 (做更

---

① 这里谈论的是五六个科学家，但在这种研究的背景下，这仍然是很大的数字。在这种情况下，一个平凡的因素是，离开 40 米干涉仪的大多数科学家去邻近的喷气推进实验室 (JPL) 工作，这样换工作很容易，因为没有家庭生活的动荡。JPL 在帕萨迪纳，距离加州理工学院几千米，由它全面管理。然而，由于资助的方式，它通常可以支付比加州理工学院本身更高的研究科学家工资。加州理工学院的员工和 JPL 的员工经常见面，他们很容易地讨论各自的就业前景。由于这些原因，加州理工学院对 JPL 挖人的能力存在一些不满。如果 JPL 不是这么近，离开 LIGO 的人可能会更少，但不满还是一样的。离开这个项目的其他科学家，有一两个去了其他地方的学院工作，这也是必然会发生的事情——这与加州理工学院内部的推动无关。麻省理工学院位于离加州理工学院 5000 千米的地方，或多或少地感受不到这些组织动荡，无论如何，有充分的理由认为，就其在该项目中的作用而言，管理制度的更换是一项积极的举措。

② 这是技术原因，由于他们对新管理层希望安装的数字电子产品缺乏经验 (见下文)。尽管如此，曾经负责的科学家却认为失去了控制。

有趣的科学)。他对新管理制度的感受大不一样：

> 没有试图让科学家在目前的结构下干得开心——恰恰相反。如果我试图树立管理哲学的典范，我会说 (他们用人的悲惨程度来衡量) 成功。越痛苦越好。(1997)

另一位离开的科学家对变化后的工作实践感到痛苦：

> 这是一种气氛，你有一种感觉，他们期待着按照时间表取得结果。这是在 40 米干涉仪原型的背景下进行的，没有人尝试过让这样复杂的机器运行。
>
> ……我记得有一天 (项目领导) 说："我不在乎你们做什么，我只想确保在任何特定的时刻，实验室里至少有 3 个人。我不在乎——你可以扫地——我要实验室里有 3 个人。"这就是他的方式。
>
> ……我在 40 米干涉仪小组工作了两年半……在开始和中间，我的大部分时间都在那个实验室里度过。有无数个晚上，我没有在半夜前离开……只是因为有必要搞清楚做错了什么，有什么问题。有一天，我收到了项目经理的一封电子邮件，他正在写一份时间表：从 4 点到 8 点，不管做什么。"40 米干涉仪必须正确使用，你们必须开始工作。"我去找他，我说："你知道吗……如果你感兴趣的话，你刚才分发的时间表，如果按照它做事情，我会很高兴，因为它比我目前的工作少，你把我的工作削减了 3 小时。"(1997)

另一个离开的成员告诉我，正如前面引用的那样，"有时候做事情，有时候认真思考你在做什么。"(1997) 然而，新的项目经理的看法截然不同：

> 当我来 LIGO 的时候，我看到一群人，我经常跟人说："这里看起来像是受气媳妇的避难所。"
>
> 那时候我看到，人们在 9 点到 9 点 30 分进来——打开激光，用 1.5 小时的时间预热，然后工作 1~2 小时，试图调试一些东西，然后吃午饭，休息 1~2 小时，在这段时间里，有些人去健身房游泳 1 小时，然后在阳台上坐 1 小时，在"油腻屋子"(加州理工学院的食堂) 里跟人们打招呼，然后在下午 2 点回到实验室，也许工作几小时，然后在 5 点 30 分左右离开，然后关掉一切，所以它冷却下来，失去了工作状态。然后整个事情又开始了。因此，在一周 (168 小时) 的时间里，能够取得真正进展的小时数——真正让人头疼的工作——实在是太少了。实验不能这样做。我这辈子一直做实验，当你打开这个东西时，这个装置中有一个命令，它说："让我处于已知的状态，用理智的方式从一个态改变到另一个态，研究我。"所以当我开始催促延长工作时间的时候，我也注意到，在 9 点到下午 4 点之间，经常会有六七个人，但是在 8 点 30 分没有人。
>
> 所以我开了几次会。我说："你, (被点名的人), 你是这里的资深人员。我要你做的是，安排好你的人。有些人应该在早上 7 点来上班，工作到三四点，有些人应该在晚上 9 点或 10 点来上班；如果有足够的人，我们可以全天候工作。让我们打开激光，永远不要关闭它。让我们的轮班，重叠半小时。让我们进行一个'切换'——智力切换 (在换班时)——'你一直在做什么'和'有什么困难''我不能让它这样做''让我们看看，你在接下来的 8 小时里能做什么'。"

这就是实验的工作方式,如果你参观过核物理和粒子物理实验,很多天文学实验。有一个团队——轮班与切换,机器是打开的,被照看得很好,人们了解它的状态,轮班的人知道哪些事情不正常,知道这东西的健康情况,轮班的时候交换它的健康信息——对吧?这一切都没有发生;每天晚上都要休整——效率太低了。

我必须告诉你,我不遗憾——不!不!不!——关于过去的事情 (最终失去了许多工作人员)。我试图指导这些人,给他们展示,用六到八个物理学家从仪器中提炼出最好的科学原理。我给了他们安排一周计划的模型,安排时间做关机和维护,安排时间做安静的实验;这些都是非常简单的例子。(1997)

40 米干涉仪小组的一名前成员以不同的方式看待这个过程:

我们有一些人在实验室里努力工作,试图解决一些技术问题,他坚持严格的时间表——似乎是武断的规则,比如"不,我们不能一起吃午饭,因为必须时刻有人待在实验室"——这有些违反鼓励研究的精神。这些事情让我感到困惑,我相信我也让他感到困惑。(1997)

34.4 科学的常规化

这个争端的产业关系层面与高能物理方法带来的更复杂的文化变化密切相关。新领导层对引力波探测科学有不同的概念,特别是对核心的科学 (干涉测量) 有不同的概念。

在最普遍的层面上,由于他们的经验,高能物理学家比其他科学家更倾向于相信世界的可重现性和科学对常规化的适用性。LIGO 领导人巴里什先前引述的强烈主张概括如下:

运行这些干涉仪并不神奇。可以进行分析和系统研究。(1999)

项目经理桑德斯也来自高能物理,他说:

高能学界做的事情是,处理一个非常复杂的问题,敲打它,直到能控制它,而且应该是可复制的,然后继续制造一百万个这样的问题……我甚至对自己说——我很高兴脱离了高能物理,因为你在实验中做的大部分工作是这种大规模生产。然而,LIGO 更像是一次性的。但实际上,你必须把一些复杂的东西变成常规的,在这方面,情况是相同的。(2000)

此外,一位长期参与这个项目的科学家说:

这方面的大部分历史往往是工艺多于工程,也许工艺多于科学……有很多事情可以在非常注重进度和注重成本的工程模式下运作。干涉仪本身的实际构造只是一个很好的工程问题。但是必须有一些东西是……更多的工艺,很难确切地知道如何平衡这些东西。(1996)

沃格特则认为,科学还不成熟:

我以前工作过的其他领域——射电天文学和高能天体物理学——当我给系统引入变化时，它们起作用。因为这个系统是成熟的；一个完全成熟的学科，有很多专家，如果我不知道答案，我有几百人可以交谈，他们让我走上正轨。

……(但是) 例如，在加州理工学院的 40 米干涉仪小组，当我们重新组合光束时，我们发现噪声比预计的高了 2 倍。你知道，我们已经研究了 8 个月，但还是一样。你知道，我相信 40 米比 4 千米更容易工作。因此，如果我们在 40 米干涉仪中遇到这些问题，不能让它工作，就会产生非常严重的影响。(1996)

在谈论这个分歧的细节之前，我将把它放在更大的背景下。

第 35 章　机制和魔法

我认为, 40 米干涉仪小组与新管理层的争吵, 可以看作 LIGO 从小科学向大科学发展的一个症状, 但也是关于模型在物理学中的作用的争论。

LIGO 物理学家： 我记得我的顿悟。当我是麻省理工学院的博士后时, 我旁听了工程系关于建模技术的课程。这门课有点奇怪, 我一直觉得自己像个局外人, 因为我意识到, 每次教授想要一个例子——如果你是物理学家, 他会说, "让我们这样处理谐振子的简单情况"——他总是说, "让我们这样处理内燃机。"

然而, 有一天, 教授说: "没有完全的模型。" 当我第一次听到它的时候, 我认为这太离谱了——(我认为) 这太武断了。直到后来, 我才意识到, 它不仅正确, 而且深刻, 这是深刻的陈述, 我从来没有听过任何物理学家说。虽然优秀的物理学家知道, 但从来没有讲授过。在物理课程设置的过程中, 通过暗示来传授这种相反的东西。它是通过说 "假设你有 X" 来教你的, 它给你列出模型, 你解方程。我们很少问, 在现实世界中, 在我们关心的这件事中, 这个模型对吗?

我认为一般的实验工作者都擅长这个, 至少好的实验工作者能够提出一堆问题, 列出一堆担忧, 然后开始问: "好吧, 我应该包括什么, 不包括什么?" 因此, 我们学界的很多人都是无意识地这样做的, 但当我第一次听说它时, 还是感到很吃惊, 意识到我不认同它。

然后我想起你 (科林斯) 在桌边 (他提到了先前的一次谈话, 讨论了类似的观点), 非常贴切地提到了你的管理文件 (这些章节的草稿) 中最大的争议, 你露出尖刻的笑容, 说: "干涉仪不是魔法。" 当然, 你的意思是 (提出巴里·巴里什和鲍勃·斯佩罗 (Bob Spero, 40 米干涉仪小组的关键成员) 的论证, 这一点很重要)。有一种感觉是对的。从他们的引文里, 你可以得到一种感觉, 每个人的立场都太极端, 我认为他们中的任何一个人都不会真正平静地辩护。

当巴里说干涉仪不是魔法时, 他并不是说你的第一个模型要包含一切, 但他确实意味着你应该尝试建模, 继续敲打模型, 直到它同意为止。同样, 鲍勃给人的印象是只有深刻的直觉才能做到这一点, 他并不是说模型没用, 尽管他自己实际上不太注意建模, 但是我相信他不会为这一点辩护。

科林斯： 这是巨大的压力。有时物理学家说话就像世界可以建模, 有时却不可以。

受访者： 没错, 有时候, 对话没有意义, 除非每个人都知道 "我们是在谈论模型还是在谈论现实世界？"几年前，在锡拉丘兹举行了一次关于黑洞的物理学术讨论会 (碰巧是第 24 章讨论的一件事情) 之后，我对这一点有了顿悟，或者至少对人们在一件事上比另一件事上更倾向于生活的方式有了顿悟……我和我的朋友在座谈会后走出了房间，我问他："黑洞有这样那样的性质吗？"我不记得那是什么了。

他转向我说："你指的是经典相对论、弦论、量子引力还是超引力？"我说 (受访者刻意强调)："**不，在现实世界中，它们有这种性质吗？**"他笑了，说："我不知道！"起初我想掐死他，然后我意识到自己开悟了。(2000)

关于模型作用的争论要么是大的，要么是小的。小的争论是，虽然我们总有一天能够很好地模拟世界，按照计划和时间表建造引力波探测干涉仪这样的设备，但我们还没有达到这个目标。我相信，这就是 40 米干涉仪小组相信的。

大的争论是关于我们与世界的关系的性质。正如我在"导论"里说的，这是两种不同的看法：一种认为世界是精确的、可计算的、可规划的，只是等着我们做出正确的总结；另一种认为世界是黑暗和无定形的，通过猜测我们有时候能够理解其中的一部分——如果我们有足够的技巧抛掷理解之网。现代科学的发明可以说是现象这个概念的发明——现象的潜在关系保持不变，像时钟的发条组件一样驱动世界，只是隐藏在杂乱无章的环境里。科学家的工作是剥去特殊性，把普遍性暴露出来。在适当的时候，即使是曾经看起来特别的现象性质也将变得清晰——噪声将成为信号，科学朝着理解世界机制的方向又迈出一步。我们可能会把引力波探测科学看作这种思想的物质隐喻或模型：LIGO 的整个创意是将探测装置与世界隔离开来，只有纯粹的现象——引力波——才能被看到。如果不能做到这一点，就要很好地理解剩余的"噪声"，从现象中减去它。[1]此外，以前的噪声将成为现象，直到理解了整个机器。

科学在这个项目中的成功是巨大的，然而，每当它似乎要实现梦想的时候，就会发生一些奇怪的事情。量子拒绝被网捕获；数学被证明有不可弥补的差距；复杂性威胁着整个网的消失；谁知道会有什么惊喜。

说起来好像很奇怪，但是跟理解网络与人类社会生活的关系这个大问题相比，这些都是小麻烦，很容易处理。我们造网撒网，也许是自欺欺人地想知道外面有多少东西等着被抓住。社会学家一次又一次地揭示，秩序的出现往往是一种幻觉：它是由被忽视的但持续不断的由人来"修复"的秩序之网维持的。只有当官僚机构的操作人员不断地打破规则，从而让操作顺利进行时，官僚机构才能顺利地运行；用非人类的操作者取代人类操作者，或者用只受过粗浅训练的人取代操作者，结果就会导致效率低下。[2]"智能"机器想要在各种技术岗位取代人类的角色，但是只能达到一定的程度，甚至根本不能工作，除非人类纠正他们的持续和潜在的灾难性错误。拼写检查器、自动翻译程序和语音转换器等设备突出地说明了人类语言不愿被网络捕获。更仔细的检查表明，即使是计算器——算术是一种秩序范式——也依靠我们来理顺抽象世界和现实世界的联系。[3]也许机械世界只存在于我们的梦中。

转向科学，科学知识社会学更喜欢反向的因果箭头，从社会时空的波浪指向用它们代表的现象。难道这幅画包含了比比喻更多的东西吗？难道秩序是发明和强加的，而不是被发现的吗？我们可以调查的东西，能够告诉我们些什么吗？不，因为我们梦想的任何调查都不会触及本体。反

---

[1] James McAllister (1996) 非常清楚地表达了这一点，描述了伽利略所使用的思想实验作为对环境的最终剥离，以及一种向现代科学展示道路的方法。这样看待科学的时候，在第 14 章中使用的"公主和豌豆"的比喻是恰当的。

[2] 见 Gouldner(1954) 和 Garfinkel(1967) 第 6 章，标题是："好的组织原因，'坏的'诊所记录"。

[3] 关于其中一些主题的详细和扩展工作，见 Collins(1990) 和 Collins, Kusch(1998)。

复发现的严重的无序，可能会被用来揭示世界的一些深刻的东西，或者仅仅是缺乏才智和暂时的挫折。当秩序不愿在干涉测量中出现时，是科学在宇宙中的地位不够呢，还是 LIGO 还没有达到可以进行前瞻性规划的阶段呢？是我们错误地强加了这样的秩序呢，还是超灵敏干涉测量的秩序还没有得到充分揭示呢？是没有完全的模型呢，还是干涉仪的模型不完全呢？[1] 无论是哪一种，看待事物的反向因果方式确实突出了科学生活的不同方面，这些方面在科学实践中表现出来；社会学的看法将我们的目光重新引导到本来可能停留在注意范围以外的事物。从 40 米干涉仪小组和 LIGO 新管理层的分歧中，可以看见这些东西。

35.1　网络的网格和知识的转移

多年来，社会学家看待事物的落后方式在其他地方造成了这种差异。一方面，是科学知识转移的模式。如果网络和世界匹配，世界的知识就很容易转移。它可以用准确、共有和符号性的方式反映现实，可以在科学家之间自由移动，携带所有需要知道的信息。任何关于模型不完整的东西都不重要。另一方面，如果模型中的缺口很严重，符号性地转移知识的尝试就会失败。从符号表示的网络上的洞里掉下来的东西，将是至关重要的。

现在，碰巧在某些实验能力的转移中，模型中的缺口很重要。当然，在那些已经详细研究过的困难的新科学的情况下，知识的转移似乎必须知道如何应用模型，他们知道如何应用模型和配方，以及如何修补网络中的缺口，而不仅仅是通过信息、模型或配方本身的转移。只有已经学习了典型的人类网络修复能力——这里的模式是学习一种新的口语——才会进行技术转移。这方面的一个早期例证是转移了制造新型激光的技能。一项研究表明，在 20 世纪 70 年代早期，横向激发大气 (TEA) 激光器[2]的成功制作者都跟其他成功的 TEA 激光器制作者有社会联系，而那些没有这种关系的人失败了。[3] 要成功地制作 TEA 激光器，你似乎必须学习制作激光的文化或语言，而不仅仅是遵循一套指令。在社会学术语中，对于 TEA 激光器的情况，适合知识转移的是"适应模型"，而不是"算法模型"。

关于 40 米干涉仪小组和新管理层的争论，需要了解的大部分内容可以从这样的角度看：每个团体当时认为，关于干涉测量的知识可以在多大程度上以符号形式充分习得。40 米干涉仪小组没有写多少东西，但他们可以声称，这并不表明他们没有开发出与干涉测量有关的大量知识和技能。然而，知识和技能体现在他们的实践和话语中，不能够解释。因此，他们对 LIGO 项目的价值不能体现在文字材料上，而是定位于他们的经验的独特性和范围——他们仍然能够直接应用于 LIGO 干涉仪的工作或通过社会互动转移到团队的其他成员。以前曾经把这个问题描述为隐性知识的转移问题。[4]

---

[1] 我不认为 40 米干涉仪小组的成员考虑过任何这样的哲学"大"事。

[2] 译注：这是一种氮气激光器，利用横向放电来激发，可以在室温和标准大气压下工作。

[3] 见 Collins(1974, 1985/1992)。在这个案例研究中，所有失败的人都没有社会关系，当然，总是会有相反的案例；毕竟，激光的发明者肯定无法向其他人学习。然而，我们在这里处理的是能力的转移，不是再发明。

[4] 我不确定 40 米干涉仪小组是否真的会这么说。从某种意义上说，我发明了一个理想的 40 米干涉仪小组，然后发明了这个团队可能使用的论证。因此，我把这件事放在隐性知识的转移方面，而不是 40 米干涉仪小组。

35.2 什么是隐性知识?

科学家拥有"隐性知识"的想法首先由物理化学家迈克尔·波兰尼 (Michael Polanyi) 提出。已经证明, 隐性知识对刚才描述的激光制作、核武器的发展、生物程序和兽医外科等产生了影响。还有关于隐性知识和专家系统以及其他"智能机器"的新兴文献, 而隐性知识的哲学及其实践的一般概念则是充实的。[①]

为了本书的目的, 隐性知识的概念可以从科学家的实践出发, 而不是从通常的哲学论证出发来发展。有些科学家可以做某些实验或测量, 而另一些则不能。这可能是因为有些人在手眼协调方面或其他实验技能方面很差; 可能是因为不成功的那些科学家手头没有合适的设备或标本; 也可能是因为他们缺乏隐性知识。为了讨论的方便, 避免进入哲学的深水区, 我用一种简单的方式定义隐性知识: 可以通过个人接触在科学家之间传递的隐性知识或能力, 但是不能用公式、图表、口头描述或行动指示来说明或传答。当隐性知识的转移有问题的时候, 有时可以通过互访来解决: 实验工作者李四不能完成测量或者让仪器工作, 往往会在已经完成的实验工作者张三的实验室花些时间以后成功, 或者让张三在李四的实验室工作一段时间。

至于 40 米干涉仪小组, 他们对干涉测量的隐性知识只能通过把他们都留在小组里来保存, 其他人可以通过观察和非正式地与他们谈论他们的工作来学习。新手通过生活在言语流利的"干涉测量人"群体中来学习干涉仪的制作语言, 他们只能通过这种方式学习干涉测量 (除非重新发明), 就像只有通过生活在流利运用该语言的人周围, 才能让口语流利一样。为了试图打破这种情绪, 我们可以说, 至少有 5 种科学知识可以通过个人接触, 而不是书面或其他符号形式, 在有成就的科学家张三和新手李四之间传递。接下来的小节不是为 40 米干涉仪小组辩护; 相反, 我只是把一个案例系统化, 无论团队具有高水平的独特技能这件事有没有现实基础。

35.2.1 隐藏的知识

定义: 专家张三不想把"交易的秘诀"告诉其他人, 或者期刊提供的篇幅不足以列入这些细节。一次实验室访问揭示了这些东西。隐藏的知识不是非常有趣或微妙的范畴, 甚至不应该被描

[①] Michael Polanyi (1958) 发明了"隐性知识"这个词。Collins (1974, 1985/1992) 讨论了 TEA 激光器。MacKenzie 和 Spinardi (1995) 考虑隐性知识和原子弹设计。Jordan 和 Lynch (1992) 以及 Cambrosio 和 Keating (1988) 谈论生物流程。关于兽医流程, 见 Pinch, Collins, Carbone(1996)。关于应用于一般专家系统和机器的想法, 见 Collins(1990); Collins, Kusch(1998) 以及 Goranzon, Josefson(1988) 里的文章。关于这个想法的批评, 见 Turner(1994)。关于这个批判的讨论和对隐性知识概念在科学社会学中的应用方式的分析, 见 Collins(2001a); 关于这一点, 以及维特根斯坦 (Wittgenstein, 1953) 实践重要性和现象学传统的思想的根源, 见 Schatzki 等 (2001) 的其他文章。

奇怪的是, 约当和林奇在讨论生物制剂中工艺做法的持续变化时, 没有使用"隐性知识"这个术语, 也没有提到以前存在的和众所周知的关于物理科学中探索的相同主题的文献。坎布罗西奥和基廷强调科学家自己使用类似的类别, 描述他们的作品中的"艺术"和"神奇"方面, 就像在这里发展的那样。他们声称, 科学家自己的分类比社会学家开发的分类更清晰也更有用。在对隐性知识的描述中, 成功的一个标准当然是, 对科学家来说, 结果是否可信——也就是说, 它是否符合他们理解的世界。在本章中, 我试图比物理科学中常见的更系统地探索这个世界, 然后得出一些肯定不同于科学家目前实践的含义。在科学家看来, 这一切都是失败的, 我相信, 这仍然是一项值得的工作, 因为科学知识社会学是为了非科学家而探索科学知识的世界。

述为隐性知识的形式。知识转移的局限性涉及后勤或故意隐藏,因此,转移隐藏的知识失败了,这跟我们对干涉测量等科学的理解水平无关。事实上,科学家知道如何隐藏知识这个事实表明,这并不是真正的隐性知识——他们知道如何以某种符号形式表示它,否则他们不会故意隐瞒它。这个类别不适用于 LIGO 的新管理层和 40 米干涉仪小组之间的争论,因为管理层认为 40 米干涉仪小组不是故意隐瞒,而是没有什么可隐瞒的。

接下来的 4 类隐性知识更有趣。它们揭示了一些原因,无论我们写了多少,可能都无法以其他方式表达我们知道的,除非通过展示相应的行动或在最广泛的意义上参与讨论。

35.2.2　不受关注的特性

定义:在困难的新实验里,潜在的重要变量的数量是无限的,不同的实验工作者专注于不同的变量。因此,张三没有意识到需要告诉李四用某些方式做事,李四不知道要问的正确问题。当双方互相观看工作时,问题就解决了。

这个 40 米干涉仪小组对干涉测量有无限量的了解,根据定义,他们不能把它们全部写下来。他们可能已经做出了选择,决定写什么,不写什么,不符合潜在的 4 千米干涉仪制造者的知识缺口,但考虑到问题的规模,他们没有办法通过写作来解决问题。然而,新手也许可以通过与更有经验的同事合作来学习这些东西。

35.2.3　明示的知识

定义:诸如单词、图表或照片不能传达但可以通过直接指点、演示或感觉来理解的信息。

第 2 类和第 3 类之间的区别是:在前一种情况下,如果有无限量的纸张,一切都可以用符号说明;在后一种情况下,即使有无限量的纸张,人们也不知道如何写下自己知道的,因为我们不知道如何表达它,除非共同操纵物质对象。这个类别可以应用于 40 米干涉仪小组的隐性知识。

35.2.4　没有认识到的知识

定义:张三以某种方式做实验的某些环节,但没有意识到它们的重要性;李四在访问期间养成同样的习惯,但任何一方都没有意识到任何重要的事情已经传递出去了。许多没有认识到的知识随着科学领域被更好地理解而得到承认和解释。

在这里,实验工作者不知道自己知道一些关于如何操纵仪器的事情,所以永远不会想到把它们写下来。在那些试图重复乔·韦伯的实验 (第 6 章) 的例子中,提到了这种问题,最引人注目的描述是有一位科学家说:“制作全同的拷贝是非常困难的。你可以做一个近似的,但如果事实证明,关键是他粘传感器的方式,他忘记告诉你,技术人员总是把一本《物理评论》放在上面做重物,结果可能就完全不一样了。”

当然,用“忘记”来解释,可能会错过这样的观点:如果你不知道这很重要,就没有什么可以忘记的了。对于建造 TEA 激光器的情况,有一个例子是“顶部导线的长度”。只有顶部导线小于 20 厘米的激光器才能工作，但没有人知道这是关键的变量。然而，复制其他人的物理实现激光的布局将意味着顶部的导线足够短，激光有可能发挥作用——根据电路图做，就不会。因此，如果科学家们第一次花时间在成功的科学家实验室，他们就有更好的机会制造出可以工作的激光，但他们说不出原因。我们不知道这个 40 米干涉仪小组掌握了多少没有认识到的知识。无论如何，LIGO 的新领导层希望更多的知识更快地得到解释和承认。他们担心的是，科学（对知识的正式捕捉）进展得不够快。

35.2.5　未知的 / 不可知的知识

定义：一个人做一些事情，比如用母语说可以让别人听懂的短语，但不知道自己是如何做到的。这种能力只能通过实习和无意识的模仿来传递，他们在实验实践的各个方面是相似的。

不可知的知识是哲学上最有争议的案例。还原主义者说，总有一天，我们所有的能力都会在身体和大脑的物理和化学水平上得到理解，这样第 5 类就会变成第 4 类；其他人则认为，语言等能力是不可约化的社会能力，永远不会在大脑功能水平上得到理解。[1] 这两种看待世界的方式都与我说的大问题有关：世界是现成的，适合我们理性的网，还是我们最多只能抓住它的一点儿？不时地捕捉一点儿，会不会误导我们认为自己能抓住一切呢？

如前所述，为了达到我们的目的，我们不需要决定这个大问题。当我们研究隐性知识的工作方式时，一些或所有未知的知识是不是不可认知的，这与我们无关，有两个原因。

如果把知识视为一个整体，自然语言和类似的人类成就目前还没有完全理解，这意味着现在和可预见的未来，即使可以用语言表达的知识，也是建立在未被认知的能力的基础上，即便它们不是永远不可知的。

在谈到科学实验时，这个推理也不是那么有争议。只要科学继续发展，新的实验就会不断地经历一个没有被充分理解的阶段，而做这些实验所需的技能的某些方面，只会在实验工作者之间悄悄地流传。为了考察 40 米干涉仪小组和新管理层的争论，第 5 类可以归结为第 4 类，所以我们不需要担心还原主义的问题。

35.3　蓝宝石的 "Q"

在谈论 40 米干涉仪小组以前，我们描述 20 世纪 90 年代末引力波科学的插曲，以便进一步探索上面这些分类。这是测量蓝宝石的品质因子 "Q"，有人建议用蓝宝石材料作为高新 LIGO 的镜子的基板。

在 20 世纪结束前的大约 20 年里，莫斯科国立大学布拉金斯基领导的研究小组，作为更大的低耗散系统项目的一部分，一直声称在室温下测量的蓝宝石的品质因子高达 4×10^8。[2] 但是经过多年的努力，这些测量结果在 1999 年夏天才在西方成功地重复。未能传授如何进行测量的隐

---

[1] 这里的经典文本是 Wittgenstein(1953)。在诸如计算机是否会完全模仿社会人的成就等争论中，这类隐性知识至关重要。

[2] 见 Braginsky, Mitrofanov, Panov(1985)。

性知识, 至少造成了一些延误。

　　材料的品质因子表示共振的衰减率——如果受到撞击, 它会 "响" 多久。(响很长时间的铃声有很高的 "Q", 反之亦然。) 4×10^8 就是 4 亿, 该值与物体振动的振幅下降到初始值一半所需的时间有关。因此, 高的 "Q" 表示较长的 "铃降"(Ringdown) 时间。长时间的铃声反过来意味着物体的音调特别纯——用术语说, 它有 "尖锐的共振峰"。高新 LIGO 的镜子必须由 "Q"值尽可能高的材料制成, 共振带的尾部就会很窄。这意味着这些尾巴不太可能进入引力波的频率范围内、与干涉仪设计用于检测的信号混在一起。"Q" 越大, 镜面材料的音调越纯, 干涉仪就越灵敏, 因为噪声水平更低。俄罗斯的测量表明, 蓝宝石将是最好的材料。

　　由于蓝宝石的承诺, 加州理工学院、斯坦福大学、珀斯大学和格拉斯哥大学都在努力重复俄罗斯的测量。[①] 但直到 1999 年夏天, 在莫斯科国立大学以外, 还没有人成功地测量出蓝宝石中"Q" 高于 5×10^7。一位美国科学家告诉我:"(西方) 社会中存在一定程度的怀疑, 因为在室温下测量到超过 10^8 的唯一的真正的高 'Q' 是在莫斯科。" 一位来自莫斯科国立大学的科学家告诉我, 某些西方大学表示他们不信任俄罗斯的发现。

　　1998 年夏天, 在进行了一系列与俄罗斯主张相仿的 "Q" 测量工作失败以后, 格拉斯哥团队的一位成员访问了莫斯科国立大学一周, 学习俄罗斯技术。不久之后, 莫斯科团队的一位成员 (我称他为 "契诃夫") 在格拉斯哥实验室工作了一周。在这两种情况下, 都没有实现高 "Q" 测量。

　　契诃夫在格拉斯哥实验室留下了一块俄罗斯蓝宝石 (在对其他晶体做了一周的实验之后), 但他们能用这个样品获得的最高 "Q" 约为 2×10^7。这是在三周内试图与俄罗斯的测量结果进行匹配以后, 在此期间, 他们尝试了 20 种不同的悬挂组合, 每种悬挂组合在不同的真空压力下都有一些铃降 (实验细节见下文)。当他们最后给契诃夫发邮件解释他们的问题时, 他报告说, 他检查了莫斯科实验室的笔记本, 发现那块蓝宝石的 "Q" 没有他说得那么好!

　　在 1999 年夏天, 契诃夫再次访问格拉斯哥团队, 带来了另一块蓝宝石。经过又一周的努力, 在 1999 年 6 月中旬, 在西方首次测量了超过 10^8 的 "Q"; 对美国生长的蓝宝石样品也取得了类似的结果。随后, 格拉斯哥小组的一名成员 (在契诃夫访问格拉斯哥期间, 他也在场) 在斯坦福进行了一次测量, 没有俄罗斯人在场, 他们在斯坦福测量了一个美国生长的样本。

35.4　"Q" 测量的隐性知识

　　测量 "Q" 的方法是将晶体悬挂在缠绕在它周围的吊带上, 这个晶体可以是长为 5~10 厘米、直径为 1~10 厘米的圆柱体。吊带是一根丝或线, 缠绕着晶体, 两端夹在晶体上方的夹子中。因此, 晶体在摆的末端是平衡的, 有助于将它与来自仪器的振动隔离开。把悬挂的晶体装在真空室里, 把真空室抽成真空。晶体的一端涂有一个铝点, 作为激光干涉仪的镜子 (激光通过舷窗照进来), 用来测量振动。晶体由静电端板驱动 (设置振铃), 在晶体的固有频率下产生交流场。关掉电场, 通过干涉仪系统测量振动的衰减 (可以补偿整个晶体的总运动), 可以用图表记录器看, 也可以直接用计算机进行分析。衰变率可以转化为蓝宝石的 "Q"。对于高 "Q" 晶体, 可能需要大约

———————————————————————————————
　　[①] 俄罗斯人最近发现, 蓝宝石具有一些不太理想的特性, 可能让它不太适合作为镜子的材料。在学界中, 这个真相被称为 "布拉金斯基炸弹", 将在本书的后面提到, 但它不影响这里的论证。

20 分钟记录足够的衰变来提供良好的测量。"Q" 比较低的晶体只需要 1 分钟左右就能得到容易测量的结果。

蓝宝石晶体没有完美的模式，即使它们完全悬挂在中点附近，一些运动也会传递到悬挂纤维上；因此，正在测量的是晶体摆系统的 "Q"。系统中的能量损失将导致错误的低读数。如果摆的某个固有振动频率与晶体的振动频率相似 (为了使系统正常工作，摆的长度必须与晶体频率 "反匹配")，就可以从晶体传递到悬挂线。夹子与纤维的接触必须很迅速，避免纤维和夹子的摩擦损耗，因为它们首先进入夹持的地方——但不是太突然，防止纤维被切断。在晶体和纤维的摩擦中也会耗费能量，纤维本身也存在潜在的摩擦损失——因此纤维的选择和制备都很重要。在真空室里，振动元件与残余空气之间也有热力学损失。实验的诀窍是尽量减少所有这些损失。

通过观察契诃夫的工作，格拉斯哥小组了解到，良好的测量必须通过多次重复的试错法完成——他们了解到，即使在第一次成功之后，实验仍然很困难。正如唐纳德 (化名) 所说：

> 我认为，我们学到的最重要的东西是耐心。(我们) 也许会试验一个上午，几次试验后，我们会得到同样的 "Q"；在过去，我们倾向于说这是 "Q"。我们从 (契诃夫) 那里学到的是，他更有耐心。他要试几天，才会相信 (这样的结果)。他会很小地一点点地改变参数，因为他根据以前的工作经验知道，要这样做。这要投入大量的时间。而我们坐着看……

> 一旦你知道这样做，(你就能成功)——但在你知道以前，这是很难的。(1999)

然而，契诃夫的方法也揭示了每次运行都可以更有效地完成的方法。将真空室抽到极低的气压，需要很长时间。在每次测量之前，格拉斯哥小组要抽大约 2.5 小时，而契诃夫的实践是把时间减半，牺牲一两个数量级的真空。他的实践表明，大多数需要学习的东西都可以在更高的气压下进行，只有最终的测量需要在最低的气压下进行。契诃夫还使用了非常短的悬挂线。格拉斯哥小组使用的悬挂线的长度与最终将用于全尺寸激光干涉仪的悬挂线相同，但契诃夫使用的长度尽可能短，使得频率与晶体匹配的可能性更小 (短线里的模式频率分得更开)。因此，使用契诃夫的方法，浪费的设置较少，花费较少的时间和精力，就可以得到摆的正确长度，确保它与晶体反匹配。

我试着用隐性知识的 5 种分类来描述正在发生的事情。在这种情况下，莫斯科和格拉斯哥之间似乎没有任何第 5 类 (未知的 / 不可知的知识) 转移，因为这两个小组拥有相同的宽广的科学 "语言"。这种知识的差异只表现在与科学世界观有巨大差异的地方。

关于真空度和悬挂长度的知识属于第 1 类和 / 或第 2 类 (隐藏的知识 / 不受关注的特性)。这是因为试探运行的真空程度不太可能在一份发表的报告中专门提到；同样，摆的总长度似乎需要根据实验效率以外的其他理由进行选择。然而，在试错法的实验中，如果要进行足够的运行把测量推到极限，效率非常重要。当然，只有通过观察莫斯科的做法，格拉斯哥团队才清楚地看到最合适的选择。确实，在布拉金斯基的书中，有一个示意图 (图 35.1) 显示晶体由非常短的摆线悬挂，但没有提供关于长度的信息，很容易被理解为只是示意图。[①]

虽然夹持方式的重要性可以描述，也已经描述了，但契诃夫的工作方式表明，在一开始不能达到高 "Q" 的情况下，反复对夹持方式做微小的调整，可能很重要。描述夹持原理及其重要性跟用实践中的谨慎从事揭示其重要性不一样；我们没有确切的语言描述 "需要采取的谨慎程度"，因此理解它是明示的知识的问题 (第 3 类)。

类似的东西适用于悬挂纤维的材料。契诃夫使用了非常细的中国丝，他提供给格拉斯哥团队

---

① 见 Braginsky, Mitrofanov, Panov(1985) 第 27 页；我画得尽可能像原图。

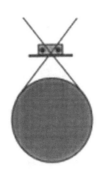

仿照布拉金斯基等人绘制（操作笔记13，第27页，图5）。圆柱共振器用了很短的悬挂线。侧视图。

图 35.1　如布拉金斯基等人的书里所述，晶体悬挂在线上

(他们以前使用钢琴线)。试错法表明，其他类型的丝线的 "Q" 比较低。人们还知道，细钨丝的效果更好，但是必须仔细抛光，以达到正确的 (难以描述的) 程度，而钨的夹紧问题特别严重。唐纳德认为，钨的硬度让夹紧处于临界的情况——丝绸的可压缩性使夹具的设计有一定的余地。因此，在大多数运行中使用丝，一旦用更简单的方法定义了预期结果的一般范围，再用钨 (这可以把 "Q" 提高 2 倍)，进行最终测量。悬挂材料和夹紧方式的性质似乎属于第 2 类 (不受关注的特性)、第 3 类 (明示的知识) 和第 4 类 (没有认识到的知识)：它们是格拉斯哥小组在与契诃夫合作后才弄清楚的问题。对双方来说，科学正在慢慢地出现，把没有人知道他们可以或应该表达的知识变成可以表达的东西，因为以前未被注意到的流程部分的重要性被揭示出来了。

已经发现，钨的抛光和给钨和丝做润滑是至关重要的。在这本书里 (Braginsky, Mitrofanov, Panov, 1985)，我们发现 (在第 29 页)，"在悬挂纤维和共振器的接触点存在脂肪膜 (例如猪油) 是很重要的"。他们相信，纤维与晶体之间的油脂可以防止摩擦损耗。已经证明，油脂是至关重要的，但没有词汇描述猪油确切的量 (格拉斯哥小组在观看契诃夫后使用了商业猪油，而他们以前用过 "爱皮松" 牌的油脂)。

与契诃夫合作，揭示了两种润滑细丝线的方法。一根较粗的意大利丝线首先涂上一层 "叻底" (daud, 苏格兰方言) 的猪油，用布擦干净，直到大部分猪油被吸收或擦掉。然后，安放晶体并让它平衡在这个线圈中。涂了油的意大利线会在晶体上留下一条薄薄的轨迹。然后，卸下晶体，重新挂在俄罗斯提供的中国细丝上，这条线现在位于较粗的意大利线留下的薄薄的润滑油脂圈里。我看到的实验产生的 "Q" 比预期的要低一些，我描述的原因表明，这是明示的知识的很好案例。

埃里克森 (化名)：很难精确地确定涂多少油脂，因为你是在丝线上涂润滑脂。如果用得太多，"Q" 通常会下降，因为它太松，会摆动，得到不稳定的铃降。但是如果油脂太少，丝线就可能粘在一起滑动，而不是平稳地坐在质量块上。现在这种情况，我认为油脂可能不太够，这就是为什么 "Q" 略低于我认为的可能值。如果你能找到它，通常就可以得到很高的结果……我觉得这还不够。

科林斯：那只是你认为的。

埃里克森： 是的——这只是经验——根据我以前这样做的经验，我可以大致判断。当你脱下涂了油的线，你看到这条油脂带，有一种感觉，什么是足够的，什么是太多。这看起来有些少了——但差得不多。(1999)

由契诃夫演示的第二种润滑丝线方法，与第一种方法交替使用，是将细丝用人体油脂直接润滑。契诃夫会让细线在鼻梁上或耳朵后面擦一下。这种耳朵法被格拉斯哥人采用，但事实证明，只有一些人的皮肤合适。结果发现，有些人的油脂非常有效和可靠；另一些人的油脂只是偶尔起作用；有些实验工作者的皮肤太干，根本没法用。所有这些都是通过试错法发现的，并用于不寻常的实验室笔记本条目，如"悬挂 3：弗雷德润滑的俄罗斯线；悬挂 12：从乔治润滑转回弗雷德润滑"；等等。正如詹姆斯·焦耳的著名的热功当量测量一样，实验工作者的身体可能是关键的变量。[1] 如何将适量的润滑脂应用于系统，属于第 2 类、第 3 类和第 4 类的知识。

蓝宝石的"Q"测量可能比通常的情况更需要工艺技巧，因此在人际交往的重要性方面是非典型的。跟我交谈过的大多数引力波科学家，都对俄罗斯的"Q"测量方法有太多"黑魔法"感到不满，正在寻找一些更简单的做事方式。有一个美国小组用一种完全不同的方法在玻璃中测量了高"Q"，但是必须说，这个方法并非没有问题；1999 年 7 月，一个澳大利亚小组简要地提到了俄罗斯结果的独立复制，使用的钨丝悬挂似乎相对简单。我无法像上面那样详细地调查这两种情况。但是，即使在这种情况下，对隐性技能的需求也特别明显，同样广泛的分析还适用于任何需要制作一种新设备或执行一种新流程的地方。

35.5　隐性知识与干涉测量

LIGO 的新管理层希望从 40 米干涉仪小组得到的是，把他们的隐性知识变得常规化——如果他们有的话。我可以总结出 4 种方式，曾经深奥和困难的流程 (因为它们的隐性成分) 变成了常规。第一，当我们进行社会互动时，那些不明显的东西变得很明显；这就是在隐藏知识、不受关注的特性和明示的知识这三种情况下发生的事情。第二，当我们理解更多的科学时，我们学会了让更多的隐性知识变得清晰：我们用一种有意识的方式了解我们的知识中自己不知道的元素。没有认识到的知识被认识到了，随后可以在没有个人接触的情况下传递。第三，科学家之间的社会接触传播了在整个社会中仍然是隐性的知识；也就是说，更多的科学家学习新的实验语言，即使没有人能阐明它，这样就可以通过明确的符号传递更多的信息 (就像配偶或队友可以依赖于默契的共同背景、只用一个词或一个手势传递大量信息一样)。这种机制适用于没有被识别的知识 (只要它仍然不被认识到)，以及未知的 / 不可知的知识。第四，实现机械或"交钥匙"方法做实验，取代了对隐性知识的需要。[2]

问题是，这支 40 米干涉仪小组有足够的时间成功地把隐性知识变成符号或可复制的实体吗？新管理层认为，这个配方的时代要么已经到来，要么比 40 米干涉仪小组正在做的快得多。他们想要的更多是上述第一种和第四种机制，他们要么准备牺牲第二种和第三种机制，要么认为没有任何东西可以牺牲。这一点构成了第 41 章讨论的重要背景。

---

[1] 关于焦耳实验，见 Sibum(1995)。
[2] 关于隐性知识转化为"交钥匙"知识的扩展讨论，见 Collins(2001c) 中各处，以及 Collins, Kusch(1998) 第 9 章。

35.6　两台完全相同的机器?

另一种解决隐性知识问题 (或者我们在符号中拥有或能够捕捉世界的程度) 的方法是, 询问对干涉测量是不是有足够的了解, 能够建立两个完全相同的干涉仪。如果有可能以足够明确的细节列出干涉仪建造的方法, 应该就有可能构建任意数量的完全相同的副本。等一下! 我们说的"完全相同"是什么意思? 正如赫拉克利特所说, 人不能两次踏进同一条河流, 所以没有两件事是完全相同的。但是问题在于: 如果你对干涉测量有足够的理解, 你就会知道干涉仪的无限大描述的哪一个子集是你需要知道的, 让它们的功能相同——它以可预测的低噪声水平锁定和产生稳定的干涉条纹。

我在 TEA 激光器上检验过隐性知识, 花了些时间与一位激光制作者在一起, 他试图为自己成功完成的激光器制作一个副本。在这里, 测试中掌握了但是被藏起来的知识只能属于第 4 类——未识别的知识——因为实验者是同一个人: ① 不能向自己保守秘密; ② 必须分享有益的东西; ③ 必须有相同的明示知识; ④ 必须与自己共享科学语言。唯一有可能无法与自己共享的是一些没考虑过的行为, 他们还没有认识到其重要性。即使在这种情况下, 从第一次组装到成功激射, 用了整整两天的时间, 这里谈论的设备大约有 1 米长, 大约有 10 个大的离散部件。①

LIGO 正在进行一项对比实验——同一个团队建造三个干涉仪, 所有这些都是相同的, 除了一个的长度是另两个的一半。LIGO 认为这是深思熟虑的策略, 让这些设备尽可能相似, 消除不必要的惹麻烦的差异。关键是"构型控制", 特别是像 LIGO 这样复杂的大设备。构型控制意味着保存每个过程的记录和对每个干涉仪做的每一个更改, 以便每个团队成员都能够阅读笔记, 并准确地理解每个组件是什么, 以及为什么每个部件位于它所在的位置。但是, 即使所有的材料都是明确的, 构型控制所需的记录保存也是巨量的。LIGO 的高级工程师丹尼斯·科因 (Dennis Coyne) 解释了在汉福德和路易斯安那站点维护构型控制的问题:

> 构型控制的一些方面……我们没有做得很好, 部分原因是文化。如果你是工程师, 我认为你可能是天生的; 你比物理学家更了解构型控制的必要性。但是, 如果你来自 JPL(喷气推进实验室) 这样的环境, 或者军工复合体, 构型控制将始终保持。在大学环境中, 这只是一种诅咒——对他们来说, 这是陌生的文化。不过, 我见过一些皈依者对这件事很热心。
>
> 不管怎样, 你想做的主要事情是……有一张图纸, 你可以按照它建造一个部分。你想确保自己不会丢失那张图纸——它已经归档了——如果你改变了它——如果你发现你需要改变它——你记录这个变化, 否则你就会陷入我们目前在 40 米干涉仪实验室的处境。它是由一群研究生或博士后建造的。他们进来了, 他们作为研究生干了几年。他们在半夜做改动。只有他们自己知道。他们甚至可能忘记。几个月后, 他们说, "我记得, 我对那块板做了些什么, 但是……"他们不会说, "嗯, 这是草图, 我改变了这些值", 你知道的。在这里, 这显然很重要, 因为如果你在汉福德这样做, 你可能想在这

———————————————
① 见 Collins, Harrison(1975)。

里 (利文斯顿) 重复它，当你改动它的时候，比如说，你认为某个东西需要有个前馈循环，你想拔出板说，"我该怎么改变它？"如果你的图纸与现场做的东西不一样，那就是个问题。

他们在 40 米干涉仪实验室里遇到的另一个问题是，当你委托任务时，总是需要重新配置。做一些"如果"。"如果我们接受这个信号，把另一个降低 10 倍，然后把这个倒过来，然后拉上一些电缆，把它们伸到地板上，连接一些临时仪器，然后说，'这很好，(尽管) 这可能不是我们最终想要保持的方式……'"

或者它不起作用，而你就要离开了。你 (需要) 飞回你的机构……所以你只能离开，冲到机场。但没人知道它被埋在电缆槽里。基本的构型控制就是这样的事情。(2000)

科因也很好地表达了在描述流程时涉及的大量材料的问题。在这里，他自己使用了"隐性知识"这个词：①

还有一些隐性知识，在某种程度上涉及构型控制。很明显这是更困难的事情。更不着边际……例如，我们来到这里做仪器，开始调试。我们从汉福德的做法里吸取了教训。有一些是直截了当的——我们了解某个电路不起作用，我们不得不改变这个电路值——改变这个电阻——没有问题——只要你在文档上做了改变，你就可以重复一遍，当你来到这里，你已经有优势了。但是有很多东西需要学习，对于一些相对简单的东西，比如安装粗笨的大型结构，比如地震的东西，我们必须弄清楚流程是什么，安装工具如何工作，我们必须在汉福德实时工作。后来我们把流程写下来，即便这样，你知道，流程可能有 40～50 页。这是人们实际阅读和记忆并了解所有详细步骤的极限。但它不能包括一切。所以，如果你想快速有效地做到这一点，而且不犯错误，你就必须有人；你把以前做过的人派过来，因为如果你做过，就比只是读过的记得更好。所以，流程里有一些隐性知识。

委托要困难得多，更不容易写下流程，但是最终会的，就像电视修理。调试电视——电视是相当复杂的设备——需要相当多的技能和知识。你可以通过一些死记硬背的流程来发现问题，但这些电视是商品——它们已经工作多年了。对于一台全新的机器，即使设计师也不知道它将如何运作，除非通过教育 (一对一的或一对多的培训)，很难传达隐性知识。

科因还提供了一个例子，说明在遇到困难时如何做事情。在汉福德，一些粘在镜子上的镜子调节器掉了下来。没有人真正明白为什么。

科因： 在光学安装的情况下，因为我们把这些磁铁粘到镜子上的工艺有很多问题，造成了如此多的日程延误，我们有 (被点名的人)——有三个主要负责人在汉福德做这件事，努力把这一切都做成了。我们让他们来这里，做这一切 (笑声)……其他人有些帮助，但做事情的是他们。

科林斯： 所以在这种情况下，你甚至没有试图转移它；你只是转移人。

科因： 在这种情况下，我们很害怕，因为坦率地说，我们不明白汉福德出了什么问题。我们有理论，有很多——我们把整个过程都搞得一团糟，把每一个细节都做了一

---

① 但是我不确定，是科因还是我第一次把这个词引入谈话。

遍。有"卡普顿"(?) 胶带应用于其中一个固定装置，可能引入了一些硅污染，可能损害了连接——所以，我们不冒任何风险，我们说，"听着，我们要让同样的人做同样的事情。"

我们在安装光学装置时也非常小心。因为汉福德的情况不太好；固定装置不太好，我们没有正确的流程，最后我们敲掉了贴在镜子上的完好的磁铁——把它们敲掉了。我们有 (提到某个人名)，他是汉福德的主要负责人，对应于 (提到另一个人名)，他来这里工作，指导大部分的安装，做大部分需要动手的事情。

第二次安装时，我在这里亲自动手做了一些，非常小心，确保流程和知识都传递得很好。我觉得这是值得的，起作用了。

当然，人们一直在学习。正如科因解释的那样：

模式清洁器就是很好的例子。我们在周三校准模式清洁器。我记不清了，但是大概几周，比如在汉福德的三四周，我们三天就做了。因为我们知道流程，我们知道工具，我们手头有工具。

斯坦在周五晚上来了。斯坦和我，还有桑尼和彼得·索尔森，在周五晚上开始锁定模式清洁器，发现了一个又一个小问题——没有大事情——比如交换电缆上的引脚和其他一些问题——一些软件问题，我们在周日锁定在低品质的偏振。如果它可以牢牢地锁定在高品质的偏振，到周三，一切就很好了——至少和汉福德一样好。一周——在汉福德，那种锁定很容易用掉一两个月。

因此，节省了很多时间，部分是因为采纳了他们在那里发现的一些电子修复方案。还没有全部解决——我们在这里发现了一些电子故障，这些故障令人困惑，为什么它在汉福德工作，但是在这里做出改变呢？我们还不太明白。我们将测量残余的环路误差，并和汉福德做比较，试图了解发生了什么。也许只是环境噪声更大——有许多可能的解释。

我们看到，有些事情做得更快，因为已经在一个站点做了明确的修改来改进设备，并且这些修改可以转移；有些事情做得更快，因为有经验的人员从一个站点转移到另一个站点；有些事情仍然不一样——在一个地方成功的修改方法，在另一个地方不起作用。

有序世界（"干涉仪不是魔法"）的捍卫者巴里·巴里什注意到我对站点间差异的兴趣，向我保证那里也没有魔法。

巴里什：　我不认为这 (站点间的技术转移) 对你来说是 LIGO 的有用话题。原因是，我们一直很关心它，因为我们不想重复发明车轮，我们基本上已经制造了足够多的轮子，这是很自然的，不是问题。你不会发现我们有如何将技术从汉福德转移到利文斯顿的问题。

科林斯：　如果这还不有趣的话，我会很惊讶的。

巴里什：　好的，我们看看。

科林斯：　这里有一个问题，就是一个地方改变的电路还没有转移到另一个地方。

巴里什：　已经做了。这就是我告诉你的，当你看它的时候——我提出了所有的问题。当你看它的时候，你会发现——我不认为这非常有趣——你已经考虑过事情，你运行得很好, 是所有的东西都被转移了。我们已经考虑了所有这些, 它都被转移了, 你会发现他们在利文斯顿有修改过的电路, 因为我们已经在系统中构建了这些电路。

科林斯: (不服气) 好吧。

桑德斯: 你知道哪个具体的例子没有发生吗?

巴里什: 我们唯一的不足是在心理上, 但是我不认为它很有趣。有些人只是——你可以想象, 有个性——你不想认为另一个人是专家, 你要向他学习。这是我们唯一的麻烦。我们很担心这个问题。我经常去利文斯顿, 我对我的部分非常敏感, 那就是, 我们不应该付出任何额外的努力——不超过我们真正需要做的顺利的技术转移。除了心理问题, 我不能确定有任何事情我们做得不对, 这是我们一直与之斗争的困难问题: 人们想拥有自我, 他们想明确如何做得更好……进行转移的机制, 人们有足够多的交接, 人们从 (汉福德) 到路易斯安那, 都是精心设计的。我们没有把每件事都做得很好, 但我们把这件事做得很好。(2000)

当然, 巴里什很可能是对的: 尽可能地设计好流程, 尽可能地解决问题, 但最后这句话很贴切。这个问题必须通过人的转移来解决, 而不是靠符号表示, 这意味着隐性知识的问题, 就像科因明确说的那样。

35.7　符号表示的巅峰: 计算机建模

就像一只杯子是半满还半空一样, 同样的事实可以被看作揭示世界是顺从还是对抗符号表示。高能物理的文化及其五十年来的巨大成功, 鼓励那些在传统中长大的人把玻璃杯看作半满的——世界可以被建模, 不会建模的都是猪脑子、迷信鬼或者太懒惰。这就是巴里什"干涉仪不是魔法"的含义。然而, 那些在其他实验领域和传统中长大的人, 可能更多地意识到科学的工艺性和隐性知识的显著性, 等等。这种紧张关系贯穿本书。

巴里什的另一种观点是他决定用计算机模型表示干涉仪。新管理团队引入的一个主要创新是强调计算机表示和开始构建 LIGO 设备的"端到端的模型"。现在很难在 LIGO 团队中找到谁认为这种方法不成功, 其他国家的团体也使用同样的技术, 自豪地显示他们的计算机模型预测的噪声模式符合真实机器中发现的噪声。然而, 在得出肤浅的结论以前, 需要仔细检查计算机建模成功的意义。

关于模型的问题是, 它们是否足够好地代表了这个世界, 适合开发人员心中的目标。例如, 科学家们花了很长时间试图用计算机模型模拟地球的大气层, 但是至少可以说, 目前还不清楚是否成功了。如果他们的成功显而易见, 关于未来气候变化的性质和方向的争论就会更少了。如果模型更好, 那么, 除了混沌区, 大范围的天气预报就会更好。也许随着计算能力的增加和地球表面测量点数量的增加, 长期天气预报的质量也会提高。也许地球大气层的工作方式有一天会被理解为一台机器, 但目前并非如此。更糟糕的是, 要充分理解, 我们必须充分理解人类, 因为人类活动影响了气候变化, 这使得大气层建模的挑战成为非常棘手的问题。

一方面, 计算机模型在模拟氢弹爆炸过程方面取得了巨大成功。在第一次这样做的时候, 计算出爆炸的氢弹内部发生了什么, 是科学上最困难的计算。但在另一个意义上, 这是一个容易的问题, 因为氢弹爆炸的世界是独立的。这些观点的转变——曾经棘手的问题, 现在被视为简单, 而曾经简单的问题, 现在被认为困难——随着计算机领域的扩展而不断发生。例如, 曾几何时, "心算" 能力被认为是聪明的真正标志, 但是袖珍计算器让算术变得很容易。另一方面, 说话和理解言语曾经被认为是容易的, 因为任何人都可以做到这一点——即使是那些不会心算的人——但是继续尝试用计算机复制类似于人的语音转录已经表明, 至少就我们目前的知识而言, 这是不可能的。在这个意义上, 什么是困难的, 什么是容易的, 与问题触及的程度有关, 首先是开放或复杂的物理世界, 其次是社会世界的方式。

撇开科学的社会性质的一些微妙之处, 对核武器爆炸做模拟已经证明, 这两方面都很容易。[1] 流体的流动是氢弹爆炸的关键机制, 当然很复杂。即使在氢弹的封闭空间里, 也有很多事情要做, 所以建模必须基于流体的一个小样本。[2]然而, 事实证明, 流体动力学的复杂性对计算机模型来说不是致命的, 抽样元可以被视为具有代表性的元。此外, 当一颗氢弹爆炸时, 它与世界其他地方的隔离程度与任何物理实体一样。当炸弹内的原子链式反应开始时, 事情就会发生得非常快, 相比之下, 外界发生的一切都是静止的。同样, 炸弹内部产生的力量和释放的能量非常大, 任何从外部撞击它们的东西都是微不足道的。彼得·梅达瓦尔 (Peter Medawar) 说, 科学的成功取决于选择 "解决问题的艺术" 可以处理的问题。[3] 核弹是很好的例子, 无论这些求和有多难。这就是为什么自从禁止核试验以来, 核弹头的研制完全是在计算机模型的范围内进行的。这些新开发的设备实际工作吗? 但愿我们永远不会知道。

就与世界隔绝而言, 爆炸的核武器与灵敏的干涉仪几乎是完全相反的。爆炸的核武器对世界有巨大的影响, 但世界对它没有影响。相反, 干涉仪的工作对世界没有影响, 但是, 以几乎任何速度变化的几乎任何外部干扰都可能对干涉仪产生巨大影响。核武器模型的成功, 也许还有高能粒子加速器的成功, 其封闭性质可能近似于炸弹, 并不一定意味着建模能够处理干涉仪的所有问题。

然而, 就模型构建而言, 跟外部世界的互动并不是大问题。对干涉仪产生了一些意想不到的影响, 如声学噪声的影响 (见第 41 章), 但这些影响并不大; 40 米干涉仪小组也不会把他们的主张与理解外部影响的问题挂钩。相反, 深层的问题 (如果有的话) 将开启干涉仪各部件之间的相互关系。干涉仪的内部在许多方面比核弹的内部更复杂。有多个反射镜; 有电子反馈电路, 每个反馈电路都可能与另一个相互作用; 有残余气体; 有杂散光; 激光有起伏; 材料中的热不均匀; 操作者也有引力——任何一种都会对所有其他因素产生反馈效应。总之, 自然界有四种基本力, 其中至少有两种试图以各种可能的方式混淆模型, 而干涉仪的要点在于, 任何可能影响它的东西都被装置本身的高灵敏度放大了。这个问题是大还是小, 取决于真正的干涉仪更像氢弹还是更像天气。

然而, 现在看来, 干涉仪并不像氢弹。就像模型的一个贡献者马特·埃文斯 (Matt Evans) 说的:

> 对于干涉仪的模拟, 我担心如果有人来找我, 并声称他们只用计算机模型就可以理解干涉仪。有太多的细节可能重要, 也可能不重要, 如果你不在现场、试图找出为

[1] 见 MacKenzie, Spinardi(1995)。此外, 这个论证并不意味着控制核武器很容易。我仅指从点火到大多数核反应完成的过程的建模。

[2] Galison (1997, 第 8 章) 讨论了建模过程是如何发展的。

[3] 梅达瓦尔 (Medawar, 1967) 认为科学是可解问题的艺术。相反, 社会学集中于代表卓越的问题, 即不可解问题的艺术。当然, 这并不是说模拟炸弹爆炸时的内部流体动力学过程很容易。

什么它坏掉了，细节很容易被遗忘。你永远想不到为什么这个东西坏掉了，直到你必须诊断它。

　　你看，他们对核弹头琢磨了足够长的时间，相信自己掌握所有重要的细节，他们知道什么是重要的细节，可以把它们包括在模型中，这是可行的，但这个领域仍然是相当新的。(2000)

不管最终以哪种方式出现，不管对物理宇宙的性质有多深的疑问，建模的有用性不能直接等同于模型完全捕捉世界的程度。即使在它最宏伟的目标明显没有成功的地方，建模也是有用的调查工具。例如，天气预报可能永远都不是精确的科学，但它肯定通过建模而得到了改进。

建模根本无法产生准确结果的另一个地方是国民经济。罗伯特·埃文斯研究了英国政府引入的一个计量经济学特别小组的做法，从年初开始预测当年的通货膨胀和失业。他发现，建模者可以 (也确实) 通过在他们绘制输入数据的时间序列的历史时期引入一些微小的变化，让他们的预测产生巨大的差异。他还发现，计量经济学家的预测各不相同，但经济的表现跟他们的任何预测都不一样，而且，对经济学家的模型取平均值，与任何预测都有很大的差距。然而，经济计量学家仍然是最喜欢听取意见的人，尽管他们的模型是不准确的。这是因为建模的学科使他们更了解经济中这个变量与那个变量的关系。[1]

唐纳德·麦肯齐研究了计算与数学的相互作用，也表明了同样的宏大观点。数学家的一个目标是为计算机程序的可靠性找到严格的证据，特别是那些涉及安全关键应用的程序。但是在程序冗长复杂的地方，目标还没有实现。然而，正如麦肯齐表明的，试图证明程序的有效性的努力已经比其他方法消除了更多的程序"错误"。因此，即使程序从未达到数学家的期望，程序也已经因为数学流程而得到了改进。[2]

同样，计算机建模已经证明了它在干涉测量中的价值，但是并没有给出干涉仪是不是魔法这个问题的决定性答案。人们普遍认为，第一个和随后的 LIGO 干涉仪的锁定是通过使用"剥离"计算机模型来帮助的。"锁定"是稳定观测所需的干涉仪的状态。要实现锁定，激光、反射镜和输出必须处于平衡和稳定的相互反馈状态，这就需要解决"20 维空间"中的问题，正如一位科学家向我描述的那样。看看 LIGO 的总体计划，就是要认识到，大干涉仪只是控制许多光学和电子设备的外壳，其中大多数部件本身都是由带有反馈系统的悬挂反射镜组成。事实上，LIGO 系统就像是分形，大干涉仪由更小的模型组成。在中心，我们首先有一个参考腔，它告诉激光如何自我配置；第二，模式清洁器，它清洁激光的输出，保证光的相干性和单色性；第三，干涉仪的内部，即功率回收的迈克尔逊干涉仪，这是整个干涉仪的缩小尺寸的模型，它使用设备的多个反射臂的内镜，而不在远镜中切换。功率回收的迈克尔逊干涉仪是大型干涉仪的核心。

为了让大干涉仪工作，必须让嵌入式单元工作，不管大还是小，过程是相似的。需要设置几十个反馈控制回路，以便在镜子没有对准时，把它们移动正确的量，重新对齐，让整个光学机械的蜘蛛网保持静止。事实上，这个类比可能是值得追求的：把干涉仪想象成蜘蛛网，每条线都有小小的控制器这样或者那样地推它或者拉它。当苍蝇撞击到蜘蛛网时，传感器必须正确地移动控制器以抵消效果，使网络的所有线保持静止。可以想象，只要有一个传感器、控制器移动得太多或太少，就会振动整个网络，并导致其他传感器和控制器依次动作，很大的风险是振动会放大而不是静止。(想一想，你如何构建一个设备，保持蜘蛛网静止！)

随着设备灵敏度的增加，实现锁定的困难程度也增加了。这是规模的问题。从人类的角度来

　① 见 Evans(1999)。

　② 见 MacKenzie(2001)。

看, 除了偶尔发生的地震, 可以认为地球是个很好的固体: 还有什么比我们脚下的地球更坚实呢? 但是随着尺度的减小——干涉仪非常敏感, 它就像一个巨大的显微镜, 把地球最微小的运动放得非常大——坚固的地面变成了不安分的、震颤的沼泽。锁定的工作就像是把蜘蛛网悬挂在被大象践踏的果冻上。

在锁定第一批干涉仪的时候, 模型开发人员和用户是马修·埃文斯, 他是加州理工学院的研究生, 在巴里什的指导下工作。正如埃文斯所解释的, 模型的使用不是单向的过程。并不是某个人建立了一个完整的干涉仪模型, 然后"应用"它。相反, 在锁定方面, 该模型的关键特征是它跟实际干涉仪的区别。在模型中可以消除已知对锁定没有太大影响的噪声谱的某些部分, 并且在检查仪器的某些子集的相互作用时, 可以暂时保持其他部分的噪声。实际上, 人们不是同时控制 20 个维度, 而是保持其中 18 个不变, 研究 2 个维度的相互作用。

这个模型的另一个特点是来回迭代, 就像所有的建模一样。如果设备本身不像模型预测的那样运行, 人们就会改变模型, 在更接近匹配的地方盘旋, 达到所有实际目标。换句话说, 这个模型用起来更像极其复杂的纸和铅笔, 而不是世界的完整表示。一位受访者的话很好地表达了这一点:

受访者: 嗯——看, 哈里, 建模总是有这种有趣的东西。我认为建模就像在很冷的水里游泳: 你要尽可能多地把脚趾头伸进去。你可以谈论建立一个非常包容的东西, 把所有的东西都建模在里面, 但是, 如果它真的是所有的, 而且你不做任何近似, 这个理想很好, 因为它听起来不错, 你不必太仔细地考虑你的近似是否好——我认为从长远来看, 这样的事情是完全无用的。你想要模型的原因是, 你不理解某个复杂的系统。如果你让模型和你不理解的系统一样复杂, 你可能也不理解这个模型, 所以它不是思维工具。

所以, 不管怎么说, 它必须是对现实世界的简化, 而你一直担心你做近似的时候扔掉的东西。所以你永远不会得到你想要的模型。就像"准备好了吗?"或者"有用吗?"——我认为, 在它们"准备好"之前很久, 它们是有用的。当他们准备好并且开发过度时, 他们实际上可能会变得没用了。

科林斯: 所以这是另一种帮助你思考问题的方法吗?

受访者: 是的——这真的是一条纪律。我认为它是思维工具, 随着问题的变化而真正进化。例如, 我最终认为, 当我们试图提高仪器的灵敏度, 我们可以根据命令操纵它, 它或多或少地完成了我们所说的, 那么我认为你真的开始变得挑剔, 担心所有这些小东西的细节, 可能会产生微妙的噪声, 完全按照它们的构建方式建模。我想现在我们正处在可以提出更简单问题的阶段, 但它们真的很重要, 我认为我们要做的是从中得到直觉, 直觉来自重复地做一些事情 (你知道, 类似的事情重复得足够多), 这样你就能识别模式; 我认为现在我们不能识别模式, 我们只是用这个数据查看程序、看东西, 它就像示波器, 有许多通道, 我们想看哪个就看哪个。

现在我们要做的是, 获得一些如何识别不同模式的直觉。我们刚才说的是干涉仪的场景, 这些不同的配置发生了问题, 所以, 最重要的问题是, 我们在精神上把事情分化 (镜子可以做的事情——例如, 对齐的变化与分离的变化)。问题是, 怎么一步一步地处理这些不正确的情况呢? 还有一整套旋钮要设定。(2000)

事实上，应用这个模型的第一个干涉仪 (汉福德 2K) 用了好几个月才锁定。[1] 当然，要让仪器工作，不仅仅是建模。根据我 2000 年 9 月的实地记录，这几个月中的一个下午是这个样子：

> 我花了大约 3 小时，与大卫·舒梅克 (David Shoemaker) 和纳吉斯 (马瓦尔瓦拉)，坐在 2 千米激光的旁边，因为他们试图解决 60 赫兹的 "嗡嗡" 声问题，出现在一个大开关的引线里。这很不寻常，因为他们根本不能得到 "光隔离"，他们正试图在这条线的末端修理，他们根本不明白为什么。花了很多时间，试图弄清楚所有电缆末端的连接是否相容。因此，他们有大量的转换器和插头转换器，他们不断地尝试各种组合——就像我以前试图安装打印机，所有不同的开关组合。对于这么能干的两个人来说，整个问题都是可笑的小事，但是任何做过实际工作的人都熟悉这种情况。我好几次建议他们应该让技术人员处理，但这里不是这样做事的。

> 当我不得不离开的时候，他们在解决这个问题上没有取得任何进展，尽管他们引进了第三方，将一条全新的电缆从一个控制台连接到另一个控制台，并配备了新的特殊助推器，等等。[2] 无休无止地使用测试设备的组合电线，他们两个蹲在地板上，尝试各种东西，就像两个孩子。这个耗资数亿美元的庞大项目被一个简单的的问题拖了整整一个下午：找不到接线错误的来源。

我注意到，这个过程让舒梅克在工地待到晚上 10 点，而马瓦尔瓦拉工作到凌晨 2 点。这些不是特殊的工作时间，也不是特殊的工作惯例。让这个庞大而复杂的机器真正进入运行状态，是五六个主要人物的工作，模型只是帮助他们的工具。

马特·埃文斯描述了模型对这个过程的贡献如下：

> 我认为这是不可缺少的工具，也是开发如何让获取代码工作的初步想法的工具，它是非常重要的工具。事后看来，如果我在开始前就知道了一切，我就可以写代码，然后说："很明显，它应该这样工作。"但我不知道，其他人也不知道。有几段时间，我很怀念，早上 2 点坐在那里，在控制室和机房之间来回跑，我会在模型里运行一些东西，看看结果如何，确定自己修复了代码中的一些错误，然后我会把代码拖过来，重新编译，然后加载到物理系统中实际运行的干涉仪计算机上，鼓捣 1 小时左右，然后回到机房——每小时 1 次。(2002)

埃文斯解释说，这个模型几乎没有改变，因为它用来帮助锁定汉福德 2 千米干涉仪，随后用来帮助在其他两个站点启动 4 千米干涉仪。因此，锁定后面两个装置的速度加快了，但也遇到过问题，例如额外的地震噪声，等等。埃文斯和巴里什 (他的论文导师) 一样，把问题分为真正的物理问题和普通的技术问题：

> 在某种意义上，我们理解干涉仪涉及的所有物理学。很少有什么东西我们不知道如何写出方程，但我们知道什么是重要的——我们知道有许多效应没有包括在模型中，因为我们认为它们不重要……

> **科林斯：**比如什么？

---

[1] 关于它需要多长时间，有各种非常不同的定义，取决于如何可靠地锁定，以多大的功率为目标。

[2] 此时，我的胫骨还没有被诊断为骨折 (我以为是扭伤了脚踝)，但让我感到剧烈疼痛，需要大剂量的止痛药缓解，我必须在每天下午 5 点左右停止观察，躺在酒店的房间里。

埃文斯：有很多"技术上的污点"，可能重要，也可能不重要，你不知道，直到你到达那里，你发现干涉仪的行为并不像模拟的那样，你不得不问，"我的模型里少了些什么呢？"(2002)

埃文斯提到，即使在锁定获取代码完成之后，仍然难以锁定 4 千米干涉仪设备：

> 实际上，获取工作是在一年多以前完成的，在实现 4 千米干涉仪锁定方面的所有挑战都是技术问题。作为软件人，我认为 (笑) 是硬件问题。(2002)

一旦干涉仪工作起来，就要对噪声进行建模，事情就变得更复杂，因为这里的目标是，建模得到一些更接近完整干涉仪的东西，而不是对它进行剥离理想化。关键还是迭代。没有人声称整个干涉仪可以在不反复参考真实物体的情况下建模；但问题仍然是，这个装置的所有特征是否都包含在模型的组件中：为了让模型和现实之间的重复迭代能够导致模型和世界之间的良好收敛，干涉测量是否得到了很好地理解？这并不是说，模型只是简单地以完全的形式使用，而是模型预测的噪声越接近干涉仪产生的噪声，建模者就越会觉得，他们可以随意关闭一些噪声，并且仍然相信，模型中剩余噪声之间的相互作用告诉他们一些关于世界的信息。

关于大干涉仪模型的有代表性的大问题，我们暂时不知道答案，但是再重复一遍，高能物理学家在这方面倾向于认为杯子是半满的。他们的"模型的模型"是捕捉世界的东西——至少在我们可以看到没有"魔法"的程度上。在这个模型里，模型和世界之间缺乏对应关系的最坏情况是暂时的问题——技术的"污点"和更多的发展的问题。然而，LIGO 的 40 米干涉仪小组的成员更有可能认为，这只杯子是半空的——表现为模型不符合现实。就大问题而言，他们可能赞同世界的整体"确定性机器"的观点，但是他们认为，模型的失败至少表明，干涉测量还没有达到建模具有启发性的阶段，需要对系统理解得更好才行。40 米干涉仪小组认为，至少在模型完成任务之前，还需要做更多的实验化和理论化的工作。

第 36 章　40 米干涉仪小组与新管理层的斗争 (续)

科学和世界的这些不同看法 (魔法还是非魔法, 充满了隐性知识还是易于系统化和符号表示) 是更大的背景, 在这种背景下, 可以解读 40 米干涉仪小组和 LIGO 的新管理层的持续争论。项目经理加里·桑德斯说, 他很高兴脱离了大规模生产业务: "我很高兴脱离了高能物理, 因为你在实验中做的大部分工作是这种大规模生产。然而, LIGO 更像是一次性的。但实际上, 你必须接受复杂的东西并将其转移到常规化的东西, 在程度上是一样的。"(2000) 老的 40 米干涉仪小组的一名成员同意桑德斯对高能物理的描述, 但是完全不同意关于干涉测量的说法:

> 一起努力完成一件伟大的事情, 这与新管理层希望看到的氛围相反。他们宁愿看到人们一起工作, 或者不一起工作, 做一些例行公事的事情。这在一定程度上是因为, 这个高能物理工作的许多成功都是通过这种转变完成的——将一个困难的项目转化为许多常规的小项目。因此, 有一些 LIGO 可以这样处理——包括计算机和数据分析——但它的核心是, 如果你想探测引力波, 你只能忽略一阵子, 否则后果自负。这是基本的干涉仪研究, 并不是例行公事——完全不可能, 因为没有人做过, 这是非常困难的。(1997)

新管理层如何看待他们的发现呢?

> 在我考察这个 40 米干涉仪的头几天里, 我看到了这个叮当作响、摇摇晃晃的系统。我们对它提出了很高的要求。我最初几次参观 40 米干涉仪, 我遇到了负责电子产品的人——我领导过一个电子小组……所以我看了看他们的电子产品, 我不敢相信它的实施有多糟糕。(它) 没有记录——本应该相同的模块看起来不一样, 带有不同的元件——差异没有记录下来; 电缆和地面的处理方式——有一堆技术上的东西非常草率。因此, 我和从事这些工作的电子工程师和初级工程师交谈, 发现他们非常有分析性——这位资深人士——了解输入电路的细节, 等等, 但没有注意将智力工作的产品做成可以持续复制的物体, 这在许多方面是科学研究的基础。(1997)

新管理层认为必须改变这种做法。他们解雇了电子工程师, 用那种最终证明对全尺寸干涉仪至关重要的数字电子产品取代了他们的设计, 并让自己人负责。

40 米干涉仪小组认为, 虽然数字电子技术在长期内是有用的, 但鉴于时间和资源的稀缺, 这个问题不紧迫。电子产品最初是为了适应更有探索性的方法的要求而建造的, 他们认为它足够好地完成它需要的工作。他们认为他们的主要贡献是对噪声源的深入研究, 将为 LIGO Ⅰ 和以后几代的干涉测量科学奠定基础。我们可能会说, 这支 40 米干涉仪小组还没有准备好将他们的设备或他们自己数字化。

新领导层认为, 40 米干涉仪不再产生有趣的结果, 无论如何, 正如技术上认识到的, 它作为基础研究工具的时代过去了。他们说, 未知的噪声源, "你那些受访者的一些口号", 是 40 米干涉仪特有的, 可能与缺乏标准化有关——"我看到了这个叮当作响的摇摇晃晃的系统"——它已经组装完毕很多年了。他们说, 这个装置的悬挂太粗糙, 无法进一步研究地震噪声。高水平的地震噪声让它无法理解镜子中的高频热噪声。激光功率太低, 不能研究光束中的噪声。为了研究这些噪声源, 需要特殊的试验台或隔振性能更好的更灵敏的全尺寸 LIGO。当然, 在这个把灵敏度推向极限的项目中, 原型只能到此为止, 因为它建造的规模比较小, 不会遇到可能混淆更灵敏的实验本身的噪声源。(出于这种原因, 法国-意大利的 VIRGO 项目决定根本不建造小的原型。)

双方对 40 米干涉仪 "锁定" 问题的重要性也有不同的看法。在 40 米原型干涉仪上, 锁定似乎只能在很短的时间内实现, 不清楚在什么条件下可以实现锁定。锁定肯定做不到随意实现, 如果 4 千米长的设备的占空比要经受公众和资助方的严格审查, 这是非常必要的。然而, 在其他条件相同的情况下, 锁定 4 千米的干涉仪至少比锁定 40 米的干涉仪困难 100 倍。因此, 在 1997 年我参加的 NSF 审查委员会会议上, 有很多人谈论大型 LIGO 干涉仪能不能锁定。但是 40 米干涉仪小组的成员声称, 锁定问题被夸大了, 一旦在 40 米干涉仪上实现了锁定, 就很容易维持下去。问题是, 一旦锁定了一小段时间, 他们就会发现他们需要知道的东西, 转到另一个干涉仪配置; 这意味着他们必须重新开始实现锁定。这个小组还声称, 在较大的干涉仪上实现锁定更容易, 因为它们相对有利的抗震隔离。[①] 他们认为困难的是, 把锁定和高灵敏度结合起来。

关于这场争论, 双方唯一达成的共识是, 40 米干涉仪的电子设备设计得很糟糕——尽管他们对这件事的重要性有不同的看法——而且 40 米干涉仪的工作, 即便它获得了更深刻的理解, 也没有得到很好的记录。尽管如此, 双方都认为, 仔细研究这些文件有助于他们: 一方面, 它将表明, 40 米干涉仪小组在 20 世纪 90 年代初期以后没有产生任何影响 LIGO 设计的成果, 最近从事 40 米干涉仪小组工作的新人员则对新的干涉仪配置等问题进行了宝贵的科学研究; 另一方面, 有人声称, 这些文件将表明, 自 40 米干涉仪小组离开以来, 对干涉测量就没有任何深刻的理解了。

36.1　心　理　学

谈到成功从事干涉测量研究的科学家所需要的个人能力, 也需要区分科学性质的不同概念。离开这个项目的一位科学家说:

> 让我失望的是, 两年后, 项目经理仍然不知道干涉探测引力波意味着什么。(1997)

相比之下, 管理团队的另一位成员解释了从事这个项目的人员所需的个人素质, 该项目的特点是高度协调, 而不是独立自主。

> 一旦你专业化了, 那些在实验室里很优秀的人, 在那里可以控制一切, 就不再包揽一切了。其他人可以在那种环境中工作得很好。他们与制造电子产品的专家打交道, 了解他们需要做什么; 他们与计算机人员打交道, 并在这方面做得很好; 有些人在技

---

① 2000 年 9 月, 在 LIGO 的 2 千米干涉仪上实现了第一次短暂的锁定。

术上可以在这个更广泛的环境中工作。有些人错误地说，一旦你在这个更广泛的环境中，这就是管理问题——这不是管理问题！技术部分实际上更有技术性，更复杂。因此，如果我们谈论制造 40 米干涉仪，或者看看 LIGO——它在技术上比更小的实验室复杂得多，谁也不能包揽一切。(1997)

新管理团队里的一位成员批判性地谈论了 40 米干涉仪小组的一位领导者的认知风格：

> 他可以成为德尔斐神谕 (Oracle of Delphi)——他可以成为大师。我在科学家中注意到的一件事是，有些人是实干家，然后有些人不知何故陷入了观察–批评者或者牛虻的模式，他们在那里使用他们的智慧指出问题，但从来没有分解或解决它们，或超越它们。
>
> ……他受到尊敬——他被称为"大师"。所以人们可以问他问题，有时他会阐述一个答案。(1997)

情况就是这样，争论的双方用"大师"这个标签描述这位团队成员，但老团队成员用它作为尊称——用来形容这个人看问题比其他人更深入，总是具有很好的技术洞察力。

> (他) 是非常聪明、深刻的思想家……他确实看到了森林。但他也看到了所有的树。对这个项目来说，他是了不起的大师。(1997)

36.2 暂时现象

建造有计划的可靠的 LIGO I 的决定被反馈到项目的其他方面。我认为战略选择是必要的，但是老的 40 米干涉仪小组的成员并非都这样看。

> 考虑到微弱信号的物理限制和建造探测器的困难，我可能会留在 LIGO，如果我感觉 LIGO 的负责人当时关注这一点，我认为这是中心问题。我没有 (感觉到)。我的看法是，这种倾向是尽可能地把它约化为工程问题；管理层在技术上没有认识到——我认为他们从来没有声称过……但是，从雇佣谁的角度来看，你努力把谁留下来，你如何开展研究，你对实验而不是对工程有多重视——做这些决定的人不知道技术细节；我觉得他们不认为物理学有多么难和多么重要。(1997)

在这里，他提到了对"沙漠风暴"后的平静的承诺：

> "LIGO 实验室"这个组织战略没有解决我关心的问题，LIGO 的努力朝着错误的方向发展——强调工程中相对容易的问题，而不是集中精力提高探测器的灵敏度……是的，LIGO 可能会因为工程开展得不充分而失败。但是当时 (在他离开的时候) 我相信，现在也一样，LIGO 更有可能因物理研究得不充分而失败。我希望它可以成功地检测信号，但是，专注于证明从根本上预测的灵敏度水平的实验研究计划被推迟的时间越长，希望就会变得越渺茫。LIGO 实验室很可能是恢复这个重点的最佳组

织方案。然而, 到目前为止, 我没有看到任何证据表明它产生了所需的研究, 甚至不清楚如何完成它。(1999)

换句话说, 这位科学家希望把资源从立即建造 LIGO 的项目转移到一组特定的灵敏度目标, 并进入他认为本质上不那么可控的工作, 与更高的灵敏度有关。1999 年 11 月, 他告诉我:

> 扩展你的 (科林斯的) 提议, 想象一下 (关于 40 米干涉仪小组的成员, 如果他们还在做这个项目, 可能会做什么), 我会努力做一个单独的测试干涉仪 (也许有 10 米的干涉臂), 研究回收的光学结构。为了真正沉浸在正确做事的幻想中, 我会在中等的尺度上工作 (几百米), 从而延续假定的 40 米干涉仪的成功, 然后跳到 4 千米。当然, 并非所有这些都能在我离开后两年多的时间里完成。经过适度的努力, 我相信我们可以消除与位移噪声有关的大部分风险。(1999)

项目经理的看法相反:

> 最后, 他认为应该用 40 米或稍长的仪器工作更长的时间, 也许几年或十年, 然后你就知道了。对这个世界有一些孩子气的误解。事实是, 有人为这个项目争取到资助, 他的导师罗比·沃格特, 他钦佩的人。我们正在建造它。它是一种发现仪器。所以从某种意义上说, "跟潮流"。但他真的很想待在那里, 研究这些东西, 让他满意。而且, 你知道, 在一所大学, 我想你应该能够这样做……但这是 LIGO 项目! (1997)

2000 年 4 月, 40 米干涉仪小组的主要科学家之一鲍勃·斯佩罗预测, 直到 2002 年, LIGO 的应变灵敏度也不会达到 10^{-20}。事实证明, 这是正确的。同时他预测, 直到 3 年以后 (2005 年), 干涉仪对设计灵敏度的改进不会再提高 10 倍。[①] 2003 年将给出更明确的预测 (见第 41 章)。

与 LIGO 承诺在 2004 年年底以前拥有一整年的累积数据相比, 斯佩罗的预测形成了鲜明的对比。[②] 我们很快就会知道它是如何运作的, 但必须强调的是, 即使 LIGO 不能按时实现它的承诺, 也不能证明中间原型路线在较短的时间内就能实现目标。

36.3　文　化

要让 40 米干涉仪小组按照他们想要的方式去做, 不仅需要资源的转移, 还需要放松与协调的项目保持协商一致的工作方式。这支 40 米干涉仪老团队的成员经历了他们认为的压力:

> 从第一天起, 他们就把老科学家在口头上和行动上挑出来。他们想出了"保守派"或"挑剔的保守派"之类的称呼。……我感觉, 从一开始就是, 他们没有关注我们。(1997)

---

① 2000 年 4 月 25 日和 2003 年 2 月 14 日给我的电子邮件 (后者答应了我的具体要求, 允许"记录在案")。

② 这个承诺略有下降, 连存在这个承诺的事实本身也有点模糊; 最近的声明谈到要在 2006 年完成今年的科学运行。巴里什告诉我, 到 2004 年年底, 全年的数据是一个"计划", 而不是 NSF "里程碑"。

当然，40 米干涉仪小组对新工作方式的公开不信任总是会妨碍"新 LIGO"顺利运行，因为它总是代表着项目核心的不满情绪。[①] 换句话说，不考虑科学因素，这个团队给新领导层提出了内部团队的政治问题，妨碍他们把文化环境转变为类似于高能物理的环境。思维和工作方式的任何变化都必然牵涉社会和组织的变化。

36.4　坚实的成功

在 40 米干涉仪原型的故事中，我们发现三个认知维度上都存在分歧：心理、时间和文化。新管理层认为 40 米干涉仪小组不称职或不合作，40 米干涉仪小组认为新管理层不敏感，为满足工作要求提供的资源不足，也不欣赏他们对非常困难的问题做得良好的直观的工作。新领导认为，40 米干涉仪小组不知道如何高效、有序地做这类复杂科学，而 40 米干涉仪小组认为，他们的新领导人不理解问题的性质和干涉仪科学"进三步，退两步"的特征。新管理层认为，40 米干涉仪小组拒绝应对让 LIGO Ⅰ 启动和运行的需求，而 40 米干涉仪小组认为，新领导太容易忽视困难的科学问题，以便集中精力解决容易但乏味的技术问题。[②]

在新管理层对待 40 米干涉仪小组和整个 40 米干涉仪原型的方式上，这种观点的差异是足够清楚的。他们不认为可以从原型中学到任何对 LIGO 有用的东西。现在，他们必须直接继续 LIGO 的建设，摆脱总是处于准备的瘫痪状态。我在 1997 年做的现场笔记描述了在加州理工学院举行的 NSF 审查会议，40 米干涉仪刚刚锁定新的配置，取得了相当大的成功。

> （加州理工学院，1997 年 10 月）在 LIGO 需要更多人力时，就从 40 米干涉仪项目抢人了。把人调离 40 米干涉仪的工作，为 LIGO 解决距离和对齐控制的问题。在安排讨论 40 米干涉仪小组的会议上，加里·桑德斯明确表示，为了提高 LIGO 成功的机会，他会牺牲小干涉仪的目标；他没有把 40 米干涉仪看作 LIGO 设计的路线。仿佛 40 米干涉仪代表了"保守派"的愿望——他们的伪神，而 LIGO 是真神。（我在这里有点夸张）不仅要在字面意义上牺牲这个 40 米干涉仪，更重要的是在象征意义上，因为 LIGO 代表新的管理理念。

> 因此，虽然现在运行这个设备的博士后们似乎很有能力，但如果它能成功，也不是因为管理规定，而是尽管有管理规定，博士后们做得很好。[③]

文化和社会的变革显然已经完成了。用新领导层的一位成员的话来说：

受访者： 通过思考，熟悉……

科林斯： 社会化？

[①] 40 米干涉仪小组的成员告诉我，他们试图遵循新的工作方式，但发现这大大降低了他们的效率。他们声称，他们表现出的桀骜不驯是因为他们愿意对抗管理层，认为新的工作方式效率低下，而不是出于原则性的反对。

[②] 40 米干涉仪小组的成员指出，在他们的新地点——帕萨迪纳的喷气推进实验室 (JPL)，他们受预算和时间表的束缚更多，但工作很愉快，他们说，问题的核心不是他们不愿意接受大科学的工作方式。不管什么原因，事实仍然是，这不是他们在 40 米干涉仪上取得成功的方式。

[③] 40 米干涉仪小组的内部会议是非同一般的社会场合。大约 30 名男子坐在加州理工学院地下室的办公室里，3 名年轻妇女并坐在房间一侧的沙发上，她们正在为这个设备承担科学责任。他们受到了盘问，以实事求是的口气给出了恰当的回答，很好地描述了自己。对于那些对科学中的性别角色感兴趣的人来说，这个时刻很吸引人。

受访者：社会化——我想你可能知道这个词——发生了一些事情。(2000)

我认为, 无论科学上怎么考虑, 新管理层别无选择, 只能建造全尺寸的 LIGO, 迅速有效地建造它。我认为, 沃格特制度留下的遗产让他们别无选择, 只能拿着钱, 做一些让外部机构可以看得见摸得着的东西。至少, 这意味着管理技巧可以作为正面的科学成果的代表。第一个迹象是新管理层成功了。我用我 1997 年在汉福德的一次会议上的现场笔记中的一段话, 唤起对成功的回忆：

> 车 (从旅馆) 开过来, 沿着金属化的道路行驶, 在一个玻璃入口前停下, 有一个铺好的小小的前院。在水泥路之间, 沙漠的尘土像以前一样脏, 尽管这座建筑并不优雅, 但它确实算得上文明。

> 通过入口, LIGO 项目咨询委员会的成员们进入温暖的小报告厅, 聚光灯, 抹灰墙, 一排排蓝色的座位。大约 50 人挤满了房间, 会议开始了。

> 巴里·巴里什用一句很有说服力的话开始了会议。他说, 他感觉这就像超导超级对撞机团队的会议。听众中有人想起 SSC 的命运, 喊道："你不是那个意思吧？"……

> 巴里什介绍了团队的主要成员, 他们把 LIGO 带到了目前的接近准备就绪的状态。每个人都在微笑。负责建筑项目的奥托·马瑟尼说："一年前, 到处都是荞麦草和风滚草, 你会发现我们已经建造了一个设施, 我们就在这里。"我们被告知, 两天前第一次冲洗厕所, 但是自来水还不能直接饮用。同样, 我们看到了团队按时完成任务的能力。有 50 个重要人物要来这里开会, 一周前, 这个地点不适合容纳他们；但很久以前, 弗雷德·拉布 (Fred Raab) 同意在这里举行 PAC 会议, 现在好了, 这里一切就绪——至少是几乎一切就绪。

> LIGO-汉福德现在是适合专业人士的地方。以前是卡车、建筑商、灰尘、化学掩臭剂和更多的灰尘, 现在是温暖、清洁、地毯、办公室、电子邮件终端、抽水马桶和厨房, 可以为 50 名穿西装的人提供咖啡和零食。钢管建好了, 构成真空系统的干涉臂, 从头到尾都有混凝土盖子。有五栋楼, 在角落处是一座大楼, 每个干涉臂有一个中间站和一个终端站, 都建好了。聚集的人数, 结构的完成, 对我来说, 短短 6 个月里发生的转变, 让寻找引力波的工作有了非常真实的坚实感和能量感。这些人已经证明了"可以做到", 可以相信, 如果他们能做到这一切, 他们就能探测到引力波。(1997)

很少有人愿意批评新领导层建设 LIGO 设施的方法。这可能是因为建设的成功不仅是为了保持项目的活力, 也是为了吸引更多有创造力的物理学家参与。这个设施的建设, 虽然看起来只是混凝土地基和钢管, 但绝对不是一件小事。在许多方面, 这是一项激动人心的成就。我已经看到理论物理学家参观了部分完成的设施以后, 对引力波天文学的未来充满了新的乐观, 但无论怎么强调也不过分的是, 混凝土和钢检测不了引力波。

然而, 当主题是干涉测量时, 事情就不那么明显了。新管理层没有忽视长期的未来, 从他们培育高新 LIGO 计划的方式来看是显而易见的, 用 LIGO I 的设施的建造方式为以后的几代干涉仪铺平了道路。但是在优先事项方面仍有选择。我们将看到未来如何发展。

第 37 章　第四种 (第五种) 制度：合作

37.1　第四种制度

无论从哪种角度看干涉测量对常规化的服从性, 对熟练的干涉仪科学家的需求都是一如既往的巨大。此外, 在这个领域, 没有经过训练的博士后队伍可以在有人离开时填补空缺。罗比·沃格特说：

> 巴里的 (巴里什的) 哲学在高能物理学中应用得非常好, 因为对于他团队中的每一个人, 如果他失去了那个人, 外面可能有一百个同样合格的人。但是, 对于每一个熟悉引力波干涉测量技术的人, 外面没有人。(1996)

那么, LIGO 如何应对 40 米干涉仪小组的干涉仪科学家的离职呢? 现在这个设施已经完成, 干涉测量要登上中心舞台了。

答案是, 他们应付得很好。[①] 到世纪之交, LIGO 实验室发展迅速, 培养了新的人才, 麻省理工学院正在安装特殊设施, 在一个短干涉仪中安装全尺寸真空室, 对噪声进行基础研究。然而, 另一个组织 (LIGO 科学协作组织, LSC) 对 LIGO 做出的贡献更为显著。[②] LSC 允许 LIGO 利用全世界干涉仪群体的科学技能。可以说, 失去这个 40 米干涉仪小组, 带来的伤害比可能的要小, 因为它已经被更大的人才库里选拔出来的新人才取代了。如果用图形表示管理风格从沃格特的20 世纪 90 年代初到 LSC 开始做出重大贡献的 90 年代末之间的变化, 第一张图显示一个狭窄的、垂直的、排他性的组织, 沃格特在顶部, 而第二张图包括一个宽的水平结构图, 代表一个仍然相对不熟悉的来自远方的人才库。这个变化要求对管理意识形态和管理实践采取开放的态度, 也许是高能物理国际合作的另一个特点。与以前的过渡不同, 领导人员没有改变, 因为"第四种制度"取代了第三种制度, 也没有发生巨大的变化——这就是我对四种管理制度 (而不是三种) 的完全描述。

LSC 的起源可以方便地与 NSF 委托的麦克丹尼尔报告联系起来, 关于如何最好地组织LIGO 开展科学工作。[③] 麦克丹尼尔委员会制作的模型还是从高能物理学中提取出来的：这种想法是, 一方面, 将有一个设施——相当于产生粒子束的加速器——另一方面, 将有一批用户使用

[①] 让我再次强调, 现在他们已经走了, 新的领导层不认为失去 40 米干涉仪小组的科学家是问题; 他们认为的问题是, 40 米干涉仪小组即使在岗位上也缺乏生产力。同时, 他们确实努力保住主要人物。

[②] 我问巴里什, 他认为从 LIGO 项目到 LIGO 实验室再到 LSC 的变化在多大程度上是计划好的, 在多大程度上是对事件的反应。他说, 他认为这是两者的混合。我怀疑 LSC 的贡献的重要性已经成为最大的惊喜, 这在桑德斯的评论中得到了回应。但是请记住, 在 1992 年和 1993 年举行会议的国家科学基金会审查委员会的评论中, 预期了类似 LSC 的组织的重要性。

[③] "国家科学基金会关于使用激光干涉引力波天文台 (LIGO) 的报告", 专家委员会于 1996 年 6 月 24 日至 25 日举行会议。

这个设施的探测器在这个设施内进行实验。[①]

　　但与粒子加速器相比，将设施与 LIGO 的实验分离要困难得多。LIGO 生产的任何东西都不能等同于粒子流，不能让我们认为它在安装灵敏的干涉仪之前是"正常工作"的。有很多方法可以让它无法工作——真空泄漏，金属或密封出气，地震特性差，等等——但是只有干涉仪的成功才能证明整个事情做对了。因此，用户团队和在高能物理中工作良好的设备操作员团队之间的区别，对于 LIGO 以及其他国家的类似设施没有真正的意义，至少在短期内没有意义。[②]

　　但是，因为进度一直按照计划完成，LIGO 有望成为第一个收集科学数据的大型干涉装置。由于 LIGO 有一个以上的干涉仪，他们可以互相检查，很可能在一段时间内它将产生最好的数据。科学家可以被吸引到 LIGO 的轨道上，因为它承诺分享产生这个数据的功劳，分享这个比世界上任何其他类似项目拥有更多财政资源的项目。相对贫困的苏格兰–德国团队的成员一直在建造高质量的干涉仪，时间比美国人长，但他们的预算迫使他们将干涉臂长度维持在 600 米以下，限制了他们的长期灵敏度。LSC 的存在提供了一种手段，他们现在可以借此将自己的想法和才能贡献给大得多的 LIGO，换取一份荣誉。许多美国和澳大利亚大学也在提供激光、悬挂、镜面材料等方面的专业技能。因此，至少在 LIGO 生命的前五年里，LSC 的成员一直在为 LIGO Ⅰ 做贡献，并在 LIGO 实验室的领导下，一起向前推进高新 LIGO 。事实上，高新 LIGO 被描述为 LSC 的创建成果。[③]

　　我将以欧洲 GEO600 项目对 LIGO 的贡献作为这个关系的主要例子，因为它代表了这里提出的论证的最干净和最明确的情况。[④] 格拉斯哥是最早开始设计大型干涉仪的团队之一，但它们无法为其计划获得资金。最终，他们与德国团队合作，建造了比双方想要的都小得多的联合干涉仪。意大利–法国 VIRGO 联合团队很晚才进入该领域，但确实获得了 1 亿美元的资金，建造千米级的设备，有机会与 LIGO 竞争，而 GEO 正在筹集不到 1000 万美元的资金。GEO 主要靠自己建设，就像传统的实验室项目，一切都保持小规模，才能够继续进行。

　　令人心碎的是，虽然他们建造 GEO 的野心受到阻碍，但在某些方面，已经证明有优势。一方面，GEO 始终能够作为协调一致的小团队开展工作，没有 LIGO 那样的管理动荡或紧张局势。在透明度和外部监督方面，也没有 LIGO 那样的管理间接费用。因为便宜，GEO 能够在实验室项目的传统隐私范围内开展工作；因为昂贵，LIGO 在没有审查的情况下就什么也不能做。在 GEO 这里，仍然是干涉仪科学家做选择，所以它不像高度协调的科学。另一方面，由于监督的必要程度，LIGO 在技术选择上必须相对保守，确保东西可以及时造起来，并按规范工作。GEO 受到了相反的压力：要想在灵敏程度上与大得多的 LIGO 竞争，它必须在技术的前沿不断地工作。这就是为什么 GEO 率先开发了后来进入高新 LIGO 的特性，如多级反射镜悬挂摆和高级探测器构型。GEO 对高新 LIGO 的贡献可以说是自主科学的又一次胜利。[⑤]

---

　　① 博伊斯·麦克丹尼尔 (Boyce McDaniel) 是高能物理学家。有人告诉我，在正式得出结论之前，麦克丹尼尔委员会的建议得到了很好地理解。

　　② 我确信，这个分离做得很好，是分配资金的一种记账方式，但没有明确的人员分离。

　　③ 直到 2003 年，LSC 由雷·外斯领导，他自豪地在公开会议上推广其成功，盛赞有创造力的科学家，不管他们的级别和国籍是什么。

　　④ 我很抱歉地说，这将使我强调苏格兰–德国团队的贡献，作为英国公民，我自己试图做到不偏不倚，我觉得有点尴尬。然而，这是迄今为止最引人注目的情况，我严格遵循 LIGO 发言人的指引 (例如雷·外斯)，强调 GEO 的贡献。

　　⑤ 外斯在 LSC 的一次会议上说，格拉斯哥小组"推动"了整个学界，根据经验，建议尽早推进信号回收 (一种先进的构型)。实际情况并非这么完美，LIGO 的法布里–珀罗干涉仪构型比 GEO 的简单反射更先进，但这个创意来自早期的德雷弗时代。
　　我想避免这样的印象：LIGO Ⅰ 是例行公事和无聊琐碎的，而 GEO 是令人兴奋的。这与事实相去甚远：在科学事实出现之前做决定和花费巨额资金，远非无聊琐碎。LIGO 的庞大规模是由资助它的机构、支持它的政治家和管理它的管理者进行的大规模的科学上的虚张声势。如果能获得高达几亿美元的资金，即便确实带来了更多的管理监督，GEO 小组也会很高兴。

这里没有任何关于 GEO 人员有心理优势的说法——从开始建造他们的设备以来，GEO 人员似乎没有发明任何主要的东西——特殊的认知特征出现在我说的时间和文化层面：在这个不那么严格的制度下，更多的冒险技术可以得到更早、更长期的支持。因此，我们可以说，无序的小科学在 LIGO 项目的一开始就成功了，当时罗恩·德雷弗正在发明它的许多主要特征，无需仔细审查的小科学在高新 LIGO 一开始就又变得重要了。讽刺的是，对德雷弗这样的科学家来说，GEO 是理想的环境 (除了个性因素)。我们可以通过研究 LSC 的其他贡献来加强这个观点——例如，几乎完全独立的莫斯科国立大学团队，没有钱建造任何大型设备，对引力波科学的整个科学前景以及关键的技术进步做出了深刻和重要的贡献。[①] 当高新 LIGO 是一门发展中的科学而非成熟的科学时，第四种制度就看到了小科学方法的注入。如果说 40 米干涉仪小组是 LIGO 内部自主科学的主要代表，我认为更大的 LSC 替代了他们。

当然，LSC 的自主科学和 LIGO 的协调科学的结合将带来引力天文学——如果高新 LIGO 能够实现引力天文学的话。这个论证只是说，这两种科学都将做出必要但不充分的贡献。

37.2 第五种制度

1999 年年底，我已经完成了这个分析的主要主题，以下两段来自当时编写的一份草稿，没有做任何改动 (只是删掉了这两段之间的一些无关材料)：

> 在世纪之交，LIGO 正处于和平与幸福的阶段。LIGO Ⅱ 获得资助的前景看起来不错，这个设施几乎已经完成，LIGO Ⅰ 的安装一直进展顺利。[②] 如果 LIGO Ⅰ 将来遇到困难，也还有一年左右的时间。但是，在大科学和小科学之间的潜在紧张关系并没有消失。LSC 的成员并不像 LIGO 的领导一样，对 LIGO 有着如此坚定的承诺。也就是说，LSC 的任何成员都可以在任何时候丢下 LIGO，回去干他们喜欢的工作。美国大学的成员可以决定，在他们的当前拨款用完以后，做不同的科学，或者停止把自己的所有努力投入到这个大项目里；GEO 的成员可以放弃 LIGO，回去全职专注他们的欧洲工作。要让更广泛的学界成员为 LIGO 工作，并满足他们承诺的时间表，有三件事。一是他们作为 LSC 成员签署的书面协议——所谓的谅解备忘录 (MOU)；但这些是无法执行的。二是希望第一篇发表重要成果的文章上有他们的名字——这是任何做出重大贡献的团队成员的权利。三是建立引力天文学的科学团队的成员意识，以及他们希望为自己的贡献得到更广泛的同行认可。[③]

> ……但在 LIGO 的早期阶段，这些控制科学家的方法并不充分。巴里什和桑德斯发现，他们不能仅仅依靠团队合作和自己对科学的兴趣，用他们的模式来完成事情，因此，今天仍然存在着同样的问题：领导层认为有必要在多大程度上组织和控制 LSC 成

[①] 我指的是布拉金斯基的量子非破坏的创意，莫斯科团队对诸如摆这样的"低耗散系统"的仔细实验和分析，他们对蓝宝石反射镜目标的推进，他们对蓝宝石品质因子的非常精细的测量，以及他们推动学界关注蓝宝石中热弹性噪声问题。

[②] "LIGO Ⅱ"是"高新 LIGO"的原名。这种用法在 2001 年左右改变了，当时人们认为，要求为"LIGO Ⅱ"提供资金可能会被政客认为是拿财产当人质——为 LIGO Ⅲ、LIGO Ⅳ 等提供资金。

[③] 第四个不太大的理由是，作为一个成功项目的成员，有利于将来找工作。关于"科学奖励制度"的实质性讨论，请参见 Hagstrom(1965)；Zuckerman(1969)；Merton(1973) 以及 Crane(1976)。

员的工作, 每个成员只对项目作出少量的财政贡献, 从而确保负责任地管理 4.5 亿美元? 然而, LSC 对 4.5 亿美元的支出做出了一些关键贡献, 正是因为它们是在相对自主的、小科学的条件下做出的。这个问题必须解决。

这篇文章写完后不久, 发生了另一次在协调科学方向上的管理风格的变化, 这一次适用于 LSC。[①] LIGO Ⅱ / 高新 LIGO 获得大量资金的前景, 意味着有人认为需要额外的 LIGO Ⅰ 类型的控制。因此, 2000 年, 专门针对高新 LIGO 的 LSC 工作交给了基于加州理工学院的 LIGO 实验室控制。我问项目经理加里 · 桑德斯, 为什么会发生这种情况, 他解释如下:

> 我们为什么这样做呢? 因为我们的赞助人 (更不用说我们自己) 需要得到保证我们将成功地管理这件事。需要有人负责, 需要有人组织事情和衡量进展, 而且能够处理审查……任何这种大型项目都将受到 NSF 和国会的审查。
>
> 现在有一种愤世嫉俗的观点: LSC 接受 LIGO 实验室的管理, 这样它就能经受国会的审查——愤世嫉俗者会这样说——现实的人会说, 松散的合作联盟需要有领导和管理, 以便项目能够成功地执行。必须做出决定。进程必须到位。
>
> 我们现在正在做的是展开——推广——我们在 LSC 的 LIGO 实验室中使用的管理技术。我们必须在尽量减少风险和保证成功之间取得平衡, 尽可能不折腾或折磨所有这些研究人员。他们必须能够感受到同样的智力刺激, 但是他们也必须明白, 我们承担的是相互的责任。(2000)

此后, LSC 高新 LIGO 项目将受到 LIGO 项目内部典型的严格控制, 而不是 NSF 对待获资助的科学家的更松散的控制。例如, LIGO 实验室要求所有科学家每周提交进度报告, 而 NSF 让项目负责人 (PI) 管理自己的项目, 这种责任体现在每个项目的时间表, 而不是每个星期的报告。一位 LSC 科学家解释了他对 LSC 控制的潜在侵扰性的担忧, 认为他再也不能不经过官僚系统就决定改变设备的选择等小事情。此外, 计划在适当的时候, 随着目前 NSF 资助的项目到期, 这些 LSC 项目的直接财务控制将移交给 LIGO 实验室。正如 NSF 发言人告诉我的:

> 从 2002 年开始, 计划将部分资金集中起来……研究生的监督, 一切都应该在当地处理。但用于工程和大型设备的资金将通过实验室处理并密切协调。(2000)

根据上述模型, 这种变化不可避免, 因为 LSC 计划让高新 LIGO 接受与 1 亿美元 (或更多) 支出相关的外部审查。这符合并支持我们对 LIGO 管理演变的一般分析。在高新 LIGO 的早期阶段, 科学家们在选择他们的研究路线和技术方面, 比他们在同时受到严格审查和时间表安排的 LIGO Ⅰ 组织下更有冒险精神。他们能够这样做的原因是, LSC 成员在不同的机构中, 与 LIGO 项目或实验室分开, 远离时间和文化的限制。但是, 现在高新 LIGO 的设计选择被冻结, 科学正在成熟, 开始吸引必然与巨额资金相关的审查, LSC 机构正在被聚集到确定的组织中。但问题仍然是, 是否有必要为未来几代干涉仪——如果高新 LIGO 有继承者——提供一些无需解释的发明。[②] 可以想象, 如果针对更先进的干涉仪的研究开始获得大量资源, 同样的序列将被重复。这将是对这个论题的又一次检验。

---

① 回想起来, 如果我是更熟练的观察者, 就能预见它的到来。1999 年 10 月在华盛顿举行的国家科学基金会会议上, 我参加了这次会议, 稻草在风中飘扬, 但是我当时没有发现它们。(在那次会议上, 我主要关注如何把管理技巧作为资助 LIGO Ⅱ 的理由。)

② 低温和衍射干涉测量技术是继高新 LIGO 之后的潜在技术, 目前已由 NSF 资助。

37.3 结　论

我从自主模型和协调模型的角度追踪和解释了这四种 (也许是五种) 管理制度。干涉测量的早期属于发展中的科学，它蓬勃发展，具有适当的创造力，几乎没有组织。我认为，发展中的科学的重要转变时刻是，对科学工作方向的掌握，从发明者的手里移交给那些没有承诺任何特定发展路线的人。在 LIGO 的情况下，那一刻发生在罗比·沃格特接管这个项目的时候。三巨头时期是过渡阶段的第一次尝试，但是失败了，成了四不像，只为没办法解决的冲突提供了条件。相反，沃格特时期消除了对科学家思想的控制，将干涉测量从自主模型转移到协调科学的时代。冻结了设计功能，进行了工程设计和成本估计，让项目得到了资助。

然而，沃格特制度没有认识到透明度以及相关的内部组织和时间表的必要性。它不能让控制因素传递到政治领域，也不能让强有力的领导小组更广泛地利用人才。巴里什-桑德斯制度最终提供了时间表和透明度，很好地建造了 LIGO Ⅰ 的设施，并承诺把干涉仪造好，具有特定的、相对保守的灵敏度水平和雄心勃勃的占空比。可以把这个阶段看作，把控制要素从发明者转移到更远的公共问责领域。

我认为 LIGO 是不同寻常的大型科学项目，如果不迈出一大步，就根本不起作用。它在本质上试图解决通常与发展中的科学有关的高风险、研究不充分的问题，尽管有大科学的支出、设施和相关的审查。我认为，这意味着自主和协调的科学和 LIGO 项目的核心技术之间存在紧张关系。从 40 米干涉仪实验室的过渡阶段，可以看到科学和技术知识的密切关系、工作的组织方式以及这种工作产生的紧张关系。管理方式的戏剧性转变是由于这两种科学需要成功，同时又对转变的时间和性质有分歧。

在 LIGO Ⅰ 那里，我们看到协调程度稳步提高。很可能，无论技术和哲学论证如何，这种改变对于 LIGO 的生存是必要的。展示管理效率也使人们至少可以想象，在 LIGO Ⅰ 产生任何重大科学成果之前，同意对高新 LIGO 进行资助。

可以说，如果从自主科学向协调科学的过渡更平缓一些，这个项目应该可以受益更多，因为中间阶段不是很成功。另外，只有在资金得到保证的情况 (就像曼哈顿计划一样) 下，才有可能或有必要进行突然的过渡 (就像曼哈顿计划一样) 以及所有相关的动荡；在 LIGO 的情况下，直到过渡的沃格特时期赢得资助之后，资金才得到保证。如果这个论证正确，那么，只有三巨头的组织错误是可以避免的。[①]

向 "第五种制度" 的过渡，重复了早先的变化。一段时间相对无监督的工作提供了创造力，然后一段时间的协调满足了更广泛的支持者的要求，一旦投入大量资金，就达到了一定的成熟度。

在第 31 章中，我们问：是不是有一种科学 (发展中的科学) 只有在一种组织下才能做好，而成熟的科学只能在另一种组织下完成？在整个分析过程中，我们看到了政治需要和紧急情况把这两个问题复杂化的方式。然而，这个故事似乎有足够的证据表明，确实有两种科学最适合于两种组织。与其他大科学相比，LIGO 的有趣之处在于它是小科学，因为它一次就迈出了这么大的一步。未来可能会告诉我们，干涉测量属于哪种科学。

---

① 但是里奇·艾萨克森仍然认为，三巨头的经验是相关科学家的学习曲线上的必要一步。

第 5 部分

成为新科学

第 38 章　汇集数据：前景和问题

我们大多数人多年来都是独立创业者，这个经历并不容易——这是我自己的感受——但我认为你们中有些人——这是你们第一次真正需要合作，不仅仅是在技术上，而且你们不能总是抱着曾经拥有的小点子——为你赢得荣誉的个人创意——但现在你们发现它正在被应用，它是普遍的，它已经成为公共领域的一部分。你必须认识到做公共事情而不是个人事情的快乐。我认为这将明显地扩展到数据分析中，因为我们正在处理……一个相当大的项目……（问题是，）你们如何协调一致地合作，到目前为止，每个人都非常独立。(1998)

——资深的实验学家于 1998 年在引力波数据分析研讨会上发言

显然，基于道德的理由，你不应该保留这些数据，但我也很清楚，你为这些数据付出了很多努力，你认为这些数据是你的。这也许不对，但你想第一个看它，分析它，享有任何结果带来的荣誉。(2001)

——采访初级的数据分析员

现在，问题是……竞争何时结束，合作何时开始？(1998)

——意大利–法国 VIRGO 干涉仪小组的领导人

38.1　技术整合和社会一致性

整个世界范围的引力波检测事业，就像我在第 22 章中讨论过的 LSU 共振棒团队和弗拉斯卡蒂小组的关系，但是大得多。换句话说，世界上所有的探测器都需要彼此，但它们并不总是共享科学文化。

38.2　探测的源和策略

实验室需要彼此，因为对于大多数引力波信号来说，符合脉冲的确认越独立越好。这不适用于每一类信号。正如我在描述麻省理工学院团队在 20 世纪 70 年代制作的 "蓝皮书" 的内容时解释的那样，有四类引力波信号。爆发源来自超新星和其他天体物理灾难，其波形无法计算。爆发源包括未知源这个 "百搭牌"，其中一些让引力波科学家投入了大量的希望。

旋进双中子星的波形可以计算，让探测变得更容易，因为信号可以匹配到波形模板。(旋进的双黑洞应该发出强信号，但波形还不能完全计算。)

连续源包括脉冲星等，它们是快速旋转的非对称中子星。即使来自脉冲星的信号很弱，因为频率是已知的和恒定的，可以在很长一段时间内累积。这可以使连续波的检测足够令人信服，即使只用一个检测器。

第四个潜在的信号源是随机背景。这是宇宙背景引力波和上面描述的前两个源的许多微弱样本的组合。这种信号最好是对两个靠得比较近的探测器的输出做关联来检测。

引力波的第一次 "发现" 将以置信度表示："在 N 次里只有一个机会，即这种符合的能量脉冲可能是由偶然机会单独引起的。" 由于这个领域的早期历史，以及 LIGO 的敌人积累的反对意见，如果要将结果解释为 "发现"，与主张相关的统计置信度就要特别高。[①] 在上面描述的前两种源的情况 (爆发和旋进)，更多的探测器看到相同事件的符合就转化为更显著的统计意义。第一次确认的事件将很可能是前两种源之一。

对于共振棒来说，外界的怀疑被放大了，因为这符合占主导地位的干涉测量界制定的议程。因此，共振棒团队面临巨大的压力，要求他们汇集数据并坚持保守的态度。因此，共振棒团队把信号的阈值设得非常高，以至于他们不再期望看到任何爆发事件——除了弗拉斯卡蒂团队。另外，干涉仪小组必须计划，有一天他们将宣布这个发现。

统计置信度的增加有一个算术推论，伴随着更多探测器之间的符合，当干涉仪开始宣布结果时，这可能是很重要的。在第一个引力波探测器能达到的灵敏度水平，可见的引力事件很可能是非常罕见的——在每世纪三四次到每年三四次之间。罕见的事件，即使与高水平的概率相关联，也不如重复的事件令人信服。单个事件更容易被认为是某种系统错误或侥幸的结果，在发现相应的大量事件之前，可能不会被相信 (见第 41 章)。

现在可以计算出两个探测器在不同信号强度下意外符合的可能性。如果信号与噪声相比很小，我们就说信噪比 (SNR) 很低。一方面，如果信噪比较低，信号水平附近就有大量的噪声峰，意外符合将比较频繁。另一方面，如果信噪比高，发生 "意外事件" 的机会就会减少。鉴于预期的真实信号的罕见性，人们希望减少意外事件的机会——比如，你期望的机会不超过一千年一次。假设你有两个探测器，每个探测器需要的信噪比是 $10：1$。如果你有三个探测器，就不需要每个探测器都有这么高的信噪比，也同样可以让人信服，因为三个探测器出现意外符合的可能性要低得多。

---

① 我们也可能期望，一旦大家确认看到了几个引力事件，观测主张所需的统计标准将下降。这也是社会学的问题，它的更数学的对应理论称为贝叶斯定理。

让我们假设 (这些数字是虚构的), 有三个探测器, 为了获得相同的置信水平, 你只需要 5∶1 的信噪比, 而不是 10∶1。[①] 等效地, 这让探测器的灵敏度加倍——三个探测器可以用来寻找两个探测器所需强度的一半的信号, 同时仍然给出相同的置信度。现在, 引力波引起的位移随着源的距离线性地减小, 因此, 灵敏度加倍意味着可以在 2 倍的距离内看到空间中发生的类似事件。这是简单的几何问题, 可以看到的距离加倍, 意味着潜在源的数量增加了 8 倍。[②] 因此, 如果增加一个探测器, 确实就可以把信噪比降低了 50% 左右, 潜在源的发生频率就增加 8 倍, 这是巨大的改进, 因为当探测器第一次运行时, 在探测范围内的源很可能非常少。如果科学家们说, 他们一年看到两三个事件, 而不是每三四年看到一个事件, 那就更有说服力了。[③] 为什么实验室之间的合作对这类引力波事件非常有吸引力呢? 这是另一种解释的方法, 这些事件的统计数据随着许多探测器之间的符合而得到改进。当全尺寸引力波天文学 (而不是探测) 开始时, 当然只能把各个国家探测器项目的结果结合起来。这是因为, 如果要确定引力波源的方向, 就需要有比较长的基线。

然而, 数据共享的技术优势只是故事的一部分。从科学信用的角度考虑。分享数据就像加入一个博彩团队: 有更好的机会分享奖金——可信的发现声明——但是你不能再自己独享全部奖金。如何比较技术的迫切性和加入博彩团队的风险性呢? 为了理解实验室做出的选择, 我们需要更详细地分析这些广泛的选择。我们可以从考虑实验室之间不同类型的技术整合和不同类型的社会一致性开始。

38.3 技 术 整 合

在技术整合的标尺上, 从低到高有三个点, 可以描述为佐证、符合分析和关联。

佐证: 实验室对自己的数据进行处理和分析, 使之成为独立的发现, 供其他独立实验室确认, 或者用其他方式提供。

符合分析: 一个团队的数据被简化为一个事件列表, 通过与其他实验室的事件列表做符合分析, 可以将其转化为 "发现"。这就是共振棒集体 IGEC(国际引力事件合作团队) 处理数据的方式。

关联: 不同实验室的原始数据流在处理之前被汇集。[④]

在佐证的情况下, 它们包含的数据和任何发现总是归结到某个特定的实验室——起源很重要。在符合分析的情况下, 一项发现不能确定做贡献的实验室, 因为只有在数据合并后, 这种发现才能显现出来 (第 22 章)。但是, 在将数据流提交与其他实验室的数据相结合之前, 可以任意地对数据流进行本地的和独立的处理。在关联的情况下, 做贡献的实验室失去了它们的身份, 本地

[①] 1998 年 12 月在巴黎举行的引力波国际委员会会议上, 我从 LIGO 项目主任巴里什那里了解到这个论证。

[②] 为了论证方便, 我们假设源在三维空间中的分布大致是均匀的。

[③] 我应该补充说, 这些事件将大致符合理论预期; 乔·韦伯早期的主张无法让人信服, 因为他看到的事件太多了, 无法与理论符合。

[④] Krige (2001) 描述了卡洛·卢比亚 (Carlo Rubbia) 在他的团队 "发现 W 玻色子" 的时候, 创造性地跨越了这些类别之间的界限。卢比亚在宣布之前, 设法从欧洲核子研究中心的另一个团队那里统计证实了他自己并不确实的发现, 但是保持那个团队的功劳仅限于证实。应不应该把确证或 "复制" 视为数据共享的一种形式, 是没有意义的问题, 因此, 在诺贝尔奖等奖项中不会考虑。为了便于分析, 我们将把它当作数据共享的一种形式。我们也可以把这三种类型的数据共享看作, 实验工作者把数据传递给他人之前给予的 "外部性" 程度 (Pinch, 1986)。局部处理越少, 外部性越小。

的、独立的数据处理被最小化。

38.3.1　社会一致性

一方面, 在实验室之间各种不同的社会关系下, 佐证、符合分析和关联或多或少都可以实现。因此, 佐证虽然可以是一种完全合作的做法, 但是在各个机构存在激烈竞争的情况下, 也可能发生。另一方面, 关联分析意味着做贡献的小组在组合数据和提取发现的过程中失去了身份；这意味着将数据贡献给关联分析的小组失去了相互竞争的能力。①

社会一致性描述了实验室之间的社会关系。社会一致性有两个层面：系统整合和道德整合。②

系统整合包括在某种正式协议或共同体制框架下, 由官僚组织的团体组合。正如对官僚主义的分析所表明的那样, 所有这类正式安排都取决于信任和充分的相互理解, 使各方愿意在不能满足、不可预见的情况下以相互接受的方式 "修复" 规则。但是, 尽管如此, 不难认识到这种特殊的正式安排。我们可以从费迪南德·托尼斯 (Ferdinand Toennies) 的联想概念来考虑这样的协议。社会学家借鉴了托尼斯的思想, 把这种安排的性质称为 "社会的"。③

道德整合意味着采用共同的态度、习惯、规范、证据文化等, 并且可能涉及比系统整合所必需的更高水平的信任和同事关系。再次转向社会学文献, 这种整合对应着托尼斯的社群概念。这是一种社会安排。

社会一致性水平非常高的一个例子是, 属于同一个团队的两个探测器实验室——如马里兰大学的乔·韦伯和阿贡实验室, 或弗拉斯卡蒂的圭多·皮泽拉小组和 CERN 实验室。阿贡不能与马里兰竞争说自己首先探测引力波, 弗拉斯卡蒂也不能与日内瓦竞争, 这不仅因为他们需要彼此确定研究结果, 也因为这些团体不是单独的机构, 无论是在组织上还是在文化上。④

我可以把第 22 章对路易斯安那和弗拉斯卡蒂之间关系的分析描述为技术一体化和社会一致性之间的紧张关系。弗拉斯卡蒂需要足够的技术整合水平来进行符合分析, 但这两个实验室的社会一致性水平很低；它们是不同的社会组织, 所处的制度环境不同, 采用不同的证据文化, 对科学报告方式坚持的不同规范。

干涉仪的国际合作历史表明, 越来越需要技术一体化, 从而微妙但稳定地减少了竞争, 加强了社会一致性。这种缓慢的变化是随着寻找引力波的困难越来越明显而发生的, 因此任何一个实验室取得第一次突破的野心都已经消失了。在这方面, 干涉仪现在正在重复共振棒的历史。当社会的局外人认识到他们没有希望做出独立或半独立的发现时, 共振棒集体就形成了。除非有一个意想不到的发现, 否则这是国际干涉仪界可以期待的大方向。⑤

高技术整合最容易在高社会一致性的背景下管理, 因为在最坏的情况下, 系统整合为协作提供了一个官僚框架；在最好的情况下, 道德整合会产生信任, 并促进隐性知识的转移。

---

① 关联分析包括相干分析, 在这种分析中, 数据的组合考虑到探测器对源的不同方向引起的差异灵敏度和它们之间的距离。换句话说, 天空被划分为 "单元", 来自不同探测器的数据被不同的组合, 根据哪个单元 (即方向) 被探测。

② 洛克伍德在一篇有影响力的早期论文中 (David Lockwood, 1964), 区分了 "系统整合" (与社会内部机构的相互联系有关) 和 "社会整合" (与社会规范的共同性有关)。我多少接受了这个想法, 但是让术语更加透明了。洛克伍德的 "社会整合" 被更明确的 "道德整合" 取代, 而我发明了 "社会一致性" 作为通用术语, 涵盖社会 / 道德和系统整合的任何组合。

③ 古尔德纳 (Gouldner, 1954) 讨论官僚机构。托尼斯 (Toennies, 1987) 最初是在 19 世纪末写的。

④ 这并不是说, 技术的先进性或工作的速度和风格不可能出现竞争。

⑤ 汉福德和利文斯顿干涉仪都有一些文化差异, 但这些差异是可以承受的 "奢侈品", 因为这两个团队在制度上是结合在一起的, 无论如何, 这些差异并不深刻——更多的是与风格有关, 而不是关于数据分析的观点。

38.4 不同层次的紧张关系

38.4.1 数据是公共财产吗？

引力波探测的世界不仅仅是实验室。有一系列的行动者对这些团体的合作方式感兴趣。级别最高的是资助机构，它们对我所说的公共产权感兴趣。在最低的层次，是主要团队内外的个体科学家的利益，无论是年轻的还是年老的，是强大的还是不太强大的；他们关心的是私人产权。① 正如我在"导论"中说的，在现代物理学中，从输出到输入的推理过程是非常长的。把输出转化为可以算作调查结果的东西是复杂的集体活动。但是，谁应该被包括在集体中，他们应该在什么时候、在哪里以及怎么做出贡献呢？我们可以称之为集体化的地点应该在哪里呢？毫不奇怪，不同的行动者有不同的观点。

从资助机构开始，这些机构往往是以国家利益为核心的国家机构。② 当我们考察个别实验室的战略时，我们发现，例如，法国资助机构关心的是确保大量的财政投入相应地提高国家威望，这意味着一定程度的国家独立性。另一方面，英国机构更关心的是看到其投资受到国际合作的保障。③

谁拥有这些用纳税人的钱产生的数据呢？这对小科学可能不是紧迫的问题，但是对公开可见的大项目，如 LIGO，科学家的权利就更加突出了。是否应允许任何国籍的科学家按需访问数据流，还是应将数据视为国宝，只是美国科学家的财产呢？或者，数据流甚至不属于任意的美国科学家，而是只属于 LIGO 科学家——创造数据的人？在长达半个世纪的构思、产生政治可信度、建立和完善探测器的过程中，局外人并没有参与。如果数据是公开的，即使局外人只是发现了一些巧妙的数据分析方法，他们也能赢得比赛，这似乎不公平。

把数据公开也增加了科学风险。风险和报酬的平衡对于内部人员和外部人员是不同的。局外人对项目的未来没有投资，如果提出虚假的主张，他们的损失相对比较小。

我们也可以称之为数据分析者的困境，这是实验者的困境的一个亚种：判断一个人的数据分析是否正确的唯一方法是让它发现真实的效应，但找出效应是否真实的唯一方法是以正确的方式分析数据。就像实验者的困境一样，分析者试图跳出圈外的一种方法是使用校准，在这个领域被称为假数据的挑战。错误事件被插入到数据流中，让盲目的分析者提取。但是，与一般的校准一样，假数据的挑战也有缺点：你永远无法确定假数据的形式与尚未分析的真实数据的形式相同。

有一个技术论证是扩大对数据的访问，将产生大量的数据，并且可以用无限多的方式进行分析；也许应该鼓励尽可能多的分析者参与处理干涉仪的输出。著名的理论工作者伯纳德·舒茨告诉我：

舒茨：关键是我们不知道会看到什么引力波。这就像拍照片——你不知道照片里

---

① 像局外人一样，年轻的科学家在项目中投入的专业"资本"相对比较少。

② 欧洲航天局将分担空间引力波探测器 LISA 的资金。法国和意大利机构共同为 VIRGO 提供资金，英国和德国机构共同为 GEO600 提供资金。

③ 澳大利亚研究委员会不会花费大量的钱，直到这门科学被其他国家证明。

会有什么——你不能把它藏起来, 说: "我看过那张照片, 那里什么也没有。" 你必须能够将这些数据提供给所有拥有数据权限的人, 但从长远来看, LIGO 和 GEO 都将公开他们的数据。它必须用人们可以分析的方式完成——他们可以看。

科林斯: 如果你有一套完整的模板, 这将是不必要的, 因为你可以检查所有的可能性, 没有必要请人代劳。然后你就可以生成"事件列表"了吗? (我在这里的建议是, 如果他们能够预测所有可能的天体物理模型, 就没有问题了。)

舒茨: 没错。粒子物理学家就是这么做的。因此, 在欧洲核子研究中心, 他们有一个大探测器; 这个实验旨在检测某种事件, 他们扔掉了所有其他可能是非常有趣的物理, 因为它没有触发, 他们只告诉你结果是什么。你从来没有看到原始数据——他们从来没有看到原始数据!

科林斯: 但是你说在干涉仪的情况下, 因为我们可能永远不会有完整的模板, 因为我们总是在探索, 你必须把数据公开, 以便新的人可以寻找新的东西。

舒茨: ……我认为控制访问以确保人们知道如何处理数据, 如何看待否决权, 等等——这很好。但我认为, 从长远来看, 我们必须以可控的方式向科学界开放。(2001)

我们将看到, 这是 LIGO 小组的结论: "主队"优先使用第一次运行的数据, 但是最终必须公开。

38.4.2　实验工作者和理论工作者

关于机构和更广泛的科学界 (他们比团队更高一层) 的利益, 就讲这么多了。关于"实验工作者"的团队和"理论工作者"的团队, 情况又是怎么样的呢?

我在一次物理会议上看到一次最刻薄的交流, 一流的实验工作者雷·外斯和一流的理论工作者伯尼·舒茨进行的交流。舒茨的学生提交了一篇论文, 展示了数据分析者如何在不参考实验工作者的情况下从数据流中去除至少某种仪器噪声。外斯觉得这很不合适, 太专横了。更糟糕的是, 舒茨在之前的一次会议上, 从格拉斯哥的一台原型干涉仪上获取数据并对其进行了分析, 而没有参考实验团队或参观他们的实验室, 这让那个群体感到不安。[1] 实验工作者坚持认为, 理论工作者不能对他们的数据做任何事情, 直到他们确信已经消除了仪器的假象。另一位数据分析者跟我解释了实验工作者的愤怒程度, 把舒茨描述为"一辈子都没有见过烙铁的人"。

舒茨告诉我, 他认为两位实验工作者都没有意识到数据分析者的野心有多小。在第一种情况下, 他的学生只打算展示一种方法, 消除众所周知的 50 赫兹电源频率的干扰, 但他现在意识到, 这个事件反映了:

……我在大多数实验工作者身上看到一定程度的神经过敏。也就是说, 唯一真正理解数据的人是实验工作者, 对我这样的理论工作者来说, "在得出结论之前, 你们应该这样处理数据——修改数据", 这让 (实验工作者) 非常怀疑。(2001)

关于格拉斯哥的结果, 舒茨解释说, 他认为他当时正在演示有些数据可能同样是随机生成的; 为了方便起见, 他使用了数据流, 但实验工作者认为, 他是在说他们的实验受到了噪声的严重污染。

---

[1] 这被称为格拉斯哥 10 米干涉仪 "100 小时运行" 的数据。

　　　　所以这对我是一个教训，因为实验工作者从私有产权的角度看，在允许他们的原始数据被公布方面是很敏感的。(2001)

舒茨承认，由于这些经历，他开始更好地理解实验工作者的立场。

　　　　我确实对实验工作者有了一种感觉，这是我很久以前没有的。他们不愿意展示他们的数据，他们不愿意披露数据，直到他们确定它合格，因为这里有荣誉的问题——人们可以看到他们犯了什么错误，发现这里或那里怎么工作不正常。(2001)

可以说，实验工作者不愿意让实验室外的任何人看到"裸"数据。①

　　　一位年轻的数据分析者相信，这些抱怨更多地与实验工作者认为他们是数据的所有者有关——私有产权，而不是专业技能或自豪感。

　　　　我个人的观点是，任何人说这 (不给数据) 是因为你不确定别人会正确地分析它——我的意思是，那是胡扯——这只是因为你想控制你的数据。这就是我的想法——我相信这个……我确信 (实验工作者) 相信他说的话，但我也认为人们——即使对自己来说，听起来也要好得多，如果有人说这是因为"如果你对仪器没有深刻的理解，等等，你做得不对"。我认为这在一定程度上是真的，但我相信这根本不是真正的原因。(2001)

这里表达的情感也许可以追溯到科学中理论和实验之间由来已久的紧张关系，这本身曾经反映了社会阶层中动脑的人和动手的人的区别。用手工作是辛苦和汗水，而用脑工作是分享上帝的宏伟设计。在现代科学中，这样的文化信仰依然存在；伟大的偶像大多是思想家，如牛顿、爱因斯坦、玻尔和霍金；伟大的实验学家 (如法拉第) 受到尊崇的方式截然不同。但是，除了理论和实验的文化，事实仍然是，正如我们在本书前面看到的，理论工作者可以用较少的投资完成他们的工作，能够以一种更有趣、更冒险的精神完成他们的工作，而实验总是非常严肃，不然资助机构就想知道为什么了。人们不能责怪实验工作者不愿意让理论工作者从外面闯进来，不像自己那样负责任地使用这些来之不易的数据。②

38.4.3　原始数据还是处理过的数据？

　　既然在佐证–符合分析–关联的量尺上，最低水平的技术整合提供了最大的竞争收益机会，那么为什么有人会选择更高的水平呢？答案是，更高水平的技术整合在技术上更有效率。当联合数据为原始数据时，在组合数据流中更有可能发现一个重要事件，因为一个数据流中的所有信息都可以与另一个数据流中的所有信息做比较；在进行数据比较之前，不会丢失任何信息。③ 这个概

---

①　就像历史学家和社会学家看裸数据 (比如密立根的油滴实验 (Holton, 1978) 以及随后的所有案例研究) 被认为态度不端正一样。

②　Sibum (2003) 讨论了这个区别，并指出 (私人通信) 实验工作者所感受到的责任程度在历史上可能是具体的。在早期，当实验很便宜的时候，实验主义者也可能对他们的工作采取轻松的方式。

③　这个创意可能是由理论工作者萨姆·芬恩发明的，很长一段时间以来，他在引力波数据分析领域得到了最有力的支持。现在已经被广泛接受。最近的一个发展是相干分析，在这种分析中，原始流被标准化为地球表面探测器相对于一个或一系列假定的源的相对位置和方向。

念显然与这个说法有矛盾：只有在特定机器上工作的实验工作者，才知道如何消除噪声。用外斯的话说：

> ······我认为实验工作者的义务——在这种情况下，当你开始比较数据——实际上是每个人采取最好的削减，约化后的数据集给出尽可能多的信息，尽可能地没有仪器的特征······这是所有的技巧，所有的工艺，所有的一切······我认为这是第一次——至少我这么认为——(每个团队) 制作自己仪器的没有仪器特征的数据集。(1999)

在早些时候的一次会议上，LSU 团队的比尔 · 汉密尔顿也提出了同样的观点，借鉴了他的共振棒经验：

> 如果空气弹簧很低，我们就会看到一辆大巴车撞上某个坑，这意味着我们的隔振不够好。不，每个探测器都不一样。VIRGO 不同于 LIGO。LIGO-利文斯顿不同于LIGO-汉福德。希望它会更接近，因为你有一个共同的方式来获取数据······如果你愿意，你可以把它当作预言，但我敢打赌我是对的。[1](1998)

干涉仪可能会比共振棒更少受到这些问题的影响。干涉仪必须比共振棒得到更好的理解，才能实现它们作为宽带仪器的优势——能够识别引力波脉冲形状并记录爆发的能量；这意味着更好地理解噪声。而且，正如我们看到的，本着高能物理的精神，干涉仪科学家正在使用计算机模拟他们的仪器——这个工作需要的资源远远超出了共振棒可用的资源。[2] 根据我们对隐性知识的了解，模型将会变得多么完全，还有待观察。

还有另外两个反对的论证：一方面，数据的本地处理为不知情的统计按摩提供了太多机会；另一方面，共同的统计分析给出共同的统计假象。[3]

38.4.4　招募的问题和控制的问题

要汇集数据，必须找到愿意协作的其他人。我们称之为招募的问题。即使被招募了，也有可能开小差；绝不能让被招募的人自行其是地做分析。我们称之为控制的问题。在理想的情况，高水平的技术整合似乎解决了控制的问题，因为没有可以与单个实验室相关联的数据；但这并不能阻止个人自行其是地分析他们获得的共享数据。[4] 当然，高水平的社会一致性解决了这两个问题——根据定义，必然如此。

---

[1] 关于看似相同的纸张处理机的差别，见 Kuster (1978) 的讨论。

[2] Knorr-Cetina (1999) 解释说，当物理学出现问题时，物理学家试图通过更彻底地了解世界来解决这个问题，而在生命科学中，他们只是把制剂扔掉，重新开始。

[3] 《复制的分析理论》(Collins(1985/1992) 第 2 章，第 34~38 页) 认为，当佐证的团队与发起人的社会关系比较远时，对结果的佐证更有力，当然佐证的团队还要拥有足够的共同科学背景，成为可信的复制者——这需要一定的社会接近度。对佐证者的社会计量距离的确切选择，可能要基于每一门科学的历史和社会背景以及其中的每一项发现主张，做出适当的妥协。在这里，我们看到社会和技术交织得很紧密，在概念上区分它们可能是毫无意义的。

[4] 正如 COBE 项目里发生的情况那样——见第 39 章。

38.4.5　跟源和项目有关的论证

这些一般性的考虑是由每个特定检测器项目的上下文限定的。探测器的设计——它最适合看到的源的种类——以及项目管理的风格和结构都影响着决策。检测器的设计有差别, 因为一些源 (例如连续源) 用一个设备就可以合理地有信心地检测, 只需要来自其他设备的佐证; 关联分析几乎或根本没有技术优势。也许有些波段只有某些探测器是灵敏的, 在这些波段检测发射源就不需要与其他人合作。

管理风格和组织也会有差别, 如果某个团队在科学奖的竞赛中领先, 它的成员就会更高兴。熟练的干涉仪科学家供不应求, 他们在国际市场上工作。只有留住忠诚的员工, 才能坚持不合作的战略。

38.5　数据汇集的决策树

正如我们看到的, 数据汇集的问题很复杂, 在许多维度上有许多交叉的变量。在实践中, 科学家倾向于根据经验和先例来解决这样的问题, 我们很快就会看到一些案例。这里总结了有助于数据汇集 "决策树" 的分析点。①

证据阈值和历史: 科学领域需要不同程度的统计置信度。引力波的要求很高, 这鼓励了协作。

技术整合: 技术整合有三个递增的层次, 本地处理的水平相应降低。

(1) 佐证。

(2) 符合分析。

(3) 关联。

社会一致性: 社会一致性有两个层面让技术整合更容易, 第二个层面比第一个层面更有效。

(1) 系统整合。

(2) 道德整合。

资助机构和公共产权: 资助机构可能倾向于国家独立或国际合作。数据是用纳税人的钱采集的, 各个机构在什么程度上鼓励公开这些数据, 是各不相同的。

私有产权: 让其他人共享数据有两个问题。

(1) 招募的问题。

(2) 控制的问题。

支持高水平技术整合的论证有两个:

(1) 技术整合越多, 分析的效率就越高。

(2) 离主队近的分析越多 (也就是说, 技术整合越少), 统计按摩的机会就越多。

反对高水平技术整合的论证有四个:

———————————————

① 可以认为, 这个练习类似于社会学中的因果模型, 但没有用数字。

(1) 那些人了解自己的实验, 能够最好地去除假象。

(2) 分析的独立性越强, 犯常见错误的机会就越少。

(3) 数据来之不易, 主队有道德上的权利先分析数据并提取发现。

(4) 发布"裸"数据有可能不公平地暴露一些尚待改进的实验技术。

与源和项目有关的论证：项目的管理方式和它能适合看到的源的类型, 将影响决策树"发挥"的方式。

利用这个框架, 我们依次考察每个项目, 阐明他们对数据汇集的态度。

第 39 章　干涉仪团队的国际合作

39.1　共振棒: IGEC

1997 年, 干涉仪的威胁增加了, 而任何共振棒小组, 包括合作的共振棒小组, 可能做出正面发现的机会已经减少。当时, 四个共振棒小组创建了国际引力事件合作团队 (IGEC)。主席马西莫·切尔多尼奥希望各个小组开发具有高水平技术整合的联合数据处理方法。回想在 2001 年的时候, 他在 IGEC 小组的一次会议上说:"许多年前 (我们说), 我们将努力把不同类型的分析集中在一种单一的分析上, 让我们有更具可比性的东西。但是这并没有发生。我只想让你们知道, 这并没有发生。"

由于两个原因, 共振棒团队没有达到高水平的技术整合。首先, 共振棒实验工作者坚持, 只有他们知道如何对自己的设备进行令人满意的分析。实验工作者认为, 他们几乎不了解自己的设备中的噪声源, 外人几乎没有机会将有趣的事件与噪声分开。根据我们对隐性知识在实验中的作用的讨论, 这是非常合理的, 我们已经看到 LSU 的比尔·汉密尔顿提出的观点, 作为对干涉仪小组的警告。在汉密尔顿发言的 1998 年引力波国际委员会的同一次会议上, 询问了共振棒团队的成员, 是否有可能分析来自其他共振棒团队的原始数据。与会者普遍同意, 要了解另一种探测器, 至少要进行几个月的实地访问。

IGEC 只保持较低水平的技术整合, 第二个原因是, 各团队仍然不能对联合协议应该包括什么达成一致。特别是, 弗拉斯卡蒂团队坚持开放的证据文化, 想比其他团队更深入地挖掘噪声。用我们的术语说, IGEC 将系统整合在低的道德整合的基础上; 如果没有道德整合, 高水平的技术整合是困难的。

已经制定了实际的折中方案, 允许每个组处理他们的数据, 直到他们可以提取事件 (即潜在的引力波信号) 的程度, 并且每天提交 100 个这样的事件进行联合分析。(我的理解是, 弗拉斯卡蒂团队按照其开放的证据文化, 希望每个小组每天提交 1000 次事件。) 这当然是技术整合的中层——符合分析。它允许每个参与的小组有很大的自主权决定如何对数据进行"第一次削减"。因此, 在 2001 年的 IGEC 会议上, 一个小组的发言人说:

> 我认为我们理解每个小组使用不同的标准来定义事件……现在, 我认为我们仍然应该让每个小组对事件列表承担全部责任——如何定义 (事件)……在文化层面上, 讨论很有用, 特别是如果我们中的一个人可以改变他们的方法, 或者可以影响另一个人改变他们的方法——他们的标准……(但是) 我认为, 任何讨论都应该从每个小组都有

自己的标准并对确定活动清单承担自己的责任开始。否则, 我认为讨论就会太长, 我们永远不会到达下一步——分析我们的数据。(2001)

共振棒团队严重缺乏道德整合, 连第 22 章讨论的控制问题 (当时路易斯安那人担心弗拉斯卡蒂人独自分析联合数据) 都不再存在, 甚至路易斯安那联合协议已经被放弃了。但正如我们在第一次讨论 IGEC 的成立 (第 25 章) 时看到的那样, 这可能是技术问题; 更多的团体强烈反对特立独行的解释。在 IGEC 中, 数据分析是由各小组的工作队做的, 大多数成员都有保守的数据分析理念。增加的还是系统整合, 而不是道德整合。截至 2003 年, 各个共振棒团队的意见和做法仍然存在差异。由于 IGEC 迄今做的所有集体数据分析都没有产生任何正面的结果, 没有什么可以把文化差异公开, 合作继续本着友好的分歧精神进行。①

共振棒团队之间的技术整合或社会一致性似乎也不可能进一步提高。无论如何, 他们的注意力都在其他地方。路易斯安那共振棒小组与 LIGO 的合作越来越多, 他们把自己的共振棒转到与其他 IGEC 共振棒不一致的方向, 至少在短时间内 (这可能会变得更长, 因为 LIGO 的运行时间更长)。弗拉斯卡蒂团队开始对 SN1987A 脉冲星残余进行连续波搜索。为此, 他们需要缩短他们的共振棒长度, 稍微不适合与其他共振棒小组的联合搜索。连续的信号, 当然可以由一个小组单独验证。如果他们发现信号的迹象, 弗拉斯卡蒂只需要寻求佐证, 即最低水平的技术整合, 对系统整合或道德整合都没有要求。弗拉斯卡蒂人也在以其他方式走向独立。

由于 IGEC 控制了共振棒的联合输出, 也由于干涉仪搞定了资助 (至少在短期和中期), 两个探测器群体之间的关系正在改善 (弗拉斯卡蒂可能除外)。2002 年 5 月, 在厄尔巴的一个讲习班上, 人们平等地谈论了共振质量的小组和干涉仪的小组。我在 5 月 20 日下午的现场记录显示, 共振棒作为整体没有提出正面的主张, 而是提出了新的上限记录。也就是说, 他们自信地说, 在某个观测期内, 他们没有看到超过一定强度的引力波。他们还创造了连续运行符合测量的纪录 (没有看到任何东西)。这种主张绝不会侵入干涉仪的领域, 也让共振棒科学家更容易被视为同事。当会议接近尾声时, 总结者彼得·索尔森告诉我们, 共振棒和干涉仪的协作在这次会议中比以往任何时候都要多。

39.2　LIGO

事实上, LIGO 领导着世界范围内的引力波探测群体, 无论是发言人意见的重要性, 还是他们扮演的机构角色。② 正因为如此, 我们将把更多的时间花在 LIGO 上, 而不是其他的小组。

LIGO 拥有不止一个干涉仪, 地位比任何其他群体都重要, 可以针对最大的一类引力波现象 (爆发源) 做出可信的独立发现声明。确认爆发源通常是通过符合分析或相关性来寻找探测器之间的符合信号。就其 "两个半" 探测器之间的内部数据交换而言, LIGO 团队不受反对技术整合

---

① 2002 年年底, 弗拉斯卡蒂团队发表了一篇论文, 根据对自己数据的独立分析提出正面的主张。这在 IGEC 中造成了一些痛苦, 尽管它只破坏了协议的精神, 而不是文字 (见 Astone 等 (2002) 第 41 章)。

② 例如, 巴里·巴里什作为 LIGO 的主任, 也是引力波国际委员会 (GWIC) 的创始主席, 这个委员会的设立是为了促进探测器小组之间的合作, 直到我写这段内容时仍然发挥作用。非正式领导的重要性表现在世界各地的其他团体在要求为自己的实验提供资金时, 在多大程度上寻求 LIGO 领导的积极意见, 以及英国-德国项目现因其在 LIGO 中的作用而被证明是合理的 (见下文)。

的道德论证的影响, 因为它们的社会一致性最大。然后, LIGO 可以选择最适合搜索的技术整合级别, 而且这种选择完全基于技术考虑。

尽管有这些优势, LIGO 一直站在国际合作建议的前列。既然 LIGO 因为合作而比任何其他团体失去得更多、收获得更少, 那么为什么要这样做呢?

考虑到反法证原则, 愤世嫉俗的人可能会说, 通过合作, LIGO 的损失比乍看起来要少。原因是, 由于 LIGO 是国际社会的明确领导者, 因此, 无论以何种形式出现的第一次发现, 大部分功劳必然归于 LIGO。愤世嫉俗者的论证是有效的, 因为到目前为止, 在干涉仪之间实现国际合作的主要机构是 LIGO 科学合作团队 (LSC)。如果第一个发现来自在 LSC 支持下汇集的数据, 那么大量的功劳肯定会归到字母缩写里 "L" 所代表的团队 (也就是 LIGO)。

不那么愤世嫉俗的话, 有充分的理由认为, LIGO 领导层因为他们的背景和经验, 一直坚持不懈地促进合作。来自高能物理的主任巴里·巴里什和有影响力的项目经理加里·桑德斯都习惯于国际合作 (例如, 巴里什在意大利长期工作)。在高能物理这样的领域里, 机器非常昂贵, 除了合作别无选择。鉴于干涉仪的技术困难, 对于被吸引到该领域的高能物理学家来说, 协作似乎是完全自然的。

在合作方向上的一个强有力的推动也来自麻省理工学院团队的领导者雷·外斯。外斯也有重要的合作经验, 在宇宙背景探索者 (COBE) 项目中发挥了主导作用。在他的发言中, 更明显的是他对这个领域遭受伤害 (现在人们认为是早年的虚假主张) 的感觉。外斯希望确保引力波科学不会因为毫无根据的发现主张而进一步损害可信度, 因此他希望将风险降到最低。同样的恐惧驱使干涉仪科学家反对韦伯后来的主张, SN1987A 的结果, 以及珀斯–罗马的符合, 让他们对分析来自自己的干涉仪的数据持谨慎态度——至少在第一次。外斯还非常关心控制的问题——有人违背协议、独自行事的问题; 他在 COBE 工作期间亲身经历了这个问题。

39.3　援引先例

LIGO 管理层设立了 LSC, 以引进外部科学家小组。随着 LSC 的发展, 它吸引了越来越多的独立大学和研究实验室, 无论是在美国还是在国外。到 2002 年 5 月, 它有 21 个独立的机构, 包括 26 个研究小组和 281 个人; 到 2003 年年初, 这些数字大约为 40 和 400。因此, LIGO 代表的潜在利益范围远远大于其他任何团队。因此, LIGO 在建立数据分析策略方面要解决最大的问题。

有了这些复杂的问题, 形式规则就不能提供一条路穿过重叠原则的灌木丛。在实践中, 解决办法是依靠先例和经验, 而不是通过计算。[1] 在指导 LSC 方面似乎有影响力的先例是 COBE 项目, 外斯是主要参与者; 国际中微子搜索合作, 巴里什仍然是主要人物; 以及高能物理学的传统, 这些传统构成了许多新领导人的背景。在 1998 年的一次讲习班上, 正在探讨处理数据的规则, 所有这三项都被援引了。[2]

---

[1] Orr (1990) 解释了闲聊和 "战争故事" 对复印机维修工程师的重要性。技术有很大的差异, 但把好的做法封装在经验描述中的方式是相似的。

[2] 第 3 届引力波数据分析讲习班 (GWDAW3) 于 1998 年 11 月在宾夕法尼亚州立大学举行。

39.3.1 COBE 的先例

几年前, COBE 绘制了 3 开温度宇宙背景辐射不均匀性的天图。一些寻求公众关注的科学家把这些图称为"上帝的脸", 有些令人恶心。COBE 合作组织成立于 1973 年, 持续了 23 年, 直到 1996 年。NASA 驱动的哲学告诉 COBE 项目, 卫星和实验的其余部分由纳税人支付, 因此数据必须被视为公共财产。NASA 坚持要求, COBE 科学家准备的数据形式, 可以提供给任何感兴趣、想分析它们的科学家。尽管如此, "主队"的科学家们得到两年时间清理和准备数据, 在更广泛的发布之前完成他们可能的分析。就像雷·外斯在 COBE 合作组织中担任高级职务时说的:

> 他们 (COBE 科学家) 有义务提供这些数据并存放在公共场所……这个想法是,
> 你把数据存放在那里, 你的义务是你必须为如何处理这些数据编写手册。这是轻而易
> 举的事情——跟 (高能物理) 非常不一样, 也与我们打算成为 (引力波物理) 的方式非
> 常不一样, 因为我们不能让我们的仪器如此完美、得到了所有的仪器特征 (噪声)。顺
> 便说一句, 我还要告诉你, COBE 也没有成功。只是我们得尽早做出最好的猜测……
> 你有一些手册, 但我认为做得不怎么好 (笑声)。(1999)

在这个陈述中, 我们看到了让数据公开和需要本地处理来去除假象之间的紧张关系。实验工作者认为, 在不了解实验的分析者对他们进行研究之前, 清理数据是他们的任务和责任。我们被警告, 如果做得很快, 这项工作很可能就会做得很糟。

我们已经看到, 技术必要性论证和私有财产论证很难解开; 有效清理数据的需要也为实验工作者私下搜索数据提供了时间。外斯热切地提到了控制 COBE 数据的问题:

> 由于这个系统的基本规则, 它自己陷入了一些有趣的麻烦……在对数据进行分析
> 之前, 我们必须有效地将数据传送出去。伯克利的马克·戴维斯 (Mark Davis), 在实
> 际做实验的人之前, 就设法利用这些数据得到了 (一个) 结果。它发生了——这是交易
> 的一部分——明白吗? (1999)

外斯还就 COBE 先例讨论了常见的数据处理错误问题。COBE 试图通过让自己成为竞争性科学群体的缩影来解决这个问题。还是引用外斯的话:

> 你有怎么写论文的规定, 以及对这些论文的内部审查……而且有详细的公开发布
> 规则。

> ……DMR——差分微波辐射计——这是非常惊人的发现 (通过宇宙背景辐射的温
> 度来观察, 天空看起来很模糊), 但是依赖于一组边缘的数据。如果你看过这些数据,
> 你会发现信噪比可能并不比我们的第一次尝试好多少。你在那张美妙的天图上看到的
> 大部分是噪声。在这里你可以看到宇宙中的小热点和那里的冷点 (在大范围发布的天
> 图中, 用红色和蓝色编码来表示), 大部分都是噪声。其中大部分与宇宙无关。在第一
> 张照片中, 只有大约 30% 的东西是信号。

> ……对团队的每个人来说, 这都是非常棘手和令人担忧的, 我们实际上有竞争的
> 团体, 他们故意不与对方交谈, 有自己的算法, 自己的过程, 自己的软件团队为他们工
> 作。然后在团队内部发生了争斗, 决定这件事可不可以发表, 这也可能发生在我们身

上。所以不是每个团队都是完全独立的。你看着这个东西，想想你容易在哪里犯错误。[1](1999)

只要不出现控制的问题，这种方法就有效。在 COBE 的情况下，一个竞争的小组确实试图打破规定，发表一篇"早产"的文章。外斯解释说，他必须告诉他们，"我不会让这种情况发生。你怎么知道这是对的？所有这些检查都必须进行，但尚未进行。"(1999) 这个小组试图绕过外斯，直接去美国宇航局，但"我们摆平了一切"。然而，另一个小组有一篇独立的文章。就像外斯说的，"它既不干净，也不简单"。

39.3.2　中微子搜索和高能物理的先例

中微子探测具有引力波探测的一些特点。[2]中微子探测器网络等待着银河系中一颗爆炸恒星或超新星发出的脉冲。该理论认为，中微子是在爆炸过程的早期发射的，应该在可见光之前一小时左右到达地球。如果探测器网络同意它看到了中微子脉冲，希望能够及时通知天文界，让他们把光学望远镜指向正确的方向，并从光线到达的那一刻起观察爆炸。如果引力波被发射出来，应该和中微子在大致相同的时间到达地球，所以引力波观测站的网络原则上可以与中微子探测器合作，并与它们一起运行。[3]

然而，超新星爆炸的理论模型在预测引力波输出方面，比中微子差得多。关于有多少超新星会发射可探测的引力波，以及它们有多强，都有很多不确定性。相反，中微子探测是成熟的活动（尽管它并不是完全可靠）。

与中微子探测一样，世界范围内的引力波探测器网络由独立的团队建立和运行。COBE 不一样；那里有一个专门建立的团队，从一开始就被组装起来，并且必须对组件进行一定程度的独立设计。因此，在引力干涉测量和中微子探测中，社会控制的问题比 COBE 协作中更大。

在互动自动化方面，在没有良好的社会控制机会的情况下，中微子网络已经找到了"技术修复"。所有中微子团队"订阅"一台中央计算机，让它不断地了解仪器的状态。每个小组可以向中央计算机发警报，只要它认为自己的探测器在任何十秒钟的时间内看到了有趣的中微子通量。如果做了这种正面的报告，计算机将在同一个十秒钟内报告网络中其他探测器的状况；它将说明其中哪些探测器在此期间打开，每个正常工作的探测器报告的灵敏度是多少，以及是否在同一期间报告了正面的结果。如果所有打开的灵敏的站点同时报告了强烈的正面结果，他们将各自知道其他站点的结果，这将触发一份给天文学界的报告，告诉他们在接下来的一小时内在天空的某个特定位置出现超新星。

这种安排的某些特点值得注意。"看到"中微子的通量不是一种"是"/"否"的现象。正如巴里什解释的，"在一个实验中，关于我们发送什么、什么时候发送、可靠性怎么样的讨论，是难以置信的——我不知道——这方面有很多争议。在我们的实验中，我们实际上有两条不同的轨道来分析它，在信号发出之前必须达成一致。所以有一个很大的内在因素。"(1999)

报告内容的选择受到以下事实的限制：小组只能提交数量有限的正面报告。选择的报告水平应该确保，每个世纪出现响亮的集体性的错误警报不超过 1 次，这允许每个探测器报告"镀金"

① 外斯接着说："（第一次）宣布是根据第一年半的数据做出的，但当我们有了四年的数据，就非常坚实了。"
② 在 1998 年的会议上，巴里·巴里什提到中微子探测和高能物理作为先例。
③ 正在为这种联系作准备（巴里什，电子邮件，2001 年 8 月）。

事件大约每月 1 次。选择报告多少事件有可能以与 IGEC 成员相同的方式划分小组。在这种情况下，允许任何一个探测器提交报告的数量基于这样的假设，即银河系每个世纪平均大约有 3 次超新星爆发，因此一个真正强大的探测候选者将是每 30 年左右只看到 1 次的中微子的通量——远远超过设备正常的日常噪声波动。这决定了任何一个设备的证据阈值。

实际上，严格执行这个标准会对报告施加太严格的限制，因此放宽了。只有当大多数探测器看到类似的信号时，天文学消防站才会发出真正响亮的警报，因此单个机器是否发出相对频繁的警报并不重要；当它们没有被其他人确认时，这些警报就会被忽略。此外，还有计划允许报告第二级的"镀银"事件。①

中微子网络的另一个重要特征是，任何群体都不允许查阅计算机、找出其他群体在做什么，除非它自己目前正在报告正面的结果。换句话说，当一个正面的结果被报告时，作报告的小组"看不见"其他小组看到的东西。这防止基于其他小组看到的情况对单个设备的输出进行特别的重新分析。如果你没有报告其他人看到的事件，你就错过了！与这个条款对应的是，当一个有正面结果的团队通过计算机询问每个小组时，必须立即报告。它必须立即报告，即使它没有看到效应。正如巴里什解释的那样，这似乎是最困难的协议："当然，有些人不喜欢这样，因为他们不喜欢有人知道他们是否认为，当仪器正常工作时，他们没有看到。"(1999)

科学家不愿意把他们的"没看见事件"立即提供给公众审查，这很容易理解。如果有一个超新星，你没有看到它，尽管你的仪器运行在灵敏的状态，这就表明你做了一些错误的事情。请注意，这种不称职受实验者的困境的影响，因为除了物理学上的重大混乱，你的仪器是否应该看到中微子的标准不仅是所有其他小组的一致意见，而且是大约一小时后超新星发出的明确的光信号。必须做出的声明更像是在赛马中赌博 (在赛马中，你根据马的行为判断输赢)，而不是在证券交易所赌博 (在原则上，你可以通过让其他人同意你关于股票行为的看法来赢得胜利)。② 根据巴里什的说法，这个领域的科学家对即时报告感到不舒服，因为他们认为需要时间检查他们的仪器是否真的在某个时刻没有看到任何东西。换句话说，中微子科学家，就像引力波实验工作者一样，不喜欢在全世界的灼灼目光下发布裸数据 (尽管他们已经同意这样做)。

这个协议的最后一个有趣特征是，无论其他组报告什么，每个组都保留自己报告正面结果的权利。换句话说，他们保留跳出协议和遵守协议采取行动的权利。因此，即使在超新星发生时没有给出一般警报，因为许多设备实际上运行的灵敏度没有他们团队相信的那么好，一个有能力的团队仍然有报告记录，可以用于随后的"告诉过你了"的会议。因此，他们没有试图充分解决控制的问题：即使在合作的时候，每个团队的独立性也得到保持。就像巴里什说的：

> 现在，实验人员想要什么呢？这就是社会学跟这里 (引力波探测) 相似或不同的地方。个别实验不想被他们从其他实验中看到的任何东西束缚。因为有人看到，另一个实验说它很灵敏，但什么也没看到——人们不希望它阻止他们宣布结果——他们就是不想这样。为什么？——他们只是觉得另一个人可能不称职——即使他认为自己的实验起作用，也没有用的。(1999)

中微子小组愿意接受协议的这个特征，而大多数引力波小组关心的是找到一种消除独立报告的方法，这几乎肯定反映了这些领域的不同历史。

中微子小组认为他们的数据属于他们，但仍然设计了协作检查系统。在技术整合方面，这个

① 巴里什，电子邮件，2001 年 8 月。
② Barry Barnes (1983) 试图让这个成为原则上的差别，用于分析世界上发现的实体类型。巴恩斯的工作很有见地，但在这里，我们必须记住，曾经有一段时间，超新星的其他相关性，光和中微子通量的爆发，本身就类似于证券交易所的协议。

安排借鉴了中等水平和最低水平：符合分析具有中等水平的技术整合，但各小组保留独立宣布的权力，不管符合分析结果如何；独立宣布的结果可以通过望远镜看到光或者对其他小组的数据进行事后分析来证实。

39.3.3 实践中的合作：LSC

上述先例表明，组织数据的不同方式有着不同级别的系统整合和道德整合。作为一个团队，COBE 应该有很高的道德整合，尽管单独发表文章的事情表明，它远非完美。然而，为了防止共同的偏见，人为地设计了某种程度的系统"解体"。中微子团队具有良好的系统整合，但道德整合的级别比较低。他们的合作是根据签署的协议来管理，遵循一套规则，跟 IGEC 一样。考虑到这些，让我们回到引力波。

1998 年 4 月，外斯给"引力波项目的领导人"发了一封信，提出了一种新的系统整合。[①] 他提出了一种与中微子团队用计算机控制的方法相当的人工方法，外斯说，这个战略将使该领域能够"负责任地开放"。他呼吁把所有正在观察的仪器的结果——原型、共振质量等——纳入分析。经过本地分析，把结果提交给由每个小组的代表组成的委员会。经过适当考虑，各小组将提交文章，委员会随后发表的一份文件将协调所有意见，包括一些探测器没有数据的原因。该委员会将保存世界上所有探测器的时间表，并应在一年内成立。但外斯的委员会尚未成立。第一次具有真正实质内容的国际合作是在 LSC 内部。

LSC 不是国际合作的机制。1998 年，在引力波国际委员会的一次会议上，巴里什说："LSC 是 LIGO 的一部分。是分开的东西。它是我们的科学部门……发明它不是为了让它成为所有探测器的国际合作组织——这不是它的目的。"后来在同一次会议上，他告诉我："我们不会让它(LSC) 分析 VIRGO 数据，或者分析 GEO 或 TAMA 数据——我不想让它欺负人。"(1998)

但是，LSC 的关键特征是，它可以将自己转变成更强大的东西，对所有的人都开放。这个安排受到了国家科学基金会的青睐，因为它在"解决公共产权的难题"方面走了很长的路。这意味着，虽然用公共资金产生的支持 LIGO 的数据在 LIGO 科学家的私人领域中停留有限的时间，但"LIGO 科学家"被定义为任何加入 LSC 的人，这意味着任何人，无论他们来自哪里，都愿意"支付入门费"，为 LIGO 项目做出重大贡献。这也是从高能物理中提取的模型。正如巴里什向1998 年数据分析讲习班解释的：

> 在这两种情况 (高能物理和 COBE) 下，我认为，数据都是可用的，但是模型不一样。NASA 的模型 (COBE 模型) 是，提供数据的格式让任何人都可以分析——有很好的文档记录，等等。高能物理的模型截然不同。在给定的实验中，只要有人加入了该实验的协作组织，就可以用数据，而且协作组织是开放的；它们不是封闭的。

还是同一个研讨会，他对我说："任何想分析 LIGO 数据的人都可以分析，他们只需要加入 LSC 就可以了。"(1998)

从一开始，LSC 就不符合高能物理学模型，至少不是在各个方面都符合。正如我们看到的，在引力波科学发展的几年里，不可能明确区分探测器的开发人员和用户。在引力波探测器变得可靠之前，不可能做出这样的区分，在几十年里也不可能实现。与此同时，引力波科学家进行的创新

[①] 完整的信可以在 WEBQUOTE 中找到："雷·外斯的信，建议干涉仪团队开展整合" (Ray Weiss's Letter Proposing Integration among Interferometer Groups)。

和理论化必须针对设备的制造, 而不是数据的意义。这一点变得越来越清楚, 因为 LSC 的使命已经演变成负责设计下一代更灵敏的 LIGO 探测器——高新 LIGO。

LSC 的成功还有其他原因。其中一个是, 它在系统整合的同时产生了一定程度的道德整合, 尽管让成员失去了自主权。2000 年, LIGO 的项目经理加里·桑德斯向我描述了他的经历:

> 在 1995 年 1 月的第一次阿斯彭会议上, 我第一次提出了应该有一个用户组的想法。我因此受到攻击。人们非常怀疑……讨论非常激烈, 在此期间我遭到攻击。经过三次阿斯彭会议, 才登上 LSC 的舞台……起初抵抗很强烈, 然后消退了……你知道, 人们很害怕。这些人自我选择, 与小团体一起过着学术生活, 突然出现了不同的做事方式和更少的学术自由……张三宣布"高能物理"这个词是贬义的。它在讨论中变得明目张胆……但我们在这里——看起来人们逐渐团结起来。现在人们似乎不想逃避这个……人们意识到这是集体事业, 他们必须付出一点儿才能得到。(2000)

因此, LSC 虽然为其成员制定了很有侵扰性的正式报告规则, 但是发展了一个道德整合的群体的各个方面。

39.4 VIRGO

从一开始, 法国-意大利的 VIRGO 就被认为是最独立和最具竞争力的小组。正如一位领导人对我说的那样, 为了吸收人员和建立威望, 团结的欧洲是对美国项目的力量的"唯一答案"。当然, 作为世界上第二大干涉仪 (继 LIGO 的两台 4 千米干涉仪设备之后), 如果有可能竞争的话, VIRGO 处于最强的位置。

在那些获得资助建造大型或中型干涉仪的团体中, VIRGO 最晚进入引力波探测领域。LIGO 和 GEO 都起源于 20 世纪 70 年代初期和中期, 当时韦伯争端的创伤使科学家们相信, 很难做出令人信服的发现。此外, 到 90 年代, 资金削减迫使英国和德国集中力量建造小型干涉仪。相反, VIRGO 的许多人员是新来者, 不了解这个领域痛苦的"青春期"。[①] 此外, VIRGO 没有建造原型, 因此该团队的干涉测量经验还没有得到充分发展。

从其他团体的角度来看, 3 千米长的 VIRGO 探测器的诞生光彩夺目 (但是有一位发言人向我解释说, 从内部看似乎不那么容易), 当我在 90 年代中期开始实地工作时, 发现其他团体对此有些愤愤不平。德国-英国的长期合作被压迫得几乎要死了, 但 VIRGO "横空出世", 有资金建造大型的设备。

其他团体的成员认为, VIRGO 的成员傲慢自大。许多人是来自高能物理的精英, 他们认为引力波探测是竞争小组之间的比赛, 首先要建造最强大的机器。他们没有领会到这门新科学的微妙问题; 他们相信一点小聪明就能直接让自己得大奖。后来, VIRGO 项目的一位领导人向我承认, 傲慢的印象可能实际上是有根据的; VIRGO 早年的特点是在高能物理中学习到了竞争力, 花了

[①] 然而, VIRGO 并非都是新人。例外情况包括这个项目的法方领导人阿兰·布里莱特, 他早在 1979 年就开始研究引力波探测干涉仪。这个项目的法国方面还包括一些具有大约 15 年经验的科学家, 以及在先进激光、镜面涂层、光学测量、理论和计算机建模方面开发重要特征的业绩记录。后来有一些被其他团体采纳。关于甚低频悬挂法的新想法 (见下文) 也已得到很好的证实。

几年时间才明白需要真正的合作。

VIRGO 法国资助机构 (国家科学研究中心, CNRS) 的发言人似乎非常重视这个发现。一个级别很高的 CNRS 官员向我解释说, 虽然我不太确定她有多严肃, 这是 "拉丁气质", 允许意大利人和法国人得到慷慨的资助, 而英国人和德国人很缺钱, 尽管他们的历史更长、经验更多。她说, VIRGO 得到支持, 是因为它令人兴奋——这是伟大的冒险——尽管没有详细的成本效益分析来描述盎格鲁-撒克逊和日耳曼方式。同样, 在 1998 年举行的引力波国际委员会会议上, 另一位法国资助官员 (我将称他为 "基斯卡") 震惊了非 VIRGO 代表, 他说引力波探测 "不完全是协作问题"。我最初以为这些话并无冒犯之意, 但它被美国人、英国人和德国人解释为含义深刻的重要声明, 特别是因为它来自高端的来源。一位代表解释说:

> **代表:** 对我来说, 这是任何人昨天说过的最露骨的和最暴露的事情。
>
> **科林斯:** 关于竞争的评论吗?
>
> **代表:** 这不仅仅是竞争。这是竞争——这是某种东西——(基斯卡) 没有使用 "破坏" 这个词, 但可以推断, 有太多的协作会受到某种程度的损害……
>
> ……如果你把它断章取义, 听起来就像是一种观察。我认为比这更重要。我是说, 为什么 (基斯卡) 站起来这么说呢? (基斯卡) 还谈到了低频和发现。还有更多的东西。关键是谁说的。我是说, 这是 (基斯卡), 不是什么小人物!
>
> 我还听到了一些其他的评论, 这些评论告诉我, 不管是什么原因, 我不能真正解释, 在这个 VIRGO 社会学中, 有一些主题或故事, 或者什么, 与第一次发现的荣誉有关。我认为当它开始以这样的形式出现时, 它是相当明显的……(基斯卡) 从哪里得到的那个信息呢? 这不同于 "大厅里的" 一些科学家, 有野心。
>
> ……我只能猜测背后的原因, 我可能错了……但无论如何, 要让他们身边像基斯卡这样的人快乐——在他们的背后——支持他们。也许即将出现更多关于荣誉的承诺, 以及失去荣誉的危险。(1998)

回到反法证原则, 我们不能确定基斯卡或法国-意大利团队的想法, 但我们可以确定受访者的想法和学界的普遍感受。对这个评论的解释并非凭空而来。

想成为第一的愿望, 就讲这么多了; 但 VIRGO 只有一台干涉仪的资金, 尽管它很大。我已经解释了符合事件在这个领域的重要性, VIRGO 怎么能跟拥有两个半干涉仪的 LIGO 竞争呢?

VIRGO 为自己建立了潜在的机会窗口, 设计了一种可以看到比其他干涉仪更低频率的探测器。反射镜由超衰减器支撑, 超衰减器是由倒立摆支撑的非常高的级联弹簧。悬挂的镜子保持静止, 因为只要摆的支架运动迅速, 它就会回到开始的地方, 在镜子 "有时间注意到" 任何变化之前。在垂直平面上, 使用软弹簧可以达到同样的效果。不难看出, 这些隔离技术在低频下工作得不太好: 如果摆的支架移动得很慢, 在支架再次移动之前, 镜子将有时间 "赶上" 支架。VIRGO 设计团队投入了巨大的努力, 开发具有多级弹簧的超级衰减器, 目的是把他们的反射镜在更低的频率上隔振, 比其他第一代干涉仪能处理的低得多; 如果它有效的话, 这将是一项重大的技术成就。[①] 一方面, LIGO 只能搜索到频率大约为 40 赫兹 (每秒的周期数) 的引力波, 因为任何较低频率的信号都会与不必要的噪声混合在一起; 另一方面, VIRGO 应该能够看到只有 10 赫兹左右的信号。

[①] 据我所知, 西澳大利亚大学的工作人员对超级衰减器的设计做出了重大贡献, 特别是 "倒立摆" 部件。

超级衰减器有许多级的弹簧, 每个弹簧都悬挂在上一级的弹簧上, 看起来像多层的宝塔, VIRGO 团队已经从比萨斜塔的相似性中获得了资本。除了言辞诙谐和利用与意大利的联系给仪器"打造品牌", 这意味着 VIRGO 和其他设计的本质区别, 具有可能的竞争优势, 不会被竞争对手和资助者遗忘。①

低频的优点是可以更容易地看到旋进的双星系统。当这些系统的组成部分越来越彼此接近时, 盘旋变得更快, 当星体接近时, 在最后几分钟里会发出大量具有特征模式的引力波。可以看到的旋进的周期越多, 统计意义就越好; 低频允许从较早的阶段检测到模式, 只要星体足够重, 可以强烈地发射, 而它们之间的距离小。也许有旋进的黑洞系统, 那么, 只有 VIRGO 有信心能够看到。在某种程度上, 这抵消了它是单个检测器的这个事实。

当然, 即使一个探测器也能看到与光、中微子或伽马射线暴相关的事件, VIRGO 也可以自己寻找连续的源, 还是在低频率。这样的结果需要得到其他实验室的证实, 但佐证能够让最初的发现者被清楚地识别出来, 在分配荣誉的时候。正如一位以支持独立而闻名的 VIRGO 科学家所说, "你需要非常好的特征来提出主张, 比如连续的源或者一个具有良好信噪比的爆发。如果有这样的信号, 在任何探测器上都将是令人信服的。有些窗口不是对所有探测器都开放, 所以你可以想象这种情况。"(1997) 但是他承认, 这种情况不太可能发生。

除了只有一个探测器, VIRGO 还有其他缺点。该组织是法国和意大利的松散的实验室联盟, 社会一致性不如任何其他单个探测器的组织。事实上, 各个实验室可能在资源和项目理念方面相互竞争。

正如我们看到的, VIRGO 的时间表由于购买土地、建筑物遭水淹, 以及 (也许吧) 这种松散的管理结构而推迟。当项目在领域里领先时, 独立的战略当然很好, 但是如果落后, 就很难保持团队的忠诚。每个人都想加入第一次探测的团队, 如果他们领先, 有多个探测器的团队或合作组织就开始变得更有吸引力。如果主队是松散的联盟, 主要是系统整合而不是道德整合, 问题就会加剧, 因为这种机构不能产生忠诚。对 VIRGO 来说, 与美国科学家相比, 欧洲科学家的工资比较低, 这让情况变得更糟糕。因此, VIGO 开始有一些重要的工作人员跑到 LIGO 去了。为 LIGO 工作, 他们可以赚更多的钱, 可能会感到更有价值, 也更有可能成为做出首次发现的团队的一员。

有创造力的工程师里卡多·德·萨尔沃 (Riccardo de Salvo) 是巴里什在高能物理领域的同事, 这次确实离开 VIRGO, 投奔了 LIGO。另一名 VIRGO 成员被 LSC 的开放政策吸引, 建议允许 VIRGO 科学家 (甚至整个 VIRGO 团体) 加入 LSC, 即使他们的优先效忠对象仍然是 VIRGO。LSC 允许其他项目的成员加入, GEO 小组的大多数成员都利用了这个安排。VIRGO 成员已经开始与 LIGO 团队合作进行数据分析。然而, VIRGO 管理层认为这种程度的合作不能接受, 他们制止了这种合作。他们明确表示, 他们不准备让项目团队的人成为 LSC 成员。2001年底, VIRGO 的一位高级发言人告诉我:

> 我多次对 (某个 LIGO 领导人的名字) 说, 如果 LSC 的名称更中立……而且目的不仅是支持 LIGO, 而且是支持其他项目, 我们将立即加入新的基于 LSC 的国际合作。很明显, LIGO 的声音仍然比其他任何群体都大, 但它不能被理解为殖民化——我们当然不能接受。(现在由 LIGO 决定) 朝着正确的方向迈出一步。(2001)

尽管 GEO 合作取得了成功, LIGO 的领导层对 LSC 仍然持矛盾的态度, 坚持认为它不是分析

① 类似的方法可能会转向 VIRGO, 因为它的光束管的支撑很快就会令人不安地下沉到不合适的土壤中 (这个问题不一定致命, 除非它失控或者影响到更多的主要部件)。

VIRGO 数据的工具。我将援引反法证原则，拒绝进一步确定意图。

截至 2002 年年初撰写这篇报告时，对 VIRGO 的一些压力似乎已经解除。多年来，VIRGO 的完工日期似乎是"冯·诺依曼常数"的受害者。也就是说，无论工作日程提前多少，完成的时间都保持不变。但现在看来，2003 年年初确实会看到 VIRGO 的有效工作。如果在 2003 年，当它最终出场时，VIRGO 的状况比 LIGO 第一次锁定时要好——这可能是因为它使用了全尺寸的组件作为原型——它就不会落后 LIGO 那么远了。

在某种程度上，VIRGO 的加速和压力的缓解是由于管理转型和新的管理伞 EGO 的形成，EGO 代表了欧洲引力天文台。然而，EGO 的名字却很奇怪；它的工作方式与 LSC 相同，允许外部人员参与 VIRGO 项目的投标。不幸的是，GEO 也在欧洲，但在建立 EGO 时，没怎么咨询 GEO，在讨论 EGO 的去向时也没有考虑 GEO。成立 EGO 是为了解决 VIRGO 的问题，几乎没有提到 GEO(尽管发言人告诉我，这是由于做事太快造成的疏忽，而不是故意怠慢)。看起来 EGO 中的"E"会像 LIGO 中的"O"一样带来麻烦，更不用说，在 EGO 圈子外面的欧洲引力波科学家看来，EGO 这个缩写太合适了[①]。

对于 VIRGO 来说，EGO 的优点是，它是根据意大利法律成立的一家私营公司，这意味着它可以创造薪水高的新职位。以前的官僚保护伞是意大利高能物理机构，根据公务员制度原则，该机构有固定数量的职位，工资固定而且相当低。我被告知，在 EGO 的领导下，离开 VIRGO 的人正在回归。

然而，这并不是 EGO 的全部。正在研究建立第二台大型欧洲干涉仪的计划。独立于美国仍然是一个目标。一个想法是建立第二个探测器，比较靠近现有的 VIRGO 构型。彼此靠近的探测器通过关联它们的输出，可以搜索宇宙背景辐射；如果找到了，他们需要的只是另一对探测器的佐证。因此，寻找宇宙背景是由单个的国家队自然而然进行的，如果宇宙背景成为目标，EGO 可以自然地保持独立，同时还能为寻找和定位其他的源做出国际贡献。

与此同时，2001 年，VIRGO 的领导人 (至少阿达尔贝托·贾佐托 (Adalberto Giazotto) 本人) 开始谈论国际社会成为"一台机器"。[②] 2002 年年中，贾佐托计划建立一个类似 LSC 的新组织，使之成为可能。计划或实现何种程度的社会一致性仍有待观察。值得注意的是，在 2002 年 5 月的一次会议上，贾佐托提出了连贯分析的想法，这是一种高水平技术整合的数据汇集计划。

39.5 GEO

管理 GEO 的英-德团队是过去不同小组之间的社会一致性增长的范例。因为财政紧张，这两个相互竞争的团队被迫走到一起，它们现在是具有统一的科学和工作价值的机构，没有明显的内部摩擦。

使用干涉仪，尺寸很重要。干涉臂的长度设定了宽带灵敏度的上限，随着时间的推移，GEO 的有限长度和窄的光束管 (不能延长，因为光在更长的距离上扩散得太多，会击中窄管的内壁) 使

---

① 译注：意思是说 EGO 太自大了。"ego"这个单词是"自我"的意思。

② 在 2001 年 7 月在澳大利亚珀斯举行的阿马尔迪会议上，我第一次听到贾佐托这样说，但有人告诉我，在这一年的早些时候，他在其他会议和讲习班上也说过这一点。

得它不能与更大的设备竞争。GEO 的任何机会都来自它对另一项技术创新的开创性使用, 使得探测器在窄带宽的信号回收中特别灵敏。GEO600 可以尝试对一些有意义的连续波源进行窄带搜索来实现第一次检测, 例如脉冲星, 其频率是已知的; 或者在稍微宽的范围内提高其灵敏度, 并与 LIGO 一起做符合测量。后面这种战略将被首先采用。

GEO600 越来越接近美国项目。GEO600 小组现在有很大一部分人是 LSC 的成员。反过来, LSC 通过成为下一代美国探测器的主要设计团队, 为 LIGO 的未来做出了重大贡献, GEO 团队的成员一直走在这个发展的前列; 他们带来了他们在试图使 GEO 灵敏时使用的先进技术的经验, 尽管它的尺寸很小。[①] 讽刺的是, 通过他们对 LIGO 项目 (或者叫作 LIGO-GEO 联合项目) 的贡献, GEO 小组得到的资金大量增加, 因此, 加入 LSC 给 GEO 小组带来了财政和科学上的收益。[②] 由于 GEO 的成员与 LSC 的成员有很大的重叠, 不存在数据汇集方面的信任问题; LIGO 的数据属于 GEO 的人员, 至少在原则上是互惠的安排。GEO 科学家在 LSC 中的成员把他们与 LIGO 的关系定义为社会一致性高的关系。

GEO 和 LIGO 签署了协议, 对数据共享具有约束力, 但目前正在进行的不仅仅是系统整合。GEO 人员与美国同行相处得很好, 反之亦然, 他们在很大程度上以同样的方式看待世界。[③] 因此, 一旦每个人都同意应该做多少本地处理, 就很容易实现高水平的技术整合。

39.6　TAMA

东京 TAMA 团队制造的干涉仪有 300 米长的干涉臂, 称为 TAMA300。它位于地震噪声环境中, 这可能会大大限制其灵敏度, 特别是在工作时间。考虑到这一点和有限的臂长, 从长远来看, TAMA 可能是新一代干涉仪中最不灵敏的。然而, TAMA 在安装和调试方面领导了这个领域。这是第一次证明可以制造一个 "大" 干涉仪来工作, 这一点在得到证明之前还不完全清楚, 在把设计付诸实践、提高装置的可靠性和占空比以及在 "降低噪声" 的长期过程中, TAMA 也非常成功。

现在, TAMA 不再是唯一工作的大型干涉仪, 与 LIGO 一起做符合运行的计划似乎进展顺利, 尽管先前的一项协议 (把数据跟 40 米干涉仪设备进行比较) 没有成功。这些事件, 以及美国方面认为的问题, 符合这里提出的总体社会学的论证: 寻找可信的引力波信号如此困难, 以至于没有任何单个团队能够独自做到, 真正的合作只有在各个团体认识到这一点时才开始, 因此加入 "博彩集团" 是最明智的选择。我可以同样自信地说, 日本团队的发言人向我保证, 先前未能交换数据是由于意外情况, 与任何潜在的竞争优势无关。

---

① 除了信号回收, 他们还和斯坦福大学一起, 开创了一种先进的方法, 将镜子悬挂在 "整体悬挂" 的摆线上。他们还开发了三级摆和四级摆的悬挂支架, 这些支架已经直接进入高新 LIGO 的设计。

② 英国的贡献超过 1100 万美元, 德国的贡献很可能与之相匹配。这些机构的态度与法国的态度形成鲜明的对比。英国和德国机构似乎更愿意为涉及跨大西洋合作的项目提供资金, 而法国机构倾向于 (至少曾经倾向于) 跨大西洋的竞争。

③ 人员交流和发展个人关系也促进了社会一致性。特别是, 研究生倾向于在其他机构中担任博士后职位, 更多的高级人员会获得奖学金或短期访问其他的小组。格拉斯哥的学生曾经就读于加州理工学院和斯坦福大学 (也是 LSC 的成员), 斯坦福大学和格拉斯哥大学的关系也很友好。这里没有讨论的另一个因素是先前存在的社会关系, 它促进了团队之间的合作。引力波研究人员是由科学家组成的, 他们中的许多人曾在其他领域工作, 他们在那里形成社会联系和信任关系, 并带到新科学里。(例如, 以前讨论过的那位意大利科学家, 他从 VIRGO 转到 LIGO。)

39.7　决策树的另外两个因素

在前一章，我提出了"数据汇集的决策树"，最后一段的题目是"与源和项目有关的论证"。现在，我们可以在决策树里添加影响个别团队的因素：

- 探测器设计，这影响了一个团队做出独立发现的机会。这个因素将与源分布的理论估计发生相互作用。

- 组织，它决定了建设时间表是否会得到满足，并决定了一个忠诚的团队是否能保持合作足够长的时间，实现"远射"的机会。

未来很有趣。长远地看，需要长的基线，这肯定会以某种方式将所有探测器汇集起来。在此期间，这些团队仍然有可能竞争。

第 40 章　什么时候是科学？上限的含义

路易斯安那的引力波实验室, 2002 年 1 月 12 日。科学家们正在讨论目前引力波探测运行的前景。

悲观的科学家: 就这种灵敏度, 我们什么都看不到!

乐观的科学家: 即使我们看得不够清楚, 也仍然可以写文章。

40.1　什么是上限?

本书的大部分内容要么是关于声称探测到引力波, 要么是关于如何最好地探测它们。但这不是引力波探测器唯一能做的事。你也可以用它"不看"引力波。这正是理查德·加文和詹姆斯·莱文大部分时间用共振棒探测器做的事情, 这就是托尼·泰森、大卫·道格拉斯、彼得·卡夫卡、弗拉基米尔·布拉金斯基、罗恩·德雷弗和其他人完成的工作。所有这些人都在科学期刊上发表了结果, 认为在乔·韦伯主张的量级上没有引力波。实际上, 他们做的就是设定引力波通量的"上限"。他们的工作受到科学界的重视, 因为它与韦伯声称的相反——它代表了天空中的新信息。①

现在运行的新一代干涉仪几乎肯定在一段时间内不会看到引力波。与此同时, 干涉仪群体需要表现出自己正在做事情。他们做的是描述引力波通量的新上限。他们说:"虽然我们没有看到任何引力波, 但是新的探测器足够灵敏, 足以表明那里的引力波比任何其他探测器都能证明的还要少。"

怎么回事? 这是科学上的稳定进步, 还是等同于元素的嬗变呢? 科学失败的铅是不是转化为科学成功的黄金了? 在什么情况下, 科学发表负面结果并把它描述为"发现"? 在许多科学中, 当科学家找不到东西时, 他们就会撤退。期刊反映了这种偏见。值得注意的是, 在大多数科学中, 很难发表负面结果。那么, 这里有什么不同呢?

---

① 一个上限说, "引力波每天 / 每周 / 每年的通量小于 n 个爆发, 强度为 y, 在频带 x 内", 或者"在频带 z 内的连续引力波的强度小于 p"。

40.2 上限的 "逻辑"

为什么负面结果的含义这么的摇摆不定? 想想我说的上限的 "逻辑"。几乎可以肯定的是, 你感觉不到《引力的影子：寻找引力波》这本书的振动, 但根据物理学家的说法, 由于引力波穿过它的影响, 这本书在某种程度上是振动的。你感觉不到这些振动, 意味着在距地球大约 100 千米的范围内, 没有一对双中子星相互旋转。如果有的话, 你会感觉到双星系统以反复扭曲的形式发射的引力波, 书的形状以系统旋转频率的 2 倍发生振动;[①] 振动的振幅是 1~2 毫米。[②] 因此, 你刚刚做了一次引力波探测。此外, 21 世纪的任何科学家都不会质疑你的结果。这是奇怪的, 因为我们一次又一次地看到, 引力波科学是如此的困难, 几乎任何结果都很可能难以获得, 而且依赖于建立在大量隐性知识储备基础上的最杰出的才智和毅力。

让我们把你和《引力的影子：寻找引力波》的组合称为 "用书做的引力波探测器"(简称 BOGWAD)。为了理解发生了什么, 我们注意到, 虽然 BOGWAD 的静止很容易用来显示没有强引力波, 但在 BOGWAD 的任何振动都不会被认为揭示了引力波的存在。如果你声称用 BOGWAD 探测到引力波, 没有人相信你。到那时, 你的资格、经验、技能等都会受到质疑; 总之, 你陷入了实验者的困境。

设定上限的 "逻辑" 有三个相互关联的特征, 使得它不同于提出正面的主张。第一个特征是, 设定上限是看不见任何东西, 无论仪器多么迟钝, 你都可以看不见任何东西。

第二个特征是, 虽然探测器对引力波进行正面观测所需的灵敏度由大自然设定, 这取决于引力波有多强, 但是观察者可以选择上限的水平。观察者可以根据自己的喜好把上限设定得很高 (要求很低, 也没人感兴趣), 用任意的灵敏度比较低的探测器检测它们。[③]

第三个特征是, 在设置上限时, 信号和噪声不必分开。只要主张信号的大小不大于信号和噪声之和, 就可以设置上限。如果有大量的噪声, 这样设定的上限对世界的约束小于噪声没有这么大的情况, 但是因为信号不可能大于信号加上噪声, 这个主张不可能是错误的。当然, 可以消除的噪声越多, 上限越强, 在科学方面的结果就越有趣。著名的 1887 年迈克尔逊-莫雷实验发现, 地球在公转轨道上运动时, 光的速度显然没有变化, 这是非常有趣的科学结果。[④]但上限的逻辑并不要求结果是有趣的。

总之, 我们可以用 BOGWAD 进行观察的原因将被广泛接受, 这是因为没有要求我们把信号与噪声分开, 所以我们不需要相应的技能和资源; 我们为上限选择了非常高的水平, 以至于没有

---

① 译注: 经过的引力波使得这本书变形。

② 感谢彼得·索尔森 "在信封背面的" 计算。中子星的直径只有 10 千米左右, 所以一对恒星有空间在 100 千米的距离内相互旋转, 对你的书的影响是几毫米大小。然而, 在近距离, 引力比 "牛顿" 引力弱得多。中子星的质量通常是太阳的 1.4 倍, 与这样的两颗在距离地球 100 千米处欢蹦乱跳的形体相关的 "普通" 引力, 在你有机会感受到来自引力波的振动之前, 就会把你和地球撕成碎片。在很远的距离上, 引力波的影响大于普通引力的影响, 这就是为什么, 引力天文学有可能用引力波实现, 但是不能通过感知普通的引力来实现。如果你不喜欢这个事实 (BOGWAD 只能是一个思想实验, 因为普通引力的破坏性影响), 你可以把源放得更远一点, 用粗糙的放大器处理信号——这个装置比 BOGWAD 稍微复杂, 但是在原则上没有什么不同。

③ 我用某种朴素的方式谈论大自然, 这是科学知识社会学的问题。但是这里我们需要关注的是, 与正面信号缺乏自由的情况相比, 你可以随意设定上限。我们暂时不必担心这些限制来自哪里。

④ 通常认为, 迈克尔逊-莫雷实验是相对论的 "证明"。这不是很好的证据, 因为它没有表明光速的变化是零 (这才是相对论要求的), 只是说它不是地球公转速度的量级。这个争端还将持续 40 年, 见 Collins, Pinch(1993/1998)。

人打算反驳它；我们的结果是没有看到任何东西。考虑到这个逻辑, 我们可以研究真实的引力波实验。

40.3 引力波科学实践里的上限

仪器是检测信号的装置, 让它更好地工作, 意味着提高信噪比 (SNR)。为了使引力波探测器更灵敏, 必须消除噪声或者充分理解它、能够从信号中减去它。只有在逻辑上, 上限才能像实验工作者希望的那样高；在实践中, 为了引起科学关注, 它必须很低才行。问题是, 什么时候上限变得足够低、可以让科学感兴趣呢？

我们可以迅速为两个极端情况提供解决方案。在一个极端, 由 BOGWAD 设定的引力波通量的上限, 任何人都不感兴趣。在另一个极端, LISA (即将于 2011 年左右升空的引力波探测器) 设定的上限, 任何关注宇宙构成和科学本质的人, 都可能很感兴趣。LISA 将由 3 颗卫星组成, 在它们之间反射光, 形成了臂长以百万公里计的干涉仪。如果 LISA 能够发挥全部潜力, 它对 (低频) 引力波非常灵敏, 如果它看不到引力波, 设定的上限将意味着我们对物理世界的理解有一些根本性的错误：要么相对论错了, 要么宇宙演化模型错了, 也许可以分辨出哪个错了。

如果一切顺利, 地球上的探测器也将如此, 目前运行的探测器的下两代也是如此。为了方便起见, 我把一代代的探测器称为 LIGO Ⅰ、LIGO Ⅱ 和 LIGO Ⅲ, 即使这个命名不再使用, 也不是所有的探测器都是美国的。我们说的是, 如果 LIGO Ⅲ (或者非美国的等价物) 达到目前设想的灵敏度水平, 但无法检测到引力波, 只能设定一个上限, 那么这个上限将引起广泛的兴趣, 就像 LISA 的上限一样。

更难的中间情况的上限设置呢？粗略地说, 为了看到引力波 (为了简单起见, 我称之为灵敏度, 尽管 LISA 将寻找不同的源), 我们有以下探测器序列：BOGWAD、室温棒、低温棒、40 米干涉仪、LIGO Ⅰ、LIGO Ⅱ、LIGO Ⅲ、LISA。我们的问题是, 什么时候这些设备的上限设置是有趣的科学, 为什么它比仅仅是没看见东西更有趣呢？

有些东西只能让某类人感兴趣。为了开始回答 "到底什么是有趣？" 这个问题, 我们必须考虑不同的受众的上限, 因为不同的受众对不同的事物感兴趣。再一次, 目标图的一般思想是有用的。我们可以把那些对科学感兴趣的人, 划分为五类：一般公众 (或者简称为 "纳税人")、物理学家、天文学家和天体物理学家、资助机构以及真正制造探测器和分析结果的科学家核心群体。在这个模型里, 资助机构比我们最初的表示里更接近科学家, 这使 "资助者和决策者" 超越了 "科学界" 的范畴。这是因为我们正在考虑负责运行引力物理学的资助机构的具体部分；换句话说, 我们正在考虑像里奇·艾萨克森这样的人, 他自己为引力波理论做出了贡献, 在任期内实际上是群体的组成部分。[①] 图 40.1 示意性地列出了这些不同受众对上限的兴趣。

在这个图中, 横轴显示了五种不同的受众。探测灵敏度沿着纵轴上升, 标出了不同的探测器。垂直方向也表示了时间的推移, 室温棒现在已经没有科学意义了, 目前的注意力集中在 LIGO Ⅰ 水平。图中有一条线或其他标记表示相应的受众对相应灵敏度的检测器设置的上限有兴趣。在

---

① 在 2001 年, 艾萨克森退休, 他的角色被贝弗利·伯格 (Beverley Berger) 接管。

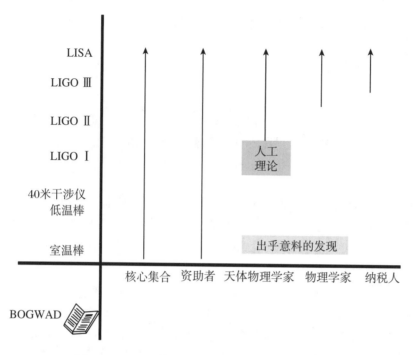

图 40.1 不同灵敏度的探测器产生的上限及其受众

第一级近似下，当我们从左向右移动时（也就是说，当我们离开科学的核心时），受众对上限的要求越来越高。我现在将解释这一点，从右向左移动，但是，关于最右边的两种受众，我没有太多可说的。

40.4   纳 税 人

不灵敏的探测器没有探测到引力波——这样的新闻标题无法让纳税人相信，他们花在科学上的钱是物有所值的。对于我们大多数人来说，引力波科学令人兴奋，用来说服参议员资助 LIGO 并使法国资助者按照他们的拉丁气质行事的是引力波的发现，而不是设定它们的上限。没有人对那些参议员和资助者说："只要给我们钱，我们就会告诉你引力波有多小！"这个上限可能非常低，比如 LIGO Ⅱ 或 LISA 可能设定的上限，可能会引起广泛的兴趣，因为它会推翻我们对宇宙的理解；在这种情况下，即使爱因斯坦的引力理论也可能受到质疑，而且有很多人对爱因斯坦感兴趣；但我们离设定这种上限还很远呢。 ①

———————————————
① 我们让纳税人感兴趣的证据只来自我们作为西方社会本国人员的技术能力。这是人类学家在他们研究的社会中渴望得到的证据。

40.5　物理学家

物理学家作为整体对高上限缺乏兴趣，相关的证据来自对教职审查委员会行为的评论，尽管很粗略。最坦诚也最生动的评论来自一位科学家，他认为他的研究生在他的著名大学的审查委员会受到不公平的待遇，而他们要求展示的只是技术上合理的结果。这些结果虽然显示了科学和技术的高超水平，但被认为缺乏正面的科学意义。他向我解释，这就是为什么他相信引力波探测器必须足够大 (而且昂贵)，才能产生正面的结果，吸引物理学家的兴趣。

> 在我的学校里，我认为，它必须变大的根本原因是发生了一件事，两个学生做了一件漂亮的工作，他们在我的同事那里遭到羞辱。我说，"我再也不让学生经历这种事了。"如果我们要继续这样做，我们必须在这样的规模上做，即使我们没看到任何东西，也没有 (删除骂人的话) 理论学家可以对我的学生说，"你发现了什么？"给他一声嗤笑，(删除骂人的话) 的旅程，好吗？所以它必须是上限足够好的东西。你说，"是的，我们做了科学的陈述。"就在那时，回到 20 世纪 70 年代中期，我决定，好吧，必须有大的结构。(2000)

另一个主要机构告诉我的态度也非常相似。作者是引力波领域领先的年轻分析者之一。

> 我被告知，(指定机构) 实验引力物理学的初级教员在获得长期教职方面没有成功的一个原因是，在 6 年试用期之后，他们的工作没有正面的科学结果。没有得到完成的、有趣的科学实验，这样的仪器开发不算数；没人感兴趣的上限不算数。我还被告知，(本机构和另一机构) 提出的一个问题是，每当考虑这个领域的新教员任命时，不能指望任何初级教员能够证明晋升到终身教职的预期成绩 (即完成的实验有积极的结果)。这是另一种在系统中发挥作用的压力，但通常没有提到。[1](1997)

这段引文，以及没能在另一个物理学领域获得终身职位的另一个故事，作为未能取得正面结果的明显后果，表明了这个领域一些话语的基调，但它反映的不一定是制度性的行为。此外，一位资深人士向我保证，这段引文与他的经验不符，虽然正面的结果有助于长期教职的决定，但是没有新发现也可以授予长期教职，以便获得良好的科学知识。对过去的职位决定进行具有统计代表性的分析，可以揭示积极调查结果的重要性，这个因素在各机构之间的变化，以及它随时间变化的方式，但是这类研究尚未完成。我只能说，考虑到反法证原则，物理学家的话语中可能存在这种影响，且表明物理学家们思考这些事情——他们认为负面的结果不如正面的结果令人印象深刻——与决定永久职位的统计数字无关。

当然，这不是全部。根据我们对学术文化的广泛理解，物理学家一般不会自行设定很高的上限——这些上限只是反映了没有任何现象，而这些现象无论如何都不会出现——如果他们不用担心任何行政理由的话。(也许有人应该数一下，为设定上限而颁发的诺贝尔奖的数目！)

---

[1] 电子邮件，1997 年 11 月。

40.6 天文学家和天体物理学家

天文学家对 LIGO 的大致看法已经讨论过了。一方面, 正如我们从 LIGO 中的 "O" 代表 "天文台" 这个事实造成的损害中所知, "无观测结果" 不会给天文学家们留下深刻印象, 除非与预期发生了惊人的冲突。另一方面, 正如我说过的, 韦伯的竞争对手们用室温棒设定的上限很高, 在天体物理学方面的有趣之处在于, 说明韦伯是错误的。但是, 韦伯出人意料的主张让室温棒的结果变得重要。韦伯的主张引起的对上限的兴趣, 在图 40.1 中用灰色框表示。

韦伯最初的主张大多发表在《物理评论快报》。这份杂志享有盛誉, 目的是快速发表重要成果, 对于许多从事引力波 "事业" 的物理学家来说, 它是首选的发表渠道 (《自然》是另一个选项)。20 世纪 70 年代早期, 反面的主张也相继出现, 有效地设定了上限, 发表在《物理评论快报》和《自然》上。我们把在威望高、快速出版的期刊 (比如这些期刊) 上发表文章, 作为结果重要性的粗略和现成的指标, 尽管在这里, 具有统计代表性的分析让论证变得更加丰满。[①]

在 1975 年 "分水岭" 之后, 韦伯的主张几乎失去了所有的可信度, 不仅韦伯式的新的正面主张, 连室温棒设定的新上限也不再是特别重要的科学问题。此后, 在《物理评论快报》或《自然》中没有进一步的室温棒结果, 无论是正面的还是负面的。[②] 可以看到, 在某种意义上说, 对室温棒的负面结果的兴趣是 "人为的"。这个测量有趣, 不是因为它以某种绝对的方式影响了宇宙的性质, 而是因为如果它是真的, 就会跟一种非常有趣的说法矛盾。

随着时间的推移, 天体物理理论的内容已经更加丰富和详细, 天体物理学家现在认为, 他们更了解已知的引力波源在天空中的分布。虽然未知源的可能性经常被提到, 但是我们看到, 围绕这种观点形成了强烈的共识: 从引力波来看, 天空相对黑暗。没有什么可以否证的, 用更灵敏的低温棒设定的上限, 即使低于早期的室温棒的结果, 在科学上也不那么重要了。可以肯定的是, 这就是为什么 1989 年和 1999 年发表的结果出现在不太知名的期刊上。[③]

---

① 《物理评论快报》的论文有 Levine, Garwin(1973, 1974); Garwin, Levine(1973); Tyson(1973b); Drever 等 (1973); Douglas 等 (1975)。在其他国家的快速出版期刊上也发表了负面论文。早在 1972 年, 苏联小组就出版了俄语的 *JETP Letters*, 该杂志通常被翻译成英语 (Braginsky et al., 1972), 1973 年意大利小组发表在《新试金石》上 (Bramanti, Maischberger, Parkinson, 1973)。日本小组 (Hirakawa, Nariha, 1975) 也在《物理评论快报》上发表了上限。这个上限是相当不同的类型, 没有直接影响韦伯的主张。它寻找蟹状星云中脉冲星发出的连续波。它特别有趣的地方似乎在于它的新颖性和独创性, 这是发表的原因, 当我们深入研究 40 米干涉仪的结果时, 我将讨论它。

有科学家认为, 随着预印本电子传输的增长, 《物理评论快报》等发表渠道的重要性已经下降, 试图在这样的期刊上发表是在玩身份游戏, 没有科学的意义。这是一个有趣的研究课题。也许可以发现, 近年来, 他们对快速出版期刊的态度发生了变化。

② 正面的主张包括 Weber 等 (1976) 和 Ferrari 等 (1982)。负面的主张包括 Allen, Christodoulides 等 (1975) 和 Brown, Mills, Tyson(1982)。

③ 见 Amaldi 等 (1989); Astone, Bassan, Blair 等 (1999) 以及 Astone, Bassan, Bonifazi 等 (1999)。早期的要求不是很高的干涉仪结果也是如此 (Nicholson et al., 1996)。在 2000 年, 一个低温棒的结果发表在《物理评论快报》(Allen et al., 2000), 但这是一项重大的技术进步, 因为它把五个单独的共振探测器的结果组合起来。下文介绍了这种技术进步的重要性。可能让人迷惑的是, 有两个艾伦参与了这个故事。我们将把大部分时间花在 Allen 等 (1999) 上, 主要作者是布鲁斯·艾伦 (Bruce Allen)。Allen 等 (2000) 是低温棒的上限文章, 作者是 Z. A. Allen。

现在转向 1999 年发表在《物理评论快报》的上限。这篇文章的数据来自以加州理工学院的 40 米原型干涉仪。[1]我们将看到，这个结果可以说是天体物理学意义的"突变点"，使它成为特别有趣的案例。我们还将看到，它处于《物理评论快报》可发表性的边缘，同一期刊拒绝了其他并无太大不同的上限论文；事实上，这篇论文最初被拒稿了，向《物理评论快报》投稿的决定是一个次要的课题，但在社会学上揭示了文章作者们的分歧。[2]此外，感谢作者的慷慨大方，我们有大量关于这个案例的数据；分析数据的团队成员分散在许多机构，他们和其他评论员进行了长时间的电子邮件交流。这个电子邮件档案保存下来了，我可以访问它。

40.6.1　天体物理学和 40 米干涉仪的上限

40 米干涉仪的灵敏度因它的臂长而受到限制，而且噪声也很大。当然，它的主要目的不是探测引力波，而是探索 4 千米长的 LIGO Ⅰ 需要的技术。用 40 米干涉仪的数据设定上限的小组成员是布鲁斯·艾伦。人们普遍认为，他和团队在取得上限结果时表现出主动性和独创性。此外，这是干涉仪最好的结果，也是第一次集中在一种特定的引力波源——旋进的双中子星。这种源产生典型的波形，该小组利用这个知识忽略探测器中的一些噪声——这些噪声不遵循这种波形。然后，他们帮助开创了模板匹配或"匹配滤波"的先河，这将是干涉引力波探测爆发源数据分析的基本部分。

团队成功地设定这些事件的上限——银河系的旋进双星——大约是每两小时一次，或者每年大约 4400 次。他们能够说，如果银河系发生了这样的事件，每年的次数不超过这个数字有 90% 的置信概率。要理解这一点的重要性——它是多大的惊喜，或者它在信息方面有多大价值——必须与理论工作者的预测进行比较。理论学家计算出，在银河系中，大约每百万年就会发生一次这样的事件！40 米干涉仪的上限比天体物理学家预测的通量高 9~10 个数量级，这个结果起初看起来并不比 BOGWAD 更令人印象深刻。那么，为什么《物理评论快报》发表了这个结果呢？[3]

第一种可能是，这篇论文具有重要的天体物理学意义，因为它是一个实验结果——即使没有严肃的假设，它也是重要的，因为它是实验性质的。在我们的通信交流中，40 米干涉仪上限小组的一名成员强调了这一点。他在 2001 年 12 月 31 日给我的一封电子邮件中写道：

> 我们比有趣的发生率低了大约 10 个数量级。但是请注意，我们的结果是基于引力波观测的第一个发表的上限。这本身就很重要。(2001)

在即将到来的关于这篇文章的意义的争论中，这个论证一次又一次地得到强调。

如果理论上的估计不像乔·韦伯的主张在早期那样很有信心，实验结果的重要性就会得到加强。估计 40 米干涉仪的上限——银河系中的旋进双中子星的出现速率——是基于恒星演化的模

---

[1] 见 Allen 等 (1999)。大多数访谈和讨论以及本章分析的主要框架都已经完成并在草稿中列出以后，我才知道有一些关于 40 米干涉仪结果的文件；关于这个话题对布鲁斯·艾伦的采访，是我关于上限做的最后一次采访。因此，对艾伦的采访和 40 米干涉仪的文章被用来充实和活跃已经基本到位的分析。Allen 等 (1999) 的结果不是由本书一直谈论的"40 米干涉仪小组"产生的。事实上，对 40 米干涉仪小组的抱怨之一是，他们没有从自己的结果中产生任何这种"科学"。Allen 等 (1999) 的结果来自一群年轻得多的分析者，而不是实验工作者。

[2] 对于社会学家-观察者来说，行动者之间的分歧与加芬克尔 (Garfinkel, 1967) 描述的故意设计的破坏性实验具有相同的功能。就社会学实质而言，不应该过度解读这篇文章最初被拒稿这个事实。有相当高比例的稿件在提交后先被《物理评论快报》拒绝，然后又被接受发表了。其中一位作者告诉我，尽管《物理评论快报》的初次反应是拒稿，但是小组感到非常受鼓舞。

[3] 顺便说一句，BOGWAD 的结果距离天体物理学预测有 20 个数量级。如果 BOGWAD 的介绍性讨论的要点不完全清楚，那么现在可以看出，它回避了为什么 40 米干涉仪的结果有任何科学意义的问题。

型, 将其与试图对即将坍缩的双星系统总数的天空调查做比较。这个 "每百万年一次" 的数字取自斯特尔·芬尼 (Sterl Phinney) 在 1991 年发表的一篇论文。1998 年, 另一位熟悉这个领域的理论工作者在给 40 米干涉仪上限小组的一封电子邮件中表达了他对芬尼估计的看法。他的评论给出了当前理论天体物理学的气氛。[①]在下面的文章中, "NS-NS" 代表由两颗中子星组成的双星系统, 而 "BH" 代表 "黑洞"。

> 目前基于恒星演化理论的估计都在 NS-NS 的 3×10^{-5}/(yr Gal)[②]左右 (也就是说, 在一个星系中, 大约每 30000 年 1 次), 遍布 NS-BH 和 BH-BH 的天图。基于无线电观测的 NS-NS 发生率的故事是 (我已经和斯特尔讨论过): (a) 我们对银河系已经调查了 15 次以上, 但没有找到新的双星 (自从他的 1991 年文章发表以来); (b) 当重新做估计时, 其中一些调查不像其他调查那么相关, 所以必须非常仔细地考虑; (c) 天体物理学界对他 1991 年的 *ApJ* 文章 (即射频束的角度大小及其对可见的脉冲星的影响) 中讨论的几个 "模糊因子" 感到更合适)。(a)+(b)+(c) 给出的速率与 (Sterl, 1991) 的数字大致相同。(1998)

由此可以看出, 天体物理学估计并不强, 有些与原来的芬尼估计相差多达 30 倍 (每 100 万年 1 次, 每 30000 年 1 次), 但是, 即使用较高的天体物理学估计结果与 40 米干涉仪的结果进行比较, 观测和理论的差距仍然很大——8 或 9 个数量级, 而不是 9 或 10 个数量级。

在 2002 年 3 月的一次会议上, 当我跟巴里·巴里什聊天时, 理论和上限观测发生相互作用的五种不同方式变得清晰起来:

(1) 没什么用, 因为上限排除的那么大的效应不可能存在。例如, 上限可能只排除了一个系统的能量作为引力波发射的可能性, 不是系统以各种形式发射的能量。

(2) 可以有一种测量方法, 它设定的上限远远高于任何现有理论的预测, 因此, 它不会约束当前的理论。

(3) 一个测量可以指的是受理论约束很差的一个领域, 如果可以约束未来的理论, 任何测量都是值得的。巴里什告诉我, 任何由当前这一代干涉仪设定的引力波随机背景的测量都是这样。测量不会有多么了不起, 但理论发展得太慢了, 随着理论的出现, 任何测量都可能变得有用。

(4) 一个真正的物理测量限制了一些理论的存在, 这些理论存在但没有被认真对待。(韦伯的主张支持当时的这种理论, 我将很快讨论另一个案例。)

(5) 一种测量对广泛相信的理论设置了约束。这是 LISA/LIGO Ⅲ 的场景, 甚至可以扩展到 LIGO Ⅱ。

用这些术语来思考, 电子邮件中提到的理论状态表明, 40 米干涉仪的结果不是像类别 (3) 那样的情况。理论虽然放松了一些, 但没有宽容到任何测量都有天体物理学的价值。虽然对激励系统数量的预测有很大的误差, 但它们并不是特别大, 40 米干涉仪的测量对它们是有价值的约束。如果必须把 40 米干涉仪的结果归结为类别 (2) 或类别 (3), 它必然属于类别 (2)。

从电子邮件交流中可以清楚地看到, 至少有一些对 40 米干涉仪分析有贡献或潜在贡献的人是这样认为的。上限和理论预测之间的距离让一些贡献者感到担忧, 足以使他们质疑这个结果是不是可以说有任何天体物理学意义。一位有贡献的人 (并不是文章的作者之一) 写道:

> 总的来说, 这篇论文写得很好。尽管如此, 我的立场是, 引力波探测器的数据处理

---

① 引文取自论文投稿人之间的电子邮件交流。

② 译注: 这里的 "yr Gal" 指 "每年每星系", 系作者介绍恒星演化理论时采用的单位。

方案正在探索和试用, 这是好的。然而, 我看不出每小时小于 0.9 次的结果对天体物理学产生什么影响 (这是对先前一份草稿的回应, 其中尚未最后确定测量的速率)。所以我坚持认为,《物理评论快报》可能不是它的正确期刊。(1998)

另一位有贡献的人在论文定稿过程中给了作者们很大的帮助, 但由于类似的原因, 他拒绝成为论文的作者, 尽管他是开发 40 米干涉仪的团队成员之一。1998 年 4 月 17 日, 他写信给小组:

这篇文章不是关于天体物理学或仪器, 而是关于从噪声中提取信号。它的价值在于开发了统计工具, 当 LIGO 数据集可用时, 这些工具可以应用于它们。(1998)

他收到的答复如下:

我不太同意。我们确实对一种过程设置了新的物理观测极限。(1998)

5 月 18 日, 第二位评论者写道:

这个结果甚至没有必要对某个已经出版的特定模型发表意见。但是, 如果我知道这篇文章说了一些关于事件的想象场景的具体内容, 即使这个场景是猜测性的, 我也会觉得把它投给《物理评论快报》挺好的。你能想到哪些类似的东西吗? 如果没有, 也许我们应该考虑某个替代《物理评论快报》的发表渠道。(1998)

他的最终结论是 (8 月 14 日):

关于我在这篇文章的立场有任何不确定之处以及这种不确定性正在拖延进展的可能性, 我的决定是:……我不同意在目前这个稿件上署名。我不适合成为一名作者, 因为它的价值基于的是我没做贡献的分析工作。另外, 这篇论文的 "主要目标" 太让我担心了。(1998)

尽管如此, 这篇文章还是提交给《物理评论快报》, 但由于跟这两位评论员的意见有关的原因, 最初被拒绝了。编辑说: "我们认为, 虽然这篇文章可能需要以某种形式出版, 但它不符合《物理评论快报》要求的重要性和广泛兴趣的特殊标准。" 编辑建议提交给《物理评论 D》, 一份著名的期刊, 但发表更长的论文, 通常认为其结果不值得紧急发表。

两名审稿人评论了最初提交的稿件。第一个写了几行, 建议发表, 但编辑采用了 "审稿人 B" 的评论, 除其他事情以外, 这位审稿人说:

我建议这篇文章不要发表在《物理评论快报》。虽然报告的引力波数据分析肯定让该领域的研究人员感兴趣, 但我认为它不符合《物理评论快报》的重要性和广泛兴趣的标准……事实是发现的事件率的上限比恒星种群研究的上限差很多个数量级, 使得这项工作更像是对分析技术的测试, 而不是对引力波的实际搜索。论文中的大部分新材料集中在使用的分析方法上, 我认为这个研究没有什么新物理。这项工作是干涉仪数据分析的良好进展, 因此, 我鼓励作者以更长的形式把论文重新提交给《物理评论 D》。①

——————————

① 特雷弗·平奇向我指出, 审稿人对中微子通量的早期上限的一篇投稿也采取了类似的做法。1955 年, 雷·戴维斯提交了一篇文章, 设定了核反应堆发射中微子的上限。一名审稿人评论如下:

任何这样的实验, 如果没有必要的灵敏度, 实际上对中微子的存在没有任何影响。为了说明我的观点, 人们不会写一篇科学论文描述这样的实验: 实验者站在山上, 伸手去抓月亮, 并得出结论, 月亮到山顶的距离超过 3 米! (Bahcall, Davis(1982) 第 245 页, 引自 Pinch(1986) 第 56 页。)

戴维斯最终测量了太阳发出的中微子的通量。这篇早期的论文最终发表于《物理评论》(Davis, 1955)。

以布鲁斯·艾伦的名义，团队要求编辑重新考虑：

> 审稿人 B(说) 发现的上限比恒星种群研究的预期差了很多个数量级。确实如此，并在稿件 (同一段) 中说明。但他忽略了一个重要的区别：与其他上限相反，我们的结果是基于直接引力波观测的第一个上限。它不依赖于恒星演化模型，也不依赖于电磁观测。

然后，《物理评论快报》将稿件发送给另外两名审稿人。审稿人 C 认为应该发表，但是评论如下：

> 关注点：这是物理学的一个子领域的实质性进步。**当然不是天体物理学** (正如审稿人 B 指出的)，而是引力波干涉检测的新兴领域。(我标的重点)

审稿人 D 也认为，论文应该做些修改后发表。然后，我们看到，至少有两个对内部交流有贡献的人，以及四个审稿人中的至少两个人，不认为这篇文章属于天体物理学 (其他两个人没有评论具体的观点)。

在最后发表的论文中，再次强调了实验观察的价值：

> 使用恒星种群模型可以预测 (每百万年一次) 的预期旋进率……远远低于我们的极限。然而，与这些基于模型的预测不同，我们的旋进极限是基于对旋进的直接观测。(第 1501 页)

在下面的采访里——2000 年，我采访了两位资深物理学家 (他们与 40 米干涉仪上限小组的任何成员没有密切的机构联系)，进一步讨论了这个结果在天体物理学方面的意义。在这次谈话中，我扮演了魔鬼的代言人。[1]

> **科林斯**：相当高的上限可以用两种方式描述，要么做科学，要么不做科学。让我们来看看布鲁斯·艾伦用 40 米干涉仪做的事情。他使用单独一台干涉仪。很多人想用这件事搞个大新闻……他们想说，"看，这东西产生了科学。"我不得不说，这就是我开始的地方——尽管我应该对此保持中立——这就让我有点愤世嫉俗了。因为这根本……就不科学。

> **资深物理学家 1**：我完全不同意。

> **科林斯**：好吧，继续。

> **资深物理学家 1**：你看，你太相信理论工作者了。你相信我们知道那里没有源。布鲁斯做的是，检查实际数据并分析它。根据观察得到一些关于自然的事情。如果你相信这个理论，你就会得出结论，"但是这个陈述没意思，因为从纯粹的理论来看，我们不期望那里有任何东西。"

> **科林斯**：但是你刚才说的任何探测器都可以，不管它是多么的不灵敏。对于共振棒探测器之类的，也都是真的。

> **资深物理学家 1**：当我第一次听说 1987A 超新星产生了可探测的中微子时，我说："那又怎样，他们为什么要这么做呢？"我只是从纯理论出发。有这些关于单元结构、过程和核反应的理论，他们都说"会有中微子，等等"。但他们确实看到了中微子。这意味着整个智力结构是正确的。

---

[1] 这次对话发生在我看到 40 米干涉仪小组的网站以前很久，也是在我关于上限采访布鲁斯·艾伦以前很久。

科林斯：不, 这不是 40 米干涉仪的结果的正确类比, 因为 40 米干涉仪没有看到任何东西。(中微子探测器实际上看到了中微子的预期通量, 而不是什么都没有。)

资深物理学家 1：他们 (40 米干涉仪的分析者) 没有看到与理论完全一致的东西!

科林斯：嗯, 你知道, 这个杯子 (举起咖啡杯) 也看不到引力波, 它完全符合理论。看, 没有引力波!

资深物理学家 2：我明白你在说什么, 但是有一个分界线。有一类实验根本不是真正的科学, 有一类显然是科学。然后是分界线, 我认为 40 米干涉仪的实验在分界线上。事实是, 从其他调查和其他证据中可以知道, 用任何东西看引力波的上限都可以设置得高于 (低于) 他们将要看到的东西。这是谁都知道的。然而, (资深物理学家 1) 说的也是正确的。可能会有一些惊喜; 本来会有惊喜的。所以这只是分界线。但这是真正的工具。

资深物理学家 1：你怎么知道, 银河系周围的球状星团中没有坍缩的黑洞呢? 如果它们在那里, 它们就会出现……

资深物理学家 2：有两个方面。一个是寻找真正的引力波——它们在分界线上。另一个是工具科学: 你如何制作这样的仪器。

这段谈话的最后一句话将引导我们讨论高上限对资助者和核心群体的意义, 但首先我介绍谈话的其他方面。

40.6.2　再谈负面的主张和正面的主张

他们声称, 这台 40 米长的干涉仪仪器可以看到银河系周围球状星团中的正在坍缩的黑洞, 或者类似的东西——这意味着旋进的双黑洞。我们从先前关于 40 米干涉仪内部交流的引文中知道, 估计 "都在 NS-BH, BH-BH 的天图上"[①], 这可能会给 BH-BH 的惊喜留下空间。在 40 米干涉仪小组的电子邮件交流中, 讨论了这种可能性。一位通信人建议, 至少有人可能会想出一个 "想象中的事件场景", 即使它 "有点猜测性"。但这位通信人回答了他自己的问题:

> (1998 年 5 月 19 日) 以下是我试图得出的对 R90(测量结果) 具有天体物理意义的浅薄尝试: 它可能会限制银河系光环里的双黑洞的密度。这是值得发表的, 根据以前发表的论文估计这些数量。唉, 这个尝试失败了, 因为银河系的光环超出了 40 米干涉仪的探测范围。

然而, 如果忽略这个 "超出范围" 的问题, 我们可以得出一个更深层次的观点, 在 BOGWAD 的讨论中提到的观点。两位资深科学家都声称, 40 米干涉仪的分析是真正的天体物理学, 因为它可能会产生惊喜 (有效地将发现从类别 (2) 转移到类别 (3))。但它不可能产生惊喜, 因为如果找到了符合 BH-BH 旋进的数据, 它就不会被认为是 BH-BH 的旋进。

正如本章第一节说的, 为了对引力波进行正面的观察, 有必要区分信号和噪声。这个 40 米的装置不能做到这一点, 因为在这个领域为了分离信号和噪声, 交叉检查几乎总是至关重要的, 这就

---

① 译注: NS 为中文星; BH 为黑洞。

要求两个探测器有足够远的距离, 他们各自的噪声没有共同的来源。这是几乎所有引力波研究中分离信号和噪声的关键第一步。这篇文章说得很清楚：

> 如果不同时操作两个或多个探测器, 就不可能很好地描述非高斯的非平稳的背景, 不能有信心地宣称已经探测到事件。(第 1500 页)

我们还可以补充说, 要取得正面的结果, 还必须更加谨慎地对待 "环境监测"——通过测量对探测器的每一个可以想象的外部影响, 确保没有任何其他因素造成这种影响。因此, 上限逻辑上的差异表明, 观察的方式有差异。正如解释的那样, 为假定的信号设置上限, 你只会提高上限发生率, 这并不需要分离信号和噪声。如果这一点还不清楚, 人们只需要考虑, 在提出任何正面的主张之前, 必须仔细地检查两个探测器的物理和环境监测 (PEM) 通道。PEM 通道监测地震、电和宇宙射线活动等方面的变化, 在提出正面的主张之前, 消除探测器中这些令人不感兴趣的干扰原因。在 40 米干涉仪结果的情况下, 对 PEM 通道进行了检查, 但是检查的精细程度没有达到提出正面主张所必要的程度。简而言之, 如果探测器受到来自 BH-BH 旋进的信号的干扰, 没有人会知道; 它只会让上限变得更高。然而, 这并不会引起任何意外, 因为上限太高了, 再提高一点儿, 也几乎不会给出任何有价值的天体物理信息。

资深物理学家可能会说 (也许, 这就是他们的意思), 因为 (如果)40 米干涉仪能够在银河系晕 (the glactic halo) 中看到这些事件, 而且由于一些天体物理学家认为有这样的事件, 在设定上限时, 团队可能一直在处理严肃的天体物理场景, 正是这一点有可能让天体物理学家对它们的上限感兴趣。但是, 这篇文章并没有把涉及这个现象作为发表的理由。处理完对话的其他一些方面以后, 我将回到这一点。①

40.6.3 "科学" 这个术语的使用

"科学" 是引力波研究中比较明显的 "社会建构" 思想之一。尽管不能分离信号和噪声, 尽管它是孤立的装置, 但资深物理学家坚持认为 40 米干涉仪做了一些 "科学"。一方面, LIGO 项目的一位资深领导人也告诉我, 40 米干涉仪的结果构成了 "在银河系中对双星旋进源的重大搜索", 批评 40 米干涉仪老团队没有做应该做的 "科学"。另一方面, 在其他情况下, 物理学家坚持认为只有两个或两个以上的引力波探测器能够一起做 "科学"。这就是为什么 LIGO 有两个探测器, 尽管在 1986 年决定 LIGO 的想法是否应该继续的评议会议 (第 27 章), 小组中影响力最大的人理查德·加文认为, 应该只有一个。② 在另一个场合, "资深物理学家 1" 论证建造两个探测器的理由, 大多数其他 LIGO 科学家完全同意这个论证。我再次扮演了挑衅者的角色：

科林斯：加文当时的论点是, 如果你不探测引力波, 为什么要有两个探测器呢?

资深物理学家 1：如果只有一个, 你就不知道它是否有效。

科林斯：我不明白, 请解释一下。

资深物理学家 1：嗯, 有巨大的背景噪声, 你怎么能判断是不是有信号呢?

---

① 我的解释最好是正确的, 否则资深物理学家实际上是在提供一种许可证, 用来猜测未知的源和不灵敏的探测器看到它们的能力——他们坚决认为不应该把这些提供给弗拉斯卡蒂团队。
② 加文在一次采访中告诉我。

　　科林斯: 哦, 不, 你不能。但关键是, 你不会期望在这个阶段看到信号——不是真的期望。

　　资深物理学家 1: 哦, 好吧。因此, 如果你不期待信号, 你可以建造一些东西, 并测量它的噪声——听起来不错——听起来很合理。

　　科林斯: 当然, GEO 就是这么做的。

　　资深物理学家 1: 嗯, 一旦你有了别的东西, 你就可以和 LIGO 做符合检测 (GEO 有 LIGO), 就可以做科学了。人们不会花十年时间只是搞技术。我认为这就是我们不会只建一个的真正原因。(2000)

　　这里, 受访者将使用单个探测器描述为“只是搞技术”, 而不是做科学。①

　　请记住, 只有我一个人有幸回顾了这些咖啡厅的对话。目的不是想说我有多聪明, 也不打算把这样的对话当作法庭上的证据, 而是用它们作代表, 展示在这个时间和社会的空间中正在进行的科学“语言游戏”。我们可以使用我们的本地能力, 确保在这个空间里几乎没有灵活性科学的概念, 假设导致上限发现的是 BOGWAD 或 LISA——没有办法把 BOGWAD 视为做科学, 没有办法不把满意的 LISA 上限视为做科学;关于这些仪器和它们的力量的社会共识太强烈了。但是, 在 40 米干涉仪的情况下, “科学”的概念更灵活, 使用这个术语适合当时追求的论证。当试图证明建造两个而不是一个探测器的合理性时, “科学”涉及将信号与噪声分开;当试图证明 40 米干涉仪上限的价值时, “科学”不需要涉及将信号与噪声分离, “科学”可以单独用一个探测器完成。总之, 根据你是谁, 你在哪里, 你在争论什么, 40 米干涉仪的结果要么是在科学的边界内, 要么是在科学的边界外。现在我们谈谈未来和 LIGO。

40.6.4　天体物理学, LIGO Ⅰ 和猜测的用途

　　你将有一个科学的结果……一个真正的天体物理学的结果, 出现在 LIGO 的前 6 个月……结果很可能是一个上限, 但是这个上限比现有的上限小一两个数量级, 意味着它将约束理论, 因为它比现在的约束要大得多。这将是一个真正的天体物理学结果。这意味着天文学家将第一次把我们当作天文学家认真对待, 因为我们已经确定了宇宙能量密度的一些东西——他们想要的数字——他们会尊重我们——如果我们再花一年时间找到并合的双星, 他们将更加宽容。你看, 你在前面给他们提供东西。你说, “我们正在生产科学”——我们不只是建造华丽的探测器, 我们已经用 LIGO 做科学了。(1996)

　　这是 LIGO 项目一位前任领导说的乐观话。他提到的上限是随机背景辐射。他认为, 即使是 LIGO Ⅰ, 也能给随机背景产生一个上限, 这将引起天体物理学家的兴趣。他相信, 随机背景的数值将限制理论, 证明 LIGO 与它的老对头天文学家是合理的。这是合理的, 因为根据巴里什的说法, 宇宙背景属于发现和理论的第 (3) 类关系;也就是说, 理论太不明确了, 任何实验数据都有

---

　　① 还有一些科学家认为, 即使看不到正面的信号, 也必须有两个探测器。他们认为, 因为只有当你有两个探测器时, 你才能把信号与噪声分开, 所以, 为了设定合理的降噪程序, 必须有两个探测器, 即使你只打算改进技术而不是进行天体物理学研究。他们认为, 如果只有一个探测器, 你可能试图“改进”仪器, 消除那些似乎是非高斯噪声事件, 真正的信号! 似乎只有在有理由期望看到相当规则的信号流时, 这个论证才有意义。

用。然而, 这位前任领导暗示, LIGO 改进的对旋进双中子星数量的上限将不会让天体物理学家感兴趣——它仍然远远超过理论预期。因此, 对于这位受访者来说, 给随机背景设定上限, 是天体物理学, 而给旋进双星设定一个比 40 米干涉仪更好的上限, 不是天体物理学——他同意这是第 (2) 类。①

但是, 正如我们看到的, 天体物理学可以由猜测产生。在 40 米干涉仪的辩论中, 有人建议, 即使上限是想象中的天体物理学场景, 也可以有意义。因为 LIGO Ⅰ 的灵敏度更高, 所以应该不难想出一些理论来让它遇到。LIGO Ⅰ 的范围, 假设它可以达到设计指标, 确实延伸到银河系的光环。并非只有正确的猜测才有价值; 它的价值在于, 它提供了一种工具来证明它是错的。这是另一种方式, 看到任何东西都不能转化为科学。也许给光环中的 BH-BH 旋进设置上限将让 LIGO Ⅰ "达到理想的效果"。

还有一个更详细的理论, 可以为第一代 LIGO 提供相同的功能。1998 年, 汉斯·贝特 (Hans Bethe) 和格里·布朗 (Gerry Brown) 发表了《并合的双紧致物体的演化》(*Evolution of Binary Compact Opjects That Merge*)。这篇论文主张, 可能存在大量的黑洞-中子星的并合双星, 使得第一代 LIGO 看到这种事件的机会比以前想象的多 10 倍。根据这篇论文, LIGO Ⅰ 只需要把灵敏度提高 2 倍, 就有可能每年看到 1 次这样的事件。

汉斯·贝特是诺贝尔奖获得者, 备受尊敬的物理学家。格里·布朗也赢得了许多物理学奖, 是备受尊敬的理论学家。然而, 天体物理学知识界的谈话表明, 这篇论文显然是猜测性的。据说, 它之所以受到重视, 完全是因为作者的名声。有个笑话说, 如果格里·贝特和汉斯·布朗写了同样的论文, 没有人会知道它。尽管如此, 这篇论文确实是由两位著名的作者撰写的, 它可能会给 LIGO 设定的上限带来一些兴趣, 或者给一些论证提供一些可信度, 这些论点表明, 只要花钱做一次小的升级, 就能把这些设备带入潜在的可观测引力波领域。我们可以把像贝特、布朗这样有声誉的理论称为人工理论, 它们在图 40.1 中的灰色框中表示。关于上限的天体物理学意义, 它们与韦伯早期的正面主张具有相同的功能。

40.7　资助者和核心群体

我们现在把注意力转向关于上限的后两位受众。上面引用了 LIGO 项目的一位前主任的话, 认为宇宙背景辐射的一个有用的上限将是它的一个初步结果。他接着说, "NSF 会很高兴, 国会也会很高兴……如果我们做新科学, 这将极大地鼓舞士气, 也会把狼挡在大门外。但与此同时, 让 LIGO 得到尊重的另一个判据是, 我们能不能很快实现我们的预言, 即使它什么也看不见。" (1996)

最后这句话表明, 设置上限总是吸引资助者和科学家的核心群体, 不管结果有什么天体物理学意义。上面引用的 "资深物理学家 2" 也表达了同样的观点, 他说, 除了做天体物理学, 40 米干涉仪结果的重要性是发展 "工具科学: 如何制造这样的仪器"。这一点在 1999 年的 40 米干涉仪论文中再次提出, "我们的研究还展示了正在开发的分析下一代仪器数据的方法。" (第 1501 页)

---

① 引文中对双中子星的引用是正面看法, 而不是上限。没有提到双中子星的上限。这就是为什么我说 BN-BN 旋进上限的含义是隐含的。根据一些物理学家的说法, 这种情绪 (关于潜在的 LIGO Ⅰ 上限对背景辐射的重要性) 有点太乐观了。

当然，这一点曾经也适用于更不灵敏的室温棒探测器。当它们建成时，它们也是非凡的技术成就，可以通过展示高超的技术和技巧来证明资助机构的信心。例如，1972 年记录的一位科学家提到了——不灵敏的早期共振棒探测器之一，"……分析了他的数据，给出了巨大的上限——真的是毫无价值——但他需要这样做，因为他需要继续。他需要有理由继续他的工作……"（1972）

设定上限的目的是演示对设备的控制，以及从探测器到主张的信号的推理链，即使设备太不灵敏以至于看不到信号。在 LIGO 的站点，另一位项目发言人（雷·外斯）也表达了这样的情绪，他显然不认为寻找天体物理源是重要的，"虽然（40 米干涉仪）仪器的灵敏度太低，无法检测引力波的任何天体物理源，它提供了洞察真正数据流的性质，和仪器噪声的性质"——也就是说，这里做的工作不是什么重要的新天体物理学，而是分析 LIGO 数据（将以"流"的方式到来）的有益实践。①

是否可以对 BOGWAD 提出这样的主张呢？如果没有带来天体物理学的发现，BOGWAD 是否会因为其技术成就而引起资助机构的兴趣呢？答案当然是否定的。原因是，从 BOGWAD 到最终的主张，没有重要的推理链。用 40 米干涉仪设置上限不同于用 BOGWAD 设置上限——不是因为 40 米干涉仪的上限比 BOGWAD 的高 10 个数量级，而是因为 40 米干涉仪是与大型干涉仪大体相似的装置。LIGO 已经在 40 米干涉仪的基础上逐渐成长，这种情况跟 BOGWAD 不一样。在感知振动方面的长时间练习，无论《引力的影子：寻找引力波》这本书变得多么厚，都不会让你和你的书变成有可能探测引力波的探测器，而 40 米干涉仪的结果需要练习和熟练使用激光、悬挂镜、放大器、计算机和统计。建造、操作和分析来自 40 米干涉仪或其后继者的数据，就是朝着探测引力波的方向迈出一步。② 因此，即便使用某种装置设定上限并不能对天体物理学产生很大的直接影响，这也是迈向引力天体物理学的一步，因为它表明整个系统已经完工并整合。这样，每完成一种这样的装置，都将向支持它的资助机构保证，他们的钱花在了有潜在回报的项目上。用任何旧机器"看不到"，并不能做到这一点；构成"引力波探测器"的极其复杂的技术和推论"看不到"，能够做到这一点。

由于同样的原因，LIGO 设定的上限会让资助机构感兴趣。它们将表明，即使没有正面的发现，也是在做"科学"。在证实引力波存在之前，LIGO 希望在高新 LIGO 上再投入一笔资金。能够说他们已经在做科学，有助于他们的事业。因此，2000 年，一位 LIGO 的资深发言人告诉我：

> **受访者：** 我很难想象他们在科学运行开始时给我们钱（建造 LIGO Ⅱ），除非我们还没有得到早期的科学结果……我认为是几篇文章。我想在 2002 年年中，当我们对 LIGO Ⅱ 的建设进行最后的大评议时，如果我们实现了我现在推销的施工进度表，我们应该能够展示几篇论文——几篇设定上限的论文。不是发现，除非喜从天降——除非我们真的很幸运——但一篇论文把双星旋进的发生率限制到一定的距离——限制了随机或非对称超新星的发生率——已经提交了一些可信的论文——可能不会提交给《物理评论》——可能是某个电子预印本服务器——但它们将出现在学界里。我们已经发表了！

这是一个标准，我们现在不应该只关注交付程序代码和能够得到第一批数据，而

---

① http://www.ligo.caltech.edu/LIGO web/lsc/lsc.html，2000 年 7 月查阅。
② 这种推论很容易出错。那些试图制造智能机器的人一次又一次地犯错误。他们注意到目前的"智能机器"的性能，注意到芯片密度和速度的增长率，并由此推断出成功的保证。但是，我们有充分的理由认为，从我们现在的位置到机器中的人性化表现，需要完全不同的、不可预见的进展。相比之下，在引力波探测的情况下，有充分的理由认为，在同一个总体方向上的持续发展最终将实现这个目标，尽管非常困难。

是应该关注自己的位置——实际上，写他们认为他们将发表的论文，留下数字等待填写，安排人员和软件，以便他们愿意说自己是天体物理学家，而不仅仅是仪器建造者。

科林斯： 但是这些上限不会是非常有趣的科学。

受访者： 对的，但是，审查这个问题的小组成员可以说，"听着，这些人已经让这个东西工作了，他们组织了其群体，正在发表第一份科学论文，看看他们做事情的导数吧（即增长率），这些人正在做他们应该做的事情——正在做很好的展示。"如果你没有这种科学，就会有一个很大的谜团，"这些人是科学家还是修补匠？"因为我们——我们所有人——最终并不是修补匠，我们在这里是为了回答许多科学问题。

上下都有压力。2000 年，负责 VIRGO 联盟的两位发言人向我解释说：

发言人 1： ……我参加了（2000 年）5 月在加州理工学院举行的（LIGO 审查委员会会议）……实验室的演示实际上是为了推迟科学运行……评议小组说："不要这样看。别说你在拖延。一旦你准备好打开这些仪器并开始收集数据，你就进入了科学领域。这是一场工程竞赛，但你也喜欢科学。你不会阻止你的合作者看数据和寻找源，是吗？——不！——好吧，那就是科学。所以不要说你拖延了一年，因为你还在做工程。工程运行仍在进行科学研究。"这就是会上提出的理念，他们通过了这个理念。

发言人 2： 好的，这告诉他们如何更清晰、更准确地描述他们正在做的事情。但实际的压力，采取所有这些数据，并行使所有的计算算法和所有这些——这是来自 LSC（LIGO 科学协作组织）。他们在前进。他们说："你有了所有这些数据，它不仅将帮助你诊断性能，而且我们可以期待科学，并希望期待科学——把它给我们。让我们开始建立流程。"

正如我们现在期望的那样，核心群体的成员经历了成功，而对最遥远的受众来说，成功就像失败。所有关于资助者的说法都适用于核心群体：从原型机中提取上限，或从仍然不太灵敏因而看不到正面信号的设备中提取上限，表明科学和技术正在进行，即使它还不是天体物理学。①

40.8 结 论

设定一个上限，在某种意义上绝对是没有发现任何东西——这是没有信号的发现。如果上限足够高，它也没有发现另一个意义上的东西——没有科学重要性。如果上限真的很高，就像 BOGWAD 一样，发现上限可能根本不是做科学。

---

① 实际上，这过于简单化了：甚至有一类天体物理学家对这些结果感兴趣——他们对使用引力波作为天文工具特别感兴趣，因此想学习如何构建能够让实验工作者与观测结果进行比较的估计。布鲁斯·艾伦在回信里坚持论文值得发表时，请《物理评论快报》编辑注意这个小组。他说："它们（这些结果）向天体物理学家显示了必须考虑的问题的范围，以便从引力波观测中获得物理极限。"40 米干涉仪的分析显示，这个天体物理学家小组需要以何种方式做估计，以便最大限度地利用新一代探测器的上限发现的天体物理效用。然而，这些天体物理学家，只要他们正在做这种工作，就可以说是属于这个分析的核心群体，而不是属于天体物理学界。（我很感激乔林·克里顿（Jolien Creighton）向我指出这一点。这表明，正如一些物理学家所说，这篇"40 米干涉仪的论文"不仅仅是"MPU"——最小的可发表单元。）

在这里，我们探讨了上限的"意义"和"科学"的意义。你可以完全自信地设定很高的上限，即使你不做科学。当上限变得更小的时候，它开始在科学上有意义。我们首先研究了引力波上限如何获得天体物理学的重要性，然后研究了它们如何获得技术重要性。我们展示了意义的这两种来源对不同受众的吸引力。

对结果的天体物理重要性和技术重要性可能存在分歧。我们探讨了关于 40 米干涉仪上限的天体物理学重要性的分歧，并且指出，这篇"40 米干涉仪上限的论文"发表在《物理评论快报》上，主要是因为它的技术重要性。另外一些案例记录了在技术意义上可能存在的分歧。1996 年，向《物理评论快报》提交了一篇文章，报告了两个共振棒探测器在符合情况下产生的随机背景辐射的上限结果，但是被拒稿了。作者认为，虽然结果在天体物理学方面没有进步，但分析代表了一项非常重要的技术创新：在这样的观测中，噪声是第一次使用两个探测器测量的，从而可以消除更多的噪声。审稿人 A 认为这个创新不值得发表：

> 我不推荐这篇论文发表在《物理评论快报》。该文报道了在接近 1000 赫兹的窄带宽下对引力波随机背景上限的改进。该结果没有给出任何重要的物理进展，不能证明在《物理评论快报》上快速发表的合理性。实验涉及了两个天线而不是一个，这个确实可以改进上限，但并不是令人惊讶的新方法。

当 2000 年一篇论文被提交给《物理评论 D》时，这种失望就会再次出现。这份期刊的出版标准不太严厉。在这种情况下，关键审稿人的意见如下：

> 论文没有介绍重要的新物理学，统计处理也没有清楚地呈现。如果图 2 所示的上限有显著的物理内容，统计处理可能是有趣的。然而，在这种情况下，对上限估计的解释需要更清楚地阐述。

我们看到，物理学家不一定把 (天体) 物理重要性和技术重要性视为独立的。这为判断上限的总体重要性留下了很大的空间。在这里，因为缺乏物理内容，发表技术进步的资格被取消了，尽管 40 米干涉仪上限的论文没有受到这样的对待。[①]

技术进步的重要性很难衡量。关于天体物理学或"科学"的进步，也许还可以再说一些。当引力波探测器变得更加灵敏，并且假设没有出现正面的观测结果时，在设定上限方面取得重大进展的可能性就会越来越小。我们应该看到，每一个新的上限与在一本高档次期刊上发表的前一个上限的距离在稳步缩小。技术原因是，随着灵敏度的提高，提高灵敏度变得越来越困难 (因为越高越难爬)，但更重要的是，随着理论预测领域的接近，为了约束越来越多的理论，结果不需要变得好很多。如果将这个思路"反过来"应用，衡量结果的天体物理学重要性的尺度可能是，在没有重大技术进步的情况下，上限必须提高多少，才值得在顶级期刊上发表呢？布鲁斯·艾伦向我建议，目前可以发表的改进将是几个数量级。[②] 从现在起十年以后，什么才算可以发表的上限呢？

我们的总体结论是什么？它已经预先写在本章的题记中了。设定一个上限可能等于什么也看不到，即使这个词的强烈含义是"什么也没有"，与理论没有联系，但是，如果看得足够好但仍然什么也没有看到，结果就还是"可写的"；它仍然可以是科学家的科学。失败的铅有可能转化为科学的黄金，这种可能性由旁观者的眼光而定。

---

① 正如我们看到的，这并没有阻止 Allen 等 (1999) 在《物理评论快报》上发表，也没有阻止 Allen 等 (2000) 的发表。根据不同的引力研究者团体之间的争论，可以理解，不同的判断可能是合适的，这在上文"证据的文化"的标题下讨论过 (第 22 章)，也可能只是"撞大运"。一些审稿人 (秘密地) 自愿向我提供了他们的身份，因此我知道，如果上述的第二位审稿人是这篇文章的审稿人 (他不是)，他就会对 40 米干涉仪上限的论文得出同样的结论，但他不是。然而，我不知道这些论文被拒稿的整个链条背后的推理方式。

② 私人通信。

第 6 部 分

科学、科学家和社会学

第 41 章　正常运行：研究和科学

41.1　如果 LIGO 真的是原型, 为什么需要两个干涉仪呢?

LIGO Ⅰ将开始于 (并可能完成于) 设置上限。幸运的是, 它可能会看到一两个事件, 但除非发生一些非常奇怪的事情, 否则它永远不会成为引力"天文台"。但是科学家认为, LIGO 项目有合理的引力天文学潜力, 所以从一开始就计划了一系列更灵敏的探测器。这个提议依据的天体物理学场景——相对黑暗的引力波天空——暗示, LIGO Ⅰ最多也就是一个"探测器"。那么, 为什么要将其资源配置到成品仪器的水平, 而不是原型呢?

从历史事件的发生方式, 我们得到了答案。在科学的核心中看似合理的决策, 在目标图的外层并不一定被视为合理的决策。托尼·泰森说, 当他在国会抨击 LIGO 时, 他的错误是, 他认为他喜欢的路径 (在开始全尺寸项目之前尝试更多的原型) 只会延迟一两年, 因此节省的资金相对较少。在国会的层面, 很难看出这是怎么一回事; 如果这东西真的要建起来, 不妨继续干下去。但除了国会的粗线条思维, 还有什么理由吗?

想想应该做些什么吧。第一个潜在天文台的组件 (高新 LIGO) 可能都是在较小的原型或者单个 (而不是两个) 设备上开发的。这些组件包括多级摆、蓝宝石反射镜、先进的地震隔离器和强大的激光。通过比较实时数据流和延迟数据流, 也许可以插入一些人工信号, 可以磨练数据分析的重要技术。如果没有两个探测器, 真实的引力波信号可能让人犯迷糊的论证并不成立: 如果有足够的引力波信号让 LIGO 犯迷糊, 我们知道的天体物理学就是错误的。当然, 天体物理学可能是错误的, 这将非常令人兴奋; 但是你计划研究一门科学的时候, 不能假设关于天空的一切知识都不对。如果这样计划的话, 一开始就没有理由建造 LIGO, 因为在另一个方向, 情况同样有可能是错误的——即使高新 LIGO 也不在引力波源的范围里。

这样看吧: 如果建造两个 4 千米干涉仪的论证是看到未知源的可能性, 那么, 为什么它不同样适用于 40 米干涉仪的设备呢? 如果我们对天空了解得很少, 那么 40 米干涉仪的噪声消除计划也可能被真实但未被发现的信号混淆。当韦伯开展实验的时候, 有合理的理由建造不止一个探测器, 因为对引力波源的了解太少了, 但是现在我们对天空了解得更多了。正是这种"更多的了解"证明 LIGO 的建设是合理的, 也是与共振质量项目做斗争的关键武器。

只建造一个 LIGO 探测器, 就会推迟大支出和强科学协调的时刻, 直到不能实现天文学目标的风险已大大消除。此外, 利文斯顿干涉仪不会有任何地震问题和额外费用。正是这种争论导致了 40 米干涉仪小组的想法, 他们希望在全尺寸干涉测量开始前, 建造一个 400 米的设备来"消除大部分风险"。

我在许多引力波科学家身上尝试过这个论证，只听到过一个技术上的反驳，在这一点得到澄清后仍然站得住脚。[①] 据说，直到现在，探测器才变得足够灵敏，能够进入可能会有合理惊喜的领域，所以有理由建造两个。然而，即使这在科学上是合理的，你也不能以此作为科学支出的依据，"让我们花大钱吧，因为不太可能有大的惊喜。"

尽管如此，我认为建造两个干涉仪的决定是正确的。原因与人类和社会背景有关，而不是科学技术。如果科学是在社会、心理和政治的真空中进行；如果有一大笔钱让科学家自由使用；如果科学家是没有家庭的机器人，可以无限期地冷藏而不受损害；如果唯一的限制是用最少的钱做最科学的事情：只建造一个探测器或一系列较小的原型就是正确的。

事实上，引力波的探测，从构思到第一次探测，大致相当于成年人的寿命或职业生涯 (包括本书作者的职业生涯)，很难说服科学家将生命投入到时间更长的科学事业。[②] 正如 NSF 的里奇·艾萨克森对我说的："一旦你⋯⋯可以做符合测量，你就可以做科学了。人们不会花十年的时间仅仅搞技术。我认为这就是我们不能只造一个的真正原因。"(1995) 为了加强这一点，至少有两名资深科学家 (我没有系统地问这个问题) 向我保证，如果只造一个探测器，他们就会在早期放弃这个项目；只有一个探测器，就不能实现他们的终身项目的标准 (我想我也是如此)。[③]

同样，正如上文解释的，在编写这个报告的时候，分析数据的各个小组正在报告第一批结果。所有这些结果都是上限，但是，可以感觉到空气中的兴奋，因为如果某个探测器有一个真正的启发性信号，你就可以用另一个探测器检查它；这让筛选数据的巨大任务变得更加诱人。

最后，如果 LIGO Ⅰ 看到一两个事件，虽然不会让它成为天文台，但是很可能打开财政的闸门，确保引力天文学的全面实施。这意味着，尽快尝试以引力波的方式观察任何东西，而不是以系统的、成本较低的方式更直接地研究引力天文学，这个决定可能是一个很好的决定。毕竟，如果成本较低的方式降低了最终成功的保证，那就是假装省钱。

总之，在需要向政客们披露资助决定的时候，责任中心已转移到目标图的外围，因此有必要追求完整的工具，而不是原型。可以想象一个可能的不同世界，但我们处理的不是那个想象的世界。结论是，考虑到我们所处的世界，LIGO Ⅰ 并没有比它应有的规模更大。

41.2 LIGO 和第一批上限

在 2002 年年中，LIGO 的三个干涉仪全都进入了符合运行的状态。现在，噪声地板正在降低到承诺的水平，占空比正在增加。但 LIGO 已经落后于计划。必须指出，虽然有个别问题没预计到，但几乎每个人都预料到会有意想不到的问题；没有太多的指责。

一些尴尬来自地震噪声对利文斯顿现场探测器的影响；经过的火车让这个装置脱离锁定，每晚关闭一个多小时。更糟糕的是，在白天，周围树林里的伐木活动也是如此。在选择地点时，似乎对伐木的次序有误解。显然，LIGO 管理层得知，树木每十年左右采伐一次，伐木导致停工的发生

---

① 关于这些论证的一个更早的例子，见第 40 章。
② 有没有什么科学运行到更长的时间尺度，却没有机会取得重大的中途结果呢？
③ 批评者不接受这个论证，比如 40 米干涉仪老团队的成员。他们认为，国际合作可以解决符合问题。但是，在做出造两个探测器的决定时，不能依靠国际合作，即使现在也不能保证。

率似乎可以接受。但没搞明白的是，森林里的树木轮流达到十年的树龄，砍伐要频繁得多，使得仪器在工作日不能用。

结果是，利文斯顿干涉仪只能在夜里和没有火车经过时采集数据，因而降低了占空比。但这个减少并不是立刻致命的；其他工作可以在休林期间完成，而且由于在这个试用期还有许多工作要做，利文斯顿仍以汉福德探测器占空比的 60% 左右运行 (截至 2003 年 3 月)。更有问题的是，非正常工作时间影响了科学家的家庭生活。在工作紧张的短时间里当然可以加班，例如在初始锁定阶段，但不能无限期地保持下去。此外，某些类型的家庭 (如单亲家庭) 甚至不能轮班工作。必须提高占空比，解决社会问题，利文斯顿 LIGO 才可以每天 24 小时工作。解决办法是在真空室下面安装更多的隔振装置，这个升级正在设计和实施。但这意味着超出计划的费用，所以要到 2004 年年初才能准备好。

所有的 LIGO 仪器也遇到了在电子产品的意想不到的噪声。在一定程度上，噪声源于数字电子设备和模拟电子设备安装在同一个框架里，导致系统之间发生电气串扰。还有射频噪声的问题，需要把一些电子设备改造成典型的射电望远镜的更高规格——这仍然是成本和延期的问题。

另一个麻烦的来源是声学噪声。声音在许多方面干扰设备的暴露部分。不得不把许多嘈杂的风扇从干涉仪的附近移走，一些没有封闭在真空罐里的设备，必须安装声学屏蔽。罗伯特·斯科菲尔德 (Robert Schofield) 正在研究这个噪声问题，他认为，在 LIGO 达到设计灵敏度之前，必须把这种噪声降低至百分之一到千分之一。

在第一次符合运行中 (E7)，汉福德的麻烦仍然比利文斯顿多。汉福德很容易受到大风导致的地震噪声的影响，这在该地区是普遍的。平均 10% 的时间刮着不可接受的风，结果可能是，这些影响会浪费更多的时间。

2002 年 6 月的另一个特别事件是，在汉福德 2 千米干涉仪的一根镜子悬挂线散开了，随后镜子倒塌，导致探测器的控制磁铁脱落。有一些挡板可以防止镜子落得太远，造成这种损害，但是这次它们失败了。坠落的原因是中国边境的一次地震 (这样的小地震每个月大约发生两次)，振动了干涉仪，足以让伺服器振荡。反过来又让镜子偏离了方向，使得红外激光束照在悬挂线上，将其软化到断裂的程度。一个新的镜子已经准备好了，挂在原地，重新调整，没有太多的困难。问题是真空系统必须再次打开并抽气，这需要时间。更令人担忧的是，三个干涉仪中的其他大多数悬挂反射镜都可能遇到类似的事故。"简单"的解决方案是在悬挂线前面安装挡板，已经对倒塌的镜子这样做了。不幸的是，给所有的反射镜安装挡板，就要打开许多真空系统，有可能造成更多的污染和延期。

2002 年 5 月，在汉福德的 2 千米干涉仪上，一种与频率倒数的三次方有关的奇怪噪声变得明显起来。它没有出现在利文斯顿的设备上，可能不是什么根本性的问题。关于汉福德 4 千米长的干涉仪是否达到了能揭示新噪声的灵敏程度，我得到了相互矛盾的解释。如果存在 "f^{-3}" 噪声，说明我们仍然不理解干涉仪，不能保证两个看起来 "相同" 的装置确实相同，"魔法王国" 给我们留下了惊鸿一瞥。加州理工学院的研究生马特·埃文斯对探测器的计算机模型做出了贡献，他告诉我，他的计算机模拟无法再现噪声，他在 2002 年年中得出结论，这并不重要。"我认为它可能是 2 千米干涉仪独有的，也许是一只昆虫飞进了某个线圈驱动器的什么地方，这是很难看到的场面——硬件里真的有一个虫子。" 到了 2002 年年中，人们似乎已经忘记了 "f^{-3}" 噪声，当其他噪声被消除时，它一定已经失去了定义。那一天，所有三个干涉仪的噪声曲线都在朝着设计指标的方向稳步下降，尽管每个人都知道，随着目标的临近，情况会变得更加困难。

截至 2003 年上半年，40 米干涉仪小组仍在争论，如果要正确理解噪声，LIGO 需要更多的原型工作。2002 年 5 月，我遇到了老团队的一位成员，虽然不希望 LIGO 出毛病，但是他向我指出，已经建造的长干涉仪比短干涉仪的噪声大得多，表明仍然有空间可以产生一些只影响长设备的深藏不露的东西。他还指出，意外麻烦的一个重要来源是 40 米干涉仪小组不愿安装的非常数字化的电子控制。这位受访者认为，40 米干涉仪小组对事情的看法仍然没有改变。

如果 40 米干涉仪小组比新管理层更正确，那意味着什么呢？考虑上述声学噪声。如果在建立全尺寸设备以前做更多的研究，对声学噪声理解得更好，LIGO 就会变得更好吗？巴里·巴里什告诉我，LIGO 遭遇这样的麻烦并不是坏事。他建议，管理这个项目的艺术不是花太多的钱在设计和原型设计上，让机器一启动就能工作；在开发和解决问题上花更少的钱，做得更快。还有其他技术，如空间飞行任务，它们必须第一次工作，所以它们要贵得多。LIGO 不是这样的项目。因此，对于 40 米干涉仪小组来说，声学噪声问题可能被视为一种已经过时的风险；巴里什认为，对于负责任的支出制度，这是正常的。

只要我们不急于直接研究引力波天文学，巴里什的论点似乎是合理的。如果高新 LIGO 得到资助，LIGO Ⅰ将完成它的工作，建立一个政治、技术和科学信誉的平台，从这个平台可以飞跃到下一个灵敏度水平。然而，有一种"可怕的情况"可能会出现 (但是不得不赌它不会出现)：当一个或多个 LIGO 探测器无法使用或被噪声淹没时，就发生一次附近的超新星或其他响亮的引力波事件，而这种噪声本来可以用类似 NASA 的方法预测。这将是跟 SN1987A 一样尴尬的事件，当时所有的低温棒都没有处于正常工作的状态。当然，如果探测器还没有建造，我们仍然处于原型阶段，风险就会更大。

尽管有挫折和怀疑性的预测，2003 年 2 月，在丹佛举行的美国科学促进会的会议上，LIGO 做了大会报告。这个装置首次作为一种正常工作的科学仪器向公众展示，初步的实验结果首次公开宣传。我注意到气氛是积极的，观众只提出了一个不友善的问题：关于高新 LIGO 的成本。 ①

2003 年 3 月，我出席了在路易斯安那州利文斯顿举行的 LIGO 科学合作会议。科学家们很高兴，给学界带来了夸张的赞美故事：报道的情绪是"LIGO 正在工作"或者"多么伟大的成就啊"。与此同时，科学家们向同事们展示了他们的发现，并对描述科学结果的第一篇论文做了最后的润色。将有 4 篇关于爆发、旋进、连续源和随机背景的上限论文。

LIGO 似乎正从过去困扰它的激烈批评中获益。一方面，这个项目比计划的进度落后一两年，遇到了一些不可预测的问题，当然没有看到任何引力波。另一方面，由于许多评论家说真空系统不会工作，激光永远不会锁定，测量这种灵敏度的整个想法是荒谬的，等等，它投入正常工作这个事实是值得祝贺的。然而，LIGO 绝对没有发生任何事情使"O"(LIGO 里的"O"，天文台) 不再是命运的人质。天文学家们仍然可以问："你观察到了什么？"但是目前，人们认为 LIGO 这个杯子是半满的，而不是半空的。

注意，几乎不可避免的是，LIGO 不得不从太空物理学上毫无意义的结果里取得成功。在理想的世界，第一个探测器将完成对天空的搜索，在下一阶段 (高新 LIGO) 的设计完成之前，将吸取所有可以吸取的经验教训。然而，在我们的世界，有一大群训练有素和经验丰富的科学家，他们是人，如果不想被遣散，就必须保持忙碌。获得政治和财政授权、通过有关委员会作出决定以及最后确定和签署预算的筹备时间很长。用于构建设备部件的准备时间很长，例如蓝宝石测试质量。在没有任何积极的科学成果的情况下，LIGO Ⅰ必须证明下一步的支出是合理的，它所能提供的只有管理技巧和上限。

总之，LIGO 就像一只狗用后腿走路，约翰逊博士说，奇怪的不是它做得有多好，而是它竟然

———————————————————————————————
① 美国物理学会的 4 月份会议也收到了正面的报告。

做到了。如果在新奇感消失、怀疑的天文学家重新夺取发言权并要求狗一边说话一边走路之前，高新 LIGO 得到了资助，那么 2003 年年初设定的上限将是巨大的成功，尽管它们在天体物理学方面毫无意义。[①]

41.3　弗拉斯卡蒂的文章

2002 年 11 月，弗拉斯卡蒂团队震惊了引力波界的其他人，在受人尊敬的杂志《经典与量子引力》(*Classical and Quantum Gravity, CQG*) 发表了一篇论文，声称他们看到了 NAUTILUS 和 EXPLORER 共振棒之间的符合。2002 年 12 月，先后在日本京都举行的引力波国际委员会和引力波数据分析讲习班上，他们受到了批判。

理论学家萨姆·芬恩在 *CQG* 上发表了一篇论文，全面批评他们的统计流程。芬恩在文章里说，统计分析过于薄弱，不值得考虑，即使初步表明有迹象需要调查。[②] 弗拉斯卡蒂团队和美国人的紧张关系还在继续，但我可以得出更有趣的结果，我将声称这是社会学分析的潜在的小胜利。2002 年 11 月在马萨诸塞州剑桥举行的一次会议上，以及 12 月在京都举行的讨论弗拉斯卡蒂结果的会议上，我发现 LIGO 群体对意大利人再次打破规矩感到愤怒。他们告诉我，要么结果不值得谈论，要么必须用实验反击他们，他们必须这么做，真是讨厌和浪费时间。[③] 我认为他们应该很高兴——我说过："他们应该付钱给弗拉斯卡蒂团队，让他们有这个早期的机会做一些真正的科学。"我认为，即使弗拉斯卡蒂团队的结果被证明是错误的，他们也会完成图 40.1 里灰色框的功能；如果 LIGO Ⅰ 可以反驳弗拉斯卡蒂的结果，它将是一个"科学"的结果，而不是设定上限。在 2003 年 3 月的 LSC 会议上决定，负责分析具有未知波形的爆发源的 LIGO 小组，应该设法尽快反击弗拉斯卡蒂的结果。我期待着 LIGO 团队改变主意，如果他们提出反驳，我会感兴趣地等待科学界对结果的接受。如果接受程度有利于 LIGO，我希望把它记录在案：这是我先说的。

41.4　LIGO 和第一批正面的结果

现在我们期待有一天，第一批可信的正面结果让人们感觉到它们的存在。当共振棒群体的"证据集体主义者"声称，看到了可能与引力波相容的令人费解的信号时，关于在这种情况如何采取行动，LIGO 的科学家们发出了最不妥协的声明。对于那些提出声明的人，如果事实证明这是正确的，他们就可以获得声誉，但如果事实证明这是错误的，他们可以说他们的意思只是暂时的。据说，引力波的标准应该是斩钉截铁的"是"或者"不是"；不应该有单调乏味的"如果"

---

① 我无法抗拒另一个来自橄榄球的比喻：LIGO 还没有触地得分，但是在球场上占据了很好的位置；它肯定不会不进球。

② 他们批评芬恩的答复，放在电子预印本交换站，提交给 *CQG*，但是直到 2003 年 6 月，我都没有去找它。(见 Astone 等 (2002)；Finn(2003)；Astone 等 (2003))

③ 领导层说，在一份档案式的期刊上发表，需要用实验反击。

和"但是"。只能有坚决的回答。

LIGO 科学家对共振棒群体的批评效果显著。当国际引力事件合作团队 (IGEC) 形成，从而协调由共振棒收集的结果时，标志着试图通过将天空的黑暗图像和探测器灵敏度的常规看法强加给这个小组，让引力波物理"全球化"的又一步。IGEC 采用了一种信号标准，允许他们的探测器每隔十年左右就能看到一个以上的事件——意味着只需要寻找比噪声高得多的信号，并且很难在两个以上的探测器里产生偶然的结果。这实际上扼杀了共振棒科学家对集体的正面主张的最后希望。同时，这等于强制实行了证据个人主义。

很有意思的是，看看 LIGO 将来对自己的数据能不能坚持这个标准。当 2000 年即将结束的时候，标准也开始动摇了。至少一些 LIGO 科学家说，IGEC 的阈值要求太高了。[①] LIGO 作为真正的探测器的诞生，至少在一开始就产生了一种曾经是共振棒群体特征的乐观主义。当我对 LIGO 科学家说"LIGO Ⅰ几乎没有机会看到任何东西"，我可能被告知，"哈里，你的麻烦是，你相信天体物理学家告诉你的事情"。或者我被告知，每当我们用一种比以前的灵敏度提高了几个数量级的新仪器观察天空时，总会发现一些意想不到的东西。或者我被告知，直到现在，我们才达到了使天体观测合理的灵敏度水平。当时，LIGO 的科学家，包括最看不起共振棒团队的证据集体主义的那些人，现在允许自己猜测更明亮的天空——而这是他们以前诅咒的。

类似证据集体主义的东西会在干涉仪团队中重新出现吗？他们会不会对"传播科学成果意味着什么"这个概念有些兴趣呢？我希望如此；我认为，对于这样一门崭新的科学来说，强加给共振棒团队的标准过于苛刻和不切实际。让我阐述一下我的一孔之见：虽然我完全同意"新管理层"的战略，尽早有效地完成一项能够做观察的全尺寸仪器，但我并不完全相信这种观点的科学理由。我认为，这个方法完全符合整个项目的政治、财务和人力背景，这些因素让 40 米干涉仪小组的顽抗显得很不明智。然而，我认为大型干涉测量不可能像高能物理那样没有任何"魔法"。我认为，第一批结果将是试探性的和探索性的，在公开正面的迹象之前，等待一种像高能物理中通常获得的结果那样安全的置信水平，将是一个错误。可能需要在发布公告的"黄金标准"方面有所倒退，但是相比于把所有猜测从公众的目光中隐藏起来的徒劳尝试，这在科学上和政治上的破坏性都要小得多。[②]

41.5 图像、逻辑和占空比

第一个信号有两种可能：许多信号积累到有统计显著性的水平，或者单个的响亮事件，突然出现在所有正常工作的探测器中。彼得·加里森 (Peter Galison) 将高能物理分为两种，分别对应于这两种可能性。有的证据是一个独特的完美的图像，由一个装置 (例如气泡室或粒子的轨道通过乳胶) 产生；也有些证据是统计概括的形式，来自大量的事件，如记录闪烁计数器、火花室等。[③] 引力波检测也可以用这两种方式考虑，但是因为要检测的事件不受实验工作者控制，其后

---

① 一位 LIGO 科学家告诉我，他告诉比尔·汉密尔顿，他对保持如此高标准的潜在数据点感到"疯狂"(见第 26 章)。

② 当然，明智地"泄露"信息可能是"做不到的"。科学家可以建设性地使用不同论坛的地位等级来发布公告和准公告，无需发表文章就指出存在某种东西 (见第 42 章，"表达知识和把知识合法化"一节)。

③ 见 Galison(1997)。

果更加明显。

　　如果你寻找很多信号的积累, 对占空比和推迟达到全部的运营能力的态度就可以比较宽松, 因为这些问题只是减缓了发现过程; 占空比减少 20% 只是意味着要多花 20% 的时间收集足够有统计意义的数据点。此外, 如果第一个结果是一个独特的事件, 任何停机时间都是可怕的风险, 可能会导致第 477 页描述的 "可怕的情况": 独特的事件可能发生在停机期间。这将是巨大的科学灾难, 毕竟钱已经花完了; 在引力波物理中, 如果今天错过了一颗超新星, 它就永远消失了。

　　这让我们回到了证据文化。高能物理 (至少是研究统计变量的高能物理) 是收集足够的事件 (闪烁、火花等) 的竞赛。达到某个统计显著性水平, 证明关于发现的主张是合理的。如果对这个统计显著性水平达成了共识, 就可以坚持证据个人主义。但是, 如果第一次看到的引力波是单个事件, 那么, 除非事件是巨大的或与其他类型的辐射相关, 这个标准将很难坚持。一个事件出现了, 然后消失了, 留下了大量的争论空间。如果某个事件不符合证据个人主义的标准, 它会被压制吗?

41.6　挑　　战

　　2003 年 3 月, 我给鲍勃·斯佩罗 (40 米干涉仪小组的关键成员) 展示了 LIGO 朝着灵敏度目标稳步前进的图表。图 41.1 显示了利文斯顿干涉仪的灵敏度 (当它工作得最好的时候), 从 2003年 1 月到 6 月。[①] 图中的粗线是灵敏度目标, 尖锐起伏的线是测量的性能。图中的水平刻度是频率, 垂直刻度是灵敏度的对数值。这张图显示 LIGO Ⅰ 在计划灵敏度的 10 倍左右的大部分频率

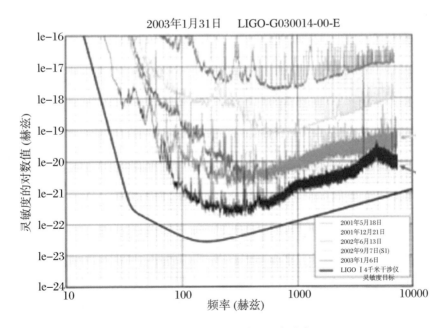

图 41.1　LIGO 的灵敏度越来越高

———————————
[①] 由于正在进行数据收集和其他工作, 1 月至 6 月没有取得多少进展。

范围内，尽管在标尺的低端有 4 个数量级的差别。为了回应我的纠缠，斯佩罗写了一份关于设备未来的预测，并签了名。他说，假设 LIGO 的设计灵敏度能够看到距离为 2000 万秒差距 (它确实如此) 以内的中子星并合，到 2005 年年底，它能够看到的仍然不超过 700 万秒差距。①

2003 年 6 月，LIGO 小组在一次审查委员会会议上提出了截然不同的主张。他们声称，到 2004 年年底，至少有一台干涉仪能够达到灵敏度目标。根据对每一个剩余噪声源的解释以及如何解决这些噪声源，他们做出了估计。总之，2003 年 6 月，有关的 LIGO 团队成员确信，就我所关心的 LIGO Ⅰ 的噪声而言，魔法王国已经不存在了。

这两个预言有明确的分界线 (1 年和 3 倍的因子)，我们很快就能知道谁对谁错了。

---

① 100 万秒差距是 326 万光年。"签字仪式"于 2003 年 3 月 13 日在帕萨迪纳帕尔梅托大道的米贾尔墨西哥餐厅举行。这种指示灵敏度的方法很好，因为它允许测量的线在某些地方滑到实线以下，而仍然没有达到对旋进系统预期的范围。

第 42 章 方法论作为两种文化的会合：研究、科学家和公众

42.1 与科学家共舞

社会学的哲学家和批评家彼得·温奇 (Peter Winch) 在 1958 年写了关于疾病的细菌理论的想法。他对比了在细菌理论中发现的一种新的细菌与这个理论本身的第一次发展。温奇说，细菌理论的建立，不像新细菌的发现，意味着医生和外科医生必须学习新的做事方式。例如，理解了细菌理论，意味着清洁的作用被改变了。用另一种方式来看，外科医生在手术前开始费力地清洗他们的外衣，这就是细菌的意义。温奇指出，我们的想法和我们的做事在深层的意义上是一样的。总之，思维方式和行为方式就是维特根斯坦说的"生活形式"。

温奇利用维特根斯坦对概念和行为的这种识别，认为社会学的深层问题实际上是"错误的认识论"——也就是说，理解行为等于理解概念的相互关系。[①] 后来的几代社会学家已经意识到，这不是对社会学的批判，因为"可以把温奇颠倒过来"；很容易把这个论证理解为"认识论确实是错误的社会学"。争论本身是错误的——关键是，概念和行动都是彼此的一部分。

认识论和社会学是无法区分的！如果科学知识社会学中有一个关键思想，那就是它了。如果我们希望像科学家那样思考，就必须学会把握科学家们的想法，如果希望把握他们的想法，就必须学会理解他们的想法。本章将要思考，对于分析者和科学家的关系，这意味着什么？首先，对于科学家自己，世界上新意义的典型缔造者，这意味着什么？

接下来的一件事是，你永远不能在公式或描述中完全捕捉世界，因为公式和描述的含义不能与它们做的事情分开。人们通过融入社会团体和接受明确的教育来学习如何对待它们。[②] 因此，科学生活的行为，包括实验的开展过程中，弥漫着无法言说的隐性知识。这是本书大部分内容背后的"想法"。行动与明确规则的不可约性使第二组涟漪——社会时空的涟漪——变得很重要，因为正是这组涟漪在世界上确立了意义。这就是为什么科学在"一次又一次的葬礼"中前进，这就是实验者的困境和科学争端长期存在的原因；建立实验的身份是历史的过程，而不是逻辑的过程。这就是研究新截面和中心晶体仪器的概念的消亡如此有趣的原因，值得注意的是，这些概念更容易生存在理论工作者而不是实验工作者的行动中。这就是为什么共振球等技术消亡的技术论据从来不像其消亡的政治事实那样具有决定性。这就引起了第 35 章中讨论的魔法与机制的问

---

① 认识论是知识基础的理论。显然，温奇对细菌理论的讨论 (第 121 页) 预见了库恩 (1962 年) 对正常科学和革命科学的区分。提到的作品是 Winch(1958) 和 Wittgenstein(1953)。

② 一个直接的后果是，我们不应该期望"智能"机器能够忠实地模仿人类的能力，直到它们能够活出我们的社会生活；一旦我们看到这一点，智能机器的持续故障就很容易理解了 (见 Collins(1990) 和 Collins, Kusch(1998))。

题, 包括新的实验技术 (如蓝宝石的 "Q" 的测量) 是通过个人互动而不是交换文档来传递的, 物理领域的计算机建模充满了矛盾。这就是为什么很难制造两台完全相同的机器, 人和文件都必须从工作的干涉仪转移到新的设备。所以, 我们需要一个 "测试" 来检验, 关于干涉测量中的噪声被完全理解到什么程度, LIGO 项目的 40 米干涉仪小组和新管理层的看法谁对谁错。

最后一句话没有瓦解这整段文字的意义吗? 如果噪声可以 "完全理解", 行动的方式不就能约化到纸上的标记吗? 不, 那就错误理解了这个论证的一般性。当理解从明显的隐性转变为不太明显的隐性时, 知识的基础正变得无处不在, 因此, 为了采取适当的行动, 就不必说那么多了。这就好像我们可以说, 英语的规则可以在一本语法书和字典中找到; 这是真的, 但只适用于讲英语的人。[1] 大多数时候, "未言的" 东西都深深地嵌入平凡的生活中, 以至于看不见。巴里·巴里什和鲍勃·斯佩罗的争论只是关于从深奥但不言而喻到无所不在但不言而喻的转变所达到的阶段, 而不是关于任何这种明显的转变在多大程度上建立在不言而喻的基础上——我们已经知道它确实如此。[2]

现在让我们回头谈谈分析者和科学家。社会学分析者的部分工作是让社会认识论生活中不可见的部分变得可见。这样做的一种方法是研究那些看似奇怪或新鲜的东西正在变成看似普通的东西的时刻。科学在实验室、会议、出版物和宣传中做的就是把奇怪的东西变成理所当然的东西。因此, 对科学的社会学理解意味着跟踪科学家的时尚, 掌握科学, 但也意味着能够远离这个世界, 使新的 "生命形式" 成为主题和成就。社会学家必须从一种生活形式中产生一定程度的 "疏离", 这样即使实现了, 也能描述出来。

疏离并不容易。一种生活形式, 即 "生存在世界上的一种方式", 意味着一种 "理所当然的现实"; 正如刚才所说的, 当你掌握了一种生活形式以后, 事情似乎是如此自然, 以至于它们似乎不可能成为任何其他方式。[3] 为了避免把一切都视为理所当然, 本书使用的技巧是寻找争议。争论的目的是使对手认为是自然的或明显的东西成为问题; 社会学家可以利用特立独行的科学家作为疏离过程中的盟友, "捎带" 科学家的论证。人们可以立即看到研究者的问题: 一方面, 社会学家希望与科学家进行足够深入的互动, 以彻底地掌握他们的世界; 另一方面, 社会学家将严肃地对待受访者的科学敌人的制造麻烦的论证。那么, 疏离很可能导致颠簸的旅程。

让我们回到细菌理论, 想象手术室前厅里的场景。你是调查手术的社会学家。外科医生正在为手术做准备。他们洗手。他们用指甲刷和消毒剂。清洁是重复性的和仪式性的——几乎是夸张的。护士们拿着乳胶手套, 外科医生以一种奇怪的尴尬方式把手插入其中。护士们把长袍披在外科医生的衣服上, 把口罩盖在嘴上, 把帽子戴在头发上。所有的动作都是扭曲的和程式化的。你明白了: 这就是细菌对外科医生的意义。细菌很小, 到处都是。清除它们需要大量的特殊液体和大量的洗涤。清除细菌的表面不能接触已擦洗干净的表面。即使是擦拭清洗过的表面也不能接触到外科医生所说的经过加热消毒的表面。细菌是看不见的, 但它们的隐形并不能阻止整个外科团队接受它们神秘的影响。当你看这些芭蕾舞风格的动作时, 你正在看的是 "细菌的社会建构"。团队中的每个成员, 当他们跳着细菌的舞蹈时, 都在使细菌成为彼此真实的成员。舞蹈就像哑剧, 合谋让看不见的东西看得见。

你不会偏袒任何一方。你不抱怨。你不会说, "别傻了, 那里什么都没有", 你也不会说, "皇帝没有穿衣服"。你保持中立, 但你不会太入戏。你穿着日常服装, 因为完全沉浸在仪式中会

① 关于从 "未言的" 到 "自明的" 的转化的扩展研究, 见 Collins, Kusch(1998)。
② 为了让大家明白这一点, 学习不言而喻的东西是科学培训的学徒元素的主要目的, 也是无休止的会议的一部分功能。
③ "理所当然的现实" 是哲学现象学家使用的术语 (例如 Alfred Schutz(1964)), 而 "生命的形式" 是维特根斯坦的。

让你注意不到它是一种仪式。要看到事物的本质，你必须培养你的疏离。当外科团队走向手术室的大门时，你可以陪伴他们——在他们工作的时候观察他们。他们挡住了路。你还没学过舞蹈。这些人都进去了！只有会跳舞的人才可以进入神圣的手术室。[①]

本书描述的舞蹈不是细菌，而是引力波。现在，我不是继续描述这种舞蹈，而是要反思我对它的观察。我想问一些关于我和引力波科学家跳舞的问题。我和外科手术室里虚构的社会学家相比怎么样？有 4 个问题：

问题 1：如果我愿意，我能在多大程度上参与引力波探测的"舞蹈"？我在多大程度上了解科学家们认为理所当然的世界？或者，说得直白一些：我有多少引力波科学专业技能呢？

问题 2：在研究期间，我在多大程度上参加了舞蹈呢？

问题 3：拒绝跳舞在多大程度上对科学家的项目有内在的损害，就像不"搞卫生"对外科医生的手术是致命的一样吗？

问题 4：科学家们如何评价我的表现呢？

其中，问题 3 在智力上是最有趣的，但作为一个整体，这组问题的影响远远超过了研究的方法。通常，对方法的讨论为研究结果提供了依据；它解释了为什么应该相信研究结果。然而，在这里，为了回答问题 1 至问题 4，我必须讨论，在我自己和科学家的眼里，我的科学专业技能达到了什么样的程度。谁是专家？如何掌握专业技能？专业技能水平如何划分等级？答案是关于知识的本质和方法的讨论。这些答案也与专家与非专家的关系这个日益重要的问题有关。让我试着解开其中的一些谜团。

42.2　表达知识和让知识合法化

有一次，我和巴里·巴里什就 40 米干涉仪小组的主张进行了友好但激烈的争论。我试图充当小组领导人鲍勃·斯佩罗的魔鬼代言人，认为仍然可能有未知的噪声来源，当 LIGO 试图达到它的灵敏度目标时，就会被发现。[②] 巴里什跟我说，我不懂科学。他告诉我，我应该阅读 40 米干涉仪小组的文章，就会发现里面没有任何东西。

> 如果这是一门科学，斯佩罗真的在做科学陈述，给我看这些文章，这样我就可以反驳它们，而不是在大厅里讲八卦和做点评。如果有人想告诉我这不需要分析，我想看看这个论证。如果你能告诉我他做的就是提出要求，那就是胡说——我不在乎。我想看看为什么。我现在通过你挑战他，因为我没有看到文章。我读过他写的所有东西。(未知噪声源) 是什么？因为也许它不受 (分析) 的影响，也许这里面有一些技巧，一些我看不到的东西，但要告诉我，他只是在他的心里知道，这并不像其他科学一样需要分析——让我看看真家伙！(2000)

巴里什在他的计算机里找到了比较实际噪声和理论产生的噪声模型的图表；它们符合得

───────────────

① 细菌的概念和外科医生的行为之间的关系，这个例子取自 Winch(1958) 第 121 页，但描述和比喻是我自己的。

② 我记录了整个论证。它本来是本书的一部分，但因为篇幅，必须削减。现在可以在 WEBQUOTE 上的"巴里什和科林斯辩论噪声"(Barish and Collins Debate Noise) 下找到。鲍勃·斯佩罗是我试图扮演的 40 米干涉仪小组的代表，他认为我表演得有点过分了。

很好，表明所有的噪声源都被理解了，因此 40 米干涉仪小组肯定错了。① 我说，在模型和现实之间，仍然有新事物存在的空间，并建议，即使 40 米干涉仪小组没有写下任何东西，他们仍然可能有隐性的知识；他们对干涉仪的理解可能是"具象化的"的，而不是明确的。在这段对话中发生了很多事情，我们将一次又一次地回到它。但让我从巴里什对书面信息的压力开始。

所有科学家 (包括社会科学家) 都认为，他们的知识主张的地位在一定程度上依赖于如何以及在哪里提出主张。作为一级近似，随着我们从实验室报告，通过会议演示和预印本，到一份高档次的同行评议期刊上发表的论文，知识的地位提高了。在 20 世纪 70 年代以前占主导地位的传统科学社会学中，这种地位等级制度得到了很多讨论。出版期刊上的同行评议是默顿式"有组织的怀疑主义"规范具体化的一种方式，这是为了确保科学发现的有效性。

科学知识的社会学和历史更密切地关注同行审查和出版的一般做法。这是二阶分析。不是简单地接受各种来源之间的差异，而是研究这些做法的建立方式以及出版物和其他来源是如何根据背景塑造的。历史学家描述了"文学技术"的发展，这种技术首先让论文读者成为"虚拟证人"，表明它建立在社会理解的基础上：实验工作者自己必须占据正确的社会位置——绅士的地位，在某种程度上，这种地位现在变成了作者的工作单位。社会学家研究了实验室的发现如何转化为发表的文章的过程，有时候认为文章产生知识，而不是知识产生文章。② 在这里，我们看到它还要更复杂：即使同一种期刊里的文章，价值也不相同。因此，韦伯和拉达克 1996 年关于引力波和伽马射线暴的相关性的论文，几乎没有人读。1976 年和 1982 年发表的论文都表明存在引力波，都发表在著名的《物理评论》中，也没有产生任何影响。这样我们就知道，论文的作者和语境深刻地影响了阅读和接受的方式。

我们再次看到，对于证据个人主义者和证据集体主义者，出版物的含义是不一样的。证据集体主义者的文章通常否认他们作为知识主张的地位，只说"我们发现了这些数据，它们似乎不可能，你想怎么做就怎么做"。证据个人主义者认为，"不应当 (就像以前在这个领域的情况一样) 在一段时间内对一项观察含糊其辞、声称有效性，然后在受到质疑时否认"。③ 因此，我们可以看到，虽然对出版物的二阶分析改进了传统科学社会学过度抽象的处理，但出版物作为构建科学知识的手段的作用仍然被夸大了。要理解出版物的含义，就必须知道它是如何被学界接受的。你不能从文章的内容或位置来推断它的意义，因为从某种意义上说，物理学是一种口头文化。④

在当前这个世界，物理学家很少阅读发表的论文，当他们读文章时，也很少是为了获得知识。⑤ 他们通过电子或其他预印本了解同事的工作，或者在核心集合或核心群体的情况，通过报告、电子邮件网络、会议走廊和咖啡馆了解同事的工作。当涉及知识的传播时 (包括关于如何解释已发表的主张的知识)，这种报告是至关重要的。⑥ 因此，索恩对韦伯新截面的口头反驳 (第 21

① 这发生在任何人暗示他们知道如何消除剩余的噪声 (就像 2003 年 6 月那样) 之前很久。
② 关于默顿的传统，见 Merton(1957)。Shapin 和 Schaffer (1987) 和 Shapin (1994) 讨论了文学技术的发展。社会阶层被工作单位取代的情况，见 Collins(2001c)。Knorr-Cetina (1981) 以及 Latour 和 Woolgar (1979) 将发表的文章视为科学知识的轨迹。
③ 引用的句子来自 1997 年一位科学家发给我的一封个人电子邮件。
④ 多亏了丹·肯内菲克 (Dan Kennefick) 这个简洁的短语。我相信，丹正在写一篇论文，关于物理学作为一种口头文化的更广泛的意义。
⑤ 考虑到这一点，韦伯和拉达克 1996 年的论文 (Weber, Radak, 1996) 似乎没有阅读的意义，因为它无论如何都会被知道。但情况并非如此 (尽管可能有更多的人知道这一点，而不是读过)。
⑥ 这是事实，它已经成为我与这些物理学家生活中理所当然的一部分，我几乎忘了把它写下来。物理学家们花了很多时间在会议上，互相做演讲。但他们通常不会用文字写出这些报告文稿；他们使用一些"视图"，现在几乎都是 PPT 了。然后将 PPT 演示文稿放在一个站点上，就物理学家而言，他们的谈话已经被记录下来，可供所有人查阅。但他们在会议上说的关于 PPT 幻灯片的内容，以及它们的意义，仍然是无法理解的！当我讨论索恩在 1994 年向美国国家科学委员会提交的报告时 (Kip Thorne, 1994)，我们遇到了这个问题的一个很好的例子 (第 27 章)。我们有他的幻灯片，其中包括乐观的猜测，LIGO I 将能看到什么，以及关于双中子星这种源的更合理的估计。以此作为书面证据，我们很难确定，猜测与估计的关系是如何向观众呈现的，观众又是如何感知的。

章) 可能比列昂尼德·格里舒克发表的反驳更有影响力。正因为物理学是一种口头文化, 外星人仅仅使用已发表的文献, 并不能了解地球上的科学。

这导致了三阶分析的可能性, 用知识主张出现的位置作为象征性资源。我们可以说, 一篇发表的论文在物理学中的作用跟天主教会的奇迹一样。要成为圣人, 你不必亲眼目睹三个奇迹, 只需知道它们已经发生了。同样, 一旦口头文化确立了知识主张的含义, 要接受它, 你就不必阅读论文, 只需要知道它已经发表了。第三阶涉及科学家反射性地使用第一阶的方式。[①] 最近的一个例子是对弗拉斯卡蒂团队 2002 年 11 月出版的《经典和量子引力》(Classical and Quantum Gravity) 杂志中略微正面的结果的回应。第 41 章解释了 LIGO 将以实验性的方式反对这篇文章。在发表时, LIGO 领导层说他们不想分心去对抗这篇文章, 但是觉得有必要这样做, 因为这篇论文发表在正式的期刊上, 被算作 "档案"。档案必须是原始的, 所以一篇实验性的档案论文必须得到实验性的对抗。当然, 人们普遍同意, 如果该文件只在电子预印服务器上分发, 口头对抗就可以了, 即便其内容也是众所周知的。[②]

回到本书的前面, 我认为乔·韦伯对科学的理解表现出一种 "科学主义", 他将科学结果的出版视为科学结果的实现。在第 20 章中, 引用了一位受访者的说法: "但不幸的是, 我没想到, 他后来利用了这件事——因为当他作报告时, 有人说他们不相信, 他就对他们说, '嗯, 它发表在同行评议的学术期刊上。'所以他用这种方式宣传他的工作。"

在索恩和其他人关于 LIGO 有可能成功的预测中, 可以找到一个很好的三阶区别。例如, 1987 年, 索恩同意让人公布他与杰瑞·奥特里克打赌的细节, 即引力波将在 2000 年之前探测到。[③] 然而, 索恩可以相当合理地说, 他从来没有在任何正式场合提出过这样的要求, 无论如何, 资助的未来都证明了它们是真实的。在非正式环境中, 许多 LIGO 科学家将对 LIGO 的潜力表示坚定的乐观信念: "它将看到许多意想不到的源" "它将看到具有大量能量的黑洞的旋进", 等等; 尽管他们不会在任何需要科学解释的地方做出这样的预测。这没有什么鬼鬼祟祟的或不诚实的: 相信一件事是相当合理的, 即使你只计算了更少的东西。但这是三阶现象, 可以用来做乐观的估计, 同时又没有做估计; 外人可以将此视为模棱两可, 就像证据个人主义者认为证据集体主义的发表实践是模棱两可的一样。

正如我在第 27 章指出的那样, 天文学家对 LIGO 发言人的不信任似乎使他们认为, 非科学家可能不理解有节制的正式声明和乐观的预感之间的细微区别。这种情况没有得到改善, 因为作为一个大项目, 非科学家在资助决定中至关重要; 物理界内部核心共享的对于知识主张在不同位置的象征意义的理解, 可能不会被外部的人共享。如果是这样的话, 正式和非正式之间的模糊性似乎允许模棱两可。

我们也可以说, 索恩选择处理韦伯的新截面主张的方式, 也利用了不同论坛的知识层次结构。索恩只谈论截面, 但是不发表, 用这种方式解决了一个道德困境: "我不想在公共场合大肆宣传。我觉得乔开创了这个领域。他开辟了一个明智的方向……我不想在公开场合攻击他。"这样, 索恩就可以击败韦伯的主张, 而不必像同事们希望看到的那样, 在一份同行评议的刊物上进行象征性的凶狠反击。[④]

---

① Collins 和 Pinch (1979) 指出, 某个主要期刊发表的文章可以被当作 "不算是一篇文章", 只要添加一个编辑免责声明。一个很好的例子是 1988 年 7 月的《自然》, 当时编辑都发表了某些顺势疗法的主张, 同时在一篇社论中否认它们 (E. Davenas et al., Nature, 333, 816, 1988; Nature, 334, 287, 1988)。实际上, 这位编辑既发表了又没有发表; 他把文章发表了, 同时取消了《自然》对文章的认可。

② 我参加了 2002 年 12 月在京都举行的会议。这篇发表的论文是 Astone 等 (2002)。

③ 见 Thorne(1987)。

④ 索恩的分析最终发表在一本编辑的书中, 但这仍然不像一份正式期刊上发表的论文那样具有象征意义。

42.3　写作和社会学家

由于以上讨论的所有原因, 当听到科学家说, "如果你想了解科学, 就读论文!"时, 社会学家就要认真思考了。在科学中, 有很多东西比论文中表述的内容更广为人知。如果没有科学家从他们自己的口头文化中获得的那种微妙的理解, 这些论文的意义是无法正确理解的。也许, 像高能物理这样的科学组织得很好, 任何知识主张都有对应的出版物, 但如果确实如此的话, 那就是例外。[①] 最后, "阅读论文"可能是反思性的三阶的需求: "科学通过发表论文来创造知识, 如果你想理解什么是知识的话, 就去找论文吧。"

长期以来, 在具体层面对这方面的许多问题都有了解。彼得·梅达瓦尔是一名科学家, 他在 1963 年写了一篇文章《科学论文是欺诈吗?》(IS the Scientific Paper a Fraud?), 他解释说, 书面论文伪造了时间和发现过程。科学论文如果要发挥其作为知识主张的象征作用, 就必须像我们可能说的那样, 作为一种"虚拟复制设备"工作。必须让局外人感到, 任何有机会获得资源的人都可以重复这项工作, 在阅读论文时, 他们已经在虚拟意义上复制了它。因此, 所有与任何特定科学家、科学家小组或特定地点有关的工艺技能都必须隐藏起来。当然, 不能让人看到曾经发生过任何涉及人的事情。所以, 要使用被动语态: 在科学论文中, 事情不是有人让它们发生的, 它们只是发生了而已。

那么, 社会学家应该读这些论文吗? 当然。但是, 社会学家应该把它们看作对科学发展、科学现状或科学性质的描述吗? 不! 我们可以总结这篇文章: 重要的是不要过分重视书面文件的表观可靠性, 而牺牲调查结果的有效性。也就是说, 文件内容可以让任何人核查的表观开放性不应被高估, 因为它们的意义只能通过谈话来理解。[②]

42.4　科学的界限

事情要是这么简单就好了! 不幸的是, 学习科学, 不仅要内化它, 疏离它, 反思它, 还要在它里面做判断。例如, 要成为引力波科学的社会学家, 就必须决定什么是引力波科学, 什么不是引力波科学。这种判断相当于, 你用科学家的方式对待被广泛阅读和接受的科学论文: 表达真相。这就把我们带到了问题 2: 这本书中的科学舞蹈达到了什么程度?

这里面显然有很多科学。例如, 我试图解释引力波检测的科学。在写这些章节时, 我从受访者的建议和指导中受益, 但书中没有任何东西是我没有以某种方式理解的, 所以有很多舞蹈正在进行。一般来说, 我接受和赞同的科学是被彻底地淹没在构成引力波探测的生活方式中, 而我还

---

① 例如, 雷·外斯对大型干涉测量的实践知道得很多, 但是发表得很少。

② 如果实际审查历史学家在严重争议的情况下使用文章的方式 (例如 Evans(2002)), 你就会发现, 他们通过引用不可靠但更有效的来源来确定其含义。(在埃文斯的案例中, 官方文件的解释是参照记录其他人所说内容的日记。日记是供任何人看的, 但是其内容的可检验性比我的磁带记录差得多!)

不熟悉的是尚在形成的科学。

　　哪里把科学发现当作事实，哪里把它们当作分析的问题，是我的选择——这是我的判断。即使我提到了一些似乎无可置疑的事实，比如"旋进双中子星是被理解得最好的引力波源"，我也可以选择把这个说法当作分析的主题。我本可以提出一系列的历史论文，讨论如何达成共识，即夜空中那些闪闪发光的东西是遥远的太阳，有些是中子星，那里有双中子星系统，它们在生命的尽头绕着彼此旋进，它们发射引力波，我们知道它们发射的引力波的形式，并且可以探测到这些波。如果我坚持不懈地做这件事，这里把每一项"科学"的主张当作事实而没有任何疏离，就可能变成一项"社会学"的主张。这就是我在"导论"里说的，因果箭头可以看作朝任何一个方向移动，从星星到《物理评论》，或者从《物理评论》到星星。在这本书中，我把因果箭头看作，大多数时候是从星星中发出的，有时是从社会时空中发出的。让我举一个例子，工作中选择的例子。

42.5　模型干涉仪和现实主义

　　让我们考虑引力波科学的一个元素，它很好地嵌入了受访者和我的世界——干涉测量的基本思想。干涉测量似乎在选择的道路上提供了很少的东西：它是如此的理所当然，以至于我很难把它相对化。有一些事情更难被视为社会学分析的主题：我自己建造了一个粗糙的干涉仪。2001年年初的一天晚上，我坐在卡迪夫的办公室里，在一座几乎废弃的大楼里，摆弄着激光笔、一些木头和电线，一个夹具架，一些旧镜子，分束器来自从巴斯大学借来的一台废弃的显微镜，还有很多胶泥，突然，在我临时搭建的屏幕上，红光中出现了大量的黑色斑点。[1] 我几乎立刻就猜到我看到了干涉，我又重复了几次这个效应，发现这个装置对最小的干扰也非常敏感，我就确信了。它是灵敏的，而且，暗区的横向运动方式正确地对应着我用一缕羊毛轻推的镜子；从背面触摸一面镜子，暗区朝一个方向移动；触摸另一面镜子，就朝另一个方向移动。我还没有真正相信我能建造一个干涉仪——据说这种仪器很脆弱、不容易操作——所以当我看到条纹时，我高兴地冲进走廊（现在我知道那个陈词滥调意味着什么了），想要找个人告诉他。

　　那一刻，我有一种力量——现实主义的力量。我知道我做了一个干涉仪，虽然它很粗糙，不是因为有一个科学家网络认可我做到了，而是因为我可以看到，干涉的暗条纹在我的控制下移动！第二套涟漪就到此为止；只有我和世界——我和第一套涟漪。这是一个完美的例子，孤独的科学家与大自然进行交流！

　　对社会科学家来说，诀窍是不要假装没有现实主义的力量。这种力量在日常生活中无处不在，在我描述的那些时刻也是如此。诀窍不是否认它而是处理它。所以——假设我想分析这个力量作用在我身上的那个时刻，不是作为现实主义者，而是作为方法论的相对主义者——甚至是哲学的相对主义者。我怎么能做到呢？[2]

　　通过刻苦地使用档案，我也许可以把自己带回到干涉仪最初开发的历史时刻，在那里我也许能重新发现对干涉条纹的意义的怀疑和争论。如果做不到这一点，我可以待在此时此地，只需注

---

[1] 非常感谢巴斯大学的鲍勃·德雷珀 (Bob Draper) 这次帮我借了一批设备，就像其他许多次帮助一样。

[2] 对科学知识社会学的粗暴批评，比如，有些人建议我们跳出 30 层楼高的窗户来证明我们的论点，他们似乎对此没有概念。他们似乎认为社会学家是傻瓜，注意不到现实主义的力量对我们日常生活的影响（就像喝一杯咖啡，而不是跳出窗户或制作干涉仪一样）。关于哲学和方法论相对主义的区别，见 Collins(2001b) 和第 43 章。

意到，干涉的暗斑充其量是一个例子，在导论中被称为平静的天气、杯子和盘子的"看"。这个斑点很容易受到普通视觉的所有问题的影响——大量的幻觉，"我一定是在做梦""这个是假的"，等等。不那么微妙的是，从看到斑点到光线发生"干涉"的整个推理链是很长的过程，取决于我接受了一系列关于光如何工作以及如何在这个奇怪的装置里行进的理论，还有其他被认为理所当然的假设。此外，由于我怀疑我是否可以在不求助于我使用的特殊光源 (激光) 的情况下制造这个设备，这个效应取决于我是否信任激光的全部业务。因此，如果一些合格的科学家看了看我的设备，告诉我看到的根本不是干涉条纹，而是一些平凡的效应，我就不会有太多反驳的方法。 ①
因此，只要稍加努力，我就能"解构"我的干涉条纹并解除"原力"。

然而，对于本书的论证，没必要避免现实主义的力量像它在干涉仪的案例里那样表现出来。我们可以简单地使用干涉仪和干涉条纹的思想作为其他类型的论证的支撑框架。总的来说，关于在哪里相对化和在哪里不相对化的确切选择，并不是很仔细地制定的；大多数时候不需要。大多数时候，有些事情被视为科学事实，有些则被视为事实，这取决于故事的动态。大多数时候，方法论相对主义原则在应用于正在形成的事实时，只需被视为每门科学中存在的方法论指南的一个版本：专注于解释变量。在这种情况下，它意味着科学是"保持不变的"，如此而已。对于正在形成的事实，科学不能被用循环的痛苦和 / 或社会学凝视的迟钝来解释自己。

42.6　用绿墨水写的信

为科学和非科学设定分界线，对于科学被认为理所当然的一面有两个后果：有一些科学 (例如干涉仪) 以正面的方式被认为没有问题，有一些科学以反面的方式被认为没有问题。让我举后者的一个例子。

著名科学家经常收到一些信，写信人相信自己发现了一些新的"宇宙秘密"。偶尔，我也会收到这样的信。这些信通常被称为"用绿墨水写的"，因为它们的形式和内容往往有些古怪。我收到过这样的信，手写的信封，没有标明寄自何方，正反面打印的都是字，没有留下天头地脚，等等。使用绿墨水是另一个特征 (就像其他社会习俗一样，一封信的物理形式可以赋予合法性)。当我收到这些信时，我做的一件事就是关闭我的相对主义、对称性、疏离和所有其他的东西，就像我对干涉测量做的那样。但是在这种情况下，我不假思索地驳斥其内容，而不是不假思索地支持它。在判断这些信件超出我的职权范围时，我正在科学里做出判断。

一个稍微困难的例子是两篇发表在物理期刊上的技术论文，描述了测量某种引力效应的实验。这些东西连同一封求职信一起寄给我，信中告诉我它们涉及引力波的话题。我读了这些论文，得出结论，描述的实验虽然很容易与引力波的工作混淆，但并不是试图测量正确的微弱的力。我没有跟受访者商量，完全相信自己的科学判断，我给寄来论文的人写了信，然后就不理这些文章了。

在这些情况下，我和引力波物理学家做出了同样的决定，比如，当他们决定忽略韦伯的主张 (发现他的脉冲和伽马射线暴的相关性)。不同之处在于，他们排除的比我多：我的"科学区"比

---

① 我在前面的段落里说，没有科学家网络同意我看到了条纹，但是实际上有一个网络。这是过去的科学家的虚拟网络。

物理学家的科学区更宽。物理学家的工作是绘制一个明确的区域，并让它尽可能狭窄。我的工作是研究他们定义空间的方式，所以他们的空间必须位于我的 (稍微) 更大的空间内 (见第 43 章)。因此，我必须认真对待科学家们立刻就会拒绝的原始科学，才能看到他们如何确定这些东西不合理。

我的方法带来了对新科学诞生时刻的新理解。这些时期看起来比过去更深地融入社会。从长远来看，某种先验科学逻辑也许会压倒我描述的一切平凡的力量，但从短期来看，方法论相对主义揭示了这些平凡的力量。此外，方法论相对主义表明，这个短期比传统科学史所认为的时间要长一些。

42.7 方法作为生活的经验：格鲁乔悖论

我与很多领域的科学家互动，有什么后果呢？这是问题 3：我在书的这个部分中介绍的外科医生和社会科学家的故事，以什么方式代表了我与受访者的关系呢？在方法论相对主义者的方法中，是否有什么东西与引力波检测项目对立，让外科医生想把我挡在他们的手术室的门外呢 (就像那个比喻的情况)？

将科学问题与更典型的人类学领域进行比较。想象一下，我在研究北爱尔兰天主教徒和新教徒之间的冲突。如果不能把他们确定为不同的群体，他们就不会有冲突，而这种识别最终会转向不同的宗教习俗，包括在礼拜仪式上发生的事情。在天主教弥撒中，据说面包和葡萄酒成为基督的身体和血液，而在新教教会中，这些元素只是象征身体和血液。在分析这个冲突时，社会学家最后要考虑的是，是不是真的发生了转化；就面包和葡萄酒的实际转变而言，社会学家是方法论上的相对主义者。他或她的分析是关于信仰是如何保持和加强的，这也包括社会经济力量，一旦确立了第一条分界线，这些力量往往会使群体进一步分离。

社会学家的这种分析是很好的，只要它的传播远离冲突的现场。但是，如果分析者生活在社会中，至少在某些时间和地点，就被迫在死亡或受伤的痛苦中认同某个群体；当相互竞争的信仰正在战斗时，中立的分析不是一种可接受的社会认同 (例如，以一种不那么悲惨的方式，对于约翰·哈斯特 (John Hasted) 和约翰·泰勒 (John Taylor)，这不是一个选择——见 503 页注解②)。

现在把困境转移到一个现代科学争议的研究上。科学是我们在学校学到的东西：如果你"理解"科学，你就通过了科学考试；如果你真正理解科学，你就可以成为"科学家"。真正理解科学意味着支持那些不犯科学错误的人——他们知道边界在哪里。这是对科学的认识。对科学的分析理解——至少暂时拒绝承认被定义为错误的东西是错误的——在我们的社会中很难坚持，因为这就是我们的社会。我们所有人，包括社会分析者，都生活在这里，对科学的信仰是使社会运转的因素之一。我们都生活在科学中，它是我们价值观的基石。①

但是，就算我坚持自己在科学方面的良好意图，坚持得脸红脖子粗，紧张仍然不会消失。一方面，科学的工作是把分歧转化为协议，或者至少是一个决定——这就是科学家做的事情。另一方面，社会学的工作是，一旦边界被关闭，就打开或重新打开它。那么，社会学的工作就是突出几乎

---

① 正如我们在 Collins, Evans(2002) 里解释的那样，这是我们更喜欢生活的那种社会。

被遗忘的分歧——这就是专注于过程而不是结果——而这会威胁到封闭。在我们的故事里，我们看到科学界如何对乔·韦伯和朱利亚诺·普雷帕拉塔不理不睬，圭多·皮泽拉和脱离 LIGO 项目的 40 米干涉仪小组也是如此，只是没有那么戏剧化而已。然而，他们又一次活蹦乱跳地出现在本书里，那些正在做引力波科学的科学家早就忘记他们了。例如，40 米干涉仪小组在 20 世纪 90 年代中期离开了 LIGO 项目，但他们在第 36 章扮演了主角，甚至在第 41 章得到了一个公共平台，表达他们对 LIGO 未来的看法！这就是具有更广泛边界的含义。

更糟糕的是，如果要在科学里实现封闭，就必须按照科学规范工作——这是一个基于组织期刊中的证据或逻辑的无需智慧的计算问题。科学的生命形式本身就要求将这个过程与结果同化。但我们在本书里看到，封闭是智慧和判断的问题。要坚持认为封闭 (至少在短期内) 不是计算或"理性"的东西，根据科学的规范模型，就要让它重新开放。但这是分析者的工作。最好是让人烦恼，最坏是有危险，还有其他情况吗？社会学家很容易同意，科学共识的形成是至关重要的，分析者 (也就是本书的作者) 对挑战本书里描述的任何封闭都没有丝毫兴趣；但是，不管愿意或不愿意，从社会学家的角度来看，它们发生的方式就是挑战它们。在科学问题上保持中立就会和整个科学项目发生冲突。毫不奇怪的是，分析者视若珍宝的公正性常常被误认为是科学上的无能或恶作剧。

可以说，有一个"专家的困境"，相当于实验者的困境。科学专业技能是根据专家得出的结论来判断的。拒绝接受科学判断，你就会让自己变成科学傻瓜。我的一位受访者以友好的方式警告我：

> 随着你现在的关注重点，你还会遭受多次打击……你需要小心你的声誉……这是实验工作者面临的同样问题。科学家的声誉决定于他的结果。如果他们是愚蠢的、考虑不周的或不正确的，人们就会停止倾听，几乎不可能再有好名声。

这种困境就像格鲁乔·马克斯 (Groucho Marx) 的困境一样，他曾经说过，他不会加入任何接纳他作为会员的俱乐部。分析者对"格鲁乔悖论"的看法是，作为科学俱乐部的一员，其价值依赖于能够宣布有可能被取消资格的观点。

回到关于 LIGO 中未知噪声源的争论，巴里什提出的一个观点是，我选择成为魔鬼辩护人的辩论不是有趣的争论。有一次他说："如果你要做科学社会学，你必须处理科学……你必须处理好这件事，才能知道这场争论是否有任何意义。"当我描述我对干涉仪和绿墨水信件的处理时，我不得不承认，我无法避免对什么有科学意义做出决定。幸运的是，斯佩罗的情况不像用绿墨水写的信，至少从我的立场来看。在关于未知噪声源的争论中，我并不想成为一名科学家，而是代表一种科学立场，尽管就强大的边界划定者而言，这种立场已经死了，但对于有些落伍的人来说，这种立场还没有死。在这种情况下，你必须努力保持对称。如果我不这样做，我就是告诉鲍勃·斯佩罗："我对干涉测量学问题的科学判断比你的好。"但是，鲍勃·斯佩罗在帕萨迪纳著名的喷气推进实验室研究干涉测量学，而我只是社会学工作者。

42.8　"图夸克"论证和学术价值

这种社会学方法和科学有着不可避免的紧张关系, 为什么物理学家们要忍受我呢? [①] 在早期, 科学知识社会学受到哲学家的攻击, 他们使用了后来被称为"图夸克"(tu quoque) 或"你也一样"(彼此彼此) 的论证。这种主张是, 如果你认为可以相信的东西不是因为好的理由, 那么就不可能有充分的理由相信这种说法。因此, 这个主张基于一个悖论, 必然是错误的。"图夸克"的论证精明过头了, 不能被认真对待; 如果我们放弃了所有不能应用于自身的信仰的理由, 那么我们的信仰就所剩无几了。认为"关于自然世界的唯一可靠信念在于实验或系统观察"。是否应该拒绝这个要求, 因为它本身不依赖于实验或系统观察呢? 无论如何, 有一个同等但相反的悖论 (我们称之为确认的悖论) 抵消了"图夸克"的论证。很简单, 没有任何正面的主张不依赖于某个前提, 因此每一种证明都取决于先前的一些证明。就像那个有趣的故事说的, 什么东西支撑着这个世界? "海龟, 海龟下面还是海龟", 这让现实主义至少也和相对主义一样没有逻辑。

然而, 旧的"图夸克"论证可以被改良版取代。它有两个变体——一般性的和短期的。为了避免哲学上的争论, 在下面的描述中, 括号里的短语讲述的是争议较少的短期版。

图夸克的论证是这样的: 我们可以通过系统的观察来表明, 与科学家喜爱的自由主义学术观点相反, 科学争论很少 (在短期内) 用理性解决。也就是说, 一个坚定的争论者 (在短期内) 很少被理性说服。因此, 科学冲突通常 (在短期内) 是由非理性的东西来解决的——比如, 为了论证的方便, 解决的方式是让对手被社会边缘化。但社会学家能够进入科学家的物质空间和解释空间的依据是自由主义的学术观点: 只有当每个人都有平等的机会获取数据, 并且有权以他们认为合适的方式呈现和解释数据, 科学 (包括社会科学) 才能取得最好的进展。因此, 社会学家要求用理性而不是靠边缘化证明对方错了。但是, 如果社会学家是对的, 那么, 证明某个人错了的唯一方法 (在短期内) 就是让他边缘化。因此, 要证明社会学家错了, 社会学家就必须被边缘化——这将证明社会学家对了。

接下来是什么? 划分! 开始做科学的方法就好像它是按照自由主义的学术观点工作一样——行不行是另一回事。即使争论很少 (在短期内) 用理性来解决, 我们也必须继续保持理性, 因为只有这样, 我们才能保持科学的观念。[②]

幸运的是, 在我工作的领域, 受访者和我具有相同的学术自由的价值观。只有这样, 我才能继续跟他们互动, 即使我支持的一种观点在上述所有方面都与他们的项目背道而驰。在其他的实地考察工作里, 如宗教偏见支撑的深刻的种族分裂, 情况可能会非常不同。但是在这里, 即使那些看不起我的工作的人, 也觉得有义务让我接触他们的工作, 因为他们坚持非常自由的学术价值观——虽然我的工作让这种价值观面临危险。作为安慰, 我要指出, 我生活在同样的悖论

[①] 也许有各种平凡的原因, 但我想提出一个更普遍的观点。

[②] 在另一种语境里, 重复这个论证。假设我们正在处理刑事司法系统的社会学, 社会学家发现, 根据法院做决定的方式, 财富跟无罪的关联非常大。这是否意味着法官应由会计师取代? 不! 这绝对是你不能从"是"中得到"应该"的情况。你必须继续坚持正义的原则, 即使你知道它们不起作用。

中：我也试图按照自由主义的科学价值观生活，尽管我表明，这些价值观必须经常在违背中得到尊重。①

42.9 关于互动的趣闻

因为上述原则，我与受访者的关系在总体上是良好的，尽管存在紧张关系。下面我暂时偏离分析的主旨，说明这些关系是如何在实践中实现的。

42.9.1 对系统分析的很好讽刺

对于科学知识社会学 (SSK) 来说，本书的第 4 部分涉及 LIGO 经历的管理变革，很好地展示了一个讽刺。在本书的前几部分看到，SSK 通常揭示了现实世界的杂乱无章，隐藏在科学论文和教科书对调查和发现的简洁描述背后。我们看到，科学家经常反对 SSK，他们说，关键在于科学本身，而不是实验室活动的细节或科学家们的合作和分歧；正如我警告的，"有科学，也有流言蜚语"。但是在第 4 部分，科学家和社会学家的角色颠倒过来了。在这里，社会学家试图做一些社会科学——也就是说，做一些社会科学分类，让一种类型的实体和另一种类型有明确的划分。所以在这里，社会科学家正在做简化和模式化，以便从日常生活的杂乱无章中提取出一般性。在这里，受访者一直在抱怨这种构建带来的浅薄；科学家们希望看到被抽出来的人和个性的细节，而社会学家想让自己的角色最小化。②当然，这件事没有对和错，只有这样或那样的项目。

42.9.2 个人反应的范围

从一般到特殊，我的受访者碰巧包括一些同情这个项目的人，他们能够在我的世界观中定位自己，阅读我的工作，不是作为科学家，而是作为社会分析者。有时他们甚至纠正我的社会学。有些人在智力上理解我的立场，并帮助我发展它，但警告我，它是古怪的，可能危及我的声誉。还有

---

① 有趣的是，在我写完这篇文章以后，这个项目的一位资深科学家非常明确地向我提出了这一点。他说，他愿意和我一起工作，尽管他不明白我在做什么，也不明白我的工作方向，因为他觉得作为学术伙伴，他对我有义务。

一些"后现代主义者"采取了相反的态度，认为这里和其他地方对科学的分析让坚持科学原则变得更加明确；不幸的是，这让科学的社会研究更多地成为政治运动，而不是学术活动。还有一些人的主要动机不是攻击科学，而是站在科学上的弱者 (scientific powerless) 无能为力的一边进行干预。有人认为，像任何一种相对主义一样，对称地对待科学论点的两面，有利于弱者；既然这是无法避免的，那么，不妨以一种自觉的方式支持弱者。但是这样的事情没有发生。可以争辩说，既然出版这本书需要砍伐树木作为纸张，就不妨赞同破坏森林。(顺便说一句，对我早期工作的一些最激烈的批评来自乔·韦伯和他的同事，因为我没有坚定地支持韦伯的想法。) 关于对称在无意中有利于弱者的评论，请参阅 Collins, Pinch(1979)。关于这是否促成了弱者的自觉支持的讨论，见 Scott, Richards, Martin(1990)；答复见 Collins(1996) 以及 Ashmore(1996) 的重要评论。关于试图恢复科学和政治运动之间的界限，见 Collins, Evans(2002)。

② 乔恩·艾格尔 (Jon Agar) 指出 (私人通信)，当一个人被认为在公众心目中象征一个项目时，很难区分结构和个性——例如，伯纳德·洛维尔 (Bernard Lovell) 不仅代表了乔德雷尔·班克，而且代表了英国公众心目中的英国射电天文学 (即使当时人们可能会认为，不那么壮观的剑桥小型望远镜阵列正在取得更多的发现 (Agar, 1998))。

一些人给了我任何我要求的信息方式，随便我如何处理它，没有任何特别的热情或兴趣。有些人误解了这个项目，不喜欢他们看到的东西，但仍然出于学术责任感而帮助我。还有些人似乎非常不喜欢这个项目的结果，他们给予的任何帮助都是勉强的，还开始警告，甚至威胁。最后的这些人相信他们知道问题 3 的答案，我的项目如果有任何效力的话，很可能是有害的。由于科学家通常倾向于以个人主义的方式看待事物，最后这一小部分受访者认为我的动机可疑。

为了举例说明这个做法的效果，我向 12 名受访者发送了一份关于 LIGO 管理的保密初稿。有一个人表示祝贺，并做了一些有益的更正。有人告诉我，稿子"充满洞察力"，但建议了许多方式，可能更有利于解释他的角色，其中一些建议导致了变化。有人告诉我，稿子"非常有趣"，但没有进一步评论。有人告诉我，稿子"有严重的缺陷"，评注写得比稿子本身还多，但最终没有提出任何具体的批评，只是说我忽略了有关人员更有趣的心理问题。有一个人很挑剔，但安排跟我进行了一次非常有用的 90 分钟电话会议，在此期间有一些想法的交汇，导致我修改文件和增加有关方法的章节。一位受访者说，他受到了不公平的待遇，回应了一份具体要点的清单，几乎所有这些都导致了文章按照要求的方向作了修改。一位受访者说，稿子"对科学缺乏理解"，多是新闻和轶事，并提供了技术信息来纠正一些错误；使得我更仔细地处理了具体的分歧点。一个人告诉我，他会以一种重要的方式发表评论，但是还没有做。一个人在回复时，打了两个半小时的跨大西洋电话，非常有帮助，纠正了一些错误，提供了各种不同的解释，在辩论中赢得了一些论证，承认了另一些论证，还认为我几乎所有的观点都是正确的，除了不把物理学当作物理学来处理，这让物理学家很愤怒——尽管他也承认，用不同的方式看待事物可能有价值。另一个人做了一系列更正，两个人没有答复。我还得到了一位科学家的有益答复，他与另一位收到保密稿的受访者有密切合作。

关于我与受访者整体的关系，对相应原则和实践的推广 (generalization) 应该建立在这些广泛的个人回应的背景下。但是，对于这里提出的论证来说，推广仍然是最重要的。

42.10　科学知识社会学、科学判断和专业技能类型

本章的推理过程很曲折；有时候，我认为自己必须掌握科学，或者至少掌握它的要素，才能研究社会学；有时候，我和科学家在专业技能方面的本质区别似乎至关重要。本节谈论受访者和我的更多差异。

意大利团队声称看到了与引力波相容的证据，我分析了这个主张的灭亡 (第 22 章)。我的分析表明，在这个过程中，科学的微观政治学起着重要的作用。那么，这个分析是否表明科学是"不纯粹的"或者"扭曲的"呢？如果将发生的事情与科学的规范模型进行比较，答案是肯定的。在做科学的过程中成为科学家，就等于认可了规范模型——也是非常正确的。因此，对于坐在长凳上沉思的科学家来说，与意大利团队的辩论结果的这个部分必须引起关注。然而，我这个社会分析者认为，科学的规范模型是完全错误的。

用新的比喻表达这一点，规范模型就像一幅儿童画：有天、地、太阳，一个人，一个鼻子，一张嘴，等等。一方面，儿童绘画是以物体名称为代表的世界的图形直译。我们知道，这种图形直

译看起来不像我们了解的世界。另一方面，一幅成熟的"现实主义"画作，乍一看就像我们通常看到的那样捕捉世界，但仔细考察就会发现，它比孩子的画更令人困惑——到处都涂抹得模糊不清。正是这些模糊的涂鸦造就了我们作为分析者试图描述的科学世界。描绘出具有离散和定义明确的对象的标准版本，得到的东西看起来不像科学。也许还可以说，这里的分析就像牛顿用棱镜做的实验。牛顿让白光穿过棱镜，显示出它是由多种颜色组成的。这并不说明他使用的白光不是"真的"光，是污染的光，只是说白光不是简单的东西。我这个分析者认为，我们在本书看到的科学并没有被污染或扭曲，它只是科学而已。没有更纯粹的科学。这是我这个分析者的判断方式，应该与职业科学家的判断不同，后者必须将科学诚信置于一切之上。

可以用思想实验给出同样的观点：我这个分析者认为只是描述，有时候在职业科学家看来就像是判断。让我们把自己投射到未来，想象一下，目前这代干涉仪没有看到任何信号，而带有蓝宝石反射镜的高新 LIGO 刚刚"启动"。现在假设，高新 LIGO 充斥着清晰的符合信号，这些信号与乔·韦伯发现的引力波通量的振幅和频率相似，因此可以推论，与 LIGO I 的零结果不一致。现在，假设科学界慢慢地明白，高新 LIGO 的工作方式不是它设计的工作方式，而是蓝宝石反射镜作为韦伯型共振质量对引力波有响应，根据韦伯对截面的量子分析 (这种分析长期受到贬斥)，它们将有很大的响应。这个思想实验中的干涉仪只是测量蓝宝石晶体反射镜末端的位移 (就像第 35 章中描述的蓝宝石 "Q" 的测量)。为了完成这个幻想，我们假设蓝宝石和铝合金 (在室温下) 有一些罕见的特性，使得韦伯增强的引力波截面适用于它们，但不适用于低温的铝合金或用于 LIGO I 反射镜的熔融石英。最后，假设每个人都同意这一切。在这种情况下，我应该庆祝吗？我是否应该接受外部观察者的衣钵，他比科学家自己更清楚地看到韦伯主张的可辩护性？我是否应该庆幸，在评论员中，只有我一个人揭露了导致韦伯主张灭亡的科学过程中的缺陷？

我要说的是，这是非常诱人的故事。它还有助于证明这个一般性论题，因为它可以表达为"理论和实验不足以确定科学结论"的形式。但是，科学知识本身的问题，分析者们没有什么可庆祝的。正如我强调的，我没有做出科学判断，因此，我的任何科学判断都不可能以科学的方式被证明是对还是错。事实上正好相反，如果科学共识发生巨大变化，韦伯的观点即将被接受，我的论文就有麻烦了。我如何解释仅凭实验结果就推翻了所有这些"既得利益"呢？我不想庆祝，我会有一个新项目：调查这个社会学的惊人转变。

但情况可能更糟！如果韦伯的发现被恢复，人们可以认为，科林斯对引力波科学的社会性质的整个研究都因为他研究的一个科学案例而无效，在这个案例中，整个核心群体都做得很糟糕。为了我的研究的完整性，我必须坚持认为，我们在本书里看到的不是有缺陷的科学，而是模范性的科学。

42.11 我的科学专业技能

到目前为止已经确定的是：① 我没有做科学判断；② 我不想对我研究的核心问题做科学判断；③ 我必须对我研究的核心以外的问题做科学判断。但我有足够的专业技能来做这些选择吗？这是问题 1：我在多大程度上可以选择与科学家互动呢？有多少选择看起来像选择，其实不是真正的选择, 只是因为我对科学的无知而强加给我的东西呢? 让我们先看看我这个社会分析者和科学家的更多差别。

42.11.1　鄙视

有一种明显的方式使我不能充分参与科学家的生活：这是必须认真对待构成科学争端的两种观点的必然结果。我不能像一个核心物理学家鄙视另一个核心物理学家那样, 同样程度地鄙视核心物理学家。这可能不会对项目造成损害, 但至少会让人恼火。为了了解发生了什么, 我可以通过颠倒情况, 想象物理学家对我的主张做出的反应, 就像我对他们的反应一样。

例如, 某些哲学家似乎认为他们的角色是为科学辩护, 他们对科学知识社会学的理解几乎不比最坏的 "科学战士" 更多。[1] 假设一位受访者告诉我, "哈里, 在我前几天读的那本 (给出了名字) 编辑过的书中, 你受到了那位哲学家相当严厉的批评。" 我会很反感。我会试着解释说, 我精心开展的案例研究, 基于多年来新的哲学和社会学传统的发展, 不应该与几个小时的毫无智慧的瞎编乱凑的陈词滥调相提并论。我会解释说, 我对这种批评不屑一顾, 我的受访者也应该同样不屑一顾。

然而, 当物理学家表达对其他物理学家的鄙视时, 我就会 "解构" 这种鄙视。当他们对我说 "张三已经脱离了轨道" 或 "李四从来都不是一个仔细的观察者" 时, 我笑着看着他们说："哦, 不。只是张三和李四失去了他们的可信度, 但从他们的角度来看, 他们的想法仍然可以被证明是相当合理的。" 考虑到这一点, 我重新发现我的受访者有时候真是大度极了。如果有人告诉我, 将我的论证与卑鄙的哲学家阶级的论证进行比较, 只是观点的差异, 我可绝不会这么大度的!

42.11.2　相互冲突的处世方式和不可解性的艺术

作为参与者和观察者, 我不够完美的另一种方式是认知风格的问题, 而不是观点的逻辑。科学家是天生的乐观主义者, 社会学家则是天生的愤世嫉俗者。科学家的整个说话方式和肢体语言反映了他们的乐观。即使那些相信大型干涉测量仍然是魔法的科学家也知道, 迟早一切都会搞清楚的。科学家们解决技术问题的方式, 时时刻刻都在表达这样一种观点：长期来看 (如果不是短期的话), 世界可以被安排和被控制。科学家们的行动冷静而坚定; 他们知道有可能犯错误, 可能不得不花很多时间寻找错误的线索; 他们知道他们的目标可能需要的时间比他们期望的多很多倍; 他们大多都知道, 干涉仪将无法舒适地安装在符号表示的外壳内。但这些东西只是 "麻烦", 并不是世界的基本特征。

有时候, 生活在这个安全的世界里很好——我在学校还是个理科生的时候, 就生活在这样的世界里。科学的教学方式是一系列可解的谜题——用彼得·梅达瓦尔的话说, 它是 "可解性的艺术"。不断接触已解决的谜题, 可以让人相信, 只要有足够的才华和努力, 所有的问题都能解决。[2]与此形成对比的是, 社会科学家学的是 "不可解性的艺术"——没有什么是真正清楚的。对于社会科学家来说, 没有什么东西等价于解决问题所获得的即时和明确的回报, 比如我第一次做干涉条纹时获得的巨大 "兴奋感"。

---

[1]　例如 Koertge(2000) 介绍了这类事情的一些例子。这不是说本书的每个贡献者同样都是无意识的。
[2]　在可解性的艺术 (Medawar, 1967) 的 "独家大餐" 以后, 与前沿科学世界的相遇可能会令人震惊。

这种训练上的差异也许是，社会学家主要关注的一个不那么明显的原因——"魔法"，即混乱。我这个社会分析者认为，无序的想法更自然；秩序是社会行动者创造的，而不是发现的。科学家们把这个象征性的网络扔向世界，社会学家把这看作一种试图治疗深层疾病的方法。然后，社会学家总是在寻找世界上的碎片从网络中逃脱的地方——就像一个气球从包裹里冒出来一样。这看起来既贪婪又无耻。对科学家来说，气球的爆裂意味着理解、设计或实验技能的失败。因此，我这个社会学家不应感到惊讶，科学家有时候会把最善意的分析行为当作指控他们科学能力不足。在困难而微妙的项目中（比如 LIGO），团队必须依靠自己乐观的内在吸引力团结在一起，社会学分析甚至可能是一种威胁。[1]

42.12 专业技能的种类

考虑到所有这些保留意见，让我们更加正面地考虑我的科学专业技能。我把自己分析科学的方法称为"参与的理解"。在这种方法中，你尽可能多地与受访者互动，以便尽可能地将他们的世界内化，也就是说，试图近似地了解他们的生活方式（永远不要忘记偶尔退一步的必要性）。有人认为，如果能够达到某种合理的内化水平，就可以从内部和外部描述这个世界。主观变成客观。[2] 但是我刚刚解释了，在很多方面我无法内化科学家的"生活方式"，我不认同他们对其他物理学家的鄙视，我不认同他们发自内心的乐观，关于什么是正确的科学、什么是错误的科学，我也不总是认同他们的看法，等等。所以我也想鱼和熊掌兼得。发生了什么事？正在发生的是妥协。所有社会科学方法都涉及妥协。重要的是要知道，什么时候妥协是致命的，什么时候是可以接受的。我们怎么判断这一点？

让我们从参与者对事物的理解开始：这个视角告诉我们，要尽可能多地了解。我对科学的了解比科学家少得多。关于我的专业水平，我能说些什么呢？

"对科学有些了解"的方式有很多种。例如，（我认为）我知道中微子的静止质量是"4 eV"[3]，但是除了这一点，我几乎一无所知。例如，我也知道我家的饭厅有 4 平方米，这也包含数字 4，但这是一种完全不同的了解方式。我对餐桌融入世界的方式的了解，知道我家的饭厅有 4 平方米，能让我进一步做一些事情。例如，我可以计算出我能不能请 8 个人吃晚餐。在中微子的世界里，我知道中微子的静止质量是 4 eV，但是我什么事情也做不了。撇开"平凡的追求"不说，对于我来说，"40000"和"4"携带的信息一样多。回到疾病的细菌理论，知道中微子的静止质量是 4 eV，几乎根本不影响我的行动，因此，对我来说，它几乎没有意义。

还有另一种准知情的方式。我在啤酒杯垫上找到的，1985 年为杯杯香公司做的杯垫。啤酒

---

[1] 雷·外斯曾经告诉我，他不相信我的项目，因为我没有和科学家一样致力于探测引力波。他暗示，如果地面引力波探测项目被证明是失败的项目，我也会同样高兴，也有同样多的东西要写。如果这个项目失败了，我确实还有一些东西要写。但我更希望这项研究取得成功，部分原因是我希望看到我的新朋友和新同事取得成功，部分原因是成功将使我的项目圆满结束：即将到来的最令人兴奋的研究阶段是，观察科学家们决定他们有足够的数据来发布正面的公告。然后，我将能够比较科学成功的产生和科学失败的产生。此外，如果科学是一个响亮的成功，我的研究将更加重要。

[2] 因此，这是用我的母语（英语）的理解。正是因为我是以英语为母语的社会集体的代表，所以我几乎知道关于普通英语口语的所有东西。我不必和别人核实我的句子结构是不是正确；我只是知道而已，很可靠。（当然，有例外的句子，但这不影响这一点。）关于参与的理解作为一种方法的更多讨论及其妥协，见 Collins(1984)。

[3] 译注：这里用能量表示质量，根据爱因斯坦的质能关系。

杯垫回答了一个问题："什么是全息图？"它说：

> 全息图就像一张三维照片——你可以直接看到。在普通的快照中，你看到的图片是由摄像机在正常光线下从一个位置观看的物体。
>
> 全息图的不同之处在于，物体是用激光拍摄的，分开的光束包围了整个物体。结果是一个真正的三维图片！

这个解释可能让有些人觉得他们现在对全息图了解得更多了。啤酒杯垫上的单词不是简单的胡说八道，我们也不可能把它们误认为是谜语或笑话。有些人想必已经研究过啤酒杯垫，如果被问到："你知道全息图是如何工作的吗？"会回答："是的。"在阅读啤酒杯垫之前，对于同样的问题，他们会回答："不。"然而，啤酒杯垫上的解释不能让我制作全息图，甚至不能讨论全息图。[1] 让我们把这种认识科学的方法称为"啤酒杯垫的知识"。

我认为，在引力波科学方面，我有更多的知识。我有我所说的"交互式"专业技能。这并不像科学家拥有的那么多的专业技能；科学家有"贡献式专业技能"，即足够的专业技能，使他们能够为讨论的科学做出贡献，获得一份科学工作，等等。[2] 交互式专业技能不能帮你找工作。但是，交互式专业技能比根本没有专业技能进了一大步，比啤酒杯垫知识也进了一大步。交互式专业技能让人能够跟科学家讨论科学——对话能引起科学家的兴趣，对任何一方来说都不会太麻烦。在这种对话中，具有交互式专业技能的一方可以提供线索，预测反应，以缩短和加快交流，在专家停顿时提供一个词或一个想法。这些让谈话变得流畅，说明双方都充分参与了。

有了足够的交互式专业技能，甚至可以向专家传达有用的信息。例如，我曾经告诉加里·桑德斯，日本 TAMA 干涉仪没有受到来自光束管内壁的光散射的影响。我能做到这一点，因为我对干涉测量有足够的了解，知道这是一个有趣的问题，在参观 TAMA 干涉仪的时候问过它。我的向导川村静儿 (Seiji Kawamura) 从我们的交流中意识到，我已经有足够的了解，主动告诉我他们用来测试这种反射的方法——摇动管子并查看对输出的影响。我立刻明白了测试的逻辑，并知道告诉加里·桑德斯测试已经完成是很重要的。当我把这个额外的信息传达给他，并告诉他，管子的内壁没有问题时，他知道我在说什么。在我的实地工作中，我经常传递少量的技术知识，有时是因为我被问到，有时是因为科学家在谈话中表现出不太了解正在发生的事情。

如果你足够勇敢，交互式专业技能甚至可以让你扮演魔鬼代言人。虽然你永远不可能对技术问题提出反驳意见 (这需要贡献式专业技能)，但有时候可以代表这样的立场，或多或少取得了成功。这就是我在本章前面提到的与巴里什的争论中试图做的。[3]

在很长一段时间里，我认为交互式和贡献式专业技能的分界线是数学。没有一定的数学能力，你就不可能成为实践的物理学家，因为你不会通过大学考试，这是职业阶梯的第一个台阶。但数学不是全部答案。在其他科学中，数学不是问题，不能成为交互式和贡献式专业技能的分界线。即使在物理学方面，我也知道有一些聪明的实验工作者，他们的数学不是很好；罗恩·德雷弗就

① 中微子的静止质量和全息图的例子取自 Collins(1990)。

② 关于这种经验分类的第一次讨论，见 Collins, Evans(2002)。

③ 有时候，我认为我有点偏离了交互式专业技能。经过一番挣扎，我终于成功地建造了一个粗糙的干涉仪。此外，作为社会学家，我还学习了统计的要素。在接近十年的时间里，我曾有四五次与物理学家争论物理学问题，有关的科学家通常不如我那样及时地关注具体的细节。最近的例子是，当我被告知引力波没有影子时，我能够指出它们必须至少有残余的影子，否则人们根本无法探测到它们：探测需要从波浪中提取能量，因此，在探测器 (或它们通过的任何材料的远侧)，引力波必须稍微损失一些能量。在一个引人注目的场合，我得到保证，我对拟议的原型干涉仪设计的批判性评论如此恰当，以至于团队将在很大的程度上重新思考该仪器的一个重要特征，这确实发生了。但在引力波探测科学和技术方面，这些小小的能力几乎使我超越了交互式专业技能的水平。我仍然认为，关于引力波探测的许多方面，我可以控制谈话的走向，只要主题是设计或数据分析的一般原则，不需要数学或代数分析。(我在学校习得的数学能力已经萎缩了。)

是一个例子。因此，不仅仅是我的数学局限性决定了我缺乏贡献式专业技能，还有更多原因。我还不知道如何设计、制造和检查电子电路、计算机程序、悬挂镜、光束管、光腔，或者任何其他构成干涉仪的东西。当我真正了解到我的受访者可以用技术工具做些什么的时候，我通常会感到自卑。然而，在令人惊讶的程度上，我仍然可以谈论他们的工作；这不是一个原则问题，而是本来有可能相反的实验发现。我试图研究另一个科学领域 (非晶态半导体理论)，那里确实是另一种情况，我甚至连一点儿交互式专业技能都没有。

这也是一个实验发现，一个领域的交互式专业技能足以让你在该领域进行科学知识社会学；贡献式专业技能不是必要的。许多研究的结果都表明了这一点。[1]

这种贡献式专业技能对分析某个领域的社会学的能力帮助不大，因为科学家只在狭窄的领域有贡献式专业技能，所以这并不很令人惊讶。对于局外人来说，物理学家群体有时候似乎是一堵无法穿透的专业技能墙；对于内部人来说，它看起来可能非常不一样。因此，2003 年，一位受访者给我写信说 (他知道我采取的做法)：

> 在一个这样的 (物理) 会议上，当我们四处溜达的时候，我们没有看到大量的科学家，而是形形色色的人，有着不同的技能、个性、历史、弱点、技术成就、角色和抱负。我们对其中的一部分人有些不屑 (他指的是我的用法)。但我们都是社群的一部分，事实上，我们以前在互动的会议上见过这些人很多次，预期以后还会见到他们很多次。正如你现在知道的……我们在 "数学" 和其他构成我们工作宣称的主题的思想方面有各种各样的技能，但是有很多事情要做，关键贡献者往往在所谓的基本方面很薄弱……"交互式专业技能" 是我们任何一个人在我们工作的大部分主题中都掌握的东西。

42.13　在更广阔的世界里的交互式专业技能和决策

现在让我们离开这本书的主要目标，研究一个 "附带利益"：这些不同类型的专业技能的作用，首先在科学世界，然后在更广阔的世界。为了继续存在，科学知识社会学必须确立某些非科学家对传统上仅由科学家负责的科学方面发表评论的权利。科学家们曾经被允许在更适合宗教崇拜的程度上进行秘密研究，偶尔发布一份向公众披露的报告。科学知识社会学必须侵入密室的深处。问题很紧迫，因为门不能再关上了。即使想把技术决策留给科学家，我们也不能，因为科技共识形成的步伐比政治的步伐慢。随着科学技术越来越多地向公共领域发展，这一点变得越来越明显。[2] 对专家和非专家的会合点的研究，就变得更加重要。

用这种方式看，我的 "方法" 本身就是一个实质性的研究项目。半开玩笑地说，我称自己的

---

① 我可以比较我自己做的研究，我的相关专业技能从没有，到交互式，再到贡献式。没有专业技能是致命的；就产生的社会学而言，拥有交互式或贡献式专业技能大致相当 (但对 "科学的技术史" 来说不够好——见第 43 章)。通过研究其他研究人员的社会学产出 (他们的专业技能类型跨越这些层次)，可以得到同样的教训。另见前物理学家艾伦·富兰克林的慷慨大度的评论 (Alan Franklin, 1994)。

② 理查德·加文做的是 (第 9 章)，试图针对韦伯的主张，使科学的共识赶快形成，跟得上资助机构的微观政治。正如我们看到的，他没有完全成功。虽然他在核心领域加速了科学进程，但他没有让目标的外环产生共识，甚至没有让科学家达成一致。直到去世前，乔·韦伯几乎都能从纳税人资助的机构获得项目资助，在加文的 1975 年 "政变" 后大约四分之一个世纪里，韦伯的科学盟友继续跟他团结在一起。这种模式在科学争论中并不是非典型的，见 Collins, Pinch (1993/1998)。

项目为 "高能社会学" 的一个练习。在高能物理学中, 用粒子轰击目标, 它们随后的轨迹告诉观察者一些跟相互作用有关的力的信息。事实上, 我是一个朝着引力波群体 "目标" 轰击的 "粒子"。[①] 本书这个部分关注的是我的轨迹。出于这些目的, 我的科学专业技能有差距是好事情。如果我的专业技能是完美的, 我就不会像高能社会学实验中的 "粒子" 那样好：我不会被目标四处散射并产生信息, 而是直接穿过目标、扬长而去。

42.13.1 高能社会学与深奥科学的核心

参考引言中的目标图, 我们可以考虑我在社区及其公众的不同环中的互动。考虑专业科学家的核心群体的初次决策, 以及我与巴里什关于 LIGO 中潜在的未知噪声源的争论。我认为我的表现相当可信, 作为魔鬼代言人, 支持这个 40 米干涉仪小组, 反对巴里什关于所有 LIGO 的潜在噪声源都已经理解得很好了的说法。但是, 不要操心我是不是真的表现得很好, 假设我做到了。那么, 让我们假设, 在这个或其他一些争论中, 我成功地利用我的交互式专业技能来捍卫物理学中的立场, 反对物理学家。这种能力会让局外人有权在物理学本身的核心范围内做出科学判断吗？

这个说法似乎很荒谬, 但要这样想：当巴里什接管 LIGO 项目时, 他也没有在大型干涉测量方面的贡献式专业技能, 事实仍然是, 他没有发明任何能为这个科学做出贡献的东西。甚至有可能因为巴里什坚持阅读文献和系统建模 (事物的非幻想因素), 他没有足够好地嵌入群体, 通过口头文化来理解秘籍。外来的主管必须用更正式的方法 "加快速度"。新管理层和 40 米干涉仪小组的争论焦点就是这个问题, 巴里什声称他有所需的技术专长。但是, 巴里什是这个项目的成功管理者, 因此这意味着, 缺乏动手经验和不能深刻理解一门科学的口头文化, 并不妨碍成功地管理科学。[②] 那么, 如果我这么聪明, 拥有所有这些交互式专业技能, 我为什么不接管 LIGO 的管理呢？(别担心, 我打算把这当作反证法。)

有很多明显的答案。因为在其他科学领域的成功工作, 像巴里什这样的管理者在更广泛的科学界赢得了极大的尊重, 这提供了良好的政治潜力。向内看, 还有一些个人素质, 比如在其他领域具有很高的科学声誉带来的权威性。还有一些正式的管理技能——如何处理大量人员和大量资金的知识。但是, 我们把所有这些放在一边, 集中精力研究巴里什本人坚持认为是问题症结所在的科学能力。巴里什拥有两种科学资历, 可以胜任这个原本陌生的科学的管理职位。首先, 他拥

[①] 特雷弗·平奇和我在 1981 年使用了粒子轨迹的类比。正如我们说的, 两位物理学家 (约翰·哈斯特教授和约翰·泰勒教授) 在试图调查超心理学时候, "把自己开除了"。尽管这两位物理学家一再声称他们对这件事的真相没有先入为主的概念, 只是以开放的态度开展调查, 但科学界坚持把他们散射到两个相互排斥的立场之一：他们要么是 "信徒", 要么是 "怀疑者"。中立的调查者根本没有社会角色；社会目标对这种身份的抵抗力太大, 粒子无法穿透。因此, 泰勒的轨迹奔向了怀疑者, 哈斯特的轨迹奔向了信徒 (见 Taylor(1980)；Hasted(1981))。

我在其他地方称为 "代理陌生人" 的方法也是基于同样的想法。"代理陌生人" 的 "陌生人" 部分指的是人类学家的方法, 他们认为, 当他们第一次进入社会时, 在熟悉之前, 他们对社会的风俗特别敏感。然而, 在 "代理陌生人" 的方法中, 第三方被 "发射出去", 与他不熟悉的社会群体或过程互动, 比较熟悉被调查社会的调查人员进行观察。"代理陌生人" 和社会的互动对观察者很有启发性。在这种调查中, 没有必要担心 "代理陌生人" 缺乏专业技能；弹丸越奇怪, 轨迹就越有趣。(见 Collins, Kusch(1998) 第 9 章；Hartland(1996))。

加芬克尔的著名的 "突破实验" (Garfinkel, 1967) 是另一个与 "代理陌生人" 接近的例子, 除了在这种情况下, "弹丸" 假装是一个陌生人, 而实际上他了解这个社会。我最喜欢的例子是由彼得·哈芬尼 (Peter Halfpenny) 发明的, 他让自己的学生登上大巴车, 而且买两张票, 一张是自己的座位, 另一张是旁边的座位。

也可以把科学社会学中对争议的研究看作高能社会学的例子。一项对争议的研究是分析相互作用的人类粒子, 揭示了它们相互作用的媒介的社会结构 (例如 Collins(1983b))。

[②] 我的看法是 (也许有些价值, 因为我正在判断一项社会技能, 而我自己管理了一所庞大的社会科学学校), 我认为巴里什是优秀的管理者, 安静的专制的类型：在某种程度上, 是引力波的克林特·伊斯特伍德 (Clint Eastwood)。

有与其他领域的科学成就相伴而生的形式化能力，其中很大一部分可以直接转移。其次，他有在其他领域做科学判断的长期经验；巴里什知道怎么做高水平的科学判断。简单地说，第一种资历就是许多不同层次的科学家 (包括新手) 共有的知识体系。第二种资历对一位主管来说至关重要，我们将把它称为参考式专业技能；从其他地方获得的一系列经验，在这里有参考价值，因为即使科学不同，要做的判断也是相同的一般类型。

对于巴里什和我关于 LIGO 噪声的争论，这意味着什么呢？为了讨论的方便，假设我做了合理的工作。撇开巴里什拥有而我没有的所有政治、权威和技术成就，他和我的区别如下：我只是在玩票，因为没有什么改变我的观点；但是对巴里什来说，在辩论中选择一个立场等于决定下一步如何行动。对我来说，这些辩论没有任何利害关系；如果我发现自己彻底错了，我可以说，"好吧，你对社会学家能有什么指望呢？"如果我偶尔得分，就像是让老师出丑了。区别在于我们的生活方式不同，他是科学家，我是分析者。在几乎每一种情况 (在本章的末尾有一个例外)，交互式专业技能不是做这种判断的充分基础。因此，无论我造成任何麻烦，巴里什的科学判断 (他将采取行动的判断) 仍然是没有未知的基本噪声源，在 LIGO，他必须负起判断的责任。尽管 (为了论证的方便，我们假设) 我在争论中的表现相当可信，但在这个层次上，我没有反驳他，因为没有什么能改变我的想法。

因此，尽管社会学分析更加突出了科学核心的不确定性，但是在深奥科学的核心，决策链没有任何改变也不应该改变 (除了下文将讨论的可能的例外)。科学家们已经考虑到他们的不确定性，尽管他们可能没有阐明这些不确定性。与其他决策者一样，他们有可能犯错，但是仍然必须采取行动。这是核心群体的专业技能，这就是深奥科学的决策权应该保留的地方。如果这本书对深奥的科学有任何影响，它应该只影响科学判断的思考方式，而不是完成方式。

如果是鲍勃·斯佩罗而不是他的支持者进行论证，那就不一样了。如果斯佩罗负责的话，他会做出一系列不同的选择：他会基于这样的观点做选择，对大型干涉测量中的噪声理解得不够充分，无法证明停止原型的研究是合理的。但鲍勃·斯佩罗拥有贡献式专业技能，因此我们将看到两套更高层次的专业技能之间的冲突。

巴里什认为，如果我仔细阅读这些论文，我就必然得出与他相同的科学结论，做出与他相同的科学判断。在这一点上，他错了。我不是做科学的判断，而是描述分歧的理由，找出那些有责任做判断的人在做决定时进行哪些方面的判断。他正面地回应了我的说法，我说："你看，我是魔鬼代言人，因为我试图表达他们的观点。"他回答说："但这是科学，不是观点。"主管的工作不是看到每个人的观点，而是建立正确的观点并做出合适的决定。当我试图为斯佩罗代言的时候，我只是在演戏，而不是做物理。

但是我们还没有结束。让我们回到更棘手的珀斯-罗马符合结果。我认为科学结果在某种程度上是由共振棒和干涉仪的权力关系驱动的。这难道不是给所有潜在的权力经纪人打开了争论的大门吗？我会说，不。这些判断，"理性的"或不理性的，仍然是科学家核心群体的业务，跟其他人没关系。[①] 我的分析唯一可能影响的是让科学家思考他们做决定的方式，而不会影响他们做决定的方式。科学决策，无论对错，只要基于最熟练和经验丰富的人 (科学家) 的判断，就是最好的。我只是说明，这些决定是基于经验和判断，而不是精确的计算。

---

① 关于这个论证，在技术上得到了更多的理解，使用 Shapin (1979) 对爱丁堡颅相学的争论进行分析的例子，见 Collins, Evans(2002)。

42.13.2　评议小组

让我们离开核心, 转向决策论坛, 专业技能的异质分配是那里的常态。当"科学同行"委员会判断其他科学家的工作时, 就对贡献型专门知识以外的专门知识的价值做了隐含的判断。通常, 同行在他们所评判的科学领域, 并没有贡献式专业技能。

考虑 1996 年会议的 NSF 评议小组 (第 23 章有广泛讨论)。我在那一章里对会议做了一些科学评估。其他科学家都不是引力波探测实验的贡献者。有些人是理论工作者, 有些人是其他领域的实验工作者。因此, 在共振球计划 (正在讨论它的未来) 的科学和对其潜在成功的评估方面, 我觉得我可以 (但不是应该!) 做出不平凡的贡献。

特别小组的其他成员有而我没有的就是我上面讨论过的那种专业技能。他们有管理其他科学项目的经验; 即使科学不同, 这种经验也可以适用于这种情况。

更引人注目的是, 委员会成员带来了他们的政治敏感性, 正如我在第 23 章指出的, 这是问题的关键。整个委员会的会议实际上是共同探索 (也许是"社会建构") 政治风向的演习。这次会议的意义是正式承认风向, 打着科学判断的幌子。如果我能够对特别小组的决定做出贡献, 即使我的贡献在科学方面是合理的, 在政治上也是幼稚的。讽刺的是, 我的贡献有一个麻烦, 那就是它在技术上过于狭隘, 不够充分! 例如, 我可能会把共振球的理由说得太过分, 没有敏感地认识到问题的关键不是技术。在政治现实方面, 委员会几乎肯定做出了正确的决定——为共振球提供资金, 将会严重降低整个引力波探测计划的可行性——而我很可能错过大局, 因为我忙于担心技术能力和投入, 以及公平对待共振球支持者的科学主张。

当我们转向级别越来越高的评议委员会, 我们发现贡献式专业技能越来越少, 甚至可以直接参考的专业技能也越来越少。考虑一下资助 LIGO 的决定: 国会代表在听证会上问了最幼稚的问题 (第 33 章), 显示出相当程度的科学无知, 让任何社会学家都感到羞愧。因此, 在大多数高级别的决策委员会中, 技术问题并不重要; 重要的是政治敏感性和政治代表性。

目前, 做这类决定所需的专家范围的选择取决于习惯和实践; 决策越大, 参与的非专家就越多。这就是我在前面指出的讽刺之处: 你想花在科学上的钱越多, 决策者就越不是专家。

42.13.3　政治领域

到目前为止, 整个分析都是针对一门深奥的科学 (引力波物理) 进行的。但是, 这种分析能不能解释更经常地出现在公共领域的科学案例呢? 如果科学与全球变暖、核电站的安全、人类食物链、健康等有关, 它还会起作用吗? 这里的情况可能有所不同。为了探索这种差异, 我们可以利用想象力将引力波科学转变为公共领域的科学。想象一下 (我要强调, 这完全是幻想), 人们发现, 沉浸在某种 (巨大的) 引力波通量中, 再加上生活在高空输电线附近, 引发了癌症。假设人们发现, 地球沐浴在引力波中, 其强度刚好能被珀斯-罗马探测器观测到, 这个发现意味着靠近输电线的人处于危险中。在这种情况下, 关于是否要认真对待珀斯-罗马的符合结果, 应该让谁参与决策呢? 在这种情况下, 应该考虑什么样的专业技能和政治敏感性? 并不是说, 在这种情况下, 这个决定将成为按照预防原则行事的政治家的特权, 或者我们将把整个国家预算都花在怪人制造的恐慌上 (就像目前关于输电线对健康有害影响的辩论一样)。政治决策必须建立在科学的基础上。但是, 不能用政治决策的速度做科学。

在这种情况下，谁应该做科学决定，我不知道这个问题的答案。我只想建议，科学专业技能类型的分类，包括贡献式专业技能、交互式专业技能和参考式专业技能，在讨论中可能是有用的，这本书提供了一些思考它们的材料。[①] 我怀疑在这些情况下，与核心科学中的权重相比，交互式专业技能的相对价值可能会增加。在这种情况下，研究珀斯–罗马符合 (或类似的东西) 的轨迹是如何结束的，可能是科学判断是否存在高通量引力波的合理输入。也许是，也许不是——我提出了可以争论的想法。

42.14 方法的总结

本章的内容复杂而曲折，从需要多少的专业技能，到各种类型的专业技能对科学的社会研究和科学判断的意义。这是研究的开始，而不是结束。

我想得出一个坚实的结论，如果没有这个结论，整个研究的价值将大大降低。我们看到——特别是在本章，我试图尽可能诚实地对待它——用方法论相对主义对科学进行社会学分析，这件事与科学本身有着不可避免的紧张关系。我想得出的结论是：我们不应该试图避免社会分析者对科学进行社会分析所带来的小小不便，不要把他们挡在科学的内部密室的大门外。这样做会损害科学，损害作为科学基础的言论自由的观念，损害自由民主；在需要科学和技术的公共领域里，它可能会导致更糟糕的决定。

---

① 见 Collins, Evans(2002)。

第 43 章　最后的反思：这项研究和社会学

43.1　本书讨论的是什么？

我们回顾了引力波探测的历史, 从一篇博士论文里描述的 1962 年的第一次故障, 到现在价值几亿美元的仪器即将正式运行。对于这个项目来说, 科学在整个分析中起了主导作用: 科学家们的一阵阵兴奋引起了社会学的一阵阵兴奋; 我的项目申请书表达了与科学家项目申请相同的希望和恐惧; 我的项目值得资助, 因为寻找引力波是值得资助的; 如果这个科学领域的创始人在发现引力波之前去世, 我很可能也会在我的项目完成之前去世。

此外, 从 20 世纪 90 年代中期开始的整个第二期社会学调查是由一位科学家启发的。在 1993 年 (见第 44 章), 乔·韦伯说服我, 引力波研究将再次爆发, 我得出结论, 一场新的和迷人的社会学大火将会出现。当然, 社会学一直被科学左右, 被科学影响, 但我的项目的驱动力不是引力波的探测, 而是知识的意义。科学、事件的发展和个人的成败都有描述, 但总的框架一直是一系列关于知识的问题。

在 40 年的时间里, 在科学期刊上发表的大约 15 篇论文中, 人们声称使用特制天线直接探测到了引力波。这 15 篇论文报告了 6 组不同的观察或分析的结果。最初的韦伯小组在 60 年代后期到 70 年代中期发表了大约 10 篇论文, 声称用一对室温探测器进行了正面的观测; 我把这些算作一组观测。然后, 在 1982 年, 有一个正面的报告, 来自弗拉斯卡蒂团队和韦伯。有一系列关于超新星 1987A 的引力波的正面报道。还有弗拉斯卡蒂团队和珀斯团队的符合结果 (但是没有发表在同行评议的期刊上)。韦伯 1996 年发表的关于伽马射线暴的相关性的文章。最后, 弗拉斯卡蒂团队提出了 2002 年的正面报告。有些评论和讨论支持这些报告, 试图使观测结果符合广泛接受的理论和天体物理学模型。2002 年的主张仍然前途未卜, 但是关于其他 5 次声明、大约 14 份 "结果" 文章以及与之相关的评论, 很少有科学家认为这些文章值得进一步调查。《引力的影子: 寻找引力波》从开始到第 3 部分的中间, 专门研究了前 5 次声明以及相关出版物的社会时空轨迹。

在这第一个主要的解释部分, 制定了 "相对主义的经验纲领" (EPOR) 的所有三个阶段。[①]第一阶段是确定实验结果允许的 "解释灵活性" 的程度。直到被学界赋予意义, "结果" 才是 "结果"。社会时空中有一个巨大的黑洞, 如果没有人回应, 科学就会沉没。有些文章直接进了黑洞, 有些文章由于大量的艰苦工作而逃脱, 还有一些文章由于它们出生的时间和地点而侥幸逃脱。在那些没有被黑洞立即吞噬的情况, 我们看到涟漪先扩大, 然后消失。某位科学家如果要

---

① 见 Collins(1981b)。

支持标新立异的想法, 可以深入到现有的理论和发现的 "大坝" 中, 松开将大坝连在一起的假设的 "石头"。(由于隐性知识的作用、实验者的困境和理论者的困境, 大坝总是不那么牢靠。) 那么, 这种科学争论的 "逻辑" 就得到了某种社会结构的支持, 一方面是不愿意质疑逻辑上有问题的所有东西, 另一方面是信任。几乎从来没有任何科学家直接观察过跟某个特定争议点有关的东西, 所以最终, 几乎所有的一切都必须是共识——有时候是明确的, 有时候是不言而喻的或者没有被注意到的。

共识是一个社会问题, 不同的群体可以达成不同类型的共识。这个群体展示了一种科学的生存方式, 而那个群体消失了, 科学的历史就是这样发展的。与所有历史一样, 多种原因造就了未来。有些原因来自争论中心的实验工作者和理论工作者; 有些原因来自群体周围的行动者。

这样就进入了 EPOR 的第二个阶段: 分析在特定情况下, 科学潜力的潜在分支树如何被 "科学" 以外的力量关闭的。(在这里, "科学" 这个词是用作 "行动者的类别"——在其他地方, 我把它称为规范的科学观。) 考虑到解释的灵活性及其后果, 必须对科学冒险何时结束做出判断。如果没有这样的判断, 科学就会扼杀自己的潜力; 沉迷于关闭过去的每一个漏洞, 就会无休止地阻碍继续前进的任务。因此, 资助机构在关闭某些前进路线方面的作用至关重要。一方面, 科学是一种典型的开放式活动, 英雄的个人可以与最强大的权威做斗争; 另一方面, 如果没有社会控制, 科学就不能发挥作用。第二个阶段探讨社会控制的实施方式。

EPOR 的第三个阶段研究更广泛的社会力量对封闭机制的影响。本书里最明显的例子是 LIGO 的资助如何影响共振棒团体维护其声誉的努力。其含义是以下反事实陈述: 如果没有 LIGO 及其在 20 世纪 80 年代末的资金争夺战, 来自共振棒团体的数据将会用不同的方式处理。很难说最终会发生什么事情, 但是, 分析将会更灵活地进行, 例如, 降低应纳入信号噪声分析的阈值, 削弱严格的强制盲分析的压力。总之, 无论如何, 将会更自由地把观测视为探索, 而不是明确的主张, 共振棒项目作为整体将有更多的时间继续 "调整" 其流程, 而不是被迫在每篇发表的文章里确认或否认引力波的存在。简而言之, 如果不是因为 LIGO 对争论框架的主要影响, "证据集体主义" 可能会持续更长时间。[①]

本书涵盖的科学只有一部分是关于发现的主张, 社会学也是如此。从第 2 部分开始, 分析越来越多地转向从共振质量到干涉测量的技术变化。然而, 关于知识的问题仍然是核心问题。干涉测量怎样逐步被认为是最先进的技术的方式, 这是本书第 3 部分的主题。理论相比于实验主张的相对权重对这个转变至关重要, 反过来又影响了分析数据的正确方法。关于这两种技术的相对灵敏度、干涉仪的绝对潜力以及引力波源的强度和发生率存在争议。与以往一样, 对同一个证据有不止一种解释, 这些解释在目标图的不同环中表现得不一样。在核心, 有见识的猜测和计算得到的估计有着明确的差别, 但是在外环, 可能就不那么明显了。

第 4 部分是干涉测量及其从小科学到大科学的转变。在 20 世纪 90 年代, LIGO 和其他干涉仪还在建设中, 它们没有直接引起原型知识的涟漪。然而, 与新的大科学诞生有关的组织和政治创伤让人们对大型干涉测量知识产生了不同看法。干涉测量在政治舞台上亮相, 需要一定程度的常规化, 它做好准备了吗? 干涉测量这门科学是像高能物理一样, 可以很好地用符号来描述吗? 还是仍然有 "魔法" 要靠组织性较差的研究来驱散呢? LIGO 曾经是、现在仍然是花着大科学的钱、做着小科学的事吗? 我们很快就会知道。

第 5 部分的第 1 段考察了国际合作的成本和效益, 再次表明政治和科学是密切相关的。按计

[①] 有些读者可能会失望, EPOR 的第三个阶段没有以更血腥的方式进行, 但试图把技术的变化解释为 "猪肉桶" 的结果或军工复合体的影响, 并不令人信服 (第 29 章)。

划建立创新的设计, 可以采用独立的策略, 至少在短期内是这样的。你是否认为这样的策略有希望, 取决于你如何解释天上的证据, 以及假阴性和假阳性在你的世界观里的相对价值。

第 5 部分的第 2 段让我们回到知识主张的轨迹, 但这是一种特殊的类型。现在我们看到, 来自干涉仪的第一批结果在本质上是说：“没有比这更强的引力波。”我们问自己, 为什么有人对此感兴趣呢? 这样的涟漪怎么会发生, 为什么它不会立即掉到黑洞里呢? 问题仍然是, 究竟什么是知识, 还是取决于你看的是科学社会的哪个部分——目标图的哪个环。

知识也是本书最后一个部分 (第 6 部分) 的中心舞台。然而, 这里的主题是我的知识和我正在产生的知识。问题是这些知识怎么跟科学家的世界联系在一起。我的世界观和受访者有多么的相似, 有多大的差别? 这种分析成为对科学核心领域、科学政策领域和科学政治领域的专家与非专家如何互动的研究。

在本书的“导言”中, 我阐述了研究的主要主题如下：确立真相和谬误；一种技术战胜另一种技术；没有完全正当理由但仍然进行选择的必要性；如果科学要向前发展, 就要修剪不断变化的科学和技术的可能性分支；目标图里各个圈子的不同作用；从小科学到大科学的发展；相互冲突的科学风格和文化；两种世界观的紧张关系, 一种认为世界是精确的、可计算的、可规划的, 只是等待我们做出正确的总结, 另一种认为世界是黑暗的和无定形的, 通过猜测我们有时候能够理解其中的一部分。上面给出的本书摘要说明了对这些主题的探索。

43.2　引力波科学有代表性吗?

虽然本书的前半部分对 EPOR 的每个阶段都做了举例说明, 但对于研究“大政治”的政治利益或军工复合体对科学的影响来说, 引力波科学似乎不是富有成果的地方。不能认为引力波科学代表了这方面的其他科学。是否还有其他地方的专题太专业化了, 而无法将研究结果应用于整个科学呢?

案例研究不是具有统计代表性的样本；在某种程度上, 每个案例研究都是特殊的。与任何其他科学一样, 随着案例研究数量的增加, 对统计代表性的担忧减少了, 事实上, 本书的许多结论都得到了其他研究的支持。特别是, 科学知识在社会时空中传播的大致轮廓与任何定性的社会科学发现也得到了证实。[1] 然而, 大多数现有的工作都是小科学, 有人认为, 未来的引力波科学将比本书描述的早期工作更少受到实验者的困境的影响。[2] 真是这样吗?

---

[1] 关于这个广泛专题的早期工作包括 Fleck(1935/1979)；Kuhn(1961, 1962)；Collins(1975, 1981c, 1985/1992)；Holton(1978)；Latour, Woolgar(1979)；Shapin(1979)；Knorr-Cetina(1981)；Mac Kenzie(1981)；Pickering(1981a, 1981b, 1984)；Pinch(1981, 1986)；Travis(1981)；Collins, Pinch(1982)；Gieryn(1983)；Lynch(1985)；Galison(1987) 以及 Shapin, Schaffer(1987)。关于该领域的简要介绍, 见《社会学年鉴》中的文章 Collins(1983b) 和 Shapin(1995)。

[2] 以前对大科学的研究, 在一定程度上涉及这个问题, 包括 Pickering(1984) 和 Knorr-Cetina(1999)。

43.2.1 实验者的困境和大科学

实验者的困境基于这个事实：第二次实验的结果不能影响第一次实验的结果，除非双方同意这两次实验均已圆满完成；如果结论有深刻的冲突，就不可能达成一致。通常的能力标准是实验产生正确的结果，但是，如果争论的是哪个结果正确，通常的能力标准就不适用了。

当很多独立的实验室出现彼此竞争的实验，很容易陷入实验者的困境。但是在机构合并的情况下（就像大型干涉测量的趋势一样），可以预期困境变得不那么明显。因此，如果国际引力事件合作团队（IGEC——第 25 章）设法把竞争的共振棒实验室团结起来，成为道德整合的团体，就会大大减少此类争议的可能性。事实上，在防止各个团队自行其是方面，IGEC 没有起到有效作用，但干涉测量做得更好。如果 VIRGO(法国-意大利团队) 最终加入"LIGO 俱乐部"或者它的变体，实验者的困境是否就会消失呢？

国际范围内的社会一致性并不能消除分歧的可能性；它只意味着任何分歧都将发生在一个大团体之内，而不是许多小团体之间。可能发生变化的是，外部世界在多大程度上可以看到这种分歧。我们在第 39 章看到，雷·外斯更愿意处理这种"内部"的分歧，项目领导层同意外斯的观点，即 LIGO 科学合作团队（LSC）应该在项目产生任何结果之前，建立一个内部的检查系统，由竞争的分析小组组成；巴里·巴里什向我解释说，这是正确地做科学的唯一方法，因为只有"内部裁判员"知道足够的科学细节，开展充分的批评工作。

有两种不同的方式看待目前的情况：一种方式希望在项目内部采取最大限度的谨慎，确保不犯错误；另一种想要确保分歧发生在项目的内部而不是外部。当然，任何项目都应该确保在论文发表之前消除大家都同意的琐碎错误，但我们关注的是更深层次的分歧。要么隐藏深刻的分歧，要么把分歧暴露给更广阔的社会。证据个人主义者试图隐藏科学上的分歧；证据集体主义者很高兴让它们公开露面。如果证据个人主义成为一体化的国际干涉仪社区的精神，我们也许再也看不到任何分歧，在行动中再也看不到实验者的困境。我希望这不会发生，因为暴露冲突有助于让公众对科学的期望变得更加现实，科学与公众的关系就会更健康。如果"明显的分歧是失败的前兆"成为一种常态，科学本身可能会受到伤害。因此，我希望我能够记录未来的 LSC 中发生的任何分歧，即使领导层设法把它们限制在项目中。我希望我能记录实验者的困境在多大程度上仍然起作用。但是我保证，我的分析将落后于他们的分析。在我公开讨论之前，科学家们有足够的时间根据他们的喜好来处理事情。

43.2.2 再谈引力波科学与其他科学的相似性和差异

引力波科学是高风险的长期项目，因此它不代表大多数科学家的日常世界。能不能从这个项目推广到更广阔的科学世界？不能，如果目标是了解实验室里的普通生活；能，如果目标是了解科学作为我们最可靠的知识来源的作用。

无论是物理科学还是社会科学，都不一定是通过研究具有统计代表性的案例来取得最佳效果。[1]例如，在某些类型的高能物理中，为了确定真相，需要寻找最好的图片，显示粒子在受到巨大作用力时发生的情况。正如导言中指出的，同样的情况也可能适用于社会群体：只有当合适的群体出现在合适的极端条件下，我们才能看到我们想要看到的过程。引力波探测科学出现在极端

---

[1] 社会学家有大规模调查的传统，他们对代表性抱有错误的信心。

的条件下。科学很难，台阶函数中的台阶很高，科学不安全，受到外部攻击。这些力量确保这项工作必须得到有力的辩护，更容易看到其深刻的假设、内部和外部的理性和政治策略。同样，压力从小到大的增长以一种特别戏剧性的方式出现，因为 LIGO 是第一次在短时间内做出这种改变。一门特殊科学的特征，一旦由于特殊条件而被揭示出来，就可以应用于其他科学，就像显示单个粒子受到巨大作用力的气泡室照片，可以推广到所有其他类似粒子的性质。

　　一方面，也许 LIGO 这个组织的特点使它成为机构变革和控制的一个糟糕的模型，这是本书后面大部分内容的主题。通过 LIGO 了解如何平稳地从小科学过渡到大科学，当然是不明智的。另一方面，LIGO 这个组织的特点让它受到特殊的压力，再次揭示出更深层次的力量在发挥作用。我的主张是，这里对过渡阶段的描述，可能对下一个需要经历类似过渡的科学项目有用；LIGO 展示了在完全失败之前可能发生的最坏情况，可能也展示了如何避免未来的陷阱。

　　引力波探测也不同寻常，因为国际合作不仅仅是财政吃紧的问题，它是科学的组成部分。虽然特定的选择可能受到具体的科学必要性的影响，但成本和收益的一般分析是不受影响的。如上所述，确实可以说，合作的科学重要性以有趣的方式突出了困境和选择。

　　对上限的分析中的"哲学"部分，也就是上限对不同受众的不同含义，没有什么特别之处。上限可以表明，一个实验即使什么也找不到，也可能在某种意义上是有效的。正因为如此，即使在几乎没有天体物理意义的地方，上限也可能对 LIGO 有特殊的重要性，因为在产生正面结果之前需要资金。但这并不影响对上限的一般分析。

　　本书描述的大多数科学主张都有争议。一方面，在这个领域提出的每一个发现都是在争斗的历史背景下提出的，我们已经看到这影响了审稿和发表。从出版实践来看，引力波科学是典型的有争议的科学，而不是正常运行的常规科学。另一方面，如果我们想了解同行评议的作用，研究类似的因为深层次的利益分歧而产生困难问题的地方（这种地方适合研究科学，而科学源于对知识性质的关注），有争议的科学就是正确的地方。

　　最后，引力波科学在本质上是深奥的，明显是核心群体的专家的事情，而我们大多数人遇到的大多数科学并非如此。这使得这门科学与公众的关系变得很特殊。然而，我认为，这个案例的"纯粹性"和"坚硬度"使它最适合用来探索专家、非专家和准专家的关系的哲学和道德困境。

43.3　本书在科学知识社会学中的地位

　　在 20 世纪 70 年代早期，我们对科学的理解将发生革命，我很幸运地为此做出了贡献。众所周知，太阳底下没有新鲜事，跟所有的革命一样，这次革命有许多前兆。[①] 尽管如此，在 70 年代，似乎正在建立新的思考和分析科学的方法。现有的主要科学哲学认为其主题是这样一种逻辑：实验产生了固定的数据点，科学哲学的工作是展示它们和理论的关系。主要的社会学关注的是发现一套"规范"，解释科学家如何确保他们的产出得到严格的质量控制，保证数据点是可靠的。70 年代发生的是，分析者们开始更加密切地观察正在建立数据点的实验室和科学家网络中实际发生的情况。新的哲学思想启发了分析者，让我们把科学看作一种语言——许多语言中的一种，

──────────

① 最值得注意的是路德维克·弗莱克。

而不是一种站在人类话语之外和之上的逻辑。我们发现，科学实践既不支持主要的哲学模型，也不支持科学的社会学模型；科学家没有按照哲学家和早期社会学家为他们构建的模型行事——科学家不能按照哲学家和社会学家认为有道理的方式为科学行事。

随着革命的发展，新的社会学方法应运而生。不是把科学看作一种理念，也不是把科学家看作均匀的群体，而是研究创立特定科学知识的案例，而且越来越有吸引力。科学知识社会学 (SSK) 研究领域的边界由科学问题来定义，而不是关于科学家群体的问题。"科学家"这个调查主题被另一个主题取代了——"这个或那个发现或非发现"。

那时候，每篇新论文或者每本新书都是一个嘹亮的口号："用这种新方式看待科学——它更有趣，令人兴奋！""新方法"的一个特色是，科学结论需要解释，这意味着它们不能成为解释。我这个分析者不得不忽视这件事的科学事实，提出了循环论证："这个事实之所以成立，是因为它是真实的。"如果新方法要有意义，科学真理就必须从解释方程中剔除。

这种看待科学的方式成功地激发一些相当激进的主张，包括我提出的一些主张。事实证明，只要有足够的独创性，你就可以把任何科学真理解释为特定科学群体内开展社交生活的结果；不同的科学家群体，使用相同的理论和实验方法，可以支持不同的真理。回过头来看，这种新方法能够支持非常激进的世界观，这并不奇怪，因为这就是科学中的世界观，正如我们在本书中看到的那样——不同的真理确实在科学中肩并肩地存在，至少在短期内是这样的。随着革命的发展，新书和新的论文反映了以这种方式可以取得的成就正在逐步实现。作者们给出一个总结部分，揭示他们越来越激进的资历；我们了解到，在保持这个世界相对不变的情况下，可以相信的东西多么少啊！所有这些对革命的实现至关重要。我们必须摆脱自满的心态，让自己和同事把科学看作比想象中更丰富的活动。

时间过去了，《引力的影子：寻找引力波》写完了，似乎这是做事情的正确方式。当然，"科学战争"——一场令人不快的嘴巴仗，发生在一群自命不凡的科学发言人和社会科学家之间——还没有结束多久 (如果已经结束了)，因此，在宣布革命 30 年以后，本书也许更有助于确立一种潜在的变化。[1] 也许这是用有色眼镜看这场革命——它可能只发生在分析科学的分析者中间。在这种情况下，本书可能不仅仅扮演巩固的角色。

43.4 科学史和社会学的 3 种方法：技术史、中程和文化研究等

本书代表了科学社会研究里一种积极的选择：方法论相对主义。正如我们看到的，方法论相对主义故意避免关注科学的论证，以便更认真地研究科学的社会关系。这并不涉及哲学本身的主张。在某种意义上，这个立场占据了中间的位置，但这不是妥协。选择这个立场，不是因为它占据了中间的位置，而是因为它做了正确的工作。

第 42 章研究了我这个分析者在进行这种研究时必须做的科学判断，尽管有方法相对主义的原则；目光不能总是不落在科学上。在这个研究里，旋进双中子星的理论和干涉测量的思想被认为是没有问题的；它们是固定的背景——方法论相对主义行动的"场景"。什么是场景，什么是

---

① 我将在下面更详细地讨论科学战争。另见 Labinger，Collins(2001)。

行动, 往往取决于分析者。我收到了两篇不请自来的关于引力波科学的论文, 我把它们当作场景 (在这种情况下, 它们跟我收到的 "用绿墨水写" 的信都是引力波科学的 "侧翼")。

这些选择是方法论的, 而不是逻辑的或哲学的。如果我做的是更激进的科学社会学, 我可以选择把干涉测量或双中子星作为分析的主题——作为行动, 而不是场景。我也可以同样地处理那些不请自来的论文, 把它们当作我的研究对象; 我将研究物理学家把它们排除在引力波物理以外的过程。如果我打算做一些更激进的事情——假设我的主题类似于 "科学在西方的意义"——甚至可以分析 "绿墨水" 信件被拒绝的过程。事实上, 在这项研究中, 我在确定边界的工作上只落后于科学家一点点。在更激进的研究中, 分析者将落后得更多, 边界将更加广阔。

我们可以用这个想法回顾现在对科学进行社会分析的不同方法。请注意, 这幅图像与科学家自己做出的选择有很多共同之处, 从科学假设的大坝的想法 (我在第 5 章里用作比喻) 可以看出。回想一下, 乔·韦伯被描述为从大坝上移除石头, 以阻止科学不可能性的水淹没他的发现。用上一个比喻来说, 他的批评者想把一系列的假设作为场景的一部分, 韦伯希望它们仍然是行动的一部分。更仔细地看, 我们注意到, 可以选择移除的石头的深度或深刻性。在大坝的深处挖掘, 就会清空科学的水库, 让杂草在科学的湖床上生长——所有的一切都是行动, 什么都不会静止。

科学的社会分析者面临的方法选择就像韦伯的选择。哪些应该保持不动, 应该有多少行动? 不同之处在于, 我这个分析者没有试图对大坝进行永久性的改造, 只是暂时地改变石头, 以便更好地检查大坝的组装过程。《引力的影子: 寻找引力波》检查了大坝顶部附近的石头锚定情况; 其他分析者可能会选择更深入一些。社会学家马尔科姆·阿什莫尔 (Malcolm Ashmore) 帮了我们大家一个忙, 他在大坝上挖了更深的洞, 展示了这是怎么做的。我怀疑他会觉得使用 "绿墨水" 写的信作为社会学探针是很自然的, 表明我们围绕着我们社会的科学概念建立的界限。据我所知, 我和阿什莫尔的争论不在于他的逻辑, 而在于他对问题的选择; 这是一个社会学策略的问题。

也许可以用这种方法更广泛地对科学的社会研究进行分类。例如, 场景最多、行动最少的最狭窄的边界是由 "科学的技术史学家" 设定的, 这是我从杰德·布赫瓦尔德 (Jed Buchwald) 那里学到的术语。科学的技术历史学家再现了科学家的思想, 沿着科学家穿越世界的道路, 以大致相同的方式关闭可能性的分支树。这种历史的一个特点是, 它需要的技术专业技能跟原始的科学一样多。(当然, 原始的科学家也必须提出新问题和寻找新答案。) 这种分析的另一个特点是, 它很可能得到科学家的认可。科学家会认出这种推理方式, 并感到亲切, 因为它非常接近他们自己的推理方式。结果是, 这种研究不太可能以不同寻常或令人惊讶的方式揭示科学 (相对于历史), 因为这种研究非常接近科学本身。也就是说, 这种叙述可以像科学本身一样深奥, 往往有一小部分专业读者。[①]

在本书里, 我离这种科学的亲密拥抱更远了一些。这样的研究, 有更广阔的边界; 与技术历史相比, 场景更少, 行动更多。因此, 这些研究不太依赖于技术理解。我认为, 交互式专业技能足以进行这种分析。由此几乎可以推论, 由于上一章概述的所有原因, 科学家不可能立即对这项工作感到满意。在这里, 我这个分析者找到了一种理由确定什么是科学真理, 这个理由与科学家世界里的理由有些不同。在这样的研究案例中, 很难让科学家欣赏这种奇特的观点。然而, 随之而来的是, 有价值的反常识结果更容易产生。还有一种可能性是, 这种观点可以更容易跟科学特别是科学政策相结合。所需专门知识水平较低的另一个后果是, 尽管仍然需要一些科学知识, 但是与技术史相比, 本书的读者范围更广泛。

离科学前沿更远的是学术分析, 甚至没有专家的交互式专业技能也可以做。典型的分析是把

---

① 当然, 它可以普及, 并获得大量观众, 但我说的是学术研究。

科学视为一种文化形式，通常借鉴其他类型的文化研究。符号学 (对符号的研究) 同样适用于科学和艺术作品；在这种方法里，科学只是话语。这种方法最著名的例子是布鲁诺·拉图尔 (Bruno Latour) 和米歇尔·卡隆 (Michel Callon)。从本质上讲，这种方法对实践者或消费者要求的科学知识更少，可以吸引跨学科的受众。卡隆和拉图尔成功地吸引了来自一般人文学科的观众。艾伦·索卡尔 (Alan Sokal) 的著名作品发表在一份按照这种传统出版的杂志上，刊名《社会文本》 (Social Text) 真是恰如其分。

因此，在这个模式中，就科学的技术性而言，本书比技术历史学家离得远，但是比文化分析者靠得近。我已经说过，技术历史学家需要他们所研究的科学方面的贡献式专业技能，方法相对主义者只需要交互式专业技能，而符号学家和文化研究专家则很少或根本不需要科学专业技能。[①]

这里选择了三种可能性的中间一种，因为它可以提供科学的新观点，但这些观点并不是太激进，不太可能跟科学家的世界发生冲突。用一个科学的比喻来说，这是阻抗匹配的问题，或者说，阻抗匹配的一般原则就是一个例子：如果这个东西要影响那个东西，它们俩在本质和维度上必须存在某种关系。激进的哲学为我们打开了分析新问题的视野，但这并不是问题的终结。考虑一下，你永远不会跟做实际研究的科学家说："你的结论的问题在于归纳的问题。"如果哲学批评太抽象了，就会破坏整个主题，或者完全不起作用。这并不是说，像归纳这样的问题不能成为一套新的探究方式，但艺术是找到一套与世界打交道的询问方式；哲学问题本身不会这样做。我认为，相比于不那么激进的方法或更激进的方法，方法相对主义有正确的实质和规模，可以跟科学产生特别有趣的互动。[②]

许多科学的分析者不愿意自称为方法相对主义者，例如那些与爱丁堡"强纲领"有关的人，甚至一些"现实主义者"，实际上他们是实践中的方法论相对主义者，陷入了我提倡的中间道路。事实上，我自己的早期作品就符合这种描述，尽管当时我认为自己是一种更激进的哲学相对主义。回顾我以前的出版物，我从哲学相对主义转向方法论相对主义，我发现没必要修改任何东西，除了一些华丽的修辞。这是因为方法论相对主义的信息只是集中在社会原因上，这是所有好的社会历史和科学社会学已经在做的事情——只要基本哲学不会阻碍这种方法。

这应该不奇怪，因为作为一种方法，方法论相对主义应该与许多哲学立场相容。[③] 从另一个角度考虑马丁·鲁德威克 (Martin Rudwick) 的《大泥盆纪的争议》(Great Devonian Controversy)——这是一项历史研究，试图探讨解决争端的详细办法，以期建立现实主义的观点。方法论相对主义者唯一想改变的是故事中两个边缘人物受到的关注。[④]撇开这一点不谈，鲁德威克试图以一种方法论相对主义 (尽管他没有用这个术语) 的方式进行有效的分析。如果鲁德威克把他的哲学主张调转 180 度，对他的书也不会有什么影响。还可以考虑几个漂亮的历史研究，它们有助于我们对科学的现代理解，杰拉尔德·霍尔顿 (Gerald Holton) 对密立根的油滴实验的分析，以及约翰·艾曼 (John Earman) 和克拉克·格雷穆尔 (Clark Glymour) 对爱丁顿 1919 年日

---

① 参见 Latour, Woolgar(1979)，其中把科学无知宣布为一种美德。这并不是说，科学文化的分析者没有谁比我更有科学素养，只是这种素养不是这项工作的组成部分；其他层次也是如此。我们说的是什么水平的专业技能是必要的，而不是具体的实际情况。此外，为了避免被批评，大多数分析者倾向于展示尽可能多的科学技能，即使对他们的那种分析来说并无必要。

② 另见 Collins, Yearley(1992)。

③ 顺便说一句，我认为，尽管有许多相反的论证，哲学相对主义如果得不到证明，就可以维持下去。现实主义也一样。即使哲学相对主义可以被推翻，方法论相对主义也不会受到影响。有关这个争论的更多信息，请参阅 Labinger, Collins(2001)。关于这些立场的最新哲学讨论，见 Bloor(未发表)。关于对称性，见 Bloor(1973, 1976)。大卫·布洛尔 (David Bloor) 批评了方法论相对主义，但是我认为，这似乎是知识社会学"强方案"的对称原则的必然结果。哲学家布洛尔认为这个想法太"理想主义了"。关于这个争论，见 Barnes, Bloor, Henry(1996)。然而，在面对面的讨论中，布洛尔和我已经确定，虽然我们在哲学上可能存在分歧，但我们的各自立场对科学研究实践的影响几乎是相同的。布洛尔和我也同意，相比于有时被贴上"后现代主义"标签的更激进的分析形式，我们的立场非常相似。

④ 见 Rudwick(1985)。20 世纪 80 年代，我和特雷弗·平奇按照这些思路评论了他的书。

食观测的研究。这两篇文章都是历史学家写的，他们强烈反对哲学相对主义，几乎被归类为"科学战士"。[1] 然而，作为历史学家，他们的诚信仍然导致研究以实际上的方法论相对主义为依据（我相信他们会拒绝这个术语）；他们展示了科学家们如何用模棱两可的数据"构建"他们的结果，以及时代的社会背景如何导致人们接受这些结果。他们是这类研究中最好的。

43.5 科学战争

引力波在时空中引发涟漪，继而又在社会时空中引发涟漪，在适当的条件下，让我们相信有引力波——或者不相信。我想说的是，你看它的方式会影响对科学进行社会分析的方法论。但这是虚伪的。对因果关系的方向等事物的信念是世界上强大的力量之一，因为人们普遍认为，它们是强大的。在这方面，它们就像对神、圣餐和女巫的信仰。人的死亡是因为他们对此表达的信仰或不信仰，即使他们唯一的物理关联是他们表达的语言。亚瑟·米勒 (Arthur Miller) 的戏剧《炼狱》讲述了萨勒姆的猎巫，代表了这样的生死斗争，其唯一后果来自对信仰的表达。下面这段话引自该剧中猎巫人的话：

> 但是你必须明白，先生，一个人要么服从法庭的判决，要么反对它，没有其他选择。现在是关键的时刻，精确的时刻——我们不再生活在昏暗的下午，邪恶与善良交织在一起，迷惑了世界。现在，借着上帝的恩典，灿烂的太阳已经升起，不畏惧光明的人肯定都会赞美它。[2]

有些人经历过某些自然科学家和科学社会分析者的激烈争论，他们可以很好地理解米勒的戏剧。我自己也曾经被要求站在英国科学进步协会的被告席上 (噢，天哪)，皇家学会的一位研究员指着我的脸问我："你是不是相对主义者？"我们必须远离这种事情，认识到按照科学的诚信进行社会分析的时候，它们只是系统性的丰富多彩的学术研究世界的一部分。在这些研究中，重要的 (或者说应该重要的) 不是哲学，而是方法论。这仍然允许许多类型的研究，或多或少是激进的，取决于你围绕"正在形成的科学"划定的范围有多广。

本书选择的位置在科学家后面一点儿：远得足以让他们不安地发现，他们认为理所当然的世界不是我觉得理所当然的世界时，但是我希望又近得让这个分析显得既不奇怪，也不会跟他们的关注完全脱节。但是，如果我的受访者是坚定的科学战士，他们本可以找到足够的理由把我赶出他们的队伍。他们的宽容和 (当他们不那么宽容时) 他们的学术价值，使我能够在钢丝上保持平衡。这次漫游真是令人兴奋，我只能希望，他们不会认为我这些谨小慎微的观点没什么意思。

---

[1] 霍尔顿的情况不仅仅是"几乎"。这些作品是 Holton(1978)；Earman, Glymour(1980)。
[2] 见 Miller(1952) 第 84 页；取自副州长丹佛斯说的话。

第 44 章　乔·韦伯：个人的回忆和方法的注释

44.1　第一次接触

那是 1972 年的秋末。我是一名研究生,开始了 16 岁以后的第一次访问美国。我已经写信给所有我想采访的科学家,解释我是谁,我在做什么,但是没有要求他们回信。我说,我将在美国待几个星期,当我到达时,会联系他们安排面谈。我的理论是,如果我要求对我的信件作出书面答复,最简单的答复是:不,而且很难挽回局面。如果在电话里说,可能会有更好的机会。

为了这个项目,我带来的不仅仅是社会学的经验;例如,我和一个朋友经营我们自己的小生意,收集马、牛和猪的粪,并挨家挨户地推销。我们把袋子扛在肩上,沿着街敲人家的门。袋子漏了,在潮湿的一天,我们可以在几分钟内清理咖啡馆或酒吧。顾客对推销脏东西的臭兮兮的推销员的第一反应并不总是好的,但我们赚了很多钱。所以我习惯于创造机会,在不太理想的情况下让别人跟我互动。

乔·韦伯对我最重要。尽管我的博士论文不依赖于能不能跟他说话,但也差不多。最后,我从加拿大给他打电话。他拿起电话:

科林斯:你好,是韦伯教授吗?

韦伯:是的。

科林斯:我叫哈里·科林斯。几周前我写信给你解释说我会来美国,希望采访你,这与我的引力波科学研究项目有关。我们能预约一下吗?

韦伯:不,不能。你在要求世界上最珍贵的商品——乔·韦伯的时间。它比黄金更珍贵,比红宝石更珍贵,比钻石更珍贵。我不明白为什么要浪费在你身上。如果你是物理学家,我会考虑,但你不是物理学家。重要的是做物理,我没有时间做其他事情。这是非常重要的实验,我对此全力以赴。

科林斯:韦伯教授,我知道你的实验非常重要,这就是我选它作为我的博士研究的原因——因为它太重要了。我认为,围绕它的实验和辩论应该为范围更广的观众描述。我已经和许多参与该领域的科学家谈过了,但是,你当然是整个项目的关键。你是该领域最重要的科学家,如果没有你的贡献,我的项目将非常不完整。无论如何,我认为你的观点应该在我写的东西中得到正确的表示,因为我不想得到片面的图像。

韦伯:我要说的一切都已经发表了。你可以在我写的论文中读到我要说的话。除了你已经读到的,我没有什么要补充的了。

科林斯： 从物理学家的角度来看，你确实把你想在论文中说的话都写下来了，但作为非物理学家，我想问的问题在论文中还没有得到回答。例如，我想知道的一件事是你多久以及如何与其他领域的人接触。这是我问其他人的问题。我想检验他们给我的答案是否准确。另外，我想问问你的想法的来源——你是自己想出了这种探测引力波的方法，还是建立在别人的想法上。正如你所说，这可能都是浪费时间，但我愿意开车从魁北克到马里兰，自担风险跟你简短地交谈——比如半个小时。如果你是对的，没有什么新的东西可以学习，你也只是浪费了半个小时，但它将对我的项目产生巨大影响。因为我必须从魁北克开车去马里兰，这需要几天的时间，但我可以在接下来的任何一天……在你合适的时间来。如果我们约了半个小时，我会很高兴，再也不需要打扰你了。

韦伯： 好吧，这是你自冒风险。我认为这是浪费时间，因为我没有什么可说的，除了已经发表的东西，但如果你甘冒风险这样做，我会抽出半个小时，但是就这么长时间了。我不会谈论任何与科学无关的事情。我们可以在 10 月 12 日 (星期四) 中午 12:30 见面，或者稍后再见面，如果更适合你的话。既然你远道而来，我尽量提供方便。

科林斯： 谢谢你，韦伯教授——你真是太慷慨了，这对我的项目有很大的帮助。几天后我会在你的系里见到你，我很期待。①

44.2 韦伯在尔湾

那是 1993 年的春天。根据我的博士论文研究写的文章取得了巨大的成功，我成为科学知识社会学领域的著名学者。1975 年，我又一次采访韦伯；但自从 1976 年我采访德国引力团队以后，我对引力波研究中发生的事情没有太大兴趣。我一直在根据早期的工作发表材料，但我的新研究的重点一直在其他地方。

1993 年春天，我在加利福尼亚大学圣迭戈分校任教一学期。不知怎的，我知道韦伯有一些时间在这所大学的尔湾分校，从圣迭戈向北开车还算是合理。我和韦伯的上次见面已经过去 18 年了，但我认为再次见到他会很有趣，只是为了怀念"旧时光"。我只是想知道发生了什么。我往尔湾打电话，高兴地发现他在办公室。他比我记忆中的更温和，他很高兴见我。5 月 21 日 (星期五)，我开车去看他。

韦伯在尔湾分校有一个办公室，因为他的第二任妻子弗吉尼娅·特林布尔在那里有职位。令我惊讶和欣慰的是，他以友好的方式在那里见了我。也许他很高兴，他在 18 年前见过的人想再次

① 这段对话介于我们谈话的改述和重建之间——不幸的是，我没有录音，但我在笔记本上做了一些笔记，记录了"比钻石、红宝石等更珍贵的东西"的情感。然而，我对谈话的一般形式的记忆是相当清楚的。这是我生命中的重要时刻——没有韦伯的合作，我的整个项目看起来就会很单薄。我也很清楚地记得"钻石、黄金、红宝石"的说法，因为这句话丰富多彩，让我大吃一惊 (我可能把物体的顺序弄错了)。我已经用我后来对韦伯演讲风格的经验，填写其他的一些细节，这些我无法记得同样清晰。因此，虽然这绝不是逐字逐句的记录稿，但我相信，其内容、节奏和顺序以及谈话的风格与那天发生的谈话非常接近。我确实记录的是，我在 1975 年对一位受访者 (曾经是韦伯的同事) 的评论。我们谈论的是，韦伯在过去的 6 个月里变得更加温和、乐于合作。我说，与上次相比，安排我即将对韦伯的采访是一种乐趣。我这样描述了 1972 年的遭遇："我在脑海中刻下了我在 1972 年给他打电话，要求采访他。他对我说了很可怕的话。最后我确实见到了他，我真的很害怕跟他说话。"

跟他说话。我很快发现，我最初的假设 (他以前的工作不再是生活的中心) 完全错了。韦伯仍然沉浸在引力波里，似乎比以往任何时候都更确信，他的想法不仅正确，而且是革命性的。他发明了一种新方法，分析共振棒的灵敏度 (它的"截面")，相信它比他以前 (做早期备受批评的工作时) 想象的要灵敏一百万倍。韦伯现在有了盟友，正如他说的：

> 阿马尔迪要求意大利最杰出的理论工作者——朱利亚诺·普雷帕拉塔——研究我的截面计算。他是米兰大学的理论物理学教授。普雷帕拉塔仔细检查了我的分析，告诉阿马尔迪，他认为这是错误的。他接着发表了一篇论文，认为这是错误的。但是大约一个月后，他又有了新想法，他做了完全独立的分析，出乎意料地得到了我在 1984 年和 1986 年发表的相同的截面。从那时起，他就站过来了，成为支持者。(1993)

圭多·皮泽拉领导的意大利实验团队也支持他，但是韦伯说，他们有些"动摇不定"。他告诉我，这是令人兴奋的时刻，我重新进入了这个领域，我们对引力波与物质相互作用的理解，即将发生重大的革命。我了解到，大型激光干涉仪是浪费纳税人的钱，本质上是一种骗局。新的截面计算让它们过气了。然而，韦伯正在跟强大的根深蒂固的力量进行战斗。

> 当然，如果 1984 年的截面是正确的，它将阻止美国国会把 2.11 亿美元给予加州理工学院。(1993)

韦伯发明的普雷帕拉塔重新表述的新理论，不仅适用于引力波，还适用于中微子的检测。中微子很难发现，它们可以通过大量的物质，对轨迹没有影响。传统上，为了检测中微子，使用非常大的液体储罐，希望储罐中有几十个原子因为它们的通过而发生嬗变。韦伯相信他可以探测到中微子，用小得可以拿在手里的晶体就可以。

从我上次见到韦伯后，他的年龄更大了，个子更小了。他仍然像蟋蟀一样活泼，但是两天前，他已经 74 岁了。我记得，他穿着宽松的海军蓝西装，白色衬衫，打着领带。他的裤子有点短，他的鞋看起来像是在棍子的末端，加上灌木丛般的头发，给人的印象是爱因斯坦般的聪明与古怪。

尔湾校区主要由混凝土构成，覆盖着大量的红色九重葛。这是一个晴朗的日子，天气炎热、阳光明媚。我们穿过校园，去自助餐厅吃午饭。我记得韦伯穿着卓别林式的西装，站在阳光下、在红色的鲜花包围着的混凝土拱门前，韦伯手里拿着一个圆柱形的硅晶体，他说可以用来检测中微子，替代充满液体的巨大的地下储槽。我以为我有这个场景的照片，但结果发现这是我拍的两张照片的虚构组合：一张是韦伯在他的办公室拿着晶体；另一张是韦伯在拱门里拿着九重葛，而不是晶体。衬衫不是白色的，而是条纹的，但我对裤子的记忆基本上还是对的。

韦伯和我共度了一天，进行了愉快的交谈。他看起来快乐又轻松；他为第二任妻子感到骄傲。他告诉我关于他家庭的一切——第一任妻子如何去世的，以及她的家族 (包括他的儿子) 如何受到一种基因的折磨，这种基因使得他们的胆固醇水平很高，在年轻的时候去世。他告诉我，他的第二任妻子受到广泛追捧，虽然她不是犹太人，却选择了一个犹太男人；虽然他比她大 24 岁，但还是幸运地与她结合。

我是因为好奇才去看韦伯的，只是为了重温过去的时光。然而，在这天结束以后，我决心跟进他告诉我的一切。我申请的研究项目 ("科学思想的苟延残喘：引力波和网络") 刚刚开始。我要申请一个为期一年的项目，能够探索韦伯告诉我的东西；去意大利采访普雷帕拉塔和皮泽拉；和一些怀疑者交谈，找出他们对最新革命的看法。我想我很可能会得到资助——那是"自然的"。我可以在一年内完成这项研究。我完全没有想到，十年后我还会做引力波的研究。

　　韦伯的早期工作,以及他的批评者的工作,是我最著名的期刊论文的灵感,也是我很大一部分职业声誉的来源。此后,我做了很多其他的事情,但是韦伯与我的这次谈话引发了我职业生活的另一个阶段。

44.3　最后一次采访

　　韦伯在 1993 年承诺的革命没有发生,但他振作精神,申请一个又一个项目。在关于其他事情的一次谈话中,他经常转过话题向我保证,他无意自杀,还向我介绍了其他一些自杀的科学家的情况。他解释说,他美丽的妻子支持他。

　　但事情不太顺利,韦伯也变老了。当我遇见他时,他不再那么友好了。有一次,我早上 9 点 15 分到达,而我预约的是 10 点,我在走廊上碰到了他,当时我只是在查看他在马里兰大学的办公室的确切位置,以便在指定的时间返回。他冲我发火——"你甚至不知道如何准时。"然后他大声说,如果我要记录什么,他就什么也不说。我不得不重新谈判录音机的使用。这种愤怒并不是单独针对我的——他正在失去引力波领域中以前的同事和熟人的同情,因为当他们不同意他的意见时,他表现出愤怒和轻蔑。

　　他的谈话变得更可预测:与其说是交谈,不如说是一遍又一遍地重申他的理论。在那个阶段,我想看看早期的文件和信,但他坚持要我用大约 1 小时听我已经完全熟悉的理论,然后才能花几分钟处理文件。我认为,这些令人沮丧的遭遇的原因是,韦伯不明白,任何了解他的理论的人,为什么不能被这些理论说服。所有的学者都是这样。只要经过合适的解释,我们认为正确的东西就都是自明的,如果我们不相信这一点,自己就没有理由相信它。但是我无法说服韦伯,我的工作不是相信或者不相信——我的工作只是记录其他人的坚定看法。

　　在一次采访中,应该是倒数第二次,韦伯再次向我解释了他的中心晶体仪器的理论。他在马里兰的办公室非常杂乱,在一个角落里,只有我们两个人坐的空间,他借助黑板解释这件事。[①] 韦伯画了一张共振棒探测器的图,用箭头显示声子前后反射的方式,每一次通过都为压电晶体提供能量。

　　大约 6 个月后,我又去了马里兰大学的办公室。韦伯仍然坚持解释他的理论。他又站起来在黑板上画。但令他惊讶的是,他需要的图已经在那里了。这是他 6 个月前为我画的。我是唯一的访客吗?

44.4　乔·韦伯死了,我作为社会学家的

生活变得更容易了

　　大约是 10 点 8 分,星期六的晚上——2001 年 2 月 3 日。我马上就要做晚饭,但是我用半小时为本书的这一节做一些工作。实际上,我正在研究韦伯 1976 年的论文并列出其内容。我突然

---

　　① 顺便说一句,我见过的唯一一间更杂乱的办公室属于罗恩·德雷弗。有什么值得研究的吗?

意识到，这太容易了，因为乔不会读它了。我不用考虑乔是不是认为我公平地描述了这篇论文，或者乔是不是认为我把所有的技术都写对了，或者乔是不是真的想让我说某些我要说的话。如果他还活着，我会说他"不是很有风度地"承认他的计算机错误吗？我不知道乔是否会受到伤害，因为我指出，这篇论文尽管付出了巨大的努力，但是在发表的那一刻就被遗忘了。我知道，我以前的作品受到韦伯和他的某些熟人的攻击，因为他们认为它对他有偏见；我能看到的唯一"偏见"是，它没有直截了当地支持他的想法。

我可以诚实地说，我希望这听起来不会太自作多情——我希望这项工作不会因为韦伯的去世而变得容易。他不喜欢我写的关于他的东西，因为他永远看不到比科学和科学方法更远的东西，他认为社会学 (或者任何其他占用实验室时间的评论) 就是浪费时间。当采访开始的时候，他总是很疏远、很难接近，在通信的时候，他总是很正式，但是当我和他共同度过 1 小时以后，他会开玩笑，发表对自己和批评者的尖刻评论；就像其他许多人一样，我不禁对这个人产生了一种奇怪的感情。这个人在学术上存在的理由已经没有了，但是他的精神并没有崩溃——这种固执很有感染力。

尽管乔·韦伯对我的生活有影响，但是总计下来，我和他在一起的时间没有多长——也许总共 24 小时。有相当一部分时间，他对我大喊大叫；另一部分时间 (更大的比例)，他重复地讲我已经知道的事情。但正是他对他的想法的不屈不挠的热情，在 20 世纪 90 年代中期鼓励我进一步研究引力波的事业。每当我和韦伯交谈时，我都觉得我手头有一个很棒的社会学项目。1993 年当我离开他的时候，我想知道他和那些研究共振棒的同事们发生了什么，而不是研究干涉仪。干涉仪后来才变得有趣。

但是现在乔·韦伯死了，我还感觉到其他的东西：一切都容易多了。对于研究当代案例的社会学家来说，每个词都是由活着的、喘着气的人判断的。在我写的文字中，我正在重塑那些最初创造它的人的世界。这意味着，我比其他作家有更多的裁判。通常的团队包括社会学家和所有我必须满足的读者，以及我的资助机构，我的另一个自我告诉我：我写的是垃圾。但我的裁判也包括我的受访者，有两种形式：那些虚拟的和预期的人，那些真正等在那里、有时会让我很难堪的人。

事实上，这是我喜欢当代社会学而不是历史的一个原因；在穿过熊熊烈火、完好无损地走出来的过程中，有一些东西是令人满意的，尽管当时很痛苦。乔·韦伯的烈火已经扑灭了，虽然它更容易，但我对享受凉爽的微风感到有点内疚。

法国后现代主义文学批评中有一种流行的说法："作者死了。"这意味着，小说或任何其他艺术作品一旦写完了，就会传递给它的解读者和评论者，作者本人的意图是没有意义的。在当代社会学中，作者并没有死，因为一项扩展的实地研究的健康取决于多个作者 (受访者) 容忍解释者的解释。如果要保持诚信，解释者有时候必须改变作者对他们的世界的理解以及他或她自己的理解。但现在，在乔·韦伯这个案例中，作者在字面意义上死了，这意味着他在隐喻意义上也死了。

44.5　乔·韦伯死了，我作为社会学家的生活变得更难了

现在是 2001 年 2 月 19 日。我花了很多时间，回顾韦伯事业的第一个 10 年。我的第一次访问是在 20 世纪 70 年代，我读了一些我能找到的论文，但我的大部分理解和分析来自对科学家的采访——1972 年和 1975 年的采访，我在本书中广泛引用了这些采访。我对这个时期的最后访问，更多的是阅读我多年来收集的已发表的论文、会议记录、信件和任何其他文件。在第一次和最后一次访问之间，有 3 件事发生了变化。

44.6　时 代 变 了

我试图描述和记录的巨大社会变化已经发生。当我在 20 世纪 70 年代早期写作的时候，韦伯发现的很多意义重大的引力波仍然有可能存在；我们仍在处于发现的过程。人们可以谈论韦伯的引力波而不会感到愚蠢或者被嘲笑——不会觉得自己做出了可怕的科学失礼行为。在这个时期快结束的时候，科学舆论的潮流迅速转向反对韦伯，但还没有定型。韦伯的失败最终体现在他的最新论文对科学同行们完全没有产生影响，但是，完全没影响这件事需要时间才能显现出来，就像任何其他无效的结果一样；很难证明没有产生社会影响，就像很难证实引力波的存在一样——事实上，它们是同一个过程。

44.7　乔·韦伯死了

作为科学社会学家，建立一种"对称"的观点并不容易。到 1975 年为止，我交谈过的几乎所有科学家都告诉我，乔·韦伯大错特错，即使他们不愿意写出来。保持我与这种日益增长的共识的"疏远"，变得越来越困难，但我有一个巨大的优势，就是能够和乔·韦伯交谈。乔·韦伯是很棒的谈话者。和我交谈的时候，他除了对自己成绩的绝对信心，从未表达过任何话，而且他很擅长一次又一次地争论，就像从帽子里变出兔子一样，展示他为什么是对的，批评者为什么是错的。所以，如果我刚刚采访了一群韦伯的批评者，努力保持我的疏远和对称的立场，我就会和乔·韦伯聊天，最后带走充满了信心的录音机。当我想起我们的谈话时，或者如果我听了那盘磁带，就好像吃了一粒"对称药丸"或喝了一口"疏离药水"。正如我描述的，当我在 20 世纪 90 年代中期开始第二期严肃的实地考察工作时，我这样做是因为我从韦伯身上获得了大量的对称性，并发现还有其他人 (如圭多·皮泽拉和朱利亚诺·普雷帕拉塔) 也可以给我开对称药的"处方"。但是现

在, 韦伯和普雷帕拉塔都死了, 所以我的药品供应正在枯竭, 越来越难保持对称性了。在 2001 年, 社会时空中没有发现韦伯式的引力波通量。如果我想要享受韦伯式的引力波, 就必须自己复活它们。①

44.8　剩下的是通过密集介质折射的文字

就在同一天, 我参加了一个关于我们如何感知的讲座。报告人让我们听倒着放的齐柏林飞艇乐队 (Led Zeppelin) 的音乐。我们应当听到一个秘密信息, 据说这是乐队向撒旦邪教的真正信徒发出的信息。但是人们能听到的只是摇摆不定的声音, 而"撒旦"这个词念了两遍。然后, 报告人把据说应该听到的单词投影到屏幕上, 然后再播放一遍; 看到这些单词后, 你就可以比预期更容易地听到它们了。

当我现在读到乔·韦伯、迪克·加文和其他人 (如大卫·道格拉斯) 的通信时 (我刚刚读了), 我知道事情的结果。我读了这封信, 就像通过一个模板, 让我专注于韦伯在哪儿出了问题, 把他所有对的地方都藏起来。模板的模式是, 韦伯拼命隐藏他的错误和改变他的位置; 他扭动着身子, 努力在岛上站稳脚跟。知道他要淹死了, 我看到他的脚和手抓住和滑动, 有一次我看到他紧紧地抓着和爬着。抓、滑、抱、爬, 几乎没有什么区别——这正是你准备好要看的。

阅读已发表的论文也是一样的。我知道, 韦伯提出的论证将被忽视。知道了这一点, 他们认为这是徒劳的斗争, 而不是对他的批评者的决定性反驳。"作者死了", 这些论文的意义现在完全掌握在读者手中。我的解释的主要来源是对现在围绕着我的所有活着的读者的解释。

写完这篇文章以后, 我在 1975 年对韦伯的采访记录 (第 8 章) 的末尾, 偶然发现了以下评论。面谈结束后, 正如我在文字整理稿里看到的, 我去马里兰大学的自助餐厅, 在那里反思。我的笔记本上写着:

> 我现在坐在马里兰的自助餐厅里, 用我的录音机做一些评论。
>
> 我注意到, 同我跟道格拉斯、莱文和加文交谈相比, 跟韦伯交谈后, 我产生了完全不同的印象。

现在我从在纸上做笔记转变为对着录音机讲话。后来我整理了这段话:

> 与韦伯交谈后, 我离开时的印象是, 道格拉斯和加文等人有一个真实的、真正的、东北海岸的阴谋——推翻韦伯, 他们成功地让《物理评论》拒绝了他最近的一篇论文, 还让他整个项目几乎因缺乏资金而崩溃。
>
> 韦伯自己完全相信, 大自然将为他说话……他的最新结果证明了这个效应, 有 4.5 个标准差的统计显著性, 他认为, 没有其他人得到它的原因是, 他们使用了错误的算法或其他什么原因。德国的小组只在 16 天的工作里使用了正确的算法。②

这是重点。我在各种不同的"现实建构"之间穿梭。考虑到历史的发展, 科学家阅读上面的

---

① 随着弗拉斯卡蒂团队发表了新声明, 这种情况将在 2002 年再次改变。

② 韦伯说,《物理评论》拒绝了他最近的一篇论文。我认为这反映在 Lee 等 (1976) 这篇文章在提交和出版之间的长时间延迟。

文字记录时，几乎不可能想不到"但是韦伯错了。如果科林斯相信他说的话有任何价值，那是因为他决心要保持开放的头脑，以至于他的脑子都掉出来了"。确实如此，因为现在我们有了 2003 年的科学。

更糟糕的是，甚至连我也在努力让它对我有意义。加文和莱文在第 9 章里给出的观点，当韦伯降低他的阈值时，他得到了大量的零延迟事件 (800 个)，以及很高的统计意义，我对此感到震惊。我也对第 11 章注释 (第 127 页，注释①) 里"热力学第二定律"的论证深感不安。对我来说，这些争论是"决定性的证据"。但我现在不能去找韦伯，征求他的解释。我不能编造他会说什么——他比我更了解他的科学，因为他经历过它，因为他是物理学家，而我是社会学家。这就是乔·韦伯去世而导致的社会学问题。

44.9 后 记

我没有和韦伯在一起待过很长时间，我的处境和物理学家不同。这可能是他以前的同事失去耐心、认为他对他们和科学构成威胁的一个原因。韦伯坚决拒绝放弃自己的想法，成为一名光荣的"元老"。大卫·布莱尔向我解释过一次：

> 如果韦伯为自己做一件聪明事——政治、社会和其他一切——他会说 (但也许不是真实的，也不是真正正确的事情)："嗯，是的，我承认我错了，所有这些。"然后他将是这个领域里令人尊敬的领导者。而且，我们会在每一堂课上都称颂"乔大叔"。人们试着让他接受这个角色。

> 实际上，1988 年是我在珀斯主持会议，当时普雷帕拉塔攻击韦伯，当时他还没有提出同意韦伯的理论，从那以后，我完全被韦伯吓倒了。我曾经有过这样的经历——我在墙边站了大约 2 小时，大声喊叫，此前和此后，我经历了很多次；但我是那次会议的组织者，我给韦伯安排了一个特别报告，作为这个领域的创始人，试图让他稍微改变自己的立场。不幸的是，这个报告是错误的——这个报告持续了大约 30 分钟，最后他站着对我尖叫，因为我允许普雷帕拉塔发言，而不通知他，以便他可以准备辩护或其他什么事情。(1996)

但是，布莱尔和其他熟悉韦伯的人，似乎仍然有和我一样的感情；这个人很让人沮丧，但是他始终保持着积极的心态。

对于新一代的科学家来说，他们只是通过他的工作认识这个人，他要么不知道如何做统计，没意识到自己不知道，要么故意歪曲记录来支持他的想法。对这些批评者的反应强烈，他们就会明白，一旦世界被重塑，人们对自己生活的看法就会改变。我的一位受访者最近给我写信，他引用了一篇著名的文学文章：

> 我忍不住，当我读到韦伯时，每个词似乎都在喊"怪人！"，包括"和"和定冠词。①(2002)

---

① 最初，玛丽·麦卡西 (Mary McCarthy) 说的是莉莲·海尔曼 (Lillian Hellman)。

第 45 章 尾　声

本章报告了自 2003 年夏天, 书稿的主要部分完成以来的发展。一切顺利, 一个进展是, WEBQUOTE 的材料的永久纸质副本存放在美国物理学会的尼尔斯·玻尔图书馆 (位于美国马里兰州大学)。

45.1　停工的声明, 2004 年 3 月

45.1.1　弗拉斯卡蒂的结果

弗拉斯卡蒂团队继续支持他们在《经典和量子引力》(CQG) 中发表的标新立异的结果。虽然承认这只是表明一些有趣的东西——"看这里"——他们坚持他们发表的权力。应该记得, 萨姆·芬恩曾写过一篇论文, 发表在 2003 年初的 CQG 中, 宣称他们的结果毫无意义, 因为它不是由于偶然产生的概率只有大约 1/3。芬恩的计算依赖于这样的假设: 由弗拉斯卡蒂小组挑选出来供审查的直方图中的特定延迟箱, 是在收集数据以后才选择的, 而不是事先选择的。皮亚·阿斯通领导的弗拉斯卡蒂团队开始在支持正统观点 (经典统计方法) 的假设的大坝上撬新的石头了。阿斯通引用了一些论文和阿戈斯蒂尼 (D'Agostini) 的一本新书, 宣称经典的统计数据有很大的缺陷; 贝叶斯方法是必要的; 除非将结果与模型做比较, 否则人们无法理解物理结果。[①] 模型可以选择任何时候——关键的特点是, 它是独立于分析而选择的; 不必在分析前选择。[②]

2003 年 7 月, GWIC 会议在比萨附近的泰伦尼亚举行, 罗马小组对 GWIC 领导层提出的建议 (应该就统计方法和出版的前提达成全球协议) 做出的反应显示他们有摩擦。罗马团队感到自己被束缚住了, 并对所有提案投了反对票。尽管如此, 提案还是以举手表决的方式通过。因为这些协定是自愿性质的, 所以并没有外交危机。

为了说明真正的分歧存在, 在 GWIC 会议之前的阿马尔迪会议上, 一位访问弗拉斯卡蒂团队的年轻理论工作者告诉我, 他们的结果让他兴奋, 他相信弗拉斯卡蒂团队只是偶然发现了银河系盘作为潜在的源, 不是为了拟合数据而发明的。他还说, 银河系盘的方向在天体上是有意义的, 因

[①] 例如, 见 D'Agostini, Giulio(2003),《数据分析中的贝叶斯推理: 批评性的介绍》(Singapore: World Scientific)。事实上, 阿戈斯蒂尼是阿斯通的丈夫。

[②] 私人通信, 见 (Astone P G, D'Agostini S, D'Antonio, 2003), "Bayesian Model Comparison Applied to the Explorer-Nautilus Coincidence 2001 Data", *Classical and Quantum Gravity* 20, no. 17: S769-S784 (September 7, 2003)。

为星系盘供应了充足的中子星, 当它们遭受"星震"的时候, 可能会产生高频引力波。我们期待着下一轮弗拉斯卡蒂的结果, 这些结果被许诺在年底发布, 但令人失望的是, 并没有按时出现, 不能放在这里了。我将在网站: www.cardiff.ac.uk/socsi/gravwave 上报告进一步确认的事态发展。

45.1.2 国际联盟

到 2003 年 7 月, 国际联盟的组建和解散速度已经加快。其中一些运动的催化剂是弗拉斯卡蒂团队。由于 NIOBE 关闭, 以及弗拉斯卡蒂团队出于实际目的而自行其是, 只有来自帕多瓦的共振棒 AURIGA 和路易斯安那州的共振棒 ALLEGRO 仍然对共振棒联盟 IGEC 有贡献。AURIGA 决定与 LSC 共享数据后, 就像路易斯安那的 ALLEGRO 一样, 所以剩下的 4 个共振棒团队已经清楚地分裂成两派——研究干涉仪的人和独立工作的人。证据文化的差异是以完全的政治形式实现的。①

至于干涉仪, 日本团队 TAMA 和 LIGO 签署了数据分析协议, 但也和弗拉斯卡蒂团队签署了协议, 从而打开了紧张关系的大门 ("敌人的敌人是朋友")。GEO 与 LIGO 的结合越来越紧密, 尽管也有一个新的不稳定因素。弗拉斯卡蒂团队让人知道, GEO 的总领导伯纳德·舒茨与他们结成联盟, 进行统计分析; 他将担任他们的统计顾问。由于个人友谊和其他关系 (包括至少两次婚姻) 在成员经常见面的国际社会中发展, 国际合作和竞争网络也变得越来越复杂。个人联盟越来越多地跨越以签署的协议为代表的官方网络, 创造了意想不到的道德整合领域, 可能让那些更容易保持距离的群体尴尬。

2003 年 7 月, VIRGO 在合作问题上的长期困境变得更加紧迫。随着包括 VIRGO 在内的干涉仪的上线, 越来越清楚需要很多人运行干涉仪和分析数据流。② LIGO 用继续扩张的 LSC 来解决这个问题, 但 VIRGO 不能这样做; 这是来自不同国家的实验室的松散合作, 没有强有力的中央领导, 可以执行与"扁平"组织相关的规则——建造 VIRGO 的个人并不愿意牺牲他们的数据所有权, 新来的人可能不受欢迎。此外, 欧洲没有足够的资金资助一个类 LSC 组织的卫星实验室: VIRGO 被资助建造和寻找引力波, 资助者想要的是结果, 而不是研发。在编写这个报告的时候, VIRGO-LIGO 的关系正在明显加强。

45.1.3 灵敏度

关于灵敏度的争论, 现在更容易理解了, 因为 LIGO 已经开始给出它可以看到旋进双中子星事件的距离 (每个星体有 1.4 个太阳质量)。如果两个 4 千米探测器的噪声曲线 (图 41.1 上的尖尖线) 一直下降到"科学指标文件"(SRD) 的曲线 (实线), 沿着它的长度方向很好地延伸 (低频端是最不重要的), 就可以实现大约 2000 万秒差距的范围。当这些线的位置在一起的时候, 单个探测器的范围将接近 1400 万秒差距, 两个 4 千米干涉仪同时工作, 将达到 2000 万秒差距。如前所述, 根据早些时候的计划, 将在 2002 年年底达到这个水平, 但最新的计划是在 2004 年年底达

① 弗拉斯卡蒂向 LIGO 提出一些初步提议, 但没有结果。
② 顺便说一句, 由于"无原型"的政策, VIRGO 在实现其承诺的灵敏度方面的速度并没有快得惊人, 但可能是从使用中心站作为原型中吸取的经验教训还不够; 例如, 我理解中心站的模式清洁器工作得不够好, 不足以让其他一切都得到测试。

同时, GEO 成为第一个证明信号回收原理的大型干涉仪。

到, 以便在 2006 年年底以前, 积累整整一年的数据 (运行时间为 50%)。我从鲍勃·斯佩罗那里得到了相反的看法：到 2005 年年底, LIGO 仍然只有设计敏感度的三分之一 (700 万秒差距)。斯佩罗的看法是, 到 2005 年年底, 单个探测器的灵敏度大约为 450 万秒差距。在 2004 年年初, 汉福德的 4 千米干涉仪有时候可以看到 650 万秒差距, 所以看来斯佩罗是错的。我们等着看 LIGO 是否能达到 2004 年的目标, 但是团队有信心。

我这样说话, 因为有两件重要的事情要强调。首先, 斯佩罗非常不愿意拿出一个适合我打赌的数字, 他不应该对我设定的这个论证框架负责。其次, LIGO 管理层认为我的框架贬低了科学。这是我的责任, 我可能不明智地接受了我以为是受人尊敬的物理学传统 (例如, 基普·索恩打过许多赌, 包括他与杰瑞·奥斯特利克公开打赌：LIGO 将在 2000 年之前探测到引力波 (第 27 章)), 并试图将其应用于社会学分析。在前面的第 42 章里, 我们发现：

> 一方面, 科学的工作是把分歧转化为协议, 或者至少是一个决定——这就是科学家做的事情。另一方面, 社会学的工作是, 一旦边界被关闭, 就打开或重新打开它。那么, 社会学的工作就是突出几乎被遗忘的分歧——这就是专注于过程而不是结果——而这会威胁到封闭。在我们的故事里, 我们看到科学界如何对乔·韦伯和朱利亚诺·普雷帕拉塔不理不睬, 圭多·皮泽拉和脱离 LIGO 项目的 40 米干涉仪小组也是如此, 只是没有那么戏剧化而已。然而, 他们又一次活蹦乱跳地出现在这本书里, 那些正在做引力波科学的科学家早就忘记他们了。例如, 40 米干涉仪小组在 20 世纪 90 年代中期离开了 LIGO 项目, 但他们在第 36 章扮演了主角, 甚至在第 41 章得到了一个公共平台, 表达他们对 LIGO 未来的看法！

我自吹自擂地写了这段文字, 给受访者介绍我的项目的性质, 让他们理解为什么我给失败的科学家提供平台, 尽管它重新开启了旧的紧张关系。事实证明, 至少在某些情况下, 我的工作比我想象的糟糕得多。当我解释说, 我将在本章和我的网站上, 对比斯佩罗和 LIGO 团队对灵敏度的预测, 重新讨论 40 米干涉仪小组和 LIGO 的分歧, 我受到了猛烈的批评, 因为我把严肃的科学变成了游戏表演。这再一次表明, 引力波传播的社会时空 (第二组涟漪) 是由同样强大的力量以自己的方式产生的, 就像产生第一个涟漪的力量一样强大。我相信, 上面引用的我的分析正确地确定了原因; 但我对他们在我分析的科学文化中的中心地位不敏感, 未能像我想象的那样彻底弥合科学世界观和社会世界观之间的差异, 干得真不好。幸运的是, 损坏已经得到了很大程度的修复, 只留下一小部分不同的看法。①

45.1.4 噪声的额外来源

我试图 (不管明智不明智) 通过引入赌注来提高和集中注意力, 这是什么社会学分析呢？这是关于 LIGO 的基本噪声源是否像人们声称的那样被彻底理解的争论。40 米干涉仪小组的成员认为, LIGO 太早就离开原型阶段, 没有充分了解一切; LIGO 小组的领导层认为, 除了 "技术噪声", 没有什么可发现的, 而且在全尺寸的设备上, 这是更好、更有效的打击, 因为原型的技术噪声曲线很可能与最终设备相差很大。我想我可以说, 所有各方都会同意, 如果没有什么可以找到的, 只有平凡的技术噪声, 那么 LIGO 经理的战略就是正确的。我还解释 (见上文), 在我看来,

---

① 我要补充的是, 只有几个受访者不同意。

LIGO 领导层的战略是, 当他们能够建造大干涉仪的时候, 这是唯一有政治意义的选择。尽管如此, 无论政治战略如何, 我们仍然面临着社会学 / 哲学问题: LIGO 在建造时是否仍然有根本的惊喜——它是成熟的科学吗? 在事物的本质上, 当我考虑到这种可能性时, 我属于少而又少的少数派, 这使我受到了这样的指控: 我试图从一个能力不足的立场上做科学, 进一步暴露了我利用 40 米干涉仪小组的观点 (现在一直没有在争论的中心), 为一个长期没有在"官方"立场上出现的观点进行辩护。

有趣的是, 噪声源带来过一次惊奇, 它与光在设备中心的镜子之间的反射方式有关。有一位科学家在显微镜领域工作, 以前与 LIGO 没有任何机构联系, 他阅读了干涉仪的文献, 并得出结论, 如果光束偏离中心, LIGO 干涉臂上的光可能会扭曲他们的轴上的镜子, 随后的反馈可能导致不稳定的增长。[①] 这个发现需要对 LIGO Ⅰ 中反射镜的反馈算法进行调整, 需要对高新 LIGO 的设计进行一些重新思考。[②]

这只是"意想不到的方式", 还是"根本的"东西, 这是解释的问题, 潮流以压倒性的速度向非根本的方向流动 (例如, 即使是 40 米干涉仪小组的成员也不愿意把这个新的噪声源当作他们观点的证明)。[③]

在这种规模和这么重要的仪器的核心, 一个局外人能够发现并且被允许发现一种重要的新噪声, 这在社会学上是非同凡响的。这也很好地反映了新管理层开放 LIGO 项目的意愿。任何有才华的人都可以做贡献, 因此 LIGO 可以获得技术经验的领域比以往任何管理制度都丰富得多。事实上, 新噪声的发现者, 光彩夺目的约翰·西德斯 (John Sidles) 和他的华盛顿大学团队, 已经成为 LSC 的成员。

我们等待 LIGO 最终实现灵敏度的目标, 确保真的没有其他大的惊奇; 许多科学家同意, 在灵敏度上实现最后一个因子 2 将是至关重要的测试, 尽管其他人认为他们可以预测和完成所有必要的调整, 达到 SRD 曲线, 并知道如何超过该目标。还有一些人说, 最初的目标设定得很保守, 取得的成就并不令人惊讶, 但这个论证是无法证伪的。

45.1.5　实践中的证据个人主义

在撰写本文时, LSC 中的许多团体和个人正在分析数据。一些初步分析本可被解释为表明了正面的结果, 但任何这种建议很快就被撤回: 证据太少; 这些推论在天体物理学上是不合理的; 或者它们有各种其他问题和不一致的地方。更让人关切的是, 如何处理正在产生的上限。事实证明, 数据分析是一项费时费力的任务, 比数据收集慢得多。2003 年 11 月, 当第三次科学运行"S3"即将开始时, 只有一篇描述 S1 结果的论文被接受发表。2003 年冬季, 更深层次的问题是 S2 的结果。在 11 月于汉福德举行的 LSC 会议上, 详细讨论了这些问题, 但人们担心, 是否有任何准备向定于 12 月中旬举行的 GWDAW 会议报告。

LSC (至少是它的数据分析部分) 是非公开的会议 (允许科林斯参加), 但是 GWDAW 是公开的会议。问题是, LSC 会议上讨论的 S2 结果还没有通过严格的自我审查程序, 为了确保以后不

---

① John Sidles, Daniel Sigg, "Optical Torques in Suspended Fabry-Perot Interferometers"。这是一份电子预印本, 可以通过输入标题或作者在搜索引擎里找到。我的理解是, 它也将发表在《物理评论 A》上。

② 我感谢大卫·舒梅克指导我理解这些技术。

③ 此外, 这个问题似乎是意大利一个小组多年前研究过的, 但是得出了不正确的结论——关于参考文献和讨论, 见脚注①中提到的 Sidles 和 Sigg 的文章。

会撤回在公共领域提出的主张——这是 LIGO 严格证据个人主义的实际面貌。然而, 现在对一些代表来说, 根据会议时间表, 这个流程似乎太笨了、太慢了, 没有意义。GWDAW 是每年举行的引力波数据分析研讨会, 把 LIGO 的最新数据保留在这样的会议, 似乎是错误的。正如一位代表说的那样 (到处响起了自嘲的笑声), LIGO 的人抱怨弗拉斯卡蒂团队公布数据、没有提供在学界进行广泛协商的机会, 但他们自己也即将失去进行如此广泛讨论的机会。为了更好地分析问题, 证据个人主义越僵化, 数据就越不被公众监督, 因此也就越不会遭到公众的批评。

我们在这里看到的是, 介于极端证据集体主义和极端证据个人主义之间情况非常复杂。到底什么算是向更广阔的世界发布数据呢? 例如, 交换电子预印本的 ArXiv 处于证据文化标尺上的哪个位置? 这是很好的紧张关系, 我们希望当假定的正面数据出现时, 可以看到这种紧张关系的展开。可以说, 我们这里正在仔细探索 "看的时空" 的结构 (见 "导论")。

45.1.6　接下来呢?

在本书出版之前, 利文斯顿 LIGO 应该早就回到正常运行中, 它改进了隔振装置; 在出版后不久, 两个大干涉仪的更新的图 41.1 的尖尖线应该与实线所代表的 SRD 几乎一致, LIGO 应该能够在 2000 万秒差距的距离上看到旋进的双中子星。在弗拉斯卡蒂的结果中可能会发生更多的事情: 新的数据支持它们, 或者不支持它们; 如果新的数据确实支持它们, 就会继续争论它们产生的方式的适当性, 也许不会。VIRGO 应该收集数据, 也许它将被输入 LIGO-GEO 数据分析方案。幸运的是, LIGO 将成为科学界很多人的心肝宝贝, 高新 LIGO 将获得资助。

45.1.7　下一代

在编写本书的索引时, 我才意识到, 从底层到那些真正使大型干涉仪发挥作用的辛勤工作的科学家, 绝大多数人很少被提及。对此我很抱歉——这是对重大科学项目中实际发生的事情的错误描述。此外, 新一代将不得不在新的社会中前进, 这个新社会不像他们祖先的社会那样不假思索地认为科学就是真理的精髓。如果本书能让新世界更容易理解和应对, 那就太好了, 因为如果没有书中描述的那种英雄式的科学, 我们的生活就会在任何意义上都变得平淡寡味。

顺便说一句, LIGO 已经重新发现韦伯是一位先驱; 他的一根原始的共振棒在汉福德装置的门厅里展出, 墙上还有一系列的解释性海报。卡迪夫大学有一个专门用于引力波数据分析的计算机集群, 已经用韦伯的名字命名。

45.2　停工, 再次声明, 2004 年 4 月

乔·韦伯和朱利亚诺·普雷帕拉塔提出了量子相干的思想, 产生了晶体里的引力波和中微子的增强截面。在第 20 章中, 我认为这些想法可能会存在, 但只是作为理论, 我给出了一些最近延

续传统的论文的例子。然而, 新截面在实验上似乎并没有完全失效。《新科学家》的一篇文章解释说, 总部设在米兰的倍耐力轮胎公司 (Pirelli) 每年投资 15 万美元, 用于测试中微子理论, 希望利用中微子通过地球进行通信。[①] 参与研究的科学家从米兰大学的普雷帕拉塔那里了解到这项工作, 他还和倍耐力一起研究冷核聚变；他们抢救了韦伯的一些旧实验设备。这符合我们的帕斯卡式的资助模式——很难想象这项工作可以得到公共来源的资助。

---

① 见 Durrani, Martin(2004)。

附录

附录 A 关于什么是小

A.1 什么是小?

什么是"10^{-16} 的应变"(或者 10^{-21} 的应变)? 韦伯在《今日物理》中报道的 10^{-16} 的应变是长度的变化, 小于铝棒 (长大约 1.5 米, 直径大约 0.5 米, 重几吨) 里的原子核的直径。

什么是"小于原子核的直径"? 人类头发的直径大约 0.01 毫米 (1 英寸大约有 25 毫米)。一个原子直径比这还小 5 个数量级。1 个"数量级"是 10 倍 (乘以 10 或除以 10)。要想缩小"5 个数量级", 必须 5 次除以 10。所以, 一个原子是头发直径的十万分之一, 也就是说, 你可以在头发上并排放置大约十万个原子。用物理学术语来说, 原子的直径等于人的头发的直径乘以"10 的负 5 次方"(10^{-5})。5 前面的负号表示除; 如果没有负号, 就必须乘:

原子的直径 = 人的头发的直径 $\times 10^{-5}$

人的头发的直径 = 原子的直径 $\times 10^{5}$

水分子是 3 个原子结合在一起。朱利叶斯·凯撒喝的每一杯酒含有的分子都非常多, 如果它流入台伯河, 并与世界上所有的海洋混合均匀, 然后以正常的方式变成雨, 进入你的厨房里的水龙头, 上次你喝咖啡的时候, 很可能就喝了一些这样的原子。如果海洋、河流和由此产生的雨水都混合均匀, 对于朱利叶斯·凯撒喝的那杯葡萄酒, 水龙头中的一杯水将含有大约 11 个分子流经他的身体。如果凯撒一生中喝了 10 万杯酒, 假设世界上所有的水现在都混合在一起, 你喝的每一杯咖啡都含有大约 100 万个分子, 这些分子穿过凯撒的膀胱 (以及阿道夫·希特勒和其他人的膀胱)。

有时候把原子看作太阳系, 原子核在中间, 电子围绕着它, 就像行星一样。这个图像是有用的, 因为原子的原子核与原子本身相比很小。事实上, 原子核相比于原子, 就像原子相比于人的头发——如果在物理上可能的话, 你可以在一个原子上并排放置 10 万个原子核, 可以在一个人的头发上放置 10 亿个原子核 (原子核的直径 = 人的头发的直径 $\times 10^{-10}$)。把这些放在一起:

$$原子的直径 = 人的头发的直径 \times 10^{-5}$$
$$= 1 \times 10^{-7}$$
$$= 1 \times 10^{-10}$$
$$原子核的直径 = 1 \times 10^{-15}$$

(因为 10 万个原子核的长度等于一个原子)

辛斯基的校准实验似乎表明，韦伯的探测器可以看到的变化是这个长度的大约十分之一——原子核直径的十分之一 ($=1 \times 10^{-16}$ m)。

A.2 卡迪夫湾

当我写这些话时，我正从书房的窗户望着卡迪夫湾。它是封闭的水体，表面积大约为 3 平方千米。想象一下，它被限制在垂直的堤岸以内。如果往湖里倒一些水，水位就会上升。你需要倒多少水，能让水位上升 10^{-21} 呢？答案是一滴水的十万分之一！这就是 LIGO 干涉仪测量的变化，LIGO 是试图探测引力波的最新的仪器。

现在想象一下，你必须测量这个上升的水位。人们会建造一个屋顶，消除风吹起的波浪，但如果有人在 1 千米以外走路——即使这也会在海湾表面引起涟漪，与我们试图测量的效果相比，涟漪将是巨大的。所以让我们悬浮整个海湾，让它跟地面不再接触。月球和太阳的引力将把水拉进山丘和山谷，远远大于我们想要观察的效应。水中最微小的温度变化呢？这种方法可以让我们想象，为了能看到我们想要测量的微小的力，给引力波探测器隔振有多么困难。

附录 B　引力波、引力辐射和重力波：关于术语的注释

　　早期在这个领域，人们似乎习惯把研究的对象称为"引力辐射"。最近更常用的术语是"引力波"。我被告知，这种变化发生在科学家开始寻找建造大型探测器的场址时。"波"听起来没有"辐射"那么危险，没有人想让自己的州有更多的辐射，所以现在每个人都说"波"。但是，这两个术语的含义是相同的，如果不需要考虑政治敏感性，就可以互换使用。如果有技术上的差异，可能是引力辐射更自然地用于弥散的长期的源，如宇宙大爆炸留下的背景辐射，而波意味着更明确的定义——来自双星的引力波。

　　早期对"引力辐射"这个词的偏好也有助于区分这个现象和重力波，重力波是完全不同的东西。重力波是由气压变化引起的地球大气中的波。

　　1972 年 11 月 3 日出版的科学杂志《自然》有一个奇怪的巧合。第一封"信"是乔·韦伯写的，我在第 10 章详细讨论了这封信，题目是《引力辐射探测器符合事件的计算机分析》。紧接着是一封信《从 1973 年 6 月 30 日的日蚀中预计到的大气重力波》。报告的结论是："我们还想提请注意，每天在日出和日落时的升温和降温有可能产生这种影响……这很可能产生每天连续的重力波谱，可能是正常条件下在电离层观测到的重力波的重要来源。"(第 32 页)[①]这种讨论与引力波毫无关系。

　　不出所料，"引力波"一词往往被漫不经心地缩写为"重力波"，即使正在讨论的是前者。幸运的是，上下文总能防止任何真正的混乱，因为这两个领域几乎没有任何联系。(大气重力波可能对干涉式引力波探测器产生干扰作用，但它们是噪声源。反过来，探测器周围空气密度的变化将导致空气对镜子的引力变化，称为重力梯度噪声。)

---

① 这篇文章是 Beer, May(1972)。

附录 C 罗杰·巴布森的文章——《重力：我们的头号敌人》

当我还是个孩子的时候，我姐姐在马萨诸塞州的格洛斯特的安尼斯夸姆河游泳时淹死了。是的，他们说她被"淹死"了，但事实是，由于抽筋或其他原因 (她是游泳高手)，她无法与重力搏斗，重力像龙一样抓住了她，把她带到了河底。在那里，她窒息而亡，死于缺氧。

C.1 肺结核给我的教训

当我还是年轻人的时候，我得了一年的肺结核。我在一个没有通风的房间里做非常封闭的室内工作，当我在布法罗得了严重的感冒时，我没有抵抗力把它治好。那时候还没有氧气帐篷，我被带到西部的高海拔地区。当我问医生："为什么是高海拔？"他们回答说："因为高海拔地区空气中的水分比较少，所以氧气比较多。"他们解释了重力如何将潮湿的空气带入山谷和海岸附近的低地。因此，为了对抗重力的这种影响，我在西部地区疗养，但最终定居在马萨诸塞州的韦尔斯利山。现代的造雨系统是建设性地使用重力的另一个例证。

在我的职业生涯中，有一段时间，我间接成为了霍尔泽-卡伯特电力公司 (Holtzer-Cabot Electric Company) 的最大股东。该公司的工作有一个重要部分是制造用于通风系统的马达，特别是工厂和公共建筑。因此我对通风很感兴趣。在我与霍尔泽-卡伯特公司建立联系之前，我就认识了波士顿的牙买加平原斯特文吹风机公司 (Sturtevant Bloner Company) 的所有者，前州长尤金·福斯 (Eugene Foss)。他喜欢呼吸新鲜空气。这是在空调时代之前。尽管他现在强烈建议空调，因为它能让空气脱水，但是，即便空调也不能提供旧吹风机系统提供的空气循环。福斯先生曾经对我说："疾病的最大原因是空气不好，人们被'淹死'，他们仿佛被扔到大海里。重力老头儿要对此负责。"渐渐地，我发现"重力老头儿"不仅是每年数百万人死亡的直接原因，也是福斯先生可能想到的数百万起事故的直接原因。臀部骨折和其他骨折，以及无数的心血管、肠道和其他内部疾病，直接原因是人们无法在关键时刻反击重力。

C.2 我孙子的死

1947 年夏天，我的孙子迈克尔，17 岁的游泳健将，在新罕布什尔州温尼佩索基湖里淹死了。他和一群人坐在摩托艇上，当小船快速转弯时，一个人从船上掉了下来。迈克尔立刻脱掉外套和鞋子，跳下去救她。然而，船已经把那个女人甩在后面一两百米了，因此我孙子不得不游回去找她。他成功地把那个女人带回船上，她今天很健康，很快乐，但是那条"重力龙"来了，夺走了迈克尔！他太累了，无法和这股力量战斗，被拉到了湖底。事实上，五天以后才发现他的尸体。

每年夏天都发生数千起这样的事故，尽管大多数船都携带了救生用具，一种实用的反重力辅助工具。如果更自由地使用这些工具，溺水死亡人数将大大减少，但是大多数人 (特别是优秀的游泳者) 认为，用这些辅助工具对抗重力是软弱的表现，或者是令人失望的。这是很大的错误，所有的游泳老师都应该纠正它。

自从迈克尔死后，我对重力这个话题越来越感兴趣。必须发现重力的部分隔离物，可以拯救数百万人的生命和防止事故。此外，我相信总有一天，重力可以提供免费的动力来源。由于这些和其他原因，我对重力研究基金会非常感兴趣。

C.3 气流的重要性

最后，让我回到本文的最初目的，即重力与通风不畅有关的因素。因为重力将含水的不纯的空气拉入山谷和地面的低处，所以它在房间、办公室、商店和工厂的下部。有些人被迫将大部分时间花在受污染的地方，最终会因此而遭罪。事实上，由于缺乏适当的氧气供应，数百万人最终被"淹死"在这种污染的空气中，因为二氧化碳 (一种有毒的气体) 比氧气重。这样的人不会一下子死去，不像迈克尔在氧气被完全隔绝时那样。由于多年的氧气供应不足，他们逐渐死亡。更恰当的说法也许是，他们的健康受到损害，他们的生命因氧气供应不足而缩短。

我们还没有发现重力的部分隔离物。因此，我们必须使用电梯、救生器和氧气帐篷等间接方式克服重力。对于我想到的目的，安静的电风扇是最有用的，特别是在没有空调的地方。电风扇不停地把我们脸上的污浊空气"推开"。因此，我们不断得到新鲜的供应，而不是继续呼吸这种不纯净的空气，我们被淹没在其中，氧气不断减少。

我是盖姆韦尔公司 (Gamewell Company) 的最大股东，这个公司安装的火灾报警系统比世界上任何一家公司都多。接近 75 年的火灾研究告诉我们，大多数人"死于火灾"不是因为燃烧，而是因为窒息，一种形式的"溺水"。此外，根据国家保险公司委员会的 J. 温德尔·塞瑟 (Wendell Sether) 的说法，我们大部分的住宅死亡发生在楼上的卧室里。当火灾发生时，温度为四五百摄氏度的过热燃烧气体不受重力的影响，迅速淹没了房屋、酒店或办公楼的上层大厅。这些致命气体通过敞开的门进入床和其他上层房间，让居住者窒息。这意味着重力有两种相反的方式对付我们。教训：睡觉的时候，一定要关好门和窗，并用电风扇和一扇打开的窗户通风。

最好住在比较高的农村地区的小山上；[1] 但任何现代城市都有新鲜空气供应，只要允许电风扇进入房间。因此，每个房间的空气都可以逐渐改变，但是电风扇大大促进了这种变化。因此，房间里的空气不像原来那样停滞。然而，往脸上吹来一股安静、温和的微风的巨大好处是，我们不可能再吸入我们刚刚呼出的受污染的空气。许多人似乎本能地害怕风吹在脸上；但我们应该训练幼儿，让他们喜欢吹风。这是重力研究基金会的目标之一。

---

[1] 作为脚注，让我传递最后一个想法：农村的空气不仅更纯净，而且如果你的位置很好，它可能在你呼吸以前穿过一片松树林，你就非常幸运了。树林的空气不但纯净，还是药物。它具有化学和 / 或电气性质，有很大的价值。理想的疗养院要这样建造，病人睡在森林里，但在白天可以晒太阳。松树林的空气，被部分遮蔽的阳光，清澈闪亮的泉水，再加上适当的食物和休息，可以治愈几乎任何人。

附录 D 殖民地的边缘

珀斯团队的特殊地理位置解释了他们为什么对他们认为的欺凌行为很敏感。西澳大利亚大学位于澳大利亚大陆的西部边缘，离下一个大城市也很远；从珀斯到阿德莱德有 2500 千米，它本身就感到孤立，并被墨尔本、堪培拉和悉尼 (墨尔本以东又有 800 千米) 的当权派看不起。堪培拉是政府所在地，他们之间的三个东部城市居住着大多数人口。因此，珀斯甚至被切断了与澳大利亚其他地区的联系，并与世界其他地区隔离了两次。大卫·布莱尔和他的团队必须努力工作，才能让别人注意到。就像布莱尔解释的：

> 澳大利亚有很多国家科学研究设施。每个澳大利亚国家研究设施都在新南威尔士州 (悉尼就在这个州)。如果它被称为国家设施，或者澳大利亚的这个或那个，它就是新南威尔士，实际上，他们给它起这个名字是为了证明，在新南威尔士使用所有纳税人的钱是合理的。因此，西澳大利亚一直有轻微的分裂主义心态——我们总是干苦力活，我们为澳大利亚的出口做出了这么多的贡献，如此等等，而且我们没有得到任何回报。所以我把这个 (AIGO，澳大利亚国际引力观测台) 看作西澳大利亚可以拥有国家设施的地方。我们将在西澳大利亚拥有第一个国家设施。(1998)

他接着说：

> 这里一直有一种"殖民地边缘"的心态——所有这些重要的事情都必须在那里完成。我认为这在文化上很重要，因为我们可以做一些真正的事情。所以我们在澳大利亚内部开展合作。

> 问题变得更加尖锐，因为珀斯与澳大利亚的关系就像澳大利亚与世界其他地区的关系：

> 美国人认为，在他们的边界以外，什么东西都不存在。澳大利亚并不真的存在。这只是一个理论概念。所以我们得不到他们的引用……他们不读我们的论文；他们非常喜欢打电话，人们四处走动，你会提到自己过去 6 个月里说过话的人。

> 有些人偶尔从其他宇宙中出来，现身一次，但是他们几乎被遗忘了。如果你不想被遗忘，你必须通过参加会议和做事情来反复强调，反复强调我们存在的事实——尽管我们觉得，这样的事情已经太多了。

一些访问过珀斯的美国人对那里的活动水平印象深刻，但正如我从许多谈话中报告的，许多美国人不喜欢这种"反复强调、反复强调"。出于这些和其他的原因，布莱尔代表 UWA 的积极活动在某种程度上适得其反，加剧了珀斯–罗马符合声明导致的紧张关系。

附录 E 方　　法

E.1　档　　案

随着项目的进行，我越来越意识到，我正在收集的一些材料，将来有一天可能引起深刻的历史兴趣。让我们假设引力波天文学成为现实，并导致许多重要的发现。想象一下，我们有相当于争论迈克尔逊-莫雷实验意义的档案。想象一下，我们用磁带录下了迈克尔逊和莫雷的声音，以及爱因斯坦和爱丁顿对实验的看法。出于这种原因，我一直非常小心地将所有材料保存在安全防火的地方。包括所有采访的副本和这份稿件的副本，每段引文和其他评论都给出了作者的信息。

所有这些材料都是在保密的情况下收集的，我不希望在我有生之年公布，但我希望做好安排，以便保存这些材料，也许今后几代人对此感兴趣。

E.2　实地考察工作

下文概述了截至 2003 年 8 月完成的实地考察工作 (包括与引力波研究扩展项目早期阶段有关的实地工作，括号中的数字表示对该地点的多次访问)。

访问布里斯托尔大学 (3+)、雷丁大学、格拉斯哥大学 (4+)、苏塞克斯大学、卡迪夫大学 (多次访问，因为我在卡迪夫工作)、汉诺威大学 (2)、莱顿大学、马里兰大学 (5+)、麻省理工学院 (4+)、莫雷豪斯大学、加州大学尔湾分校、斯坦福大学 (3)、加州理工学院 (9+)、罗切斯特大学 (3)、路易斯安那州立大学 (6+)、托尔加塔-罗马大学、帕多瓦大学、米兰大学、珀斯大学、阿德莱德大学、堪培拉大学、阿姆斯特丹大学、普林斯顿高等研究院 (2)。

我还去过工业实验室，包括 IBM (3)、贝尔实验室 (3)、休斯飞机、CSIRO 悉尼、NASA-戈达德空间飞行中心、马歇尔空间飞行中心。

访问的其他地点包括：慕尼黑的马克斯·普朗克研究所、索菲亚·安提波利斯、汉福德核禁区的 LIGO 站点 (5)、路易斯安那州利文斯顿的 LIGO 站点 (7)、汉诺威附近的 GEO600 站点 (3)、比萨附近的 VIRGO 站点 (4)、弗拉斯卡蒂实验室 (3)、华盛顿的国家科学基金会 (9)、波茨坦的阿尔伯特·爱因斯坦研究所、日本国家天文台、阿普尔·伯克和凯文·凯利在华盛顿的办公室、乔尔·辛斯基在巴尔的摩的家、大卫·齐博伊在佛罗里达州蓬塔戈达的家、鲍勃·福沃德在因弗内斯附近的家、弗兰克·舒茨在尤科斯海滩的家、彼得·索尔森在巴吞鲁日的家 (彼得·

索尔森也来过我自己的家里访问)。

我出席的科学会议或者委员会会议包括: 华盛顿特区 ((NSF)2)、比萨 (3)、奥赛、耶路撒冷、日内瓦、波士顿、华盛顿州汉福德 (2)、路易斯安那州利文斯顿 (4)、加州理工学院 (4)、斯坦福大学、宾夕法尼亚州立大学、佛罗里达大学、盖恩斯维尔、巴黎、澳大利亚珀斯、特兰托、厄尔巴、京都、汉诺威。

我还与引力波物理学家交谈, 在咖啡馆、餐馆、走廊、汽车、飞机, 甚至在一艘船上, 我经常使用电子邮件、电子网络, 偶尔也使用电话。随着我与学界互动的深入, 以列表的形式列出所有这些交流方法, 变得越来越没有意义。

我的研究的其他来源包括已发表的和未发表的论文、新闻报道、存放在史密森学会的论文, 以及前面解释过的, 美国国家科学基金会的保密材料。

附录 F 照　片

图F.1　乔·韦伯在职业生涯的初期。
照片由马里兰大学和弗吉尼娅·
特林布尔提供

图F.2　1979年，在史密森学会的爱因斯坦百年纪念展览上，爱因斯坦的画像俯视着韦
伯棒的真空罐。照片由史密森学会提供

图F.3　乔尔·辛斯基的真空屏蔽校准实验部分，去除了一部分的真空屏蔽。照片来源不详

图F.4　韦伯在声望最高的时候。照片由美国物理学
会塞格雷视觉档案馆提供

图F.5　韦伯在尔湾分校，1993年，拿着一个用来
探测中微子的晶体

图F.6　　鲍勃·福沃德在20世纪90年代末期

图F.7　　弗里曼·戴森在20世纪90年代末期　　　　图F.8　　理查德·加文在20世纪90年代中期

图F.9 朱利亚诺·普雷帕拉塔在20世纪90年代中期

图F.10 托尼·泰森在20世纪90年代中期

图F.11 理查德·艾萨克森于1999年11月在激光干涉引力波天文台启动典礼上

图F.12　沃伦·约翰逊和比尔·汉密尔顿站在拆开的ALLEGRO 前面。照片由路易斯安那州立大学物理和天文学系提供

图F.13　圭多·皮泽拉站在NAUTILUS的一幅图前面

图F.14　皮亚·阿斯通,弗拉斯卡蒂团队的主要统计学家

图F.15　尤金尼奥·科西亚站在NAUTILUS 前面。照片由尤金尼奥·科西亚提供

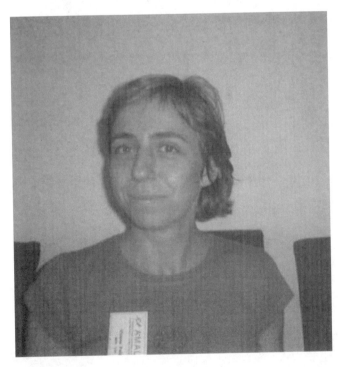

图F.16　维维亚娜·法丰，她现在运行
　　　　NAUTILUS探测器

图F.17　左起：维托里奥·帕拉迪诺、大卫·布莱尔和圭多·皮泽拉在比萨会议的走廊上，讨论布莱尔即将宣布珀斯−罗马符合事件

图F.18　2001年7月在澳大利亚珀斯举行的IGEC的热烈会议；马西莫·切尔多尼奥担任主席

图F.19　彼得·索尔森(左)在20世纪90年代末期听雷纳·外斯说话

图F.20　罗恩·德雷弗。照片由帕洛玛天文台/
加州理工学院提供

图F.21　基普·索恩。照片由帕洛玛天文台/加
州理工学院提供

图F.22　在20世纪90年代末，罗恩·德雷弗在他的新地下室实验室工作

图F.23　左起：基普·索恩、罗恩·德雷弗和罗比·沃格特在40米干涉仪的实验室。照片由帕洛玛
　　　　天文台/加利福尼亚理工学院提供

图F.24　弗拉基米尔·布拉金斯基在20世纪90年代末期

图F.25　里卡多·德·萨尔沃在激光干涉引力波天文台，在21世纪初期。在他的脑袋边上，是一份写在VIRGO信笺上的通知，这是提交给理事会的一份进度报告，其中写道："里卡多·德·萨尔沃（以前是VIRGO工程师，现在是LIGO物理学家）的不同行动和声明并没有改善这两个项目的关系。"德·萨尔沃把代表优秀奖的丝带授予这份报告

图F.25　吉姆·霍夫，GEO项目的英方负责人，他正在用耳朵根摩擦一根线

图F.27　卡斯滕·丹兹曼，GEO
项目的德方负责人

图F.28　阿兰·布里莱特(左)和阿
达尔贝托·贾佐托，VIRGO
项目的法方和意方负责人

图F.29　大卫·布莱尔在前往澳大利亚国际引力观测台站点的途中，在灌木丛里修理被
刺穿的轮胎，该观测台不久将投入运行，位于珀斯以北一个小时车程的金菁，作
为大功率激光器的测试设施

图F.30 彼得·奥夫穆特站在GEO600的端站外面; 注意, 旧的散热器支撑着一扇门

图F.31 "黑色意大利面": 东京TAMA干涉仪的接线板。 线的混乱程度显示了反馈电路的数
量和复杂性

图F.32　LIGO的控制室

图F.33　VIRGO的控制室

图F.34   鲍勃·斯佩罗，40 米干涉仪团队的
领导人。照片由鲍勃·斯佩罗提供

图F.35   LIGO的新管理层：巴里·巴里什(左)和加里·桑
德斯。费利佩·杜普伊(Felipe Dupouy)拍摄。照
片由加州理工学院LIGO项目提供

图F.36   LIGO的清洁装配流程。照片由加州理工学院LIGO项目提供

图F.37　焊接LIGO的螺旋光束管

图F.38　纳吉斯·马瓦尔瓦拉(左)和大卫·舒梅克调试LIGO，2000年9月

图F.39　位于华盛顿汉福德的LIGO装置的航拍图。箭头表示2千米干涉仪的中间站。照片由加州理工学院LIGO项目提供

图F.40　位于路易斯安那州利文斯顿的LIGO装置的航拍图。　照片由加州理工学院LIGO项目提供

<h1 style="text-align:center">参 考 文 献</h1>

Abramovici, Alex, William E. Althouse, Ronald W. P. Drever, Yekta Gursel, Seiji Kawamura, Fred J. Raab, David Shoemaker et al. 1992. "LIGO: The Laser Interferometer Gravitational-Wave Observatory." Science 256 (17 April): 325-333.

Agar, Jon. 1998. Science and Spectacle. London: Harwood Academic Publishers. Aglietta, M., G. Badion, G. Bologna, C. Castagnoli, A. Castellina, W. Fulgione, P. Galeotti, et al. 1989. "Analysis of the Data Recorded by the Mont Blanc Neutrino Detector and by the Maryland and Rome Gravitational- Wave Detectors during SN 1987A." Il Nuovo Cimento 12C (1): 75-103.

Allen, B., J. K. Blackburn, P. R. Brady, J. D. E. Creighton, T. Creighton, S. Droz, A. D. Gillespie, et al. 1999. "Observational Limit on Gravitational Waves from Binary Neutron Stars in the Galaxy." Physical Review Letters 83 (8): 1498-1501.

Allen, W. D., and C. Christodoulides. 1975. "Gravitational Radiation Experiments at the University of Reading and the Rutherford Laboratory." Journal Of Physics A 8: 1726-1733.

Allen, Z. A., P. Astone, L. Baggio, D. Busby, M. Bassan, D. G. Blair, M. Bonaldi, et al. 2000. "First Search for Gravitational Wave Bursts with a Network of Detectors." Physical Review Letters 85 (24): 5046-5050. (December 11.)

Amaldi, E., O. Aguiar, M. Bassan, P. Bonifazi, P. Carelli, M. G. Castellano, G. Cavallari, et al. 1989. "First Gravity Wave Coincidence Experiment between Resonant Cryogenic Detectors—Louisiana-Rome-Stanford." Astronomy and Astrophysics 216 (June 7): 325-332.

Anon. 1969. "Gravitational Waves Detected." Science News 95 (June 21): 593.

Aplin, P. S. 1976. "Pinning Down Gravity Waves." Physics Bulletin (December): 538-540.

Ashmore, Malcolm. 1989. The Reflexive Thesis: Wrighting Sociology of Scientific Knowledge. Chicago: Univ. of Chicago Press.

Ashmore, Malcolm. 1993. "The Theatre of the Blind: Starring a Promethean Prankster, a Phoney Phenomenon, a Prism, a Pocket, and a Piece of Wood." Social Studies of Science 23 (1): 67-106.

Ashmore, Malcolm. 1996. "Ending Up on the Wrong Side." Social Studies of Science 26 (2): 305-322.

Astone, P., D. Babusci, M. Bassan, P. Bonifazi, P. Carelli, G. Cavallari, E. Coccia, et al. 2002. "Study of the Coincidences between the Gravitational Wave Detectors EXPLORER and NAUTILUS in 2001." Classical and Quantum Gravity 19 (7): 5449-5465.

Astone, P., D. Babusci, M. Bassan, P. Bonifazi, P. Carelli, G. Cavallari, E. Coccia, et al. 2003. "On the Coincidence Excess Observed by the Explorer and Nautilus Gravitational Wave Detectors in the Year 2001." http://arxiv.org/archive/gr-qc/ 0304004.

Astone, P., M. Bassan, D. G. Blair, P. Bonifazi, P. Carelli, E. Coccia, C. Cosmelli, et al. 1999. "Search for Coincident Excitation of the Widely Spaced Resonant Gravitational Wave Detectors EXPLORER, NAUTILUS, NIOBE." Astroparticle Physics 10 (January 1): 83-92.

Astone, P., M. Bassan, P. Bonifazi, P. Carelli, E. Coccia, C. Comeli, V. Fafone, et al. 1999. "Search for Gravitational Radiation with the Allegro and Explorer Detectors." Phys. Rev. D 59 (12): 2001-2007.

Astronomy Survey Committee, National Academy of Sciences, National Research Council. 1973. Astronomy and Astrophysics for the 1970s. Vol. 2, Reports of the Panels. Washington, DC: National Academy Press.

Bahcall, J., and R. Davis Jr. 1982. "An Account of the Development of the Solar Neutrino Problem." In Essays in Nuclear Physics, ed. C. Barnes, D. Clayton, and D. Schramm, 243-286. Cambridge: Cambridge Univ. Press.

Baldi, Stephane. 1998. "Normative versus Social Constructivist Processes in the Allocation of Citations: A Network Analytic Model." American Sociological Review 63 (6): 829-846. (December.)

Barnes, Barry S. 1983. "Social Life as Bootstrapped Induction." Sociology 4:524-545. Barnes, Barry, David Bloor, and John Henry. 1996. Scientific Knowledge: A Sociological Analysis. London: Athlone Press.

Bartusiak, Marcia. 2000. Einstein's Unfinished Symphony. Washington, DC: Joseph Henry.

Bassan, M. 1994. "Resonant Gravitational Wave Detectors: A Progress Report." Classical and Quantum Gravity 11:A39-A59.

Battersby, Stephen. 2002. "On the Quest of a Wave." New Scientist 7:26. (September.) Beer, Tom, and A. N. May. 1972. "Atmospheric Gravity Waves to be Expected from the Solar Eclipse of June 30, 1973." Nature 240 (5375): 30-32. (November 3.)

Bel, Luis. 1996. "Static Elastic Deformations in General Relativity." http://arxiv.org/ archive/gr-qc/9609045.

Bell, Colin. 1978. "Studying the Locally Powerful." In Inside the Whale: Ten Personal Accounts of Social Research, ed. C. Bell and S. Encel, 14-40. Oxford: Pergamon.

Bertotti, B., and A. Cavaliere. 1972. "Gravitational Waves and Cosmology." Il Nuovo Cimento 2B (2): 22.

Bethe, Hans A., and G. E. Brown. 1998. "Evolution of Binary Compact Objects that Merge." Astrophysical Journal 505:780-89, http://arxiv.org/archive/astro-ph/9802084.

Bijker, Wiebe E. 1995. Of Bicycles, Bakelites, and Bulbs: Toward a Theory of Sociotechnical Change. Cambridge, MA: MIT Press.

Bijker, Wiebe, Tom Hughes, and Trevor Pinch. 1987. The Social Construction of Technological Systems. Cambridge, MA: MIT Press.

Billing, H., P. Kafka, K. Maischberger, F. Meyer, and W. Winkler. 1975. "Results of the Munich-Frascati Gravitational-Wave Experiment." Lettere al Nuovo Cimento 12 (4): 111-116. (June 25.)

Blair, David, ed. 1991. The Detection of Gravitational Waves. Cambridge: Cambridge Univ. Press.

Blair, David, and Geoff McNamara. 1997. Ripples in a Cosmic Sea: The Search for Gravitational Waves, with a foreword by Paul Davies. St. Leonard's, NSW: Allen and Unwin.

Bloor, David. 1973. "Wittgenstein and Mannheim on the Sociology of Mathematics." Studies in the History and Philosophy of Science 4:173-191.

Bloor, David. 1976. Knowledge and Social Imagery. London: Routledge and Kegan Paul. Bloor, David. Unpublished. "Relativism at 30,000 Feet." Unpublished manuscript.

Bogdanov, Grichka, and Igor Bodanov. 2001. "Topological Field Theory of the Initial Singularity of Spacetime." Classical and Quantum Gravity 18 (21): 4341-4373.

Bonazzola, S., M. Chevreton, and J. Thierry-Mieg. 1974. "Meudon Gravitational Radiation Detection Experiment." In Gravitational Radiation and Gravitational Collapse, ed. Dewitt-Morrette Cecile Dordrecht, 39. Boston: Reidel.

Boughn, S. P., M. Bassan, W. M. Fairbank, R. P. Giffard, P. F. Michelson, J. C. Price, and R. C. Taber. 1990. "Method for Calibrating Resonant-Mass Gravitational Wave Detectors." Review of Scientific Instruments 61:1-6.

Boughn, S. P., W. M. Fairbank, M. S. McAshan, H. J. Paik, R. C. Taber, T. P. Bernat, D. G. Blair, and W. O. Hamilton. 1974. "The Use of Cryogenic Techniques to Achieve High Sensitivity in Gravitational Wave Detectors." In Gravitational Radiation and Gravitational Collapse, ed. Dewitt-Morrette Cecile Dordrecht, 40-51. Boston: Reidel.

Bourdieu, R. 1997. "The Forms of Capital." In Education: Culture, Economy and Society, ed. A. H. Halsey, Hugh Lauder, Phillip Brown, and Amy Stuart Wells. Oxford: Oxford Univ. Press.

Braginsky, V. B., A. B. Manukin, E. I. Popov, and V. N. Rudenko. 1973. "The Search for Gravitational Radiation of Non-Terrestrial Origin." Physics Letters 45A (4): 271-272.

Braginsky, V. B., A. B. Manukin, E. I. Popov, V. N. Rudenko, and A. A. Khorev. 1972. "Search for Gravitational Radiation of Extra-Terrestrial Origin." JETP Letters 16:108-12. (Trans. from Russian letters to Journal of Experimental and Theoretical Physics, August 5.)

Braginsky, V. B., A. B. Manukin, E. I. Popov, V. N. Rudenko, and A. A. Khorev. 1974. "An Upper Limit on the Density of Gravitational Radiation of Extraterrestrial Origin." JETP Letters 39:387-92. (Trans. from Russian letters to Journal of Experimental and Theoretical Physics 66:801-12).

Braginsky, V. B., V. P. Mitrofanov, and V. I. Panov. 1985. Systems with Small Dissipation, trans. Erast Gliner with an introduction by Kip S. Thorne. Chicago: Univ. of Chicago Press.

Bramanti, D., and K. Maischberger. 1972. "Construction and Operation of a Weber-Type Gravitational-Wave Detector and of a Divided-Bar Prototype." Lettere al Nuovo Cimento 4 (17): 1007-1013.

Bramanti, D., K. Maischberger, and D. Parkinson. 1973. "Optimization and Data Analysis of the Frascati Gravitational-Wave Detector." Lettere al Nuovo Cimento 7 (14): 665-670. (August 4.)

Brautti, G., and D. Picca. 2002a. "The Sensitivity of Antennas for Gravitational Wave Detection." International Journal of Modern Physics A, 17 (3): 327-334. (January 30.)

Brautti G., and D. Picca. 2002b. "Thermal Stimulation of Gravitational Wave Antennas." International Journal of Modern Physics A 17 (8): 1111-1116. (March 30.)

Bressani, T., E. Del-Giudice, and G. Preparata. 1992. "What Makes a Crystal 'Stiff' Enough for the Mossbauer Effect?" Il Nuovo Cimento 14D (3): 345-349. (March.)

Bressani, T., B. Minettie, and A. Zenoni, eds. 1992. Common Problems and Ideas of Modern Physics. Singapore: World Publishing Company.

Broad, William. 1992. "Big Science Squeezes Small-Scale Researchers." New York Times, December 29, pp. C1, C9.

Brown, B. L., A. P. Mills, and J. A. Tyson. 1982. "Results of a 440-Day Search for Gravitational Radiation." Physical Review D 26 (6): 1209-1218.

Brown, Malcolm W. 1991. "Experts Clash over Project to Detect Gravity Waves." New York Times, April 30, C1, C5.

Callan, C., Dyson, F., and Treiman, S. 1987. "Neutrino Detection Primer" JASON, The MITRE Corporation, 7525 Coshire Drive, Mclean, VA 22102-3481[JSR-84-105 July 1987].

Cambrosio, Alberto, and Peter Keating. 1988. "'Going Monoclonal' : Art, Science, and Magic in the Day-to-Day Use of Hybridoma Technology." Social Problems 35 (3): 244-260.

Capshew, J. H., and K. A. Rader. 1992. "Big Science: Price to Present." Osiris 7:3-25.

Christodoulides, C., and W. D. Allen. 1975. "Gravitational Radiation Experiments at the University of Reading and the Rutherford Laboratory." Journal of Physics A 8:1726.

Christodoulou, Demetrios. 1991. "Nonlinear Nature of Gravitation and Gravitational-Wave Experiments." Physical Review Letters 67 (12): 1486-1489. (September.)

Coleman, J. 1988. "Social Capital in the Creation of Human Capital." American Journal of Sociology 94:95-120. Suppl. no. ss.

Collins, Harry. "Harry Collins's Gravitational Research Project." http://www.cf.ac.uk/ socsi/-gravwave/index.html.

Collins, H. (Harry) M. 1974. "The TEA Set: Tacit Knowledge and Scientific Networks." Science Studies 4:165-186.

Collins, H. M. 1975. "The Seven Sexes: A Study in the Sociology of a Phenomenon, or The Replication of Experiments in Physics." Sociology 9 (2): 205-224.

Collins, H. M. 1981a. "The Role of the Core-Set in Modern Science: Social Contingency with Methodological Propriety in Science." History of Science 19:6-19.

Collins, H. M. 1981b. "Stages in the Empirical Programme of Relativism." Social Studies of Science 11:3-10.

Collins, H. M. 1981c. "Son of Seven Sexes: The Social Destruction of a Physical Phenomenon." Social Studies of Science 11:33-62.

Collins, H. M. 1983a. "The Meaning of Lies: Accounts of Action and Participatory Research." In Accounts and Action, ed. G. N. Gilbert and P. Abel, pp. 69-78. London: Gower.

Collins, H. M. 1983b. "The Sociology of Scientific Knowledge: Studies of Contemporary Science." Annual Review of Sociology 9:265-285.

Collins, H. M. 1984. "Concepts and Methods of Participatory Fieldwork." In Social Researching, edited by C. Bell and H. Roberts, pp. 54-69. London: Routledge and Kegan Paul.

Collins, H. M. 1985/1992. Changing Order: Replication and Induction in Scientific Practice. Beverly Hills and London: Sage. 2nd ed., Chicago: Univ. of Chicago Press. Collins, H. M. 1987. "Pumps, Rock and Reality." Sociological Review 35:819-828.

Collins, H. M. 1988. "Public Experiments and Displays of Virtuosity: The Core-Set Revisited." Social Studies of Science 18:725-748.

Collins, H. M. 1990. Artificial Experts: Social Knowledge and Intelligent Machines. Cambridge, MA: MIT Press.

Collins, H. M. 1994. "A Strong Confirmation of the Experimenters' Regress." Studies in History and Philosophy of Science 25 (3): 493-503.

Collins, H. M. 1996. "In Praise of Futile Gestures: How Scientific Is the Sociology of Scientific Knowledge." Social Studies of Science 26 (2): 229-244.

Collins, H. M. 1998. "The Meaning of Data: Open and Closed Evidential Cultures in the Search for Gravitational Waves." American Journal of Sociology 104 (2): 293-337.

Collins, H. M. 1999. "Tantalus and the Aliens: Publications, Audiences and the Search for Gravitational Waves." Social Studies of Science 29 (2): 163-197.

Collins, H. M. 2000. "Surviving Closure: Post-Rejection Adaptation and Plurality in Science." American Sociological Review 65 (6): 824-845.

Collins, H. M. 2001a. "What Is Tacit Knowledge." In The Practice Turn in Contemporary Theory, edited by Theodore R. Schatzki, Karin Knorr-Cetina, and Eike von-Savigny. London: Routledge.

Collins, H. M. 2001b. "One More Round with Relativism." In The One Culture?: A Conversation about Science, edited by Jay Labinger and Harry Collins, pp. 184-195. Chicago: Univ. of Chicago Press.

Collins, H. M. 2001c. "Tacit Knowledge, Trust, and the Q of Sapphire." Social Studies of Science 31 (1): 71-85.

Collins, H. M. 2002. "The Experimenter's Regress as Philosophical Sociology." Studies in History and Philosophy of Science 33:153-160.

Collins, H. M., and Robert Evans. 2002. "The Third Wave of Science Studies: Studies of Expertise and Experience." Social Studies of Science 32 (2): 235-296.

Collins, H. M., and R. Harrison. 1975. "Building a TEA Laser: The Caprices of Communication." Social Studies of Science 5:441-450.

Collins, H. M., and Martin Kusch. 1998. The Shape of Actions: What Humans and Machines Can Do. Cambridge, MA: MIT Press.

Collins, H. M., and T. J. Pinch. 1979. "The Construction of the Paranormal: Nothing Unscientific Is Happening." In Sociological Review Monograph. no. 27, On the Margins of Science: The Social Construction of Rejected Knowledge, ed. Roy Wallis, pp. 237-270. Keele, UK: Keele Univ. Press.

Collins, H. M., and Trevor J. Pinch. 1981. "Rationality and Paradigm Allegiance in Extraordinary Science" [In German.] In The Scientist and the Irrational, ed. Hans Peter Duerr, pp. 284-306. Frankfurt: Syndikat.

Collins, H. M., and Trevor J. Pinch. 1982. Frames of Meaning: The Social Construction of Extraordinary Science. London: Routledge and Kegan Paul.

Collins, Harry, and Trevor Pinch. 1993/1998. The Golem: What You Should Know about Science. Cambridge: Cambridge Univ. Press. 2nd ed., Canto.

Collins, Harry, and Trevor Pinch. 1998/2002. The Golem at Large: What You Should Know about Technology. Cambridge: Cambridge Univ. Press. Canto paperback ed.

Collins, H. M., and Steven Yearley. 1992. "Epistemological Chicken." In Science as Practice and Culture, ed. A. Pickering, pp. 301-326. Chicago: Univ. of Chicago Press.

Cooperstock, F. I. 1992. "Energy Localization in General Relativity: A New Hypothesis." Foundations of Physics 22 (8): 1011-1024.

Cooperstock, F. I., V. Faraoni, and G. P. Perry. 1995. "Can a Gravitational Geon Exist in General Relativity." Modern Physics Letters A 10 (5): 359-365.

Crane, Diana. 1976. "Reward Systems in Art, Science, and Religion." American Behavioural Scientist 19 (6): 719-734.

Davis Jr., R. 1955. "Attempt to Detect the Anti-Neutrinos from a Nuclear Reactor by the Cl37(v,e-)Ar37 Reaction." Physical Review 97:766-769.

Dear, Peter. 1990. "Miracles, Experiments, and the Ordinary Course of Nature." ISIS 81 (309): 663-693.

Dear, Peter. 2002. "Science Studies as Epistemography." In The One Culture: A Conversation About Science, ed. Jay Labinger and Harry Collins, pp. 128-141. Chicago: Univ. of Chicago Press.

de-Solla-Price, D. 1963. Little Science, Big Science. New York: Oxford Univ. Press.

Dewitt-Morrette, Cecile, ed. 1974. Gravitational Radiation and Gravitational Collapse. Dordrecht: Reidel.

Dickson, C. A., and B. F. Schutz. 1995. "Reassessment of the Reported Correlations between Gravitational Waves and Neutrinos associated with SN 1987A." Physical Review D 51:2644-2668.

Dietrich, Jane. 1998. "Realizing LIGO: How a Huge Instrument to Detect Gravitational Waves Survived Its Growing Pains and Now Nears Completion." Engineering and Science 61 (2): 8-17.

Douglass, D. H., R. Q. Gram, J. A. Tyson, and R. W. Lee. 1975. "Two-Detector- Coincidence Search for Bursts of Gravitational Radiation." Physical Review Letters 35 (8): 480-483. (August 25.)

Drever, R. W. P., J. Hough, R. Bland, and G. W. Lesnoff. 1973. "Search for Short Bursts of Gravitational Radiation." Nature 246 (December 7): 340-344.

Duhem, Pierre. 1981. The Aim and Structure of Physical Theory. Trans. P. P. Wiener. New York: Athenaeum.

Dyson, Freeman J. 1963. "Gravitational Machines." In Interstellar Communication: A Collection of Reprints and Original Contributions, ed. A. G. W. Cameron. New York: W. A. Benjamin, Inc.

Eardley, D. M. 1983. "Theoretical Models for Sources of Gravitational Waves." In Rayonnement Gravitationnel, ed. Nathalie Deruelle and Tsvi Piran, pp. 257-94. Amsterdam: North-Holland.

Earman, John, and Clark Glymour. 1980. "Relativity and Eclipses: The British Eclipse Expeditions of 1919 and Their Predecessors." Historical Studies in the Physical Sciences 11 (1): 49-85.

Edge, David O., and Michael J. Mulkay. 1976. Astronomy Transformed: The Emergence of Radio Astronomy in Britain. London: John Wiley and Sons Inc.

Einstein, Albert, and Nathan Rosen. 1937. "On Gravitational Waves." Journal of the Franklin Institute 223:43-56.

Epstein, Steven. 1996. Impure Science: AIDS, Activism and the Politics of Knowledge. Berkeley and Los Angeles: Univ. of California Press.

Evans, Lawrence. 1996. "Should We Care about Science 'Studies'?" The Faculty Forum 8 (1): 1-2. (October.)

Evans, Richard J. 2002. Telling Lies about Hitler: The Holocaust, History and the David Irving Trial. London: Verso.

Evans, Robert. 1999. Macroeconomic Forecasting: A Sociological Appraisal. London: Routledge.

Faulkner, William. 1929. The Sound and the Fury. London: Jonathan Cape.

Ferrari, V., G. Pizzella, M. Lee, and J. Weber. 1982. "Search for Correlations between the University of Maryland and the University of Rome Gravitational Radiation Antennas." Physical Review D 25 (10): 2471-2486.

Festinger, L., H. W. Riecken, and S. Schachter. 1956. When Prophecy Fails. New York: Harper.

Field, G. B., M. J. Rees, and D. W. Sciama. 1969. "The Astronomical Significance of Mass Loss by Gravitational Radiation." Comments on Astrophysics and Space Science 1:187.

Finn, L. S. 2003. "No Statistical Excess in EXPLORER/NAUTILUS Observations in the Year 2001." Classical and Quantum Gravity 20: L37-L44.

Fleck, Ludwick. 1935/1979. Genesis and Development of a Scientific Fact. English ed., Chicago: Univ. of Chicago Press.

Forward, Robert Lull. 1965. "Detectors for Dynamic Gravitational Fields." Ph.D. diss., Univ. of Maryland.

Forward, Robert Lull. 1971. "Multidirectional, Multipolarization Antennas for Scalar and Tensor Gravitational Radiation." General Relativity and Gravitation 2 (2): 149-159.

Forward, Robert Lull. 1978. "Wideband Laser-Interferometer Gravitational-Radiation Experiment." Physical Review D 17 (2): 379-390. (January.)

Franklin, Alan. 1994. "How to Avoid the Experimenters' Regress." Studies in the History and Philosophy of Modern Physics 25 (3): 463-491.

Franson, J. D., and B. C. Jacobs. 1992. "Null Result for Enhanced Neutrino Scattering in Crystals." Physical Review A 46 (5): 2235-2239.

Frasca, S., and M. A. Papa. 1995. "Networks of Resonant Gravitational-Wave Antennas." International Journal of Modern Physics D 4 (1): 1-50.

Galison, Peter. 1987. How Experiments End. Chicago: Univ. of Chicago Press.

Galison, P. 1992. "The Many Faces of Big Science." In Big Science: The Growth of Large Scale Research, ed. P. Galison and B. Hevly. Stanford, CA: Stanford Univ. Press.

Galison, P. 1997. Image and Logic: A Material Culture of Microphysics. Chicago: Univ. of Chicago Press.

Galison, Peter, and B. Hevly, eds. 1992. Big Science: The Growth of Large Scale Research. Stanford, CA: Stanford Univ. Press.

Garfinkel, H. 1967. Studies in Ethnomethodology. Englewood Cliffs, NJ: Prentice Hall. Garwin, Richard L. 1974a. "The Evidence for Detection of Kilohertz Gravitational Radiation." Paper presented at the "Fifth Cambridge" Conference on Relativity, Massachusetts Institute of Technology, June 10.

Garwin, Richard L. 1974b. "Detection of Gravity Waves Challenged." Physics Today 27 (12): 9-11. (December.)

Garwin, Richard L. 1975. "More on Gravity Waves." Physics Today 28 (11): 13. (November.)

Garwin, Richard L., and James L. Levine. 1973. "Single Gravity-Wave Detector Results Contrasted with Previous Coincidence Detections." Physical Review Letters 31 (3): 176-180.(July 16.)

Geison, Jerry. 1995. The Private Life of Louis Pasteur. Princeton, NJ: Princeton Univ. Press.

Gerstenshtein, M. E., and V. I. Pustovoit. 1963. "On the Detection of Low Frequency Gravitational Waves." Soviet Physics-JETP 16:433-435 (Orig. pub. in Russian 1962.)

Gibbons, G. W., and Stephen William Hawking. 1971. "Theory of the Detection of Short Bursts of Gravitational Radiation." Physical Review D 4 (8): 2191-2197.

Gibbs, W. Wayt. 2002. "Ripples in Spacetime." Scientific American (April): 62-71. Gieryn, Thomas. 1983. "Boundary-Work and the Demarcation of Science from Non-Science: Strains and Interests in Professional Ideologies of Scientists." American Sociological Review 48:781-795.

Gieryn, Thomas. 1999. Cultural Boundaries of Science: Credibility on the Line. Chicago: Univ. of Chicago Press.

Godin, Benoit, and Yves Gingras. 2002. "The Experimenter's Regress: From Skepticism to Argumentation." Studies in the History and Philosophy of Science 30A (1): 137-152.

Goffee, Robert, and Richard Scase. 1995. Corporate Realities: The Dynamics of Large and Small Organizations. London: Routledge.

Gooding, David. 1985. "In Nature's School: Faraday as an Experimentalist." In Faraday Rediscovered: Essays on the Life and Work of Michael Faraday, 1791–1876, ed. David Gooding and Frank A. L. James, pp. 105-35. London: MacMillan.

Gooding, David. 1990. Experiment and the Making of Meaning. Dordrecht: Kluwer. Goranzon, Bo, and Ingela Josefson, eds. 1988. Knowledge, Skill and Artificial Intelligence. London: Springer-Verlag.

Gordy, Walter. 1988. "The Nature of the Man, William Martin Fairbank." In Near Zero: New Frontiers of Physics, ed. J. D. Fairbank, B. S. Deaver Jr., C. W. F. Everitt, and P. F. Michelson, pp. 7-18. New York: W. H. Freeman and Co.

Gouldner, Alvin W. 1954. Patterns of Industrial Bureaucracy. New York: Free Press. Greiner, Larry. 1998. "Evolution and Revolution as Organizations Grow." Harvard Business Review (May-June): 55-68.

Gretz, D., M. Lee, and Joseph Weber. 1974. "Gravitational Radiation Experiments in 1973-1974." University of Maryland Technical Report no. 75-017 (August).

Grischuk, L. P. 1992. "Quantum Mechanics of a Solid-State Bar Gravitational Antenna." Physical Review D 45:2601-2608.

Grischuk, L. P. 1994. "Density Perturbations of Quantum-Mechanical Origin and Anisotropy of the Microwave Background." Physical Review D 50 (12): 7154-7172.

Guston, David H. 2000. Between Politics and Science: Assuring the Integrity and Productivity of Research. Cambridge: Cambridge Univ. Press.

Hacking, Ian. 1983. Representing and Intervening. Cambridge: Cambridge Univ. Press.

Hagstrom, Warren. 1965. The Scientific Community. New York: Basic Books.

Hamilton, W. O. 1988. "Near Zero Force, Force Gradient and Temperature: Cryogenic Bar Detectors of Gravitational Radiation." In Near Zero: New Frontiers of Physics, ed. J. D. Fairbank, B. S. Deaver Jr., C. W. F. Everitt, and P. F. Michelson. New York: W. H. Freeman and Co.

Harry, Gregory M., Janet L. Houser, and Kenneth A. Strain. 2002. "Comparison of Advanced Gravitational-Wave Detectors." Physical Review D 65 (8): 082001, 1-15.

Hartland, Joanne. 1996. "Automating Blood Pressure Measurements: The Division of Labour and the Transformation of Method." Social Studies of Science 26 (1): 71-94. (February.)

Harvey, B. 1981. "Plausibility and the Evaluation of Knowledge: A Case Study in Experimental Quantum Mechanics." Social Studies of Science 11:95-130.

Harwit, Martin. 1981. Cosmic Discovery. New York: Basic Books.

Hasted, John. 1981. The Metal Benders. London: Routledge and Kegan Paul.

Hawking, Stephen William. 1971. "Gravitational Radiation from Colliding Black Holes." Physical Review Letters 26 (21): 1344-1346.

Heilbron, John L. 1992. "Creativity and Big Science." Physics Today 45 (11): 42-47.

Hesse, Mary B. 1974. The Structure of Scientific Inference. London: Macmillan.

Hevly, B. 1992. "Reefictions on Big Science and Big History." In Big Science: The Growth of Large Scale Research, ed. P. Galison and B. Hevly, pp. 355-363. Stanford, CA: Stanford Univ. Press.

Hirakawa, Hiromasa, and Kazumichi Nariha. 1975. "Search for Gravitational Radiation at 145Hz." Physical Review Letters 35 (6): 330-334.

Holton, Gerald. 1978. The Scientific Imagination. Cambridge: Cambridge Univ. Press.

Hu, Enke, Tongren Guan, Bo Yu, Mengxi Tang, Shusen Chen, Qinzhang Zheng, P. F. Michelson et al. 1986. "A Recent Coincident Experiment of Gravitational Waves with a Long Baseline." Chinese Physics Letters 3 (12): 529-532.

Hu, Renan, Nanfeng Jiang, Yicheng Liu, Rongxian Qin, Dajun Tan, Jingfa Tian, Guozong Wang et al. 1982. "Progress Report on the Gravitational Wave Experiment in Beijing-Guangzhou." In Proceedings of the Second Marcel Grossman Meeting on General Relativity, ed. R. Ruffini, pp. 1133-1144. Amsterdam: North- Holland.

Hulse, R. A., and J. H. Taylor. 1975. "Discovery of a Pulsar in a Binary System." Astrophysical Journal 195 (2): L51-L53.

Infeld, Leopold. 1941. The Evolution of a Scientist. New York: Doubleday.

Jensen, O. G. 1979. "Seismic Detection of Gravitational Radiation." Rev Geophysics 17 (8): 2057-2069.

Johnston, R., J. Currie, L. Grigg, B. Martin, D. Hicks, E. N. Ling, and J. Skea. 1993. National Board of Employment, Education and Training, Commissioned Report no 25. Canberra: Australian Government Publishing Service.

Jordan, Kathleen, and Michael Lynch. 1992. "The Sociology of a Genetic Engineering Technique: Ritual and Rationality in the Performance of the 'Plasmid Prep.'" In The Right Tools for the Job: At Work in 20th Century Life Sciences, ed. Adele Clark and Joan Fujimura, pp. 77-114. Princeton, NJ: Princeton Univ. Press.

Kafka, P. 1972. "Are Weber's Pulses Illegal ?" Essay Submitted to Gravity Research Foundation.

Kafka, P. 1973. "On the Evaluation of the Munich-Frascati Weber-Type Experiment." In Colloques Internationaux du Centre National de la Recherche Scientifique, no. 220: Ondes et Radiations Gravitationelles, pp. 181-201.

Kafka, P. 1975. "Optimal Detector of Signals through Linear Devices with Thermal Noise Sources, and Application to the Munich-Frascati Weber-Type Gravitational Wave Detectors." Lectures presented at the International School of Cosmology and Gravitation, Erice, Sicily, March 13-25; MPI-PAE/Astro 65 (July 1975).

Kennefick, Daniel. 1999. "Controversies in the History of the Radiation Reaction Problem in General Relativity." In The Expanding Worlds of General Relativity, ed. H. Goenner, J. Renn, J. Ritter, and T. Sauer. Einstein Studies, vol. 7. Boston: Birkhauser.

Kennefick, Daniel. 2000. "The Star Crushers: Theoretical Practice and the Theoretician's Regress." Social Studies of Science 30 (1): 5-40.

Kevles, Daniel K., and Leroy Hood. 1992. The Code of Codes: Scientific and Social Issues in the Genome Project. Cambridge, MA: Harvard Univ. Press.

Knorr-Cetina, Karin. 1981. The Manufacture of Knowledge. Oxford: Pergamon. Knorr-Cetina, Karin. 1999. Epistemic Cultures: How the Sciences Make Knowledge.Cambridge, MA: Harvard Univ. Press.

Koertge, Noretta, ed. 2000. A House Built on Sand: Exposing Postmodernist Myths about Science. Oxford: Oxford Univ. Press.

Krige, John. 2001. "Distrust and Discovery: The Case of the Heavy Bosons at CERN." ISIS 95:517-540.

Kuhn, Thomas S. 1961. "The Function of Measurement in Modern Physical Science." ISIS 52:162-176.

Kuhn, Thomas S. 1962. The Structure of Scientific Revolutions. Chicago: Univ. of Chicago Press.

Kundu, P. K. 1990. "Gravitational Radiation Field of an Isolated System at Null Infinity." Proceedings of the Royal Society of London A 431:337-344.

Kusterer, K. C. 1978. Know-How on the Job: The Important Working Knowledge of "Unskilled" Workers. Boulder, CO: Westview Press.

La Sapienza. 1997. Internal Report no. 1088, 20 May 1997. Rome: Univ. of Rome, La Sapienza.

Labinger, Jay, and Harry Collins, eds. 2001. The One Culture? A Conversation about Science.Chicago: Univ. of Chicago Press.

Lakatos, I. 1970. "Falsification and the Methodology of Scientific Research Programmes." In Criticism and the Growth of Knowledge, ed. I. Lakatos, and A. Musgrave, pp. 91-195. Cambridge: Cambridge Univ. Press.

Lakatos, I. 1976. Proofs and Refutations. Cambridge: Cambridge Univ. Press. (Orig. pub. in British Journal for the Philosophy of Science 14 (1963): 1-25, 120-139, 221-245, 296-342.)

Langmuir, I. 1989. "Pathological Science." Physics Today 42 (10): 36-48 (October. Orig. pub. 1968 as Langmuir, Irving, "Pathological Science," ed. R. N. Hall. General Electric R and D Centre Report, no. 68-C-035, New York. [Edited version of December 18, 1953, colloquium.])

Latour, Bruno, and Steve Woolgar. 1979. Laboratory Life: The Social Construction of Scientific Facts. London and Beverly Hills: Sage.

Lee, M., D. Gretz, S. Stepple, and J. Weber. 1976. "Gravitational-Radiation-Detector Observations in 1973 and 1974." Physical Review D 14 (4): 893-906.

Levine, James L. 1974. "Comment on a Publication by Bramanti, Maischberger and Parkinson on Gravity Wave Detection." Letter al Nuovo Cimento 11 (4): 280-282.

Levine, James L., and Richard L. Garwin. 1973. "Absence of Gravity-Wave Signals in a Bar at 1695 Hz." Physical Review Letters 31 (3): 173-176. (July 16.)

Levine, James L., and Richard L. Garwin. 1974. "New Negative Result for Gravitational Wave Detection, and Comparison with Reported Detection." Physical Review Letters 33 (13): 794-797.

Linsay, Paul, Peter Saulson, and Rainer Weiss. 1983. A Study of a Long Baseline Gravitational Wave Antenna System [aka the "Blue Book"]. Prepared for the National Science Foundation under NSF Grant PHY-8109581.

Lockwood, David. 1964. "Social Integration and System Integration." In Explorations in Social Change, ed. George K. Zollshan and Walter Hirsch, pp. 244-257. London: Routledge and Kegan Paul.

Logan, Jonathan L. 1973. "Gravitational Waves—A Progress Report." Physics Today 26 (3): 44-52. (March.)

Lynch, Michael. 1985. Art and Artifact in Laboratory Science: A Study of Shop Work and Shop Talk in a Research Laboratory. London: Routledge and Kegan Paul.

Lynch, Michael. 1995. "Springs of Action or Vocabularies of Motive." In Wellsprings of Achievement: Cultural and Economic Dynamics in Early Modern England and Japan, ed. Penelope Gouk, pp. 94-113. Aldershot, UK: Variorum.

Lynch, Michael, and David Bogen. 1996. The Spectacle of History: Speech, Text and Memory in the Iran-Contra Hearings. Durham, NC: Duke Univ. Press.

Lynch, M., E. Livingstone, and H. Garfinkel. 1983. "Temporal Order in Laboratory Work." In Science Observed: Perspectives on the Social Study of Science, ed. K. D. Knorr-Cetina and M. Mulkay, pp. 205-238. London: Sage.

MacKenzie, Donald. 1981. Statistics in Britain 1865—1930. Edinburgh: Edinburgh Univ.Press.

MacKenzie, Donald. 1998. "The Certainty Trough." In Exploring Expertise: Issues and Perspectives, ed. R. Williams, W. Faulkner, and J. Fleck, pp. 325-329. Basingstoke, UK: MacMillan.

MacKenzie, Donald. 2001. Mechanizing Proof: Computing, Risk, and Trust. Cambridge, MA: MIT Press.

MacKenzie, Donald, and G. Spinardi. 1995. "Tacit Knowledge, Weapons Design and the Uninvention of Nuclear Weapons." American Journal of Sociology 101 (1): 44-99.

Mannheim, Karl. 1936. Ideology and Utopia: An Introduction to the Sociology of Knowledge.Chicago: Univ. of Chicago Press.

Martin, B. R., J. E. F. Skea, and E. N. Ling. 1992. Report to the Advisory Board for the Research Councils and the Economic and Social Research Council. Swindon, UK: ESRC.

Mather, John C., and John Boslough. 1998/1996. The Very First Light: A Scientific Journey Back to the Dawn of the Universe. Harmondworth, UK: Penguin (1st ed. Basic Books.)

McAllister, James. 1996. "The Evidential Significance of Thought Experiments." Studies in History and Philosophy of Science 27 (2): 233-250.

McCurdy, Howard E. 1993. Inside NASA: High Technology and Organizational Change in the U.S. Space Program. Baltimore: Johns Hopkins Univ. Press.

Medawar, Peter B. 1963/1990. "Is the Scientific Paper a Fraud?" Listener 70:377-378.(12 September. Repri. in Pyke, D., ed., The Threat and the Glory, Reflections on Science and Scientists. Oxford: Oxford Univ. Press.)

Medawar, Peter B. 1967. The Art of the Soluble. London: Methuen Co. Ltd.

Merton, Robert K. 1942. "Science and Technology in a Democratic Order." Journal of Legal and Political Sociology 1:115-126.

Merton, Robert K. 1957. Social Theory and Social Structure. Rev. ed. New York: Free Press.

Merton, Robert K. 1973. The Sociology of Science: Theoretical and Empirical Investigations.Chicago: Univ. of Chicago Press.

Mervis, Jeffrey. 1991. "Funding of Two Science Labs Revives Pork Barrel vs. Peer-Review Debate." The Scientist: The Newspaper for the Science Professional 5 (23): 1, 11.(November 25, 1991.)

Michaels, Anne. 1997. Fugitive Pieces. London: Bloomsbury Publishing. Miller, Arthur. 1952. The Crucible. London: Heinemann.

Miller, Arthur. 1987. Timebends: A Life. London: Methuen.

Mills, C. W. 1940. "Situated Actions and Vocabularies of Motive." American Sociological Review 5:904-913.

Misner, Charles W. 1972. "Interpretation of Gravitational-Wave Observations." Physical Review Letters 28 (15): 994-997.

Misner, Charles W., Kip S. Thorne, and John Archibald Wheeler. 1970. Gravitation. New York: W. H. Freeman and Co.

Moss, G. E., L. R. Miller, and R. L. Forward. 1971. "Photon-Noise-Limited Laser Transducer for Gravitational Antenna." Applied Optics 10:2495-2498. (November.)

Mullis, Kary. 2000. Dancing Naked in the Mindfield. New York: Vintage Books.

Nader, Laura. 1969. "Up the Anthropologist—Perspectives Gained from Studying Up." In Reinventing Anthropology, ed. D. Hymes, pp. 284-311. New York: Random House.

Nicholson, D., C. A. Dickson, W. J. Watkins, B. F. Schutz, J. Shuttleworth, G. S. Jones, D. I. Robertson et al. 1996. "Results of the First Coincident Observations by Two Laser Interferometric Gravitational Wave Detectors." Physics Letters A 218:175-180.

Orr, Julian. 1990. "Sharing Knowledge, Celebrating Identity: War Stories and Community, Memory in a Service Culture." In Collective Remembering: Memory in Society, ed. David S. Middleton and Derek Edwards, pp. 169-89. Newbury Park, Calif.: Sage Publications Limited.

Paik, H. J. 1974. "Analysis and Development of a Very Sensitive Low Temperature Gravitational Radiation Detector." Ph.D. diss., Stanford Univ.

Paik, H. J. 1976. "Superconducting Tunable-Diaphragm Transducer for Sensitive Acceleration Measurements." Journal of Applied Physics 47 (3): 1168-1178.

Pamplin, B. R., and H. M. Collins. 1975. "Spoon Bending: An Experimental Approach." Nature 257:8. (4 September.)

Parsons, Talcott. 1969. Political and Social Structure. New York: Free Press.

Perutz, Max. 1995. "The Pioneer Defended: Review of 'The Private Life of Louis Pasteur,' by Gerald L Geison." New York Review of Books, 21 December.

Phinney, E. S. 1991. "The Rate of Neutron Star Binary Mergers in the Universe: Minimal Predictions for Gravity Wave Detectors." Astrophys. J. Lett 380:L17-L21.

Pickering, Andrew. 1981a. "Constraints on Controversy: The Case of the Magnetic Monopole." Social Studies of Science 11:63-93.

Pickering, Andrew. 1981b. "The Hunting of the Quark." ISIS 72:216-236.

Pickering, Andrew. 1984. Constructing Quarks: A Sociological History of Particle Physics. Edinburgh: Edinburgh Univ. Press.

Pinch, Trevor J. 1981. "The Sun-Set: The Presentation of Certainty in Scientific Life." Social Studies of Science 11:131-158.

Pinch, Trevor J. 1986. Confronting Nature: The Sociology of Solar-Neutrino Detection. Dordrecht: Reidel.

Pinch, Trevor, H. M. Collins, and Larry Carbone. 1996. "Inside Knowledge: Second Order Measures of Skill." Sociological Review 44 (2): 163-186.

Polanyi, Michael 1958. Personal Knowledge. London: Routledge and Kegan Paul. Polanyi, Michael. 1962. "The Republic of Science, Its Political and Economic Theory." Minerva 1:54-73.

Popper, Karl R. 1959. The Logic of Scientific Discovery. New York: Harper Row.

Preparata, G. 1988. "Quantum Mechanics of a Gravitational Antenna." Il Nuovo Cimento B 101 (5): 625-635.

Preparata, G. 1990. "'Superradiance' Effect in a Gravitational Antenna." Modern Physics Letters A 5 (1): 1-5.

Preparata, G. 1992. "Coherence in QCD and QED." In Common Problems and Ideas of Modern Physics, ed. T. Bressani, B. Minettie, and A. Zenoni, pp. 3-35. Singapore: World Publishing Company.

Press, William H., and Kip S. Thorne. 1972. "Gravitational-Wave Astronomy." Annual Review of Astronomy and Astrophysics 10:335-374.

Price, R. H., J. Pullin, and P. K. Kundu. 1993. "The Escape of Gravitational Radiation from the Field of Massive Bodies." Physical Review Letters 70 (11): 1572-1575.

Quine, W. V. O. 1953. From a Logical Point of View. Cambridge, MA: Harvard Univ. Press. Rich, Ben R., and Leo Janos. 1994. Skunk Works. New York: Little Brown and Co.

Richards, Evelleen. 1991. Vitamin C and Cancer: Medicine or Politics. Basingstoke, UK: MacMillan.

Riordan, Michael. 2001. "A Tale of Two Cultures: Building the Superconducting Super Collider, 1988-1993." Historical Studies in the Physical Sciences 32 (1): 125-144.

Rudwick, Martin. 1985. The Great Devonian Controversy: The Shaping of Scientific Knowledge among Gentlemanly Specialists. Chicago: Univ. of Chicago Press.

Runciman, W. G. 1966. Relative Deprivation and Social Justice: A Study of Attitudes to Social Inequality in Twentieth Century England. London: Routledge and Kegan Paul.

Sapolsky, Harvey. 1972. The Polaris System Development: Bureaucratic and Programmatic Success in Government. Cambridge, MA: Harvard Univ. Press.

Saulson, Peter R. 1994. Fundamentals of Interferometric Gravitational Wave Detectors. Singapore: World Scientific.

Saulson, Peter. 1997a. "How an Interferometer Extracts and Amplifies Power from a Gravitational Wave." Classical and Quantum Gravity 14:2435-2454.

Saulson, Peter. 1997b. "If Light Waves Are Stretched by Gravitational Waves, How Can We Use Light as a Ruler to Detect Gravitational Waves?" Am. J. Phys 65:501-505.

Saulson, Peter. 1998. "Physics of Gravitational Wave Detection: Resonant and Interferometric Detectors." In Proceedings of the XXVIth SLAC Summer Institute, ed. Lance Dixon, pp. 113-62. Stanford, CA: SLAC-R-538. [Reports a meeting of 1998.]

Schatzki, Theodore R., Karin Knorr-Cetina, and Eike von-Savigny, eds. 2001. The Practice Turn in Contemporary Theory. London: Routledge.

Schulman, L. S. 1972. "Gravitational Shockwaves from Tachyons." Il Nuovo Cimento2B:38-44.

Schutz, Alfred. 1964. Collected Papers II: Studies in Social Theory. The Hague: Martinus Nijhoff.

Sciama, Dennis W. 1969. "Is the Galaxy Losing Mass on a Time Scale of a Billion Years?" Nature, Physical Science 224:1263-1267.

Sciama, Dennis. 1972. "Cutting the Galaxy's Losses." New Scientist 53:373-374. (February 17.)

Sciama, D. W., G. B. Field, and M. J. Rees. 1969. "Upper Limit to Radiation of Mass Energy Derived from Expansion of Galaxy." Physical Review Letters 23 (26): 1514-1515.

Scott, P., E. Richards, and B. Martin. 1990. "Captives of Controversy: The Myth of the Neutral Social Researcher in Contemporary Scientific Controversies." Science Technology and Human Values 15:474-494.

Shaham, Jacob. 1973. "Sidereal Period of Weber Events." Nature, Physical Science 246:25-26.

Shapin, Steven. 1979. "The Politics of Observation: Cerebral Anatomy and Social Interests in the Edinburgh Phrenology Disputes." In On the Margins of Science: The Social Construction of Rejected Knowledge. Sociological Review Monograph no. 27, ed. R. Wallis. Keele, UK: Keele Univ. Press.

Shapin, Steven. 1994. A Social History of Truth: Civility and Science in Seventeenth-Century England. Chicago: Univ. of Chicago Press.

Shapin, Steven. 1995. "Here and Everywhere: Sociology of Scientific Knowledge." Annual Review of Sociology 21:289-321.

Shapin, Steven, and Simon Schaffer. 1987. Leviathan and the Air Pump: Hobbes, Boyle and the Experimental Life. Princeton, NJ: Princeton Univ. Press.

Shaviv, G., and J. Rosen, eds. 1975. General Relativity and Gravitation: Proceedings of the Seventh

International Conference (GR7), Tel Aviv University, 23–28 June, 1974. New York: John Wiley.

Sibum, H. Otto. 1995. "Reworking the Mechanical Value of Heat: Instruments of Precision and Gestures of Accuracy in Early Victorian England." Studies in History and Philosophy of Science 26 (1): 73-106.

Sibum, H. Otto. 2003. "Experimentalists in the Republic of Letters." Science in Context16 (1-2): 89-120.

Simon, Bart. 1999. "Undead Science: Making Sense of Cold Fusion after the (Arti)fact." Social Studies of Science 29 (1): 61-85.

Sinsky, Joel Abram. 1967. "A Gravitational Induction Field Communications Experiment at 1660 Cycles per Second." Ph.D. diss., Univ. of Maryland Dept. of Physics and Astronomy, Technical Report no. 662.

Sinsky, Joel Abram. 1968. "Generation and Detection of Dynamic Newtonian Gravitational Fields at 1660 cps." Physical Review 167 (5): 1145-1151.

Sinsky, Joel Abram, and Joseph Weber. 1967. "New Source for Dynamical Gravitational Fields." Physical Review Letters 18 (19): 795-797.

Smith, R. W. 1992. "The Biggest Kind of Big Science: Astronomy and the Space Telescope." In Big Science: The Growth of Large Scale Research, ed. P. Galison and B. Hevly, pp. 184-211. Stanford, CA: Stanford Univ. Press.

Sonnert, G., and G. Holton. 1995. Gender Differences in Science Careers. New Brunswick, NJ: Rutgers Univ. Press.

Srivastava, Y. N., A. Widom, and G. Pizzella. 2003. "Electronic Enhancements in the Detection of Gravitational Waves by Metallic Antennae." http://arxiv.org/archive/ gr-qc/0302024 v1 (15 pp., February 7.)

Stayer, D. M., and G. Papini. 1982. "Detecting Gravitational Radiation with Quartz Crystals." In Proceedings of the Second Marcel Grossman Meeting on General Relativity, ed. R. Ruffini. Amsterdam: North-Holland.

Tart, Charles T. 1972. "States of Consciousness and State-Specific Sciences." Science176:1203-1210.

Taylor, J. H., and J. M. Weisberg. 1982. "A New Test of General Relativity: Gravitational Radiation and the Binary Pulsar PSR 1913+16." Astrophysical Journal 1 (253): 908-920. (February 15.)

Taylor, John. 1980. Science and the Supernatural. London: Temple Smith.

Thomsen, Dietrick E. 1968. "Searching for Gravity Waves." Science News 93:408-409 (April 27.)

Thomsen, Dietrick. 1970. "Gravity Waves May Come from Black Holes." Science News 98 (26): 480. (December 26.)

Thomsen, Dietrick E. 1978. "Does Gravity Wave?" Science News 113 (11): 169-174.(March 18.)

Thorne, Kip S. 1983. "The Theory of Gravitational Radiation: An Introductory Review." In Rayonnement Gravitationnel, ed. Nathalie Deruelle and Tsvi Piran, pp. 1-57.Amsterdam: North-Holland.

Thorne, Kip S. 1987. "Gravitational Radiation." In 300 Years of Gravitation, ed. Stephen Hawking and Werner Israel, pp. 350-458. Cambridge: Cambridge Univ. Press.

Thorne, Kip S. 1989. "Gravitational Radiation: A New Window onto the Universe." Unpublished manuscript.

Thorne, Kip S. 1992a. "Gravitational-Wave Bursts with Memory: The Christodoulou Effect." Physical Review D 45 (2): 520-524. (January.)

Thorne, Kip S. 1992b. "On Joseph Weber's New Cross-Section for Resonant-Bar Gravitational-Wave Detectors." In Recent Advances in General Relativity: Proceedings of a Conference in Honour of E. T. Newman, ed. A. Janis and J. Porter, pp. 241-250. Boston: Birkhauser.

Thorne, Kip S. 1992c. "Sources of Gravitational Waves and Prospects for Their Detection." In Recent Advances in General Relativity: Proceedings of a Conference in Honour of E. T. Newman, ed. A. I. Janis and J. R. Porter, pp. 196-229. Boston: Birkhauser.

Toennies, Ferdinand. 1987. Community and Association. East Lansing: Michigan State Univ. Press. (Orig. pub. late 1800s.)

Travis, George David. 1980. "On the Importance of Being Earnest." In The Social Process of Scientific Investigation: Sociology of the Sciences Yearbook, 4, ed. Karin Knorr, R. Krohn, and R. Whitley, pp. 165-193. Dordrecht: Reidel.

Travis, George David. 1981. "Replicating Replication? Aspects of the Social Construction of Learning in Planarian Worms." Social Studies of Science 11:11-32.

Travis, John. 1993. "LIGO: A 250 Million Gamble." Science 260:612-614. (April 30.)

Traweek, Sharon. 1988. Beamtimes and Lifetimes: The World of High-Energy Physicists. Cambridge, MA: Harvard Univ. Press.

Tricarico, P., A. Ortolan, A. Solaroli, G. Vedovato, L. Baggio, M. Cerdonio, L. Taffarello et al. 2001. "Correlation between Gamma-Ray Bursts and Gravitational Waves." Phys. Rev. D 63 (8): 082002, 1-7.

Turner, Stephen P. 1990. "Forms of Patronage." In Theories of Science in Society, ed. Susan E. Cozzens and Thomas F. Gieryn, pp. 185-211. Bloomington: Indiana Univ. Press.

Turner, Stephen P. 1994. The Social Theory of Practices: Tradition, Tacit Knowledge and Presuppositions. Oxford: Polity Press.

Tyson, J. A. 1973a. "Gravitational Radiation." Annals of the New York Academy of Sciences 224:74-91.

Tyson, J. A. 1973b. "Null Search for Bursts of Gravitational Radiation." Physical Review Letters 31 (5): 326-329. (July 30.)

Tyson, J. A. 1991. Testimony before the Subcommittee on Science of the Committee on Science, Space and Technology, United States House of Representatives, March 13.

Tyson, J. A., C. G. Maclennan, and L. J. Lanzerotti. 1973. "Correlation of Reported Gravitational Radiation Effects with Terrestrial Phenomena." Physical Review Letters 30 (20): 1006-1009.

Waldrop, M. Mitchell. 1990. "Of Politics, Pulsars, Death Spirals—and LIGO." Science 249:1106-1108. (September 7.)

Wallis, Roy, ed. 1979. On the Margins of Science: The Social Construction of Rejected Knowledge. Sociological Review Monograph no. 27. Keele, UK: Univ. of Keele Press.

Weber, Joseph. 1959. "Gravitational Waves." New Boston, NH: Gravity Research Foundation. (1st Prize Essay.)

Weber, Joseph. 1960. "Detection and Generation of Gravitational Waves." Physical Review 117 (1): 306-313.

Weber, Joseph. 1961. General Relativity and Gravitational Waves. New York: Wiley Interscience.

Weber, Joseph. 1962. "On the Possibility of Detection and Generation of Gravitational Waves." Colloques Internationaux du Centre National de la Recherche Scientifique: XCI Les Theories Realtivistes de la Gravitation, Royaumont, 21–27 Juin 1959. pp. 441-50. Paris: Editions due Centre National de la Recherche Scientifique. (Contentrst enunciated at a 1959 conference.)

Weber, Joseph. 1966. "Observation of the Thermal Fluctuations of a Gravitational-Wave Detector." Physical Review Letters 17 (24): 1228-1230.

Weber, Joseph. 1967. "Gravitational Radiation." Physical Review Letters 18 (13): 498-501.(March 27.)

Weber, Joseph. 1968a. "Gravitational Waves." Physics Today 21 (4): 34-39.

Weber, Joseph. 1968b. "Gravitational Radiation from the Pulsars." Physical Review Letters21 (6): 395-396.

Weber, Joseph. 1968c. "Gravitational-Wave-Detector Events." Physical Review Letters 20 (23): 1307-1308. (June 3.)

Weber, Joseph. 1969. "Evidence for the Discovery of Gravitational Radiation." Physical Review Letters 22 (24): 1320-1324. (June 16.)

Weber, Joseph. 1970a. "Gravitational Radiation Experiments." Physical Review Letters 24 (6): 276-279.

Weber, Joseph. 1970b. "Anisotropy and Polarization in the Gravitational-Radiation Experiments." Physical Review Letters 25 (3): 180-184. (July 20.)

Weber, Joseph. 1971a. "Gravitational Radiation Experiments." In Relativity and Gravitation, ed. C. G. Kuper and A. Peres, pp. 309-322. New York: Gordon and Breach.

Weber, Joseph. 1971b. "The Detection of Gravitational Waves." Scientific American 224 (5): 22-29. (May.)

Weber, Joseph. 1972. "Computer Analyses of Gravitational Radiation Detector Coincidences." Nature 240:28. (November 3.)

Weber, Joseph. 1974. "Weber Replies." Physics Today 27 (12): 11-13. (December.)

Weber, Joseph. 1975. "Weber Responds." Physics Today 28 (11): 13, 15, 99. (December.) Weber, Joseph. 1981. "New Method for Increase of Interaction of Gravitational Radiation with an Antenna." Physics Letters A 81 (9): 542-544. (February 23.)

Weber, Joseph. 1984a. "Gravitons, Neutrinos and Antineutrinos." Foundations of Physics 14(12): 1185-1209.

Weber, Joseph. 1984b. "Gravitational Antennas and the Search for Gravitational Radiation." In Proceedings of Sir Arthur Eddington Symposium, Nagpur, India, January 21–27, vol. 3 , ed. Joseph Weber and T. M. Karade.

Weber, Joseph. 1985. "Method for Observation of Neutrinos and Antineutrinos." Physical Review C 31 (4): 1468-1475.

Weber, Joseph. 1986. "Gravitational Antennas and the Search for Gravitational Radiation." In Proceedings of the Sir Arthur Eddington Centenary Symposium, Nagpur, India, January 21–27, ed. Joseph Weber and T. M. Karade, 3:1-77. Singapore: World Scientific.

Weber, Joseph. 1988. "Apparent Observation of Abnormally Large Coherent Scattering Cross-Section Using KeV and MeV Range Antineutrinos, and Solar Neutrinos." Physical Review D 38 (1): 32-39.

Weber, Joseph. 1991. "Gravitational Radiation Antenna Observations, Theory of Sensitivity of Bar and Interferometer Systems and Resolution of Past Controversy." Lecture presented at the International School of Cosmology and Gravitation, Erice, Sicily.

Weber, Joseph. 1992a. "Supernova 1987A Gravitational Wave Antenna Observations, Cross-Sections, Correlations with Six Elementary Particle Detectors, and Resolution of Past Controversies." In Recent Advances in General Relativity, ed. A. I. Janis and J. R. Porter, pp. 230-240. Boston: Birkhauser.

Weber, Joseph. 1992b. "Gravitational Radiation Antenna Observations, Theory of Sensitivity of Bar and Interferometer Systems, and Resolution of Past Controversy." In Current Topics in Astrofundamental Physics, ed. N. Sanchez and A. Zichichi, pp. 508-34. Singapore: World Scientific.

Weber, Joseph, D. Gretz, M. Lee, and S. Steppel. 1976. "Gravitational Radiation Detector Observations in 1973 and 1974." Phys. Rev. D 14 (4): 893-907.

Weber, Joseph, and J. V. Larson. 1966. "Operation of Lacoste and Romberg Gravimeter at Sensitivity approaching Thermal Fluctuation Limits." J Geophys Res 71 (24): 6005-6029.

Weber, Joseph, M. Lee, D. J. Gretz, G. Rydbeck, V. L. Trimble, and S. Steppel. 1973. "New Gravitational Radiation Experiments." Physical Review Letters 31 (12): 779-783. (September 17.)

Weber, Joseph, and B. Radak. 1996. "Search for Correlations of Gamma-Ray Bursts with Gravitational-Radiation Antenna pulses." Nuovo Cimento B 111 (6): 687-692.

Weber, Max. 1930. The Protestant Ethic and the Spirit of Capitalism. London: Unwin Hyman.

Weinberg, A. 1967. Reflections on Big Science. Cambridge, MA: MIT Press. Weisberg, Joel M., and Joseph H. Taylor. 1981. "Gravitational Radiation from an Orbiting Pulsar." General Relativity and Gravitation 13:1-6.

Weiss, R. 1972. RLE Quarterly Progress Report, no. 105, 54-76. (April; RLE = Lincoln Research Laboratory of Electronics.)

Weiss, R. 1979. "Gravitational Radiation—The Status of the Experiments and Prospects for the Future." In Sources of Gravitation Radiation, ed. L. Smarr, pp. 7-35. Cambridge: Cambridge Univ. Press.

Whitley, Richard. 1984. The Intellectual and Social Organization of the Sciences. Oxford: Oxford Univ. Press.

Whyte Jr., William H. 1957. The Organization Man. New York: Doubleday. Wiggins, Ralph A., and Frank Press. 1969. "Search for Seismic Signals at Pulsar Frequencies." Journal of Geophysical Research 74:22. (October 15.)

Wilson, Brian, ed. 1970. Rationality. Oxford: Blackwell.

Winch, Peter G. 1958. The Idea of a Social Science. London: Routledge and Kegan Paul. Wittgenstein, Ludwig. 1953. Philosophical Investigations. Oxford: Blackwell.

Zipoy, D. M. 1966. "Light Fluctuations due to an Intergalactic Flux of Gravitational Waves." Physical Review 142:825-838.

Zuckerman, Harriet. 1969. "Patterns of Name-Ordering among Authors of Scientific Papers: A Study of Social Symbolism and Its Ambiguity." American Journal of Sociology 74:276-291.

Zuckerman, Harriet, and Robert K. Merton. 1971. "Patterns of Evaluation in Science: Institutionalization, Structure and Functions of the Referee System." Minerva 9:66-100.

后　记

　　我为这个项目工作了很长时间，需要感谢我在学术界认识的几乎每个人，而不只是那些评论了本书里曾经以论文形式发表过的章节的人。扩充的文稿在 2002 年 5 月首次以某种连贯的形式出现，当时我受资助在柏林马克斯·普朗克科学史研究所工作。奥托·西布姆 (Otto Sibum) 和他的同事邀请了我，这是我最快乐和特别富有成果的一段时光。杰德·布赫瓦尔德邀请我于 2003 年 1 月至 3 月在加州理工学院担任安德鲁·梅隆 (Andrew W. Mellon) 历史学客座教授，这里的环境既富有营养又激励智识，使得我的作品接近可出版的标准——还逃避了英国冬天最糟糕的时期。杰德的技术和他对现代化工具的熟悉，让本书里的图片最终成型。

　　在研究过程中，我向科学家们提出了许多要求，他们慷慨地给予了回答。他们让我进入不同国家和地方的研究机构的内部场所，而这种资格通常需要漫长而苛刻的科学实习才能得到；他们让我接触他们私人的乃至临时性的想法，这些通常是不向外人展示的，因为分享这些东西对科学项目本身并不利；他们让我成为群体的一员——有时候甚至很受欢迎，分享他们的食物，在精神上和智力上支持我。在过去的十年里，我花在引力波物理学家身上的时间比在我工作的大学以外的任何其他学术团体都多，我因此而受益良多；在一个由强烈的科学好奇心驱动的团体中，这种美好的生活真的很棒，我误打误撞地进入这样的学术生涯，又是多么幸运啊！

　　当然，这并非一帆风顺：有些科学家持怀疑态度，说服他们相信我的项目 (与他们起初的期望差别极大) 本身的科学价值，几乎和引力波项目本身一样迷人和费力。幸运的是，许多受访者从一开始就表示理解，帮助我度过了困难时期。起草一份名单列出那些特别有帮助的人，是令人反感的，因为我肯定做不好，但是我应该提到里奇·艾萨克森，他引导我进入美国国家科学基金会 (NSF)，在一次关于保密的特别不幸的误解中，他给了我强有力的支持，他总是乐意开展关于该领域的科学和政治的耐心对话。我必须特别感谢我的新朋友，当前引力波探测的标准文本的作者彼得·索尔森。彼得是天生的绅士。每当我想要放弃的时候，他总是支持我，不断地讨论我工作的社会学主题，并解决我问他的所有科学难题。

本书的初稿有 1000 多页，打印得密密麻麻，堆起来大约 15 厘米高。第一次写这种东西时，真的不知道它是否有任何好处，或者它是不是一件大蠢事。马丁·库什 (Martin Kusch) 是第一个给我做理智检查的人，用一周时间看了草稿以后，他说这很好。接着，彼得·索尔森仔细阅读了整本书，总结了各种科学和社会学的微妙之处，并慷慨地拿出时间讨论，帮助我避免了一些错误。科学历史学家西蒙·韦勒特 (Simon Werrett) 也承担了阅读整部手稿的任务，并从专业群体的角度给我解决了一些疑问，特别是关于本书的篇幅。丹·肯内菲克也读了整本书，让我对这个故事的趣味性放心。后来我才知道，唐·麦肯齐 (Don Mackenzie) 为芝加哥大学出版社审阅了全部稿件，并提供了非常慷慨的评论和许多合理的批评。芝加哥的另一位审阅人 (他选择保持匿名) 写了一份报告，其中充满了溢美之词和一些批评，让我重新修改了本书的结尾。本书有一节我不确定，特雷弗·平奇很快就读了那个部分，他用非常积极的措辞，强化了我最初的良好看法。

2002 年夏天，这份庞大的稿件送达一些科学家的办公桌，有时候，一部分稿件被送给本书引用过的科学家。那些读过一些章节的人几乎总是很有风度地回应，即使这些章节里的内容有时候可能并非称赞。总的来说，我把稿件交给了这些科学家，让他们做些"有利益冲突的阅读"，也就是说，确保我没有说任何对他们本人或项目不公平的话。然而，没有利益冲突的评论与有利益冲突的评论的比例，比我的预期高得多。特别是加里·桑德斯，他从头审阅文稿，发表了许多有用的评论，这些评论与他的特殊利益无关，只是因为热心于科学的社会本质。罗恩·德雷弗也是一开始就提出了与我预期完全不同的意见，同时给出了一系列重要的技术修正。罗比·沃格特和基普·索恩阅读了一些章节 (这些章节可以被理解为对他们的行为的批评)，并再次慷慨地做出回应，即使在一个主要由学术价值观驱动的群体里，我也无权期待这种慷慨的回应。这并不是说，这些科学家中的每一位都赞同或支持本书中提出的任何具体主张。我讨厌这样的情况：那些慷慨付出了时间的科学家会觉得违背他们的意愿而被牵扯到我的项目中；所有的争论、判断、错误和不恰当的言辞，都是我的责任。

在项目的早期，巴斯大学的同事给了我大力支持。近年来，卡迪夫大学给了我一切支持，卡迪夫团队耐心地听我的"现场考察故事"，读我的论文草稿，巧妙地让我保持这样的印象：更多关于引力波探测的社会学论文既迷人又值得思考。科学研究群体里的许多同事在我的旅行中提供了友谊和好客之道，还阅读了手稿的一些章节和论文的草稿。我希望他们原谅我没有单独提及他们，但是名单太长了，我肯定漏掉了几个人——这真的不可原谅。

　　根据出版社的建议，本书的印刷稿比原稿短一些。压缩它的一种方式是删除或者删减了某些冗长的引文或文件的摘录——这有些痛苦，因为这种修订虽然增加了本书的可读性，却让它不太像历史资料源了。我希望在未来的几年里，随着引力天文学越来越重要，人们会觉得，当时的科学家的话更有趣了。然而，从书中删除的这些段落，仍然可以在一个站点上查阅。本书用 WEBQUOTE 表示这个网站，可以在 http://sites.cardiff.ac.uk/harrycollins/webquote 上访问。过一段时间，它的引文也可能放到美国物理学会的网站。

　　这项研究得到了美国国家科学基金会 (NSF) 很好的 (非财政性的) 支持，让我这个非美国公民有可能前所未有地访问其档案。为了确认我在其他地方了解的东西和理解一些论证的范围，阅读 NSF 的资料是非常有用的。我根据一项已签署的法律协议的条款使用了这些档案，(非常恰当地) 让我能够在一些场合引用它们，而且几乎从不归因于它们。

　　这个项目还得到了英国经济和社会研究理事会 (ESRC，起初是 SSRC，社会科学研究理事会) 的许多项目的支持。这一切始于 1971 年，作为 SSRC 资助的博士论文《科学现象社会学的进一步探索》的一部分，然后是 1975 年的 SSRC 项目。这个项目提供了 893 美元，利用它我两次驾车穿越美国，调查了三个不同的科学领域。然后从 1995 年到 1996 年，ESRC R000235603 项目资助了"科学思想的苟延残喘：引力波和网络"；从 1996 年到 2001 年，ESRC R000236826 项目资助了"变化中的物理学"；从 2002 年到 2006 年，ESRC R000239414 项目将继续资助"为新的天文学奠定基础"。

　　我还要感谢我的朋友和家人，他们容忍我通过电子邮件从国外强行给他们描述我的旅行，有时候真的是太长了；这种方法让我把孤独的酒店房间当作自己的家。

　　已故的苏珊·艾布拉姆斯 (Susan Abrams) 是我以前在芝加哥大学出版社出版的图书的编辑，每当我和她讨论这个新项目时，她总是鼓励我。我最早把本书稿件寄给她，但不幸的是，她病得太重了。我永远怀念苏珊。

译 后 记

哈里·科林斯 (1943—) 是英国卡迪夫大学的社会学杰出研究教授,他还领导"知识、专业技能和科学"研究中心。科林斯教授在同行评审的学术刊物上发表了一百多篇论文,他出版了 20 本书。《引力的影子:寻找引力波》是 2004 年出版的关于引力波探测领域的科学社会学研究著作。

科林斯教授是研究科学学的专家——科学的研究对象是自然界,而科学学的研究对象是科学本身,包括从事科学研究的人、科学研究的过程、科学与社会的相互关系,等等。他的主要兴趣是:知识,特别是科学知识的性质;技巧和专业技能的性质;医学知识和技能;人工智能以及人类与机器的关系;公众对科学的理解;科学教育。特别是,他长期关注引力波探测领域,早在 1972 年就开始采访韦伯 (1919—2000, 引力波实验探测领域的先驱),熟悉引力波探测领域的许多重大事件,跟许多重要的科学家有深入的交流——他关心的不是引力波探测这件事这个科学研究本身,而是从事引力波探测的人,这个领域的新发现如何让同行相信 (很多时候是被同行否定),如何传播到其他科学社群、科学管理机构乃至社会大众,以及由此带来的反作用。

1915 年,爱因斯坦发明了广义相对论,预言了引力波的存在。从 20 世纪 60 年代以来,科学家们一直在尝试探测引力波。从韦伯发明的共振棒,到低温共振棒和共振球,再到以 LIGO 为代表的大型激光干涉仪,探测引力波的仪器已经经历了几个世代。引力波的发现将再次证明爱因斯坦理论的正确性,让人们发现黑洞的奥秘,并开辟引力天文学的新领域。2015 年,LIGO 团队正式宣布,高新 LIGO 发现了一例引力波事件 GW150914。对此有重大贡献的三位科学家外斯、索恩和巴里什获得了 2017 年的诺贝尔物理学奖。

《引力的影子:寻找引力波》出版于 2004 年,当时,韦伯的"发现"早已成为笑谈,甚至被忘掉了,但他开辟的领域正在迅速发展,低温共振棒偶尔还会宣称有了新发现,但只是引起更多的争议,代表着未来的大型激光干涉仪 LIGO 初代刚刚建好,引力波这个领域正处于从小科学到大科学转变的关键时期。本书介绍引力波的科学,以引力波这个领域的发展作为科学学 (或者说科学社会学,科学知识社会学,等等) 的研究案例,考察科学知识的创造方式。正如作者所言,"本书试图向非专家介绍科学社会学研究的深奥世界,也试图向非科学家介绍物理学的深奥世界"。

本书内容非常丰富,除了"导论"和"附录",主要包括 6 个部分。"导论"介绍了本书的主旨,把寻找引力波这件事看作社会时空里传播的涟漪,研究科学和社会的相互作用。第 1 部分"寻找失去的波浪"讲述了韦伯的发明和他用室温共振棒进行的早期实验,他宣布的引力波发现以及同行们的关注、争论和检验,最后推翻了他的结论。第 2 部分"两种新技术"介绍了始于 20 世纪 70 年代中期的低温共振棒研究,以及大型干涉仪作为新的引力波探测器的想法。第 3 部分"共振棒的战争"讲述了韦伯的主张如何奇特地复兴而又再次消亡,干涉测量如何超越了共振技术,以及国际合作对数据处理方式的影响。第 4 部分"干涉仪和干涉人"讲述了从 90 年代中期到 2004 年,引力波探测如何从小科学发展到大科学,以及转变过程中的科学理念变化、管理体制变化和由此带来的冲突和问题。第 5 部分"成为新科学"介绍了大型项目如何汇集数据,怎样开展国际合作,以及"设定观测上限"的科学含义及其对引力波探测领域的重要性。第 6 部分"科学、科学家和社会学"主要是讨论本书的方法论,这项科学社会学研究的主要结论和重要意义,特别是对科学政策的影响,此外还包括专门的一章回忆作者与韦伯的交往和因此受到的影响。最后的尾声简述了自本书的主要部分完成以来的新进展 (2004 年 3—4 月)。

《引力的影子:寻找引力波》原著出版已经快 20 年了,但是我觉得他讨论的问题现在还没有过时,引力波探测只是一个具体而微的案例,用来说明从小科学到大科学的转变,对中国当前科学发展政策仍然有启示作用。此外,在引力波探测实验研究发展的 60 年时间里,这个领域表现出惊人的活力和开放性,特别是在美国——科林斯教授表示,科学工作者对他的工作即使不理解,也大多给予支持 (本着科学自由的精神),他的工作在美国的国家科学基金会等官方机构得到了更多、更开放的支持,而欧洲甚至英国对应机构的表现就要勉强得多。希望科林斯教授的这部著作能够让更多的人更多地了解科学运行的实际情况,更深刻地理解科学工作者也是人,他们生活在客观环境中,除了科学研究,还有很多事情需要考虑。

- -

我很早就听说过韦伯和引力波,大概是从一些科普文章上看到的,出处早就记不得了。现在还能记得的最早的介绍性文章是 1999 年《现代物理评论》(*Review of Modern Physics*) 的一篇文章《引力波》,作者就是后来的 2017 年诺贝尔物理学奖得主外斯。这是一份特刊,用于纪念美国物理学会成立 100 周年,包括 53 篇文章,介绍 20 世纪物理学的整体发展情况,不仅覆盖了物理学的全部领域,还包括物理学与其他学科的联系,物理学与国防和信息工业的关系,等等。我能记得外斯这篇文章,是因为我后来把这份增刊翻译为中文了 (暂定名"美国世纪的物理学:美国物理学会百年纪念文集"),虽然并没有出版,只是自己打印了两份,放在书架上吃灰。(姬扬:"美国物理学会百年纪念文集"翻译小记, https://blog.sciencenet.cn/blog-1319915-1105944.html)

后来，我也偶尔看一些关于引力波研究进展方面的介绍，但是并没有特别关注。2016 年，LIGO 科学团队宣布成功探测引力波事件 GW150914 以后，我对引力波又感兴趣了，看了很多东西，也写过一些文章，有介绍性质的，也有一些粗浅的分析。引力波的探测是非常伟大的科学成就，但是我个人认为，引力波探测的成果还需要更多的检验，特别是来自其他观测方式的验证，在 2017 年宣布诺贝尔物理学奖的前后时段，我还写了些文章 (姬扬：《引力波探测需要更多的检验》，https://www.guancha.cn/jiyang/2017_10_26_432285.shtml)。从 2019 年到 2020 年，我用 LIGO 公布的数据做了一些分析，写了一篇学术短文，在 2020 年的秋天投到了《物理学报》。大概也是在这个时间，很偶然地，我在书店里碰到一本书《引力之吻》，详细地介绍了引力波的发现经过，我就买回家了。

《引力之吻》是科林斯教授的新作 (*Gravity's Kiss: The Detection of Gravitational Waves*)，2017 年由麻省理工学院出版社 (MIT Press) 出版，中译本由北京联合出版公司在 2020 年出版，这本书写得很好，该书的内容简介是这样的：

> 深入引力波社群 40 余年的科学社会学家哈里·科林斯对此 (引力波的发现过程) 进行了实时记录，为读者讲述了这项迷人的成就诞生的故事。全书围绕"三道涟漪"展开，从本次事件发生后的大量电子邮件到发表的学术论文，全面还原了信号分析，以及该发现被科学界、媒体及大众接纳的过程。丰富的一手资料让这个故事严谨又立体，而幕后逸事则展现了科学家们的人情味。此外，科林斯通过物理学家与天文学家的较量、利益内斗、新发现问世流程等内部信息，透露了科学界与媒体试图隐藏的内幕，探讨了科学本身的价值。

翻译得也不错，译者是"青年天文教师连线"，胡一鸣、张渊皞、张建东、王卓骁和闫文驰，都是天体物理学或理论物理学的博士，也都一直从事与引力波或黑洞有关的研究工作。

看完这本书以后，我意犹未尽，因为这本书很多内容是流水账，关于历史和社会学分析都是一些结论、半结论性质的话，引证了作者以前的很多工作。这时候我才知道，科林斯教授长期关注引力波实验探测领域 (始于 1972 年)，这是他关于这个主题写的第 5 本书。我把其他几本书找来，都看了看，觉得都非常有意思，各有特色，但 2004 年出版的《引力的影子：寻找引力波》(*Gravity's Shadow: The Search for Gravitational Waves*) 最为突出：材料丰富，论述谨严，更重要的是，他详细讲述了引力波探测从共振棒技术转向干涉仪技术、引力波研究从小科学转向大科学这个关键的时期，不仅有领域内部的争斗，管理理念的变革，寻求资助过程中的科学、经济和政治考虑，当然还有外部的影响。

这时候已经是 2021 年的春节了，我又把《引力的影子：寻找引力波》看了一两遍，觉得科林斯教授这个科学社会学的案例研究做得很好，关于科学界不同领域之间的相互看法和影响，关于科学界以外的人对科学家的看法，他的描述比较客观，有一定的说服力——但是并不能说服我，我作为科技工作者，对他的一些说法无法认同。科林斯教授的材料搜集能力很强，但是我认为他真正厉害的地方在于，他能够跟那么多真正的专家搭上线、现场采访以及保持深度联系。我看了他的采访记录，如果我跟他易地而处，以我的行事方式，我觉得采访进行不到一半我就会跟对方吵起来。他说他很年轻的时候就干过推销，所以跟人打交道的能力很强；而且他是研究科学社会学的，是社会学者，关心的不是科学研究的内容，而是研究科学的人。

那时候，我正在答复审稿人的意见，很不顺利。所以我觉得，也许科林斯的看法真的有一些道理，只是我无法认同而已，也许应该让更多的人了解他的这种分析。所以，我决定把这本书翻译成中文。2021 年 2 月开始翻译，到了 11 月，翻译了两遍，大概能看了，我就把它打印了一份，大约有 650 页 (原著大约有 900 页)。在此期间，我投到《物理学报》的稿子又往返了几次，其中有一次我用 LIGO 公布的最新数据做了进一步的分析，结果支持我的结论，但是仍然无法说服审稿人。2022 年春节过后，我开始在打印稿上修改，这个过程持续了几个月，然后重新输入电子稿，再修改，再打印出来，现在只有 600 页出头了，时间也已经是 6 月份了。在此期间，我还参加过兰州大学举办的"引力波数据分析"学习班，我的稿件也被《物理学报》拒稿了——经过又一轮审稿之后。我又花了 2 个月的时间，把新的打印稿重新修改了一遍，终于结束了。结果就是现在这本中译本《引力的影子：寻找引力波》。

顺便谈一下翻译。我翻译过很多书，这本算是最难的，原因大概有这么几个：篇幅太长，有些句子也太长，而且作者的母语是英语 (所以喜欢"搜文")，还有内容更像是文科——好吧，不是文科，是科学社会学，但科学社会学确实跟物理学很不一样。

翻译是为读者服务的，我认为，译文要尽可能符合中国人的阅读习惯，而不是追求外国的语法标准，所以我做了一些妥协。我曾经考虑过以"译注"的形式对译文进行补充说明，甚至有一个版本出现了 1000 多个译注，我觉得太过分了，所以删除了绝大部分，只保留了极少的一部分。大部分人名和地名我都直接采用比较常见的译法，遇到的一些英制单位也随手翻译过来 (比如把"2 英里"译为"3 千米"之类的)，原文中出现的一些笔误 (包括采访文本中具体指出的错误) 也随手改正了，不单独出注。一些物理内容方面的描述，我觉得原著的说法可能有些绕，我就用自己的理解重新表述了 (这方面的信心我还是有的，而且我认为这也不是本书的重点)，也不单独出注。原著有很多注释，有些篇幅还很大，注释中出现的人名仍保持英文不变 (除非在正文中出现过)，主要是为了便于读者寻找资料来源的出处。注释中有一些材料放在 WEBQUOTE 上 (http://sites.cardiff.ac.uk/harrycollins/webquote/，主要是对当事人的采访文本)，通常有一个小标题，我把它翻译为中文，让读者知道它大概是什么内容，同时也保留英文，以便感兴趣的读者去查看。

至于具体字词的翻译，值得专门指出的只有一个：实验者的困境 (the experimenter's regress)，这个词指的是，当信号很小、噪声很大的时候，实验工作者为了确定自己确实测到了信号，必须知道他的仪器可以对信号作出正确的响应；但是为了确定仪器能对信号作出正确的反应，必须知道自己确实测到了信号——这是一个循环论证的问题，在引力波探测领域表现得特别突出，也是本书多次讨论的内容，因为引力波信号太弱，谁也不知道它到底应该是什么样的，在韦伯宣称自己发现了引力波的时候 (在 20 世纪 60 年代和 70 年代)，在低温共振棒团队的 80 年代和 90 年代，以及将来 (这本书写作时的将来) 的干涉测量，都面临这个问题。这个词有翻译为"实验者的回归"的，也有翻译为"实验者的倒退"的，我觉得从字面上来看都不太适合描述实验者进退两难的处境，如果说"进退维谷"，就太文绉绉了，如果说"原地兜圈子"，又不像书面文字，所以我选择了"实验者的困境"这个说法。类似的用法还有政策的困境 (policy regress)。

翻译完这本书以后，我又上网查了查科林斯教授，发现他著述颇丰，已经出版了 21 部著作，至少有 8 本书已经被翻译为中文，有十几个不同的版次 (甚至还有不同的译本)，连作者的中文译名也有 3 个不同的版本。用中文学术搜索引擎可以找到几十篇论文的题目包含他的名字，中国社会科学院的一位老师就写过十多篇文章，还有些学位论文就是讨论他的。科林斯教授访问过中国，做过报告，有过访谈，影响还是挺大的——我两年前才知道他，看来是有些孤陋寡闻了。我找了些文章来看看，总觉得有些"隔"，也许因为我并不是很热心于科学社会学。至于 8 本书的中译本，我只看过《引力之吻》，但是看过好几遍。《改变秩序》和《重力的幽灵》也是关于引力波的，如果读一读，应该会对我的翻译有帮助，但不幸的是，我知道得太晚了，来不及了。

科林斯教授的著作，除了 5 本关于引力波的，我还看过三四种，感觉他有一套相当自洽的理论。但是我自己的兴趣不在科学社会学，所以就不评论了。

由于精力和能力所限，特别是因为我第一次涉足科学社会学，翻译难免有些疏漏之处，请读者谅解。如果您发现有翻译不当之处，请多加指正。来信请发送至 jiyang@semi.ac.cn。

感谢《引力之吻》的译者们让我注意到科林斯教授和他的研究工作，他们的译文也让我获益匪浅。感谢《物理学报》的编辑和几位匿名审稿人，他们无意中加强了我翻译此书的意愿。感谢半导体超晶格国家重点实验室和中国科学院半导体研究所对我工作的长期支持，感谢中国科学院大学材料和光电学院以及物理学院对我教学工作的支持。感谢白浩正、刘玉孝和罗子人帮助我确认了一些人名，感谢曹则贤、李轻舟和张艺琼回答了我的一些翻译问题。感谢很多老师、朋友、同事和学生们对我的支持和帮助。

感谢全家人特别是妻女多年来的鼓励、支持和帮助。

姬扬

中国科学院半导体研究所

中国科学院大学材料科学和光电技术学院

2023 年 2 月 16 日